Veterinäronkologie kompakt

Robert Klopfleisch

Hrsg.

Veterinäronkologie kompakt

Herausgeber
Robert Klopfleisch
Institut für Tierpathologie
Freie Universität Berlin
Berlin
Deutschland

Kapitel 7 und 10 von Stephanie Plog wurden von Robert Klopfleisch übersetzt.

ISBN 978-3-662-54986-5   ISBN 978-3-662-54987-2   (eBook)
https://doi.org/10.1007/978-3-662-54987-2

Die Deutsche Nationalbibliothek verzeichnet diese Publikation in der Deutschen Nationalbibliografie; detaillierte bibliografische Daten sind im Internet über http://dnb.d-nb.de abrufbar.

Planung und Lektorat: Sarah Koch, Martina Mechler
Redaktion: Jorunn Wissmann, Binnen
Kapitel 7 und 10 von Stephanie Plog wurden von Robert Klopfleisch übersetzt.

Gedruckt auf säurefreiem und chlorfrei gebleichtem Papier

Springer Spektrum ist Teil von Springer Nature
Die eingetragene Gesellschaft ist Springer-Verlag GmbH Deutschland
Die Anschrift der Gesellschaft ist: Heidelberger Platz 3, 14197 Berlin, Germany

Inhaltsverzeichnis

Autorenverzeichnis

Herausgeber

Robert Klopfleisch, DACVP
Institut für Tierpathologie
Freie Universität Berlin
Berlin, Deutschland

Autoren

Natali Bauer
Klinikum Veterinärmedizin Abteilung klinische
Laboratoriumsdiagnostik und klinische
Pathophysiologie
Justus-Liebig-Universität Gießen
Gießen, Deutschland

Angele Breithaupt, DECVP
Merck Darmstadt
Berlin, Deutschland

**Mathias Brunnberg, M.Sc(Small Animal
Science), DECVS**
Klinik und Poliklinik für kleine Haustiere
Abteilung Chirurgie
Berlin Deutschland

Manfred Henrich, DECVP
Institut für Veterinär-Pathologie
Justus-Liebig-Universität Giessen
Gießen, Deutschland

Olivia Kershaw, DECVP
Institut für Tierpathologie
Freie Universität
Berlin, Deutschland

Melanie Wergin, PhD
Medizinische Kleintierklinik Abteilung Onkologie/
Strahlentherapie
Ludwig-Maximilians-Universität
München, Deutschland

Grundprinzipien der Tumorstehung

Robert Klopfleisch

© Springer-Verlag GmbH Deutschland 2017
R. Klopfleisch (Hrsg.), *Veterinäronkologie kompakt*,
https://doi.org/10.1007/978-3-662-54987-2_1

1.1 Grundeigenschaften von Tumoren

Mit zunehmendem Wissen über die molekularen Mechanismen der Tumorstehung (Karzinogenese) wird immer klarer, dass es sich dabei um einen hochkomplexen Prozess handelt. Diese Komplexität wird noch dadurch erhöht, dass die Karzinogenese sich bei verschiedenen Patienten unterscheidet und somit auch ein sehr individueller, für jeden Tumor einzigartiger Prozess ist. Dennoch gibt es verschiedene Grundeigenschaften („Cancer hallmarks", Hanahan und Weinberg 2011) die nahezu jeden Tumor auszeichnen:

- Genominstabilität, Mutation und epigenetische Veränderungen
- anhaltende, übermäßige Proliferation und Umgehung von Wachstumshemmung
- Umgehung von Apoptose
- Dysregulation des Energiemetabolismus
- Induktion von Angiogenese
- Invasion und Metastasierung

▪ Genominstabilität, Mutation und epigenetische Veränderung

Der erste Schritt der Karzinogenese ist die Entstehung von genetischen Veränderungen in den potenziellen Tumorzellen. Diese Veränderungen stellen hauptsächlich **Mutationen** mit einer echten Veränderung der Nukleotidsequenz dar. Derartige Mutationen werden durch karzinogene Noxen (siehe ▸ Abschn. 1.4), oder durch Fehler in der DNA-Replikation, z. B. aufgrund von erworbenen oder vererbten Defekten in den DNA-Reparatursystemen, hervorgerufen. Die Genaktivität kann überdies permanent durch **epigenetische Veränderungen** über eine DNA-Methylierung und Histonmodifikationen beeinflusst werden.

Die meisten der erworbenen Mutationen sind jedoch letal oder irrelevant für die biologische Fitness der betroffenen Zellen. Nur sehr wenige der erworbenen Mutationen sind initiale **Treibermutationen („driver mutations")**, die die Tumorentstehung, -progression, -invasion und letztlich die Metastasierung in entfernte Organe antreiben. Die Identifikation dieser Treibermutationen ist eines der Hauptziele der Grundlagentumorforschung. Dabei konzentrierte sich diese Suche initial vor allem auf

„die eine Mutation", die für die jeweilige Tumorart die Karzinogenese zentral bestimmt. Die relativ neuen **globalen Tumorgenomanalysen** der letzten Jahre haben jedoch gezeigt, dass die Karzinogenese anders als angenommen ein hochkomplexer Prozess ist, der häufig mehrere Mutationen in zahlreichen Genen und Signalkaskaden umfasst. Diese Tumorgenomanalysen haben weiterhin gezeigt, dass klinisch und morphologisch recht ähnliche Tumoren teils einen hohen Grad an **(Inter-)Tumorvariabilität** aufweisen (◧ Abb. 1.1). So konnten beispielweise durch die Sequenzierung des Tumorgenoms von 510 humanen Mammatumoren 30.626 somatische Mutationen nachgewiesen werden. Diese betrafen jedoch nur drei Gene, TP53, PIK3CA und GATA3, die in 10–45 % aller Tumoren genetisch verändert waren. Eine ähnliche Variabilität der **„Genomlandschaft"** wurde auch für andere humane Tumorarten nachgewiesen. Es ist also anzunehmen, dass die meisten Mutationen nur in <5 % der Tumoren einer Tumorart vorhanden sind.

Tumorgenomanalysen zeigten außerdem, dass die meisten Tumorarten durch einen hohen Grad an **(Intra-)Tumorvariabilität** innerhalb einer Tumormasse gekennzeichnet sind. Diese Heterogenität von Tumorzellen in einem Tumor ist das Ergebnis der eingeschränkten DNA-Reparaturmechanismen, die zu einer konstanten Akkumulation von zufälligen Mutationen in den verschiedenen sich teilenden Tumorzellen in einem Tumor führen. Insbesondere die Intra-Tumorvariabilität stellt eine große Herausforderung für die molekulare **Tumordiagnostik** dar (◧ Abb. 1.1). So zeigte der Vergleich von mehreren Tumorbiopsien von verschiedenen humanen Nierenkarzinomen, dass sich Biopsien von verschiedenen Tumoren ähnlicher sein können als Biopsien aus einem Tumor bzw. dass sich Biopsien eines Tumors molekular stark unterscheiden können. Dies führt zwangsläufig zu der Frage, wie der genetische Status von Tumoren für die therapeutische Klassifikation definiert werden kann.

Trotz der hohen Komplexität und Variabilität der genetischen Veränderungen des Genoms während der Karzinogenese scheinen nur wenige Mutationen in wenigen Genen echte Treibermutationen darzustellen. Vergleichende Tumorgenomanalysen verschiedener Tumorarten konnten zeigen, dass circa 120–140 Gene und deren Mutationen für die

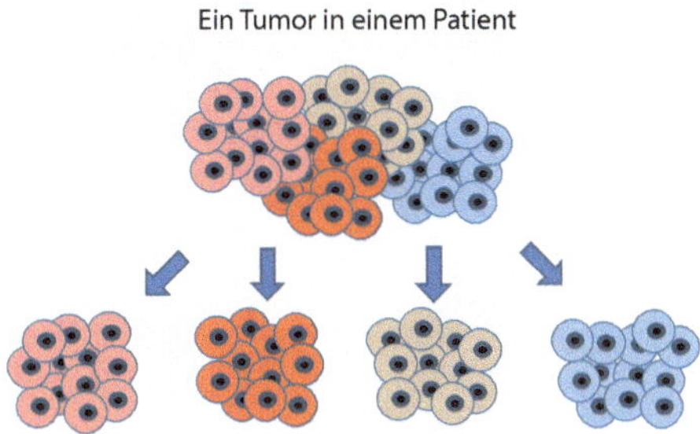

☐ **Abb. 1.1**   Genetische Inter- und Intra-Tumorvariabilität. Tumorgenomanalysen zeigen, dass Tumoren, die bisher aufgrund ihres klinischen Verhaltens oder ihrer pathomorphologischen Ähnlichkeit als gleich behandelt wurden, sich im Genotyp stark unterscheiden können (Inter-Tumorvariabilität). Weiterhin konnte gezeigt werden, dass sich Gewebeproben eines Tumors ebenfalls stark in ihrem Genotyp unterscheiden können (Intra-Tumorvariabilität)

Initiation und die Entwicklung der Karzinogenese relevant sind. Von diesen werden 70 Gene als **Tumorsuppressoren („Karzinogenesebremsen")** und circa 50 Gene als **Proto-/Onkogene („Karzinogeneseschleuniger")** angesehen. Die Treibermutationen dieser Gene sind in variablen Kombinationen in verschiedenen Tumoren vorhanden, oft unabhängig von ihrem histologischen Typ. Vogelstein et al. (2013) haben jedoch vorgeschlagen, dass all diese zahlreichen Treibermutationen die Karzinogenese nur über die Veränderung von **wenigen (nicht mehr als zwölf) Signalkaskaden** mit verschiedenem Einfluss auf die Funktionen Zellschicksal, -überleben und Genomerhaltung beeinflussen. Wenn sich diese Hypothese bewahrheitet, könnte die Komplexität der Karzinogenese auf wenige potenzielle Therapieziele reduziert werden.

Die Theorie, dass **Genominstabilität** ein Haupttreiber der Karzinogenese ist, wird durch die Beobachtungen unterstützt, dass viele der Treibermutationen in Genen mit Einfluss auf die DNA-Reparatur liegen und dass sich Tumoren durch eine massive Veränderung in der Zahl der Genkopien und der Genomsequenz auszeichnen. Defekte der DNA-Reparaturmechanismen stellen **wichtige initiale Faktoren der Karzinogenese** dar, da sie es prä- und neoplastischen Zellen ermöglichen, ihren Genotyp zu ändern und relativ schnell neue Fähigkeiten bzw.

Grundeigenschaften von Tumoren zu entwickeln. Von den zahlreichen Genen mit Einfluss auf die Genomstabilität, den sogenannten **„Wächtern des Genoms"**, stellen TP53 und BRCA die am intensivsten analysierten Gene dar. Mutationen im BRCA1-Gen sind eine der wichtigsten Ursachen für eine vererbte Prädisposition für Mamma- und Ovarialkarzinome bei der Frau. Das BRCA1-Protein ist Teil des DNA Reparatur-Komplexes, der die ständig auftretenden DNA-Doppelstrangbrüche und fehlerhaften DNA-Insertionen und -deletionen repariert. Funktionseinschränkende BRCA1-Mutationen führen deshalb zu einem um 80 % erhöhten Risiko der Entwicklung von Mammatumoren und zu einem um 50 % erhöhten Risiko für Ovarialkarzinome. Ähnliche für die gesamte Population hochrelevante, vererbte Mutationen sind für nicht-humane Spezies bisher nicht nachgewiesen.

Viele Fragen zum chronologischen Ablauf der genetischen Veränderungen in Tumoren sind jedoch noch offen, da es sehr schwierig ist, den Prozess der Karzinogenese direkt in einem Gesamtorganismus zu beobachten oder in entsprechenden Modellen zu simulieren. Es wird häufig angenommen, dass sich viele Tumoren durch Akkumulation von Mutationen in ihrem Genom aus Dysplasien über benigne hin zu malignen Tumoren entwickeln. Diese Hypothese einer **graduellen**

malignen Transformation basiert hauptsächlich auf Untersuchungen an humanen kolorektalen Tumoren und wird im **Vogelsteinmodel der Multistep-Karzinogenese** beschrieben (◘ Abb. 1.2). Kolorektale Tumoren zeigen eine initiale Mutation im APC-Gen, welche als erster Schritt im Karzinogeneseprozess mit der Entwicklung von kleinen, langsam wachsenden **(Mikro-)Adenomen** angesehen wird. Diese Tumoren akkumulieren im weiteren Verlauf ihrer Entwicklung weitere Mutationen in den Genen KRAS, CDC4 und CIN, die für die Entstehung von **großen fortgeschritten Adenomen** bedeutsam sind. Letztlich konnte gezeigt werden, dass die Entstehung von verschiedenen Mutationen in den Genen p53, PTEN, BAX, SMAD4 und anderen für den Übergang zu **metastatischen Karzinomen** relevant sind. Dieser Prozess der malignen Transformation kann sich über mehrere Jahre erstrecken. So wird angenommen, dass kolorektale Tumoren sechs Jahre bis zum Stadium des Mikroadenoms, weitere 17 Jahre bis zur Entwicklung eines frühen Karzinoms und weitere fünf Jahre bis zur Entstehung von Metastasen benötigen.

Das Vogelsteinmodel reflektiert jedoch nicht zwingend den Karzinogeneseprozess anderer Tumorarten, die keine nachweisbaren gutartigen Zwischenformen haben, wie Pankreas- und Prostatakarzinome. Möglicherweise akkumulieren diese Tumorarten viele relevante Mutationen vor der wichtigsten initialen Mutation, oder sie zeigen einen generell schnelleren Transformationsprozess in einer kleinen Zahl von initialen Tumorzellen.

- **Anhaltende Proliferation und Umgehung der Wachstumsinhibition**

Erhöhte, anhaltende und unregulierte Zellteilung ist eine weitere Grundeigenschaft von Tumoren. Sie wird durch interne und/oder externe Wachstumssignale und/oder die Umgehung von Wachstumsinhibition hervorgerufen. Externe und interne Wachstumssignale werden durch vier Mechanismen wahrgenommen (◘ Abb. 1.3):
- autokrine Stimulation durch erhöhte Synthese von Wachstumsfaktoren durch die Tumorzelle selbst
- parakrine Stimulation durch Wachstumsfaktoren aus Zellen der direkten Umgebung
- Überreaktion auf normale Mengen von Wachstumsfaktoren aufgrund erhöhter Rezeptorexpression oder Verlust von rezeptorinhibierenden Signalen
- ligandunabhängige, konstitutive Rezeptoraktivierung aufgrund von Mutationen

Ein Beispiel erhöhter Proliferation von Tumorzellen aufgrund von zwei dieser Mechanismen sind kanine Mastzelltumore. Sie zeigen eine De-Novo-Expression von pro-proliferativem Interleukin-2 und dessen Rezeptor auf neoplastischen, nicht aber auf normalen Mastzellen. Weiterhin zeigen circa 10–20 % der malignen kaninen Mastzelltumoren eine Tandemduplikation im Exon 11 des KIT-Gens, einem Tyrosinkinaserezeptor. Diese Mutation führt zu einer ligandunabhängigen, **permanenten Aktivierung der KIT-Signalkaskade** und somit zu einer

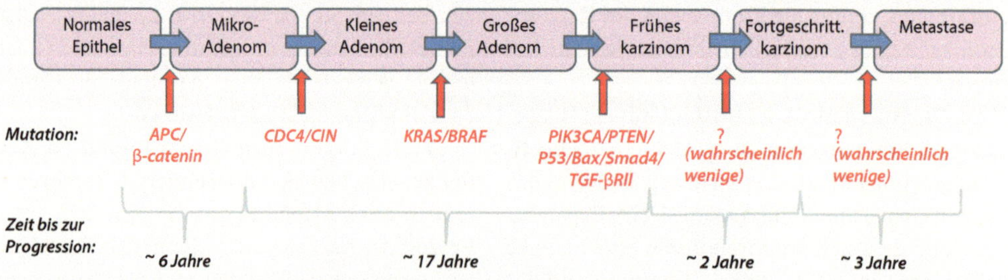

◘ **Abb. 1.2** Das Vogelsteinmodel der Multistep-Karzinogenese (basierend auf Jones et al. 2008). In diesem Modell, welches vor allem die Tumorprogression kolorektaler Karzinome darstellt, wird die Karzinogenese durch eine stufenweise Akkumulation von Mutationen angetrieben. Dieser Prozess kann sich über Jahre und Jahrzehnte hinziehen, während andere Tumorarten möglicherweise eine viel kürzere Karzinogenese ohne nachweisbare gutartige Tumorzwischenstufen durchlaufen

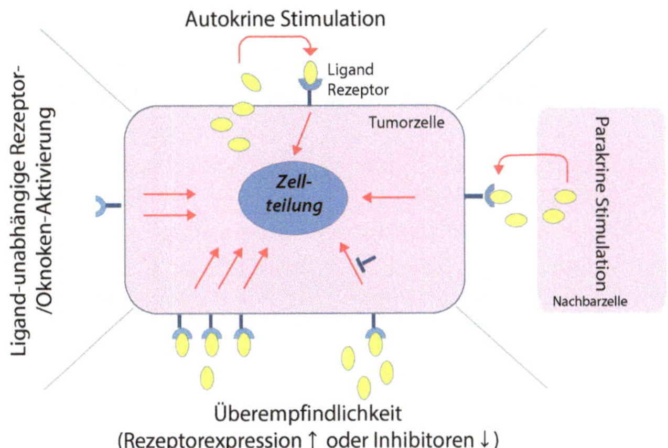

Abb. 1.3 Mechanismen der Stimulation erhöhter Tumorzellproliferation

erhöhten Proliferation neoplastischer kaniner Mastzellen. Der Übergang von einer externen zu einer internen, **autonomen Wachstumsstimulation** aufgrund einer ligandunabhängigen Aktivierung von Signalkaskaden scheint ein recht häufiger Schritt in der Karzinogenese zu sein. So zeigen insbesondere hochgradig maligne kanine Mastzelltumoren eine signifikant niedrigere Expression von membranständigem KIT als weniger aggressive Mastzelltumoren. Ähnlich verhält es sich bei metastatischen kaninen Mammakarzinomen, die zumeist eine verminderte oder keine Östrogen- und Progesteronrezeptorexpression im Vergleich zu Adenomen zeigen.

Die anhaltende Proliferation von Tumorzellen ist umso beeindruckender, wenn man bedenkt, wie stark die Zellzyklusprogression in nicht-neoplastischen Zellen normalerweise überwacht ist. Tumorzellen entwickeln jedoch Mechanismen, die die **Umgehung der zahlreichen Wachstumsinhibitionsprogramme** ermöglichen. Diese Programme sind normalerweise hochredundant und unterdrücken das Zellwachstum auf verschiedenste Weise:

- spezifische und direkte negative Feedbackmechanismen pro-proliferativer Signalkaskaden
- zentrale Suppressoren der Zellzyklusprogression
- Kontaktinhibierung durch angrenzende Zellen

Nicht-neoplastische Zellen besitzen zahlreiche **negative Feedback-Mechanismen, um pro-proliferative Signale abzuschwächen**. Ein prominentes Beispiel ist die **PTEN-Phosphatase**, welche die Funktion der PI3-Kinase durch die Degradierung deren Produkts, des Phosphatidylinositoltrisphosphats(PIP3), abschwächt. Ein Verlust der PTEN-Funktion durch eine Mutation führt zu einer erhöhten Proliferation z. B. von kaninen und felinen Mammatumoren und ist mit einem erhöhten Risiko für die Entstehung von Metastasen, Tumorrezidivierung und einer verkürzten Überlebenszeit assoziiert.

Zwei prototypische Tumorsuppressoren werden zumeist dargestellt, um das Prinzip **zentraler „Wächter" der Zellzyklusprogression** zu erklären. Das **retinoblastomassoziierte Protein (RB)** spielt eine zentrale Rolle in der Integration von extrazellulären Wachstumsreizen. Phosphorylierung des RB durch diverse cyclinabhängige Kinasen (CDK) befähigt das RB, den Transkriptionsfaktor E2F freizulassen und somit einen Übergang der Zelle von der G1- zur S-Phase des Zellzyklus zu ermöglichen. Ein Defekt des RB durch z. B. virale Proteine ist ein häufiges Merkmal humaner Tumorzellen. Aber auch Infektionen mit **kaninen und felinen Papillomaviren** können zu einer RB-Degradation und zur erhöhten Zellproliferation von Fibroblasten oder Plattenepithelzellen führen. Eine eingeschränkte

Funktion von RB wird auch für diverse kanine und feline Tumoren, z. B. Hämangiosarkome, vermutet, ist aber noch nicht bewiesen. Im Gegensatz zu RB basiert die **p53-vermittelte Wachstumsinhibition** hauptsächlich auf intrazellulären Signalen, wie DNA-Schäden oder stressassoziierten metabolischen Veränderungen. In Abhängigkeit vom Typ, der Intensität und der Dauer dieser Signale führt p53 entweder zu einem temporären Stopp des Zellzyklus oder es induziert Apoptose. **P53-Mutationen** wurden in wenigen kaninen und noch seltener in felinen Hirn-, Haut-, Knochen- und Mammatumoren nachgewiesen.

Zell-zu-Zell-Kontakt ist ein weiterer wichtiger Mechanismus zum Erhalt der Gewebshomöostase durch Wachstumsinhibition. Tumoren verlieren häufig diese **Kontaktinhibition**. Ein Beispiel ist die **E-Cadherin-/beta-catenin-vermittelte Kontaktinhibition**. Kontakt von E-Cadherin einer Epithelzelle zum E-Cadherin der Nachbarzelle führt zur Bindung von beta-Catenin und zum Wachstumsstopp. Verlust der E-Cadherin-Expression führt zur Freisetzung von beta-Catenin und zur Aktivierung verschiedener pro-proliferativer Signalkaskaden. Eine verminderte Expression von E-Cadherin ist ein typischer Befund in malignen kaninen Mamma-, Prostata- und Plattenepithelkarzinomen. Ein weiterer, momentan stark beforschter Mechanismus ist der **Merlin-Cadherin-Transmembran-Wachstumsfaktor-Rezeptorkomplex**. Dieser Komplex verstärkt die cadherinvermittelte Zellverbindung, sequestriert Wachstumsfaktorrezeptoren und schränkt somit die Wachstumssignale für die Zelle ein. Der Verlust dieses Komplexes führt zu verminderter Zelladhäsion, erhöhten Wachstumsfaktorsignalen und Zellproliferation.

■ **Umgehung von Apoptoseinduktion**

Wie bereits erwähnt, führen DNA-Schäden, erhöhter Zellstress und metabolische Imbalancen zu einem temporären Stopp der Zellproliferation oder einem Ausfall der **Apoptoseinduktion**. Dieser Mechanismus ist in Tumorzellen häufig gestört, da die nachweisbare Genominstabilität und metabolischer Stress Grundeigenschaften von Tumoren sind. Es gibt zwei Wege der Apoptoseinduktion: den extrinsischen Weg, induziert durch extrazelluläre Signale von z. B. Immunzellen, und den intrinsischen Weg, induziert durch verschiedene intrazelluläre Signale wie DNA- oder Mitochondrienschäden. Störungen der **intrinsischen Apoptoseinduktion** sind für die Karzinogenese vieler Tumoren von Bedeutung. P53 und die anti-apoptotische Bcl2-Proteinfamilie sind die am intensivsten erforschten apoptoseassoziierten Proteine mit Einfluss auf die Karzinogenese. **Bcl-2-Proteine** inhibieren die Apoptoseinduktion durch die Bindung und Unterdrückung von pro-apoptotischen Proteinen wie Bax und Bak. Eine erhöhte Bcl-2 Proteinexpression wurde bisher in kaninen Mastzelltumoren, Hämangiosarkomen und Melanomen sowie in felinen Lymphomen und Hauttumoren nachgewiesen.

■ **Dysregulation des Energiemetabolismus**

Die anhaltende, massive Proliferation von Tumorzellen stellt eine Herausforderung für den Energiemetabolismus der Tumorzellen dar. Normale Zellen stillen ihren Energiebedarf unter aeroben Bedingungen durch ATP-Synthese mittels mitochondrialer oxidativer Phosphorylierung. Die ATP-Synthese mittels anaerober Glykolyse besitzt nur 1/18 der Effizienz aerober Glykolyse und produziert große Mengen an Laktat. Die meisten Tumorzellen und auch normale, proliferationsaktive Zellen nutzen dennoch die anaerobe Glykolyse als hauptsächliche ATP-Quelle unabhängig von der Verfügbarkeit von Sauerstoff. Dieses Phänomen wird als **aerobe Glykolyse oder „Warburg-Effekt"** bezeichnet. Anfangs wurde angenommen, dass Tumorzellen einen Mitochondriendefekt aufweisen und deshalb die aerobe Phosphorylierung nicht nutzen können. Es hat sich jedoch gezeigt, dass der Tumormetabolismus möglicherweise gezielt auf die **Biomassensynthese** und nicht auf eine effiziente ATP-Produktion ausgerichtet ist. Weiterhin ist eine effiziente ATP-Synthese nur in Situationen mit Ressourcenmangel auf Zell- oder Organismusebene relevant. Eine lokale Energiedefizienz ist zumeist kein Problem für gut vaskularisierte Tumoren. Überdies verlieren Tumoren in jeder Hinsicht ihren „Sinn für soziale Verantwortung", ob nun in Bezug auf Platzbedarf („Masseneffekt") oder Energiesparmaßnahmen für das Wohl des Gesamtorganismus. Interessanterweise konnte sogar gezeigt werden, dass bestimmte subklonale Tumorzellpopulationen Laktat aus der aeroben Glykolyse als ihre Hauptenergiequelle nutzen.

■ Angiogenese

Trotz der Nutzung von anaerober Glykolyse („Warburg Effekt") benötigen Tumoren **Nährstoffe und ein Mindestmaß an Sauerstoff**, und sie müssen metabolische Endprodukte und Kohlendioxid wieder abgeben können. Dies ist jedoch nur möglich, wenn die Tumorzelle in ihrer unmittelbaren Umgebung (nicht weiter als 100–200 μm) Kontakt zu Gefäßen hat. Tumoren müssen deshalb die Fähigkeit haben, das Einwachsen von Gefäßen in den Tumor zu induzieren, um zu überleben und zu wachsen. Normale Gewebe zeigen Angiogenese nur im Rahmen der Wundheilung. Tumoren sind hingegen durch eine hochaktive Angiogenese charakterisiert. Die Angiogeneseinduktion basiert auf der Sekretion von proangiogenetischen Wachstumsfaktoren, wie dem Vascular endothelial growth factor (**VEGF**) und dem Fibroblast growth factor (**FGF**). VEGF wird entweder direkt von den Tumorzellen selbst sezerniert oder aus seiner extrazellularmatrix-gebundenen Form durch tumorassoziierte Matrix-Metalloproteasen herausgelöst. Die Expression von VEGF in der Tumormasse und die VEGF-Serumkonzentration konnten mit erhöhter Angiogenese und eventuell erhöhter Malignität kaniner Tumoren korreliert werden.

■ Invasion und Metastasierung

Metastasierung ist als die Ausbreitung von Tumorzellen von einem Organ oder Organabschnitt zu einem anderen definiert. Diese Ausbreitung kann über drei **Metastasierungsrouten** stattfinden:
- lymphogen über Lymphgefäße hauptsächlich zu den Lymphknoten
- hämatogen über die Blutgefäße zu entfernten Organen
- transzölomisch (Abklatschmetastasen) über direkten Kontakt mit anderen Serosaoberflächen in Körperhöhlen

Lymphogene Metastasierung von Tumorzellen vollzieht sich über die Invasion von Lymphgefäßen und den Transport im lymphatischen System zu regionalen Lymphknoten. Sie ist gewöhnlich mit einer darauf folgenden hämatogenen Ausbreitung in entfernte Organe assoziiert. Bei einer **hämatogenen Metastasierung** dringen Tumorzellen in benachbarte Blutgefäße ein und werden mit dem Blut zu entfernten Organen transportiert. Nur wenige Tumoren

wie beispielsweise kanine Osteosarkome scheinen direkt hämatogen ohne Beteiligung des Lymphgefäßsystems zu metastasieren. Pankreas- und Ovarialkarzinome und Mesotheliome metastasieren häufig **transzölomisch durch Abklatschmetastasen**. Abklatschmetastasen beinhalten das Durchdringen der Serosa und eine direkte Implantation von Tumorzellen auf die Serosa benachbarter Organe.

Generell kann die Fernmetastasierung von Tumorzellen als eine Metastasierungskaskade aus fünf Hauptschritten beschrieben werden (■ Abb. 1.4):
1. Lösung aus dem Zellverband
2. Invasion der umgebenden Extrazellularmatrix (EZM) sowie der Lymph- oder Blutgefäße (häufig assoziiert mit einer epithelial-mesenchymalen Transition (EMT)
3. Überleben in der Blutbahn als zirkulierende Tumorzellen (ZTZ)
4. Extravasation und Bildung von Mikrometastasen
5. Bildung von Makrometastasen

Der erste Schritt der Metastasierungskaskade ist die Separation von potenziell metastatischen Zellen vom umgebenden Zellverband. Dies ist häufig mit einer Herabregulierung von **Zelladhäsionsproteinen** wie z. B. E-Cadherin und dem Verlust der **Zellkontaktinhibition des Zellwachstums** assoziiert. Proteine mit Funktionen in der Invasion und Migration durch die EZM wie CD44 und die Fokale Adhäsionskinase (FAK) und verschiedene **Matrix-Metalloproteinasen** werden hingegen hochreguliert. Neoplastische Epithelzellen verändern während der Separation von den Nachbarzellen und der Migration durch die EZM häufig ihre Zellform hin zu einem mehr spindelzelligen Phänotyp. Dieser Prozess wird als **epithelial-mesenchymale Transition (EMT)** bezeichnet. Es wird derzeit angenommen, dass diese permanente oder temporäre EMT eine Voraussetzung für die Fähigkeit von Epithelzellen zur Separation, Invasion, Apoptoseresistenz und Metastasierung ist. Zahlreiche Transkriptionsfaktoren werden als **EMT-Marker** angesehen, beispielsweise Snail, Slug und Twist. Es ist momentan unklar, ob mesenchymale Sarkomzellen eine ähnliche Transformation, jedoch ohne Veränderung ihrer Zellform, zeigen.

Innerhalb der Gefäße werden die Tumorzellen individuell oder in kleinen Gruppen mit dem

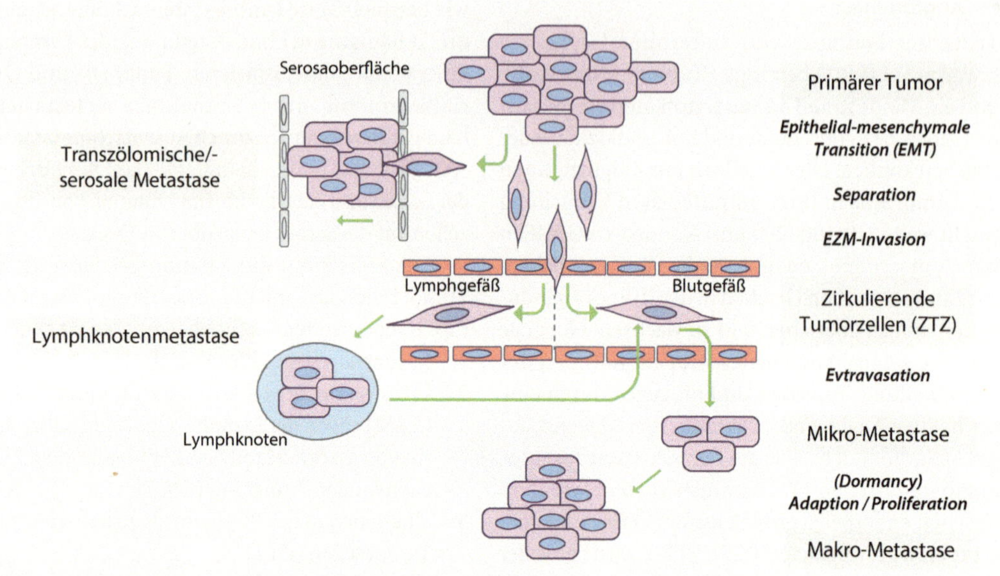

Abb. 1.4 Die metastatische Kaskade und Metastasierungsrouten

Blutfluss transportiert. Sie werden dann als **zirkulierende Tumorzellen (ZTZ)** bezeichnet. Zahlreiche Forschungsprojekte beschäftigen sich aktuell mit der Entwicklung von sogenannten **„Liquid biopsy"**-Methoden zum Nachweis von ZTZ in Blutproben von Patienten mit potenziell metastatischen Tumoren. Hintergrund dieser Bemühungen ist dabei der Gedanke, dass diese Diagnostikmethoden weniger invasiv sind und trotzdem mehr Informationen über den aktuellen Metastasierungsstatus der Patienten liefern. Erste Studien an Blutproben von Hündinnen mit **Mammatumor-ZTZ** konnten zeigen, dass der Nachweis der Marker **CLDN7, CRYAB, ATP8B1 und EGFR** im Blut eng mit dem Auftreten von Metastasen korreliert. Obwohl metastasierende Tumoren Tausende bis Millionen Tumorzellen in den Blutkreislauf abgeben, sind ZTZ doch mit **<10 ZTZ per ml Blut** sehr seltene Zellen im Blut, sodass sehr sensitive Methoden angewendet werden müssen. Weiterhin sind wahrscheinlich nur <0,1 % der ZTZ fähig, Makrometastasen zu etablieren und somit von wirklicher klinischer Relevanz.

Die Frage, warum und wo die **ZTZ aus den Gefäßen austreten und Metastasen** bilden, ist zu großen Teilen unklar. Metastasen verschiedener Tumorarten zeigen einen typischen Organtropismus.

So metastasieren kanine Mammatumoren und Osteosarkome zumeist in die Lunge, während feline Lungenkarzinome eher in die distalen Phalangen metastasieren. Andere Organe, wie das Herz oder die Haut, sind hingegen nur selten von Metastasen betroffen. Die organspezifischen Metastasierungsmuster werden von der eher allgemeinen **„Seed-and-soil"-Theorie** von Paget erklärt. Sie besagt, dass die Tumorzelle (seed) nur in einem geeigneten Organ/Mikromilieu (soil) Makrometastasen bildet. Die Faktoren, die ein Organ oder Gewebe geeignet machen, sind trotz intensiver Forschung zumeist unbekannt. Das Verständnis dieser Faktoren könnte jedoch helfen, gezielte Therapien zur Verhinderung der Metastasenbildung zu entwickeln. Bisher konnten zumindest für die knochenspezifische Metastasierung verschiedene Mechanismen und Faktoren identifiziert werden. So scheint die Sekretion der **Chemokine CXCL12, CXCL13** u. a. sowie des **Receptor activator of the nuclear factor-κB ligand (RANKL)** durch Osteoblasten und stromale Knochenmarkszellen Tumorzellen in das Knochenmark zu locken. Zusätzlich scheinen das Knochen-Sialoprotein und Kollagen die Knochenmarksinvasion über die Bindung von Integrinen auf den Tumorzellen zu vermitteln.

Die Etablierung von Mikrometastasen ist der erste Schritt nach der Extravasation von ZTZ. Sie findet viel häufiger statt als die letztlich klinisch nachweisbaren Makrometastasen erwarten lassen. Mikrometastasen sind kleine Gruppen von oft ruhenden oder nur sehr langsam wachsenden Tumorzellen. Sie sind mit den üblichen Bildgebungsverfahren meist noch nicht nachweisbar. Nur wenn die **Mikrometastasen** ein geeignetes Mikromilieu vorfinden bzw. sich an das vorhandene anpassen können, entwickeln sie sich zu **Makrometastasen**. Dieser Prozess wird als **Kolonisation** bezeichnet. Sie wird nur von sehr wenigen Mikrometastasen vollzogen. Die meisten Mikrometastasen bleiben deshalb in ihrem Ruhestatus, welcher auch als „Dormancy" bezeichnet wird. *Dormancy* beschreibt somit einen Zustand, in dem sich die Tumorzellen nicht teilen oder proliferieren. Die ruhenden Tumorzellen bleiben in der G0- oder G1-Phase des Zellzyklus und warten auf einen bisher nicht genau bekannten und wahrscheinlich sehr variablen Reiz, um mit der Proliferation zu beginnen. Ruhende („dormante") Tumorzellen in Form von Mikrometastasen oder als **„Minimal residual disease" (MRD)** im Bereich des resezierten primären Tumors sind der Hauptgrund für eine Tumorrezidivierung. Dormancy kann durch die Unfähigkeit zur Angiogenese, Energiemangel, antiproliferative Signale aus der umgebenden EZM oder tumorunterdrückende Signale des Immunsystems hervorgerufen werden.

1.2 Theorie der klonalen Evolution versus Tumorstammzelltheorie

Eine der ersten Theorien zum Prozess der Karzinogenese war die Idee eines evolutionären Prozesses, welcher durch schrittweise Mutation somatischer Zellen mit anschließender Selektion die am besten angepassten oder „fittesten" Zellen in der jeweiligen Umgebung hervorbringt, ähnlich Darwins Theorie der natürlichen Selektion. Dieses **klonale Evolutionsmodell** von Nowel (1976) definiert die Karzinogenese als eine Tumorzellklon-Evolution, die in einem „Gewebeökosystem" stattfindet (Abb. 1.5). Dieses traditionelle Modell einer klonalen Evolution beschreibt eine Serie von klonalen Expansionen, die im Wettbewerb zueinander stehen. Letztlich führt dieser Wettbewerb dazu, dass nur einer oder sehr wenige Tumorzellklone die gesamte Tumormasse ausmachen. Die Karzinogenese in diesem Modell basiert somit auf der **sequenziellen Akkumulation von Mutationen und Selektion der fittesten Varianten**. Dieser Prozess führt zu relativ einzigartigen Tumoren in jedem Patienten, welche aus einer ganz bestimmten Mischung mehr oder weniger stabiler

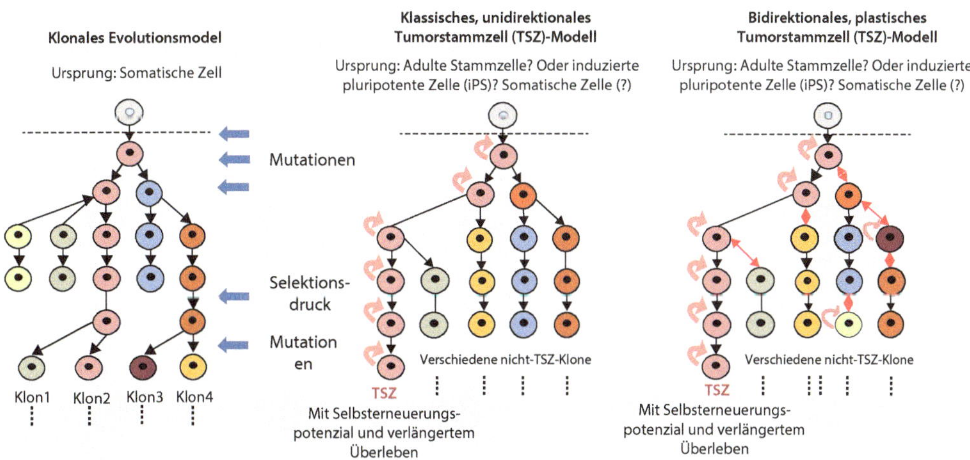

Abb. 1.5 Die drei Hauptmodelle der Tumorprogression

Tumorzellsubklone aufgebaut ist. Die Zeitspanne einer solchen Evolution kann je nach Tumorart Monate bis Jahre benötigen und hängt vor allem vom Niveau der **genetischen Instabilität** der Tumorzellen bzw. der **epigenetischen Instabilität** des Tumorgenoms ab. Letztere nimmt dabei viel schneller Einfluss auf den evolutionären Prozess als genetische Veränderungen. Es wird jedoch auch diskutiert, ob zumindest für einige Tumorarten einzelne punktuelle genetische Veränderungen sehr direkt zu einer nahezu unmittelbaren Tumorentwicklung führen, was zumindest zeitlich nicht mit dem typischen Bild einer stufenweisen Evolution vereinbar ist.

Das ursprüngliche klonale Evolutionsmodell stellt die Karzinogenese als einen Prozess dar, bei dem grundsätzlich alle Tumorzellen zur klonalen Evolution beitragen. Diese Theorie wird in den letzten Jahren durch das **Tumorstammzell- oder TSZ-Modell** (◘ Abb. 1.5) ergänzt. Das klassische TSZ-Konzept nahm an, dass die Tumorproliferation, ähnlich wie die nicht-neoplastische Gewebsproliferation, durch eine kleine Gruppe von Stammzellen angetrieben wird. Diese TSZ haben die Fähigkeit zur **asymmetrischen Teilung** jeweils in eine TSZ und eine Nicht-TSZ-Tumorzelle. Letztere zeigt keine tumorinitiierenden Eigenschaften, d. h. sie teilt sich eventuell noch, trägt aber nicht grundlegend zur Tumorentwicklung bei. Momentan werden drei Haupthypothesen zu Biologie und Ursprung von TSZ diskutiert:

- maligne Transformation von normalen adulten Stammzellen in TSZ
- Entdifferenzierung reifer Tumorzellen in TSZ
- induzierte pluripotente Tumorstammzellen (iPS)

Die **erste Hypothese** einer Transformation adulter Stammzellen in TSZ basiert auf zwei Beobachtungen. Erstens zeigen TSZ Selbsterneuerungskapazitäten, die denen normaler Stammzellen entsprechen. Zweitens dauert die Transformation in eine maligne Tumorzelle meist mehrere Jahre, eine Zeitspanne, die in den meisten Geweben nur adulte Stammzellen überleben. Die **zweite Hypothese** der TSZ-Entwicklung infolge der Dedifferenzierung von reifen Tumorzellen in TSZ basiert auf der Beobachtung der TSZ-Plastizität, welche im nächsten Abschnitt genauer beschrieben wird. Die **dritte Hypothese** zur Herkunft von TSZ basiert auf der Identifikation von induzierten pluripotenten Stammzellen (iPS). iPS sind normale somatische Zellen, die durch endogene Umprogrammierung in TSZ umgewandelt werden. Diese Umprogrammierung umfasst die Aktivierung von mindestens vier Transkriptionsfaktoren, den sogenannten „Yamanaka-Faktoren": OCT3/4, Sox2, c-Myc und Klf4. Wie und warum diese Yamanaka Faktoren aktiviert werden, ist jedoch noch unklar.

Das **klassische TSZ-Konzept** der Tumorprogression ist **unidimensional** und **unidirektional hierarchisch**, mit den TSZ an der Spitze (◘ Abb. 1.5). Es impliziert somit, dass die Masse der Tumorzellen differenzierte Nachkommen dieser TSZ sind, die dann reine Passagiere, jedoch keine Fahrer/Treiber des Tumorwachstums sind. Nach dieser Theorie stellen normale Tumorzellen keine primären Zielzellen für die Tumortherapie dar. Die tumorinitiierenden Fähigkeiten von TSZ werden momentan als **Goldstandard der TSZ-Identifikation** im Rahmen von Xenotransplantation in immunodefiziente Mäuse getestet. Gemäß dem klassischen TSZ-Konzept können nur TSZ Tumoren in der Empfängermaus etablieren, während alle anderen Tumorzellen dazu nicht fähig sind. Aktuelle Xenotransplantationsstudien identifizierten TSZ als selten, mit einem Anteil von <2 % aller Tumorzellen im Primärtumor. Die Häufigkeit von **TSZ im Blut von Tumorpatienten**, d. h. ihr Anteil unter den zirkulierenden Tumorzellen (ZTZ), ist noch unklar. Anhand dieser Studien wurden zahlreiche **TSZ-Marker** identifiziert, z. B. CD133, Nanog, Oct3/4, ALDH und CD44. Der momentan angenommene Anteil von TSZ an allen Tumorzellen könnte jedoch generell zu niedrig liegen, da im Rahmen von Xenotransplantationen in Mäuse nur TSZ nachgewiesen werden, die in einem murinen Umfeld überleben und aktiv werden. Dies müssen jedoch nicht zwingend die TSZ sein, die in einem anderen Milieu im eigentlichen Wirt zur Tumorprogression beitragen.

Der aktuell rasante Zuwachs an Informationen über das Genom humaner Tumoren weist auf eine hohe Intertumor-Variabilität hin, d. h. eine Heterogenität zwischen Tumoren der gleichen Art bei verschiedenen Patienten, sowie auf eine hohe **Intratumor-Variabilität**, d. h. Heterogenität zwischen Tumorzellen aus dem Tumor eines Patienten. Diese erstaunlich hohe Intratumor-Variabilität ist mit dem klassischen, unidimensionalen, unidirektionalen und hierarchischen TSZ-Modell mit einer oder sehr wenigen Stammzellen an der Spitze nur schwer zu erklären. Es wird deshalb angenommen, dass TSZ möglicherweise die Zellen sind, die somatische Mutationen akkumulieren und somit ebenfalls einer klonalen Evolution unterliegen. Dies wiederum impliziert eine **multidimensionale hierarchische Struktur** mit verschiedenen Tumorsubklonen und verschiedenen TSZ an der Spitze (◘ Abb. 1.5).

Der Idee der Unidirektionalität der bisherigen TSZ-Modelle mit einer asymmetrischen TSZ-Teilung in eine TSZ und eine final differenzierte Tumorzelle wurde ebenfalls neu überdacht. Neuere Studien konnten zeigen, dass es eine erweiterte **TSZ-Plastizität** gibt, d. h. eine Differenzierung auch von Nicht-TSZ in TSZ möglich ist. Diese Beobachtungen lassen darauf schließen, dass der **Stammzellcharakter** lediglich ein erworbener, wieder zu verlierender und somit **temporärer funktioneller Zustand** ist, der durch die Akkumulation von Mutationen und Evolutionsdruck entsteht und nicht die fixierte Fähigkeit einer kleinen Tumorzellsubpopulation darstellt. Das Konzept der TSZ-Plastizität fusioniert somit das TSZ-Modell mit dem klonalen Evolutionsmodell und impliziert, dass eine alleinige Fokussierung auf TSZ als therapeutisches Ziel, wie momentan häufig vorgeschlagen, möglicherweise scheitern könnte, da ein Übergang von Nicht-TSZ-Tumorzelle zu TSZ unter selektivem Therapiedruck jederzeit möglich sein könnte.

1.3 Häufige Karzinogene als Tumorursache

Als Karzinogene werden alle Substanzen, Strahlungsarten oder Infektionserreger bezeichnet, die zur Tumorinitiierung fähig sind. Diese Fähigkeit basiert zumeist auf der direkten Schädigung des Genoms oder auf einer indirekten Schädigung über einen Einfluss auf den Zellmetabolismus, der dann wiederum das Genom schädigt. Die ◘ Tab. 1.1 und 1.2 listen einige typische Beispiele der 116 Gruppe-1-Karzinogene auf, die einen bewiesenen karzinogenen Effekt für den Mensch haben (publiziert durch die **International Agency for Research on Cancer** [IARC], http://monographs.iarc.fr/). Ihr karzinogener Effekt ist zumeist nicht für alle Haus- und Heimtiere bestätigt. Eine ähnliche Wirkung auf Tiere kann jedoch im Zweifelsfall zunächst angenommen werden.

◘ **Tab. 1.1** Beispiele für Gruppe-1-Karzinogene für den Mensch (publiziert durch die International Agency for Research on Cancer, IARC): Chemikalien, Metalle, arsenhaltige Verbindungen, Stäube und Fasern

	betroffene Gewebe	Karzinogenesemechanismus
Chemikalien		
Aromatische Amine (inkl.. 4-Aminobiphenyl, Benzidin, 2-Naphthylamin, Aniline)	Harnblase	direkte Genotoxizität
Polyzyklische aromatische Kohlenwasserstoffe (PAK) (inkl. Benzo[a]pyrene)	Lunge, Haut, Harnblase	direkte Genotoxizität
Aflatoxine	Leber	direkte Genotoxizität
Benzol	hämatolymphatische Organe	direkte Genotoxizität
1,3-Butadien	hämatolymphatische Organe	direkte Genotoxizität
Dioxine	Bindegewebe, Lunge,	direkte Genotoxizität
Formaldehyd	Nasopharynx, hämatolymphatische Organe	direkte Genotoxizität
Senfgas	Lunge	direkte Genotoxizität
Vinylchlorid	Leber, Gefäße	direkte Genotoxizität

◘ Tab. 1.1   Fortsetzung

	betroffene Gewebe	Karzinogenesemechanismus
Arsenhaltige Verbindungen	Lunge, Haut, Harnblase	oxidative DNA-Schäden, epigenetischer Effekt
Metalle		
Beryllium und Beryllium-Verbindungen	Lunge	Chromosomenschäden, Aneuploidie, DNA -Schäden
Cadmium und Cadmium-Verbindungen	Lunge	DNA-Reparatur-Inhibition, genomische Instabilität
Chrom (VI)-Verbindungen	Lunge	direkte DNA -Schäden, genomische Instabilität, Aneuploidie
Nickel-Verbindungen	Lunge, Nasenhöhle	DNA-Schäden, Chromosomenschäden genomische Instabilität, DNA-Reparatur-Inhibition, epigenetische Veränderungen
Fasern und Stäube		
Asbest	Lunge, Pleura, Larynx, Eierstöcke	Makrophagenaktivierung, Entzündung, Synthese reaktiver Sauerstoff- und Stickstoffspezies, Genotoxizität, Aneuploidie, epigenetische Veränderungen, Aktivierung von Signalkaskaden
Erionit	Pleura	Genotoxizität
Silikatstaub	Lunge	Makrophagenaktivierung, chronische Entzündung

◘ Tab. 1.2   Häufige Gruppe-1-Karzinogene (IARC): Pharmaka

	betroffene Gewebe	Karzinogenesemechanismus
Diethylstilbestrol	Mamma	östrogenrezeptorvermittelt, Genotoxizität, epigenetische Veränderungen
Östrogen-/ Progestagen-Kontrazeptiva	Mamma, Zervix, Leber, Endometrium	östrogenrezeptorvermittelt, Genotoxizität
Tamoxifen	Endometrium	östrogenrezeptorvermittelt, Genotoxizität
alkylierende Stoffe (Busulfan, Chlorambucil, Cyclophospha-mid, Lomustin, Trosulfan)	hämatolymphatische Organe	Genotoxizität
Chlornaphazin	Harnblase	Genotoxizität
Cyclosporin	hämatolymphatische Organe, Haut, diverse	Immunosuppression
Phenacetin	Nierenbecken, Ureter	Genotoxizität, Zellproliferation

◘ Tab. 1.3 Infektionserreger mit bewiesenem karzinogenen Effekt auf Haus- und Heimtiere

	betroffene Gewebe	Karzinogenesemechanismus
Papillomaviren (verschiedene Spezies)	diverse, hauptsächlich Haut und Gastrointestinaltrakt	virale Proteine induzieren Proliferation, Immunevasion
Retroviren (Felines/Bovines Leukämievirus (FeLV, BLV), Jaagsiekte Sheep Retrovirus (JSRV), Enzootisches Nasentumorvirus 1 (ENTV1)	hämatolymphatische Organe, Mukosa, TypII-Pneumozyten	insertionbasierte Aktivierung/Inaktivierung von wirtseigenen Onkogenen/Tumorsuppressoren, Insertion neuer Onkogene
Spirocerca lupi (Nematode)	Ösophageales Bindegewebe (Hund)	chronische Entzündung vermutet

◘ Tab. 1.3 fasst die wichtigsten biologischen Karzinogene für Haus- und Heimtiere zusammen.

1.4 Klinisch relevante Tumoreffekte

■ Der Masseneffekt primärer Tumoren und ihrer Metastasen

Der Begriff „Masseneffekt" beschreibt die zunehmende Raumforderung wachsender Tumoren oder ihrer Metastasen. Die tumorassoziierte Kompression benachbarter Strukturen führt zu einer Atrophie von Nachbarzellen und funktionellen Störungen angrenzender Nerven. So führen Hirntumoren unvermeidlich zu fatalen Masseneffekten durch erhöhten intrakranialen Druck und Schädigung des umgebenden Hirngewebes, da in der knöchernen Schädelhöhle nahezu keine Ausweichmöglichkeiten bei Volumenzunahme der internen Strukturen bestehen.

■ Paraneoplastische Syndrome

Paraneoplastische Syndrome sind tumorassoziierte klinische Symptome, die nicht die Folge des Masseneffekts des Tumors sind. Paraneoplastische Syndrome sind bei erfolgreicher Tumortherapie zumeist reversibel. Die Kenntnis der verschiedenen paraneoplastischen Syndrome ist hilfreich für die Tumordiagnose, da sie oft das erste wahrgenommene klinische Symptom sind. Bei manchen, meist endokrinen Tumoren sind diese Syndrome teils von größerer klinischer Relevanz als der Masseneffekt von ansonsten wenig problematischen Tumoren. Paraneoplastische Syndrome werden gewöhnlich durch ins Blut sezernierte humorale Faktoren hervorgerufen. Die etwas allgemeineren paraneoplastischen Syndrome wie Tumorkachexie, Hyperthermie, Anämie und andere sind in ◘ Tab. 1.4. aufgeführt.

■ Tumorkachexie

Tumorkachexie ist ein häufiger **paraneoplastischer Befund** bei vielen Tumorpatienten. Sie ist ein multifaktoriell angetriebener Prozess, der mit dem Verlust von Skelettmuskulatur (**Sarkopenie**) und Körperfett einhergeht und die Todesursache bei circa 20 % aller humanen Tumorpatienten ist. Ähnliche epidemiologische Daten sind für die Veterinäronkologie nicht vorhanden. Die Pathogenese der Tumorkachexie ist noch nicht komplett verstanden. Verschiedene **Mechanismen** sind beteiligt, wie erhöhter Energieverbrauch, Änderungen im Mitochondrienstoffwechsel, ein erhöhter Anteil an thermisch aktivem braunen Fettgewebe, chemokinassoziierte (IL-1, IL-6, TNFα) systemische Entzündungen und assoziierte metabolische Veränderungen, ein aktivierter Ubiquitin-Proteasom-Stoffwechsel des Skelettmuskels sowie systemische Entzündung und vieles mehr.

■ Anämie

Anämie ist ein häufig beobachtetes paraneoplastisches Syndrom in der Veterinäronkologie. Viele verschiedene Ursachen können dabei infrage kommen, z. B. Anämie chronischer Erkrankungen, Hämorrhagien oder mikroangiopathische hämolytische Anämie. Die Anämie chronischer Erkrankungen wird hauptsächlich durch chronisch erhöhte, IL-6-induzierte Hepcidin-Serumlevel hervorgerufen, die den Eisenstoffwechsel negativ beeinflussen.

◘ Tab. 1.4 Tumorspezifische paraneoplastische Syndrome in der Veterinäronkologie

Paraneoplastisches Syndrom	Tumorart	Mechanismus
Akromegalie	somatotrophe Hypophysentumoren	Wachstumshormonsekretioninduzierte IGF-1-Sekretion
Erythrozytose	renale Tumore, Lymphome	Sekretion von Erythropoietin oder HIF-1
gastrointestinale Ulzera	Mastzelltumoren, Gastrinome	Hyperhistaminämie, Hypergastrinämie
Glomerulonephritis/Nephrotisches Syndrom	Leukämie, Myelome	hauptsächlich Antikörpersekretion
Hyperadrenokortizismus	kortikotrophe Hypophysentumoren, adrenokortikale Tumore	Sekretion von ACTH, Kortisol
Hyperaldosteronismus	adrenokortikale Tumore	Aldosteronsekretion
maligne Hyperkalzämie	Lymphome, Myelom, Analbeutelkarzinome, Nebenschilddrüsentumoren	Hyperparathyroidismus, Sekretion von Parathyroid hormone-related peptide (PTHrP), Osteolyse, verschiedene Zytokine
Hyperöstrogenismus	Ovarialtumoren, Sertolizelltumoren	Östrogensekretion
Hypergammaglobulinämie	Myelome, Lymphome	Antikörpersekretion
Hyperglykämie	Glukagonome, kortisolsezernierende Tumoren	Glukagonsekretion, kortisolinduzierte periphere Insulinresistenz
Hyperthyroidismus	Schilddrüsentumoren	Schilddrüsenhormone
hypertrophe Osteopathie	primäre Lungentumoren, Rhabdomyosarkome der Harnblasen, Ösophagialtumoren	unbekannt
Hypoglykämie	Insulinome, Leber- und Speicheldrüsentumoren, Lymphome	Insulin, Glukoseverbrauch durch Tumor, verminderte hepatische Glykogenolyse bzw. Glukoneogenese, IGF-1/IGF-2-Sekretion
Hypothyroidismus	Schilddrüsentumoren	Zerstörung der Schilddrüse
Thrombozytopenie	Hämangiosarkome, Lymphome?	Plättchenzerstörung /-verbrauch, verminderte Plättchensynthese
Myasthenia gravis	Thymome, Lymphome	Antikörper gegen nikotinerge Azetylcholinrezeptoren
Nekrolytisches Erythem/ oberflächliche nekrolytische Dermatitis	Glukagonome	exakter Mechanismus unklar, Glukagonsekretion
Noduläre Dermatofibrose	renales Zystadenom/ Zystadenokarzinom, uterine Tumoren	unbekannt
periphere Neuropathie	Lungentumoren, Leiomyosarkome, multiple Myelome, Lymphome, Insulinome	Hypoglykämie, unbekannt
thymomassoziierte exfoliative Dermatitis	Thymome	unbekannt

ACTH: Adrenokortikotropes Hormon, IGF: Insulin-like growth factor, HIF: Hypoxieinduzierter Faktor

Weiterhin können entzündliche Zytokine, aber auch Hormone aus endokrinen Tumoren die Hämatopoese unterdrücken, die Freisetzung von renalem Erythropoietin beeinträchtigen oder die Halbwertszeit von zirkulierenden Erythrozyten vermindern. Hämangiosarkome und gastrointestinale Tumoren können zudem durch hochgradige akute oder milde chronische Hämorrhagien eine mikrozytische und hypochrome Anämie hervorrufen. Hämangiosarkome können außerdem eine mikroangiopathische hämolytische Anämie hervorrufen, die durch Zerreißen von Erythrozyten an Fibrinthromben oder Endothelschäden im Tumor verursacht wird. Ein weiterer, eher seltener Anämiemechanismus ist eine Knochenmarksuppression durch Hyperöstrogenismus. Sertolizelltumoren des Hodens und Granulosazelltumoren der Ovarien können beim Hund über eine Östrogensekretion zu Anämien führen.

- **Hyperthermie (Fieber)**

Die Häufigkeit von Fieber als paraneoplastisches Syndrom in der Veterinäronkologie ist unbekannt. In der Humanmedizin ist sie mäßig häufig. Tumorassoziierte Hyperthermie wird durch eine exzessive Sekretion der Zytokine IL-1, IL-6, TNF-α sowie von Prostaglandinen hervorgerufen. Tumorassoziiertem Fieber liegen jedoch noch häufiger tumorassoziierte Infektionen zugrunde.

- **Tumorartspezifische paraneoplastische Syndrome**

Bekannte tumorspezifische paraneoplastische Syndrome sind in ◘ Tab. 1.4 zusammengefasst.

Weiterführende Literatur

Argiles JM, Busquets S, Stemmler B, Lopez-Soriano FJ (2014) Cancer cachexia: understanding the molecular basis. Nature reviews. Cancer 14:754–762

Bergman PJ (2012) Paraneoplastic hypercalcemia. Top Compan Anim Med 27:156–158

Cancer Genome Atlas Network (2012a) Comprehensive molecular portraits of human breast tumours. Nature 490(7418):61–70

Cancer Genome Atlas Network (2012b) Comprehensive genomic characterization of squamous cell lung cancers. Nature 489(7417):519–525

Cancer Genome Atlas Network (2012c) Comprehensive molecular characterization of human colon and rectal cancer. Nature 487(7407):330–337

Cancer Genome Atlas Network, Weinstein JN, Collisson EA, Mills GB, Shaw KR, Ozenberger BA, Ellrott K, Shmulevich I, Sander C, Stuart JM (2013) The Cancer Genome Atlas Pan-Cancer analysis project. Nat Genet 45(10):1113–1120

Da Costa A, Oliveira JT, Gartner F, Kohn B, Gruber AD, Klopfleisch R (2011) Potential markers for detection of circulating canine mammary tumor cells in the peripheral blood. Vet J 190:165–168

Da Costa A, Lenze D, Hummel M, Kohn B, Gruber AD, Klopfleisch R (2012) Identification of six potential markers for the detection of circulating canine mammary tumour cells in the peripheral blood identified by microarray analysis. J Comp Pathol 146(2–3):143–151

Da Costa A, Kohn B, Gruber AD, Klopfleisch R (2013) Multiple RT-PCR markers for the detection of circulating tumour cells of metastatic canine mammary tumours. Vet J 196(1):34–39

Freeman LM (2012) Cachexia and sarcopenia: emerging syndromes of importance in dogs and cats. J Vet Intern Med/Am Coll Vet Intern Med 26:3–17

Greaves M, Maley CC (2012) Clonal evolution in cancer. Nature 481:306–313

Hanahan D, Weinberg RA (2011) Hallmarks of cancer: the next generation. Cell 144(5):646–674

Jiang WG, Sanders AJ, Katoh M, Ungefroren H, Gieseler F, Prince M, Thompson SK, Zollo M, Spano D, Dhawan P, Sliva D, Subbarayan PR, Sarkar M, Honoki K, Fujii H, Georgakilas AG, Amedei A, Niccolai E, Amin A, Ashraf SS, Ye L, Helferich WG, Yang X, Boosani CS, Guha G, Ciriolo MR, Aquilano K, Chen S, Azmi AS, Keith WN, Bilsland A, Bhakta D, Halicka D, Nowsheen S, Pantano F, Santini D (2015) Tissue invasion and metastasis: molecular, biological and clinical perspectives. Semin Cancer Biol 35:S244–S275

Jones S, Chen WD, Parmigiani G, Diehl F, Beerenwinkel N, Antal T, Traulsen A, Nowak MA, Siegel C, Velculescu VE et al (2008) Comparative lesion sequencing provides insights into tumor evolution. Proc Natl Acad Sci U S A 105(11):4283–4288

Kandoth C, McLellan MD, Vandin F, Ye K, Niu B, Lu C, Xie M, Zhang Q, McMichael JF, Wyczalkowski MA et al (2013) Mutational landscape and significance across 12 major cancer types. Nature 502(7471):333–339

Klopfleisch R, Lenze D, Hummel M, Gruber AD (2010) Metastatic canine mammary carcinomas can be identified by a gene expression profile that partly overlaps with human breast cancer profiles. BMC Cancer 10:618

Klopfleisch R, Lenze D, Hummel M, Gruber AD (2011) The metastatic cascade is reflected in the transcriptome of metastatic canine mammary carcinomas. Vet J 190(2):236–243

Klopfleisch R, Meyer A, Schlieben P, Bondzio A, Weise C, Lenze D, Hummel M, Einspanier R, Gruber AD (2012) Transcriptome and proteome analysis of tyrosine kinase inhibitor treated canine mast cell tumour cells identifies potentially kit signaling-dependent genes. BMC Vet Res 8:96

Klopfleisch R (2013) Personalized medicine in veterinary oncology: minimal residual disease and circulating tumour cells in dogs. Vet J 195(3):263–264

Klopfleisch R (2015) Personalised medicine in veterinary oncology: one to cure just one. Vet J 205(2):128–135

Klose P, Weise C, Bondzio A, Multhaup G, Einspanier R, Gruber AD, Klopfleisch R (2011) Is there a malignant progression associated with a linear change in protein expression levels from normal canine mammary gland to metastatic mammary tumors? J Proteome Res 10(10):4405–4415

Meyer A, Gruber AD, Klopfleisch R (2013) All subunits of the interleukin-2 receptor are expressed by canine cutaneous mast cell tumours. J Comp Pathol 149:19–29

Nowell PC (1976) The clonal evolution of tumor cell populations. Science 194:23–28

Pang LY, Argyle DJ (2014) The evolving cancer stem cell paradigm: implications in veterinary oncology. Vet J 205:154–160

Ressel L, Millanta F, Caleri E, Innocenti VM, Poli A (2009) Reduced PTEN protein expression and its prognostic implications in canine and feline mammary tumors. Vet Pathol 46:860–868

Turek MM (2003) Cutaneous paraneoplastic syndromes in dogs and cats: a review of the literature. Vet Dermatol 14:279–296

Vander Heiden MG, Cantley LC, Thompson CB (2009) Understanding the Warburg effect: the metabolic requirements of cell proliferation. Science 324:1029–1033

Vogelstein B, Papadopoulos N, Velculescu VE, Zhou S, Diaz LA Jr, Kinzler KW (2013) Cancer genome landscapes. Science 339(6127):1546–1558

Tumordiagnostik

Natali Bauer und Robert Klopfleisch

© Springer-Verlag GmbH Deutschland 2017
R. Klopfleisch (Hrsg.), *Veterinäronkologie kompakt*,
https://doi.org/10.1007/978-3-662-54987-2_2

2.1 Diagnostische Bildgebung in der Onkologie

Die diagnostische Bildgebung umfasst alle nichtinvasiven Techniken, die zur Visualisierung von Tumoren und Metastasen genutzt werden. Sie ist ein essenzieller Teil der Diagnosefindung und für die Therapieplanung und die Einschätzung des Therapieerfolgs bei Tumoren von hoher Relevanz. Die am häufigsten in der Veterinäronkologie genutzten Methoden sind Ultraschall, Röntgen, Computertomographie (CT) und Magnetresonanztomographie (MRT). Jede Methode hat Vor- und Nachteile und ist jeweils von besonderem Wert für bestimmte diagnostische Fragesellungen (◘ Tab. 2.1).

2.1.1 Ultraschall

Die Bildgebung mit Ultraschall basiert auf der **Reflexion von Schallwellen** an den Grenzen zwischen Geweben mit unterschiedlicher akustischer Impedanz. Die akustische Impedanz hängt von der physikalischen Dichte eines Gewebes ab. Je höher die Impedanz, desto mehr Schallwellen werden an der Grenze des Gewebes reflektiert und vom Schallkopf wieder detektiert. Trifft die Schallwelle auf einen gasgefüllten Raum oder soliden Knochen, wird nahezu die gesamte Energie wieder zum Schallkopf reflektiert, und die Strukturen hinter dieser Grenze können nicht dargestellt werden (z. B. nach einer Knochengrenze).

Im Vergleich zu den anderen Bildgebungsverfahren hat der Ultraschall viele Vorteile. Er ist schnell durchgeführt, ist relativ preiswert, stellt ein Echtzeitverfahren dar und beinhaltet keine Röntgenstrahlungsexposition. Nachteile sind die eingeschränkte Darstellung von Knochen und gasgefüllten Räumen, die niedrige Bildauflösung und die eingeschränkte Penetrationstiefe (◘ Tab. 2.1). Ultraschall wird häufig als „First line"-Methode für die Evaluation von Tumoren in der Abdominalhöhle genutzt.

2.1.2 Röntgen

Röntgen ist immer noch das dominierende „First-line"-Bildgebungsverfahren für viele Fragestellungen in der Veterinäronkologie. Dies ist vor allem darauf

◘ **Tab. 2.1** Vor- und Nachteile von Bildgebungsverfahren in der Veterinäronkologie

Methode	Vorteile	Nachteile
Ultraschall	niedrige Kosten	oft limitierte Bildauflösung
	schnell	gasgefüllte Körperhöhlen schwierig darzustellen
	hohe Sensitivität	
	Echtzeitergebnisse	eingeschränkte Knochendarstellung
	schnelle und preiswerte Darstellung des Abdomens	eingeschränkte Penetration
		umfangreiches Training nötig
Röntgen	niedrige Kosten	Überlagerung von Strukturen
	exzellente Knochendarstellung	wenige Details im Weichgewebe
	einfaches globales Screening für kleine Tiere	niedrige Sensitivität für kleine Tumoren
		Strahlungsexposition
	Standardmethode, relativ einfach auszuwerten	
Computertomographie (CT)	keine Überlagerung von Strukturen	hohe Kosten
	hohe Sensitivität für kleine Tumoren	hohe Strahlungsexposition
	bessere Knochendarstellung als MRT	Allgemeinanästhesie nötig
		umfangreiches Training nötig
Magnetresonanztomographie (MRT)	exzellente Weichgewebsdarstellung	hohe Kosten
	hohe Auflösung	Allgemeinanästhesie nötig
	exzellente Hirndarstellung	umfangreiches Training nötig

begründet, dass es vergleichbar kostengünstig und leicht zugänglich ist. Zunehmend wird es jedoch durch die höher auflösenden Verfahren der Computertomographie (CT) und der Magnetresonanztomographie (MRT) ergänzt. Das Röntgenverfahren nutzt elektromagnetische Röntgenstrahlen, um die inneren Körperstrukturen darzustellen. Diese absorbieren aufgrund ihrer unterschiedlichen Strahlendurchlässigkeit unterschiedlich hohe Anteile der eintretenden Röntgenstrahlen. Somit gelangen je nach Körperstruktur unterschiedliche große Anteile an Strahlen auf den hinter dem Körper liegenden Röntgenfilm oder Sensor, was wiederum zu einer unterschiedlich starken Belichtung führt. Je mehr die bestrahlten Strukturen Röntgenstrahlen absorbieren, desto heller erscheinen sie auf dem fertigen Röntgenbild. So sind luftgefüllte Räume sehr dunkel, Weichgewebe grau und Knochen tendenziell sehr hell.

Der Hauptvorteil von Röntgenbildern sind die relativ niedrigen Kosten, die Möglichkeit der Darstellung des gesamten Körpers oder großer Körperteile und die exzellente Darstellung von Knochenstrukturen. Nachteilig sind die Überlagerung von Strukturen im Strahlengang, die geringe Detaildarstellung von Weichgeweben und die Zyto- und Genotoxizität der Röntgenstrahlen (■ Tab. 2.1). Röntgenstrahlen werden zur Darstellung von Tumoren in allen Körperregionen genutzt, außer für Hirntumore.

2.1.3 Computertomographie (CT)

Die Computertomographie (CT) ist eine Fortentwicklung des klassischen Röntgens. Sie basiert auf dem gleichen Grundmechanismus wie das Röntgen, d. h. sie stellt Körperstrukturen anhand ihrer unterschiedlichen Strahlendurchlässigkeit für Röntgenstrahlen dar. Die CT integriert jedoch zahlreiche Röntgenbilder, welche aus verschiedenen Winkeln aufgenommen werden. Computerbasiert werden diese wieder zusammengefügt, was zu einer dreidimensionalen Darstellung der Körperstrukturen führt. Die Körperstrukturen werden zumeist in Form von zahlreichen Querschnittsebenen („tomographisch") betrachtet.

Vorteile der CT sind die hohe Auflösung, die auch die Darstellung kleiner Tumoren ermöglicht, die bessere Darstellung von Knochen als im MRT und die Möglichkeit, CT-geführte Biopsien zu entnehmen. Ihre Nachteile sind die hohen Kosten und die hohe Röntgenstrahlungsexposition. CT wird zumeist zur Darstellung von kleinen Tumoren und Metastasen sowie für die genaue Planung von chirurgischen Eingriffen und der Strahlentherapie genutzt.

2.1.4 Magnetresonanztomographie (MRT)

Die Magnetresonanztomographie (MRT) produziert wie die CT ebenfalls dreidimensionale Darstellungen des Körpers mittels aneinandergereihter Querschnitte. Die MRT nutzt jedoch ein starkes magnetisches Feld und die Ausrichtung von Wasserstoffatomen in diesem, um Bilder zu produzieren. Ein wichtiger Vorteil dieser Methode ist deshalb die fehlende Röntgenstrahlungsexposition. Dennoch verlangt der Einsatz der ausgesprochen starken Magnetfelder ebenfalls große Vorsicht, da es durch in diesem Feld beschleunigte metallische Gegenstände zu Verletzungen kommen kann.

Vorteile der MRT sind die detailreiche Weichgewebsdarstellung, die generell hohe Auflösung von Gewebsstrukturen und die hervorragende Darstellung des Gehirns in der Schädelhöhle. Der größte Nachteil der MRT ist ihr hoher Preis. Weiterhin dauern MRT-Aufnahmen zumeist langer als CT-Aufnahmen, sie verlangen somit eine längere Anästhesie. MRT ist die Methode der Wahl für ZNS-Tumoren und wird, wann immer verfügbar, zur Darstellung aller Weichgewebsstrukturen eingesetzt.

2.2   Grundlagen der Tumorzytologie

Natali Bauer

Bei der Tumorzytologie wird eine geringe Zahl an Tumorzellen auf einem Objektträger gefärbt und untersucht. Die Zytologie ist eine Methode für die initiale Diagnostik, um die Art des Tumors und somit Therapieoptionen und Prognose festzustellen.

Insgesamt hat die Zytologie einige **Vorteile** gegenüber den mehr invasiven Biopsietechniken.

Sie ist schnell, minimal invasiv, erfordert in der Regel keine Anästhesie, ist mit relativ geringen Blutungsrisiken und Kosten verbunden und die Besitzer stimmen dem Verfahren mit hoher Wahrscheinlichkeit ohne größere Bedenken zu.

Eine etwas invasivere Biopsie wird entnommen, wenn die Zytologie nicht zu einer sicheren Diagnose führt oder wenn eine weitere Differenzierung des Tumors erforderlich ist (z. B. Subtyp eines Lymphoms oder eine sichere Unterscheidung zwischen Mesotheliom und Karzinom).

Insgesamt bestehen **wenige Kontraindikationen** für die Entnahme einer zytologischen Probe, jedoch sind in diesen Fällen auch invasivere Biopsietechniken kontraindiziert, und die Entnahme des gesamten Tumors oder Organs wird bevorzugt. Die Zytologie als Methode der Probenentnahme ist **nicht empfehlenswert** bei kavernösen Läsionen in Organen wie Leber und Milz (etwa wenn der Verdacht auf ein Hämangiosarkom besteht). In diesen Fällen ist das Risiko einer Blutung oder Metastasierung größer als der Nutzen einer sicheren Diagnosestellung.

Zudem werden **Zytologie und/oder eine Biopsie nicht** als Technik **empfohlen**, um bei Mammatumoren zwischen Adenomen und Karzinomen zu unterscheiden. Diese Tumoren sind in der Regel eine Mischung aus benignen und malignen neoplastischen Anteilen, und Mittel der Wahl ist eine vollständige chirurgische Entfernung mit radikaler Mastektomie sowie Entfernung der assoziierten Lymphknoten.

- Angabe von Signalement des Patienten und Verhalten des Tumors, von dem die Probe stammt
- je mehr Ausstriche vorhanden und je höher die Qualität der zytologischen Proben, desto besser die Diagnosefindung
- vom Rand des Tumors entnommene Proben liefern die meisten Informationen besonders bei zystischen oder kavernösen Zubildungen
- Probenentnahme nach Möglichkeit aus Bereichen, die bei einer späteren Entfernung des Tumors mit herausoperiert werden, um eine Streuung von Tumorzellen ins gesunde Gewebe zu vermeiden
- Feinnadelaspirate sind mit höherer Wahrscheinlichkeit repräsentativ für tiefer gelegenes Gewebe als Flüssigkeiten oder oberflächliche Abklatschpräparate einer Zubildung
- je höher der Vaskularisierungsgrad einer Zubildung ist, desto schmaler sollte die Nadel und desto kürzer die Aspiration sein
- aspiriertes Material ist nicht immer in der Spritze sichtbar
- Verwendung von Objektträgern mit Mattrand und Beschriftung mit Bleistift
- Zytologische Proben sollten keinen Kontakt mit Formalindämpfen haben

2.2.1 Technik der Zytologie – Allgemeines

Zusätzliche Angaben können die Richtigkeit der zytologischen Diagnosefindung verbessern. So können Informationen über Signalement und ein Vorbericht des Patienten die Zahl der wahrscheinlichsten Differenzialdiagnosen eingrenzen. Zudem kann die Kenntnis des biologischen Verhaltens des Tumors (Wachstumsrate, Größe) die Interpretation der zytologischen Befunde erleichtern.

Eine sachgemäße Aspirationstechnik, Anfertigung von qualitativ hochwertigen Ausstrichen und eine gute Färbetechnik sind Voraussetzungen für eine adäquate Probenbeurteilung durch den Zytologen.

Folgende **allgemeine Regeln der Probenentnahme für die Zytologie** sollten beachtet werden:

2.2.2 Technik der Zytologie – spezielle Methoden

2.2.2.1 Entnahme und Anfertigung von zytologischen Präparaten

Insgesamt wird wenig Material benötigt, um zytologische Präparate anzufertigen, sodass die Zytologie in jeder tierärztlichen Praxis oder Klinik durchgeführt werden kann. Das benötigte Material umfasst: Objektträger mit Mattrand, eine **21- oder 22-Gauge-Kanüle** und eine **5- oder 10-ml-Spritze**.

Für weiche Zubildungen oder Organe mit hohem Vaskularisierungsgrad werden Kanülen mit kleinerem Durchmesser verwendet und für derbe Umfangsvermehrungen Nadeln mit größerem Durchmesser. Die Objektträger sollten immer mit Bleistift beschriftet werden, weil der Alkohol sich in Färbelösungen Tinte auflöst. Die Proben für die zytologische Untersuchung können mittels Feinnadelaspiration, durch Abklatsch von Biopsien oder durch Aspiration von Körperhöhlenflüssigkeiten gewonnen werden. Welche Methode adäquat ist, hängt von der Art und Lokalisation des Tumors ab.

■ **Feinnadelaspiration (FNA)**

Eine FNA wird in der Regel verwendet, um Proben aus Organen oder soliden Zubildungen zu entnehmen. Im Wesentlichen gibt es zwei Techniken der FNA-Probenentnahme: die Aspirationstechnik und die Nicht-Aspirationstechnik.

Die **Aspirationstechnik** (◼ Abb. 2.1) ist insbesondere bei derben Zubildungen von Nutzen. Dabei wird die Kanüle mit aufgesetzter Spritze in die Zubildung eingeführt. Die Spritze wird zu drei Vierteln aufgezogen, sodass durch den entstehenden Unterdruck geringe Mengen an Gewebe angesaugt werden. Wenn die Zubildung groß genug ist, kann die Nadel während der Aspiration leicht bewegt werden, um Material von mehreren Bereichen zu erhalten. Der Unterdruck in der Nadel wird dann langsam aufgehoben und die Spritze von der Kanüle entfernt. Anschließend wird Luft in die Spritze ohne aufgesetzte Kanüle aspiriert. Danach wird die Nadel wieder auf die Spritze aufgesetzt und das aspirierte Material durch schnelles Vorschieben des Spritzenkolbens auf den Objektträger aufgespritzt.

Die **Nicht-Aspirationstechnik** (◼ Abb. 2.2) ist insbesondere für Gewebe mit hohem Vaskularisierungsgrad nützlich, um eine Blutkontamination der Probe zu vermeiden. Hier wird entweder die Kanüle ohne aufgesetzte Spritze in das Gewebe eingeführt oder mit aufgesetzter, zuvor mit Luft gefüllter Spritze. Die Kanüle wird dann etwa zehnmal schnell in mehrere Richtungen vor und zurück bewegt, um Gewebezellen zu gewinnen, die alleinig durch Kapillarkräfte in die Nadel gezogen werden. Anschließend wird das Material im Konus wie oben beschrieben rasch auf einen Objektträger aufgespritzt.

Mittels eines zweiten Objektträgers werden anschließend Ausstriche angefertigt. Das Probenmaterial kann dabei mit der gleichen Technik, die zur **Anfertigung eines Blutausstriches** (der zweite Objektträger wird im 45-Grad-Winkel aufgesetzt) verwendet wird, gleichmäßig ausgestrichen werden oder die sogenannte „**Quetschtechnik**" („**squash preparation technique**" oder „**Auseinanderziehtechnik**") wird verwendet (◼ Abb. 2.3). Bei der Auseinanderziehtechnik wird der zweite Objektträger gerade, d. h. ohne einen Winkel aufgelegt, um den Ausstrich anzufertigen.

■ **Abklatschpräparate**

Abklatschpräparate können von Biopsien, chirurgisch entferntem Gewebe oder der Oberfläche von ulzerierten Zubildungen einfach gewonnen werden. Überschüssige Flüssigkeit oder Blut sollte dabei jedoch zuvor mit Löschpapier entfernt werden, um eine Verdünnung oder Kontamination des Abklatschpräparates mit zellulärem Material zu vermeiden. Das so gesäuberte Gewebe wird dann – wenn möglich mehrere Male – vorsichtig gegen den Objektträger gepresst (◼ Abb. 2.4A). Zusätzlich zu den Abklatschpräparaten sollten Feinnadelaspirate angefertigt werden, um tiefer gelegene Gewebeschichten zu untersuchen.

■ **Untersuchung von Flüssigkeiten**

Flüssigkeiten wie z. B. **Thoraxergüsse oder Aszites, Urin** (z. B. für die Diagnose eines Übergangszellkarzinoms), **bronchoalveoläre Lavage** (BAL), **Liquor** oder **Synovia** können ebenfalls untersucht werden, um einen neoplastischen Prozess zu diagnostizieren.

Mit der Ausnahme von Liquor und BAL, die meistens nicht genug Zellen enthalten, werden von Körperhöhlenflüssigkeiten in der Regel Direktausstriche gemacht, um die Zellularität abzuschätzen. In zellreichen Flüssigkeiten ($>20 \times 10^9$/L) ist die Beurteilung der Zellen und sogar die Erstellung eines Differenzialzellbildes ohne vorherige Anfertigung eines Sedimentpräparates möglich.

Ein **Sedimentausstrich oder Zytospinpräparat** kann aus Flüssigkeiten mit einem niedrigeren Zellgehalt mittels einer selbst hergestellten Sedimentationskammer angefertigt werden. Diese besteht aus einer an einem Objektträger befestigten Spritze (◼ Abb. 2.4B), in der die Zellen direkt auf den Objektträger sedimentieren.

Eine Zentrifugation mit niedriger Zentrifugationsgeschwindigkeit – ähnlich wie zur Anfertigung eines Urinsedimentes – kann ebenfalls durchgeführt werden, jedoch ist die Qualität der Präparate in der Regel schlechter, weil mehr Zellen mechanisch zerstört werden. Von dem zentrifugierten Material werden anschließend wie oben beschrieben Ausstriche hergestellt.

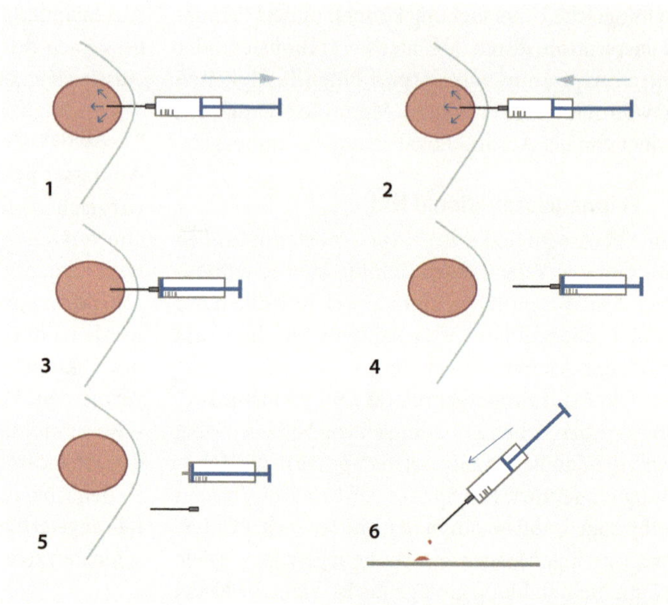

◼ Abb. 2.1 Prinzip der Feinnadelaspiration, Aspirationstechnik

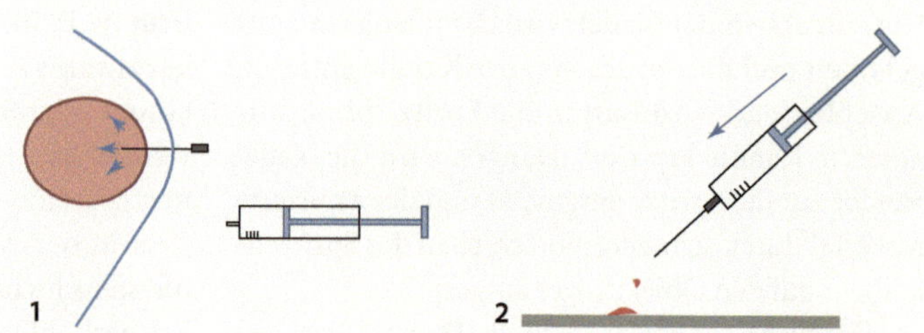

◼ Abb. 2.2 Prinzip der Feinnadelaspiration, Nicht-Aspirationstechnik

2.2.2.2 Färbetechniken

Färbungen vom Romanowsky-Typ wie z. B. **May-Grünwald-Giemsa, Wright-** oder **Diff-Quik** sind die Standardfärbungen für zytologische Proben in der Onkologie. Zytologische Proben sollten keinen Kontakt mit Formalindämpfen haben, da diese die Färbequalität deutlich beeinträchtigen können. Atypische Zellen können mittels Immunzytologie weiter klassifiziert werden, jedoch sind diese Verfahren relativ zeitaufwändig und teuer, so dass sie nicht routinemäßig angeboten werden.

▪ May-Grünwald-Giemsa oder Wright-Färbung

Die **May-Grünwald-Giemsa** und **Wright**-Färbungen werden routinemäßig in größeren veterinärmedizinischen Laboren durchgeführt. Ihr **Vorteil** ist, dass sie zu einem standardisierten Färberesultat führen und die Chromatinstruktur und Nukleoli gut dargestellt werden (◼ Abb. 2.5A). Ihr **Nachteil** ist, dass sie länger brauchen (d. h. circa 30 Minuten versus circa 5 Minuten für die Diff-Quik-Färbung).

▪ Schnellfärbungen

Schnellfärbungen wie die **Diff-Quik**-Färbung werden häufig in tierärztlichen Praxen oder während des Notdienstes durchgeführt. Der **Nachteil** von Schnellfärbungen besteht darin, dass das Färbeergebnis nicht standardisiert ist. Zudem stellen sich die Chromatinstruktur und die Nukleoli im Vergleich zu der May-Grünwald-Giemsa oder der Wright-Färbung weniger deutlich dar, sodass Malignitätskriterien schwieriger zu beurteilen sind (◼ Abb. 2.5B).

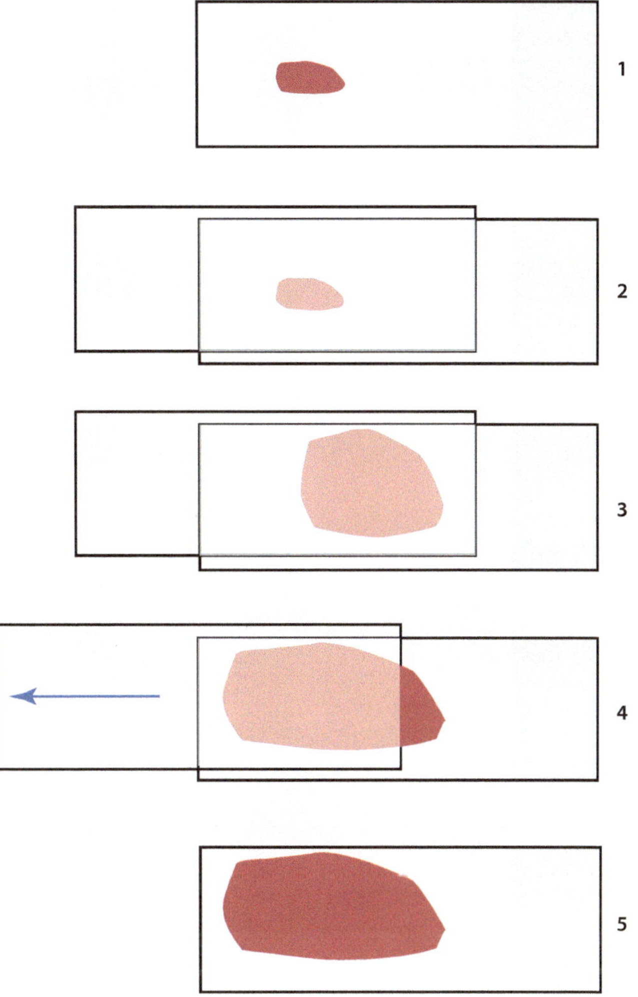

◘ Abb. 2.3 Prinzip der Ausstrichanfertigung, Auseinanderziehtechnik

Zusätzlich färben sich Mastzellgranula und Granula großer granulierter Lymphozyten (◘ Abb. 2.5B) mit der Diff-Quik-Färbung nicht immer an. Ein zweiter mit May-Grünwald-Giemsa gefärbter Ausstrich kann in solchen Fällen notwendig sein, um die atypischen Rundzellen zu klassifizieren.

Beachte die auf dem mit May-Grünwald-Giemsa gefärbten Ausstrich sichtbaren lymphatischen Blasten mit der klumpigen Chromatinstruktur (roter Pfeil, A) und den großen, azurophilen intrazytoplasmatischen Granula (schwarzer Pfeil, A) im Vergleich zu der relativ undeutlich dargestellten Chromatinstruktur (roter Pfeil, B) und den schwach angefärbten intrazytoplasmatischen Granula (schwarzer Pfeil, B) auf dem Präparat mit Diff-Quik-Färbung.

2.2.3 Zytologische Präparate – Untersuchung und Diagnosestellung

Der **Hauptvorteil** der Zytologie im Vergleich zur Histopathologie ist die gute Beurteilbarkeit der Einzelzellmorphologie. Einige Details wie z. B. intrazytoplasmatische Granula beim Lymphom großer granulierter Lymphozyten (*large granular*

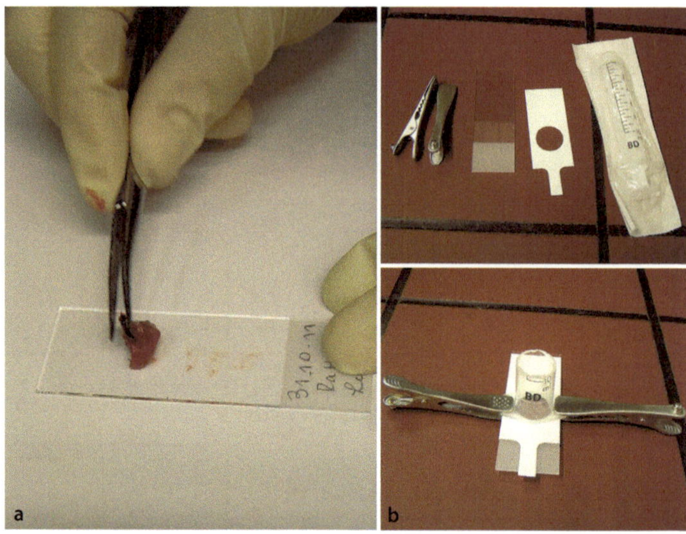

◻ **Abb. 2.4**   Prinzipien der Ausstrichtechnik. **(A)** Abklatschpräparat, **(B)** Material und Zusammenbau einer selbst hergestellten Sedimentationskammer. Etwa 200 µl Flüssigkeit werden in die Kammer gefüllt, man lässt die Zellen eine Stunde auf den Objektträger sedimentieren und anschließend wird der Überstand gründlich abgesaugt

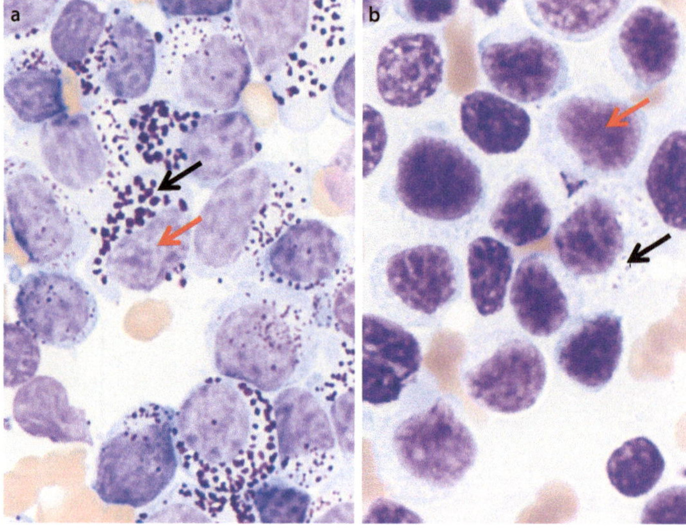

◻ **Abb. 2.5**   Färbeeigenschaften und Unterschiede in der Färbequalität von May-Grünwald-Giemsa-Färbung **(A)** und Diff-Quik-Färbung **(B)**, Lymphom großer granulierter Lymphozyten (*large granular lymphoma*), Abdominallymphknoten, Katze, 1000×

lymphoma, ◻ Abb. 2.5) oder intrazytoplasmatische Granula beim B-Zell-Lymphom mit Mott-Zell-Differenzierung sind im histopathologischen Präparat nicht sichtbar. Die Zytologie ermöglicht eine schnelle, minimalinvasive Diagnosestellung insbesondere bei Tumoren, die durch solche zellulären Details wie intrazytoplasmatische Granula klassifizierbar sind (◻ Abb. 2.6).

Die **hauptsächliche Einschränkung** der Zytologie ist, dass die Gewebearchitektur nicht beurteilt werden kann. Das bedeutet, dass gut differenzierte Tumoren nicht von hyperplastischem oder dysplastischem Gewebe unterschieden werden können. Zudem können kleine herdförmige Prozesse bei der Feinnadelaspiration leicht verfehlt werden (◻ Abb. 2.7). Stanzbiopsien oder inzisionale Biopsien sind in diesen Fällen eine gute Alternative, wogegen Tru-cut-Biopsien keinen Vorteil gegenüber der Zytologie haben.

▪ Mikroskopische Beurteilung von zytologischen Proben

Vor der mikroskopischen Untersuchung eines Ausstriches ist es hilfreich, ihn makroskopisch zu

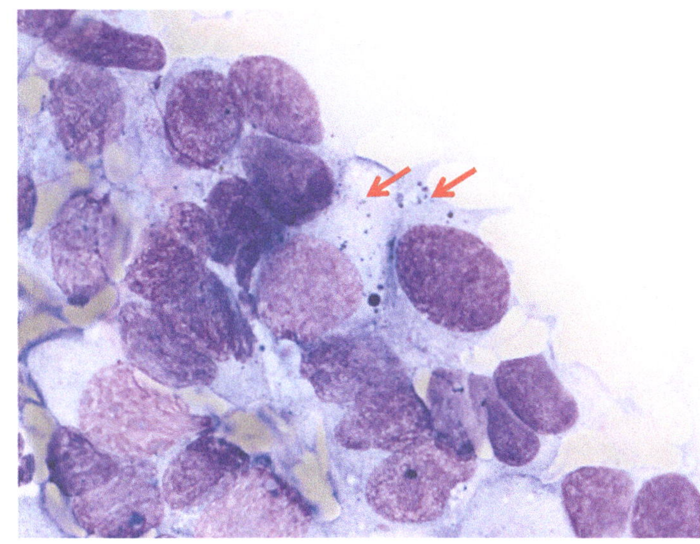

Abb. 2.6 Undifferenziertes Melanom, Hund, May-Grünwald-Giemsa, 1000×. Beachte die spindelförmigen, wenig pigmentierten Melanozyten mit wenigen feinen, staubartigen intrazytoplasmatischen Melaningranula (roter Pfeil), die sehr gut in zytologischen Präparaten sichtbar sind. Dies ist ein gutes Beispiel für die **Vorteile** der Zytologie als diagnostische Methode zur Beurteilung der Einzelzellmorphologie

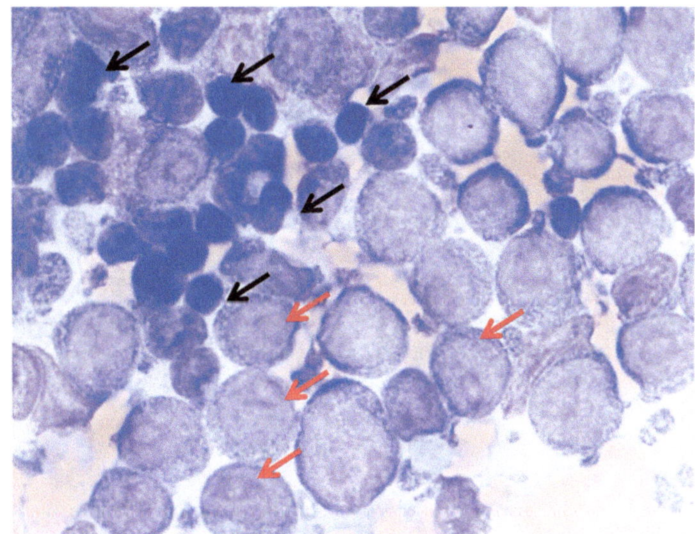

Abb. 2.7 Einschränkungen der Zytologie, Feinnadelaspiration der Milz, Hund, May-Grünwald-Giemsa, 1000×. Beachte den kleinen Bereich mit prädominierend lymphatischen Blasten (roter Pfeil), der von physiologischem, durch kleine reife Lymphozyten gekennzeichnetem Milzgewebe umgeben ist (schwarzer Pfeil). In diesem Fall ist eine histopathologische Untersuchung notwendig, um die Architektur des Milzgewebes zu beurteilen und ein herdförmig auftretendes Lymphom von einem Lymphfollikel der Milz zu unterscheiden

betrachten, um die Gesamtqualität zu beurteilen sowie mögliche Bereiche zu finden, die Gewebezellen anstelle von Blut enthalten. Dann wird der Ausstrich unter dem Mikroskop zunächst gründlich bei niedriger Vergrößerung (100×) ohne Öl angeschaut, um die Qualität von Färbung und Ausstrichherstellung, den Hintergrund und das allgemeine Zellbild mit seiner vorherrschenden Zellpopulation, die Anwesenheit von möglichen Herdprozessen (z. B. Verbände metastasierter Zellen), Malignitätsanzeichen wie Zellreichtum, Makrozytose, Anisozytose, Anisokaryose, Pleomorphismus und das Vorhandensein von Mitosefiguren zu beurteilen. Zudem wird der Bereich, in dem die Zellen gut in einer Schicht ausgebreitet sind (Monolayer), festgestellt, um ihn später bei einer höheren Vergrößerung zu beurteilen (**Abb. 2.8A**).

Im nächsten Schritt wird das Zellbild bei höherer Vergrößerung mit Ölimmersion angeschaut (600× oder 1000×). Hier werden Farbe und Struktur von Zytoplasma und Zellchromatin sowie die Morphologie der Nukleoli untersucht (**Abb. 2.8B**).

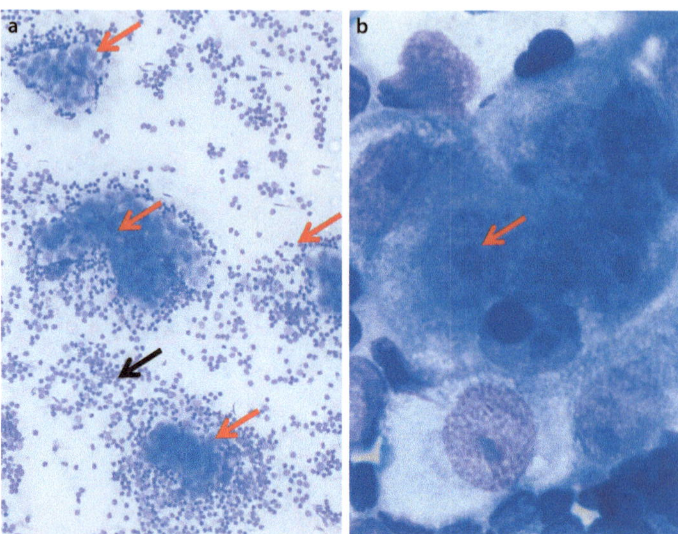

Abb. 2.8 Technik des Mikroskopierens, metastasiertes Karzinom im Mandibularlymphknoten, Katze, May-Grünwald-Giemsa, 100× (A), 1000× (B). (A) Zunächst werden die Ausstriche in der 100×-Vergrößerung betrachtet, um die vorherrschende Zellpopulation (hier: kleine und mittelgroße Lymphozyten, schwarzer Pfeil) und mögliche Herdprozesse (hier: Verbände atypischer epithelialer Zellen, roter Pfeil) zu detektieren. (B) Anschließend werden interessante Bereiche mit der 1000×-Vergrößerung untersucht, um zelluläre Details zu beurteilen (hier: feine Chromatinstruktur und Makronukleoli der Karzinomzellen, roter Pfeil)

2.3   Grundprinzipien der Tumorbiopsiediagnostik

Robert Klopfleisch

Eine Biopsie ist ein Gewebestück, welches zur Einschätzung der Tumorart, dem Tumorgrading und somit zur Therapievorbereitung entnommen wird. Die Vorteile einer Biopsie gegenüber der zytologischen Untersuchung sind die umfassendere Betrachtung der gesamten Gewebsstruktur, wie z. B. bessere Einschätzung der Anteile und Verteilung von Zellen, Nekrose und Fibrose, des infiltrativen Charakters des Tumors am Tumorrand oder des Vorhandenseins von Tumorzellen in tumornahen Gefäßen. Nachteil der Tumorbiopsie ist, dass sie generell aufwendiger, invasiver und etwas teurer ist und häufig zumindest eine lokale Anästhesie voraussetzt.

Die Entnahme von Biopsien vor Therapiebeginn ist von großer Relevanz für die Planung und die Ausführung der Behandlung. Eine Biopsie ist dabei jedoch nur notwendig, wenn die Zytologie keine ausreichenden Informationen für eine definitive Tumordiagnose liefert. Indikationen für eine Biopsie sind deshalb

- Unklarheit darüber, ob es sich um eine entzündliche oder neoplastische Masse handelt,
- Unklarheit über die Tumorart,
- hohe Relevanz von Tumorart bzw. -subtyp für die Art der Behandlung (z. B. benötigte

Tumorränder, Chemo-/Strahlentherapie vor der Chirurgie, Euthanasie aufgrund schlechter Prognose etc.).

Komplett resezierte Tumoren werden aus folgenden Gründen ebenfalls zur histopathologischen Untersuchung eingeschickt:

- Bestätigung der Diagnose der kleinen Biopsie
- Evaluation der chirurgischen Ränder zur Bestätigung einer kompletten Resektion

2.3.1   Grundlagen der Biopsietechnik

Die Entnahmestelle der Biopsie im Tumor und die Behandlung der Gewebeprobe vor und während des Versands zum Pathologen sind fundamental für die Qualität der histopathologischen Diagnose. (Ein international unter Pathologen geflügeltes Wort lautet: *„Garbage in, garbage out"*, deutsch etwa „Eine schlecht entnommene Biopsie führt zu einer schlechten pathologischen Diagnose.")

Die beste Entnahmestelle für die Biopsie hängt von der Tumorart und der Lokalisation des Tumors ab und ist zumeist nicht genau vorherzusagen. Biopsien aus dem **Tumorzentrum** eines malignen, schnell wachsenden Tumors enthalten häufig nur nekrotisches Material. Biopsien aus der **Tumorperipherie** dagegen sind zwar meist aufschlussreich bezüglich des Invasionsverhaltens des Tumors, können jedoch teilweise nur Material aus der Tumorkapsel enthalten. Im optimalen Fall entnimmt man deshalb mehrere **Biopsien aus verschiedenen Tumorarealen**.

Eine akkurate histopathologische Diagnose einer Biopsie ist nur möglich, wenn die Gewebeprobe noch die ursprüngliche Morphologie der Zellen und Gewebsstrukturen enthält. Autolyse aufgrund nicht ausreichender oder verzögerter Formalinfixierung, Gewebszerstörung aufgrund von unnötiger **mechanischer Belastung** oder Zerstörung der Zellkerne durch **Elektrokauter** sind häufige, aber vermeidbare Gewebsartefakte. Die folgenden generellen Regeln für die Biopsieentnahme sollten beachtet werden:

- Je größer die Biopsie, desto besser die Diagnose.
- Tumorränder sind für die Prognose des Tumors ausgesprochen wichtig (außer für Knochentumoren)
- Chirurgische Pinzetten vermeiden die Quetschungen durch anatomische Pinzetten.
- Die Verschleppung von Tumorzellen im Biopsiekanal oder Körperhöhlen muss vermieden werden.
- Elektrokauter sollten nicht am Biopsiegewebe verwendet werden.
- Biopsien sollten sofort in 4%igem Formaldehyd fixiert werden, um Autolyse und Verlust von zählbaren Mitosefiguren zu vermeiden.
- Je größer die Biopsie, desto mehr Fixans ist nötig (Verhältnis Gewebe:Fixans mindestens 1:10)

2.3.2 Spezifische Biopsiemethoden

■ Nadel- („Core needle"-) Biopsie

(Hohl-)Nadelbiopsien (NB) nutzen eine scharfe, hohle Biopsienadel (Abb. 2.9). Durch sie werden kleine zylindrische Gewebeproben von circa **1 mm Durchmesser und 1 cm Länge** entnommen. NB werden für Hauttumoren und Tumoren der inneren Organe verwendet. Für die Entnahme von Knochentumorbiopsien werden stabilere Drillnadeln oder Trokare verwendet. Im Gegensatz zu anderen Tumorarten sollten Knochentumorbiopsien aus dem Zentrum der Probe entnommen werden, da reaktives Knochengewebe um den Tumor nur schwer von echtem Tumorgewebe zu unterscheiden ist.

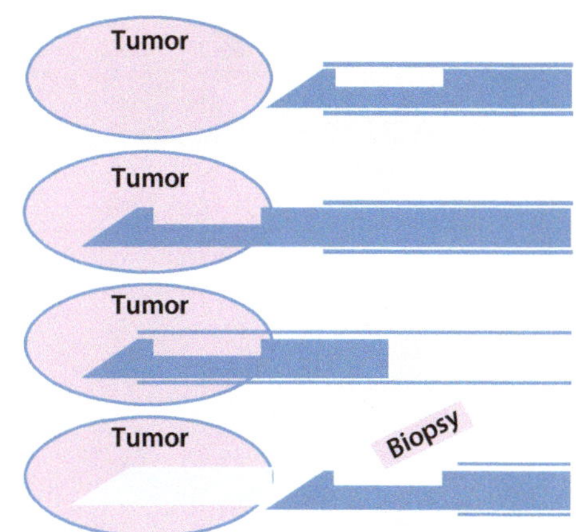

Abb. 2.9 Prinzip einer Hohlnadelbiospie

NB werden häufig **computertomographie- oder ultraschallgeführt** durchgeführt, um die richtige Entnahmestelle bei Tumoren der inneren Organe sicherzustellen. **Lokalanästhesie** und ein kleiner Hautschnitt sind nötig, um unnötigen Schmerz und ein Abstumpfen der Nadel bereits in der Epidermis zu vermeiden. Um ausreichend repräsentative Biopsien zu erhalten, sollten mehrere Nadelbiopsien aus verschiedenen Tumorabschnitten genommen werden. NB sind akkurater als zytologische Proben, jedoch weniger akkurat als Exzisions- oder Inzisionsbiopsien.

■ Stanzbiopsien

Stanzbiopsien ermöglichen mittels einer Biopsiestanze die Entnahme von runden Hautgewebeproben mit einem Durchmesser von **3–7 mm** (Abb. 2.10). Für tiefer liegende subkutane Tumoren muss ein Hautschnitt vorgenommen werden, um die eigentliche Tumormasse zu erreichen. Die Stanzbiopsie muss an der Basis mit einer Schere abgetrennt werden und die Wunde muss durch ein bis zwei Nahthefte verschlossen werden. Eine Lokalanästhesie ist immer nötig.

■ Inzisionsbiopsie

Durch eine **Inzisionstumorbiopsie** wird ein Teil des Tumors mit einem Skalpell entnommen (Abb. 2.11). Die Biopsien sind somit größer als bei der Stanzbiopsie, was zumeist eine akkuratere

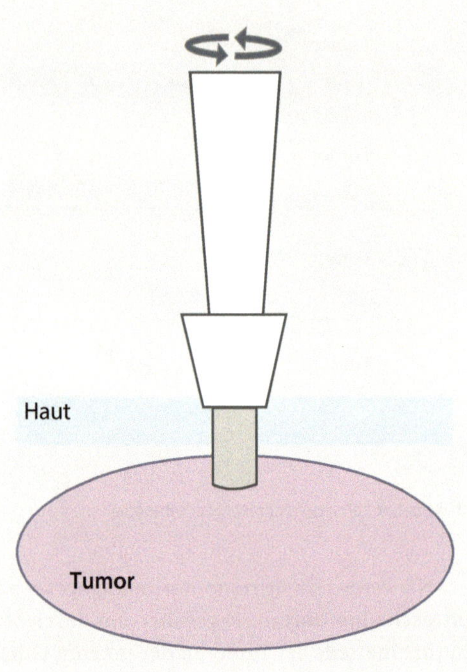

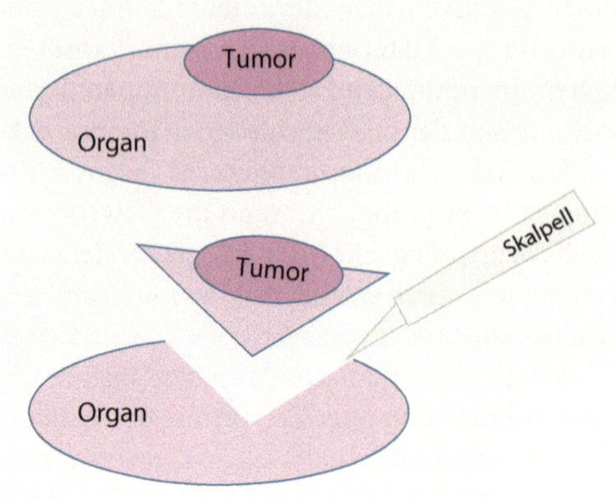

Abb. 2.12   Prinzip der Exzisionsbiopsie

Anästhesie und ein Wundverschluss mit Nahtheften oder Klammern sind immer notwendig. Elektrokauter sollten erst nach kompletter Entnahme der Biopsien genutzt werden, um Gewebsartefakte zu vermeiden.

Abb. 2.10   Prinzip einer Stanzbiopsie

- **Exzisionsbiopsie**

Im Rahmen einer **Exzisionsbiopsie** wird der komplette **Tumor** entnommen, zumeist ohne vorherige Tumortypisierung (**Abb. 2.12**). Sie ist die Methode der Wahl für kleine, langsam wachsende Haut-, Milz- und Lungentumoren. Diese Tumoren werden meist mit Standardprotokollen behandelt, unabhängig von der spezifischen Tumorart. Für alle anderen Tumorarten sollten zunächst kleinere Biopsien erwägt werden, um nach einer histopathologischen Tumorklassifikation ein angepasstes Behandlungsprotokoll zu erstellen.

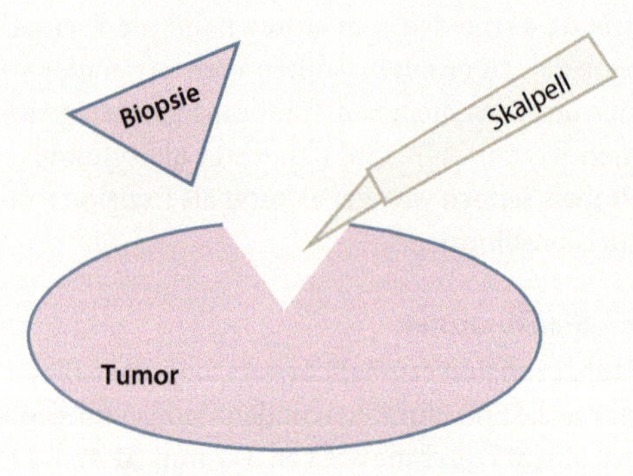

2.3.3 Biopsieassoziierte Risiken

Abb. 2.11   Prinzip einer Inzisionsbiopsie

Häufig wird in der Literatur vor dem Risiko der Verschleppung von Tumorzellen in den Biopsieentnahmekanal (**sog. needle tract metastases, NTM**) oder teils auch vor der Induktion von Fernmetastasen durch die Biopsieentnahme gewarnt. Eine kürzlich publizierte Meta-Analyse konnte diese Befürchtungen jedoch nicht untermauern. Sie zeigte, dass **NTM** sehr selten auftreten und es keine wissenschaftlich fundierten Hinweise auf eine **biopsieinduzierte Malignität**, zum Beispiel bei equinen Melanomen,

Diagnose ermöglicht. Inzisionsbiopsien werden empfohlen, wenn

- sowohl Nadel als auch Stanzbiopsien keine repräsentative Gewebeprobe ermöglichen,
- eine größere Gewebeprobe aufgrund großer Anteile an nekrotischem/ulzeriertem Tumorgewebe nötig ist,
- ein guter Zugang zum Tumor die Entnahme eines größeren Tumorstücks ermöglicht.

gibt. Lediglich sieben Fälle von NTM bei Haustieren sind bisher beschrieben worden. Bei fünf Fällen handelte es sich um **transkutane Feinnadelaspirate kaniner Übergangszellkarzinome des Urogenitaltrakts**. Eine ähnliche Studie zu NTM beim Menschen fand ein etwas erhöhtes Risiko bei der Biopsieentnahme von Mesotheliomen, Melanomen und Gallenblasentumoren. Auf Basis der erhältlichen Literatur kann momentan dennoch postuliert werden, dass das Risiko von **biopsieinduzierter Metastasierung** und **Tumorprogression** im Vergleich zum hohen Wert der durch Biopsien entnommenen Informationen ausgesprochen gering ist.

Andere Biopsierisiken umfassen Blutungen aus gut vaskularisierten Tumoren wie Hämangiosarkomen oder die Verschleppung von Infektionserregern in ansonsten sterile Organe, wie z. B. Auge oder Hoden.

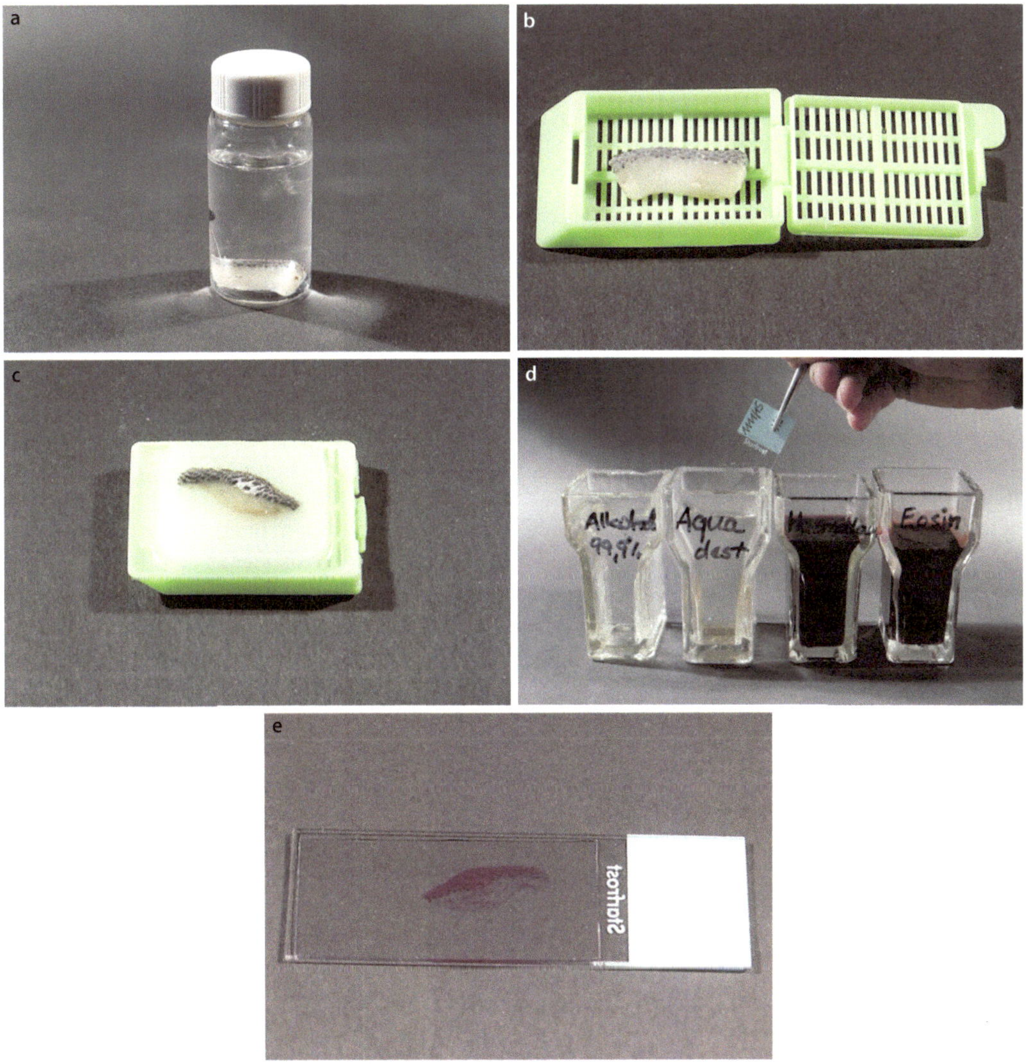

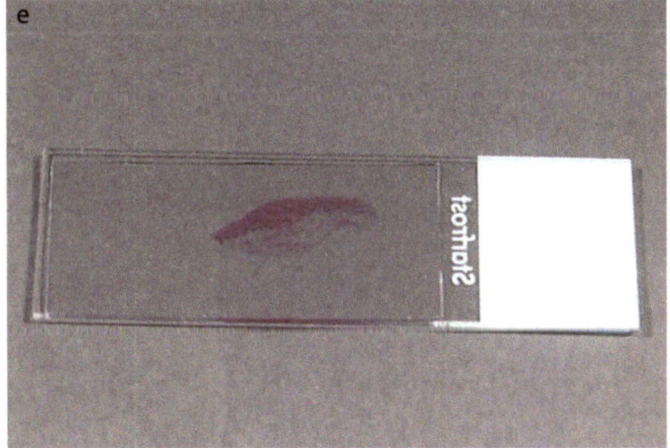

◘ Abb. 2.13 Prinzip der Hämatoxylin-Eosin-Färbung von formalinfixierten und paraffineingebetteten Gewebeproben. (a) Formalinfixierte Biopsien werden als wenige Millimeter dicke Gewebeschnitte eingeschnitten und (b) in histologische Kassetten verbracht. (c) Anschließend werden die Gewebeproben in der Kassette in Paraffin eingebettet. Mit dem Mikrotom werden 1–4 µm dicke histologische Schnitte hergestellt und auf Glasobjektträger verbracht. (d, e) Abschließend werden die Schnitte entparaffinisiert, mit Hämatoxylin/Eosin gefärbt und mit einem Deckgläschen verschlossen

2.3.4 Histopathologische Analyse und Diagnose von Gewebebiopsien

Der große Vorteil der **histopathologischen Evaluation** von Biopsien gegenüber der Zytologie ist die Möglichkeit, Tumorzellen in ihrem Gewebekontext zu evaluieren. So kann beispielsweise eingeschätzt werden, ob ein Tumor sich an seinen Rändern invasiv oder expansiv verhält, ob seine Kapsel intakt ist und ob es bereits Hinweise auf Gefäßeinbrüche von Tumorzellen gibt.

Die am häufigsten genutzte Färbemethode für die Analyse von histologischen Gewebeschnitten von Tumoren ist die Hämatoxylin-Eosin- (H/E-) Färbung von formalinfixierten und paraffineingebetteten Biopsien (◧ Abb. 2.13). Der grundsätzliche Ablauf der Paraffineinbettung, der Mikrotomschnitte und der HE-Färbung werden grob in ◧ Abb. 2.13 a-e dargestellt.

Die Tumordiagnosen beim Tier basieren zumeist auf dem Tumorklassifikationssystem der Weltgesundheitsorganisation (WHO, ◧ **Abb. 2.14 und 2.15**). Diese wird zum Teil durch wissenschaftliche Untersuchungen zum klinischen Verhalten dieser morphologisch definierten Entitäten unterstützt. Oft basieren die Klassifikationen jedoch auf dem rein morphologischen Phänotyp und haben damit zweifelhafte Relevanz für den Kliniker.

Histopathologische Diagnosen werden momentan vor allem auf der Basis subjektiver, antrainierter Fähigkeiten zur Mustererkennung des Pathologen durchgeführt. Versuche, diese subjektive Komponente durch den Einsatz von computergestützten Bildanalyseverfahren zu ergänzen oder gar zu ersetzen, sind bisher aufgrund fehlender Spezifität und Sensitivität der Algorithmen im Vergleich zum Menschen gescheitert.

Die **intraoperative Konsultierung von Pathologen** mittels Gefrierschnellschnitten noch während der Narkose des Patienten ist eine gängige Methode der Biopsieanalyse in der Humanmedizin. Diese Herangehensweise erlaubt es dem Chirurgen, den Erfolg bzw. den Umfang seiner Resektion direkt zu überprüfen und gegebenenfalls sofort anzupassen. In der Veterinäronkologie ist dieser Ansatz aufgrund der **hohen Kosten und des Aufwands** nicht routinemäßig implementiert.

2.3.5 Immunhistologie als ergänzendes diagnostisches Mittel

In Einzelfällen ist die histopathologische Untersuchung nicht ausreichend für eine finale Diagnose eines atypischen oder anaplastischen Tumors.

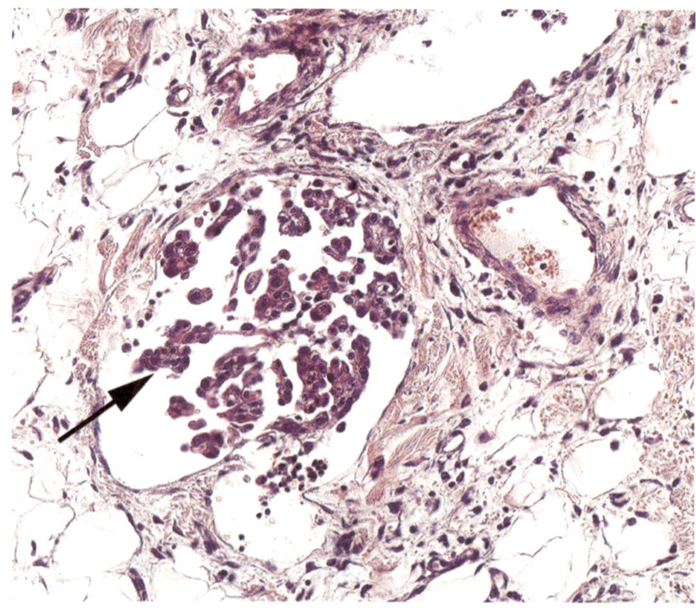

◧ **Abb. 2.14** Hämatoxylin-Eosin- (H/E-) Färbung Färbung intravaskulärer metastatischer Tumorzellen eines kaninen Mammakarzinoms (Pfeil). Die Zellkerne sind blau dargestellt, während das Zytoplasma und die meisten anderen Strukturen violett gefärbt sind

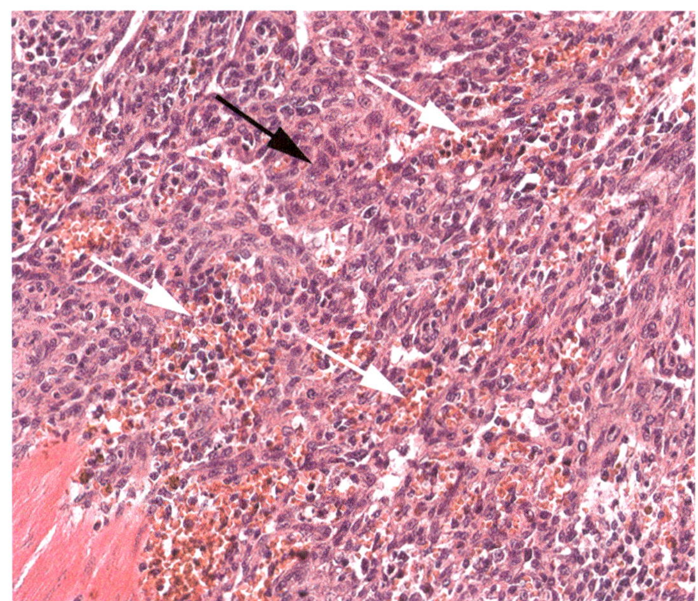

Abb. 2.15 Hämatoxylin-Eosin-(H/E-) Färbung eines Färbung eines soliden kaninen Hämangiosarkoms. Wenige mit Erythrozyten gefüllte, gefäßähnliche Strukturen (weiße Pfeile) finden sich vereinzelt zwischen meist plumpen neoplastischen Endothelzellen (schwarzer Pfeil)

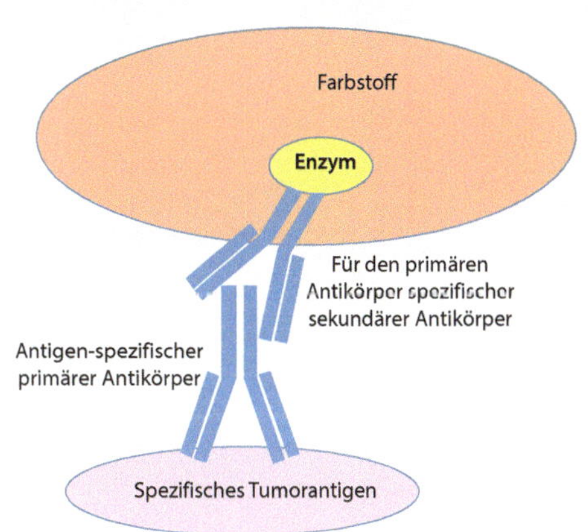

Abb. 2.16 Prinzip der indirekten Immunhistologie: Der Tumor wird mit einem antigenspezifischen primären Antikörper markiert. Dieser wird wiederum durch einen mit einem konjugierten Enzym versehenen sekundären Antikörper detektiert. Das gebundene Enzym konvertiert ein farbloses Substrat in einen braunen Farbstoff, der dann die Bindungsstelle des Primärantikörpers anfärbt

Weiterhin ist die Klassifizierung von hämatopoetischen Rundzelltumoren wie B-Zell- oder T-Zell-lymphomen allein anhand histopathologischer Kriterien nicht möglich. In diesen Fällen wird die **Immunhistologie (IHC)** als Methode zum Nachweis von tumorspezifischen Markern genutzt, um die Histopathologie zu ergänzen. Die IHC basiert auf der Spezifität von Antikörpern für spezifische Epitope in und auf Zellen in histopathologischen Schnitten (**Abb. 2.16**). Mittels enzymatischer Reaktion verschiedenfarbiger Farbstoffe wird der Gewebeschnitt im Bereich der Antikörperbindung gefärbt. **Tab. 2.2** fasst die wichtigsten Tumormarker in der Veterinäronkologie zusammen.

Tab. 2.2 Häufig genutzte immunhistologische Tumormarker in der Veterinäronkologie

Tumormarker	Nachgewiesener Zelltyp	Typisches Färbemuster
CD3	T-Lymphozyten	
PAX5	B-Lymphozyten	
CD45R, CD79	B-Lymphozyten	
KIT (CD117)	v.a. Mastzellen, auch gastrointestinale stromale Tumoren (GIST)	

☐ Tab. 2.2 Fortsetzung

Tumormarker	Nachgewiesener Zelltyp	Typisches Färbemuster
Vimentin	mesodermale, stromale Zellen	
Pan-Cytokeratin	Epithelzellen	
Smooth muscle actin (SMA)	glatte Muskelzellen	
Melan A	neuroektodermale/melano-zytäre Zellen	

◘ Tab. 2.2   Fortsetzung

Tumormarker	Nachgewiesener Zelltyp	Typisches Färbemuster
S100	neuroektodermale Zellen	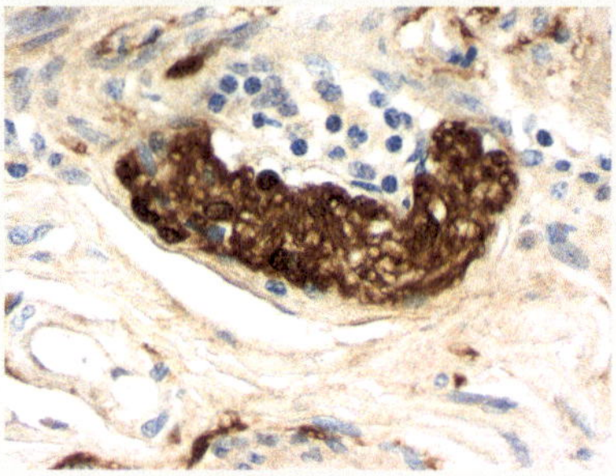
Synaptophysin	neuroendokrine Zellen	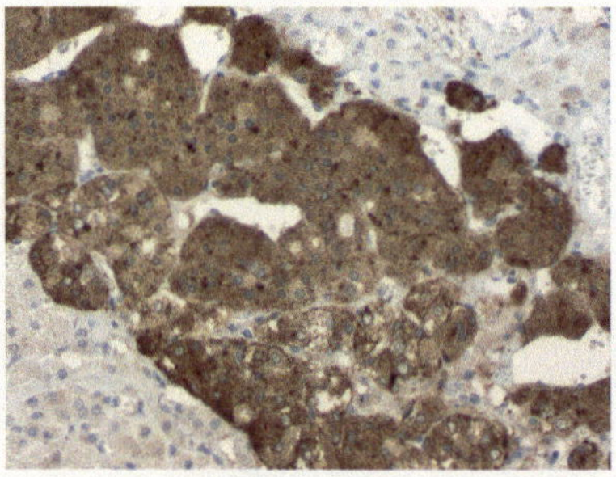
Chromogranin	neuroendokrine Zellen	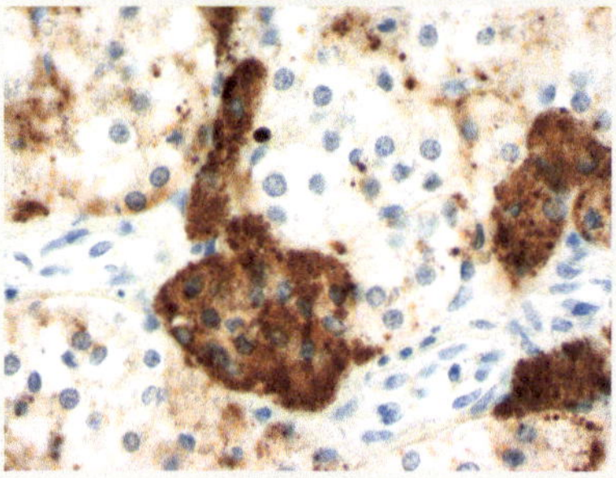
Von-Willebrand-Faktor (vWF)	Endothelzellen	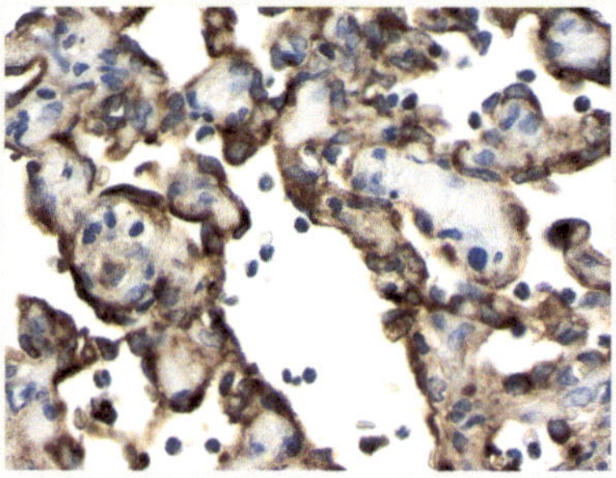

◘ Tab. 2.2 Fortsetzung

Tumormarker	Nachgewiesener Zelltyp	Typisches Färbemuster
CD31	Endothelzellen	
Ki67	proliferierende Zellen	

Generelle Aspekte der Tumortherapie

Mathias Brunnberg, Robert Klopfleisch und Melanie Wergin

© Springer-Verlag GmbH Deutschland 2017
R. Klopfleisch (Hrsg.), *Veterinäronkologie kompakt*,
https://doi.org/10.1007/978-3-662-54987-2_3

Die wichtigsten Therapieoptionen in der Veterinäronkologie sind **Chirurgie, Chemotherapie und Strahlentherapie.** Von diesen ist die onkologische Chirurgie immer noch die dominierende Behandlungsmethode in der Veterinäronkologie. Trotz der häufig von finanziellen Aspekten bestimmten Herangehensweise an die Therapie von Haustieren spielen jedoch auch Chemotherapie und Strahlentherapie eine zunehmende Rolle. Insbesondere in spezialisierten Kliniken werden Tumorbehandlungen vor allem bei Hunden und Katzen auf einem sehr hohen Niveau durchgeführt. Aufgrund dieser Entwicklungen und der allgemein vermehrten Erkenntnisse auf verschiedensten Gebieten der Veterinäronkologie ist die Diagnose „Tumor" deshalb heute auch bei immer mehr Tumorarten nicht mehr zwingend ein Todesurteil.

Einleitend sollen einige für das Verständnis der Ausführungen in den nächsten Abschnitten wichtige Begriffe definiert werden.

Die **kurative Therapie** zielt auf die komplette Beseitigung des Tumors und somit vollständige Heilung des Patienten ab.

Die **palliative Therapie** zielt im Gegensatz dazu allein auf die Beseitigung unangenehmer Symptome der Tumorerkrankung ab. Eine Heilung ist weder erreichbar noch angestrebt.

Die **Tumorremission** (Tumorrückgang) wird durch *„Response Evaluation Criteria In Solid Tumors"* (**RECIST**) definiert. Die RECIST-Kriterien sind in der Praxis zumeist jedoch nur schwierig anzuwenden, da im Gegensatz zur Humanmedizin PET-Scans zur genauen Darstellung auch kleiner Tumorreste aus finanziellen Gründen nicht angewendet werden.

Eine **komplette Remission (KR)** ist das vollständige Verschwinden des Tumors während der Therapie. Der Tumor ist dabei mit allen gängigen diagnostischen Methoden nicht mehr nachweisbar.

Eine **partielle Remission (PR)** stellt einen 30%igen Rückgang der Summe der größten Durchmesser zweier Tumoren in einem Organ oder von fünf Tumoren im ganzen Körper dar. Computertomographie (CT) und Magnetresonanztomographie (MRI) sind die bevorzugten Methoden für die Feststellung des Tumordurchmessers in der Veterinäronkologie.

Eine **progressive Erkrankung** ist definiert als 20 %ige Zunahme des Tumors während oder nach der Therapie.

Eine **stabile Erkrankung** ist definiert als fehlender Nachweis von Progression oder Remission.

Medianes Überleben ist die Zeitspanne nach initialer Therapie, nach der noch 50 % der Patienten leben.

Krankheitsfreies Intervall ist definiert als Zeit zwischen kompletter Remission und lokaler Rezidivierung bzw. Nachweis von Metastasen.

Progressionsfreies Intervall/Überleben ist definiert als die Zeitspanne mit stabiler Erkrankung.

3.1   Onkologische Chirurgie

(Mathias Brunnberg)

„Die Chirurgie ist die älteste Therapiemethode gegen Krebs und kann als alleinige Behandlung mehr Tiere und Menschen mit Krebs heilen als jede andere Technik" (frei nach VSSO).

Die Chirurgie nimmt eine Schlüsselrolle in den meisten Behandlungsplänen für Kleintierpatienten mit tumorösen Erkrankungen ein. Die onkologische Chirurgie beschreibt den Einsatz der Chirurgie als alleinige Therapiemaßnahme. Im Gegensatz dazu wird die Bezeichnung chirurgische Onkologie genutzt, um chirurgische Verfahren zu beschreiben, die zusätzlich zu anderen Behandlungen wie Chemotherapie oder Bestrahlungstherapie genutzt werden. Typische chirurgische Eingriffe in der Onkologie umfassen die komplette Resektion mit kurativer Absicht, palliative Maßnahmen, um Schmerzen zu verringern und die Lebensqualität zu verbessern, sowie diagnostische Eingriffe beispielsweise für Biopsien. Weiterhin werden zell- bzw. massereduzierende Operationen durchgeführt. Eine Vielzahl verschiedener Faktoren beeinflusst die Wahl der chirurgischen Methode. Dazu gehören die Tumorart, das Vorhandensein von lokalen bzw. Fernmetastasen, der Gesundheitsstatus des Patienten, das Patientenalter und die Erwartungen des Tierbesitzers.

Vor der Operation muss der Chirurg so umfassend wie möglich über diese Faktoren informiert sein, um das am besten geeignete Verfahren auszuwählen.

Der Patient sollte multidisziplinär mit Pathologen, Radiologen, Onkologen und Internisten aufgearbeitet werden, um die notwendige Invasivität der

Chirurgie, die Resezierbarkeit des Tumors und die möglichen prä-, intra- und postoperativen Komplikationen abschätzen zu können.

3.1.1 Vorbereitung des Patienten

Die Abklärung des Patientenstatus vor der Operation durch Bildgebung, Feinnadelaspiration oder Biopsie sowie verschiedene Laboruntersuchungen ist von besonderer Bedeutung.

Zum einen muss eine initiale Tumorcharakterisierung zur Abschätzung von Tumorgröße, Tumorgrad, Vaskularisierung und Lymphknotenbeteiligung vorgenommen werden, da diese Faktoren einen direkten Einfluss auf das zu wählende chirurgische Verfahren haben. Zudem sind tumorerkrankte Veterinärpatienten in der Regel ältere Tiere, die an verschiedenen Komorbiditäten leiden können, welche das Risiko für intra- und postoperative Komplikationen erhöhen.

So sind viele onkologische Patienten kachektisch, was einen negativen Einfluss auf die Wundheilung haben kann. Onkologische Operationen sind meist elektive Eingriffe, sodass die Behandlung der Komorbiditäten und die Stabilisierung des Patienten vor dem eigentlichen chirurgischen Eingriff erfolgen kann und sollte.

Zur erfolgreichen Behandlung von großen Hauttumoren oder bei großflächigen Resektionen sollten ggf. notwendige rekonstruktive Techniken zum Wundverschluss bereits vor der Operation geplant werden.

Allgemein gilt, dass der Patient ausreichend geschoren werden muss, sodass eine Vergrößerung des Operationsfeldes oder ein Wechsel der Operationstechnik jederzeit möglich ist. Das Operationsfeld muss desinfiziert und chirurgisch abgedeckt werden. Die Verwendung einer perioperativen Antibiose ist in der Regel indiziert.

3.1.2 Allgemeine Aspekte der onkologischen Chirurgie

Neben dem chirurgischen Grundbesteck empfiehlt sich der Einsatz von atraumatischen Pinzetten sowie traumatischen und atraumatischen Gewebeklemmen. Die direkte Manipulation des Tumors sollte unbedingt vermieden werden. Genutzte Instrumente und Handschuhe sollten nach direktem Tumorkontakt gewechselt werden, um das Risiko einer iatrogenen Tumorstreuung zu minimieren. Beim Einsatz von elektro-, laser- und kryochirurgischen Verfahren ist darauf zu achten, dass schwere Gewebeschädigungen entlang der Inzisionslinie entstehen können, welche die genaue Beurteilung des Tumorrandes durch den Pathologen erschweren bzw. unmöglich machen. Insofern sollte der Einsatz dieser Verfahren vorsichtig und nur nach Abwägung erfolgen.

Die meisten chirurgischen Grundprinzipien gelten auch für die onkologische Chirurgie. Dazu gehört, dass der erste Eingriff die besten Erfolgsaussichten hat. Mit jedem weiteren Eingriff reduziert sich die Chance für einen kurativen Therapieerfolg. Es gelten die chirurgischen Prinzipien nach Halsted. Diese umfassen die schonende Gewebemanipulation, die Kontrolle von Blutungen, eine strikt aseptische Operationstechnik, die Erhaltung der Gewebeperfusion, die Vermeidung von Hohlräumen sowie den appositionellen, spannungsfreien Wundverschluss. Diese Prinzipien sind besonders bei der Chirurgie von Hauttumoren zu beachten.

Bei der chirurgischen Tumorresektion unterscheidet man zwischen der intraläsionären, der marginalen sowie der weiten oder radikalen Resektion. Die Art der Resektion sollte anhand der Tumorart, der Lokalisation und der weiteren Komorbiditäten gewählt werden (☐ Tab. 3.1).

Die Hautinzision erfolgt meist mit einer Skalpellklinge. Skalpellschnitte ermöglichen klare, scharfe Wundränder, die für eine histopathologische Beurteilung des Tumorbettes wichtig sind. Die Präparation an den Gewebegrenzen erfolgt in der Regel in Kombination von scharfer und stumpfer Präparation mit einer Schere. Die direkte Manipulation des Tumors mit Klemmen oder anderen greifenden Instrumenten kann zur Fragmentierung der Masse und somit zum Streuen des Tumors beitragen. Der Eingriff sollte so atraumatisch wie möglich erfolgen.

Aus chirurgischer Sicht sind folgende Tumorbegrenzungen zu unterscheiden: die Tumormasse, die Pseudokapsel, die reaktive Zone und das umgebende gesunde Gewebe (☐ Abb. 3.1). Bei der vollständigen Tumorentfernung müssen die intraläsionäre und die pseudokapsuläre Zone mitentfernt werden. Die marginale Resektion sollte vermieden werden, da das

◻ Tab. 3.1 Technik und Indikation verschiedener Resektionsmethoden der onkologischen Chirurgie

Art der Resektion	Technik	Indikation
intraläsional	intrakapsuläre stückweise Entfernung der Masse makroskopisch erkennbare Tumorreste werden zurückgelassen	benigne Erkrankungen zytoreduktive Chirurgie massereduzierende Chirurgie
marginal	extra- oder pseudokapsuläre Resektion durch die reaktive Zone mikroskopisch bleiben Tumorzellausläufer zurück	benigne Tumoren (z. B. Lipom) geplante marginale Entfernung vor Bestrahlungstherapie
großflächig/weit	Absicht der kompletten Tumorresektion mit einem tumorabhängigen (Typ und Grad) Rand	kurative Chirurgie meist bei soliden Tumoren
radikal	Entfernung des Tumors und des gesamten Kompartiments mit einem großen Anteil gesunden Gewebes	Knochentumoren hochgradig maligne Tumoren

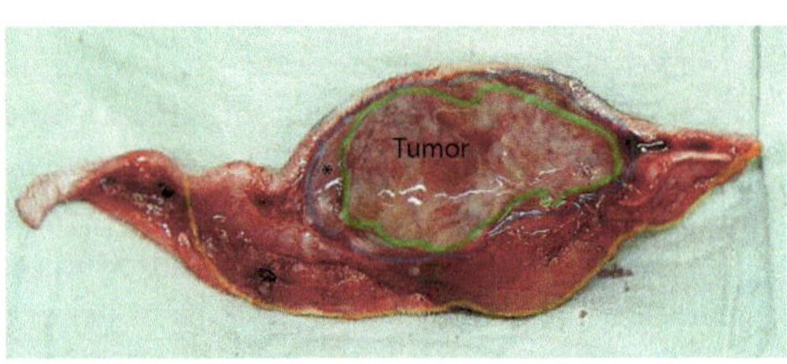

◻ Abb. 3.1 Karpales Neurofibrosarkom. Staffordshire Terrier, 7 Jahre, männlich. Die Pseudokapsel/reaktive Zone (Stern) und die Resektionsgrenzen (grün: intraläsional, blau: marginal, orange: weit) sind eingezeichnet

Risiko einer inkompletten Tumorentfernung hoch ist. Bei der chirurgischen Tumorresektion sollten tumorversorgende oder -drainierende Gefäße frühzeitig ligiert werden, um eine Migration der Tumorzellen nach Manipulation zu verhindern.

Der Wundverschluss des Tumorbettes sollte mit monofilem Nahtmaterial erfolgen, um das Risiko des Anhaftens von Tumorzellen am Nahtmaterial zu verringern. Die Wund- oder Körperhöhlenlavage ist in der onkologischen Chirurgie umstritten. Einerseits könnte die Lavage die Migration von Tumorzellen fördern, andererseits wird durch das Entfernen von Blutgerinnseln und Fremdmaterial sowie durch die Gewebehydration das Risiko von Wundheilungsstörungen reduziert.

Die Verwendung von Drainagen ist in der onkologischen Chirurgie nicht indiziert. Bei Serombildung können Drainagen nach Beurteilung der Tumorränder genutzt werden. Sofern postoperativ eine Strahlentherapie durchgeführt werden soll, sollten Wundbett und Tumorränder markiert werden, damit die Bestrahlungsfeldgröße einfach zu bestimmen ist. Die Markierung der resezierten Tumorränder mit Nahtmaterial, Tinte oder anderen Techniken vereinfacht die histopathologische Beurteilung der Wundränder.

Die häufigsten Fehler in der onkologischen Chirurgie sind die unvollständige Resektion, die intraoperative Tumorstreuung und die Nutzung von nicht geeigneten Nahtmaterialien und Instrumenten sowie traumatischen Operationstechniken.

3.1.3 Onkologische Chirurgie von Knochentumoren

Das Osteosarkom ist der am häufigsten vorkommende Knochentumor bei Hund und Katze. Aufgrund des hohen Metastaserisikos sollte der Patient v. a. mit bildgebenden Verfahren umfassend untersucht werden sowie ein Tumorstaging vorgenommen werden. Weiterführende Diagnostik wie z. B. Szintigraphie kann indiziert sein. Die chirurgische Versorgung ist bei der Katze in der Regel kurativ, beim Hund lediglich palliativ.

Die chirurgische Therapie umfasst in der Regel die radikale Resektion (Amputation) oder die weite

Resektion. Vor der Operation sollte der Patient sowohl auf orthopädische als auch auf neurologische Erkrankungen der kontralateralen Gliedmaße untersucht werden, welche das funktionelle postoperative Ergebnis und die Lebensqualität einschränken könnten. Der Tierbesitzer muss umfassend über das zu erwartende funktionelle und Langzeitergebnis informiert werden.

Radikale Amputationen mit Skapulektomie zur Behandlung von Tumoren der Vordergliedmaße sowie Femurosteotomien zur Behandlung von Tumoren an der Hintergliedmaße, werden kontrovers diskutiert. Subtotale Amputationen bieten einen gewissen Grad an Schutz für die laterale Brustwand oder das kaudale Abdomen und sind häufig leichter durchzuführen. Allerdings wird bei subtotalen Amputationen unnötiges Gewicht in Form von nichtfunktionalen Stümpfen im Bereich der Gliedmaßen zurückgelassen. Dies kann das postoperative Gangbild negativ beeinflussen. Totale Gliedmaßenamputationen haben den Vorteil, nichtfunktionales Gewicht zu entfernen. Tumoren der Phalangen werden normalerweise durch die Amputation einzelner Phalangen behandelt. Gliedmaßenerhaltende Operationen oder Osteosynthesen werden bei pathologischen Frakturen selten genutzt. Mögliche Tumorlokalisationen für gliedmaßenerhaltende Techniken sind in ◘ Tab. 3.2. aufgezeigt ◘ Abb. 3.2.

Obwohl großflächige und radikale Resektionen als therapeutisches Mittel der Wahl zur Behandlung von appendikulären Knochentumoren gelten, gibt es Fälle, in denen eine Osteosynthese der tumorbedingten pathologischen Fraktur sinnvoll ist. Hierzu zählen neurologische oder orthopädische Erkrankungen der kontralateralen Seite sowie kosmetische Bedenken der Tierbesitzer. In der Fachliteratur wird meist die Plattenosteosynthese zur Stabilisierung von pathologischen Frakturen beschrieben. Letztendlich können aber alle Methoden, die zur Versorgung traumatischer Frakturen eingesetzt werden, genutzt werden, solange eine stabile Fixierung des Implantats erreicht wird.

◘ **Tab. 3.2** Gliedmaßenerhaltende Chirurgie bei Knochentumoren der langen Röhrenknochen

Lokalisation	Optionen	Bemerkung
Skapula	partielle Skapulektomie	Erhalt der mittleren Skapula bei dorsalen Tumoren der Skapula ohne Weichteilbeteiligung
	subtotale Skapulektomie	Erhalt des glenohumeralen Gelenks bei mittig und distal gelegenen Tumoren der Skapula ohne Weichteilbeteiligung
Radius	partielle Radiusresektion und Ersatz: kortikale Allotransplantate	Tumor auf ≤ 50 % des Radius begrenzt
	Endoprothese pasteurisierte Autotransplantate Ulnatransposition Knochentransplantation-Osteogenese	kombiniert mit pankarpaler Arthrodese
Ulna	partielle Resektion der Ulna	nur bei ulnaren Tumoren unterhalb des Ellbogengelenks
Pelvis	Hemipelvinektomie: totale Hemipelvinektomie mittig-kaudale Hemipelvinektomie mittig-kraniale Hemipelvinektomie	je nach Lokalisation am Becken einschließlich Amputation der Beckengliedmaße
	Hemipelvinektomie kaudale Hemipelvinektomie	gliedmaßenerhaltende Hemipelvinektomie unter Erhalt des Azetabulums

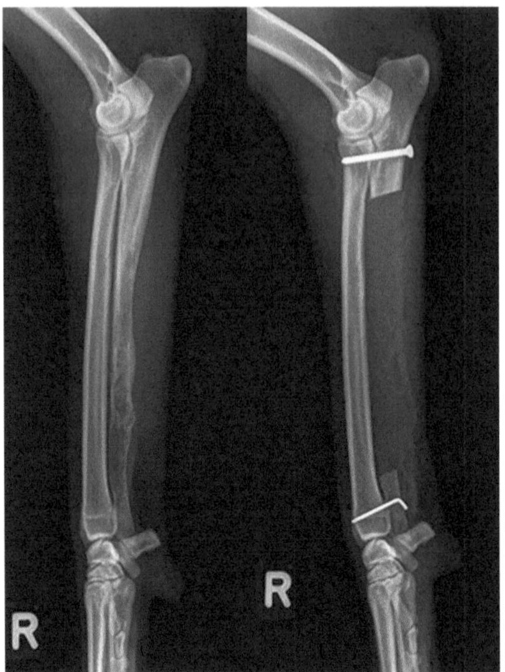

◻ Abb. 3.2 Röntgenbild der rechten Vordergliedmaße eines Flat Coated Retrievers mit einem appendikulären Osteosarkom vor (links) und nach (rechts) einer partiellen Ulnaresektion

Weite oder radikale Resektionen im Bereich des Kopfes oder des axialen Skelettes können nicht durchgeführt werden. Hier werden in der Regel tumorverkleinernde Techniken oder marginale Resektionen eingesetzt. Vor der Operation sollten schnittbildgebende Verfahren wie CT oder MRT genutzt werden, um die Dimensionen und die eventuelle intradurale oder intraaxiale Invasion des Tumore abschätzen zu können. Mandibulare oder maxillare Tumoren können beim Hund sehr gut mit ausreichend weiten Mandibulektomien oder Maxillektomien behandelt werden.

3.1.4 Onkologische Chirurgie von Hauttumoren

In der onkologischen Chirurgie sollte ein primärer Wundverschluss niemals auf Kosten der vollständigen Entfernung des Tumors erfolgen. Umfassende Kenntnisse in der offenen Wundbehandlung, zu spannungsfreien Nahttechniken, der Verwendung von Hautlappenplastiken und rekonstruktiven Techniken sind essenziell für die erfolgreiche onkologische Chirurgie. Die Rekonstruktion von Brustbzw. Bauchwand kann notwendig werden, sofern die Tumoren eine entsprechende Ausdehnung besitzen.

Verschiedene lokale oder subdermale Hautlappenplastiken können bei kleinen bis mittelgroßen Wunden genutzt werden. Die Erhaltung der lokalen Blutzufuhr ist dabei entscheidend für den Erfolg dieser Techniken. Hautläsionen im Bereich der unteren Extremitäten werden mit Techniken wie Entlastungsschnitten oder freien Hauttransplantaten versorgt. *Axial-pattern*-Lappenplastiken werden bei großen Hautläsionen genutzt. Diese Hautlappen werden durch eine subkutane Arterie und Vene perfundiert, sodass die Präparation von größeren Hauttransplantaten möglich ist. Im Vergleich zu freien Hauttransplantaten führt die lappeneigene Blutversorgung zu einer höheren Vitalität des Hautlappens. Verschiedene Hautverschlusstechniken sowie häufig verwendete *Axial-pattern*-Lappenplastiken sind in ◻ Tab. 3.3 zusammengefasst.

3.1.5 Onkologische Chirurgie von Tumoren des zentralen Nervensystems

Man unterscheidet bei Tumoren des Nervensystems intrakraniale, spinale und periphere Tumoren. Trotz einzelner Fallbeschreibungen zur erfolgreichen Entfernung von intra- und extraaxialen Tumoren steht die Chirurgie am Gehirn in der Veterinärmedizin noch am Anfang. Eine chirurgische Versorgung sollte nur bei primären Gehirntumoren durchgeführt werden. Aufgrund der großen Gefahr intra- und postoperativer Komplikationen bei intrakranieller Chirurgie sollte eine auf den individuellen Patienten abgestimmte und auf dem aktuellen Stand der Wissenschaft basierende Anästhesie durchgeführt werden. Zusätzlich muss eine umfassende intensivmedizinische Betreuung gewährleistet sein. Studien mit signifikanten Fallzahlen sind in der Veterinärmedizin nur für die Versorgung des felinen Meningeoms vorhanden.

Der häufigste periphere Nerventumor ist der Nervenscheidentumor. Tumoren, die nur auf die Peripherie begrenzt sind, werden in der Regel mit einer Amputation der betroffenen Gliedmaße

⬛ Tab. 3.3 Beispiele häufig genutzter Wundverschlusstechniken

Technik	Typ	Geschätzte Größe und Lokalisation des Defekts	Bemerkung
direkter Verschluss		< 5 cm Durchmesser	
spannungslösende Techniken	Unterhöhlung	> 5 cm Durchmesser	Risiko der Serombildung
	Walking suture (Naht)	> 5 cm	
	Entlastungsschnitte	> 5–10 cm untere Extremitäten	kosmetisch fraglich
lokaler Plexus-Flap	Advancementflap	> 10–15 cm	entspricht dem einfach gestielten Flap
	Rotationsflap	> 10–15 cm	
	Transpositionsflap	> 10–15 cm	
	Interpolationsflap	> 10–15 cm	Verbindungshautschnitt notwendig
	Hautfaltenflap	> 10–30 cm	Ellbogenfaltenflap Flankenfaltenflap
Axial Pattern-Flaps	thorakodorsal	Thorax, Schulter, Vordergliedmaßen, axillare Defekte	
	omocervical	Gesicht, Ohr, Hals, Schulter, axillare Defekte	
	kaudal superfizial epigastrisch	kaudales Abdomen, inguinal, Flanke, perineal, Oberschenkel	

versorgt, um kurative Ergebnisse zu erreichen. Die Behandlung von zentralen Nervenscheidentumoren ist meist nur palliativ möglich.

3.1.6 Onkologische Chirurgie von Tumoren der Eingeweide/ inneren Organe und Körperhöhlen

Die chirurgische Versorgung von Tumoren innerhalb der Körperhöhlen ist häufig sehr anspruchsvoll. Massen, die bei der präoperativen Diagnostik lediglich einem Organ zugeordnet werden, können sich während der Operation als mehrere Organe betreffend erweisen (⬛ Abb. 3.3).

Genaue Kenntnisse zur kompletten oder partiellen Entfernung viszeraler Organe sind daher essenziell. Der temporäre Verschluss von Blutgefäßen sowie Gefäßchirurgietechniken sind bei bestimmten Tumoren (z. B. Lebertumoren, Tumoren der Nebennieren) notwendig. Neben dem chirurgischen Standardinstrumentarium ist die Verwendung von zusätzlichen Instrumenten wie Staplern, Gefäßklemmen, gefäßversiegelnden Instrumenten und Elektroskalpellen hilfreich und ggf. notwendig.

Das Risiko der Streuung von Tumorzellen ist bei Tumoren der abdominalen oder thorakalen Körperhöhle größer als bei anderen Neoplasien. Dies führt dazu, dass das finale Tumorstaging und die endgültige Planung des chirurgischen Eingriffs zumeist intraoperativ erfolgen, wenn die gesamte Körperhöhle begutachtet werden kann. Die Separierung von benachbarten Organen mittels chirurgischer Bauchtücher kann die Gefahr der Verbreitung von Tumorzellen reduzieren. Die partielle oder komplette Resektion des Tumors ist je nach betroffenem Organ möglich. Die Autotransfusion von Blut aus dem Thorax oder dem Abdomen ist im Rahmen von neoplastischen Erkrankungen kontraindiziert.

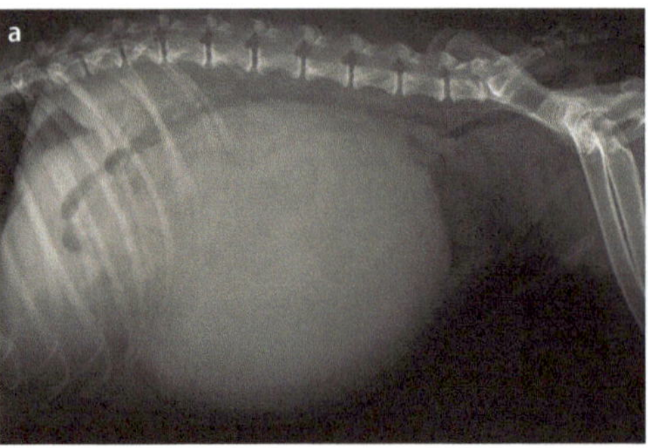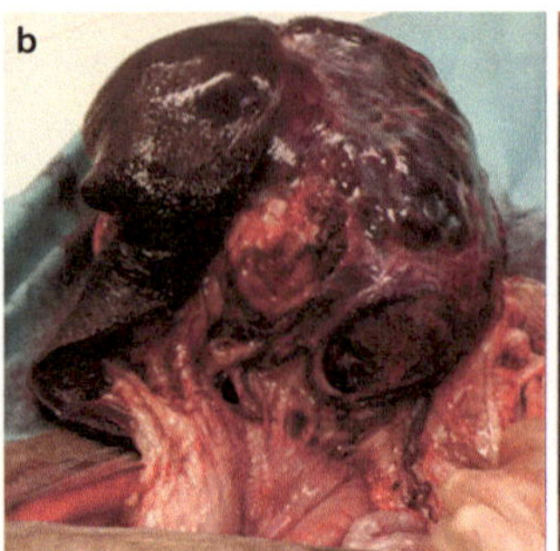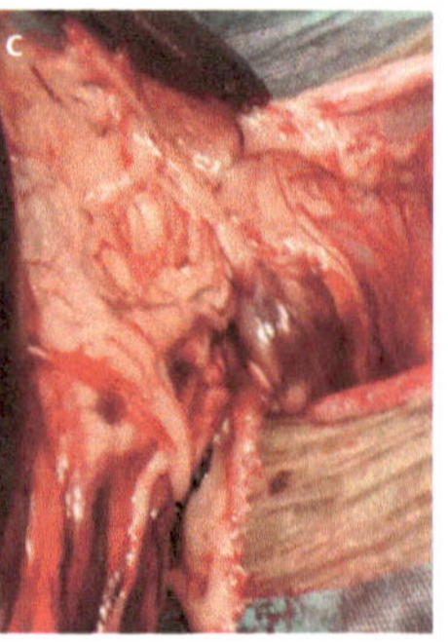

Abb. 3.3   11 Jahre alter männlicher Mischlingshund. (**a**) Röntgenaufnahme des lateralen Abdomens mit erkennbarem Masseneffekt, (**b**) intraoperative Darstellung der Milz mit zusätzlicher Masse zusätzlich an der Gekrösewurzel

Sollte es zu einer Ruptur des tumorös veränderten Organs kommen, wird die Lavage der entsprechenden Körperhöhle empfohlen. Nach erfolgreicher Tumorresektion und ggf. Lavage der Körperhöhle sollten Handschuhe und chirurgische Instrumente gewechselt werden.

Da die Manipulation der abdominalen Organe zu kardialen Arrhythmien bis hin zu lebensbedrohlichen Dysrhythmien führen kann, ist eine Überwachung mittels EKG sowohl intra- als auch bis zu drei Tage postoperativ sinnvoll.

3.1.7 Postoperative Patientenversorgung

Die postoperative Patientenversorgung richtet sich nach dem betroffenen Organsystem, dem allgemeinen Gesundheitsstatus des Patienten und der Lokalisation und Art des Tumors.

Patienten, bei denen Tumoren der thorakalen oder abdominalen Körperhöhle entfernt wurden, benötigen in der Regel eine intensive und kontinuierliche Überwachung für mehrere Tage. Sollte ein primärer Wundverschluss nicht möglich sein, bedarf es einer täglichen Wundbehandlung.

3.2 Chemotherapie von Tumoren

(Robert Klopfleisch, DACVP)

Eine erhöhte und anhaltende Proliferation und somit ein hoher Anteil an mitotisch aktiven Zellen ist eines der klassischen Merkmale von Tumoren.

Klassische Chemotherapeutika nutzen diese Eigenschaft, indem sie spezifisch mitotisch aktive Zellen adressierten. Leider haben diese Medikamente auch einen zytotoxischen Effekt auf nicht-neoplastische, sich teilende Zellen, wie z. B. Knochenmarkszellen, das Darmepithel oder die Haut und Haarfollikel. Knochenmarkssuppression, Leukopenie sowie kutane und gastrointestinale Toxizität sind deshalb häufige Nebenwirkungen der klassischen Chemotherapeutika.

Ein Hauptziel der Forschung nach neuen Chemotherapeutika ist deshalb die Identifikation von tumorspezifischen Signalkaskaden, metabolischen Prozessen oder Tumormarkern, die ausschließlich in neoplastischen Zellen vorkommen. Ein Beispiel für diese modernen Chemotherapeutika sind **Tyrosinkinaseinhibitoren**, die spezifisch die Aktivität von pro-proliferativen Signalkaskaden wie dem KIT-Tyrosinkinaserezeptor-Signalweg in kaninen Mastzellen inhibieren. **Monoklonale Antikörper** mit oder ohne gebundene Toxine werden genutzt, um über die Bindung an tumorspezifische Oberflächenproteine wie den HER/NEU-Rezeptor auf humanen Brustkrebszellen oder den Interleukin-2-Rezeptor in humanen T-Zelllymphomen diese Zellen abzutöten. Therapeutische monoklonale Antikörper werden in der Veterinäronkologie zurzeit nicht angewendet, vorrangig aus Kostengründen.

Die Effizienz **klassischer Chemotherapeutika** hängt sehr stark vom Anteil sich teilender Zellen im Tumor ab, welche während der Progression eines Tumors stark variiert. Die Wachstumskurve der meisten Tumoren ähnelt sehr stark der von biologischen Populationen (**Gompertz-Funktion**). Das Wachstum von beiden, Tumoren und biologischen

Populationen, zeichnet sich durch ein **initiales langsames Wachstum** aus, welches dann in eine Phase des **exponentiellen Wachstums** übergeht, sofern eine ausreichende Nährstoff- und Sauerstoffversorgung gewährleistet ist. Letztendlich erreicht das Wachstum eine **Plateauphase**, sobald Raum-, Nährstoff- oder Sauerstoffmangel auftreten. In der Plateauphase befinden sich die meisten Tumorzellen in der **G0-(Ruhe-) Phase** des Zellzyklus. Sie sind somit nicht sensibel gegenüber den klassischen Chemotherapeutika. Obwohl stark verallgemeinernd, wird häufig postuliert, dass eine effiziente Behandlung mit diesen Medikamenten eigentlich nur bis zu einer Tumorgröße von 1 cm^3 möglich ist.

3.2.1 Chemotherapieprotokolle

Der Begriff **primäre Chemotherapie** bezeichnet einen Therapieansatz, der einzig auf der Chemotherapie basiert. Dieser wird vorrangig bei primär systemischen Tumoren, wie hämatopoetischen Leukämien, angewandt.

Kurative Chemotherapie wird mit der Intention angewandt, eine komplette Remission mit einer verlängerten Überlebenszeit von mehr als zwei Jahren zu erreichen. Leider werden nur sehr wenige Therapieprotokolle für Tumoren beim Tier, wie zum Beispiel für einige kanine B-Zelllymphome, diesem Anspruch gerecht.

Palliative Chemotherapie wird mit dem Ziel einer Abschwächung tumorassoziierter Symptome und einer Verlangsamung des Tumorwachstums angewendet.

Monochemotherapie ist ein Behandlungsprotokoll, das lediglich ein Chemotherapeutikum umfasst.

Polychemotherapie ist ein Behandlungsprotokoll, das mehr als ein Chemotherapeutikum umfasst. Sie hat zumeist eine höhere Effizienz als Monochemotherapie. Diese Protokolle zielen darauf ab, synergistische Effekte der einzelnen Stoffklassen zu nutzen, um einen größeren Anteil der zumeist sehr heterogenen Tumorzellen zu erreichen und das Risiko der Chemotherapieresistenz zu mindern.

Neoadjuvante Chemotherapie ist als eine Chemotherapie definiert, die vor der Chirurgie oder Strahlentherapie gegeben wird. Das Ziel ist dabei, den Tumor zunächst schrumpfen zu lassen, um eine weniger extensive Chirurgie oder Strahlentherapie anwenden zu müssen.

Adjuvante Chemotherapie wird nach Chirurgie oder Strahlentherapiebehandlung gegeben, um verbliebene Tumorzellen abzutöten. Sie wird auch gegeben, um das Auswachsen von verbliebenen Mikrometastasen zu verhindern oder zu verlangsamen.

Induktionschemotherapie beschreibt die erste intensive Phase der Chemotherapie, in der höhere Dosen oder sehr komplexe Medikamentenkombinationen verabreicht werden. Das Ziel ist hier, möglichst viele sensitive Tumorzellen abzutöten, bevor sich eine Resistenz entwickelt.

Konsolidierende Chemotherapie ist die weniger aggressive Phase der Therapie nach der Induktion.

Erhaltungschemotherapie ist ein noch geringer dosiertes Therapieprotokoll nach kompletter Remission durch die Induktions- oder konsolidierende Therapie. Ziel ist es hier, das Auswachsen von eventuell verbliebenen Tumorzellen zu verhindern. Es wird jedoch diskutiert, ob diese Erhaltungsprotokolle nicht besser durch wiederholte kurze, aber intensive Protokolle ersetzt werden sollten.

Metronomische Chemotherapie stellt ein Langzeittherapieprotokoll mit minimaler Toxizität dar. Das Ziel ist es hier, das Endothel der tumorassoziierten Gefäße zu schädigen.

Standard- oder „First-line"-Chemotherapie ist das Protokoll mit der höchsten Wahrscheinlichkeit für einen Therapieerfolg und wird demzufolge als primäres Protokoll eingesetzt.

Rettungs- oder „Second-line"-Chemotherapie ist das zweitbeste Protokoll, welches eingesetzt werden sollte, wenn die Standardtherapie gescheitert ist.

3.2.2 Chemotherapeutika

■ Alkylierende Substanzen
Alkylierende Substanzen sind eine große Gruppe zytostatischer Therapeutika, die über die Bindung von Alkylgruppen an DNA wirken (◘ Tab. 3.4). Die Alkylierung induziert eine Quervernetzung der **DNA-Doppelstranghelix** und verhindert so die Separation der DNA-Stränge während der Mitose. Der zytostatische Effekt alkylierender Substanzen findet sich auch bei Nicht-Tumorzellen und kann auf diese sogar **karzinogen** wirken.

◘ Tab. 3.4 Alkylierende Substanzen und ihre Indikationen in der Veterinäronkologie

Alkylierende Substanz	Indikation
Cyclophosphamid	Lymphome, Karzinome, Sarkome
Chlorambucil	Lymphome, Myelome, Mastzelltumoren
Ifosfamid	Lymphome
Lomustin	Lymphome, Mastzelltumoren
Carmustin	Lymphome, Hirntumoren
Streptozocin	Insulinome

◘ Tab. 3.5 Platinhaltige Substanzen und ihre Indikationen in der Veterinäronkologie

Platinhaltige Substanz	Indikation
Cisplatin	Karzinome, Sarkome, Mesotheliome, Übergangszellkarzinome
Carboplatin	wie Cisplatin, aber weniger nephrotoxisch und teurer

◘ Tab. 3.6 Antitumor-Antibiotika und ihre Indikationen in der Veterinäronkologie

Antibiotikum	Indikation
Doxorubicin	Karzinome, Sarkome, Lymphome
Mitoxantron	Lymphome, Übergangszellkarzinome
Actinomycin	Lymphome
Bleomycin	Plattenepithelkarzinome

◘ Tab. 3.7 Mitosehemmstoffe und ihre häufigsten Indikationen in der Veterinäronkologie

Mitosehemmstoff	Indikation
Vincristin	Lymphome, kaniner transmissibler venerischer Tumor, Mastzelltumoren
Vinblastin	Lymphome, Mastzelltumoren
Vinorelbin	Mastzelltumoren, Lungentumoren

■ **Platinhaltige Substanzen**

Platinkomplexe sind auf mehreren Wegen zytotoxisch. Sie induzieren eine **Quervernetzung von DNA-Doppelsträngen** und verhindern so die Zellteilung, und sie induzieren **Punktmutationen** und inhibieren die **DNA-Reparatur** und induzieren somit Apoptose (◘ Tab. 3.5).

■ **Antitumor-Antibiotika**

Antitumor-Antibiotika werden von Pilzen des Genus *Streptomyces* synthetisiert. Sie haben **multiple toxische Effekte auf sich teilende Zellen**, welche die Interkalierung von DNA-Doppelsträngen, DNA-Doppelstrangbrüche und die Inhibierung der Topoisomerase II umfassen. Sie verhindern somit die Zellteilung und induzieren Apoptose in sich teilenden Zellen (◘ Tab. 3.6).

■ **Mitosehemmstoffe (Spindelgifte)**

Mitosehemmstoffe sind pflanzliche Alkaloide. Von diesen sind Vincaalkaloide und Taxane die bedeutendsten Stoffgruppen. Mitosehemmstoffe verursachen einen **Mikrotubulus-Schaden**, der noch nicht in allen Aspekten verstanden ist. Es wird angenommen, dass sie sowohl die Bildung als auch den Abbau der Mikrotubuli beeinflussen (◘ Tab. 3.7).

■ **Antimetabolite**

Antimetabolite ähneln stark den **endogenen Nukleotiden**, wie z. B. Purinen und Pyrimidinen, die für die DNA-Synthese benötigt werden. Antimetaboliten blocken die Enzyme der DNA-Synthese durch kompetitive Bindung oder die Synthese fragiler DNA-Stränge. Beide Mechanismen inhibieren die Zellteilung und können Apoptose induzieren (◘ Tab. 3.8).

■ **Tyrosinkinaseinhibitoren**

Die Tyrosinkinaseinhibitoren **Masitinib** und **Toceranib** werden bereits für die Behandlung zahlreicher kaniner Tumorarten getestet. Sie zeigen die höchste Effizienz für kanine Mastzelltumoren. Sie inhibieren die Aktivität zahlreicher Tyrosinkinaserezeptoren inklusive des Stammzellfaktorrezeptors **KIT**, des Platelet-Derived Growth Factor-Rezeptors (**PDGFR**), des Vascular Endothelial Growth Factor 2-Rezeptors (**VEGFR2**) und vieler anderer.

◘ Tab. 3.8 Antimetabolite und ihre häufigsten Indikationen in der Veterinäronkologie	
Antimetabolit	**Indikation**
Methotrexat	Lymphome
Zytosin-Arabinosid	Lymphome
5-Fluorouracil, 5-FU	Karzinome

- **Prednisolon und L-Asparaginase**

Prednison blockiert unspezifisch die DNA-Synthese und Zellteilung. Es ist preiswert und wird vergleichsweise gut toleriert. Es wird häufig zur Behandlung von Lymphomen, Plasmazelltumoren und Mastzelltumoren eingesetzt. Die Effizienz der Prednisolonbehandlung kaniner Lymphome wird von mehreren neueren Studien jedoch infrage gestellt.

L-Asparaginase ist ein bakterielles Enzym, das die Aminosäure Asparagin abbaut. Es wird angenommen, dass es einen systemischen Asparaginmangel hervorruft, der letztlich vor allem proliferierende Zellen beeinträchtigt. Eine erhöhte Asparaginsynthese wird jedoch als häufiger Resistenzmechanismus in behandelten Tumoren beobachtet.

3.2.3 Mechanismen der Chemotherapieresistenz

Wie bereits beschrieben spielen Polychemotherapieprotokolle eine Schlüsselrolle in der neoadjuvanten und adjuvanten Behandlung in der Veterinäronkologie. Leider reagieren die meisten Tumorarten nur schlecht oder gar nicht auf die Mehrheit der Chemotherapeutika und sind somit als **intrinsisch resistent** zu bezeichnen. Andere Tumoren sprechen zunächst auf die Therapie an, entwickeln dann aber im Verlauf der Behandlung eine **erworbene Resistenz**. Die exakten Mechanismen der intrinsischen und erworbenen Chemotherapieresistenz für Tumoren in der Veterinärmedizin sind nahezu komplett unbekannt. Zumindest in der Humanonkologie werden jedoch zunehmend die Mechanismen der Chemotherapieresistenz untersucht und aufgeklärt. Erste Medikamente mit dem Ziel, Chemotherapieresistenz zu verhindern oder aufzuheben, sind bereits auf dem Markt und könnten in Zukunft eventuell auch von Bedeutung für die Veterinäronkologie werden.

Sechs Hauptmechanismen der Chemotherapieresistenz sind bisher bekannt.

> **Die wichtigsten Mechanismen der Chemotherapieresistenz von Tumoren**
> 1. erhöhter Wirkstoffefflux durch erhöhte Aktivität von ABC-Transporterproteinen
> 2. Wirkstoffinaktivierung in Tumorzellen
> 3. Veränderungen des Wirkstoffziels in den Tumorzellen
> 4. erhöhte Aktivität der DNA-Reparaturmechanismen
> 5. Apoptosevasion
> 6. Krebsstammzellen und Ruhezustand der Tumorzellen

3.3 Generelle Aspekte der Radioonkologie

(Melanie Wergin, PhD)

Die Strahlentherapie (auch Strahlenheilkunde, Radiotherapie, Radioonkologie) von Menschen und veterinärmedizinischen Patienten hat sich in den letzten Jahren in vielerlei Hinsicht weiterentwickelt. Die größten Fortschritte konnten dabei auf den Gebieten der fraktionierten Strahlentherapieprotokolle, der Dosierung und der Gerätetechnik gemacht werden.

3.3.1 Die Biologie der Strahlentherapie

Ionisierende Strahlung, die ausreichend Energie hat, um eine orbitales Elektron von einem Atom oder Molekül abzutrennen, wird im Bereich der Strahlentherapie in Röntgenstrahlung (X-Strahlen) und Gammastrahlung (γ-Strahlen) unterschieden. Sowohl **Röntgenstrahlung** als auch **Gammastrahlung** und neuerdings auch Neutronen und Protonenquellen werden für die Strahlentherapie verwendet. Die im Gewebe absorbierte Energie wird unabhängig von der Strahlenart in **Gray (Gy)** angegeben, wobei 1 Gy einer Energieabsorption von 1 Joule/kg entspricht.

Während der Passage durch Gewebe verlangsamen sich die verwendeten Strahlen und geben dabei ihre Energie an das umgebende Gewebe ab, was zur Entstehung von Energiedepots führt. Diese Depots können zu direkten oder indirekten Schäden des Gewebes führen. **Direkte Schäden** stellen direkt hervorgerufene DNA-Doppelstrangbrüche (DSB) dar. Diese DSB führen dann zu Chromosomenschäden, die gleichzeitig zahlreiche Gene betreffen können und zu Funktionsschäden und Zelltod führen können. Ionisierende Strahlung induziert jedoch vor allem **indirekte Schäden**. Diese werden durch die bei der Energieabsorption durch Wassermoleküle initiierte Bildung von **Hydroxyl-Radikalen (HO)** im Gewebe hervorgerufen. Diese Radikale führen über ihre ungepaarten Elektronen dann ebenfalls zu DNA-Schäden. Ein weiterer indirekter Effekt ionisierender Strahlung ist die Produktion von **reaktiven Sauerstoffspezies (ROS)**. Da ROS jedoch nur unter Anwesenheit von Sauerstoff entstehen können, führt eine häufig in Tumoren beobachtete Hypoxie zu einer Strahlentherapieresistenz. Bei diesen Tumoren muss die Dosis der ionisierenden Strahlung bis zu 3-fach erhöht werden, um den gleichen zytotoxischen Effekt hervorzurufen.

Viele Tumoren können mit Strahlentherapiedosen von 30–55 Gy kurativ behandelt werden. Diese Strahlung muss jedoch in kleinere Dosen **fraktioniert** werden. Die Begründung hierfür liegt in den sogenannten vier R (**4R's**) der Strahlentherapie: Reparatur, Reoxygenierung, Radiosensibilisierung und Repopulation. Die **Reparatur** von durch kleine Dosen induzierten Schäden ist für nicht-neoplastische Zellen zumeist möglich, während Tumorzellen sehr eingeschränkte Reparaturkapazitäten haben. **Reoxygenierte** Tumorzellen sind sensibler gegenüber ionisierender Strahlung aufgrund der stärkeren Entstehung von ROS. Eine fraktionierte Strahlung führt zu einer Reduktion des Tumorvolumens, wodurch die Sauerstoffversorgung der verbleibenden Tumorzellen bei der Verabreichung der nächsten Strahlenfraktion verbessert wird. Die sogenannte **Radiosensibilisierung** hängt vom Status der Zelle in Bezug auf den Zellzyklus ab. Zellen sind radiosensibler während der Mitose- und G2-Phase. Zellen, die während einer Fraktion der Strahlentherapie nicht in einer sensiblen Phase waren, könnten sich bei der nächsten Behandlung in dieser befinden und somit behandelbar sein. Die **Repopulation** als viertes R bezieht sich auf die Beobachtung, dass die Zeit zwischen zwei Strahlungsfraktionen nicht zu lang sein soll, da es sonst zu einer Repopulation des Tumors kommen kann, wobei insbesondere bei sich schnell teilenden Tumoren, z. B. Plattenepithelkarzinomen, der Effekt der vorhergehenden Fraktion verpufft.

3.3.2 Indikationen für eine Strahlentherapie

Die Strahlentherapie wird für die Behandlung von zahlreichen Tumorarten genutzt (◘ Tab. 3.9).

Die Gesamtdosis und die Fraktionierungsschemata hängen vor allem von der Radiosensibilität des Tumors ab. Weiterhin werden beide Parameter von der Radiosensibilität des normalen Gewebes im Behandlungsareal eingeschränkt. Die Haut und die darunter liegenden Muskeln sind beispielsweise weniger sensibel als Hirn oder Rückenmark und erlauben deshalb höhere Dosen.

Eine Strahlentherapie kann die primäre und einzige Therapieform sein, z. B. für Hirntumoren, Plattenepithelkarzinome des Nasenplanums der Katze (◘ Abb. 3.4) oder intranasale Tumoren. Sie kann aber auch als adjuvante Therapieform zusammen mit chirurgischer oder chemotherapeutischer Behandlung angewandt werden. Als **adjuvante Strahlentherapie** wird eine Bestrahlung nach chirurgischer oder chemotherapeutischer Behandlung bezeichnet. Die Option wird genutzt, wenn der Tumor chirurgisch entfernt werden kann (◘ Abb. 3.5). Wenn der Tumor zu groß für die chirurgische Entfernung ist, kann eine **neoadjuvante Strahlentherapie** vorteilhaft sein. Sie führt zu einer Verkleinerung des Tumors, wodurch eine anschließende chirurgische Entfernung ermöglicht wird.

Ein typisches Strahlentherapieprotokoll in der Veterinäronkologie erstreckt sich zumeist über 4–5 Behandlungen pro Woche, bis die Gesamtdosis erreicht ist. Eine **Hypofraktionierung** umfasst hingegen lediglich 2–3 Bestrahlungen pro Woche. Sie wird meist im Rahmen einer palliativen Behandlung angewandt. Schnell wachsende Tumore können einem beschleunigten Protokoll unterworfen werden, um eine Repopulation zu vermeiden, z. B. bei Plattenepithelkarzinomen des Kopfes der Katze.

Vor dem Beginn der Strahlentherapie muss das Ziel der Behandlung bestimmt werden. Eine **kurative**

□ Tab. 3.9 Aktuelle Strahlentherapieprotokolle für häufige veterinärmedizinische Tumoren

Tumorlokalisation	Tumorart	Bestrahlungs-protokoll	Prognose	Referenz
Epidermis und Subkutis	Sarkom (Hund)	kurativ	S: 70 Monate	Forrest et al., McKnight et al.
		palliativ	S: 12 Monate	Plavec et al.
	Injektions-assoziiertes Sarkom (Katze)	kurativ	S: 36 Monate	Eckstein et al.
		palliativ	S: 10 Monate	Eckstein et al.
	Mastzelltumor	kurativ	Grad-2-Tumoren: Behandlung zu 90 % kurativ	Frimberger et al., Poirier et al.
		palliativ		Thamm et al.
orale Tumoren	Melanom	palliativ	S: 10 Monate	Proulx et al., Freeman et al.
	Plattenepithel-karzinom	kurativ	S: 12–36 Monate	LaDue-Miller et al., Théon et al.
	Sarkom	kurativ	S: 12–24 Monate	Théon et al., Poirier et al.
		palliativ	S: 10 Monate	Théon et al.
	Akanthomatöse Epulide	kurativ	Kurativ in 80–90 % der Fälle	Théon et al. (2)
nasale Tumoren	Karzinome Sarkome Lymphome	kurativ	S: 12–24 Monate	Théon et al. (3), Adams et al.
		palliativ	S: 10 Monate S: Katzen mit nasalen Lymphomen 24 Monate	Buchholz et al., Haney et al.
Tumore des Nasenplanum	Plattenepithel-karzinome (Katze)	kurativ	Behandlung zu 70 % kurativ	Melzer et al.
Hirntumoren	Meningeom	kurativ	S: 30 Monate	Rohrer et al., Theon et al. (4)
	Gliom	kurativ	S: 30 Monate	Rohrer et al.,
	Hypophysentumoren	kurativ	S: 24–48 Monate	Rohrer et al., Kent et al.
Schilddrüsentumoren	Karzinome	kurativ	12–36 Monate	Theon et al (5)
		palliativ	12–24 Monate	Brearley et al.
Mediastinum	Thymom	kurativ oder palliativ	Katzen: 24 Monate, Hund: 8 Monate	Smith et al.

Behandlung wird angewandt, wenn eine langfristige Kontrolle des Tumors möglich erscheint und der Patient keine weiteren lebensbedrohenden Erkrankungen aufweist. Ein kuratives Bestrahlungsprotokoll besteht gewöhnlich aus 14–20 Fraktionen von 2,5–4 Gy bei 4–5 Bestrahlungen pro Woche.

Die **palliative Bestrahlung** strebt eine Verbesserung der Lebensqualität des Patienten und nicht eine Heilung an. Gründe sind eine bereits nachweisbare Metastasierung, hohes Alter oder ein beeinträchtigter Allgemeinzustand. Palliative Protokolle zielen auf eine Verlangsamung des Tumorwachstums oder eine

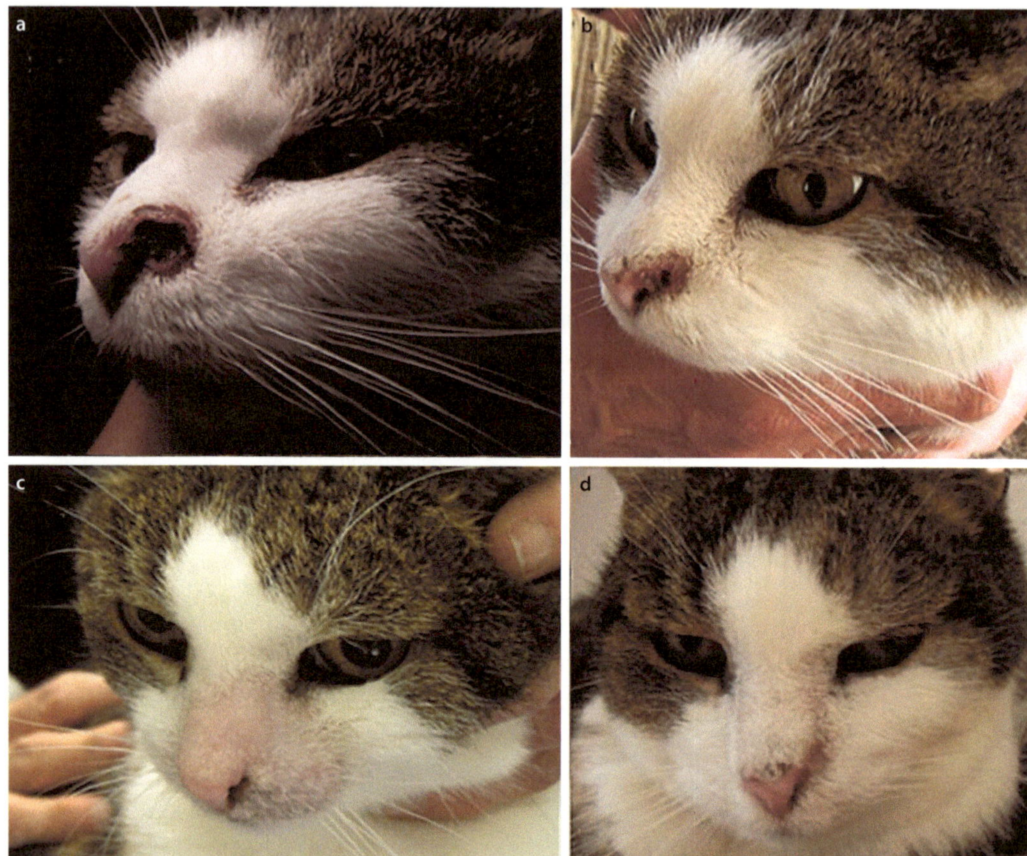

▣ Abb. 3.4 Strahlentherapie eines Plattenepithelkarzinoms des Nasenplanums einer Katze. Die Strahlentherapie war die einzige Therapieform, die bei dieser Katze angewandt wurde. Ein beschleunigtes Protokoll von zehn täglichen Fraktionen wurde angewandt. (A) Der Tumor vor Behandlungsbeginn. (B) Der Tumor erscheint bereits direkt nach der letzten Strahlentherapie kleiner. (C) Drei Wochen nach der letzten Bestrahlung ist der Tumor nicht mehr nachzuweisen, es ist jedoch eine Alopezie im Strahlenfeld zu beobachten. (D) Drei Monate nach der Therapie ist kein Tumor mehr nachweisbar und die Behaarung im Strahlenfeld ist nachgewachsen

Reduktion des Tumorvolumens ab. Eine palliative Bestrahlung zur Schmerzreduktion bei Patienten mit Osteosarkomen umfasst gewöhnlich 2–5 Fraktionen mit 6–10 Gy pro Fraktion. Eine Schmerzreduktion zeigt sich jedoch zumeist erst 3 Wochen nach Therapie und hält dann für 2–4 Monate an.

3.3.3 Nebenwirkungen der Strahlentherapie

Die Nebenwirkungen der Strahlentherapie hängen vom gesunden Gewebe im Behandlungsfeld ab. Haut, Schleimhaut und chirurgische Wunden sind bei adjuvanter Bestrahlung am häufigsten betroffen. Die Nebenwirkungen werden in akute und späte Reaktionen unterteilt.

Akute Reaktionen betreffen vor allem die **Haut** und die Schleimhaut. Die bestrahlte Haut zeigt sich gerötet und dann schuppig, ähnlich einem Sonnenbrand. Nekrose und Hyperämie (auch als Mukositis bezeichnet) können sich bei bestrahlter Schleimhaut zeigen (▣ Abb. 3.6). Häufig wird eine Selbstverletzung des schmerzenden Bestrahlungsfeldes beobachtet, deshalb sollte eine Halskrause verwendet werden. Generell scheint die Haut von Hunden strahlungssensibler zu sein als die der Katzen. Häufig findet sich eine Leukotrichiasis (Wachstum von weißem Haar) im Bereich der Bestrahlung (▣ Abb. 3.7).

Spätreaktionen auf eine Strahlentherapie können sich Monate bis Jahre nach Behandlung entwickeln. Sie treten häufiger bei hypofraktionierter Behandlung auf. Keratoconjunctivitis sicca, Katarakte und Retinopathie sind häufige Spätreaktionen

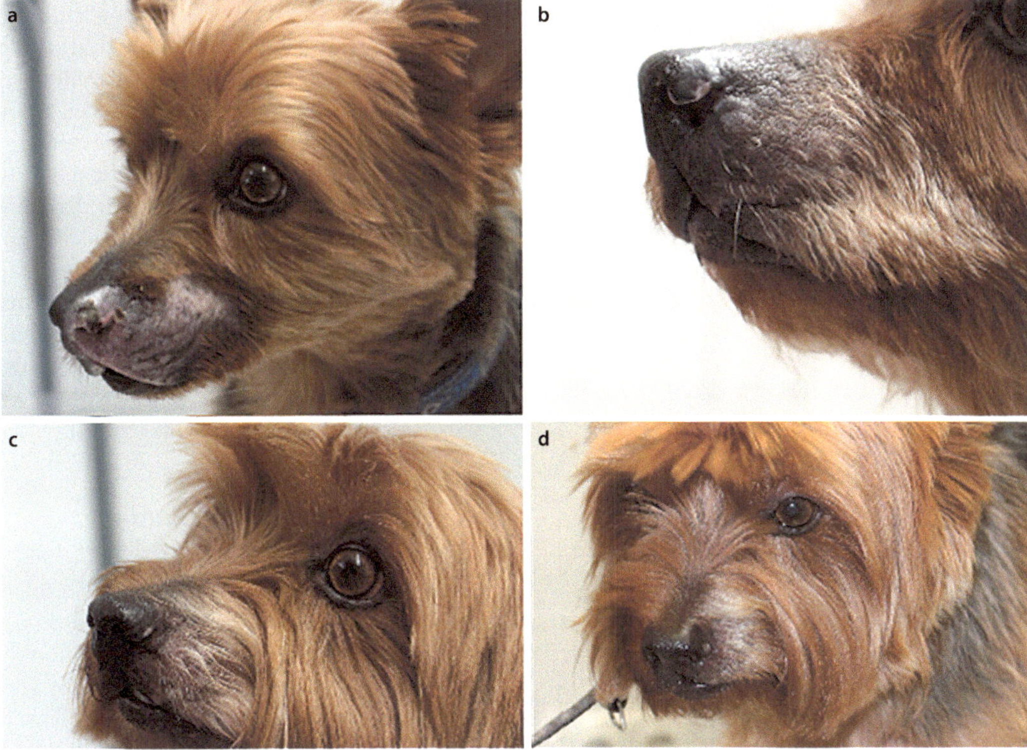

Abb. 3.5   Adjuvante Behandlung eines Hundes mit Mastzelltumor. Der Tumor wurde zwei Wochen vor der Bestrahlung entnommen. (**A**) Die Hautwunde ist zwei Wochen nach Behandlung verheilt. (**B**) Das Haar ist 3 Monate nach Bestrahlung noch nicht nachgewachsen. (**C**) und (**D**) 6 Monate nach der Strahlentherapie zeigt sich ein Wachstum von weißem Haar (Leukotrichiasis)

am Auge. Die Strahlentherapie stellt an sich jedoch auch ein Karzinogen dar. Aufgrund der kurzen Lebenszeiten von Tieren spielt dies jedoch kaum eine Rolle. Das Risiko für strahlentherapieinduzierte Tumoren fünf Jahre nach Behandlung wird mit 3,5 % angegeben.

3.3.4   Strahlentherapiegeräte

Ionisierende Strahlung kann auf verschiedene Arten appliziert werden:

- externe Strahlentherapie
- interne (Brachy-) Strahlentherapie
- Partikeltherapie
- Nuclidtherapie

Externe Strahlentherapie, auch **Teletherapie**, ist die häufigste Form der Strahlentherapie. Der Patient wird dabei genau positioniert und eine externe Strahlenquelle sendet Strahlung in das Gewebe. Verschiedene Strahlenquellen können genutzt werden:

- oberflächliche Strahlen: 50–200 keV
  - Orthovoltage-Bestrahlung: 200–500 keV
  - Supervoltage- Bestrahlung: 500–1000 keV
  - Megavoltage-Bestrahlung: 1–25 MeV

Megavoltage Strahlen werden am häufigsten in der Veterinärmedizin genutzt. Hierbei sind jedoch 3–9 MeV ausreichend für die Behandlung von Kleintieren. Oberflächliche und Orthovoltage-Strahlen können nur zur Behandlung von Hauttumoren verwendet werden, da ihre Energie nicht ausreicht, um tiefer in den Körper einzudringen. So erreichen nur 10 % der Energie eine Tiefe von 2 cm. Der Rest wird bereits in den oberen dermalen Schnitten absorbiert, was zu schweren Hautschäden führen kann.

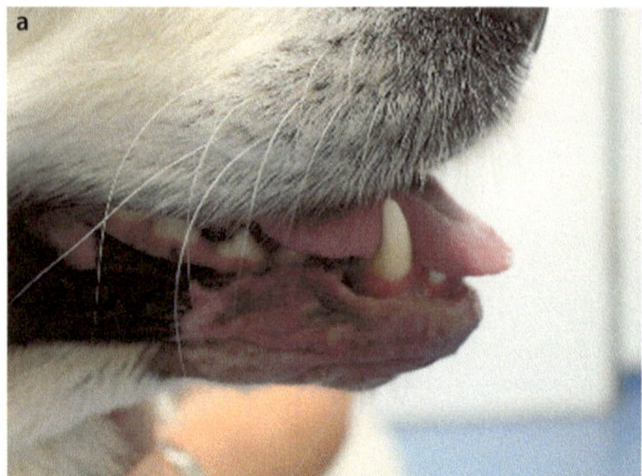

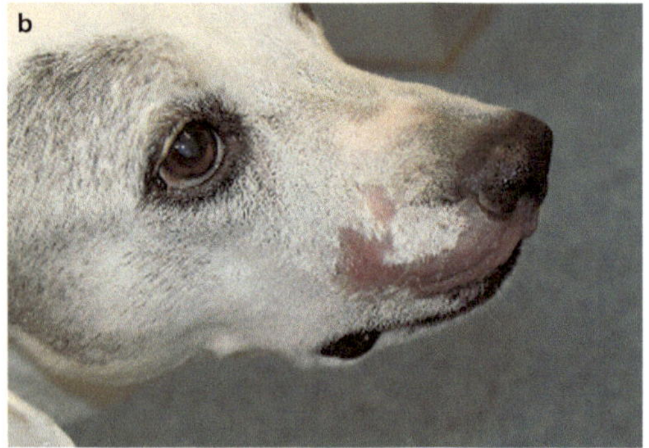

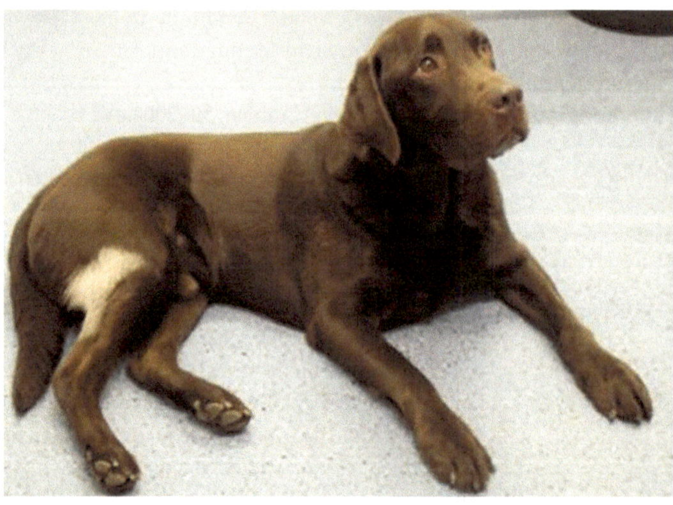

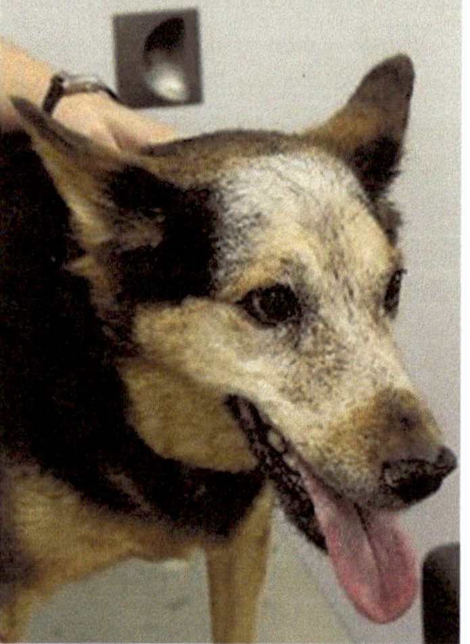

Megavoltage-Strahlen werden vor allem durch Linearbeschleuniger (Linac) produziert. **Linacs** senden Photonen oder Elektronenstrahlen aus. Während Photonen tief in die Haut eindringen und einen hautschonenden Effekt haben, können Elektronenstrahlen zur Behandlung von Hauttumoren und subkutanen Tumoren genutzt werden. Ihre Eindringtiefe ist limitiert, was die darunter liegenden Strukturen schützt. Linacs ermöglichen eine sehr scharfe Begrenzung des bestrahlten Gebiets in allen drei Dimensionen durch sogenannte Multileaf-Collimatoren (MLC, ◨ Abb. 3.8). Eine umfangreiche Planung mit spezieller Software ist nötig, um ein geeignetes Bestrahlungsfeld zu generieren (◨ Abb. 3.9).

3.3.5 Strahlentherapieplanung

Der erste Schritt in der Planung einer Strahlentherapie ist die Festlegung des Fraktionierungsschemas. Der zweite Schritt ist die Definition des Behandlungsvolumens. Planungssoftware ist dabei nötig, um die optimale Dosisverteilung im Behandlungsvolumen zu sichern. Eine Computertomographie (CT) ist dabei für die Visualisierung vonnöten. Der CT-Scan muss in genau der Position durchgeführt werden, in der auch später bestrahlt wird (◨ Abb. 3.10). Die Planung muss sicherstellen, dass der Tumor 95–105 % der gewünschten Dosis

◨ **Abb. 3.6** (**A**) Akute Nebenwirkungen einer Strahlenbehandlung mit feuchter Desquamation der Haut und Hyperämie der oralen Schleimhaut direkt nach Abschluss der kurativen Strahlentherapie. (**B**) Hautreaktion drei Wochen nach kurativer Strahlentherapie. Eine schnelle Heilung der betroffenen Haut innerhalb von drei Wochen, jedoch mit noch vorhandener Alopezie, ist zu beobachten

◨ **Abb. 3.7** Leukotrichiasis (Wachstum von weißem Haar) ist ein typischer Befund nach Bestrahlung von behaarter Haut. Beide Hunde erhielten eine kurative Bestrahlung. Andere Nebenwirkungen wurden nicht beobachtet

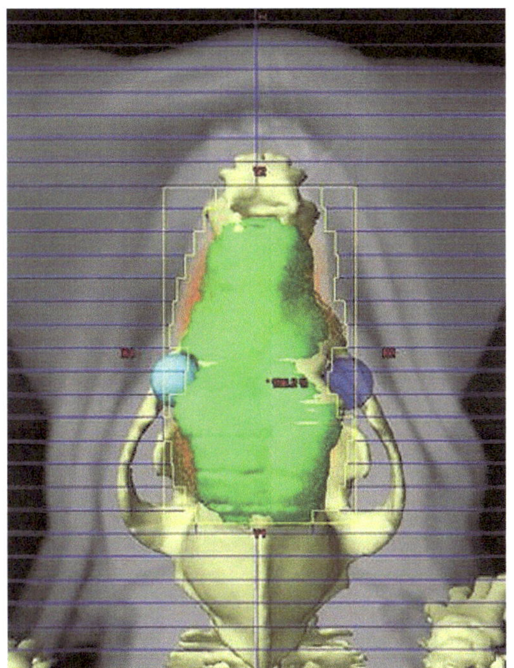

Abb. 3.8 Koronale Computertomographie (CT) des Schädels eines Hundes mit einem Adenokarzinom. Für eine kurative Bestrahlung wurde ein CT-Scan angefertigt, um die Augen zu schützen

aufnimmt. MRT-Aufnahmen sind dabei zumeist präziser in der Messung des Tumorvolumens. Dabei wird zwischen sichtbarem Tumorvolumen (GTV, sichtbar im CT und/oder MRT), dem klinischen Tumorvolumen (CTV, als GTV plus Sicherheitsabstand im gesunden Gewebe) und dem geplanten Tumorvolumen (PTV, als CTV plus Positionierungsungenauigkeit) unterschieden. Je präziser die Positionierung des Patienten, desto kleiner ist das PTV (■ Abb. 3.9).

3.3.6 Interne Bestrahlung (Brachytherapie)

Die interne Bestrahlung oder **Brachytherapie** ist ein selten angewandter Ansatz. Bei der Brachytherapie wird die Strahlung sehr nahe am Tumor produziert. Dazu werden Pellets oder Strahlen temporär oder permanent im oder um den Tumor implantiert. Diese bestehen zumeist aus **Iridium-192**, welches direkt in den Tumor eingeführt wird. Im Rahmen einer Brachytherapie kann die applizierte Dosis jedoch nicht sehr genau geplant werden. Die „**After loading**"-**Technik** ist

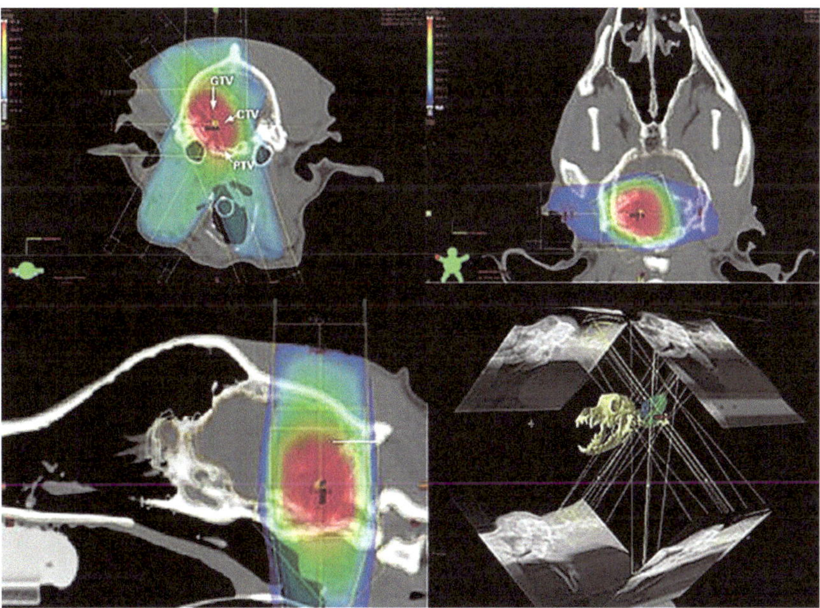

Abb. 3.9 Planung eines Strahlentherapiefeldes für eine Teletherapie. Ein transversaler, ein koronaler und eine sagittaler CT-Scan wurden aufgenommen, um eine optimales Strahlenfeld für die kurative Bestrahlung eines Hirntumors bei einem Hund zu entwickeln. Rote Färbung weist auf eine hohe Dosis (100 %) hin, während Areale mit blauer und grüner Färbung nur geringen Dosen ausgesetzt sind. Der Tumor wurde mit 95–105 % der geplanten Dosis behandelt und die nicht betroffenen Hirnareale waren weitgehend vor Strahlenschäden geschützt

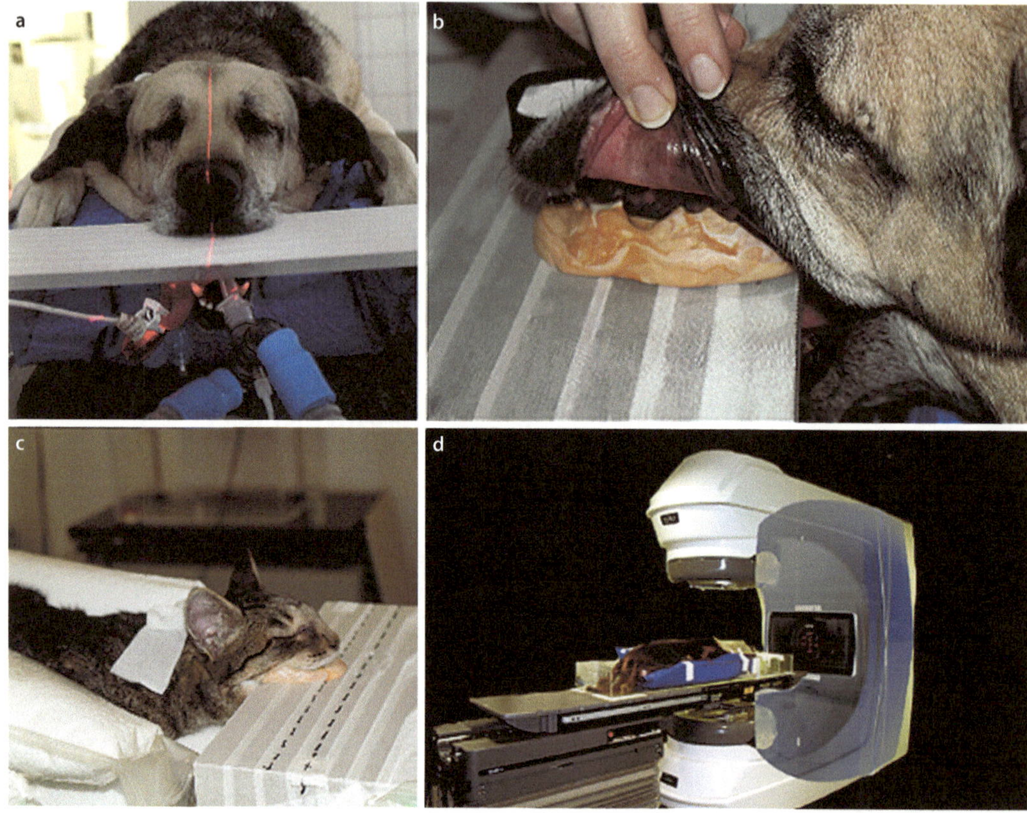

◘ Abb. 3.10 Positionierung von Patienten für die Strahlentherapie. (**A**) Ein Hund ist in einer Konstruktion positioniert, die eine Brücke für die Ablage des Kopfes enthält. (**B**) Ein Bissblock auf der Brücke dient dazu, den Kopf genau zu positionieren. (**C**) + D) Dasselbe System wie in A/B wird auch für Katzen verwendet

ein neuerer Brachytherapieansatz. Bei dieser Technik werden ein oder mehrere Katheter in den Tumor eingeführt, über die dann das strahlende Material appliziert wird. Neuere Planungssysteme sind in der Humanmedizin entwickelt worden, die auch für die Brachytherapie eine genaue Dosierung ermöglichen.

Weiterführende Literatur

Adams WM, Bjorling DE, McAnulty JE et al (2005) Outcome of accelerated radiotherapy alone or accelerated radiotherapy followed by exenteration of the nasal cavity in dogs with intranasal neoplasia: 53 cases (1990–2002). J Am Vet Med Assoc 227:936–941

Brahme A (Hrsg) (1988) Accuracy requirements and quality assurance of external beam therapy with photons and electrons. Acta Oncol, 4th Aufl., Suppl 1

Brearley MJ, Hayes A, Murphy S (1999) Hypofractionated radiation therapy for invasive thyroid carcinoma in dogs. J Small Anim Pract 40:206–210

Bristow RG, Hill RP (2004) Molecular and cellular basis of radiotherapy. In: Tannock IF, Hill RP, Bristow RB, Harrington L (Hrsg) The basic science of oncology, 4th Aufl. McGraw Hill Companies, New York, S 273–279

Buchholz J, Hagen R, Leo C et al (2009) 3D conformal radiation therapy for palliative treatment of canine nasal tumors. Vet Radiol Ultrasound 50:679–683

Eckstein C, Guscetti F, Roos M et al (2009) A retrospective analysis of radiation therapy for the treatment of feline vaccine-associated sarcoma. Vet Comp Oncol 7:54–68

Forrest LJ, Chun R, Adams WM et al (2000) Postoperative radiotherapy for canine soft tissue sarcoma. J Vet Intern Med 14:578–582

Freeman KP, Hahn KA, Harris FD et al (2003) Treatment of dogs with oral melanoma by hypofractionated radiation therapy and platinum-based chemotherapy (1987–1997). J Vet Intern Med 17:96–101

Frimberger AE, Moore AS, LaRue SM et al (1997) Radiotherapy of incompletely resected, moderately differentiated mast cell tumors in the dog: 37 cases (1989–1993). J Am Anim Hosp Assoc 33:320–324

Gillette EL, LaRue SM, Gillette SM (1995) Normal tissue tolerance and management of radiation injury. Semin Vet Med Surg (Small Anim) 10:209–213

Hall EJ (2000) Time, dose, and fractionation in radiotherapy. In: Hall EJ, Giaccia AJ (Hrsg) Radiobiology for the radiologists, 6th Aufl. Lippincott William & Wilkins, Philadelphia, S 378–397

Haney SM, Beaver L, Turrel J et al (2009) Survival analysis of 97 cats with nasal lymphoma: a multi-institutional retrospective study (1986–2006). J Vet Intern Med 23:287–294

Harris D, King GK, Bergman PJ (1997) Radiation therapy toxicities. Vet Clin North Am Small Anim Pract 27:37–46

Hill RP, Bristow RG (2004) The scientific basis of radiotherapy. In: Tannock IF, Hill RP, Bristow RB, Harrington L (Hrsg) The basic science of oncology, 4th Aufl. McGraw Hill Companies, New York, S 305

History of radiation oncology, University of Alabama at Birmingham Comprehensive Cancer Center. Archived from the original

Kent MS, Bommarito D, Feldman E et al (2007) Survival, neurologic response, and prognostic factors in dogs with pituitary masses treated with radiation therapy and untreated dogs. J Vet Intern Med 21:1027–1033

Klopfleisch R, Kohn B, Gruber AD (2016) Mechanisms of tumour resistance against chemotherapeutic agents in veterinary oncology. Vet J 207:63–72

LaDue T, Klein MK (2001) Toxicity criteria of the veterinary radiation therapy oncology group. Vet Radiol Ultrasound 42:475–476

LaDue-Miller T, Price GS, Page RL et al (1996) Radiotherapy of canine non-tonsillar squamous cell carcinoma. Vet Radiol Ultrasound 37:74–77

Mayer MN, Grier CK (2006) Palliative radiation therapy for canine osteosarcoma. Can Vet J 47:707–709

McKnight JA, Mauldin GN, McEntee MC et al (2000) Radiation treatment for incompletely resected soft tissue sarcomas in dogs. J Am Vet Med Assoc 217:205–210

Melzer K, Guscetti F, Rohrer Bley C et al (2006) Ki67 reactivity in nasal and periocular squamous cell carcinomas in cats treated with electron beam radiation therapy. J Vet Intern Med 20:676–681

Northrup NC, Roberts RE, Harrell TW, Allen KL, Howerth EW, Gieger TL (2004) Iridium-192 Interstitial.Brachytherapy as adjunctive treatment for canine cutaneous mast cell tumors. J Am Anim Hosp Assoc 40(4):309–315

Pioneer in X-Ray therapy (1957) Science 125 (3236):18–19

Plavec T, Kessler M, Kandel B et al (2006) Palliative radiotherapy as treatment for non-resectable soft tissue sarcomas in the dog – a report of 15 cases. Vet Comp Oncol 4:98–103

Poirier VJ, Adams WM, Forrest LJ et al (2006a) Radiation therapy for incompletely excised grade 2 canine mast cell tumors. J Am Anim Hosp Assoc 42:430–434

Poirier VJ, Rohrer Bley C, Roos M et al (2006b) Efficacy of radiation therapy for the treatment of macroscopic canine oral soft tissue sarcoma. In Vivo 20:415–420

Pommer A (1958). X-ray therapy in veterinary medicine. In: Brandly CA, Jungher EL (Hrsg) Advances in veterinary science. Academic, New York

Proulx DR, Ruslander DM, Dodge RK et al (2003) A retrospective analysis of 140 dogs with oral melanoma treated with external beam radiation. Vet Radiol Ultrasound 44:352–359

Rich T, Allen RL, Wyllie AH (2000) Defying death after DNA damage. Nature 96:643–649

Rohrer Bley C, Blattmann H, Roos M, Sumova A, Kaser-Hotz B (2003) Assessment of a radiotherapy patient immobilization device using a single plane port radiographs and a remote computed tomography scanner. Vet Radiol Ultrasound 44:470–475

Rohrer Bley C, Sumova A, Roos M et al (2005) Irradiation of brain tumors in dogs with neurological signs: a retrospective survival analysis of 46 cases (1997–2003). J Vet Intern Med 19:849–854

Ruppert R, Seegenschmied MH, Sauer R (2004) Radiotherapy of osteoarthritis. Indication, technique and clinical results. Orthopade 33:56–62

Schwyn U, Crompton NE, Blattmann H, Hauser B, Klink B, Parvis A, Ruslander D, Kaser-Hotz B (1998) Potential tumour doubling time: determination of Tpot for various canine and feline tumours. Vet Res Commun 224:233–247

Smith AN, Wright JC Brawner WR Jr et al (2001) Radiation therapy in the treatment of canine and feline thymomas: a retrospective study (1985–1999). J Am Anim Hosp Assoc 37:489–496

Thamm DH, Turek MM, Vail DM (2006) Outcome and prognostic factors following adjuvant prednisone/vinblastinechemotherapy for high risk canine mast cell tumour: 61 cases. J Vet Med Sci 68:541–548

Theon AP, Madewell BR, Harb MF et al (1993) Megavoltage irradiation of neoplasms of the nasal and paranasal cavities in 77 dogs. J Am Vet Med Assoc 202:1469–1475

Theon AP, Rodriguez C, Madewell BR (1997a) Analysis of prognostic factors and patterns of failure in dogs with malignant oral tumors treated with megavoltage irradiation. J Am Vet Med Assoc 210:778–784

Theon AP, Rodriguez C, Griffey S et al (1997b) Analysis of prognostic factors and patterns of failure in dogs with periodontal tumors treated with megavoltage irradiation. J Am Vet Med Assoc 210:785–788

Theon AP, Le Couteur RA, Carr EA et al (2000a) Influence of tumor cell proliferation and sex-hormone receptors on effectiveness of radiation therapy for dogs with incompletely resected meningiomas. J Am Vet Med Assoc 216:701–707

Theon AP, Marks SL, Feldman ES et al (2000b) Prognostic factors and patterns of treatment failure in dogs with unresectable differentiated thyroid carcinomas treated with megavoltage irradiation. J Am Vet Med Assoc 216:1775–1779

Thrall DE (1997) Biologic basis of radiation therapy. Vet Clin North Am Small Anim Pract 27:21–35
Turrel JM, Koblik PD (1983) Techniques of afterloading Iridium-192 interstitial brachytherapy in veterinary medicine. Vet Radiol 24:278–283

Hauttumoren

Robert Klopfleisch

© Springer-Verlag GmbH Deutschland 2017
R. Klopfleisch (Hrsg.), *Veterinäronkologie kompakt*,
https://doi.org/10.1007/978-3-662-54987-2_4

4.1   Hauttumoren des Hundes

Hunde entwickeln eine große Bandbreite verschiedenster Hauttumoren. Diese können von epithelialen Zellen der Epidermis und der assoziierten Haarfollikel und Drüsen, Melanozyten, dem dermalen Stroma, subkutanen Adipozyten oder infiltrierenden hämatopoetischen Zellen abstammen. Von diesen sind die Mastzelltumore die häufigsten kaninen Hauttumoren. Lipome, Histiozytome, Plattenepithelkarzinome, Melanome, periphere Nervenscheidentumoren (siehe ▶ Kap. 13), Haarfollikeltumoren und Tumoren der kutanen Drüsen sind weitere Tumoren, die alle mit ähnlicher Häufigkeit bei Hunden auftreten.

4.1.1   Epitheliale Tumoren

4.1.1.1   Haarfollikeltumoren

> **Kanine Haarfollikeltumoren in drei Fakten**
> 1. meist benigne oder nur lokal invasiv
> 2. Chirurgie ist kurativ
> 3. Subklassifikation in histologische Subtypen von geringer klinischer Relevanz

■ **Epidemiologie und Pathogenese**

Haarfollikeltumoren sind häufige Hauttumoren des Hundes. Sie werden anhand ihres histologischen Phänotyps in drei Haupttumorarten unterteilt, ähneln sich jedoch sehr stark in ihrem klinischen Verhalten.

Trichoblastome sind benigne Tumore, welche aus epidermalen Basalzellen oder follikulären Stammzellen entstehen. Sie umfassen vor allem die bisher als kanine Basalzelltumoren klassifizierten Tumoren. Trichoblastome sind Tumoren des mittelalten und alten Hundes. Eine **Rasseprädisposition** besteht für Terrier.

Trichoepitheliome sind ebenfalls gutartige Tumoren, die histologisch ein haarwurzelähnliches Wachstumsmuster aufweisen. Sie sind Tumoren **mittelalter bis alter Hunde**. Eine **Rasseprädisposition** wird teils für Retriever und Pudel beschrieben. Die invasive, metastatische maligne Form des Tumors wird sehr selten beobachtet.

Pilomatricome sind benigne Tumoren der Haarwurzelzellen. Sie kommen häufiger bei mittelalten als bei alten Hunden vor. Eine **Rasseprädisposition** ist nicht bekannt. Maligne Pilomatricome sind sehr selten und können Metastasen in die Lunge, Knochen und seltener in andere Organe zeigen.

■ **Klinik**

Klinisch können die drei Hauptformen der kaninen Haarfollikeltumoren nicht unterschieden werden. Sie stellen sich als solide, gut umschriebene, < 5 cm im Durchmesser große, teils zystische, langsam wachsende Tumore dar. Teils sind sie ulzeriert und haarlos. Pilomatricome sind aufgrund von Kalzifizierung und Ossifikation zumeist von etwas festerer Konsistenz. All drei Tumorarten verhalten sich meist gutartig, die umgebenden Hautpartien und die regionalen Lymphknoten sollten trotzdem auf Tumorsatelliten oder regionale Metastasierung untersucht werden.

■ **Zytologie und Histopathologie**

Die **Zytologie** der Haarfollikeltumoren zeigt relativ gut differenzierte Keratinozyten gemischt mit teils großen Mengen an zellulärem Debris oder Keratin (◘ Abb. 4.1–4.3). Die **Histopathologie** ist notwendig, um den spezifischen Tumortyp, den invasiven Charakter und die chirurgischen Ränder zu beurteilen.

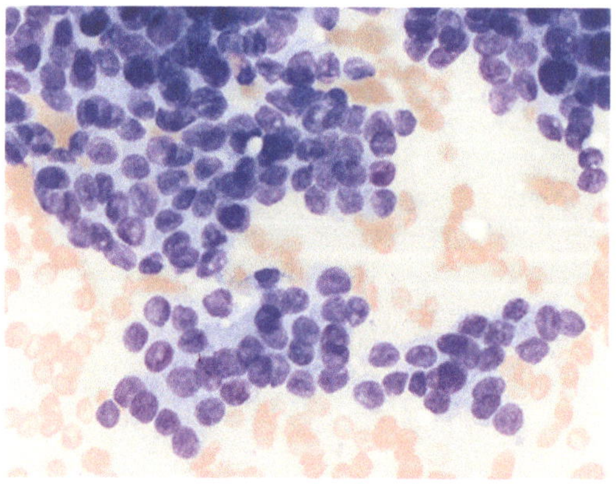

◘ **Abb. 4.1** Zytologie, Trichoblastom, Hund, May-Grünwald-Giemsa, 500 ×. Man beachte die Gruppen von kleinen basaloiden epithelialen Zellen, die in einem typischen Bandmuster angeordnet sind (mit freundlicher Genehmigung von Dr. N. Bauer, Fachbereich Veterinärmedizin, Justus-Liebig-Universität, Gießen)

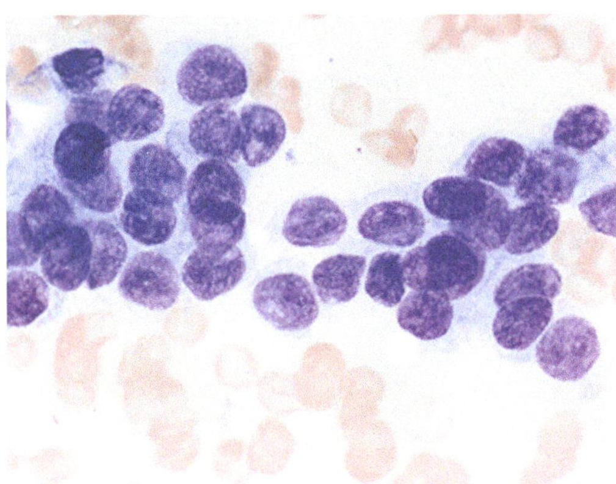

Abb. 4.2 Zytologie, Trichoblastom, Hund, May-Grünwald-Giemsa, 1000 ×. Gruppen kleiner, uniformer, kuboidaler bis spindliger epithelialer Zellen mit runden Nuklei (mit freundlicher Genehmigung von Dr. N. Bauer, Fachbereich Veterinärmedizin, Justus-Liebig-Universität, Gießen)

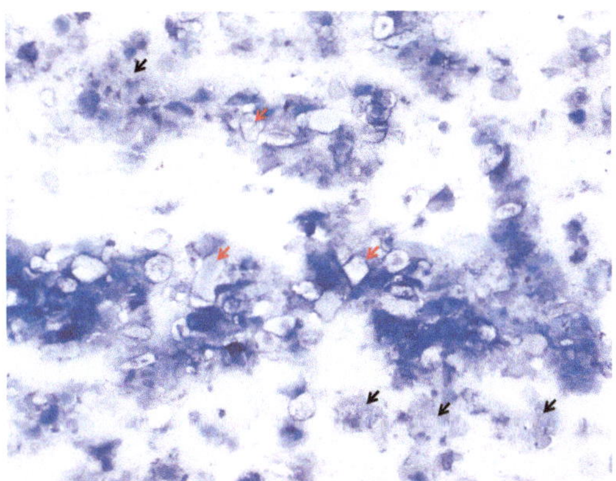

Abb. 4.3 Zytologie, Hund, May-Grünwald-Giemsa, 100 ×. Man beachte die zahlreichen anukleären Keratinozyten (rote Pfeile) zwischen großen Mengen an amorphem Keratindebris (schwarze Pfeile). Debris (Zelltrümmer) kann sowohl auf eine epidermale Einschlusszyste als auch einen Haarfollikeltumor hinweisen (mit freundlicher Genehmigung von Dr. N. Bauer, Fachbereich Veterinärmedizin, Justus-Liebig-Universität, Gießen)

■ **Therapie**

Eine chirurgische Entfernung mit angemessenen Tumorrändern ist zumeist kurativ. Eine Strahlentherapie kann einen palliativen Effekt bei der Behandlung von malignen Trichoepitheliomen haben.

■ **Weiterführende Literatur**

(Abramo et al. 1999; Brachelente et al. 2013; Carroll et al. 2010; Hoshino et al. 2012; Masserdotti und Ubbiali 2002)

4.1.1.2 Plattenepithelkarzinome

Kanine kutane Plattenepithelkarzinome in fünf Fakten

1. eher seltene Tumoren
2. UV-Licht kann an der Karzinogenese beteiligt sein
3. meist flache, ulzerierte Plaques
4. invasiv wachsend, jedoch eher selten mestastasierend
5. chirurgische Entfernung mit ausreichenden Rändern im gesunden Gewebe Therapie der Wahl

■ **Epidemiologie und Pathogenese**

Plattenepithelkarzinome (PEK) der Haut sind seltene Tumoren beim Hund. Es ist keine **Rasse-** oder **Altersprädisposition** bekannt. Strahlenschäden durch UV-Licht könnten bei hellfarbigen Hunden eine Rolle spielen. Weiterhin gibt es seltene, multizentrische, nichtinvasive PEK, welche möglicherweise durch **Papillomaviren** hervhervorgerufen werden und (in Anlehnung an die ähnliche Erkrankung bei der Katze) **Bowen-Krankheit** genannt werden. Schwarzfellige Hunde sind für **subunguale PEK** im Bereich der distalen Phalangen prädisponiert.

■ **Klinik**

PEK präsentieren sich zumeist als ulzerierte, invasive, **plaqueartige Läsionen** und nur selten als prominente, blumenkohlartige Massen (■ Abb. 4.4). Eine **Metastasierung** in die regionalen Lymphknoten findet sich selten, sollte aber durch Palpation und Biopsieentnahme ausgeschlossen werden. Weiterhin sind die Lungen radiologisch auf Metastasen zu untersuchen. Fortgeschrittene **PEK des Nasenspiegels** sind aufgrund ihres aggressiv invasiven Charakters mit einer vorsichtigeren Prognose assoziiert.

■ **Zytologie und Histopathologie**

Eine **Zytologie** des PEK setzt sich meist aus variabel differenzierten epithelialen Tumorzellen, Keratin und Entzündungszellen als Zeichen einer sekundären Entzündung infolge oberflächlicher Ulzeration des Tumors zusammen (■ Abb. 4.5–4.6). Für die finale Diagnose eines PEK ist zumeist eine **histopathologische Untersuchung** nötig. Sie zeigt variabel

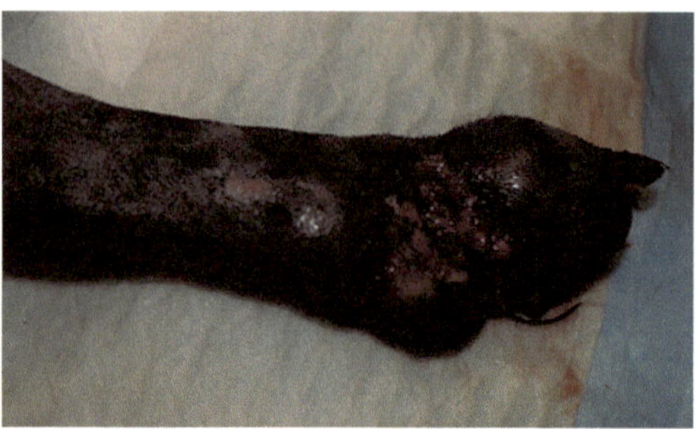

☒ **Abb. 4.4**   Subunguales Plattenepithelkarzinom (Rezidiv nach Amputation einer Zehe) mit Invasion des Knochens und Osteolyse, Hund. Ulzerierte, flache Masse an der rechten Hintergliedmaße eines 11 Jahre alten Riesenschnauzers. (mit freundlicher Genehmigung von Prof. Dr. M. Kramer, Fachbereich Veterinärmedizin, Justus-Liebig-Universität Gießen)

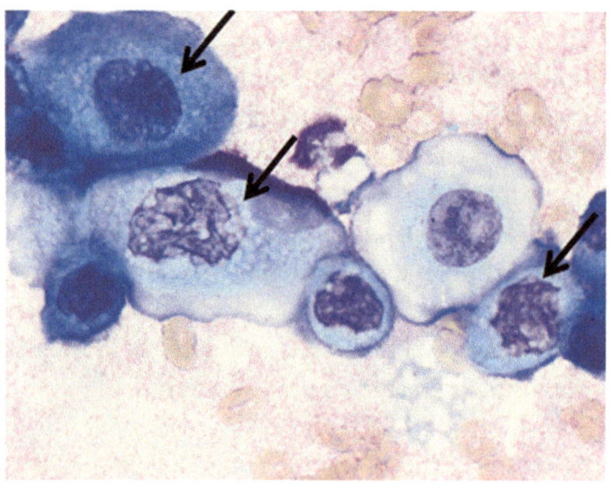

☒ **Abb. 4.5**   Zytologie, Plattenepithelkarzinom, Riesenschnauzer (derselbe Hund wie in ☒ Abb. 4.4), May-Grünwald-Giemsa, 1000 ×. Hochgradige Anisozytose, Anisokaryose und Pleomorphie von einigen epithelialen Tumorzellen mit einem variablen Kern-zu-Zytoplasma-Verhältnis und erhöhter Basophilie des Zytoplasmas. Multiple perinukleäre Vakuolen gefüllt mit farblosem Keratohyalin (Pfeile) sind ebenfalls hinweisend auf ein Plattenepithelkarzinom (mit freundlicher Genehmigung von Dr. N. Bauer, Fachbereich Veterinärmedizin, Justus-Liebig-Universität Gießen)

differenzierte epitheliale Tumoren mit typischer Keratinisierung einzelner Tumorzellen und Keratinperlen. Weiterhin findet sich oft eine stromale Proliferation mit sekundärer Entzündung aufgrund von oberflächlicher Ulzeration.

■ **Therapie**
Die **chirurgische Entfernung** mit großem Abstand der Entnahmeränder vom Tumor ist für PEK die Behandlungsmethode der Wahl. Tumorfreie

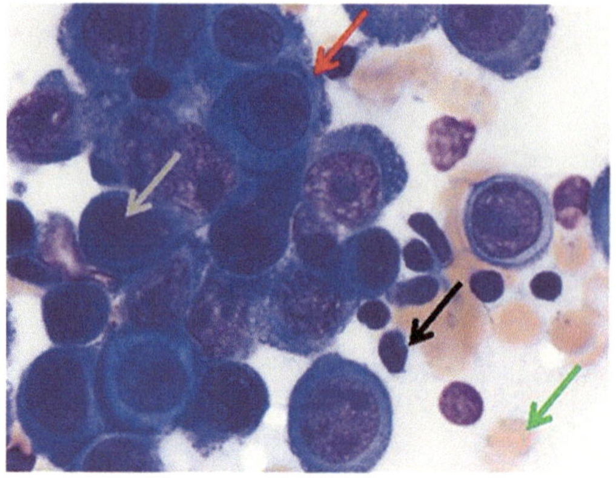

☒ **Abb. 4.6**   Zytologie, Metastatisches Plattenepithelkarzinom, Lymphknoten, Hund, May-Grünwald-Giemsa, 1000 ×. Man beachte die großen Gruppen runder bis kuboidaler epithelialer Zellen (rote Pfeile) mit mäßiger Anisozytose, Anisokaryose, Pleomorphie und Variation des Kern-zu-Zytoplasma-Verhältnisses. Die epithelialen Tumorzellen zeigen mehrere prominente Nukleoli und häufig auch Makronukleoli (graue Pfeile, d. h. Nukleoli mit einem Durchmesser > 5 µm und somit ungefähr von der Größe eines Erythrozyten). Die Tumorzellen sind umgeben von wenigen kleinen reifen Lymphozyten (schwarze Pfeile) und lymphatischem Gewebe (grüne Pfeile) (mit freundlicher Genehmigung von Dr. N. Bauer, Fachbereich Veterinärmedizin, Justus-Liebig-Universität Gießen)

Entnahmeränder korrelieren eng mit einer guten Prognose, während der Nachweis einer Metastasierung oder eine nichtchirurgische Behandlung mit einer schlechten Prognose assoziiert ist.

Die Effizienz einer **Strahlentherapie** zur Behandlung von kaninen kutanen PEK ist unklar. PEK in anderen Lokalisationen sind beim Hund jedoch meist sensibel gegenüber Bestrahlung.

Eine lokale und systemische **Chemotherapie** mit 5-Fluorouracil, Doxorubicin, Cisplatin, Mitoxantron oder COX2-Inhibitoren wurde für Tumoren beschrieben, bei denen die chirurgische Entfernung nicht möglich war. Sie führte zwar zu einer kurzzeitigen Reduktion der Tumorgröße, im späteren Verlauf der Behandlung kam es jedoch wieder zum Tumorwachstum.

■ **Weiterführende Literatur**
(Belluco et al. 2013; Langova et al. 2004; O'Brien et al. 1992; Thomson 2007; Waropastrakul et al. 2012; Webb et al. 2009)

4.1.1.3 Kanine Tumore der Talg- und Schweißdrüsen

Kanine Tumoren der apokrinen und Talgdrüsen in drei Fakten
1. zumeist benigne Tumoren
2. chirurgische Exzision mit weiten Tumorrändern ist kurativ
3. Karzinome metastasieren selten

- **Epidemiologie und Pathogenese**

Talgdrüsenadenome sind benigne Tumoren. Sie finden sich recht gleichmäßig verteilt am Körper. Eine **Rasseprädisposition** findet sich für männliche Cocker Spaniel, Pudel, Zwergschnauzer und Terrier im Alter von circa 10 Jahren. **Talgdrüsenkarzinome** sind sehr selten und nur von geringer Malignität.

Adenome der apokrinen Drüsen sind mäßig häufige Tumoren am Kopf und Hals langhaariger **Hunderassen** und Cocker Spaniel. Adenome und Karzinome treten mit ungefähr gleicher Häufigkeit im **Alter** von 8–10 Jahren auf. **Karzinome** kommen jedoch etwas häufiger bei Golden Retrievern und an den Vorderläufen auf.

Adenome und Karzinome der ekkrinen Drüsen sind seltene Tumore der Schweißdrüsen der Ballen.

- **Klinik**

Talgdrüsenadenome stellen sich zumeist als eher kleine, langsam wachsende, multiple warzenähnliche Knoten dar. Sie können teils eine talgige Oberfläche haben und sind oft sekundär bakteriell infiziert. **Talgdrüsenkarzinome** sind schnell und invasiv wachsende Tumoren, welche ulzerieren und entzündet sind. Metastasen finden sich selten.

Adenome der apokrinen Drüsen sind zumeist solitäre, gut umschriebene und manchmal zystische Tumoren. **Karzinome der apokrinen Drüsen** sind schnell wachsende, oft ulzerierte Tumoren mit Invasion des umgebenden Gewebes und teilweise der Lymph- und Blutgefäße. Regionale oder Fernmetastasierung ist jedoch sehr selten.

- **Zytologie und Histopathologie**

Mittels **Zytologie** ist es zumeist nicht möglich, benigne von malignen Tumore zu unterscheiden. **Talgdrüsentumoren** zeichnen sich durch große,

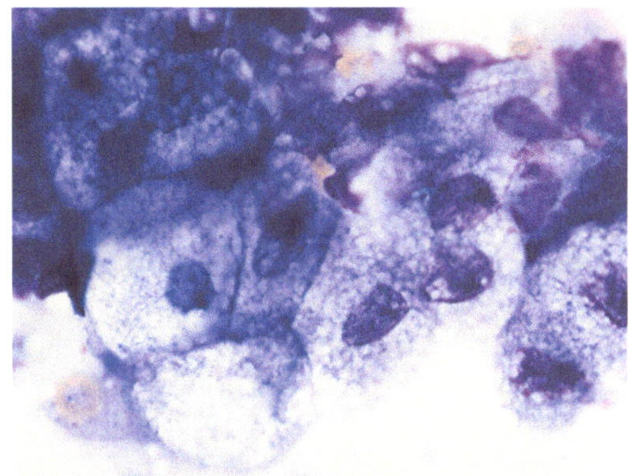

■ **Abb. 4.7** Zytologie, Talgdrüsenadenom, Hund, May-Grünwald-Giemsa 1000×. Man beachte die runden bis kuboidalen, uniformen epithelialen Zellen mit zentral gelegenen Nuklei und sehr viel basophilem Zytoplasma, das zahlreiche gut umschriebene Vakuolen enthält (mit freundlicher Genehmigung von Dr. N. Bauer, Fachbereich Veterinärmedizin, Justus-Liebig-Universität Gießen)

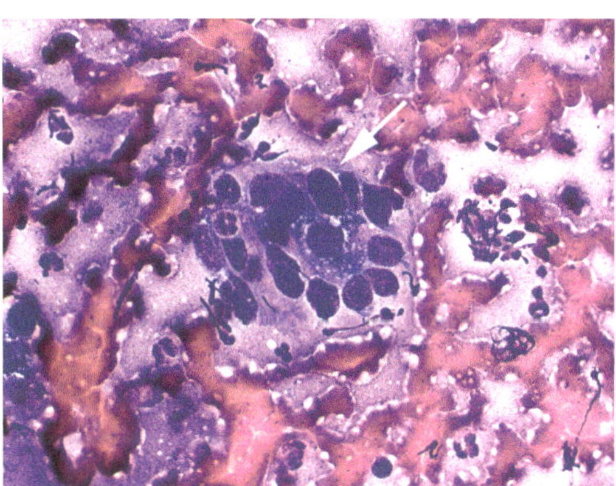

■ **Abb. 4.8** Zytologie, Adenom der apokrinen Drüsen, Hund, May-Grünwald-Giemsa, 400×. Gruppen von epithelialen Tumorzellen (Pfeil), umgeben von Erythrozyten (rote Färbung) und degenerierten neutrophilen Granulozyten

uniforme Einzelzellen und Zellgruppen mit einem schaumigen Zytoplasma aus (■ Abb. 4.7). Basalzellen ohne schaumiges Zytoplasma sind meist ebenfalls vorhanden. **Tumoren der apokrinen Drüsen** sind durch uniforme bis pleomorphe Epithelzellen gekennzeichnet (■ Abb. 4.8).

Eine **histopathologische Untersuchung** von Biopsien ist nötig, um die Malignität der Tumoren sicher einschätzen zu können. **Talgdrüsenadenome** präsentieren sich histologisch als Akkumulation gut bis moderat differenzierter Talgdrüsenzellen mit relativ scharfen Tumorgrenzen. **Talgdrüsenkarzinome** sind durch einen Verlust der Differenzierung und invasives Wachstum in die umgebenden Gewebe gekennzeichnet. **Karzinome der apokrinen Drüsen** unterscheiden sich von Adenomen durch eine erhöhte zelluläre Pleomorphie und infiltratives Wachstum.

- **Therapie**

Eine **chirurgische Entfernung** mit ausreichendem Abstand zum gesunden Gewebe ist kurativ. Berichte über chemotherapeutische oder Strahlentherapie sind nicht erhältlich.

4.1.1.4   Kanine Perianaldrüsentumoren

> **Kanine Perianaldrüsentumoren in vier Fakten**
> 1. zumeist gutartige, testosteronabhängige Adenome der hepatoiden Drüsen
> 2. weniger häufig mäßig maligne Karzinome der hepatoiden Drüsen oder maligne Analbeutelkarzinome
> 3. ein Drittel der Hunde mit Analbeutelkarzinomen zeigt eine PrP-induzierte Hyperkalzämie
> 4. Zytologie meist nicht ausreichend zur Beurteilung der Malignität

- **Epidemiologie und Pathogenese**

Zwei wichtige Tumoren finden sich im Perianalbereich des Hundes: Tumoren der hepatoiden Drüsen und Analbeutelkarzinome.

Adenome der hepatoiden Drüsen sind mit circa 90 % die häufigsten Tumoren der Perianalregion. Es findet sich eine **Prädisposition** für alte, nicht kastrierte, männliche Hunde, Hunde mit Leydigzelltumoren der Hoden und kastrierte Hündinnen. Die Entwicklung der benignen Tumoren erscheint somit **testosteronabhängig** zu sein. Diese Annahme wird von der Beobachtung gestützt, dass eine Kastration männlicher Hunde zumeist kurativ ist. Cocker Spaniel, Beagles und Samojeden zeigen eine **Rasseprädisposition**. Das **Durchschnittsalter** betroffener Hunde liegt bei 10 Jahren.

Karzinome der hepatoiden Drüsen sind seltene perianale Tumoren. Betroffene Hunde sind im Schnitt 11 Jahre alt. Die Tumoren treten bei intakten und kastrierten Rüden und Hündinnen auf und scheinen somit weniger abhängig von hormonellen Einflüssen zu sein (■ Abb. 4.9).

Analbeutelkarzinome sind seltene, aber hochmaligne perianale Tumoren. Sie entwickeln sich aus den ventrolateral des Anus gelegenen apokrinen Drüsen des Analbeutels. Cocker Spaniel haben eine **Rasseprädisposition**. Das mittlere **Alter** betroffener Hunde liegt bei 10 Jahren.

- **Klinik**

Adenome der hepatoiden Drüsen sind langsam und expansiv wachsende, benigne Tumoren. Sie zeigen sich zumeist als schmerzfreie, verschiebliche, **einzelne oder multiple Knoten** von bis zu 4 cm um den Anus (seltener an Präputium, Skrotum oder Schwanzwurzel). Sie können ulzeriert sein.

Karzinome der hepatoiden Drüsen sind maligne, invasiv und schnell wachsende Tumoren mit einer **Metastasierungsrate von 15–50 %**. Zumeist sind nur die regionären sublumbaren Lymphknoten betroffen. Fernmetastasen in die Lunge, Leber, Niere und Knochen sind eher selten. Makroskopisch sind die Tumoren nicht von den Adenomen zu unterscheiden. Sie sind aber häufiger nicht verschieblich (■ Abb. 4.9). Eine Verengung der Beckenhöhle durch Lymphknotenmetastasen kann zu den klinischen Symptomen Obstipation, Dyschezie oder perianaler Schmerz führen. Ultraschalluntersuchungen

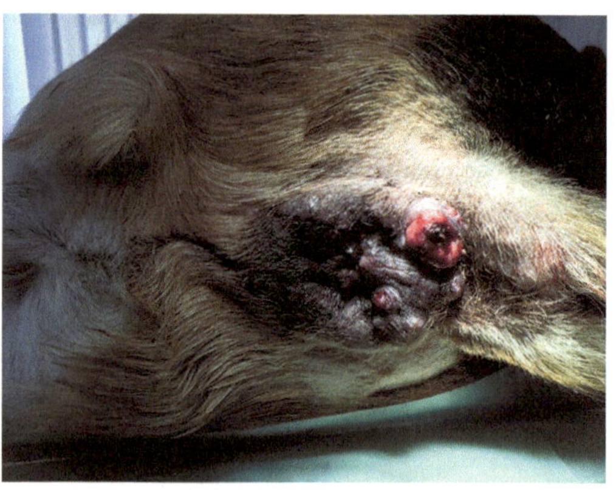

■ **Abb. 4.9**   Ulzeriertes, multinoduläres Karzinom der hepatoiden Drüsen bei einem Hund

können zur Evaluation der regionalen Lymphknoten genutzt werden. Wenn die Lymphknoten Metastasen aufweisen, sollte zudem die Lunge mittels Röntgen auf Metastasen untersucht werden. Gewebebiopsien sind nötig, um die Diagnose zu bestätigen.

Analbeutelkarzinome sind hochmaligne und zumeist unilaterale Tumoren. Ihre Metastasierungsrate beträgt 50–>90 %. Die regionären sublumbaren Lymphknoten sind bei den meisten Hunden bereits bei der Diagnosestellung betroffen. Fernmetastasen in die Lunge, Leber, Milz und Knochen entwickeln sich meist erst in der späten Phase der Erkrankung. Circa ein Drittel der Hunde entwickelt eine paraneoplastische Hyperkalzämie mit Freisetzung des parathormonverwandtes (PTHrP). Die klinischen Symptome basieren entweder auf dem Masseneffekt des primären Tumors und seiner Metastasen, wie perianale Schmerzen, Dyschezie, Tenesmus oder Konstipation, oder auf der paraneoplastischen Hyperkalzämie. Weitere klinische Befunde sind Polyurie/Polydipsie, Anorexie, Lethargie, Bradykardie und Parese. Abdominale Röntgenbilder, Ultraschalluntersuchungen und MRT werden genutzt, um Lymphknoten- oder Fernmetastasen nachzuweisen.

- **Zytologie und Histopathologie**

Die **Zytologie** ist zumeist nicht fähig, benigne von malignen Tumoren der hepatoiden Drüsen zu unterschieden. Analbeutelkarzinome sind zytologisch durch polyedrische Zellen mit einem blaugrauen, granulären Zytoplasma gekennzeichnet.

Eine **histopathologische Untersuchung** von Gewebeproben ist notwendig, um das Invasionsverhalten der Tumoren am Tumorrand und somit die Malignität der Tumoren der **hepatoiden Drüsen** einzuschätzen. Maligne Tumoren zeigen weiterhin eine stark ungeordnete Anordnung der Tumorzellen und eine erhöhte Mitosezahl. **Analbeutelkarzinome** zeichnen sich histologisch als solide Haufen epithelialer Tumorzellen aus, die in Rosetten oder tubulär angeordnet sind. Die Tumorzellen sind zumeist monomorph, trotz ihres malignen Verhaltens.

- **Therapie**

Kastration ist die Therapie der Wahl für Adenome der **hepatoiden Drüsen**. Eine komplette Regression ohne Rezidivierung ist häufig zu beobachten. Bei der Behandlung von Hündinnen oder wenn sich die

Tumoren trotzdem nicht zurückentwickeln, ist eine chirurgische Entfernung empfohlen.

Karzinome der hepatoiden Drüsen können nicht mit Kastration behandelt werden. Hier ist eine **aggressive chirurgische Entfernung** mit angemessenen Rändern im gesunden Gewebe indiziert. Eine lokale Rezidivierung trotz extensiver chirurgischer Entfernung ist ein negativer prognostischer Indikator und wird leider sehr häufig beobachtet. Postchirurgische Strahlentherapie könnte möglicherweise eine bessere Prognose ermöglichen. Ausreichende Untersuchungen dazu sind jedoch noch nicht erhältlich. Tumoren mit einem Durchmesser von < 5 cm sind mit einer besseren 2 Jahres-Prognose versehen. Die Prognose für Hunde mit Metastasierung ist sehr schlecht.

Analbeutelkarzinome werden zumeist mit aggressiver chirurgischer Resektion behandelt. Eine komplette Resektion ist jedoch häufig nicht möglich, und mehr als 50 % der Tiere haben zum Zeitpunkt der initialen Diagnose bereits Metastasen. Eine Entfernung der betroffenen Lymphknoten kann einen palliativen Effekt haben. Überlebenszeiten von 6–18 Monaten wurden für Hunde mit Analbeutelkarzinomen nach alleiniger chirurgischer Behandlung berichtet. Chemotherapie und Strahlentherapie sind als adjuvante Standardoption in der Literatur beschrieben. Klinische Daten über den Erfolg dieser Methoden sind jedoch rar. Eine Chemotherapie mit Carboplatin, Cisplatin und Actinomycin D wurde beschrieben. Weiterhin beschreiben wenige Berichte kurative und palliative Effekte der Strahlentherapie des primären Tumors und der betroffenen Lymphknoten. Metastasen und Hyperkalzämie sind als negative prognostische Indikatoren für das Überleben beschrieben.

- **Weiterführende Literatur**

(Anderson et al. 2015; Bennett et al. 2002; Bergman 2012; Bowlt et al. 2013; De Swarte et al. 2011; Emms 2005; Hobson et al. 2006; Polton 2007; Polton und Brearley 2007; Ross et al. 1991; Vail et al. 1990)

4.1.1.5　Kanine kutane Papillome

Kanine kutane Papillome in vier Fakten
1. hervorgerufen durch die Infektion mit kaninen Papillomaviren

2. vor allem junge Hunde betroffen
3. Immunsuppression/-defizienz prädisponiert für die Infektion
4. zumeist spontane Remission innerhalb weniger Wochen

- **Epidemiologie und Pathogenese**

Papillome sind **papillomavirusinduzierte, benigne Tumoren** der Haut und der Maulhöhle **junger Hunde.** Kanine Papillomaviren infizieren und stimulieren die Proliferation differenzierter Keratinozyten. Die Proliferation und neoplastische Transformation wird vor allem durch die Virusproteine E6 und E7 verursacht, die p53 destabilisieren und das Retinoblastomprotein inhibieren. Auch für manche **Plattenepithelkarzinome** wird ein Zusammenhang mit einer Papillomavirusinfektion aufgrund des Nachweises viraler DNA in den Tumoren vermutet. Eine **Immunsuppression** stellt einen wichtigen prädisponierenden Faktor für die akute und persistente Papillomavirusinfektion dar. Infizierte Hunde entwickeln meist eine schützende Immunität gegen weiteren Infektionen.

- **Klinik**

Papillome sind einzelne oder multiple, **prominente oder gestielte Tumoren** mit rauer Oberfläche. Invertierte Papillome sind seltene benigne Varianten, welche in die Subkutis hinein anstatt exophytisch wachsen. Häufig wird eine spontane Regression innerhalb von Wochen oder wenigen Monaten beobachtet.

- **Zytologie und Histopathologie**

Die **Zytologie** zeigt meist eine Dominanz proliferierender Spindelzellen und ist deshalb unspezifisch. Die **Histopathologie** ist zur Diagnosefindung nötig. Der Nachweis einer vorrangigen Proliferation von Spindelzellen und nur begrenzt von Epithelzellen führt zur Diagnose eines **Fibropapilloms.**

- **Therapie**

Eine **chirurgische Exzision** ist kurativ, aufgrund der häufigen spontanen Remission zumeist jedoch nicht notwendig. Die lokale Applikation von 5-Fluorouracil in Papillome wurde beschrieben, ist jedoch mit

Nebenwirkungen assoziiert, die durch den Effekt dieser Behandlung nicht gerechtfertigt sind.

- **Weiterführende Literatur**

(Beckwith-Cohen et al. 2014; Lange und Favrot 2011; Luff et al. 2012; Munday et al. 2011, 2015)

4.1.2 Kanine kutane Melanome

Kanine Melanome in fünf Fakten
1. kutane Melanome meist benigne und pigmentiert
2. chirurgische Entfernung ist meist kurativ
3. amelanotische und maligne Tumoren selten
4. digitale Melanome häufig metastasierend, auch bei früher Zehenamputation
5. immunhistochemische Marker Melan A, S100, PNL2, CSPG4 und Tyrosinase oft notwendig, um die Diagnose eines amelanotischen Melanoms abzusichern

- **Epidemiologie und Pathogenese**

Melanome sind Tumoren melaninproduzierender Melanozyten. Sie stammen von der ektodermalen Neuralleiste ab und exprimieren deshalb normalerweise keine Mesenchym- oder Epithelmarker. Sie finden sich **häufig in der Maulhöhle, der Haut, an den Zehen und intra- oder periokulär.** Während die Melanome der Maulhöhle und der Zehen sich zumeist maligne verhalten, sind die kaninen kutanen Melanome meist gutartig. Dunkelfellige **Rassen** sind für kutane und digitale Melanome prädisponiert. Melanome können in jedem **Alter** auftreten, eine Häufung ist im Alter zwischen 9 und 10 Jahren zu beobachten. Die **Ätiologie** der Melanome beim Hund ist unklar. Ein Beitrag einer UV-Strahlenexposition wie beim Mensch oder spezifische Genmutationen sind nicht bekannt.

- **Klinik**

Kutane Melanome sind zumeist langsam wachsende, kleine, solitäre, pigmentierte und gut umschriebene Knoten (◨ Abb. 4.10). **Amelanotische kutane Melanome,** welche sich häufig in der Maulhöhle finden, sind die Ausnahme. **Digitale Melanome** sind hingegen

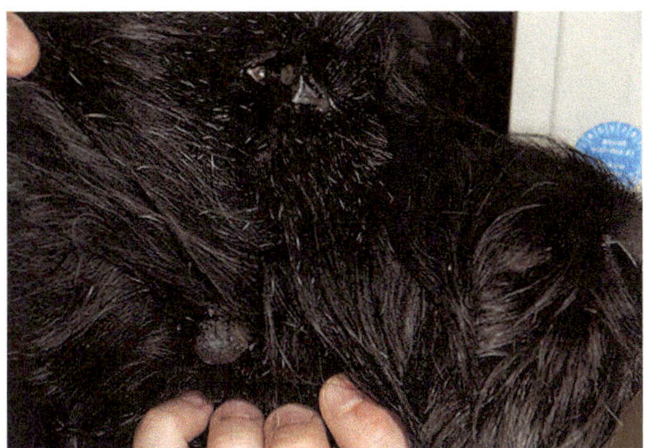

Abb. 4.10 Schlecht differenziertes Melanom, Hund. Pigmentierte kutane Masse am Unterkiefer eines 12 Jahre alten Riesenschnauzers (mit freundlicher Genehmigung vom Fachbereich Veterinärmedizin, Justus-Liebig-Univeristät Giessen)

zumeist schnell wachsende, ulzerierte, pigmentierte oder unpigmentierte Tumoren. Eine Metastasierung digitaler Melanome in die regionalen Lymphknoten und die Lunge kommt häufig vor, meist schon vor der initialen Diagnosestellung am primären Tumor.

■ Zytologie und Histopathologie

Die **zytologische Diagnose** eines pigmentierten Melanoms ist aufgrund der gut nachweisbaren zytoplasmatischen, schwarz-braunen Granula zumeist einfach und sicher (■ Abb. 4.11–4.14). Amelanotische Tumoren sind in der Zytologie aufgrund der hochpleomorphen Zellmorphologie zumeist schwierig zu diagnostizieren. Dies gilt jedoch auch für die **Histopathologie**. Der Nachweis von Melanin in pigmentierten Tumoren macht die Diagnose von pigmentierten Melanomen recht einfach. Zelluläre und nukleäre Pleomorphie, hohe Mitosezahl und invasives Tumorwachstum sind Hinweise auf malignes Verhalten (■ Tab. 4.1). **Amelanotische Tumoren** sind hingegen aufgrund des variablen histologischen Erscheinungsbilds melanozytärer Tumorzellen nur schwierig zu diagnostizieren. Ihre Zellform kann von spindlig über epitheloid bis hin zu rundzellartig variieren. Immunhistochemische Marker können bei der Diagnose dieser Tumoren helfen (siehe unten).

■ Therapie

Die **chirurgische Entfernung** mit großem Abstand zum gesunden Gewebe ist die Behandlung der Wahl für kutane benigne und maligne Melanome. Sie ist

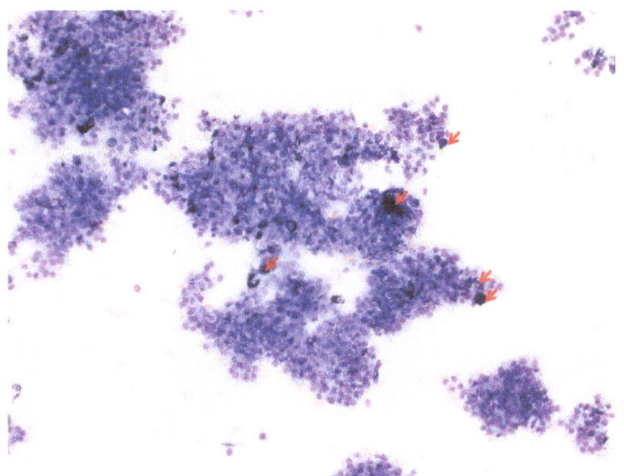

Abb. 4.11 Zytologie eines schlecht differenzierten, vorrangig amelanotischen Melanoms, Hund (derselbe Hund wie in ■ Abb. 4.10), May-Grünwald-Giemsa, 100 ×. Man beachte die Gruppen von spindligen bis polygonalen, zumeist wenig pigmentierten Melanozyten und die wenigen pigmentierten Melanozyten/Melanophagen (rote Pfeile) (mit freundlicher Genehmigung von Dr. N. Bauer, Fachbereich Veterinärmedizin, Justus-Liebig-Universität Gießen)

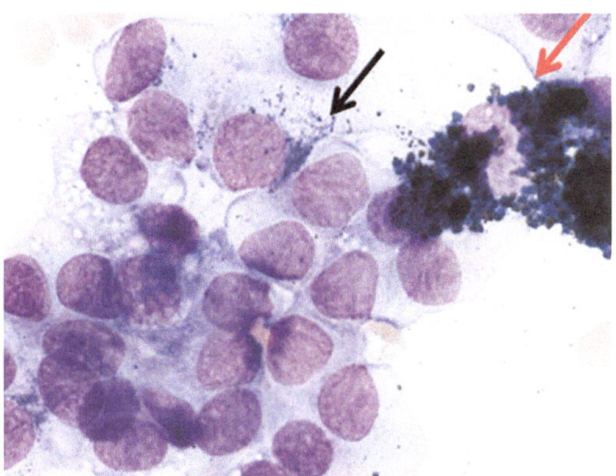

Abb. 4.12 Zytologie eines schlecht differenzierten, vorrangig amelanotischen Melanoms, Hund (derselbe Hund wie in ■ Abb. 4.10), May-Grünwald-Giemsa, 100 ×. Man beachte die spindligen bis polygonalen, meist schlecht pigmentierten Tumorzellen mit wenigen Melaningranula (schwarzer Pfeil). Im Gegensatz dazu enthalten Melanomakrophagen zahlreiche runde, große Granula mit eingeschlossenem Melanin (rote Pfeile) (mit freundlicher Genehmigung von Dr. N. Bauer, Fachbereich Veterinärmedizin, Justus-Liebig-Universität Gießen)

mit einer guten Prognose assoziiert und kurativ für die Mehrzahl der benignen kutanen, nicht-digitalen Melanome. Maligne kutane und digitale Melanome zeigen jedoch häufig eine Rezidivierung nach chirurgischer Entfernung. Die meisten Hunde

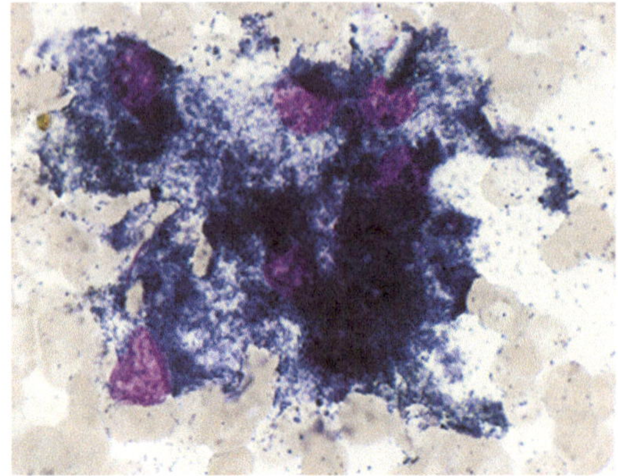

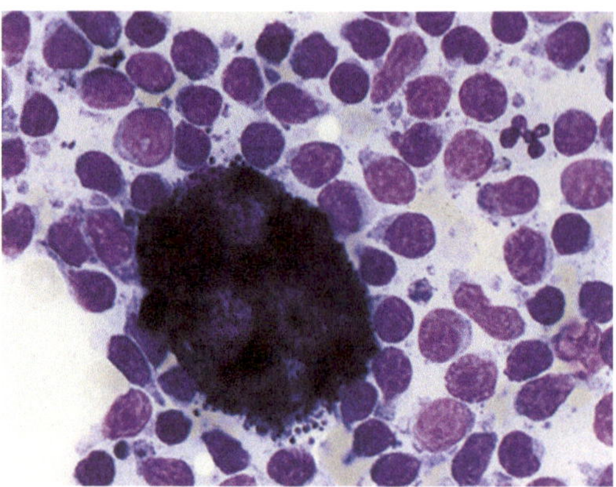

◘ **Abb. 4.13** Zytologie eines gut differenzierten, pigmentierten Melanoms, Hund, May-Grünwald-Giemsa, 1000 ×. Pigmentierte Melanozyten sind zumeist aufgrund ihrer zahlreichen und typischen dunkelblauen Granula gut zu differenzieren. Melanomzellen sind meist sehr fragil. Die Zellgrenzen sind deshalb oftmals schlecht zu definieren und rupturiert und es werden Melaningranula freigesetzt (mit freundlicher Genehmigung von Dr. N. Bauer, Fachbereich Veterinärmedizin, Justus-Liebig-Universität Gießen)

◘ **Abb. 4.14** Zytologie einer Lymphknotenmetastase, Melanom, Hund (derselbe Hund wie in ◘ Abb. 4.10), May-Grünwald-Giemsa, 1000 ×. Man beachte die Gruppen hochgradig pigmentierter Melanozyten mit zahlreichen Melaningranula, die den Zellkern nahezu verdecken (mit freundlicher Genehmigung von Dr. N. Bauer, Fachbereich Veterinärmedizin, Justus-Liebig-Universität Gießen)

mit **digitalen Melanomen** werden innerhalb von 1–2 Jahren nach Zehenamputation aufgrund von Fernmetastasen euthanasiert.

Die **Chemotherapie** von oralen Melanomen mit Doxorubicin, Cisplatin und anderen Chemotherapeutika wurde beschrieben und könnte auch für maligne kutane Melanome einen Ansatzpunkt darstellen.

Die **Strahlentherapie** ist eine wichtige Therapieoption für orale Melanome, wird jedoch nur selten bei den zumeist benignen kutanen Melanomen angewendet.

■ **Prognostische Faktoren und Marker**

Melan A, S100, PNL2, CSPG4 und **Tyrosinase** sind variabel spezifische und sensible immunhistochemische Marker für melanozytäre Tumorzellen. In Kombination sind sie jedoch sehr hilfreich in der Diagnose amelanotischer und pleomorpher maligner Melanome. Prognostische Faktoren für kanine kutane Melanome finden sich in ◘ Tab. 4.1.

■ **Forschungstrends**

Ein wichtiger Fokus der Melanomforschung ist die Entwicklung von Vakzinen gegen melanomspezifische Antigene. Chondroitinsulfatproteoglykan 4 (hCSPG4), Tyrosinase und Disialogangliosid

◘ **Tab. 4.1** Prognostische Faktoren für kanine kutane Melanome (Smedley et al. 2011)

Faktor	Einfluss auf die Prognose
Fernmetastasierung	Negativ
Tumorgröße	wahrscheinlich negativ
maligner histologischer Phänotyp	variabel negativ
Kernatypie	negativ
mitotischer Index	negativ
fehlende Pigmentierung	negativ
Ulzeration	negativ
(vaskuläre) Infiltration	negativ
hoher Ki67-Index	negativ
DNA-Polyploidie	negativ

GD3 wurden bisher mit variablem Erfolg auf ihren Wert als Vakzinierungskandidaten für kanine Melanome getestet.

■ **Weiterführende Literatur**

(Abramo et al. 1999; Brockley et al. 2013; Herzog et al. 2013; Lange und Favrot 2011; Ottnod et al. 2013; Smedley et al. 2011; Spangler und Kass 2006; Waropastrakul et al. 2012)

4.1.3 Weichgewebssarkome

Maligne mesenchymale Tumoren aller Körperregionen werden allgemein als **Weichgewebssarkome** bezeichnet. Diese Verallgemeinerung ist vor allem durch ihr ähnliches klinisches Verhalten und ein ähnliches Ansprechen auf Therapieansätze bedingt. Der Begriff Weichgewebssarkome umfasst somit Tumoren unterschiedlichen zellulären Ursprungs, wie z. B. periphere Nervenscheidentumoren, Liposarkome und Hämangiosarkome. In diesem Kapitel werden die kutanen Lipome und Fibrosarkome besprochen. Hämangiosarkome und periphere Nervenscheidentumoren kommen ebenfalls in der Haut vor, werden aber in anderen Kapiteln (▶ Kap. 15 und 13) beschrieben. Alle Weichgewebssarkome zeichnen sich durch hochinvasives Wachstum, hohe Rezidivraten und eine mäßig hohe Metastasierungsrate aus und werden zumeist durch gemeinsame Staging- und Gradingsysteme klinisch und histologisch charakterisiert (◘ Tab. 4.2).

- **Weiterführende Literatur**

(Bacon et al. 2007; Baker-Gabb et al. 2003; Burton et al. 2011; Demetriou et al. 2012; Dennis et al. 2011; Dernell et al. 1998; Elmslie et al. 2008; Hohenhaus et al. 2016; Kung et al. 2014; Kuntz et al. 1997; Lawrence et al. 2008; Liptak und Forrest 2012; Matz 2015; Ogilvie et al. 1989; Prpich et al. 2014; Rassnick 2003)

4.1.3.1 Lipome und Liposarkome

Kanine kutane Lipome/Liposarkome in vier Fakten
1. gutartige, langsam wachsende Tumoren
2. zytologisch nicht von normalem Fettgewebe abgrenzbar
3. chirurgische Entfernung kurativ
4. maligne infiltrative Liposarkome häufig mit Rezidivierung auch nach aggressiver chirurgischer Entfernung

- **Epidemiologie und Pathogenese**

Lipome sind sehr häufige und gutartige Tumoren der subkutanen Adipozyten. Lipome finden sich häufiger bei alten Hunden, Hündinnen und am Rumpf. Als weitere Tumoren der Adipozyten finden sich die viel selteneren **infiltrativen Lipome** und die ausgesprochen seltenen malignen **Liposarkome**.

- **Klinik**

Lipome sind singuläre kutane, kleine bis sehr große Massen der Unterhaut. Sie sind von weicher Konsistenz, meist gut verschieblich und zumeist nicht alopezisch oder ulzeriert. **Infiltrative Lipome** und **Liposarkome** sind von festerer Konsistenz und weniger gut verschieblich. Das Stagingsystem für kanine

◘ **Tab. 4.2** Stagingsystem für kanine Weichgewebssarkome (Liptak und Forrest 2013)

Stage	Tumorgröße	Metastasierung	Lymphknoten-metastasen	histologischer Grad
I	T_{any} (jede Größe)	M0 (keine)	N0 (keine)	I–II
II	T_{1a} (< 5 cm, oberflächlich)	M0 (keine)	N0 (keine)	III
	T_{1a} (< 5 cm, tief)			
	T_{2a} (> 5 cm, oberflächlich)			
III	T_{2b} (> 5 cm, tief)	M0 (keine)	N0 (keine)	III
IV	T_{any} (jede Größe)	M_{any}	N1 (vorhanden)	I–III
	T_{any} (jede Größe)	M1 (vorhanden)	N_{any}	

Weichgewebssarkome wird auch für Liposarkome verwendet (◘ Tab. 4.2).

■ Zytologie und Histopathologie

Die **Zytologie** des Lipoms und meist auch des **infiltrativen Lipoms** präsentiert sich mit gut differenzierten Adipozyten, die nicht von normalen Adipozyten differenziert werden können (◘ Abb. 4.15–4.17). Liposarkome zeigen sich als spindlige bis plumpe Zellen mit ovalen Kernen und mäßig viel schwach basophilem Zytoplasma mit zumindest kleinen Fettvakuolen. Es finden sich zahlreiche Mitosen und wenige gut differenzierte Mastzellen in den Sarkomen.

Auch **histologisch** lassen sich Lipomzellen kaum von normalen Adipozyten unterscheiden. Infiltrative Lipome sind hingegen durch ein infiltratives Wachstum differenzierter Adipozyten in Muskeln und Faszien hinein gekennzeichnet. Es wird das Gradingsystem für kanine Weichgewebssarkome für die weitere Klassifizierung verwendet (◘ Tab. 4.3).

■ Therapie

Die **chirurgische Entfernung** ist kurativ für Lipome. Infiltrative Lipome oder Liposarkome können jedoch auch bei aggressiver chirurgischer Entfernung eine lokale Rezidivierung zeigen.

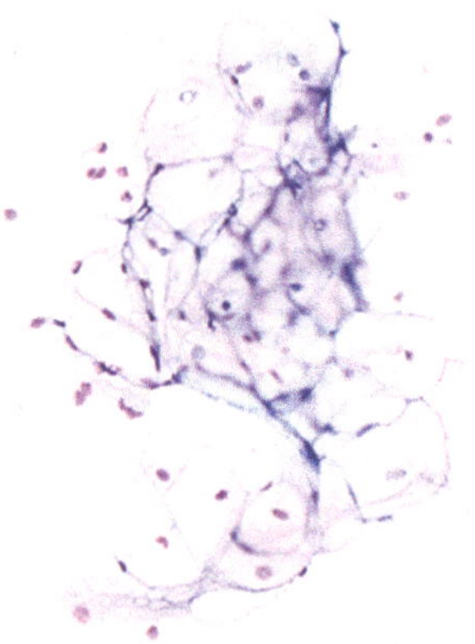

◘ **Abb. 4.15**   Zytologie, Lipom, Hund, May-Grünwald-Giemsa, 100 ×. Man beachte die Gruppen gut differenzierter Adipozyten mit exzentrisch gelegenem Nukleus und sehr viel nicht angefärbtem Zytoplasma (mit freundlicher Genehmigung von Dr. N. Bauer, Fachbereich Veterinärmedizin, Justus-Liebig-Universität Gießen)

◘ **Abb. 4.16**   Zytologie, infiltratives Lipom, Hund, May-Grünwald-Giemsa, 100 ×. Man beachte die gut differenzierten Adipozyten (schwarzer Pfeil) in enger Assoziation mit Gruppen quergestreifter Muskelzellen (blauer Pfeil). Eine finale Diagnose ist jedoch meist nur durch eine histopathologische Untersuchung möglich (mit freundlicher Genehmigung von Dr. N. Bauer, Fachbereich Veterinärmedizin, Justus-Liebig-Universität Gießen)

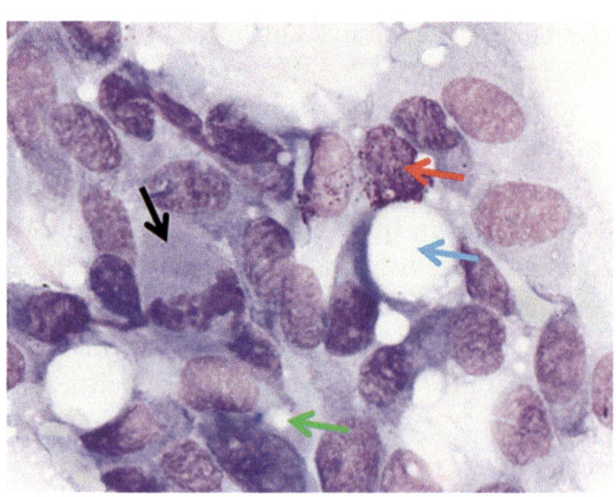

◘ **Abb. 4.17**   Zytologie, Liposarkom, Hund, May-Grünwald-Giemsa, 1000 ×. Man beachte Gruppen von spindligen bis plumpen Zellen mit ovalen Kernen und mäßig viel leicht basophilem Zytoplasma, welche teils kleine (grüner Pfeil) bis sehr große (blauer Pfeil), klar umschriebene Fettvakuolen enthalten. Es finden sich teils zahlreiche mitotische Figuren (schwarzer Pfeil) und teils wenige gut differenzierte Mastzellen (roter Pfeil) (mit freundlicher Genehmigung von Dr. N. Bauer, Fachbereich Veterinärmedizin, Justus-Liebig-Universität Gießen)

Eine postchirurgische **Strahlentherapie** eines infiltrativen Lipoms kann das krankheitsfreie Intervall bis zur Rezidivierung verlängern.

■ Weiterführende Literatur

(McEntee et al. 2000; Bacon et al. 2007; Baker-Gabb et al. 2003; Burton et al. 2011; Demetriou et al. 2012; Dennis et al. 2011; Dernell et al. 1998; Elmslie et al.

❏ Tab. 4.3 Gradingsystem für Weichgewebssarkome (Dennis et al. 2011)

histologisches Kriterium	Punkte	
A. Differenzierung	1	ähnelt normalem adulten mesenchymalen Gewebe
	2	spezifischer histologischer Subtyp
	3	undifferenziert
B. Nekrose	1	keine
	2	< 50 % Nekrose
	3	> 50 % Nekrose
C. Mitosen pro 10 HPF (400x)	1	0–9 Mitosen/10 HPF
	2	10–19 Mitosen/10 HPF
	3	> 20 Mitosen/10 HPF
Total (A +B +C)	3–4	Grad 1
Total (A +B +C)	5–6	Grad 2
Total (A +B +C)	79	Grad 2

2008; Hohenhaus et al. 2016; Kung et al. 2014; Kuntz et al. 1997; Lawrence et al. 2008; Liptak und Forrest 2012; Matz 2015; Ogilvie et al. 1989; Prpich et al. 2014; Rassnick 2003)

4.1.3.2 Kanine Fibrome und Fibrosarkome

Kanine Fibrome/Fibrosarkome in drei Fakten

1. chirurgische Resektion gutartiger Fibromen kurativ
2. Fibrosarkome mit invasivem Wachstum und häufigen Rezidiven nach chirurgischer Entfernung
3. adjuvante Strahlentherapie mit positivem Einfluss auf die Prognose

▪ Epidemiologie und Pathogenese
Kutane Fibrosarkome sind mäßig häufige maligne Tumoren der subkutanen Fibrozyten. Sie sind häufiger bei **alten Hunden**, jedoch aggressiver bei **jungen** Hunden. Ihre Ätiologie ist unbekannt. **Fibrome** sind seltene gutartige Tumoren der subkutanen Fibrozyten. Sie sind häufiger bei alten Hunden.

▪ Klinik
Fibrome sind kleine, solitäre, weiche bis feste, gut abgrenzbare Knoten, welche in mechanisch beanspruchten Arealen der Haut ulzerieren können. **Fibrosarkome** sind hingegen schnell wachsende, lokal invasive, zumeist große Tumoren und können fest oder weich und infolge von Nekrosen zystisch sein. Eine Metastasierung findet sich in circa 20 % der Fälle. Es wird das Stagingsystem für kanine Weichgewebssarkome verwendet (❏ Tab. 4.2).

▪ Zytologie und Histopathologie
In der **Zytologie** finden sich bei Fibromen gut differenzierte Spindelzellen, welche meist schwer von normalen subkutanen Fibrozyten abzugrenzen sind. Fibrosarkome zeigen im Gegensatz dazu pleomorphe plumpe bis spindlige Tumorzellen mit ovalen Kernen.

Histopathologisch sind **Fibrome** durch eine Akkumulation uniformer Fibroblasten und viel Kollagen charakterisiert. **Fibrosarkome** sind sehr variabel in ihrem Erscheinungsbild und stellen sich zum Teil als gut differenzierte Tumoren mit plumpen spindligen Zellen dar, bei **schlecht differenzierten, aggressiven Fibrosarkomen** aber auch mit hoch pleomorphen Zellen und Nuklein sowie hoher Mitoserate. Es wird das Gradingsystem für kanine Weichgewebssarkome verwendet (❏ Tab. 4.3).

▪ Therapie
Chirurgische Entfernung ist kurativ für Fibrome. Eine frühzeitige Resektion ist ebenfalls die Methode der Wahl für Fibrosarkome, ist jedoch mit einer vorsichtigeren Prognose verbunden. Bis zu zwei Drittel der Fibrosarkome entwickeln Rezidive, welche dann wiederum mit einer noch schlechteren Prognose einhergehen.

Die **adjuvante Strahlentherapie** verbessert die Prognose für Fibrosarkome und verringert das Risiko einer Rezidivierung.

Eine **adjuvante, doxorubicinbasierte Chemotherapie** ist für Fibrosarkome beschrieben. Weiterhin wird eine **metronome Therapie** mit langfristiger Verabreichung von Cyclophosphamid und Piroxicam zur Verminderung des Rezidivrisikos bei Hunden beschrieben.

■ **Weiterführende Literatur**

(Bacon et al. 2007; Baker-Gabb et al. 2003; Beckwith-Cohen et al. 2014; Burton et al. 2011; Demetriou et al. 2012; Dennis et al. 201; Dernell et al. 1998; Elmslie et al. 2008; Hohenhaus et al. 2016; Kung et al. 2014; Kuntz et al. 1997; Lawrence et al. 2008; Liptak und Forrest 2012; Matz 2015; Ogilvie et al. 1989; Prpich et al. 2014; Rassnick 2003)

4.1.3.3 Kanine kutane Tumoren der peripheren Nervenscheiden (PNST)

Kanine kutane Tumoren der peripheren Nerven-scheiden (PNST) sind häufige Tumoren der Unter-haut beim Hund. Zellen der Nervenscheiden wie Schwannzellen werden als ihre Ursprungszelle ange-sehen. Sie werden als primäre Tumoren des periphe-ren Nervensystems in ▶ Abschn. 13.1.3 ausführlich besprochen.

4.1.4 Kanine hämatopoetische Tumoren

Mastzelltumoren sind die häufigsten hämatopoe-tischen Hauttumoren des Hundes. Kutane Histio-zytome und Plasmozytome sind weniger häufig. Kutane Lymphome treten nur selten auf und werden in ▶ Kap. 6 beschrieben.

4.1.4.1 Kanine kutane Mastzelltumoren

Kanine kutane Mastzelltumoren in sieben Fakten
1. häufigster kutaner Tumor des Hundes
2. KIT-Rezeptorsignale als wichtiger Proliferationsstimulus für Mastzellen
3. aktivierende Mutationen im KIT-Gen in circa 15 % aller Mastzelltumoren
4. zwei konkurrierende histologische Gradingsysteme
5. chirurgische Entfernung oft kurativ für niedriggradige Mastzelltumoren
6. chirurgische Entfernung und Bestrahlung Behandlung der Wahl für Tumoren in schwierigen Lokalisationen
7. Tyrosinkinaseinhibitoren mit starkem, aber nur kurzzeitigem Effekt auf die Tumorproliferation

■ **Epidemiologie und Pathogenese**

Kanine Mastzelltumoren (MZT) sind mit 20 % Anteil der **häufigste kutane Tumor** des Hundes. Sie können in jedem **Alter** auftreten, werden jedoch am häufigs-ten bei einem Durchschnittsalter von 9 Jahren fest-gestellt. Es gibt keine **Geschlechtsprädisposition**. Boxer, Retriever, Bostonterrier, American Stafford-shire Terrier und Rhodesian Ridgeback zeigen eine **Rasseprädisposition**. Die Tumoren sind bei diesen Rassen jedoch zumeist von geringer Malignität und günstiger Prognose. **Shar-Peis** sind ebenfalls prädis-poniert zur Entwicklung von MZT, zeigen jedoch überdurchschnittlich häufig hochgradige Tumoren mit schlechter Prognose.

Die **molekulare Pathogenese** und **Ätiologie** kaniner MZT ist in den meisten Fällen unbekannt. Chronische Entzündung, virale Ätiologie oder Mutation der bekannten Tumorsuppressoren p53, p21 oder p27 wurden als mögliche Ursachen unter-sucht, jedoch ohne Erfolg. Der einzige momentan bekannte Risikofaktor sind Mutationen des **Stamm-zellfaktorrezeptors (KIT oder CD117)**. Bindung seines Liganden, dem Stammzellfaktor, führt zu einer Aktivierung der Tyrosinkinasedomäne und zur Proliferation, Differenzierung und Überleben nicht-neoplastischer Mastzellen. KIT wird sowohl von nicht-neoplastischen als auch von neoplasti-schen Mastzellen exprimiert. Die Expression kann sich jedoch von der physiologischen membrange-bundenen Form hin zu einer anormalen zytoplas-matischen KIT-Expression in neoplastischen Mast-zellen verlagern. Verschiedene somatische, nicht vererbte **KIT-Mutationen** in den Exonen 8, 9, 11, 12 des Gens wurden bereits identifiziert. Von diesen wurde die Tandemduplikation eines Teils des Exon 11 am eingehendsten studiert. Diese Mutation führt zu einer permanenten und unregulierten Aktivie-rung des KIT mit einem erhöhten Risiko für eine lokale Rezidivierung, Metastasierung und schlechter

Prognose. Aktivierende KIT-Mutationen finden sich in 10–30 % der hochgradigen Tumoren, was darauf hindeutet, dass andere Mechanismen der Karzinogenese bei der Mehrheit der Tumoren eine Rolle spielen. Ein anderer potenzieller Mechanismus der MZT-Karzinogenese könnte die De-Novo-Expression des **Interleukin-2-Rezeptors (IL2R) und seines Liganden IL-2** sein, ein Hauptproliferationsstimulus für Lymphozyten. Beide Proteine werden in allen niedriggradigen und einem Teil der hochgradigen MZT-Zellen und in aktivierten nicht-neoplastischen Mastzellen, jedoch nie in ruhenden nicht-neoplastischen Mastzellen exprimiert.

■ **Klinik**

MZT sind in 90 % der Fälle **solitäre Läsionen**. Sie finden sich häufig am Rumpf und an den Gliedmaßen, weniger häufig an Kopf und Hals und noch seltener auf den Schleimhäuten. MZT müssen immer als **potenziell maligne** angesehen werden. Dennoch zeigen gut differenzierte Tumoren nur eine Mestastasierungsrate von < 10 %. Hochgradige MZT sind lokal invasiv und entwickeln **Metastasen** in 50–100 % der Fälle (abhängig von der berichtenden Studie). Der erste Schritt der Metastasierung ist zumeist eine Metastasierung in die lokalen Lymphknoten und dann in Milz, Leber und andere viszerale Organe. Die Lunge ist selten betroffen.

Niedriggradige MZT sind langsam, teils über Jahre wachsende Tumoren. **Hochgradige MZT** sind häufig ulzerierte, schnell wachsende Tumoren teils mit kleineren Satellitentumoren in der Umgebung und massiver Entzündung. Typisches Merkmal ist ein Ödem aufgrund der Freisetzung von vasoaktiven Aminen, wie z. B. Histamin. Degranulierung von histaminhaltigen Mastzellgranula bei Manipulation führen zu den **Darier-Befunden**. Diese bestehen aus einer schnellen Anschwellung und Quaddelbildung und werden von den Besitzern häufig als ständiges „Wachsen und Schrumpfen" des Knotens beschrieben. Die Freisetzung von Histamin durch die kutanen Tumoren kann zu **gastrointestinalen paraneoplastischen Syndromen** führen. Stimulation des **gastralen Histaminrezeptors** führt zu einer massiven Salzsäureproduktion mit Erbrechen, **Magenulzera** und abdominalen Schmerzen bei betroffenen Hunden. Nur Hunde mit massiver Tumorlast und plötzlicher, massiver Histaminfreisetzung können

auch eine hypotensive anaphylaktische Reaktion entwickeln.

Mehrere sehr umfangreiche **Diagnoseschemata** für eine standardisierte Diagnose kaniner MZT sind erhältlich. Die Diagnose MZT erfolgt zumeist mittels zytologischer Untersuchung. Für ein sicheres Grading der Tumoren ist jedoch eine histologische Untersuchung nötig, obwohl erste Publikationen über ein erfolgreiches **zytologisches Grading** erschienen sind. Ein WHO-Stagingsystem für Mastzelltumoren ist erhältlich, wird jedoch häufig als von fraglichem Wert und unklarer Prognose kritisiert.

Ein **Standardprotokoll zur Diagnose** von kaninen kutanen MZT wurde von Thamm und Vail entwickelt. Es besagt, dass alle verdächtigen Befunde von Ultraschalluntersuchungen in Leber und Milz von Mastzelltumorpatienten zytologisch oder histologisch untersucht werden sollten. Die Untersuchung von *Buffy coats* auf Mastzellen, Ultraschalluntersuchungen des primären Tumors und Thoraxröntgenaufnahmen werden hingegen nicht mehr als relevante Untersuchungen angesehen. Histopathologisches Grading und Analyse der chirurgischen Ränder sind jedoch für eine Entscheidung über eine angemessene Therapie nötig.

■ **Zytologie und Histopathologie**

Feinnadelaspirate (FNA) stellen eine sehr einfache und hilfreiche Methode zur Untersuchung von MZT dar (◘ Abb. 4.18–4.22). Die Sensitivität und Spezifität der FNA für das Tumorgrading ist jedoch geringer als die von Biopsien. Der Nachweis einer Lymphknotenmetastasierung (> 3 % Mastzellen) mittels FNA ist gleichermaßen schwierig aufgrund des ebenfalls möglichen Nachweises von Mastzellen in normalen Lymphknoten des Hundes.

Eine **histopathologische** Untersuchung von Gewebsbiopsien ist für eine endgültige Diagnose und das Grading kaniner MZT nötig. Weiterhin ist die Evaluation der chirurgischen Ränder der Tumorentnahmestelle von großer Bedeutung für die Prognose. Neben der Hämatoxylin-und-Eosin- (H&E-) Färbung wird von den meisten MZT-verdächtigen Geweben eine **Toluidinblaufärbung** angefertigt. Sie erhöht die Sensitivität der MZT-Diagnose aufgrund der spezifischen Färbung der metachromatischen Mastzellgranula in gut bis mäßig differenzierten Mastzellen. Der Nachweis von variablen Mengen

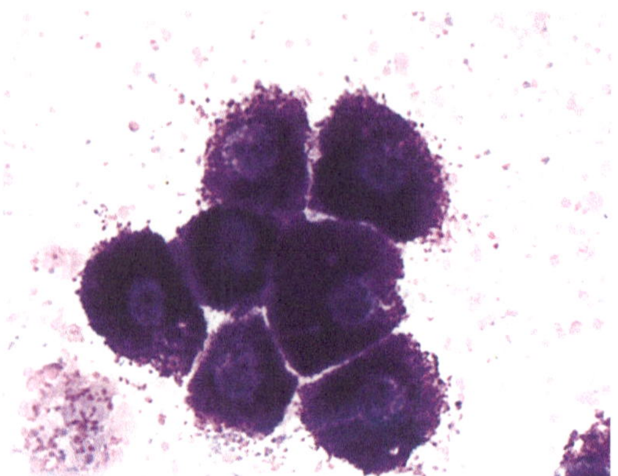

◻ **Abb. 4.18** Zytologie, kutaner Mastzelltumor Grad I/niedriggradig, Hund, May-Grünwald-Giemsa, 1000 ×. Gut differenzierte Mastzellen mit sehr vielen staubartigen, intrazytoplasmatischen Granula (mit freundlicher Genehmigung von Dr. N. Bauer, Fachbereich Veterinärmedizin, Justus-Liebig-Universität Gießen)

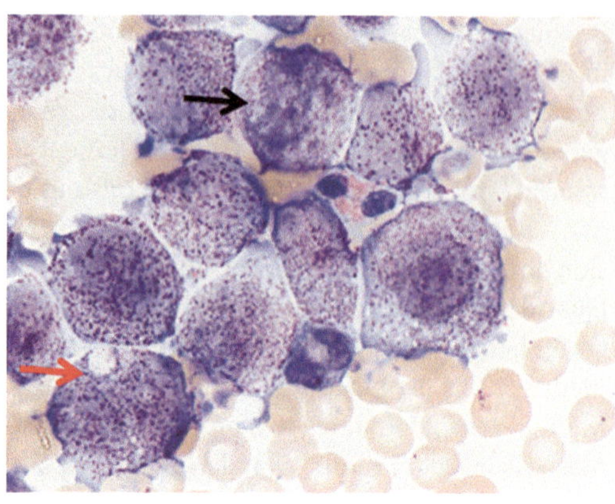

◻ **Abb. 4.20** Zytologie, kutaner Mastzelltumor Grad III/hochgradig, Hund, May-Grünwald-Giemsa, 1000 ×. Man beachte die mäßig bis undifferenzierten Mastzellen mit Mitosefiguren (schwarzer Pfeil) und Erythrophagozytose (roter Pfeil; Abbildung: mit Erlaubnis von Dr. N. Bauer, Fachbereich Veterinärmedizin, Justus-Liebig-Universität Gießen)

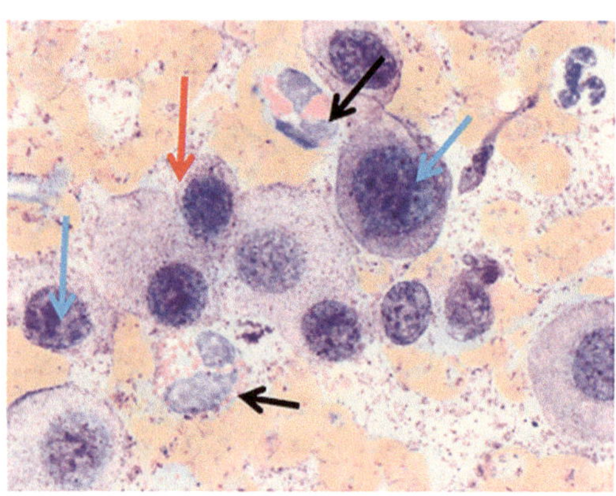

◻ **Abb. 4.19** Zytologie, kutaner Mastzelltumor Grad II/niedriggradig, Hund, May-Grünwald-Giemsa, 1000 ×. Man beachte die mäßig differenzierten Mastzellen (roter Pfeil) mit mäßig vielen staubartigen, intrazytoplasmatischen Granula. Die Tumorzellen zeigen eine mäßige zelluläre Pleomorphie, Anisozytose und Anisokaryose (blaue Pfeile). Wenige eingestreute eosinophile Granulozyten finden sich ebenfalls (schwarze Pfeile) (mit freundlicher Genehmigung von Dr. N. Bauer, Fachbereich Veterinärmedizin, Justus-Liebig-Universität Gießen)

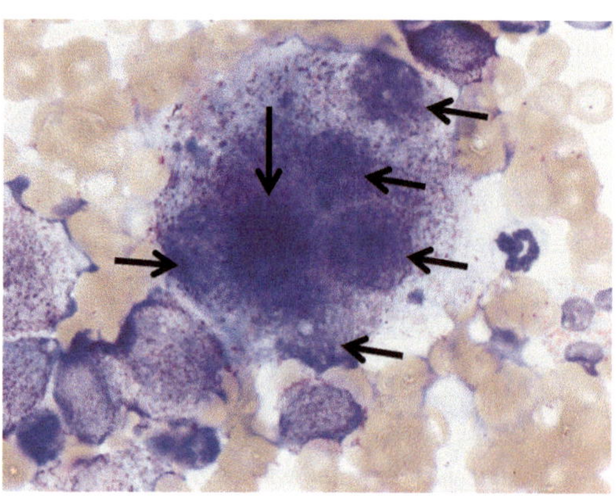

◻ **Abb. 4.21** Zytologie, kutaner Mastzelltumor Grad III/hochgradig, Hund, May-Grünwald-Giemsa, 1000×. Man beachte die bizarren makrozytären, multinukleären (schwarze Pfeile), undifferenzierten Mastzellen (mit freundlicher Genehmigung von Dr. N. Bauer, Fachbereich Veterinärmedizin, Justus-Liebig-Universität Gießen)

an eosinophilen Granulozyten zwischen den MZT-Zellen hilft ebenfalls bei der Diagnose von MZT. Momentan werden zwei Gradingsysteme für kanine MZT verwendet (◻ Tab. 4.4). Das klassische **Patnaik-3-Stufen-Gradingsystem** wird seit Jahrzehnten verwendet, wurde jedoch kontinuierlich dafür kritisiert, dass 40 % der Tumoren als Grad-2-Tumoren eingestuft werden, wobei unklar bleibt, ob für diese Gruppe eine therapeutische Herangehensweise wie für maligne (Grad 3) oder benigne Tumoren (Grad 1) gewählt werden soll. Ein neueres **Kiupel-2-Stufen-Gradingsystem** vermeidet diese Probleme und unterteilt alle MZT in niedriggradige und hochgradige Tumoren.

■ **Therapie**

Chirurgische Entfernung, Strahlentherapie und Chemotherapie werden für die Behandlung von MZT verwendet. Ihre Verwendung und Kombination hängt sehr stark vom Tumorgrad ab.

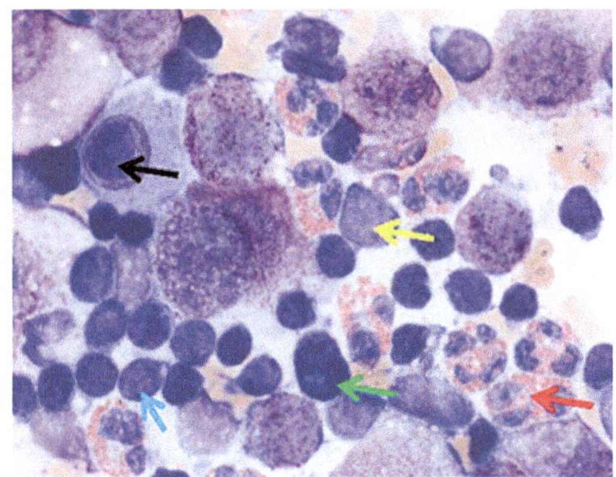

Abb. 4.22 Zytologie, Lymphknotenmetastase eines kutanen Mastzelltumors Grad III/hochgradig, Hund, May-Grünwald-Giemsa, 1000× (derselbe Hund wie in Abb. 4.21). Man beachte die zahlreichen pleomorphen undifferenzierten Mastzellen, teils mit prominenten Makronukleoli (schwarzer Pfeil) und zahlreiche eosinophile Granulozyten (roter Pfeil), wenige reife Lymphozyten (blauer Pfeil), sehr wenige Plasmazellen (grüner Pfeil) und Lymphoblasten (gelber Pfeil) (mit freundlicher Genehmigung von Dr. N. Bauer, Fachbereich Veterinärmedizin, Justus-Liebig-Universität Gießen)

Eine **ausschließliche chirurgische Entfernung** ist die Behandlung der Wahl für Grad 1–2/niedriggradige, nichtmetastatische MZT in Lokalisationen, die eine vollständige Entnahme gestatten. In diesen Fällen ist die chirurgische Entfernung zumeist kurativ. Ein 3 cm breiter **lateraler chirurgischen Rand** und das Überbrücken mindestens einer Faszie wurde bisher empfohlen. Kürzlich konnte jedoch gezeigt werden, dass 2 cm breite laterale Ränder und eine Faszie in der Tiefe bzw. 1 cm laterale und 4 mm breite tiefe Ränder ebenfalls ausreichend sind, um eine Rezidivierung oder Metastasierung von Grad 1–2/niedriggradigen MZT zu verhindern. Hochgradige, aggressive MZT sollten jedoch weiterhin mit 3 cm breiten lateralen Rändern entnommen werden. Eine präoperative Ultraschall- oder CT-Untersuchung ist dabei hilfreich, um das Ausmaß des Tumors besser einschätzen zu können. Der histopathologische Nachweis einer inkompletten Resektion mit Tumorzellen direkt an den chirurgischen Entnahmerändern ist grundsätzlich ein negativer prognostischer Faktor, muss jedoch nicht immer mit einer Rezidivierung verbunden sein. So konnte gezeigt werden, dass sowohl bei tumorfreien als auch bei tumorhaltigen Rändern 20–30 % der niedriggradigen Tumoren rezidivieren.

Tab. 4.4 Gradingsysteme für kanine Mastzelltumoren

Grad	Histologische Eigenschaften (Anteil der Tumoren)	Klinische Eigenschaften
Patnaik		Überlebensrate nach 48 Monaten
I	monomorphe Tumorzellen, keine Mitosefiguren, Tumor nur in der Dermis (36 %)	83 %
II	wenige pleomorphe Zellen, 0–2 Mitosefiguren pro 400×-Feld, Infiltration der Subkutis (43 %)	44 %
III	zahlreiche pleomorphe Zellen, 3–6 Mitosefiguren, Infiltration der Subkutis und tiefer (20 %)	6 %
Kiupel		Zeit bis zur Rezidivierung/Überlebenszeit (beide median)
Niedriggradig	(11 %)	14 Wochen/23 Monate
hochgradig	Per 10 400×-Felder: > 6 mitotische Abbildungen > 2 multinukleäre Zellen > 3 bizarre Kerne > 9 % mit Karyomegalie (2-fach größer) (89 %)	3 Wochen/4 Monate

HPF = 0,24 mm²

Dennoch sollten inkomplette Ränder weiterhin mit einer En-bloc-Resektion der ursprünglichen chirurgischen Wunde mit 2 cm Abstand entnommen und eine zusätzliche Bestrahlung des betroffen Gebietes durchgeführt werden.

Eine Kombination von **chirurgischer Entfernung und Strahlentherapie** ist die Behandlung der Wahl für **MZT in schwierigen Lokalisationen**, bei denen ausreichende Entnahmeränder nicht möglich sind. Dieser Ansatz kann zu einer Langzeitkontrolle der Erkrankung für die meisten niedriggradigen bzw. Grad-1/2-MZT führen. Prednisolon oder Tyrosinkinaseinhibitoren (TKI, Toceranib und Masitinib) werden angewendet, um die MZT vor der chirurgischen Entfernung zu verkleinern und so die Effizienz der chirurgischen Entfernung in schwierigen Lokalisationen zu verbessern.

In zunehmenden Maße wird auch über eine erfolgreiche **chirurgische Entfernung und Chemotherapie** von inkomplett entfernten geringgradigen MZT berichtet, wenn Strahlentherapie nicht möglich ist. **Multichemotherapeutika-Protokolle** scheinen dabei Vorteile gegenüber Einzelchemotherapeutika-Protokollen zu haben. Die **postoperative Verabreichung** von Prednison in Kombination mit Vinblastin, ein Cocktail aus Prednison, Lomustin und Vinblastin sowie Prednison zusammen mit Vinblastin und Cyclophosphamid scheinen eine Effizienz bei der Behandlung von hochgradigen Tumoren und generell bei Tumoren mit Rezidivrisiko zu haben.

Hochgradige Tumoren oder Tumoren mit regionaler oder Fernmetastasierung haben generell eine schlechte Prognose, unabhängig vom Therapieansatz. Eine Kombination von chirurgischer Entfernung und Strahlentherapie des Tumors und der regionalen Lymphknoten und Chemotherapie wird hier häufig empfohlen.

Chemotherapie oder **Strahlentherapie** allein, also ohne chirurgische Entfernung, sind im Sinne einer Langzeitkontrolle der Tumoren zumeist nicht erfolgreich.

Die Behandlung mit **Tyrosinkinaseinhibitoren (TKI)** ist seit wenigen Jahren eine mögliche Therapieoption für MZT. **Toceranib** führt zu einer schnellen und beeindruckenden Verkleinerung von 50 % rezidivierender intermediärer und hochgradiger MZT, vor allem in Tumoren mit KIT-aktivierender Mutation. Eine Langzeitkontrolle von rezidivierten oder nicht resezierbaren MZT wurde für die Behandlung mit dem TKI **Masitinib** beschrieben. Inappetenz, Gewichtsverlust, Diarrhoe und Erbrechen, Meläna und Myelosuppression sind häufige beobachtete Nebenwirkungen dieser Chemotherapeutika. Leider zeigt sich bei beiden TKI häufig eine erneute **Tumorprogression mit Wirkstoffresistenz** gegen die Wirkstoffe nach 6–18 Monaten der Behandlung.

Prächirurgische Applikationen von Antihistaminika, wie z. B. Diphenhydramin, werden zur Reduktion der systemischen Effekte infolge Freisetzung von Histamin durch Mastzelldegranulation beschrieben. Weiterhin kann die Verabreichung von Protonenpumpen-Inhibitoren wie Omeprazol die Entwicklung von Magenulzera verhindern.

- **Prognostische Faktoren und Tumormarker**

Die generelle Überlebenszeit von Hunden mit MZT hängt vor allem vom **Tumorgrad** (◘ Tab. 4.4) ab. Es sind jedoch noch weitere Faktoren bekannt, die ebenfalls Einfluss auf die Prognose haben (◘ Tab. 4.5).

Molekulare Marker werden momentan nicht regelmäßig in der Routinediagnostik von MZT angewandt. Die **Proliferationsmarker** Ki-67, AgNOR und PCNA sowie das Muster und die Intensität der **KIT-Expression** wurden als prognostisch relevant beschrieben, haben jedoch eine schwächere Aussagekraft als das Grading. Die **Mutationsanalyse** des Exon 11 kann ebenfalls mit einer einfachen PCR-Analyse durchgeführt werden.

◘ **Tab. 4.5** Prognostische Faktoren für kanine Mastzelltumoren

Faktor	Schlechte Prognose für
Lokalisation	kontrovers diskutiert, Nagelbett, Maulhöhle, Schnauze, Präputium, Perineal- und mukokutane Bereiche
Rezidivierung	Rezidivierung
Proliferationsrate	Tumoren mit großen Anteil an Ki67-, PCNA-, AgNOR-positiven Zellen
Tumorgröße	große Tumore
KIT-Mutation	KIT-aktivierende Mutationen
systemische Befunde	Anorexie, gastrointestinale Symptome, Meläna

■ **Forschungstrends**

Die aktuelle Forschung im Bereich der kaninen MZT ist vor allem auf die Identifikation neuer Therapieprotokolle unter Kombination von TKI, Strahlentherapie und klassischen Chemotherapeutika fokussiert. Weiterhin werden neue Wirkstoffe, wie selektive Inhibitoren des nukleären Exports (SINE), onkolytische Retroviren, pan-bcl-2-Blocker oder Aurorakinase-Inhibitoren momentan in In-vitro- und klinischen Tests untersucht.

■ **Weiterführende Literatur**

(Blackwood et al. 2012; Camus et al. 2016; Halsey et al. 2014; Kiupel et al. 2011; London 2013; Meyer et al. 2012, 2013; Patnaik et al. 1984; Scarpa et al. 2014; Stefanello et al. 2015; Thamm und Vail 2007; Welle et al. 2008)

4.1.4.2　Kanine kutane Histiozytome

> **Kanine kutane Histiozytome in drei Fakten**
> 1. unklar, ob es sich um echte Neoplasien oder Hyperplasien handelt
> 2. bei jungen Hunden vor allem am Kopf auftretend
> 3. sind benigne und zeigen spontane Regression auch ohne Behandlung

■ **Epidemiologie und Pathogenese**

Kutane Histiozytome sind häufige gutartige Tumoren der Haut des Hundes. Sie stammen mit hoher Wahrscheinlichkeit von epidermalen Langerhans-Zellen ab. Sie finden sich am häufigsten in der Kopfregion junger Hunde im **Alter** von 2 Jahren. Ihr klonaler Charakter konnte durch genetische Analyse bestätigt werden. Dennoch ist immer noch nicht abschließend geklärt, ob es sich bei ihnen um echte Neoplasien handelt oder ob sie reaktive Hyperplasien darstellen. Letzteres wird von der Beobachtung gestützt, dass Histiozytome eine **spontane Regression** zeigen können. Diese ist mit einer Infiltration der Tumorbasis mit Lymphozyten assoziiert und deshalb möglicherweise immunvermittelt.

■ **Klinik**

Histiozytome sind solitäre, knopfartige Knoten in den kranialen Abschnitten des Körpers und hier am häufigsten am Kopf. Sie können schnell entstehen und zeigen häufig eine **spontane Regression innerhalb von 1–2 Monaten**. Multiple Tumoren kommen selten vor.

■ **Zytologie und Histopathologie**

Die **zytologische Untersuchung** kaniner Histiozytome zeigt sich mit typischen histiozytären Zellen teils vermischt mit gut differenzierten Lymphozyten (◘ Abb. 4.23–4.24). In der **Histopathologie** finden sich diagnostische Tumorzellen mit typischer histiozytärer Zellform in einer keilförmigen Anordnung in der Dermis und typische follikuläre Lymphozytenaggregate an der Tumorbasis.

■ **Therapie**

Eine **chirurgische Entfernung** ist kurativ, jedoch aufgrund der spontanen Regression nicht zwingend nötig. Eine erfolgreiche chemotherapeutische Behandlung multipler Histiozytome mit Lomustin wurde beschrieben.

■ **Prognostische Faktoren und Marker**

Immunhistochemische Marker sind zur Bestätigung der Diagnose zumeist nicht nötig. Histiozytome exprimieren jedoch typischerweise **CD1a, CD11c, E-Cadherin** und **MHCII**.

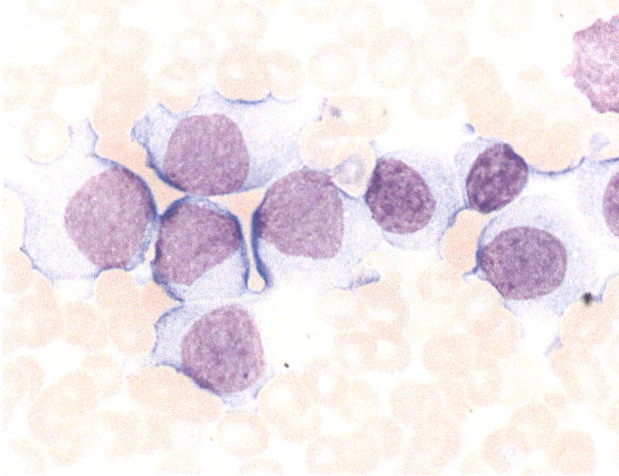

◘ **Abb. 4.23**　Zytologie, Histiozytom, Hund, May-Grünwald-Giemsa 1000 ×. Histiozytäre Zellen mit exzentrisch gelegenem Nukleus und viel grau-blauem Zytoplasma (mit freundlicher Genehmigung von Dr. N. Bauer, Fachbereich Veterinärmedizin, Justus-Liebig-Universität Gießen)

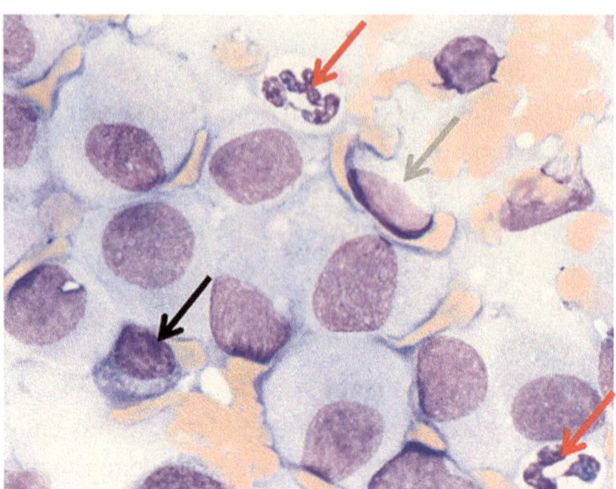

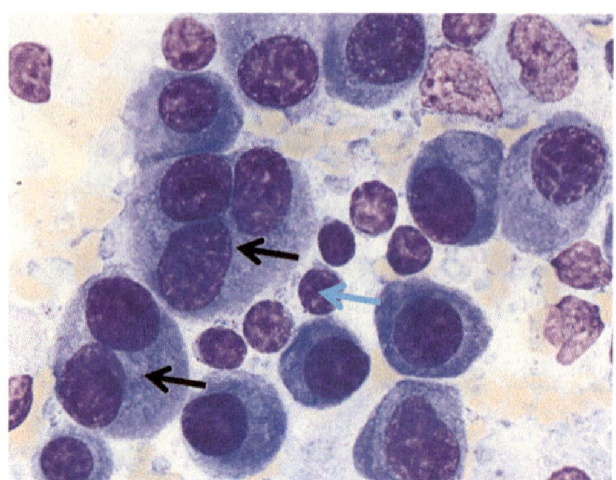

Abb. 4.24 Zytologie, Histiozytom in fortgeschrittener Regression, Hund, May-Grünwald-Giemsa 1000 ×. Man beachte die Infiltration mit mittelgroßen Lymphozyten (graue Pfeile), Plasmazellen (schwarzer Pfeil) und wenigen neutrophilen Granulozyten (rote Pfeile) (mit freundlicher Genehmigung von Dr. N. Bauer, Fachbereich Veterinärmedizin, Justus-Liebig-Universität Gießen)

Abb. 4.25 Zytologie, kutanes Plasmozytom, Hund, May-Grünwald-Giemsa 1000 ×. Man beachte die Anwesenheit von bi- oder multinuklearen Plasmazellen (schwarze Pfeile). Es zeigen sich weiterhin wenige Lymphozyten (blauer Pfeil) (mit freundlicher Genehmigung von Dr. N. Bauer, Fachbereich Veterinärmedizin, Justus-Liebig-Universität Gießen)

■ **Zytologie und Histopathologie**

Zytologisch und histopathologisch stellen Plasmozytome eine Akkumulation von **gut differenzierten Plasmazellen** dar (■ Abb. 4.25). Bi- oder multinukleäre Zellen kommen häufig vor.

■ **Therapie**

Eine komplette **chirurgische Exzision** ist kurativ. Nicht-resezierbare Tumoren können mit Prednison oder Strahlentherapie zur Verkleinerung vorbehandelt werden.

■ **Weiterführende Literatur**

(Campo 1997; Haga et al. 2013)

■ **Weiterführende Literatur**

(Delcour et al. 2013; Maina et al. 2014; Moore 2014; Pires et al. 2013)

4.1.4.3 Kanine kutane Plasmozytome

Kanine kutane Plasmozytome in zwei Fakten

1. gutartige Tumore
2. chirurgische Exzision ist kurativ

■ **Epidemiologie und Pathogenese**

Kutane Plasmozytome (Plasmazelltumoren) gehören zur Gruppe der extramedullären Plasmozytome. Sie sind häufige **benigne** Hauttumoren des Hundes und entwickeln sich zumeist im **Alter** von 9–10 Jahren mit einer Prädisposition großer **Rassen**.

■ **Klinik**

Plasmazelltumoren sind **solitäre, rötliche, alopezische Knoten** am Kopf und den Gliedmaßen. Hypergammaglobulinämie aufgrund einer Antikörpersekretion durch Tumorzellen findet sich nicht.

4.2   Hauttumoren der Katze

Mit je 10–20 % Anteil an allen Hauttumoren sind Plattenepithelkarzinome, Basalzelltumoren, Fibrosarkome und Mastzelltumoren die häufigsten Hauttumoren der Katze.

4.2.1 Feline epitheliale Tumoren

Plattenepithelkarzinome und Basalzelltumoren sind die häufigsten felinen epithelialen Hauttumoren. Papillome, Haarfollikeltumoren und Tumoren der Hautdrüsen sind selten und werden in diesem Kapitel nicht beschrieben.

4.2.1.1 Feline Plattenepithelkarzinome

Feline kutane Plattenepithelkarzinome (PEK) in fünf Fakten

1. entwickeln sich häufig in UV-lichtexponierten hellfarbenen Hautarealen (Ohr, Nase, Augenlid)
2. Subtyp des potenziell papillomavirusinduzierten Bowenoiden Carcinoma in situ (BISC)
3. invasives Wachstum, selten Metastasierung
4. chirurgische Entfernung mit ausreichend Abstand zum Gesunden mit guter Prognose assoziiert
5. Bestrahlungstherapie für PEK in nicht-resezierbaren Lokalisationen und in fortgeschrittenen Tumorstadien mit tiefer Invasion indiziert

▪ Epidemiologie und Pathogenese

Kutane Plattenepithelkarzinome (PEK) sind häufige maligne Hauttumoren der Katze. Sie werden in zwei Unterformen unterteilt: durch UV-Licht induzierte invasive PEK und potenziell papillomavirusinduzierte PEK in situ (syn. Bowenoides Carcinoma in situ, BISC).

BISC sind definiert als lokale (in situ) Karzinome ohne Invasion der Basalmembran der Epidermis. Sie werden möglicherweise durch feline Papillomaviren hervorgerufen. Ein Beitrag einer UV-Licht-Exposition in der Ätiologie des BISC bei Katzen wird in der Literatur diskutiert. Sie entstehen jedoch häufig, im Gegensatz zu PEK, in vor UV-Licht geschützten Körperregionen wie dem Unterbauch. BISC treten bei älteren Katzen mit einem Alter > 10 Jahren auf. Eine **Rasse- oder Geschlechtsprädisposition** ist nicht bekannt. BISC können sich in invasive PEK weiterentwickeln.

Invasive PEK finden sich ebenfalls bei älteren Katzen > 10 Jahre in hellfelligen Arealen des Kopfes mit **UV-Lichtexposition. Weiße Ohrspitzen** sind die am häufigsten betroffenen Körperregionen, eine gewisse Prädisposition zeigen weiterhin nichtpigmentierte Nasenspiegel und Augenlider. Eine **Rasse- oder Geschlechtsprädisposition** ist nicht bekannt.

▪ Klinik

BISC präsentieren sich zumeist als große, meist multiple, haarlose, pigmentierte, plaqueartige Erosionen und Krusten von mehreren Zentimetern Durchmesser. Sie können überall am Körper auftreten. Eine Metastasierung und Invasion in die Tiefe findet sich per definitionem (Carcinoma in situ) nicht. Unbehandelt können sich BISC jedoch in invasive PEK weiterentwickeln. Katzen mit BISC entwickeln häufig im weiteren Verlauf ihres Lebens weitere BISC an anderen Körperstellen.

Eine **chronische aktinische Dermatitis** wird als Vorstufe des **PEK** angesehen. PEK sind zumeist plaqueartige, erythematöse, ulzerierte, verkrustete Läsionen und können deshalb mit einer chronischen ulzerativen Dermatitis verwechselt werden. Sie sind nur selten prominente rundliche Massen. PEK wachsen **invasiv** in das Unterhautgewebe. Eine **Metastasierung** findet sich selten, dann jedoch in die Mandibular- und Retropharyngeallymphknoten und die Lunge. Die durchschnittliche Überlebenszeit von Katzen mit PEK am Ohr ist generell etwas länger (circa 2,5 Jahre) als die von Katzen mit PEK am Nasenspiegel. Katzen mit Tumoren an beiden Lokalisationen haben mediane Überlebenszeiten von < 2 Jahren (Stagingsystem siehe ◘ Tab. 4.6).

▪ Zytologie und Histopathologie

Zytologisch ist der Nachweis von hochgradig pleomorphen und anisokaryotischen Epithelzellen in der Diagnose des PEK hilfreich (◘ Abb. 4.26–4.27).

Histopathologisch zeigen sich **BISC** als scharf demarkierte suprabasale Proliferationen atypischer epidermaler Keratinozyten. Hyperkeratose und Hyperpigmentierung können vorhanden sein. **PEK** zeigen sich hingegen als die Dermis und Subkutis infiltrierende Gruppen und Stränge von mäßig bis schlecht differenzierten epithelialen Zellen. Keratinisierung und Keratinperlen sind häufige und sehr hilfreiche Hinweise zur Abgrenzung von PEK von anderen epithelialen Tumore.

◻ Tab. 4.6 Stagingsystem für feline kutane PEK (WHO, Owen 1980)

Stage	Beschreibung
Tis	präinvasives Karzinom (Carcinoma in situ) ohne Durchdringung der Basalmembran
T1	Tumor < 2 cm Durchmesser, oberflächlich oder exophytisch
T2	Tumor 2–5 cm Durchmesser oder mit minimaler Invasion unabhängig von der Größe
T3	Tumor > 5 cm Durchmesser oder mit Invasion der Subkutis unabhängig von der Größe
T4	Tumor mit Invasion anderer Strukturen wie z. B. Faszien, Muskeln, Knochen oder Knorpel

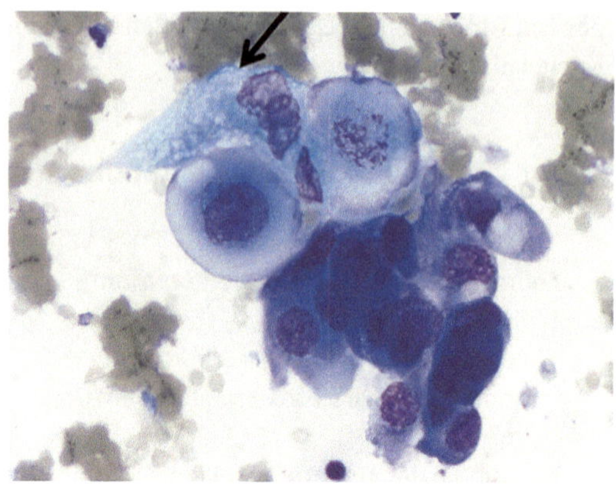

◻ Abb. 4.27 Zytologie, kutanes Plattenepithelkarzinom, Katze, May-Grünwald-Giemsa, 500 ×. Man beachte die hochgradige Anisozytose, Anisokaryose und Zellpleomorphie, das variable Kern-Zytoplasma-Verhältnis und die atypisch elongierten („kaulquappenartigen") türkisen, epithelialen Zellen mit multiplen perinukleären Vakuolen (mit freundlicher Genehmigung von Dr. N. Bauer, Fachbereich Veterinärmedizin, Justus-Liebig-Universität Gießen)

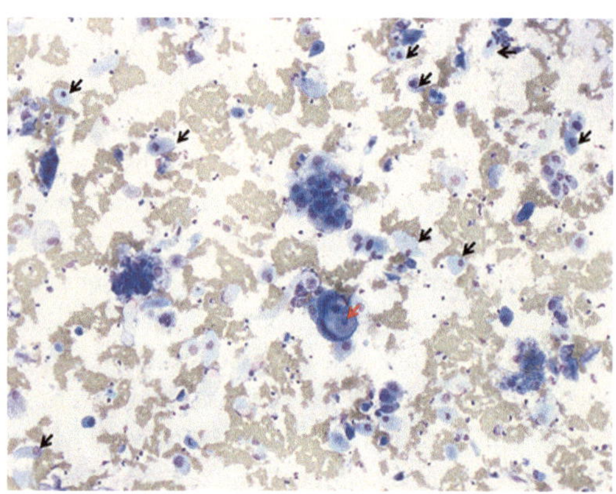

◻ Abb. 4.26 Zytologie, kutanes Plattenepithelkarzinom, Katze, May-Grünwald-Giemsa, 100 ×. Man beachte die hochgradige Anisozytose, Anisokaryose und Zellpleomorphie der Zellen und das variable Kern-Zytoplasma-Verhältnis. Es finden sich viele Epithelzellen mit asynchroner Reifung des Nukleus und des Zytoplasmas (schwarze Pfeile), d. h. sie besitzen winklige Zellgrenzen und viel schwach basophiles Zytoplasma (typisch für reife Zellen), haben jedoch immer noch den großen, nicht pyknotischen Kern unreifer Epithelzellen. Manche Zellen zeigen einen Zellkannibalismus (roter Pfeil) (mit freundlicher Genehmigung von Dr. N. Bauer, Fachbereich Veterinärmedizin, Justus-Liebig-Universität Gießen)

▪ Therapie

Eine frühe **chirurgische Entfernung** ist die Behandlung der Wahl für BISC und PEK an den Ohrspitzen. Sie ist mit einer guten Prognose assoziiert, wenn tumorfreie Ränder von mindestens 1 cm erreichbar sind. Eine Resektion des Nasenspiegels und von Teilen des Augenlids sind möglich und ebenfalls mit einer guten Prognose assoziiert, wenn tumorfreie chirurgische Ränder erreicht werden.

Strahlentherapie ist eine für die Behandlung des PEK am Nasenspiegel angewandte Behandlungsmethode. Bestrahlte wenig invasive PEK dieser Lokalisation sind mit einer guten Prognose für eine komplette Remission verbunden, während invasive PEK auch nach Bestrahlung mit einer vorsichtigen Prognose assoziiert sind.

Eine **fotodynamische Therapie** ist ebenfalls eine Behandlungsoption für PEK des Augenlids und des Nasenspiegels. Mit dieser Behandlung findet sich eine initiale komplette Remission in 50 % der Fälle, die jedoch innerhalb eines Jahres zumeist wieder rezidivieren.

Nur wenige Studien beschäftigen sich mit der Effizienz einer **Chemotherapie** für die Behandlung feliner kutaner PEK. Diese Studien zeigen keinen signifikanten positiven Einfluss der systemischen Gabe von Doxorubicin, Cyclophosphamid, Mitoxantron und Actinomycin auf den Behandlungserfolg. Lediglich eine lokale Applikation von Cisplatin und 5-Fluorouracil scheint einen positiven Effekt zu haben.

- **Weiterführende Literatur**

(Bergvall 2013; Munday et al. 2011, 2013; Murphy 2013; Owen 1980)

4.2.1.2 Feline Basalzelltumoren

Feline Basalzelltumoren in vier Fakten
1. benigne Tumoren der Haut am Kopf
2. können pigmentiert sein
3. Basalzellkarzinome zeigen Invasion und Metastasierung
4. chirurgischen Exzision mit weiten Rändern als Behandlung der Wahl

- **Epidemiologie und Pathogenese**

Basalzelltumoren (BZT) sind häufige benigne Tumoren der Katze, die sich aus den basalen Reservezellen der Epidermis entwickeln. Sie treten zumeist im **Alter** von 8–10 Jahren auf. Das **Basalzellkarzinom (BZK)** ist eine seltene maligne Version des Basalzelltumors. BZK wachsen invasiv und können sowohl Regional- und auch Fernmetastasen ausbilden. Es wird anhaltend diskutiert, ob Basalzelltumoren nicht eher Trichoblastome oder Adenome der apokrinen Drüsen sind.

- **Klinik**

Klinisch zeigen sich **BZT** als **gut umschriebene**, knopfartige, haarlose Knoten am Kopf oder im Nacken der Katze (□ Abb. 4.28). Sie sind häufig **pigmentiert** und können mit Melanomen verwechselt werden. Sie sind zumeist langsam wachsend. **BZK** sind hingegen schnell wachsende Tumoren, teils mit Metastasen in die regionalen Lymphknoten oder darüber hinaus.

- **Zytologie und Histopathologie**

Die **Zytologie** des **BZT** präsentiert sich als Mix aus basaloiden Plattenepithelzellen, aber auch Talgdrüsenepithelzellen, melaninhaltigen Zellen und Fibroblasten (□ Abb. 4.29) (□ Abb. 4.30). Eine Differenzierung der benignen BZT von BZK ist zytologisch zumeist nicht möglich.

In der **Histopathologie** präsentieren sich **BZT** als gut umschriebene Inseln mäßig differenzierter

□ **Abb. 4.28** Basalzelltumor, Katze. Die Katze wurde mit einer langsam wachsenden, weichen, pigmentierten, zystischen Masse am Kopf vorgestellt (mit freundlicher Genehmigung von Dr. N. Bauer, Fachbereich Veterinärmedizin, Justus-Liebig-Universität Gießen)

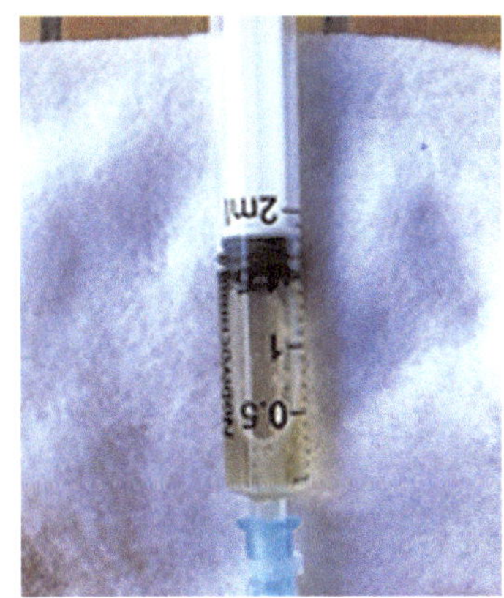

□ **Abb. 4.29** Visköse, gelbe Flüssigkeit aspiriert von Basalzelltumor in □ Abb. 4.28. Man beachte, dass die Flüssigkeiten von zystischen Anteilen von Tumoren nur selten zur Diagnose führen. Es sollte immer auch ein Aspirat von den Tumorrändern genommen werden (mit freundlicher Genehmigung von Dr. N. Bauer, Fachbereich Veterinärmedizin, Justus-Liebig-Universität Gießen)

Epithelzellen vermischt mit einem mäßig fibrösen Stroma. **BZK** werden anhand ihres invasiven Wachstums an den Tumorrändern in das umgebende Gewebe von BZT abgegrenzt.

- **Therapie**

Eine **chirurgische Exzision** von BZT und BZK mit weiten tumorfreien Rändern ist zumeist kurativ. BZT sind weiterhin sensibel gegenüber einer **Strahlentherapie**, welche bei der Behandlung von BZT

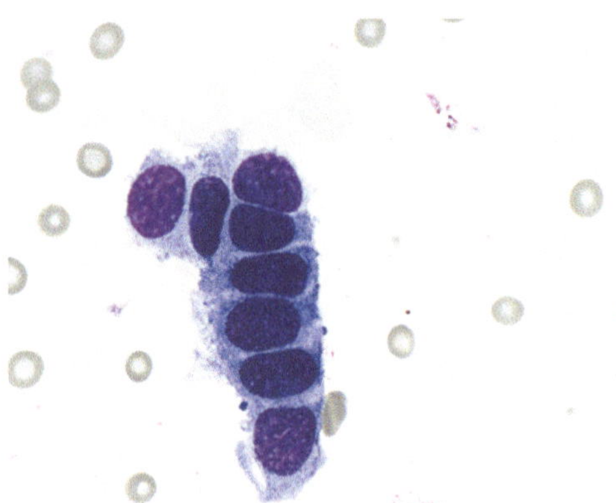

Abb. 4.30 Zytologie, Basalzelltumor, Katze (dasselbe Tier wie in **Abb. 4.28**), May-Grünwald-Giemsa, 1000 ×. Man beachte die Gruppen kleiner basaloider Zellen mit zentral gelegenem Kern und wenig schwach basophil gefärbtem Zytoplasma mit typischer bandartiger Anordnung (mit freundlicher Genehmigung von Dr. N. Bauer, Fachbereich Veterinärmedizin, Justus-Liebig-Universität Gießen)

in chirurgisch schwierigen Lokalisationen genutzt werden können. Der Effekt einer Strahlentherapie auf BZK ist nicht untersucht.

- **Weiterführende Literatur**

(Byam-Cook et al. 2006; Stewart et al. 2006; Stockhaus et al. 2001)

4.2.1.3 Feline Melanome

Feline kutane Melanome in vier Fakten
1. meist maligne
2. invasives Wachstum und Fernmetastasierung häufig
3. können amelanotisch sein
4. chirurgische Entfernung auch mit weiten Entnahmerändern oft mit Rezidivierung assoziiert

- **Epidemiologie und Pathogenese**

Kutane Melanome sind seltene, meist **maligne Tumoren** der Katze. Sie sind Tumoren der melaninproduzierenden Melanozyten, welche von der Neuralleiste abstammen, und sind deshalb weder mesenchymale noch epitheliale Tumore. Eine **Rasse-** oder **Geschlechtsprädisposition** ist nicht bekannt. Das Durchschnittsalter von Katzen zum Zeitpunkt der Diagnose eines kutanen Melanoms beträgt 10–12 Jahre.

- **Klinik**

Feline kutane Melanome finden sich häufig an Kopf, Nasenspiegel und den Zehen. Sie sind solitäre, teils haarlose und ulzerierte Knoten und meist pigmentiert. Die Mehrzahl der Tumoren bildet **Metastasen** in den regionären Lymphknoten, der Lunge oder anderen Organen aus (**Abb. 4.31–4.32**). Eine histologische Differenzierung in benigne und maligne Tumore korreliert häufig nicht mit dem wirklichen klinischen Verhalten feliner kutaner Melanome.

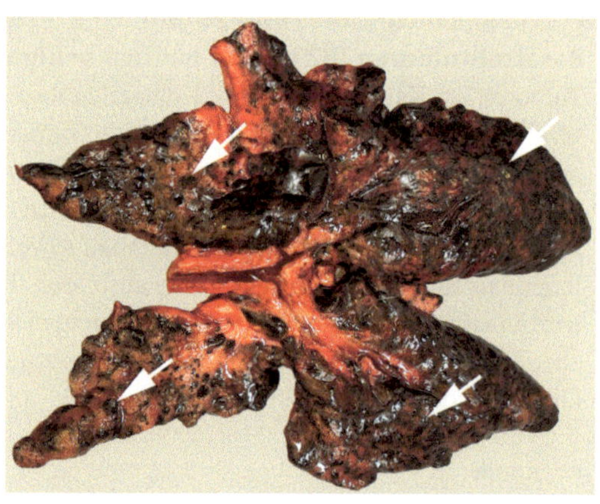

Abb. 4.31 Lungenmetastasen eines kutanen Melanoms, Katze

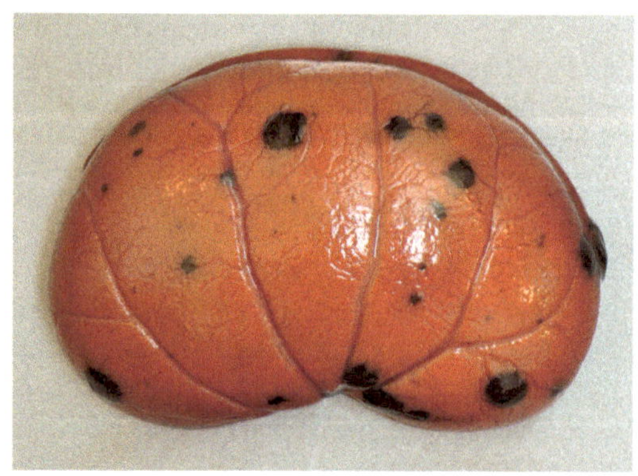

Abb. 4.32 Nierenmetastasen eines kutanen Melanoms, Katze

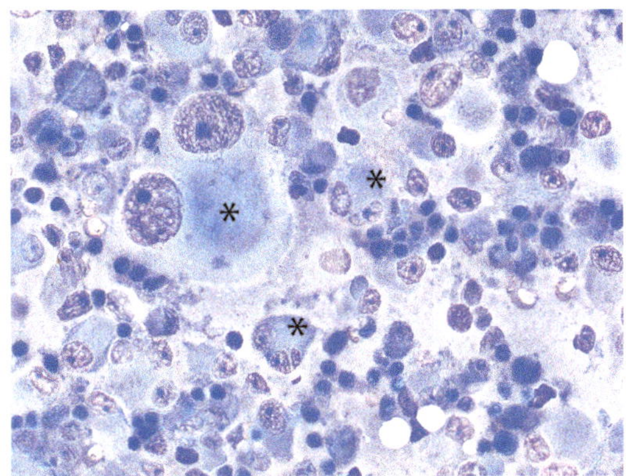

Abb. 4.33 Zytologie, kutanes überwiegend amelanotisches Melanom, Katze. Man beachte die hohe Pleomorphie der teils mehrkernigen (*) Tumorzellen

■ **Zytologie und Histopathologie**

Zytologisch präsentieren sich pigmentierte Melanome als pigmentierte epitheloide, spindlige oder sogar rundzellige Tumorzellen (■ Abb. 4.33). Die Diagnose amelanotischer Melanome ist hingegen sowohl zytologisch als auch **histopathologisch** schwierig. Der immunhistochemische Nachweis der Tumormarker S-100 und Melan A kann jedoch dabei helfen, Melanome von nicht-neuroektodermalen Tumoren zu unterscheiden.

■ **Therapie**

Die **chirurgische Entfernung** mit weiten Entnahmerändern ist die Behandlungsmethode der Wahl für Tumoren ohne nachweisbare Metastasen. Die Rezidivrate ist jedoch hoch.

■ **Weiterführende Literatur**

(Martens et al. 2001; Metcalfe et al. 2013; Stadler et al. 2011)

4.2.2 Feline mesenchymale Tumoren (Weichgewebssarkome)

Maligne mesenchymale Tumoren aller Körperregionen werden aufgrund ihres ähnlichen klinischen Verhaltens und ähnlichen Ansprechens auf die Therapie häufig als **Weichgewebssarkome** zusammengefasst, obwohl sie, soweit bekannt, von sehr unterschiedlichen Ursprungszellen abstammen. Weichgewebssarkome zeichnen sich durch ein hochinvasives Wachstum, eine hohe Rezidivrate nach chirurgischer Entfernung und eine geringe Metastasierungsrate aus. Der Begriff Weichgewebssarkome umfasst dabei histologisch klar differenzierbare Tumoren, wie Fibrosarkome, Liposarkome oder Hämangiosarkome.

Der häufigste kutane mesenchymale Tumor der Katze ist das Injektion-/Vakzinierungs-assoziierte Sarkom, welches im Folgenden detailliert beschrieben wird. Kutane Hämangiosarkome und Lipome sind selten bei Katzen.

Die eigentlich für kanine Weichgewebssarkome entwickelten **Staging- und Gradingsysteme** werden teilweise auch für feline Weichgewebssarkome verwendet (■ Tab. 4.7).

■ **Tab. 4.7** Stagingsystem für kanine (/feline) Weichgewebssarkome (Withrow 2012*)

Stage	Tumorgröße	Metastasierung	Lymphknoten metastasen	Histologischer Grad
I	T_{any} (jede Größe)	M0 (keine)	N0 (keine)	I–II
II	T_{1a} (< 5 cm, oberflächlich)	M0 (keine)	N0 (keine)	III
	T_{1a} (< 5 cm, tief)			
	T_{2a} (> 5 cm, oberflächlich)			
III	T_{2b} (> 5 cm, tief)	M0 (keine)	N0 (keine)	III
IV	T_{any} (jede Größe)	M_{any}	N1 (vorhanden)	I–III
	T_{any} (jede Größe)	M1 (vorhanden)	N_{any}	

4.2.2.1 Feline Injektion-/Vakzinierungs-assoziierte Sarkome (FIS)

Feline Injektion-/Vakzinierungs-assoziierte Sarkome in sechs Fakten

1. induziert durch Entzündung infolge Injektion/Vakzinierung
2. umfangreiche Vakzinierungsempfehlungen zur Risikoreduktion erhältlich
3. histopathologische Evaluation der Tumorränder mit Fehldiagnose in 20 % der Fälle
4. beste Therapieresultate bei radikaler chirurgischer Entfernung mit 5 cm Entnahmerändern oder Amputation
5. post- oder präoperative Strahlentherapie kann krankheitsfreies Intervall verlängern
6. Chemotherapie zeigt nur wenig Effizienz

- **Epidemiologie und Pathogenese**

Feline Fibrosarkome werden in die häufigen Felinen Injektion-/Vakzinierungs-assoziierten Sarkome (FIS) und die (nicht mit Injektion/Vakzinierung assoziierten) Sarkome (SA) unklarer Ätiologie unterteilt.

FIS zählen zu den häufigsten Hauttumoren der Katze. Es gibt keine Rasse- oder Geschlechtsprädisposition. Die Tumoren treten zumeist in einem Alter von 8–12 Jahren auf. FIS werden seit der Einführung der Vakzinierung in die Katzenmedizin in den 1980er-Jahren beobachtet. Sie finden sich fast ausschließlich als subkutane Fibrosarkome im Bereich typischer Injektionsstellen und somit häufig in der interskapulären Region, lateral am Thorax und den Schenkeln Monate bis Jahre nach der Vakzinierung. Zunächst wurde dieser Effekt vor allem auf aluminiumbasierte Adjuvanzien zurückgeführt. Große epidemiologische Studien fanden jedoch keine Korrelation zwischen einem spezifischen Adjuvans oder einer Vakzineart und der Tumorentwicklung. Insgesamt konnten nur zwei direkt mit der Vakzinierung assoziierte Risikofaktoren für die Entstehung von FIS identifiziert werden: multiple Vakzinierungen in der gleichen Hautregion und die Temperatur der Vakzinierung. So verdoppeln 3–4 Vakzinierungen in die interskapuläre Region (im Vergleich zu einer)

das Risiko der Entstehung von Sarkomen in diesem Bereich. Weiterhin scheint die Applikation von kalten Vakzinen gegenüber Vakzinen mit Raumtemperatur das Tumorrisiko zu erhöhen. Mehrere Empfehlungen zur Prävention des FISS wurden publiziert (Box 4.16).

Es wird heute jedoch angenommen, dass nicht nur eine vakzinierungsassoziierte Entzündung, sondern jede Form einer chronischen Entzündung bzw. jede Injektion einer reizenden Substanz in die Subkutis eine neoplastische Transformation feliner subkutaner Myofibroblasten hervorrufen kann. Insbesondere die Expression der Wachstumsfaktoren TGF und EGF und ihrer Rezeptoren in den Tumorzellen und möglicherweise Mutationen des p53-Tumorsuppressorgens könnten eventuell eine Rolle bei der Karzinogenese von FIS haben.

Empfehlungen zur Prävention des FIS (publiziert vom European Advisory Board on Cat Diseases)

1. rotierende Vakzinierungsstellen
2. Dokumentation der Injektionsstelle im Impfpass
3. Vermeiden der Interskapularregion als Injektionsstelle
4. Gliedmaßen als bevorzugte Injektionsstelle
5. Bevorzugung subkutaner über intramuskuläre Injektionen
6. Besitzersensibilisierung zur frühen Erkennung von FIS
7. Exzision einer entzündlichen Stelle im Bereich der Injektionsstelle nach spätestens 3 Monaten
8. Exzision jeder entzündlichen Reaktion, die mehr als einen Monat in ihrer Größe zunimmt
9. Exzision jeder kutanen Masse mit mehr als 2 cm Größe
10. Übervakzinierung vermeiden

Die Ätiologie **nicht-injektionsassoziierter SA** ist unbekannt. Sie sind weniger **häufig** als FIS und fast ausschließlich **Tumoren alter Katzen**. Sie können in jedem Bereich der Haut auftreten, finden sich jedoch zumeist am Kopf und an den distalen

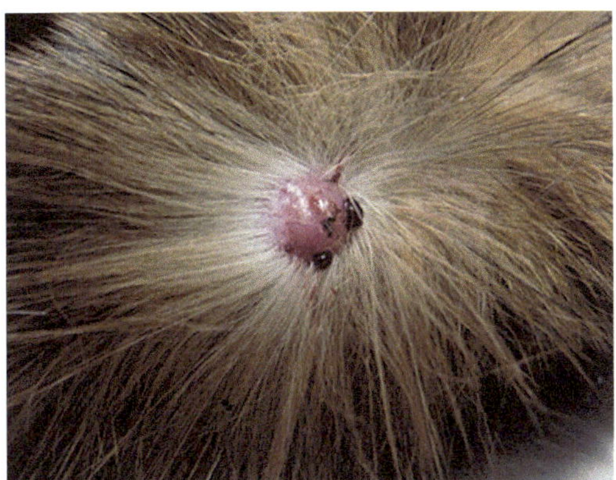

Abb. 4.34 Felines Injektion-/Vakzinierungs-assoziiertes Sarkom (FIS), Katze (mit freundlicher Genehmigung von Dr. N. Bauer, Fachbereich Veterinärmedizin, Justus-Liebig-Universität Gießen)

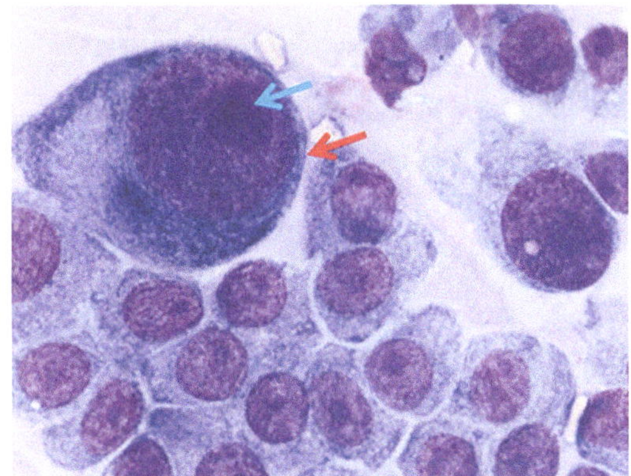

Abb. 4.35 Zytologie, Felines Injektion-/Vakzinierungs-assoziiertes Sarkom (FIS; dieselbe Katze wie in Abb. 4.34), May-Grünwald-Giemsa, 1000 ×. Man beachte die kohäsiven Gruppen von ausgesprochen plumpen Spindelzellen mit hochgradiger Anisozytose, Anisokaryose und Pleomorphie. Es finden sich zahlreiche makrozytäre Tumorzellen (roter Pfeil) mit Makronukleoli (blauer Pfeil), was auf einen hochmalignen Tumor hinweist (mit freundlicher Genehmigung von Dr. N. Bauer, Fachbereich Veterinärmedizin, Justus-Liebig-Universität Gießen)

Gliedmaßen. SA zeigen **keine assoziierte Entzündung** wie FIS. Es wird deshalb postuliert, dass ihre Ätiologie nicht von einer chronischen Entzündung bestimmt wird.

▪ Klinik

Makroskopisch sind **FIS** und **SA** nicht zu unterscheiden. SA sind jedoch überall am Körper zu finden, während FIS eher an typischen Vakzinierungsstellen entstehen. Beides sind zumeist feste, **nicht-ulzerierte subkutane Massen** (Abb. 4.34). FIS können jedoch aufgrund häufiger zystischer Nekroseherde auch von weicher und fluktuierender Konsistenz sein. Es ist generell zu beachten, dass die Palpation ein schlechter Indikator der Tumorränder ist. So konnte gezeigt werden, dass mittels **MRI und kontrastmittelverstärktem CT** das Tumorvolumen teils als bis zu doppelt so groß wie in der Palpation bestimmt wird. Eine **Metastasierung** kommt eher selten vor, wird von manchen Autoren aber für bis zu 25 % der Tumoren im Endstadium beschrieben.

▪ Zytologie und Histopathologie

Die **Zytologie** von FIS und SA ist bei beiden durch kohäsive Gruppen von Spindelzellen mit hochgradiger Anisozytose, Anisokaryose und Pleomorphie dominiert. Weiterhin finden sich makrozytäre Spindelzellen teils mit sehr großen Kernen und Nukleoli in hochmalignen Tumoren (Abb. 4.35)

In der **Histopathologie** zeigt sich das **FIS** als schlecht umschriebene Proliferation pleomorpher Spindelzellen um teils nekrotische und zystische Areale in der Tumormasse. Es findet sich immer eine teils hochgradige Entzündung an den Tumorgrenzen, die beim SA nicht vorkommt. Es wird teilweise das Gradingsystem für kanine Weichgewebssarkome genutzt (Tab. 4.8).

Die Histopathologie hat nur eine **mäßige bis schlechte Spezifität und Sensitivität** zur Feststellung der Tumorfreiheit der **chirurgischen Ränder** nach Tumorentfernung. Es wird deshalb ein dreidimensionaler Ansatz empfohlen, welcher die Tumorränder in allen Dimensionen komplett analysiert, wobei sich selbst dann eine Rezidivrate von 20 % bei angenommener Tumorfreiheit der Ränder zeigt. Es wird deshalb von manchen Onkologen die Hypothese vertreten, dass die Rezidivierung möglicherweise durch eine postchirurgische Entzündung hervorgerufen wird. Trotzdem ist eine komplette Resektion von Vorteil, da Rezidivierungen nach der Diagnose tumorfreier Ränder später auftreten als bei bekannt inkompletter Resektion.

▪ Therapie

Der Behandlungserfolg des FIS hängt sehr stark von einer frühen und aggressiven Therapie zur lokalen Tumorkontrolle ab.

◨ Tab. 4.8 Gradingsystem für kanine (/feline) Weichgewebssarkome (Withrow 2012*)

Histologisches Kriterium	Punkte	
A. Differenzierung	1	ähnelt normalem adulten mesenchymalen Gewebe
	2	spezifischer histologischer Subtyp
	3	undifferenziert
B. Nekrose	1	keine
	2	< 50 % Nekrose
	3	> 50 % Nekrose
C. Mitosen pro 10 HPF	1	0–9 Mitosen/10 HPF
	2	10–19 Mitosen/10 HPF
	3	> 20 Mitosen/10 HPF
Total (A +B +C)	3–4	Grad 1
Total (A +B +C)	5–6	Grad 2
Total (A +B +C)	7–9	Grad 2

*Liptak JM, Forrest, LJ (2012) Soft tissue sarcomas. In: Withrow SJ, Vail DM (Hrsg) Withrow & MacEwen's Small Animal Clinical Oncology. 5. Aufl. Saunders Elsevier, St Louis, S 357.

Eine **aggressive chirurgische Entfernung** insbesondere von FIS mit tumorfreien Rändern von 5 cm lateral und mindestens einer Faszienebene in der Tiefe reduziert das Rezidivrisiko auf weniger als 15 % im Vergleich zur marginalen chirurgischen Entfernung. Eine aggressive **Amputation** eventuell der gesamten Gliedmaße ist eine drastische, zumeist jedoch nötige und effiziente Methode, um eine lokale Tumorkontrolle zu erreichen. Auch in anderen Regionen des Körpers ist eine Entnahme maximal großer Anteile z. B. von Skapula, Rippen, Hüftknochen oder Dornfortsätzen nötig, um eine Rezidivierung des Tumors möglichst zu vermeiden.

Die **Strahlentherapie** wird als zusätzliche Behandlung von FIS nach aggressiver chirurgischer Entfernung empfohlen, insbesondere wenn ein ausreichender Abstand der Entnahmeränder vom Tumor nicht möglich ist. Sowohl prä- als auch postoperative Strahlentherapie wird angewandt. Die Erfolge sind jedoch gemischt. Durchschnittlich zeigen sich die Katzen bei **präoperativer Bestrahlung** nur 100–300 Tage krankheitsfrei bzw. zeigen eine bis zu 30 % höhere Rezidivrate nach inkompletter Resektion. Eine inkomplette Resektion und eine **postoperative Bestrahlung** zeigen ähnliche Erfolgsquoten

mit einem krankheitsfreien Intervall von einem Jahr und ebenfalls einer Rezidivrate von bis zu 30 %. Die Zeit zwischen chirurgischer Entfernung und postoperativer Strahlentherapie sollte weniger als 2 Wochen betragen, um die Rezidivrate zu minimieren. Eine **alleinige Strahlentherapie** sollte nur bei palliativem Behandlungsziel angewandt werden.

Die **Chemotherapie** ist von geringer Relevanz bei der Behandlung des FIS. Einige Studien zeigen jedoch, dass sie einen positiven Einfluss auf die Überlebensrate von Katzen bei Applikation nach chirurgischer Entfernung und Strahlentherapie haben könnte. So konnte eine Verlängerung des krankheitsfreien Intervalls bei Katzen mit Doxorubicinbehandlung nach chirurgischer Entfernung beobachtet werden. Eine exklusive Chemotherapie mit Doxorubicin allein oder in Kombination mit Cyclophosphamid hat hingegen nur einem kurzzeitigen, bis zu 3 Monate währenden inhibierenden Effekt auf das Tumorwachstum bei circa 50 % der behandelten Katzen.

Eine **Immuntherapie** mit Injektion von **Interleukin-2 (IL-2)** in den Tumor und chirurgischer Entfernung kann zu einer Verminderung des Rezidivirisikos um 50 % führen.

- **Prognostische Faktoren und Marker**

Mehrere Faktoren wurden als negativ für die Prognose von FIS beschrieben (Box 4.17)

Negative prognostische Faktoren für FIS
1. Tumorgröße > 2 cm
2. inkomplette Resektion
3. Rezidivierung nach Exzision
4. hoher Tumorgrad
5. Fernmetastasierung
6. keine prä-/postoperative Strahlentherapie

- **Weiterführende Literatur**

(Day et al. 2010; Eckstein et al. 2009; Hartmann et al. 2015; Hendrick und Goldschmidt 1991; Hershey et al. 2000; Kass et al. 2003; Ladlow 2013; Liptak und Forrest 2012; Martano et al. 2011; Richards et al. 2006; The European Advisory Board on Cat Diseases 2015)

4.2.3 Feline hämatopoetische Tumoren

Mastzelltumoren sind mäßig häufige kutane hämatopoetische Tumoren der Katze. Plasmazelltumoren sind hingegen selten und kutane Lymphome (siehe ► Kap. 6) sehr selten bei Katzen.

4.2.3.1 Feline kutane Mastzelltumoren

Feline kutane Mastzelltumore in drei Fakten
1. meist maligne
2. invasiv wachsend und häufig mit Fernmetastasen
3. chirurgische Entfernung mit weiten Rändern Behandlung der Wahl

- **Epidemiologie und Pathogenese**

Feline MZT werden in drei Formen unterteilt: kutane, intestinale und viszerale/systemische MZT. **Kutane feline Mastzelltumore (MZT)** sind mit 20 % der zweithäufigste Hauttumor der Katze nach den Injektions-/Vakzinierungs-assoziierten Fibrosarkomen. Sie werden zumeist im Alter von 2–4 Jahren (atypische Form) oder 10 Jahren (mastozytäre Form) beobachtet. Siamkatzen zeigen eine Rasseprädisposition für alle MZT-Formen.

Die **Ätiologie** und **molekulare Pathogenese** der felinen MZT ist unbekannt. Aufgrund der Rasseprädisposition von Siamkatzen wird eine **genetische Basis** vermutet. Ebenfalls wird ein Beitrag von somatischen **Mutationen des Stammzellfaktor-Rezeptors KIT** vermutet. Bis zu zwei Drittel aller kutanen und viszeralen MZT zeigen **KIT-Mutationen** in den Exonen 8 und 9, die zu einer ligandunabhängigen Aktivierung des KIT führen und somit zur Proliferation von MZT-Zellen beitragen könnten.

- **Klinik**

Feline kutane MZT sind zumeist weiße bis pinkfarbene, **solitäre, feste, gut umschriebene**, zum Teil auch juckende, plaqueartige, flache, haarlose, dermale Knoten. Ein Drittel der Tumoren ist oberflächlich ulzeriert und findet sich am Kopf oder Nacken. Feline MZT können wie die kaninen MZT mit Juckreiz, Erythemen oder seltener auch mit Darier-Symptomen einhergehen. Letztere stellen eine sehr schnelle Anschwellung der Tumoren nach Palpation durch eine massive Freisetzung von Histamin dar. **Multiple Tumoren** finden sich in 20 % der Fälle von felinen MZT. Eine Metastasierung wird je nach Studie in 0–22 % der Fälle beschrieben. **Paraneoplastische, systemische Symptome** wie Anaphylaxie oder gastrointestinale Symptome scheinen eher selten bei Katzen mit kutanen MZT aufzutreten.

Ein **Stagingsystem** für feline Tumore existiert ◘ Tab. 4.9, seine Relevanz für Therapieerfolg oder Prognose ist jedoch nicht bestätigt. Dennoch sollten eine intensive Allgemeinuntersuchung und eine diagnostische abdominale Ultraschalluntersuchung zur Abklärung der Beteiligung innerer Organe, wie z. B. der Milz, durchgeführt werden, um eine bessere Einschätzung der generellen Prognose zu erhalten. Eine *Buffy-coat*-Analyse des Blutes zum Nachweis von zirkulierenden Mastzellen ist bei der Katze, im Gegensatz zum Hund, hilfreich bei der Identifikation einer systemischen Ausbreitung des Tumors.

■ **Zytologie und Histopathologie**

Die **Zytologie** des felinen MZT ist zumeist diagnostisch (■ Abb. 4.36) mit Ausnahme der seltenen atypischen Form.

Die **Histopathologie** ist jedoch zumeist nötig, um eine sichere Differenzierung feliner kutaner MZT in ihre zwei bzw. drei Subklassen zu ermöglichen. Generell werden mastozytäre MZT (circa 90 %) und histiozytäre MZT (circa 10 %) unterschieden. Die **mastozytäre Form** wird weiter unterteilt in histologisch gut differenzierte, kompakte MZT (circa 90 %) und schlecht differenzierte, pleomorphe MZT. **Gut differenzierte, kompakte MZT** sind meist benigne mit gleichförmiger, typischer mastzellartiger Zellmorphologie und metastasieren selten. **Schlecht differenzierte, diffuse MZT** zeigen eine hochgradige zelluläre und nukleäre Pleomorphie, einen aggressiv infiltrierenden Charakter und eine hohe Mitosezahl. Eine Metastasierung in die Lymphknoten und das Abdomen kann vorkommen, ist jedoch eher selten. **Histiozytäre MZT** zeigen sich morphologisch eher Histiozyten ähnelnd. Ähnlich wie kanine kutane Histiozytome zeigen sie eine spontane Regression innerhalb von Wochen bis wenigen Monaten nach Auftreten.

Ein **Gradingsystem** für feline Mastzelltumoren ist nicht entwickelt. Das Patnaiksystem für kanine MZT zeigt keinen prognostischen Wert für feline MZT.

■ **Therapie**

Die **chirurgische Entfernung** ist die Behandlung der Wahl für feline MZT. Eine einfache Exzision ist oft bereits kurativ. Interessanterweise ist die Freiheit

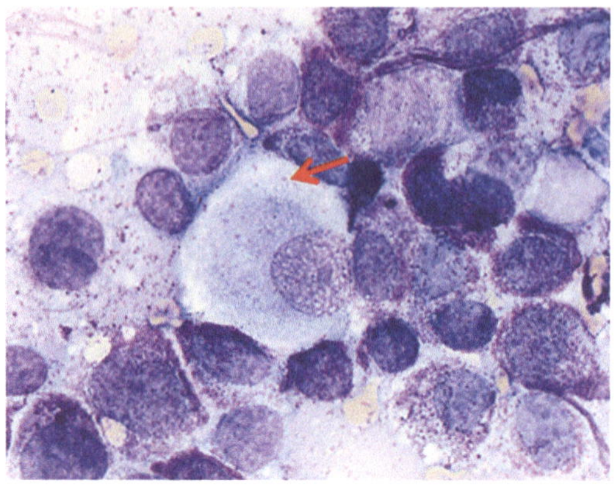

■ **Abb. 4.36** Zytologie, mastozytärer, schlecht differenzierter Mastzelltumor, Katze, May-Grünwald-Giemsa, 1000 ×. Man beachte die pleomorphen Mastzellen mit mäßiger bis hochgradiger Ansisozytose, Anisokaryose und Pleomorphie. Es finden sich beispielsweise undifferenzierte, große Mastzellen mit wenigen intrazytoplasmatischen, metachromatischen Granula (roter Pfeil) (mit freundlicher Genehmigung von Dr. N. Bauer, Fachbereich Veterinärmedizin, Justus-Liebig-Universität Gießen)

der Entnahmeränder von Tumorzellen nur geringgradig mit der Rezidivierung von gut differenzierten felinen MZT korreliert. So zeigen die meisten Studien, dass eine Tumorrezidivierung bei einem Drittel der kutanen MZT auftritt, unabhängig von der Tumorfreiheit der Ränder. Die meisten der rezidivierenden Tumoren sind jedoch schlecht differenzierte MZT, welche mit einer schlechteren Prognose assoziiert sind.

Die **Chemotherapie** ist von fragwürdigem Wert als adjuvante Therapie für die Behandlung des felinen MZT. **Lomustin** wurde erfolgreich getestet und kann von therapeutischem Wert für Katzen mit schlecht differenzierten, lokal invasiven oder metastatischen Tumoren sein. Kortikosteroide scheinen hingegen keinen Effekt in der Behandlung feliner MZT zu haben. Der **Tyrosinkinaseinhibitor (TKI) Imatinib** hat einen nachgewiesenen Effekt auf feline Mastzellen in Zellkultur, und erste Studien zeigen zumeist ein teilweises Ansprechen einzelner Fälle von felinen MZT auf Imatinib. Die TKI Masitinib oder Toceranib wurden bisher noch nicht in klinischen Studien an felinen MZT getestet.

Die **Strahlentherapie** wird für inkomplett entnommene Tumoren empfohlen, klinische Studien zur Überprüfung ihrer Effizienz sind jedoch noch nicht erhältlich.

- **Prognostische Faktoren und molekulare Marker**

Wie bereits erwähnt, zeigt die Mehrheit der felinen MZT eine **Mutation im KIT-Gen** Exon 8 oder 9. Der prognostische Wert dieser Mutation ist jedoch noch unklar. Es konnte jedoch in immunhistologischen Studien gezeigt werden, dass eine Verlagerung der normalen membrangebundenen **KIT-Proteinexpression** mit einer untypischen zytoplasmatischen Expression mit einer schlechteren Prognose einhergeht. Eine erhöhte Expression des Proliferationsmarkers **Ki67** ist ebenfalls mit einem aggressiveren Verhalten der Tumoren assoziiert.

- **Weiterführende Literatur**

(Blackwood et al. 2012; Hoshino et al. 2012; Sabattini et al. 2013)

4.2.3.2 Feline kutane Plasmozytome

Feline kutane Plasmozytome in zwei Fakten

1. meist benigne, solitäre, erhabene Knötchen
2. chirurgische Entfernung zumeist kurativ

- **Epidemiologie und Pathogenese**

Kutane Plasmazelltumore/Plasmozytome gehören zur Gruppe der extramedullären Plasmozytome. Sie sind seltene Hauttumoren der Katze und entstehen meist im **Alter** von 10 Jahren.

- **Klinik**

Kutane Plasmazelltumoren sind benigne, **solitäre, alopezische, erhabene Knötchen** in verschiedenen Arealen der Haut. Metastatisches Verhalten und Hypergammaglobulinämie sind teilweise beschrieben.

- **Zytologie und Histopathologie**

Plasmozytome stellen sich sowohl zytologisch als auch histopathologisch als Akkumulation von zumeist **gut differenzierten plasmazytoiden Zellen** dar (Abb. 4.37). Das Vorhandensein von multinukleären Zellen ist häufig zu beobachten.

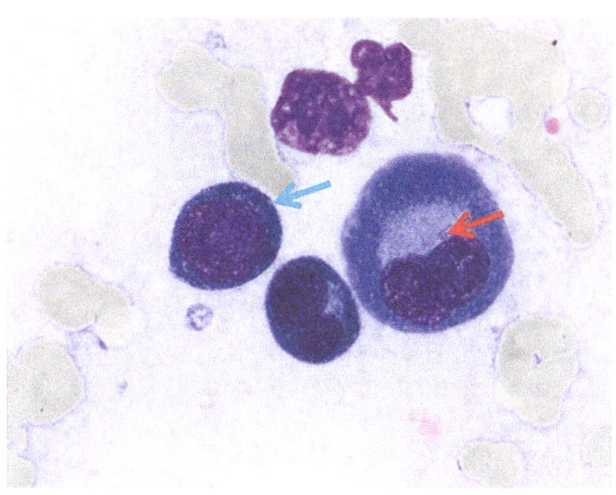

 Abb. 4.37 Zytologie, Plasmozytom, Katze, May-Grünwald-Giemsa, 1000 ×. Man beachte die atypischen, oft binukleären Plasmazellen mit mäßiger bis hochgradiger sich Kernfragmente (roter Pfeil) und undifferenzierte blastoide (blauer Pfeil) Zellen (mit freundlicher Genehmigung von Dr. N. Bauer, Fachbereich Veterinärmedizin, Justus-Liebig-Universität Gießen)

- **Therapie**

Die **chirurgischen Exzision** ist die Behandlung der Wahl und meist kurativ.

- **Weiterführende Literatur**

(Muller et al. 2011; Teixeira et al. 2013; Theon et al. 2007)

4.3 Equine Hauttumoren

Hauttumoren sind die am häufigsten diagnostizierten Tumoren des Pferdes. Dabei stellen die Sarkoide den häufigsten Tumor dar, gefolgt von den Melanomen. Plattenepithelkarzinome kommen ebenfalls vor, finden sich jedoch zumeist periokulär und am Penis (▶ Kap. 7).

4.3.1 Equine Sarkoide

Equine Sarkoide in vier Fakten

1. induziert durch die Infektion mit den bovinen Papillomaviren 1 und 2 (BPV1, 2)
2. wachsen invasiv, rezidivieren häufig, metastasieren nie

3. hochvariabel im makroskopischen Erscheinungsbild
4. zahlreiche Therapieoptionen beschrieben, jedoch ist keine hocheffektiv

■ **Epidemiologie und Pathogenese**

Mit einer Prävalenz von bis 10 % aller Pferde sind Sarkoide der **häufigste Tumor des Pferds**. Sarkoide werden auch bei anderen Equiden wie Zebras, Eseln, Maultieren und sogar bei Giraffen und Antilopen beschrieben. Sarkoide sind das Ergebnis einer multifaktoriellen Pathogenese. Die Infektion mit **bovinen Papillomaviren 1 und 2 (BPV1, BPV2)** ist jedoch der wichtigste Faktor. Virale DNA, nicht jedoch infektiöse Virionen lassen sich konstant in Sarkoiden nachweisen. Die Menge an nachgewiesener viraler DNA korreliert dabei positiv mit der Aggressivität der Sarkoide. Aufgrund der nicht produktiven Infektion equiner Zellen können sich Pferde **nur direkt an Rindern bzw. durch indirekten Kontakt über zumeist unbelebte Vektoren infizieren**. Es ist hingegen sehr unwahrscheinlich, dass Sarkoidgewebe oder sarkoidtragende Pferde infektiös für andere Pferde sind.

Die **viralen Proteine E5, E6 und E7** tragen vorrangig zur neoplastischen Transformation equiner Fibroblasten bei. E5 und E6 erhöhen die Expression der *Mitogen-activated Protein Kinase* (MAPK) und stimulieren somit die Fibroblastenproliferation. E5 reduziert weiterhin die MHC-1-Expression auf den Fibroblasten und verhindert somit eine Erkennung durch das Immunsystem.

Eine **Rasseprädisposition** für Appaloosas, Araber, Quarterpferde und Vollblüter ist beschrieben. Ein erhöhtes Risiko der Tumorentstehung wurden weiterhin mit den **MHC-Allelen** A3 und W13 assoziiert. Sarkoide finden sich häufiger bei jungen Pferden im Alter von 1–7 Jahren, können aber in jedem Alter auftreten. Es findet sich keine Geschlechts- oder Farbprädisposition.

■ **Klinik**

Makroskopisch zeigen Sarkoide ein **hochvariables Aussehen,** und mehr als die Hälfte betroffener Pferde zeigen **multiple Tumore**. Sie entwickeln sich zumeist infolge eines vorhergehenden **Traumas** oder in Arealen mit **dünner Haut**. Sarkoide **metastasieren**

nicht, sind jedoch hochinfiltrativ und zeigen somit eine **hohe Rezidivrate** nach Behandlung. Eine spontane Regression ist ausgesprochen selten.

Klinisch werden Sarkoide laut Knottenbelt in **sechs Typen unterschieden: okkult, verrukös, nodulär (Typ A und B), fibroblastisch, maligne und gemischt. Okkulte Sarkoide** sind fokale alopezische Areale mit Schuppenbildung, Hyperkeratose und Hyperpigmentierung; sie finden sich an Hals, Gesicht, medialen Schenkeln oder Schultern. **Verruköse Sarkoide** stellen sich als erhabene, alopezische Knoten mit irregulärer Oberfläche an Kopf, Nacken, Axillarbereich und Leiste dar. **Noduläre Sarkoide Typ A** sind knötchenförmige subkutane, gut verschiebliche Massen, während **noduläre Sarkoide Typ B** nicht verschiebliche subkutane Massen sind. Beide Formen sind zumeist behaart, können jedoch alopezisch werden und ulzerieren. Beide Arten finden sich am häufigsten periokulär, in der Leistengegend und am Präputium. **Fibroblastische Sarkoide** sind fleischige, ulzerierte, gestielte (Typ 1) Massen oder haben eine breite, invasive Basis (Typ 2). Sie finden sich häufig im Axillarbereich, den Leisten, Gliedmaßen und periokulär. **Maligne Sarkoide** sind besonders aggressiv und invasiv und können sogar in Lymphgefäße einbrechen. Okkulte, verruköse und noduläre Sarkoide können sich zwar über Jahre nahezu unverändert darstellen, zeigen jedoch häufig eine Transformation in den aggressiveren fibroblastischen oder den malignen Typ, häufig nach Traumata.

Klinische Erscheinung, Histopathologie und **PCR-Nachweis** von BPV-DNA werden zusammen für die **letztendliche Diagnose** des equinen Sarkoids genutzt.

■ **Zytologie und Histopathologie**

Zytologisch zeigen sich Sarkoide zumeist als proliferierende Fibroblasten. Sie ist somit nicht spezifisch genug für eine abschließende Abgrenzung eines Sarkoids von anderen nicht-neoplastischen, proliferativen Läsionen, wie z. B. nicht-neoplastisches Granulationsgewebe.

Histopathologie des Sarkoids zeigt sich als dermale **Proliferation von Fibroblasten** in einem ungeordneten Wachstumsmuster bis an die Epidermis heran. Im Bereich der Epidermis sind die Fibroblasten zumeist senkrecht zur Basalmembran in einem sogenannten „Lattenzaun"-Muster angeordnet. **Epidermale Hyperplasie** mit Hervorragen der Reteleisten in die Dermis ist ebenfalls häufig.

■ **Therapie**

Es gibt bisher kein allgemeingültiges effektives Behandlungsprotokoll für equine Sarkoide. Zahlreiche Behandlungsansätze sind beschrieben, und möglicherweise könnte jeder davon für bestimmte Tumorformen in bestimmten Körperregionen wirksam sein.

Die **chirurgische Entfernung** ist eine effektive Behandlungsform, wenn eine Resektion mit weiten Entnahmerändern im Gesunden möglich ist. **Eine frühe und radikale Entfernung kleiner Sarkoide** ist mit der besten Prognose assoziiert. Dennoch sind **hohe Rezidivraten** auch nach aggressiven chirurgischen Ansätzen zu beobachten. So findet sich BPV-DNA auch bis zu 2 cm außerhalb des makroskopisch wahrnehmbaren Tumors. Ein „**Ein-Schnitt-eine-Klinge**"-Protokoll sollte eingehalten werden, um eine Verbreitung der Virus-DNA im chirurgischen Bereich zu verhindern.

Eine **CO$_2$-Laserbehandlung** und eine **kryochirurgische Entfernung** mit drei Zyklen von schnellem Frieren und langsamem Tauen sind als effektiv bei manchen Tumoren beschrieben.

Eine **Strahlentherapie** wurde als effektivste Behandlung mit sehr niedrigen Rezidivraten beschrieben. Sie ist jedoch sehr teuer und insbesondere für Großtiere kaum zugänglich. **Interstitielle Brachytherapie** mit Implantation der Bestrahlungsquelle (Iridium, Kobalt, Radium) in das Sarkoid ist ebenfalls mit einer bis zu 100 %igen Effektivität und sehr geringen Rezidivraten assoziiert.

Eine **lokale Chemotherapie** mit Injektion oder topischer Applikation von **Cisplatin** oder **5-Fluorouracil** in kleine Sarkoid führt in der Mehrzahl von Pferden zu einer Remission oder reduzierten Rezidivraten. Eine vorhergehende Entfernung des Tumors bzw. seiner Hauptmasse wird jedoch zumeist vor oder nach der Chemotherapie durchgeführt.

Virostatika wie Aciclovir, Cidovir und Xanthat zeigten nach topischer Applikation oder Injektion vielversprechende Erfolge in wenigen Studien.

Immunmodulatorische Therapien wie die Injektion von Fragmenten des *Mycobacterium bovis* (**BCG-Vakzinierung**) wurden angewandt, um die Immunreaktion gegen BPV-infizierte Zellen in Sarkoiden zu stimulieren. Die Behandlung zeigte in den entsprechenden Studien in zwei Drittel der Fälle eine Remission des Tumors. Letztlich wurden auch Behandlungsversuche mit **Iquimode, Baypamun** und **Extrakten der Kanadischen Blutwurz** (*Sanguinaria canadensis*) beschrieben.

■ **Prognostische Faktoren und Marker**

Die Behandlung von Pferden jünger als 4–6 Jahre und mit kleinen Tumoren in einem frühen Entwicklungsstadium ist mit einer guten bis mäßig guten Prognose assoziiert. Eine Traumatisierung des Sarkoids und Rezidivierung nach primärer Behandlung führen zu einer signifikant schlechteren Prognose.

■ **Weiterführende Literatur**

(Bergvall 2013; Byam-Cook et al. 2006; Knottenbelt 2006; Martens et al. 2001; Stadler et al. 2011; Stewart et al. 2006)

4.3.2 Equine Melanome

Equine Melanome in sechs Fakten
1. häufige Tumoren von Schimmeln
2. selten auch bei anderen Fellfarben
3. initial benigne Tumoren, die eine maligne Transformation durchlaufen können
4. keine belastbaren Hinweise auf eine biopsieinduzierte maligne Transformation
5. frühe chirurgische Entfernung ist kurativ
6. Strahlentherapie, lokale Chemo- und Immuntherapie sowie Antitumor-Vakzinierung sind beschrieben

■ **Epidemiologie und Pathogenese**

Melanome sind häufige Hauttumore beim Pferd. Sie entwickeln sich durch eine neoplastische Transformation kutaner Melanozyten. Melanome werden bei Pferden aller Farbschläge beobachtet. **Schimmel** sind jedoch prädisponiert mit einer Prävalenz von bis zu 80 % bei Schimmeln über 15 Jahre. Die Tumore zeigen zumeist eine lange initiale gutartige Wachstumsphase, **entwickeln sich jedoch zu zwei Dritteln zu malignen Tumoren mit Metastasierung** in entfernte Organe.

Die hohe Inzidenz von Melanomen bei Schimmeln korreliert mit dem Ergrauungsprozess ab dem Alter von 5–8 Jahren. Die Depigmentierung und ein erhöhtes Melanomrisiko sind an eine **Duplikation** im Intron 6 des **Syntaxin-17-** (STX17-) Gens gebunden. STX17 aktiviert den **extrazellulären signalregulierten Kinase-Signalweg (ERK)** und induziert so die Melanozytenproliferation. Weiterhin scheint ein Polymorphismus des **Melanocortin-1-Rezeptor-(MC1R-) Gens** und seines Antagonisten, des **Agouti-Signalprotein- (ASIP-) Gens**, eine Rolle bei der Entwicklung equiner Melanome zu spielen.

■ Klinik

Kutane Melanome des Pferdes sind aufgrund ihrer Pigmentierung meist leicht zu diagnostizieren. Sie sind **zumeist langsam wachsende**, pigmentierte Massen (■ Abb. 4.38) (■ Abb. 4.39). **Amelanotische Tumore** sind selten. Melanome können sowohl tiefe dermale Massen sein oder aber eher in der oberflächlichen Dermis und Epidermis lokalisiert sein. Letztere ulzerieren zumeist im Verlauf der Erkrankung. Prädisponierte **Körperregionen** für equine Melanome sind Perianalregion, ventrale Schwanzwurzel, Lippen, Haut über der Ohrspeicheldrüse und Präputium. Systemische tumorassoziierte Symptome hängen von der Lokalisation der **lympho- und hämatogenen Metastasen** ab. Eine Prädisposition der **Serosa des Brustkorbs, der Milz und der Leber** wird beobachtet. Die finale Diagnose basiert zumeist auf dem Signalement eines Schimmels, der Lokalisation und der Histopathologie. Es gibt trotz anekdotischer Gerüchte keine wissenschaftlich belastbaren Hinweise darauf, dass eine Biopsieentnahme die maligne Transformation equiner Tumoren anstößt.

■ Zytologie und Histopathologie

Die **Zytologie** kann pigmentierte Tumoren zumeist gut identifizieren. **Amelanotische Tumore** stellen eine Herausforderung für die Zytologie dar, da die Zellen in diesen Fällen sehr pleomorph mit epitheloider bis spindliger Morphologie sein können.

Die **Histopathologie** ist für pigmentierte Tumoren sehr sicher in der Diagnose. Amelanotische Tumoren können Sarkoiden oder epithelialen Tumoren ähneln. PNL2, S100 und PGP9.5 wurden bisher als immunhistochemische Marker für die Diagnose amelanotischer equiner Melanome beschrieben.

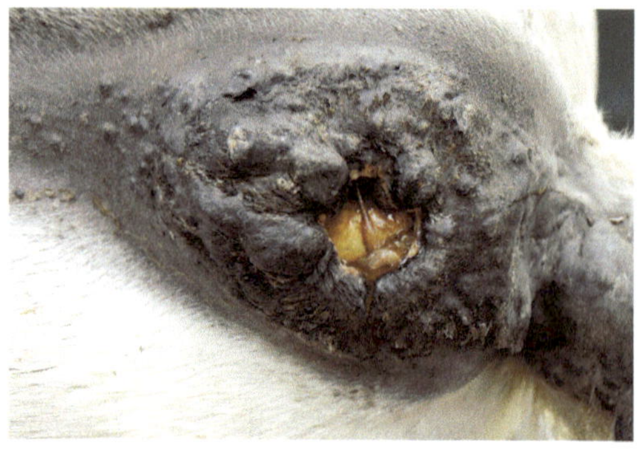

■ **Abb. 4.38**   Perianales Melanom, Schimmel

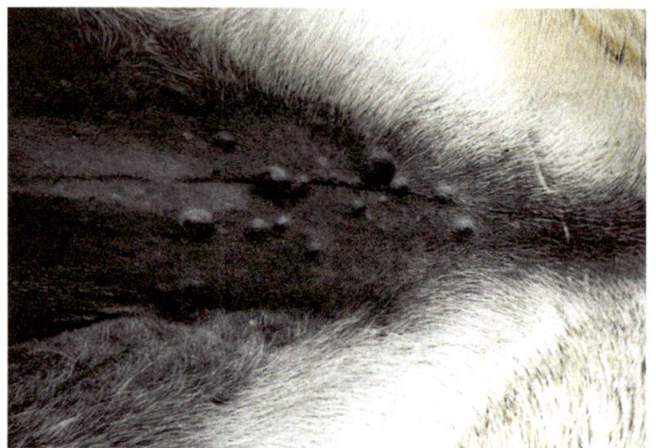

■ **Abb. 4.39**   Perineales Melanom, Schimmel

■ Therapie

Das Behandlungsziel ist zumeist eine lokale Tumorkontrolle und die Vermeidung einer metastatischen Ausbreitung. Effektive Behandlungsoptionen für metastasierte Tumoren oder Metastasen sind nicht vorhanden.

Die **chirurgische Entfernung** ist die Standardbehandlungsmethode für equine kutane Melanome. Aufgrund der zeitabhängigen malignen Transformation equiner Melanome sollten Tumoren bereits in einem sehr frühen, kleinen Stadium reseziert werden.

Falls zugänglich und bezahlbar, kann die **Strahlentherapie** eine Alternative für nichtresezierbare Tumoren darstellen. Sowohl die **Teletherapie** mit externer Bestrahlungsquelle als auch die **Brachytherapie** mit Implantation der Bestrahlungsquelle (Iridium, Kobalt, Radium) direkt in den Tumor wurden bereits mit Erfolg angewandt.

Eine **lokale Chemotherapie** mit Injektion von **Cisplatin** und **Carboplatin** wurden ebenfalls erfolgreich zur Behandlung von Melanomen angewandt.

Leider zeigt die Behandlung mit zunehmender Tumorgröße einen abnehmenden Erfolg.

Lokale Immuntherapie mittels Injektion von DNA-Plasmiden für das **Interleukin (IL-) 12** und **IL-18** wurde untersucht und zeigte bei beiden Plasmiden eine Tumorschrumpfung bei den meisten Pferden.

Eine **Antitumor-DNA-Vakzinierung** gegen das humane Tyrosinase-Gen, welches ausschließlich in Melanozyten exprimiert wird, wurde in einer kleinen Kohorte von Pferden getestet und war mit einer nachweislichen Anti-Tyrosinase-Immunantwort und Tumorschrumpfung assoziiert.

- **Weiterführende Literatur**

(Jiang et al. 2014; Metcalfe et al. 2013; Muller et al. 2011; Phillips und Lembcke 2013; Rowe und Sullins 2004; Teixeira et al. 2013; Theon et al. 2007)

4.4 Bovine Hauttumoren

Benigne virusinduzierte Papillome sind der häufigste Hauttumor des Rindes. Plattenepithelkarzinome wurden ebenfalls beschrieben und entwickeln sich vor allem in nicht-pigmentierten, periokulären Hautarealen („cancer eye") in Gegenden mit hoher UV-Lichteinstrahlung.

4.4.1 Bovine kutane Papillome/ Papillomatose

Bovine Papillome in vier Fakten
1. durch Infektion mit bovinen Papillomaviren (BPV) induziert
2. vorrangig bei jungen Rindern, können aber auch später entstehen
3. häufig spontane Regression nach mehreren Wochen bis Monaten
4. Autogenvakzine gegen herdenspezifische BPV-Stämme prophylaktisch

- **Epidemiologie und Pathogenese**

Rinder entwickeln Papillome häufiger als andere Haustiere. Sie werden durch bisher **13 bekannte** **bovine kutane Papillomavirus- (BPV-) Stämme** hervorgerufen. Die Entwicklung virusinduzierter Papillome ist jedoch nicht auf die Haut beschränkt, sondern findet sich auch im Gastrointestinaltrakt und urogenital. Es gibt eine **Genotyp-Phänotyp-Beziehung** des BPV-Stammes mit der anatomischen Lokalisation des induzierten Papilloms. BPV-1 und BPV-2 verursachen Fibropapillome sowohl der Epidermis als auch der Dermis; BPV-3, -4, -6, -9, -10, -11 und -12 finden sich nur in epithelialen Papillomen; BPV-5 und -8 sind assoziiert mit Fibropapillomen und epithelialen Papillomen und BPV-7 sowie -13 finden sich nur in kutanen Papillomen. Die meisten bovinen Papillome enthalten jedoch die DNA verschiedener BPV-Stämme. Das Virus wird durch direkten Kontakt und evtl. Insektenvektoren verbreitet. Papillome treten einige Wochen nach Exposition auf und zeigen meist eine spontane Regression nach mehreren Wochen bis Monaten. Eine **Papillomatose**, d. h. das Auftreten von zahlreichen Papillomen bei einem Tier zur gleichen Zeit, findet sich zumeist bei jungen Rindern. Einzelne **Papillome** sind häufiger bei älteren Rindern und enthalten nicht immer BPV-DNA.

- **Klinik**

Papillome sind **solitäre oder multiple, prominente oder gestielte, oberflächlich blumenkohlartige Tumoren.** Fibropapillome hingegen sind solide dermale Knoten, teils mit papillomartiger Oberfläche. Papillome finden sich zumeist an Kopf, Nacken und Schultern, etwas seltener auf dem Rücken oder am Abdomen. Obwohl die Tiere eine Immunität gegen BPV-Viren entwickeln, kann eine Immunsuppression zur Entwicklung neuer Papillome zu späteren Zeitpunkten führen.

- **Zytologie und Histopathologie**

Zytologie ist zumeist nicht spezifisch für die sichere Diagnose eines Papilloms.

Histopathologisch präsentieren sich Papillome als plaqueartige, exophytische Tumoren, die eine hyperplastische Epidermis mit teils verzweigenden, tief in die Dermis eindringenden Reteleisten aufweisen. Keratinozyten können basophile intranukleäre Einschlusskörper (Koilozyten) enthalten. In der oberflächlichen Dermis findet sich häufig eine Infiltration mit Lymphozyten, Plasmazellen und wenigen Neutrophilen.

▪ Therapie

Eine Therapie ist zumeist **nicht notwendig,** da eine spontane Regression typisch ist. Vakzinierungen werden manchmal zur Verhinderung einer Papillomatose bei Herdenproblemen angewendet. Sie sind jedoch nicht therapeutisch, wenn das Rind bereits Läsionen entwickelt hat. Autogene Vakzinierungen gegen herdenspezifische BPV-Antigene sind zumeist effektiver als kommerziell erhältliche Vakzinen. Die erste Vakzinierung muss bereits bei wenige Wochen alten Kälbern durchgeführt werden, um eine Infektion zu vermeiden. Eine wiederholte Vakzinierung ist nötig, um eine belastbare Immunität zu entwickeln.

▪ Weiterführende Literatur

(Campo 1997; Haga et al. 2013; Nasir und Campo 2008)

Weiterführende Literatur

Abramo F, Pratesi F, Cantile C, Sozzi S, Poli A (1999) Survey of canine and feline follicular tumours and tumour-like lesions in central Italy. J Small Anim Pract 40:479–481

Anderson CL, MacKay CS, Roberts GD, Fidel J (2015) Comparison of abdominal ultrasound and magnetic resonance imaging for detection of abdominal lymphadenopathy in dogs with metastatic apocrine gland adenocarcinoma of the anal sac. Vet Comp Oncol 13:98–105

Bacon NJ, Dernell WS, Ehrhart N, Powers BE, Withrow SJ (2007) Evaluation of primary re-excision after recent inadequate resection of soft tissue sarcomas in dogs: 41 cases (1999–2004). J Am Vet Med Assoc 230:548–554

Baker-Gabb M, Hunt GB, France MP (2003) Soft tissue sarcomas and mast cell tumours in dogs; clinical behavior and response to surgery. Aust Vet J 81:732–738

Beckwith-Cohen B, Teixeira LB, Ramos-Vara JA, Dubielzig RR (2014) Squamous papillomas of the conjunctiva in dogs: a condition Not associated with papillomavirus infection. Vet Pathol 52(4):676–680

Belluco S, Brisebard E, Watrelot D, Pillet E, Marchal T, Ponce F (2013) Digital squamous cell carcinoma in dogs: epidemiological, histological, and immunohistochemical study. Vet Pathol 50:1078–1082

Bennett PE, DeNicola DB, Bonney P, Glickman NW, Knapp DW (2002) Canine anal sac adenocarcinomas: clinical presentation and response to therapy. J Vet Intern Med 16:100–104

Bergman PJ (2012) Paraneoplastic hypercalcemia. Top Companion Anim Med 27:156–158

Bergvall KE (2013) Sarcoids. Vet Clin North Am Equine Pract 29:657–671

Blackwood L, Murphy S, Buracco P, De Vos JP, De Fornel-Thibaud P, Hirschberger J, Kessler M, Pastor J, Ponce F, Savary-Bataille K, Argyle DJ (2012) European consensus document on mast cell tumours in dogs and cats. Vet Comp Oncol 10:e1–e29

Bowlt KL, Friend EJ, Delisser P, Murphy S, Polton G (2013) Temporally separated bilateral anal sac gland carcinomas in four dogs. J Small Anim Pract 54:432–436

Brachelente C, Porcellato I, Sforna M, Lepri E, Mechelli L, Bongiovanni L (2013) The contribution of stem cells to epidermal and hair follicle tumours in the dog. Vet Dermatol 24:188–194,e141

Brehm DM, Vite CH, Steinberg HS, Haviland J, Van Winkle T (1995) A retrospective evaluation of 51 cases of peripheral nerve sheath tumors in the dog. J Am Anim Hosp Assoc 31:349–359

Brockley LK, Cooper MA, Bennett PF (2013) Malignant melanoma in 63 dogs (2001–2011): the effect of carboplatin chemotherapy on survival. N Z Vet J 61:25–31

Burton JH, Mitchell L, Thamm DH, Dow SW, Biller BJ (2011) Low-dose cyclophosphamide selectively decreases regulatory T cells and inhibits angiogenesis in dogs with soft tissue sarcoma. J Vet Intern Med 25:920–926

Byam-Cook KL, Henson FMD, Slater JD (2006) Treatment of periocular and non-ocular sarcoids in 18 horses by interstitial brachytherapy with iridium-192. Vet Rec 159:337–341

Campo MS (1997) Bovine papillomavirus and cancer. Vet J 154:175–188

Camus MS, Priest HL, Koehler JW, Driskell EA, Rakich PM, Ilha MR, Krimer PM (2016) Cytologic criteria for mast cell tumor grading in dogs with evaluation of clinical outcome. Vet Pathol 53(6):1117–1123

Carroll EE, Fossey SL, Mangus LM, Carsillo ME, Rush LJ, McLeod CG, Johnson TO (2010) Malignant pilomatricoma in 3 dogs. Vet Pathol 47:937–943

Chijiwa K, Uchida K, Tateyama S (2004) Immunohistochemical evaluation of canine peripheral nerve sheath tumors and other soft tissue sarcomas. Vet Pathol 41:307–318

Day MJ, Horzinek MC, Schultz RD (2010) WSAVA guidelines for the vaccination of dogs and cats. J Small Anim Pract 51:1–32

De Swarte M, Alexander K, Rannou B, d'Anjou MA, Blond L, Beauchamp G (2011) Comparison of sonographic features of benign and neoplastic deep lymph nodes in dogs. Vet Radiol Ultrasound 52:451–456

Delcour NM, Klopfleisch R, Gruber AD, Weiss AT (2013) Canine cutaneous histiocytomas are clonal lesions as defined by X-linked clonality testing. J Comp Pathol 149:192–198

Demetriou JL, Brearley MJ, Constantino-Casas F, Addington C, Dobson J (2012) Intentional marginal excision ofcanine limb soft tissue sarcomas followed by radiotherapy. J Small Anim Pract 53:174–181

Dennis MM, McSporran KD, Bacon NJ, Schulman FY, Foster RA, Powers BE (2011) Prognostic factors for cutaneous and subcutaneous soft tissue sarcomas in dogs. Vet Pathol 48:73–84

Dernell WS, Withrow SJ, Kuntz CA, Powers BE (1998) Principles of treatment for soft tissue sarcoma. Clin Tech Small Animal Pract 13:59–64

Eckstein C, Guscetti F, Roos M, Martin De Las Mulas J, Kaser-Hotz B, Rohrer Bley C (2009) A retrospective analysis of radiation therapy for the treatment of feline vaccineassociated sarcoma. Vet Comp Oncol 7:54–68

Elmslie RE, Glawe P, Dow SW (2008) Metronomic therapy with cyclophosphamide and piroxicam eff ectively delays tumor recurrence in dogs with incompletely resected soft tissue sarcomas. J Vet Intern Med 22:1373–1379

Emms SG (2005) Anal sac tumours of the dog and their response to cytoreductive surgery and chemotherapy. Aust Vet J 83:340–343

Haga T, Dong J, Zhu W, Burk RD (2013) The many unknown aspects of bovine papillomavirus diversity, infection and pathogenesis. Vet J 197:122–123

Halsey CH, Gustafson DL, Rose BJ, Wolf-Ringwall A, Burnett RC, Duval DL, Avery AC, Thamm DH (2014) Development of an in vitro model of acquired resistance to toceranib phosphate (Palladia(R)) in canine mast cell tumor. BMC Vet Res 10:105

Hartmann K, Day MJ, Thiry E, Lloret A, Frymus T, Addie D, Boucraut-Baralon C, Egberink H, Gruff Ydd-Jones T, Horzinek MC and others (2015) Feline injection-site sarcoma: ABCD guidelines on prevention and management. J Feline Med Surg 17(7):606–613

Hendrick MJ, Goldschmidt MH (1991) Do injection site reactions induce fi brosarcomas in cats? J Am Vet Med Assoc 199:968

Henry C, Herrera C (2013) Mast cell tumors in cats: clinical update and possible new treatment avenues. J Feline Med Surg 15(1):41–47

Hershey AE, Sorenmo KU, Hendrick MJ, Shofer FS, Vail DM (2000) Prognosis for presumed feline vaccine associated sarcoma after excision: 61 cases (1986–1996). J Am Vet Med Assoc 216:58–61

Herzog A, Buchholz J, Ruess-Melzer K, Lang J, Kaser-Hotz B (2013) Combined use of irradiation and DNA tumor vaccine to treat canine oral malignant melanoma: a pilot study. Schweiz Arch Tierheilkd 155:135–142

Hobson HP, Brown MR, Rogers KS (2006) Surgery of metastatic anal sac adenocarcinoma in five dogs. Vet Surg 35:267–270

Hohenhaus AE, Kelsey JL, Haddad J, Barber L, Palmisano M, Farrelly J, Soucy A (2016) Canine cutaneous and subcutaneous soft tissue sarcoma: an evidence-based review of case management. J Am Anim Hosp Assoc 52(2):77–89

Hoshino Y, Mori T, Sakai H, Murakami M, Maruo K (2012) Palliative radiation therapy in a dog with malignant trichoepithelioma. Aust Vet J 90:210–213

Jiang L, Campagne C, Sundstrom E, Sousa P, Imran S, Seltenhammer M, Pielberg G, Olsson MJ, Egidy G, Andersson L, Golovko A (2014) Constitutive activation of the ERK pathway in melanoma and skin melanocytes in Grey horses. BMC Cancer 14:857

Kass PH, Spangler WL, Hendrick MJ, McGill LD, Esplin DG, Lester S, Slater M, Meyer EK, Boucher F, Peters EM, Gobar GG, Htoo T, Decile K (2003) Multicenter case–control study of risk factors associated with development of vaccine-associated sarcomas in cats. J Am Vet Med Assoc 223:1283–1292

Kiupel M, Webster JD, Bailey KL, Best S, DeLay J, Detrisac CJ, Fitzgerald SD, Gamble D, Ginn PE, Goldschmidt MH, Hendrick MJ, Howerth EW, Janovitz EB, Langohr I, Lenz SD, Lipscomb TP, Miller MA, Misdorp W, Moroff S, Mullaney TP, Neyens I, O'Toole D, Ramos-Vara J, Scase TJ, Schulman FY, Sledge D, Smedley RC, Smith K, W Snyder P, Southorn E, Stedman NL, Stefi Cek BA, Stromberg PC, Valli VE, Weisbrode SE, Yager J, Heller J, Miller R (2011) Proposal of a 2-tier histologic grading system for canine cutaneous mast cell tumors to more accurately predict biological behavior. Vet Pathol 48:147–155

Klopfleisch R, Meyer A, Lenze D, Hummel M, Gruber AD (2013) Canine cutaneous peripheral nerve sheath tumours versus fi brosarcomas can be differentiated by neuroectodermal marker genes in their transcriptome. J Comp Pathol 148:197–205

Knottenbelt DC (2006) A suggested clinical classification for the Equine sarcoid. Pferdeheilkunde 22:479–480

Kung MB, Poirier VJ, Dennis MM, Vail DM, Straw RC (2014) Hypofractionated radiation therapy for the treatment of microscopic canine soft tissue sarcoma. Vet Comp Oncol. 10.1111/vco.12121

Kuntz CA, Dernell WS, Powers BE, Devitt C, Straw RC, Withrow SJ (1997) Prognostic factors for surgical treatment of soft-tissue sarcomas in dogs: 75 cases (1986–1996). J Am Vet Med Assoc 211:1147–1151

Ladlow J (2013) Injection site-associated sarcoma in the cat: treatment recommendations and results to date. J Feline Med Surg 15:409–418

Lange CE, Favrot C (2011) Canine papillomaviruses. Vet Clin North Am Small Anim Pract 41:1183–1195

Langova V, Mutsaers AJ, Phillips B, Straw R (2004) Treatment of eight dogs with nasal tumours with alternating doses of doxorubicin and carboplatin in conjunction with oral piroxicam. Aust Vet J 82:676–680

Lawrence J, Forrest L, Adams W, Vail D, Thamm D (2008) Four-fraction radiation therapy for macroscopic soft tissue sarcomas in 16 dogs. J Am Anim Hosp Assoc 44:100–108

Liptak JM, Forrest LJ (2012) Soft tissue sarcomas. Withrow & MacEwen's small animal clinical oncology, 5. Aufl. Saunders Elsevier, St. Louis, S 357

London CA (2013) Kinase dysfunction and kinase inhibitors. Vet Dermatol 24:181–187 e139–140

Luff JA, Aff Olter VK, Yeargan B, Moore PF (2012) Detection of six novel papillomavirus sequences within canine pigmented plaques. J Vet Diagn Invest: Off Publ Am Assoc. Vet Lab Diagn, Inc 24:576–580

Maina E, Colombo S, Stefanello D (2014) Multiple cutaneous histiocytomas treated with lomustine in a dog. Vet Dermatol 25:559–562, e598–559

Martano M, Morello E, Buracco P (2011) Feline injectionsite sarcoma: past, present and future perspectives. Vet J 188:136–141

Martens A, De Moor A, Demeulemeester J, Peelman L (2001) Polymerase chain reaction analysis of the surgical margins of equine sarcoids for bovine papilloma virus DNA. Vet Surg 30:460–467

Masserdotti C, Ubbiali FA (2002) Fine needle aspiration cytology of pilomatricoma in three dogs. Vet Clin Pathol/Am Soc Vet Clin Pathol 31:22–25

Matz BM (2015) Current concepts in oncologic surgery in small animals. Vet Clin North Am Small Anim Pract 45:437–449

McEntee MC, Page RL, Mauldin GN, Thrall DE (2000) Results of irradiation of infi ltrative lipoma in 13 dogs. Vet Radiol Ultrasound: Off J Am Coll Vet Radiol Int Vet Radiol Assoc 41:554–556

Metcalfe LV, O'Brien PJ, Papakonstantinou S, Cahalan SD, McAllister H, Duggan VE (2013) Malignant melanoma in a grey horse: case presentation and review of equine melanoma treatment options. Ir Vet J 66:22

Meyer A, Klopfleisch R (2014) Multiple polymerase chain reaction markers for the differentiation of canine cutaneous peripheral nerve sheath tumours versus canine fibrosarcomas. J Comp Pathol 150:198–203

Meyer A, Gruber AD, Klopfleisch R (2012) CD25 is expressed by canine cutaneous mast cell tumors but not by cutaneous connective tissue mast cells. Vet Pathol 49:988–997

Meyer A, Gruber AD, Klopfleisch R (2013) All subunits of the interleukin-2 receptor are expressed by canine cutaneous mast cell tumours. J Comp Pathol 149:19–29

Moore PF (2014) A review of histiocytic diseases of dogs and cats. Vet Pathol 51:167–184.

Muller J, Feige K, Wunderlin P, Hodl A, Meli ML, Seltenhammer M, Grest P, Nicolson L, Schelling C, Heinzerling LM (2011) Double-blind placebo-controlled study with interleukin-18 and interleukin-12-encoding plasmid DNA shows antitumor eff ect in metastatic melanoma in gray horses. J Immunother 34:58–64

Munday JS, O'Connor KI, Smits B (2011) Development of multiple pigmented viral plaques and squamous cell carcinomas in a dog infected by a novel papillomavirus. Vet Dermatol 22:104–110

Munday JS, Dunowska M, Hills SF, Laurie RE (2013) Genomic characterization of Felis catus papillomavirus-3: a novel papillomavirus detected in a feline Bowenoid in situ carcinoma. Vet Microbiol 165:319–325

Munday JS, Tucker RS, Kiupel M, Harvey CJ (2015) Multiple oral carcinomas associated with a novel papillomavirus in a dog. J Vet Diagn Investig: Off Publ Am Assoc Vet Lab Diagn. Inc 27(2):221–225

Murphy S (2013) Cutaneous squamous cell carcinoma in the cat: current understanding and treatment approaches. J Feline Med Surg 15:401–407

Nasir L, Campo MS (2008) Bovine papillomaviruses: their role in the aetiology of cutaneous tumours of bovids and equids. Vet Dermatol 19:243–254

O'Brien MG, Berg J, Engler SJ (1992) Treatment by digital amputation of subungual squamous cell carcinoma in dogs: 21 cases (1987–1988). J Am Vet Med Assoc 201:759–761

Ogilvie GK, Reynolds HA, Richardson RC, Withrow SJ, Norris AM, Henderson RA, Klausner JS, Fowler JD, McCaw D (1989) Phase II evaluation of doxorubicin for treatment of various canine neoplasms. J Am Vet Med Assoc 195:1580–1583

Ottnod JM, Smedley RC, Walshaw R, Hauptman JG, Kiupel M, Obradovich JE (2013) A retrospective analysis of the effi cacy of Oncept vaccine for the adjunct treatment of canine oral malignant melanoma. Vet Comp Oncol 11:219–229

Owen LN (1980) Squamous cell carcinoma. In: TNM classification of tumours in domestic, 1. Aufl. World Health Organization, Geneva S 46–47

Patnaik AK, Ehler WJ, MacEwen EG (1984) Canine cutaneous mast cell tumor: morphologic grading and survival time in 83 dogs. Vet Pathol 21:469–474

Phillips JC, Lembcke LM (2013) Equine melanocytic tumors. Vet Clin North Am Equine Pract 29:673–687

Pires I, Alves A, Queiroga FL, Silva F, Lopes C (2013) Regression of canine cutaneous histiocytoma: reduced proliferation or increased apoptosis? Anticancer Res 33: 1397–1400

Polton G (2007) Anal sac gland carcinoma in cocker spaniels. Vet Rec 160:244

Polton GA, Brearley MJ (2007) Clinical stage, therapy, and prognosis in canine anal sac gland carcinoma. J Vet Intern Med 21:274–280

Prpich CY, Santamaria AC, Simcock JO, Wong HK, Nimmo JS, Kuntz CA (2014) Second intention healing after wide local excision of soft tissue sarcomas in the distal aspects of the limbs in dogs: 31 cases (2005–2012). J Am Vet Med Assoc 244:187–194

Rassnick KM (2003) Medical management of soft tissue sarcomas. Vet Clin N Am-Small 33:517–531

Richards JR, Elston TH, Ford RB, Gaskell RM, Hartmann K, Hurley KF, Lappin MR, Levy JK, Rodan I, Scherk M, Schultz RD, Sparkes AH (2006) The 2006 American association of feline practitioners feline vaccine advisory panel report. J Am Vet Med Assoc 229:1405–1441

Ross JT, Scavelli TD, Matthiesen DT, Patnaik AK (1991) Adenocarcinoma of the apocrine glands of the anal Sac in dogs – a review of 32 cases. J Am Anim Hosp Assoc 27:349–355

Rowe EL, Sullins KE (2004) Excision as treatment of dermal melanomatosis in horses: 11 cases (1994–2000). J Am Vet Med Assoc 225:94–96

Sabattini S, Guadagni Frizzon M, Gentilini F, Turba ME, Capitani O, Bettini G (2013) Prognostic signifi cance of Kit receptor tyrosine kinase dysregulations in feline cutaneous mast cell tumors. Vet Pathol 50:797–805

Scarpa F, Sabattini S, Bettini G (2014) Cytological grading of canine cutaneous mast cell tumours. Epub 2014 Apr 9. Vet Comp Oncol. 2016 Sep 14(3):245–251

Smedley RC, Spangler WL, Esplin DG, Kitchell BE, Bergman PJ, Ho HY, Bergin IL, Kiupel M (2011) Prognostic markers for canine melanocytic neoplasms: a comparative review of the literature and goals for future investigation. Vet Pathol 48:54–72

Spangler WL, Kass PH (2006) The histologic and epidemiologic bases for prognostic considerations in canine melanocytic neoplasia. Vet Pathol 43:136–149

Stadler S, Kainzbauer C, Haralambus R, Hainisch E, Brandt S, Brehm W (2011) Successful treatment of equine sarcoids by topical aciclovir application. Vet Rec 168:187–187

Stefanello D, Buracco P, Sabattini S, Finotello R, Giudice C, Grieco V, Iussich S, Tursi M, Scase T, Di Palma S, Bettini G, Ferrari R, Martano M, Gattino F, Marrington M, Mazzola M, Elisabetta Vasconi M, Annoni M, Marconato L (2015) Comparison of 2- and 3-category histologic grading systems for predicting the presence of metastasis at the time of initial evaluation in dogs with cutaneous mast cell tumors: 386 cases (2009–2014). J Am Vet Med Assoc 246:765–769

Stewart AA, Rush B, Davis E (2006) The effi cacy of intratumoural 5-fl uorouracil for the treatment of equine sarcoids. Aust Vet J 84:101–106

Stockhaus C, Teske E, Rudolph R, Werner HG (2001) Assessment of cytological criteria for diagnosing basal cell tumours in the dog and cat. J Small Anim Pract 42:582–586

Suzuki S, Uchida K, Nakayama H (2014) The eff ects of tumor location on diagnostic criteria for canine malignant peripheral nerve sheath tumors (MPNSTs) and the markers for distinction between canine MPNSTs and canine perivascular wall tumors. Vet Pathol 51:722–736

Teixeira RB, Rendahl AK, Anderson SM, Mickelson JR, Sigler D, Buchanan BR, Coleman RJ, McCue ME (2013) Coat color genotypes and risk and severity of melanoma in gray quarter horses. J Veterinary Intern Med/Am Coll Vet Intern Med 27:1201–1208

Thamm DH, Vail DM (2007) Mast cell tumors. In: Withrow & MacEwen's small animal clinical oncology, 4. Aufl.. Saunders Elsevier, St. Louis S 402–424

The European Advisory Board on Cat Diseases. Guidelines/ Feline Injection Site Sarcoma (Update 2015), abgerufen unter. http://www.abcdcatsvets.org/feline-injection-site-sarcoma-2/

Theon AP, Wilson WD, Magdesian KG, Pusterla N, Snyder JR, Galuppo LD (2007) Long-term outcome associated with intratumoral chemotherapy with cisplatin for cutaneous tumors in equidae: 573 cases (1995–2004). J Am Vet Med Assoc 230:1506–1513

Thomson M (2007) Squamous cell carcinoma of the nasal planum in cats and dogs. Clin Tech Small Anim Pract 22:42–45

Vail DM, Withrow SJ, Schwarz PD, Powers BE (1990) Perianal adenocarcinoma in the canine male – a retrospective study of 41 cases. J Am Anim Hosp Assoc 26:329–334

Waropastrakul S, Munday JS, French AF (2012) Infrequent detection of papillomaviral DNA within canine cutaneous squamous cell carcinomas, haemangiosarcomas and healthy skin on the ventrum of dogs. Vet Dermatol 23:197–e41

Webb JL, Burns RE, Brown HM, LeRoy BE, Kosarek CE (2009) Squamous cell carcinoma. Compendium 31:E9

Welle MM, Bley CR, Howard J, Rufenacht S (2008) Canine mast cell tumours: a review of the pathogenesis, clinical features, pathology and treatment. Vet Dermatol 19:321–339

5

Mammatumoren

Robert Klopfleisch

© Springer-Verlag GmbH Deutschland 2017
R. Klopfleisch (Hrsg.), *Veterinäronkologie kompakt*,
https://doi.org/10.1007/978-3-662-54987-2_5

Mammatumoren sind häufige Tumoren der Hunde und in etwas geringerem Ausmaß der Katzen, Mäusen, Ratten und Meerschweinchen. Bei anderen Haustierspezies sind sie eher selten.

5.1 Kanine Mammatumoren (KMT)

Kanine Mammatumoren in sechs Fakten

1. häufigster Tumor der unkastrierten Hündin
2. Sexualhormone und Kastration mit Einfluss auf Tumorentwicklung
3. keine relevanten somatischen oder hereditären Mutationen der Tumoren bekannt
4. Staging und histologisches Grading sind von prognostischer Relevanz
5. weniger als 50 % der Tumoren maligne, weniger als ein Viertel metastasiert (in die Lunge)
6. Chirurgie als Behandlungsmethode der Wahl

■ **Epidemiologie und Pathogenese**

Historisch wurden KMT als der **häufigste Tumor der Hündin angesehen**. Mit einem Lebenszeitrisiko von > 50 % sind sie auch heute immer noch einer der häufigsten Tumoren der Hündin in Europa, wo eine Frühkastration nicht gängige Praxis ist und viele Hündinnen generell nicht kastriert werden. In den USA sind KMT hingegen seltene Tumoren, da hier die meisten Hunde bereits sehr früh kastriert werden. Männliche Hunde sind selten von Mammatumoren betroffen und dann fast immer von gutartigen KMT.

Zunehmendes **Alter** ist einer der wenigen allgemein akzeptierten Risikofaktoren für die Entwicklung von kaninen KMT. Nur wenige KMT finden sich bei Hündinnen, die jünger als 6 Jahre sind. Die Mehrzahl der Tumoren entwickelt sich im Alter zwischen 10 und 14 Jahren.

Der generelle Einfluss von Sexualhormonen und Kastration auf die Tumorinitiation und die frühe Karzinogenese sind universell akzeptiert. Der Einfluss des Zeitpunktes der Kastration auf das Tumorrisiko wird jedoch kontrovers diskutiert. Eine frühe Studie zeigte, dass eine Kastration vor der ersten Läufigkeit das Tumorrisiko 200-fach verringert. Weiterhin wurde postuliert, dass eine Kastration nach dem zweiten Östrus keinen Effekt mehr auf das KMT-Risiko hat. Neuere Studien konnten jedoch zeigen, dass auch eine spätere Kastration das KMT-Risiko klar reduziert. Eine **Läufigkeitsunterdrückung** mittels Progesteronderivaten erhöht ebenfalls das Tumorrisiko und ist deshalb nicht zu empfehlen, falls die Option einer Kastration besteht. Im Gegensatz zum Menschen haben bei der Hündin die Zahl der Trächtigkeiten oder die Laktation keinen Einfluss auf die Tumorentwicklung. Der konkrete Effekt von Sexualhormonen auf die KMT-Entwicklung ist noch unklar. Alle Milchdrüsenepithelzellen und vor allem gutartige epitheliale KMT-Zellen exprimieren den **Östrogen**- und den **Progesteronrezeptor**. Im Gegensatz dazu zeigen maligne KMT und ihre Metastasen meist keine Expression dieser Rezeptoren. Sie scheinen somit weitestgehend unabhängig von externer hormonaler Stimulation zu sein, und eine Kastration zum Zeitpunkt der Tumordiagnose erscheint somit wenig effektiv.

Die **Rasse** könnte ebenfalls einen kleineren Effekt auf das Risiko zur Entwicklung von KMT haben. In der Literatur finden sich jedoch widersprüchliche Aussagen über Rassen mit erhöhter Prädisposition, sodass momentan keine gesicherte Aussage möglich ist.

Die **molekulare Pathogenese** von KMT wird momentan intensiv beforscht. Es wird häufig angenommen, dass die Karzinogene von KMT den Verlauf einer **progressiven malignen Transformation** von Dysplasien über Adenome hin zu malignen Karzinomen nimmt. Diese Annahme basiert auf zwei Beobachtungen. Zum einen konnte eine Studie zeigen, dass maligne Tumoren zum Zeitpunkt der Resektion im Schnitt einen größeren Durchmesser als gutartige haben. Zum anderen werden in bösartigen Tumoren häufig sowohl morphologisch gutartige als auch bösartige Tumorzellen nachgewiesen. Eine genauere Beweisführung, zum Beispiel auf molekularer Ebene, ist jedoch nicht zugänglich und möglicherweise auch schwierig. Bisher sind keine **biologisch relevanten tumorinduzierenden Mutationen** bei KMT bekannt. Zwar wurde intensiv nach ähnlichen Mutationen wie beim Brustkrebs der Frau, wie z. B. im BRCA-Gen oder anderen DNA-Reparaturgenen, gesucht, doch außer schwachen Hinweisen auf eine gewisse Korrelation von bestimmten Genvarianten mit einer geringen Häufung von KMT bei betroffenen Tieren wurden noch keine Mechanismen aufgedeckt.

■ **Klinik**

KMT finden sich häufiger in den **kaudalen Mammakomplexen**, möglicherweise aufgrund der größeren Menge an Milchdrüsengewebe in diesen Komplexen (◼ Abb. 5.1). Eine **primäre Multiplizität** von KMT, d. h. ein Auftreten von mehreren unabhängigen Tumoren teils auch unterschiedlichen Typs in einem Tier, wird häufig beobachtet. So können beispielsweise zwei Mammakomplexe unabhängig voneinander, gleichzeitig oder zeitversetzt sowohl ein Karzinom als auch ein Adenom entwickeln. Eine sichere Einschätzung der Malignität allein anhand einer Palpation ist nicht möglich. Maligne Tumoren zeigen sich jedoch häufig als wenig verschieblich und nur schlecht abgegrenzt. Weiterhin stellen schnelles Wachstum, ein maximaler Durchmesser > 5 cm, Ulzeration und eine Schwellung der regionalen Lymphknoten wahrscheinliche, aber nicht definitive Zeichen der Malignität von KMT dar. Die regionalen Lymphknoten für die Mammakomplexe 1–3 sind die Axillarlymphknoten, während Lymphe der Komplexe 3–5 zum Inguinallymphknoten fließt. Das klinische Staging wird momentan nach einem modifizierten WHO-System durchgeführt (◼ Tab. 5.1).

Die hochmalignen **inflammatorischen Mammakarzinome** zeigen ein für KMT und Tumoren generell eher untypisches klinisches Bild. Tumoren dieser Art ähneln in ihrer Erscheinung eher einer hochgradigen akuten Mastitis mit Hyperthermie,

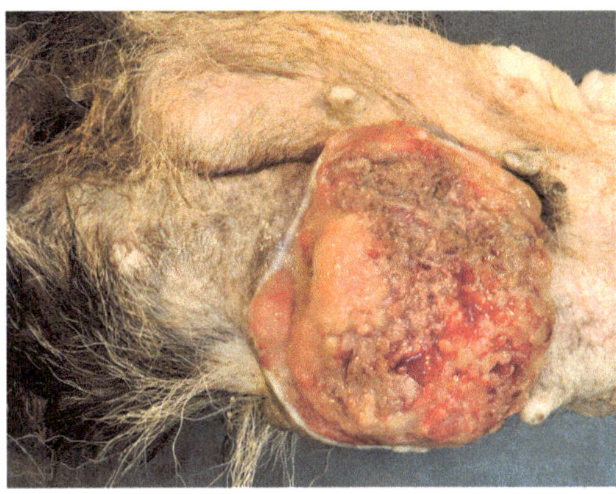

◼ **Abb. 5.1** Ulzerierter maligner kaniner Mammatumor, Hund (aus dem Archiv des Instituts für Tierpathologie, Freie Universität Berlin)

Erythemen und Ödematisierung und Festigkeit der betroffenen Drüsenanteile und der umgebenden Gewebe bis in die Hintergliedmaßen hinab. Sie zeichnen sich histologisch durch eine massive Infiltration der Lymphgefäße aus, zeigen selten eine klar definierte primäre Tumormasse und stimulieren eine Entzündung über eine Sekretion oder Induktion von Prostaglandinen.

Hochmaligne KMT zeigen eine **lymphogene Metastasierung** in die regionalen Lymphknoten und anschließende hämatogene Metastasierung zumeist in die Lunge (◼ Abb. 5.2). Eine Metastasierung in andere Organe findet sich lediglich in 10 % der metastatischen Tumoren. Laterale und dorsoventrale **Röntgenaufnahmen des Thorax** sind deshalb eine Standardprozedur vor der chirurgischen Entnahme von KMT.

◼ **Tab. 5.1** Staging-System für kanine Mammatumoren (Owen 1980, WHO-Klassifikation)

Stage	T (Tumordurchmesser)	N (Lymphknotenmetastasen)	M (Fernmetastasen)	Überleben 6 Monate nach Mastektomie in %
I	T_1 (< 3 cm)	N_0	M_0	97,9/90–98
II	T_2 (3–5 cm)	N_0	M_0	unbekannt/90–98
III	T_3 (> 5 cm)	N_0	M_0	unbekannt/90–98
IV	T_A (jede Größe)	N_1	M_0	(für N_A) 75,8/30–66
V	T_A (jede Größe)	N_A	M_1	14/14–30

N_0: keine Lymphknotenmetastasen, N_1: Lymphknotenmetastasen, N_A: Lymphknotenstatus irrelevant, M_0: keine Fernmetastasen, M_1: Fernmetastasen

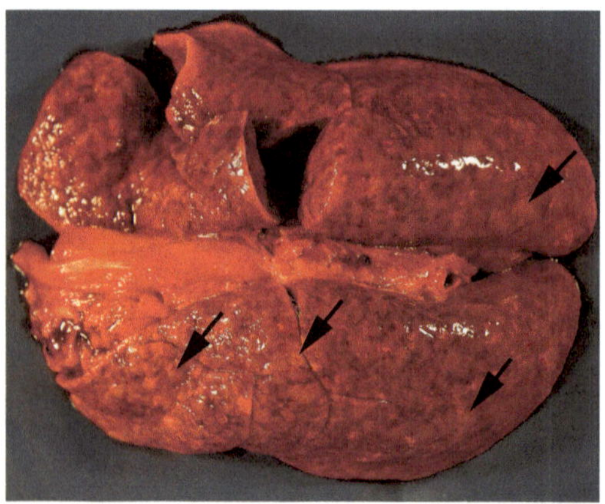

Abb. 5.2 Lungenmetastasen (schwarze Pfeile) eines kaninen Mammatumors, Hund (mit freundlicher Genehmigung von Robert Klopfleisch und dem Archiv des Instituts für Tierpathologie, Freie Universität Berlin)

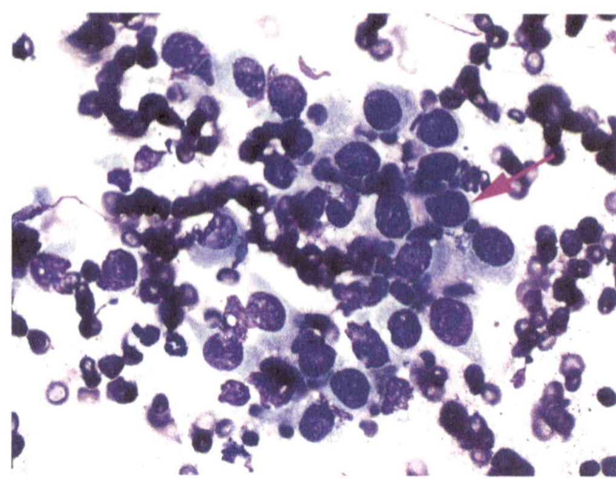

Abb. 5.3 Zytologie, niedrig maligner kaniner Mammatumor, Hund, May-Grünwald-Giemsa, 200×. Man beachte die mäßig pleomorphen Epithelzellen mit milder Anisozytose, Anisokaryose und geringgradiger Variabilität des Kern-Zytoplasma-Verhältnisses (pinkfarbener Pfeil)

Blutbild, klinische Chemie und Harnanalyse sind bei betroffenen Hündinnen zumeist unauffällig. Ein **paraneoplastisches Syndrom** ist für KMT nicht bekannt.

▪ Zytologie und Histopathologie

KMT lassen sich durch eine **zytologische** Untersuchung zwar zumeist grundsätzlich diagnostizieren, eine sichere Einschätzung der Malignität bzw. des Tumorgrades ist jedoch nicht mit letzter Sicherheit möglich (◘ Abb. 5.3–5.4).

Die **histopathologische Analyse** mittels Exzisionsbiopsien ist die sicherere Methode zur Diagnose und zum Grading von KMT. Die momentane WHO-Klassifikation von KMT ist sehr komplex mit mehr als 40 histologisch definierten Tumorsubtypen. Leider fehlen für die meisten der zahlreichen, rein morphologisch definierten Unterarten des KMT relevante Daten zum biologischen Verhalten oder Ansprechen auf Therapien, sodass sie nur von geringem Wert für den Kliniker sind.

KMT im engeren Sinn sind Tumoren der Milchdrüsenepithelzellen und stellen entweder gutartige **einfache Adenome** oder bösartige **einfache Karzinome** dar. **Komplexe Adenome** und **Karzinome** zeigen zusätzlich eine Proliferation von perialveolären Myoepithelialzellen. Gutartige **Mammamischtumoren** sind häufige Tumoren des Hundes und enthalten neben neoplastischen epithelialen

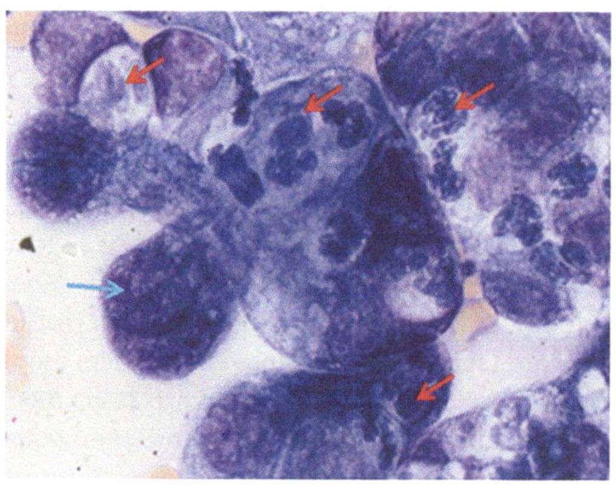

Abb. 5.4 Zytologie, anaplastisches Mammakarzinom, Hund, May-Grünwald-Giemsa, 1000×. Man beachte die hochgradig pleomorphen Epithelzellen mit hochgradiger Anisozytose, Anisokaryose, variablem Kern-Zytoplasma-Verhältnis, multiplen prominenten Nukleoli (blauer Pfeil) und Zellkannibalismus von Neutrophilen (rote Pfeile) (mit freundlicher Genehmigung von Dr. N. Bauer, Fachbereich Veterinärmedizin, Justus-Liebig-Universität, Gießen)

Tumorzellen überdies Proliferationen von nichtneoplastischem Knorpel und Knochen.

Klinische Studien zeigen, dass weniger als 50 % der Hunde mit chirurgisch behandelten, histopathologisch definierten Karzinomen letztlich Tumormetastasen entwickeln. Ein 3-gradiges Gradingsystem für Mammakarzinome wurde entwickelt, um die prognostische Aussage der Histopathologie zu

◘ Tab. 5.2 Gradingsystem für kanine Mammatumoren (Pena et al. 2013)

Histologische Kriterien	Punkte			
A. Tubulusbildung	1	> 75 % tubuläre Morphologie		
	2	10–75 % tubuläre Morphologie		
	3	< 10 % tubuläre Morphologie		
B. Kernpleomorphismus	1	Uniforme Kerne, selten Nukleoli		
	2	Moderate Variabilität der Kerngröße/-form, Nachweis von Nukleoli		
	3	Hochgradige Variabilität der Kerngröße/-form, prominente Nukleoli		
C. Mitosen pro 10 HPF	1	0–9 Mitosen/10 HPF		
	2	10–19 Mitosen/10 HPF		
	3	≥ 20 Mitosen/10 HPF		
			Rezid./Metast.*	tumorass. Tod*
Gesamtwert (A +B +C)	3–5	**Grad 1**	3,4 %	0
Gesamtwert (A +B +C)	6–7	**Grad 2**	15,8 %	15,8 %
Gesamtwert (A +B +C)	8–9	**Grad 2**	58,8 %	58,8 %

HPF = 0,24 mm^2, *klinische Nachverfolgung über mindestens 28 Monate

verbessern (◘ Tab. 5.2). Eine Übersendung der regionären Lymphknoten mit dem resezierten Primärtumor erhöht die prognostische Aussagekraft der histopathologischen Untersuchung sehr stark, da Lymphknotenmetastasen ein wichtiger negativer Risikofaktor für Fernmetastasen sind.

Inflammatorische Mammakarzinome sind seltene, aber hochaggressive KMT. Sie ähneln makroskopisch einer akuten Mastitis und zeigen keine primäre zentrale Tumormasse. Histologisch zeigen sie sich als Akkumulation einzelner oder Gruppen von Tumorzellen in dermalen Lymphgefäßen. Eine Fernmetastase in entfernte Organe ist zum Zeitpunkt der Diagnose zumeist schon zu beobachten.

■ **Therapie**

Chirurgische Exzision ist immer noch die Standard- und mit Abstand häufigste Behandlungsmethode von KMT. Ob dabei eine Nodulektomie, eine regionale oder eine radikale Mastektomie angewandt werden sollte, ist vor allem vom individuellen klinischen Fall abhängig, aber auch generell Gegenstand anhaltender Diskussionen.

Eine **Nodulektomie** wird für kleine (< 1 cm), bewegliche Knoten empfohlen, die sich in der anschließenden histopathologischen Untersuchung in der Mehrheit der Fälle als gutartige Tumoren darstellen. Die kleinen Tumoren sollten dennoch mit chirurgischen Rändern von 2 cm entnommen werden. Sollte sich der Knoten jedoch in der Histopathologie als maligne herausstellen, wird ein extensiverer chirurgischer Ansatz empfohlen.

Die Idee der **regionalen Mastektomie** basiert auf dem Befund, dass das Lymphgefäßsystem der Milchdrüsenkomplexe 1–3 Anschluss an den kranialen Sternallymphknoten sowie den Axillarlymphknoten und die Komplexe 4–5 Anschluss an den oberflächlichen Inguinallymphknoten haben. Aufgrund der damit verbundenen Kommunikation in den jeweiligen Drüsenabschnitten über die Lymphgefäße sollten die Komplexe 1–3 bzw. 4–5 jeweils als Block entnommen werden. Die regionalen Lymphknoten sollten dabei auch mit entnommen werden, da sie wichtige Aussagen über das metastatische Potenzial der Tumoren ermöglichen.

Eine **unilaterale** oder sogar **bilaterale radikale Mastektomie** umfasst die Entfernung aller 5 bzw. 10 Mammakomplexe als Block. Der Vorteil der radikalen Mastektomie für das Wohl des Tieres wird kontrovers diskutiert. Der Ansatz führt zu einer großen Wunde mit erhöhtem Risiko für eine postoperative Wundheilungsstörung. Aufgrund der primären Multiplizität von KMT ist die radikale Mastektomie jedoch möglicherweise trotzdem indiziert, um wiederholte Operationen an derselben Milchdrüsenleiste zu vermeiden. Eine bilaterale Mastektomie wird nur für Hunde mit sehr viel „pendelndem" Milchdrüsengewebe empfohlen, da in diesem Fall ein von Zugkräften freier Wundverschluss möglich ist.

Eine **Chemotherapie** ist keine Behandlungsoption für KMT. Die meisten der klinisch getesteten Behandlungsprotokolle haben keinen Einfluss auf den Krankheitsverlauf. Im Gegensatz dazu konnten verschiedene In-Vitro-Studien zu verschiedenen Chemotherapeutika einen Einfluss auf Proliferation von Mammatumorzellen zeigen, eine klinische Bestätigung dieser Beobachtungen steht jedoch aus.

Der Effekt einer **Bestrahlungs-** oder **Hormontherapie** mit Östrogenmodulatoren, wie Tamoxifen, auf KMT ist unbekannt. Die wenigen vorhandenen Studien lassen jedoch keine hohe Effizienz dieser Behandlungsformen erwarten. Eine gleichzeitige **adjunkte Ovariohysterektomie** mit der Mastektomie wird diskutiert, ein relevanter Effekt auf das Überleben von Hündinnen mit metastasierenden Tumoren konnte bisher jedoch nicht gezeigt werden.

- **Prognostische Faktoren und Marker**

Tumorstaging und -grading sind wichtige prognostische Faktoren für KMT (◘ Tab. 5.1 und 5.2). Tumorgröße und Lymphknotenmetastasen sind ebenfalls unabhängige prognostische Faktoren (◘ Tab. 5.3). Ein Verlust der **Östrogen- und Progesteronrezeptorexpression** der KMT-Zellen weist auf einen malignen Phänotyp und eine schlechtere Prognose hin. Die **HER2-Expression**, der humane epitheliale Wachstumsfaktorrezeptor, wird im Gegensatz zum Menschen, beim Hund nur selten bestimmt, da seine prognostische und biologische Relevanz bei KMT unbekannt ist. In einem neueren Ansatz konnte gezeigt werden, dass der Nachweis von zirkulierenden **Tumorzellen** (ZTZ) im peripheren Blut von Hündinnen mit KMT eng mit dem metastatischen Verhalten der Primärtumoren korreliert.

◘ **Tab. 5.3** Prognostische Faktoren für kanine Mammatumoren.

Faktor	Details	krankheitsfreies Intervall[1]/ Überlebenszeit[2] #
Tumordurchmesser	< 5 cm	112 Wochen[2]
	> 5 cm	40 Wochen[2]
Lymphknotenmetastasen#	Nein	< 30 % Rezidivierung nach 2 Jahren
	Ja	
	oder	80 % Rezidivierung nach 6 Monaten
	Nein	21 % Todesrate nach 2 Jahren
	Ja	86 % Todesrate nach 2 Jahren

Behandelt mit chirurgischer Entfernung

- **Forschungstrends**

Die aktuelle Forschung zu KMT ist vor allem auf die Identifikation und Charakterisierung von Tumorstammzellen, die Identifikation effektiver Chemotherapieprotokolle und die Identifikation prognostischer mRNA- und Proteinexpressionsmuster fokussiert. Verschiedene Studien haben potenzielle **Mammatumorstammzellen** anhand der Expression von Markern wie OCT4 und Nanog identifizieren können. Mittels **komplexer RNA- und Proteinexpressionsmuster** konnte eine sensitive und spezifische Unterscheidung maligner und benigner KMT vorgenommen werden. Die Studien nutzten dabei relativ teure Mikroarray- und Proteomanalyse-Techniken, weshalb eine Integration dieser Genexpressionsmuster in die Routinediagnostik bisher noch nicht möglich ist. Weiterhin konnten potenzielle **Chemotherapeutika** wie **der** Hyaluronansynthese-Inhibitor 4-Methylumbelliferon, der COX2-Inhibitor Celecoxib, die NSAID Tolfenaminsäure, Piroxicam, Deracoxib und ein onkolytisches Vacciniavirus erfolgreich getestet werden und könnten evtl. Einzug in die klinische Praxis halten.

- **Weiterführende Literatur**

(Beauvais et al. 2012; Chang et al. 2005; Costa da et al. 2013; Klopfleisch et al. 2010, 2011; Pang et al. 2011; Pena et al. 2013; Rivera und von Euler 2011; Sleeckx et al. 2011; Yamagami et al. 1996)

5.2 Feline Mammatumoren (FMT)

Feline Mammatumoren in sechs Fakten
1. weniger häufig als beim Hund, jedoch regelmäßig auftretend
2. Sexualhormone/Kastration beeinflussen die Inzidenz
3. keine bekannten tumorassoziierten Mutationen
4. Staging und histopathologisches Grading von prognostischer Relevanz
5. mehr als 90 % der Tumoren maligne und mit Lungenmetastasen
6. chirurgische Entfernung als Behandlungsmethode der Wahl

■ **Epidemiologie und Pathogenese**

Im Vergleich zu kaninen sind feline Mammatumoren (FMT) sind nur halb so häufig in der Katzenpopulation. Sie sind dennoch mit 17 % aller felinen Tumoren ein häufiger Tumor der Katze. FMT werden vor allem im Alter von 10–12 Jahren diagnostiziert. Eine Rasseprädisposition ist für Siamkatzen zu beobachten. Männliche Katzen entwickeln nur ausgesprochen selten Mammatumoren.

Sexualhormone und Kastration haben einen Einfluss auf die Tumorinitiation und die frühe Karzinogenese. Eine Kastration vor Beendigung des ersten Lebensjahres reduziert das Risiko für Mammatumoren um bis zu 90 %. Im Gegensatz dazu verdreifacht eine Läufigkeitsunterdrückung mittels Progesteronderivaten das Risiko. Der Einfluss der Sexualhormone in der metastatischen Phase der Tumorentwicklung ist hingegen eher zweifelhaft, da maligne FMT-Tumorzellen nur wenige bzw. **keine Östrogen- und Progesteronrezeptoren** mehr auf ihrer Oberfläche exprimieren.

Konkrete Mechanismen der **molekularen Pathogenese** von FMT sind nicht bekannt. Malignitätsassoziierte und **tumorinduzierende Mutationen** oder Signalkaskaden konnten bisher nicht identifiziert werden.

■ **Klinik**

Alle vier Milchdrüsenkomplexe der Katze, zwei thorakale und zwei abdominale, können betroffen sein. Die Prädisposition der kaudalen Komplexe ist schwächer als beim Hund. FMT sind gewöhnlich einzelne subkutane, teils ulzerierte oder zystische Massen. Eine makroskopische Unterscheidung zwischen gutartigen und malignen Tumoren ist nicht möglich. Da sich jedoch 90 % der FMT histopathologisch und klinisch bösartig verhalten, sollten alle Umfangsvermehrungen der felinen Milchdrüse vor einer endgültigen Diagnose als bösartige Tumoren angesehen werden. Multiple Mammatumoren sind möglich, aber viel seltener als beim Hund. Anzeichen von Entzündung, Ödem, Schwellung, Festigkeit, Schmerz und schneller Metastasierung wurden für die wenigen beschriebenen Fälle von hochaggressiven felinen inflammatorischen Karzinomen beschrieben. Diese sind klinisch teilweise nur schwer von einer akuten Mastitis oder einer nichtneoplastischen fibroadenomatösen Hyperplasie zu unterscheiden.

Der **Tumordurchmesser** ist ein Parameter des **WHO-Stagingsystems** und hat großen Einfluss auf die Prognose der FMT (◘ Tab. 5.4). **Lymphknotenmetastasen** finden sich bei bis zu 90 % aller Katzen mit Mammatumoren zum Zeitpunkt der Chirurgie. Die Axillar- und der Inguinallymphknoten sind je nach Lage des Tumors am häufigsten betroffen. Die **Lunge** ist die häufigste Lokalisation für **Fernmetastasen** und Lungenmetastasen sind die häufigste Todesursache bzw. Euthanasiegrund für Katzen mit FMT. Laterale und dorsoventrale Thoraxrontgenaufnahmen sind deshalb die Standardprozedur vor einer chirurgischen Behandlung von FMT.

Blutbild, Blutchemie und **Harnanalyse** sind meist im Normbereich. FMT-assoziierte **paraneoplastische Syndrome** sind nicht bekannt.

■ **Zytologie und Histopathologie**

Eine **Feinnadelaspiration** von FMT ist meist aufschlussreicher als beim Hund, da die Tumoren zumeist maligne sind. Die Zytologie ist dennoch nicht ausreichend für eine abschließende sichere Tumordiagnose bzw. ein Tumorgrading.

Die **histopathologische Analyse** mittels Tumorbiopsien ist die zuverlässigste Methode, um die Malignität bzw. den Grad von FMT einzuschätzen. Bis zu 90 % der FMT werden als maligne Karzinome diagnostiziert. Laut WHO-Klassifikation ist eine weitere Subklassifizierung in histologisch definierte Subtypen möglich, deren prognostische und therapeutische Relevanz ist jedoch fraglich. Ein

◻ Tab. 5.4 Stagingsystem für feline Mammatumoren (Owen 1980, WHO-Klassifikation)

Stage	T (Tumordurchmesser)	N (Lymphknotenmetastasen)	M (Fernmetastasen)	Durchschnittliche Überlebenszeit
I	T_1 (< 2 cm)	N_0	M_0	29 Monate
II	T_2 (2–3 cm)	N_0	M_0	12,5 Monate
III	T_3 (> 3 cm)	N_0	M_0	9 Monate
	$T_{1,2}$ (< 3 cm)	N_1	M_0	
IV	T_A (jede Größe)	N_1	M_1	1 Monat

N_0: keine Lymphknotenmetastasen, N_1: Lymphknotenmetastasen, M_0: keine Fernmetastasen, M_1: Fernmetastasen

3-gradiges Gradingsystem für Mammakarzinome zur Verbesserung und Standardisierung des prognostischen Wertes der histopathologischen Diagnose wurde kürzlich entwickelt (◻ Tab. 5.5). Zusätzlich zu diesem Gradingsystem sind auch andere Parameter, wie Tumorgröße und Lymphknotenmetastasen, eng mit der Malignität der Tumoren assoziiert. Tumoren mit einem maximalen Durchmesser von > 3 cm sind assoziiert mit einem Überleben von < 5 Monaten, während Katzen mit Tumoren < 2 cm im Durchmesser durchschnittlich > 12 Monate nach chirurgischer Entfernung überleben.

Inflammatorische Mammakarzinome sind bei Katzen ausgesprochen selten. Die Überlebenszeit der vier beschriebenen Katzen mit diesen Tumoren betrug nur wenige Tage bis zur Euthanasie. Histologisch zeigen sich die Tumorzellen vorrangig in oberflächlichen dermalen Lymphgefäßen lokalisiert und assoziiert mit einer schweren sekundären Entzündung.

Gutartige Adenome machen nur 10 % aller FMT aus. Sie werden in einfache, rein epitheliale oder komplexe, mit Myofibroblastenproliferation verbundene Adenome unterteilt. Komplexe FMT oder Mammamischtumoren sind bei der Katze extrem selten.

Die **fibroadenomatöse Hyperplasie (Fibroadenomatose)** ist ein nicht-neoplastischer und nicht-inflammatorischer Prozess, der durch die eine massive, reversible Proliferation von Milchdrüsengewebe hervorgerufen wird. Häufig sind multiple Drüsenkomplexe betroffen. Die Fibroadenomatose tritt vorrangig bei jungen Katzen < 2 Jahre nach dem Östrus oder während der Trächtigkeit auf. Eine Beseitigung der Hormonquelle durch eine Ovariohysterektomie führt zum Rückgang der Schwellung.

∎ **Therapie**

Die **chirurgische Entfernung** ist immer noch die Standardbehandlungsmethode für FMT. Das Lymphgefäßsystem der felinen Milchdrüse ist mit hoher Wahrscheinlichkeit hochgradig vernetzt. Es wird angenommen, dass die ersten beiden thorakalen Komplexe eine Verbindung sowohl zum Axillarymphknoten haben, der dritte Komplex und evtl. der auch der zweite sowohl zum A- als auch zum Inguinallymphknoten haben und der vierte, inguinale Komplex nur zum Inguinallymphknoten Kontakt. Weiterhin scheinen auch linke und rechte Mammaleiste miteinander zu kommunizieren. Eine unilaterale oder sogar bilaterale **komplette Mastektomie** wird deshalb und aufgrund des aggressiven Charakters der Tumoren empfohlen. Die radikale Mastektomie vermindert signifikant die Wahrscheinlichkeit einer Rezidivierung. Ein Zwei-Wochen-Intervall wird für die beiden Eingriffe der bilateralen Mastektomie empfohlen. Der inguinale Lymphknoten ist sehr nah kaudal des vierten Komplexes lokalisiert und sollte ebenfalls entnommen und pathologisch analysiert werden. Aufgrund der großen Entfernung von der Milchdrüse sollte der Axillarlymphknoten nur entnommen werden, wenn er vergrößert oder positiv in der Feinnadelaspiration ist, da die Entfernung des metastasierten Lymphknotens die Überlebenszeit verlängert. Eine **Ovariohysterektomie** zum Zeitpunkt der Mastektomie hat keinen Einfluss

□ Tab. 5.5 Gradingsystem für feline Mammatumoren (Mills et al. 2015)

Histologische Kriterien	Punkte		Medianes Überleben in Monaten	Überlebensrate nach 18 Monaten in %
A. Lymphgefäßeinbrüche	0	keine		
	1	vorhanden		
B. Kernform	0	< 5 % abnormal		
	1	> 5 % abnormal		
C. Mitosen pro 10 HPF	0	< 62		
	1	> 62		
Gesamtzahl (A +B +C)	0	**Grad 1**	31	82
Gesamtzahl (A +B +C)	1	**Grad 2**	14	37
Gesamtzahl (A +B +C)	2–3	**Grad 2**	8	18

HPF = 0,22 mm^2

□ Tab. 5.6 Prognostische Faktoren für FMT

Faktor	Details	Krankheitsfreies Intervall [1]/Überlebenszeit[2]
Tumordurchmesser #	< 3 cm	21–24 Monate[1]
	> 3 cm	4–12 Monate[1]
	oder	oder
	< 2 cm*	450 Tage[2]
	2–3 cm*	448 Tage[2]
	> 3 cm*	200 Tage[2]
Metastasierung*	Nein	> 2100 Tage[2]
	Ja	331 Tage[2]
Lokalisation der Metastasen*	Lymphknoten	> 1543 Tage[2]
	Lunge	331 Tage[2]
	Pleura	188 Tage[2]
Art der Mastektomie*	regional	428 Tage
	unilateral radikal	348 Tage
	bilateral radikal	917 Tage

chirurgisch behandelt, *behandelt mit Mastektomie und Doxorubicin

auf Überleben oder Tumorrezidivierung. Sie sollte jedoch im Rahmen einer fibroadenomatösen Hyperplasie in Betracht gezogen werden.

Eine primäre **Chemotherapie** mit Doxorubicin allein oder in Kombination mit Cyclophosphamid kann einen positiven Effekt auf nicht-resezierbare Tumoren haben. Eine metronome Chemotherapie mit langfristiger Administration von niedrigen Dosen von Vincristin, Cyclophosphamid und Methotrexat wurden als positiv für Überleben und krankheitsfreies Intervall beschrieben. Der Effekt einer **adjunkten postoperativen Chemotherapie** ist nicht gesichert, sie könnte aber einen lebensverlängernden Effekt haben.

Die therapeutische Relevanz von Bestrahlung und **Antihormontherapie** für FMT ist bisher nicht bewiesen.

■ Prognostische Faktoren und Marker

Studien zur Korrelation der Überexpression von **HER2** und der Überlebenszeit kamen zu uneinheitlichen Ergebnissen. Cyclooxygenase-2- (**COX2**)- und **VEGFR2**-Expression in FMT sind jedoch mit leicht verkürzten Überlebenszeiten assoziiert. COX2 und VEGFR2 könnten deshalb potenzielle Therapieziele für FMT sein. Weitere prognostische Faktoren für FMT sind in ◨ Tab. 5.6 zusammengefasst.

■ Weiterführende Literatur

(Hughes und Dobson 2012; Mills et al. 2015; Morris 2013; Novosad et al. 2006; Pang et al. 2013; Perez-Alenza et al. 2004; Viste et al. 2002)

Weiterführende Literatur

Beauvais W, Cardwell JM, Brodbelt DC (2012) The effect of neutering on the risk of mammary tumours in dogs—a systematic review. J Small Anim Pract 53:314–322

Chang SC, Chang CC, Chang TJ, Wong ML (2005) Prognostic factors associated with survival two years after surgery in dogs with malignant mammary tumors: 79 cases (1998–2002). J Am Vet Med Assoc 227:1625–1629

Costa Da A, Kohn B, Gruber AD, Klopfleisch R (2013) Multiple RT-PCR markers for the detection of circulating tumour cells of metastatic canine mammary tumours. Vet J 196:34–39

Hughes K, Dobson JM (2012) Prognostic histopathological and molecular markers in feline mammary neoplasia. Vet J 194:19–26

Klopfleisch R, Lenze D, Hummel M, Gruber AD (2010) Metastatic canine mammary carcinomas can be identified by a gene expression profile that partly overlaps with human breast cancer profiles. BMC Cancer 10:618

Klopfleisch R, Von Euler H, Sarli G, Pinho SS, Gartner F, Gruber AD (2011) Molecular carcinogenesis of CMT: news from an old disease. Vet Pathol 48:98–116

Mills SW, Musil KM, Davies JL, Hendrick S, Duncan C, Jackson ML, Kidney B, Philibert H, Wobeser BK, Simko E (2015) Prognostic value of histologic grading for feline mammary carcinoma: a retrospective survival analysis. Vet Pathol 52:238–249

Morris J (2013) Mammary tumours in the cat: size matters, so early intervention saves lives. J Feline Med Surg 15:391–400

Novosad CA, Bergman PJ, O'Brien MG, McKnight JA, Charney SC, Selting KA, Graham JC, Correa SS, Rosenberg MP, Gieger TL (2006) Retrospective evaluation of adjunctive doxorubicin for the treatment of feline mammary gland adenocarcinoma: 67 cases. J Am Anim Hosp Assoc 42:110–120

Owen L. TNM classification of tumours in domestic animals. 1 ed. Geneva, World health organization; 1980.

Pang LY, Cervantes-Arias A, Else RW, Argyle DJ (2011) Canine mammary cancer stem cells are radio- and chemoresistant and exhibit an epithelial-mesenchymal transition phenotype. Cancers (Basel) 3:1744–1762

Pang LY, Blacking TM, Else RW, Sherman A, Sang HM, Whitelaw BA, Hupp TR, Argyle DJ (2013) Feline mammary carcinoma stem cells are tumorigenic, radioresistant, chemoresistant and defective in activation of the ATM/p53 DNA damage pathway. Vet J 196:414–423

Pena L, De Andres PJ, Clemente M, Cuesta P, Perez-Alenza MD (2013) Prognostic value of histological grading in noninflammatory canine mammary carcinomas in a prospective study with two-year follow-up: relationship with clinical and histological characteristics. Vet Pathol 50:94–105

Perez-Alenza MD, Jimenez A, Nieto AI, Pena L (2004) First description of feline inflammatory mammary carcinoma: clinicopathological and immunohistochemical characteristics of three cases. Breast Cancer Res 6:R300–R307

Rivera P, Von Euler H (2011) Molecular biological aspects on canine and human mammary tumors. Vet Pathol 48:132–146

Sleeckx N, De Rooster H, Veldhuis Kroeze EJ, Van Ginneken C, Van Brantegem L (2011) Canine mammary tumours, an overview. Reprod Domest Anim 46:1112–1131

Viste JR, Myers SL, Singh B, Simko E (2002) Feline mammary adenocarcinoma: tumor size as a prognostic indicator. Can Vet J 43:33–37

Yamagami T, Kobayashi T, Takahashi K, Sugiyama M (1996) Prognosis for canine malignant mammary tumors based on TNM and histologic classification. J Vet Med Sci 58:1079–1083

6

Hämatopoetische Tumoren

Manfred Henrich

© Springer-Verlag GmbH Deutschland 2017
R. Klopfleisch (Hrsg.), *Veterinäronkologie kompakt*,
https://doi.org/10.1007/978-3-662-54987-2_6

6.1 Lymphatische Tumoren

Lymphatische Tumoren veterinärmedizinischer Patienten gleichen den sogenannten Non-Hodgkin-Lymphomen des Menschen. Sie stellen eine systemische neoplastische Proliferation von Lymphozyten oder deren Vorläuferzellen dar. Trotz der gemeinsamen Bezeichnung dieser Tumoren als Lymphom bilden sie eine sehr heterogene Gruppe von malignen Tumoren mit sehr variablem biologischem Verhalten, da sie von ganz verschiedenen Lymphozytentypen abstammen.

6.1.1 Kanine Lymphome

Kanine Lymphome in vier Fakten
1. häufige Tumoren des Hundes
2. verschiedene Typen mit unterschiedlichem Verhalten existieren
3. Symptomatik abhängig von Ort und Ausmaß der Tumorinfiltration
4. Chemotherapie ist die Behandlung der Wahl

■ **Epidemiologie und Pathogenese**

Lymphome gehören zu den häufigsten Neoplasien von Hunden. Bei mittelalten bis älteren Tieren besteht ein höheres Erkrankungsrisiko; unkastrierte Hündinnen zeigen ein niedrigeres Erkrankungsrisiko. Boxer, Bullmastiff, Bulldogge, Basset Hound, Bernhardiner, Scottish Terrier, Airedale Terrier, Bouvier des Flandres, Labrador Retriever und Rottweiler zeigen eine Prädisposition. Weiterhin besteht eine Prädisposition für einige Rassen, bestimmte Lymphomtypen zu entwickeln, z. B. T-Zell-Lymphome bei Boxer, Spitz und asiatischen Hunderassen sowie B-Zell-Lymphome bei Cocker Spaniel und Basset Hound. Diese Rasseprädisposition deutet darauf hin, dass genetische Faktoren bei der Entwicklung von Lymphomen eine Rolle spielen. Eine **infektiöse Ätiologie** konnte beim Hund (bislang) noch nicht nachgewiesen werden. Eine Exposition gegenüber Herbiziden, vor allem 2,4-Dichlorophenoxyessigsäure (ein häufiges Unkrautvernichtungsmittel und Bestandteil von „Agent Orange"), wurde als Risikofaktor für die Entwicklung von Lymphomen beim Hund beschrieben.

Als **molekulare Anomalien** wurden bei kaninen Lymphomen chromosomale Aberrationen (Trisomie 13 und 31, Monosomie 14), Aberrationen der Expression bestimmter Tumorsuppressorgene und Onkogene (p53, Rb, N-ras und p16) sowie Aberrationen der Telomerase-Aktivität beschrieben.

■ **Klinik**

Die klinischen Symptome sind variabel und hängen vom Entstehungsort, der Größe des Tumors sowie der möglichen Infiltration anderer Organe ab. Das **aggressive multizentrische Lymphom** ist der häufigste Lymphomtyp beim Hund, gefolgt von **gastrointestinalen (alimentären), mediastinalen, kutanen und extranodalen** Formen.

Lymphome können grundsätzlich überall auch außerhalb des lymphatischen Systems entstehen (primäre extranodale Formen), jedoch sind die Haut, das zentrale Nervensystem, Augen, Herz, Harnblase sowie die Nasenschleimhaut die am häufigsten betroffenen Regionen.

Das erste klinische Anzeichen eines **multizentrischen Lymphoms** ist eine generalisierte, nicht schmerzhafte Schwellung der Lymphknoten, oft im Zusammenhang mit einer Schwellung von Leber und Milz (◨ Abb. 6.1). Das Knochenmark ist häufig mitbeteiligt, was zu einer Leukopenie und/oder Anämie führen kann. Einige Patienten zeigen unspezifische Symptome wie Anorexie, Diarrhoe, Erbrechen, Gewichtsverlust und Fieber.

Tiere mit **gastrointestinalem Lymphom** können Erbrechen, Anorexie, Diarrhoe, Gewichtsverlust, Ikterus und Tenesmus zeigen. In der klinischen Untersuchung können eine Hepatosplenomegalie und Massen im vorderen oder mittleren Abdomen auffallen.

Hunde mit **mediastinalen Lymphomen** zeigen Massen im kranialen Mediastinum. Diese sind durch eine Vergrößerung entweder der mediastinalen Lymphknoten oder des Thymus bedingt. Die klinischen Symptome entstehen durch den Masseneffekt des Tumors, der auf die angrenzenden Organe drückt. Hierbei wird vor allem die Lunge beeinträchtigt, was sich in Dyspnoe äußert. Die Kompression der Lunge kann durch einen tumorbedingten Thoraxerguss verstärkt werden. Eine Kompression der kranialen Vena cava oder eine Infiltration in diese

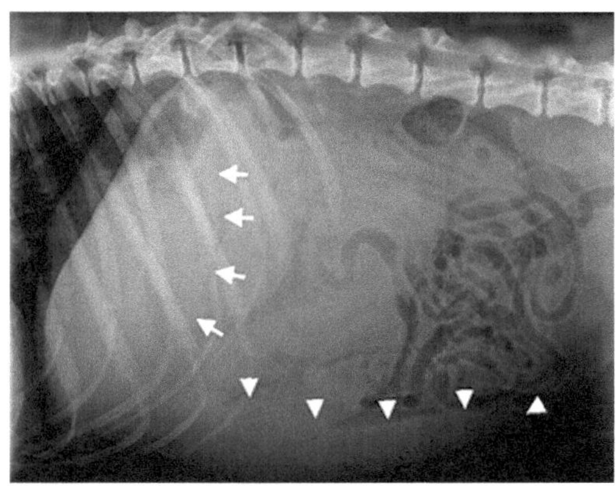

Abb. 6.1 Laterale Röntgenaufnahme des Abdomens eines Hundes mit multizentrischem Lymphom. Die Milz (Pfeilspitzen) ist hochgradig vergrößert und kaudal des Magens (Pfeile) befindet sich eine raumfordernde Masse (vergrößerte Mesenteriallymphknoten), welche den Darm nach kaudal verlagert (mit freundlicher Genehmigung von Dr. Antje Hartmann, Vetsuisse Fakultät, Universität Bern, und dem Fachbereich Veterinärmedizin, Klinik für Kleintiere/Chirurgie, Justus-Liebig-Universität, Gießen)

kann zu einem Ödem des Kopfes oder der Vordergliedmaßen führen. Eine Stenose des Ösophagus durch den Masseneffekt des Tumors kann sich in Regurgitieren äußern.

Kutane Lymphome machen 1 % der kaninen Hauttumoren aus, wobei zwei Formen unterschieden werden: epitheliotrope und nicht-epitheliotrope Lymphome. Das **epitheliotrope Lymphom** (syn. Mycosis fungoides) ist eine multifokal bis ausgebreitet auftretende Tumorerkrankung, deren klinisches Erscheinungsbild sehr variabel sein und die jegliche entzündliche Hauterkrankung imitieren kann. Die klinischen Formen werden grundsätzlich unterschieden in *exfoliatives Erythroderm* (generalisiertes Erythem, Schuppenbildung, Depigmentierung, Alopezie und Juckreiz in unterschiedlichem Maß), *solitäre oder multiple Knoten oder Plaques* (schuppige, erythematöse und krustige Schwellungen, die konfluieren, erodieren oder ulzerieren können, sich jedoch auch selten zurückbilden) sowie *ulzerative orale Formen* und *Lymphome am mukokutanen Übergang*. Das **nicht-epitheliotrope Lymphom** zeigt sich in einzelnen oder multiplen Knoten in der Dermis oder Subkutis. Jede Körperregion kann betroffen sein; orale Formen sind jedoch seltener. Die Knoten können ulzerieren und Schwellungen des regionären Lymphknotens sind häufig.

Paraneoplastische Syndrome (d. h. klinische Symptome, die durch die Neoplasie verursacht werden, aber weder durch den Masseneffekt des Tumors selbst noch seiner Metastasen bedingt sind) können auch bei Lymphomen auftreten. Anämie und tumorinduzierte Hyperkalzämie sind die beiden häufigsten paraneoplastischen Syndrome von Lymphomen. Letztere entsteht durch die Produktion des parathormonverwandten Peptids (PTHrP) durch die Tumorzellen. Betroffene Tiere zeigen Polyurie und Polydipsie, Erbrechen und Dehydratation. In schweren Fällen können Verstopfung, Hypertonie, Zuckungen, Schwäche, Zittern, Depression, Erbrechen, Bradykardie und Stupor bis hin zum Koma und Tod auftreten.

■ **Stadienbestimmung (Staging)**

Das **Clinical Staging System der WHO**, das in vorhergehenden Kapitel bereits beschrieben wurde, kann ebenfalls für die Stadienbestimmung (Staging) von Lymphomen in der Veterinärmedizin herangezogen werden (■ Tab. 6.1).

■ **Klassifikation**

Die Klassifikation von Lymphomen ist sehr komplex und es existieren mehrere Klassifikationssysteme. Klinisch können die Lymphome anhand ihrer anatomischen Verteilung eingeteilt werden (multizentrisch, gastrointestinal [alimentär], mediastinal, kutan und extra-nodal). Andere Klassifikationssysteme schließen histologische und immunhistologische Merkmale mit ein.

Die von der WHO herausgegebene histologische Klassifikation der hämatopoetischen Tumoren der Haustiere wird von vielen Veterinärpathologen genutzt und schließt anatomische, histologische und immunhistologische (B-Zell- oder T-Zell-Phänotyp) Kriterien ein. Einige Studien benutzen jedoch Kriterien anderer Klassifikationssysteme (z. B. Working Formulation [WF], updated Kiel classification); vor allem die Gradierung von Lymphomen in high, intermediate und low grade wird hierbei häufig vorgenommen. Die Genauigkeit der WHO-Klassifikation wurde in einer Studie mit 300 Fällen bestätigt; eine Folgestudie assoziierte die verschiedenen Typen dieser Klassifikation mit Überlebenszeiten und kombinierte gleichzeitig die WHO-Klassifikation mit einem Gradierungsschema (■ Tab. 6.2).

Tab. 6.1 WHO-System für das Staging von Lymphomen bei Haussäugetieren, Owen (1980)

Stage

I   Befall beschränkt auf einzelnen Lymphknoten oder ein lymphatisches Gewebe in einem Organ

II   Befall von mehreren Lymphknoten in einer Region (± Tonsillen)

III   Lymphknoten generalisiert betroffen

IV   Beteiligung von Leber und/oder Milz (± Stadium III)

V   Manifestation im Blut und Beteiligung von Knochenmark und/oder anderer Organsysteme (± Stage I–IV)

Zu jedem Stadium werden folgende Substadien eingeteilt:

a   ohne systemische Symptome

b   mit systemischen Symptomen

Tab. 6.2 Gradeinteilung/Malignität der nach der WHO klassifizierten Lymphome (Valli et al. 2013)

B-Zell Lymphome	T-Zell-Lymphome
Indolente B-Zell-Lymphome	**Indolent T-Zell-Lymphome**
Marginalzonen-Lymphome	T-Zonen- Lymphome
Mantelzell-Lymphome	**Niedriggradige T-Zell-Lymphome**
Follikuläre Lymphome	Anaplastische großzellige T-Zell-Lymphome
Niedriggradige B-Zell Lymphome	Enterale T-Zell-Lymphome
Diffuse großzellige B-Zell-Lymphome (LO IB)	Kutane T-Zell-Lymphome
Diffuse großzellige B-Zell-Lymphome (LO IB)	**Hochgradige T-Zell-Lymphome**
T-Zell-reiche großzellige B-Zell-Lymphome	Periphere T-Zell-Lymphome
Kleinzellige lymphozytäre B-Zell-Lymphome	T-Zell lymphoblastische Lymphome
Chronische lymphozytäre B-Zell-Leukämie	T-Zell lymphoblastische Lymphome
Diffuse intermediäre B-Zell-Lymphome	
Intermediärgradige B-Zell-Lymphome	
Diffuse großzellige B-Zell-Lymphome (CB)	
Diffuse großzellige B-Zell	
Plasmazytome	
Lymphoplasmazytoide Lymphome	
Hochgradige B-Zell Lymphome	
Diffuse großzellige B-Zell-Lymphome (HI CB)	
Diffuse großzellige B-Zell-Lymphome (HI IB)	
Burkitt-ähnliche Lymphome	
Anaplastische großzellige B-Zell-Lymphome	
Zell lymphoblastische B-Zell-Lymphome	
Zell lymphoblastische B-Zell-Lymphome	
Plasmablastische Lymphome	

LO: niedrige Mitoserate, mid: mäßige Mitoserate, HI: hohe Mitoserate, IB: immunoblastisch, CB: centroblastisch

■ Zytologie und Histopathologie

Die **Zytologie** von Lymphomen (**□** Abb. 6.2–6.3) ist eine geeignete minimalinvasive Diagnosetechnik. In Fällen mit großem Anteil unreifer Zellen (> 50 % der kernhaltigen Zellen) kann eine aussagekräftige Diagnose gestellt werden. Eine geringere Zahl an identifizierbaren neoplastischen Zellen (**□** Abb. 6.4) und/oder ein ausgeprägter Hintergrund von reaktiven Lymphozyten (**□** Abb. 6.5) kann die korrekte Diagnosestellung jedoch erschweren. Gleiches gilt für gut differenzierte (kleinzellige, „small type") Lymphome, bei denen sich die neoplastischen Zellen morphologisch nicht von nicht-neoplastischen Lymphozyten unterscheiden lassen.

Das Wachstumsmuster und durch den Tumor bedingte Veränderungen der Organarchitektur lassen sich mit einer **histologischen Untersuchung** des betroffenen Gewebes erfassen. Die oben beschriebene Klassifikation der Lymphome benötigt die histologische Untersuchung in Kombination mit

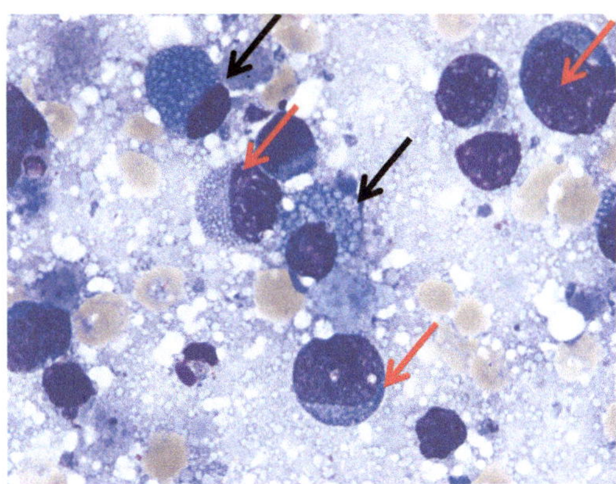

□ Abb. 6.3 Zytologie eines B-Zell-Lymphoms mit sog. Mott-Zell-Differenzierung, Lymphknoten, Hund, May-Grünwald-Giemsa, 1000×. Es finden sich zahlreiche mittelgroße bis große lymphatische Blasten (rote Pfeile, Durchmesser ca. 2–3× so groß wie ein Erythrozyt) mit exzentrisch gelegenen, leicht eingekerbten Zellkernen mit retikulärem Chromatin und geringen Mengen eines basophilen Zytoplasmas, das einzelne bis zahlreiche Vakuolen enthält. Das Auftreten von zahlreichen reifen Plasmazellen mit multiplen intrazytoplasmatischen Vakuolen (Mott-Zellen, schwarze Pfeile) deutet auf ein bei Hund und Katze selten beschriebenes B-Zell-Lymphom mit Mott-Zell-Differenzierung hin. Immunhistologisch konnten im vorliegenden Fall Immunglobulin-G- (IgG-) positive Zellen nachgewiesen werden (mit freundlicher Genehmigung von Dr. N. Bauer, Fachbereich Veterinärmedizin, Justus-Liebig-Universität Gießen).

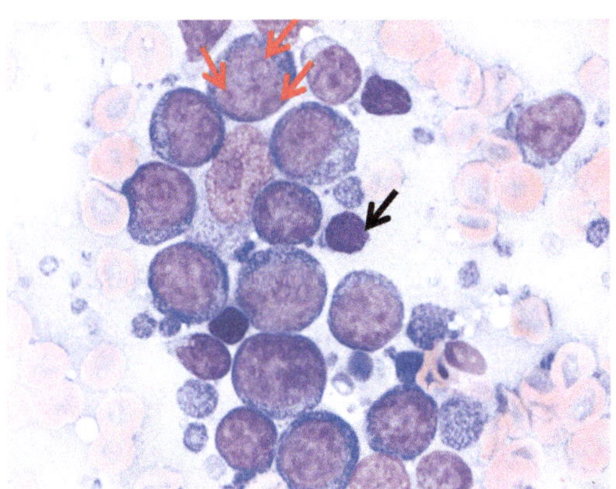

□ Abb. 6.2 Zytologie eines Lymphoms aus dem Lymphknoten eines Hundes, May-Grünwald-Giemsa, 1000×. In zytologischen Präparaten gründet sich die Diagnose eines Lymphoms auf dem Nachweis von mehr als 50 % lymphatischen Blasten. Bei diesem Hund finden sich ca. 80 % lymphatische Blasten und nur wenige kleine, reife Lymphozyten (schwarzer Pfeil). Die lymphatischen Blasten sind mittelgroß (ca. zweifacher Erythrozytendurchmesser) mit exzentrischen Zellkernen, fein verteiltem Chromatin, mehreren randständigen, gut sichtbaren Nukleoli (rote Pfeile) und mittleren Mengen eines basophilen Zytoplasmas. Die Zellmorphologie ist typisch für ein polymorphes zentroblastisches B-Zell-Lymphom (mit freundlicher Genehmigung von Dr. N. Bauer, Fachbereich Veterinärmedizin, Justus-Liebig-Universität, Gießen).

einer immunhistochemischen Untersuchung (zur Bestimmung des Immunphänotyps, d. h. B- oder T-Zelle).

Die Morphologie der Lymphozyten unterscheidet sich je nach Lymphomtyp. Zellen undifferenzierter Lymphome entsprechen morphologisch Lymphoblasten. Zellen gut differenzierter Lymphome lassen sich mitunter nur schwer oder gar nicht von nicht-neoplastischen Lymphozyten unterscheiden. Lymphome haben oft ein diffuses flächenhaftes Wachstumsmuster unter Zerstörung der ursprünglichen Gewebearchitektur. Es gibt jedoch auch Lymphome mit spezifischen Wachstumsmustern (z. B. follikuläre Lymphome).

■ Klonalitätsuntersuchung

Wie schon beschrieben, kann in einigen Fällen die Unterscheidung von Lymphomen zu nicht-neoplastischen lymphatischen Proliferationen schwierig bis unmöglich sein. In diesen Fällen kann

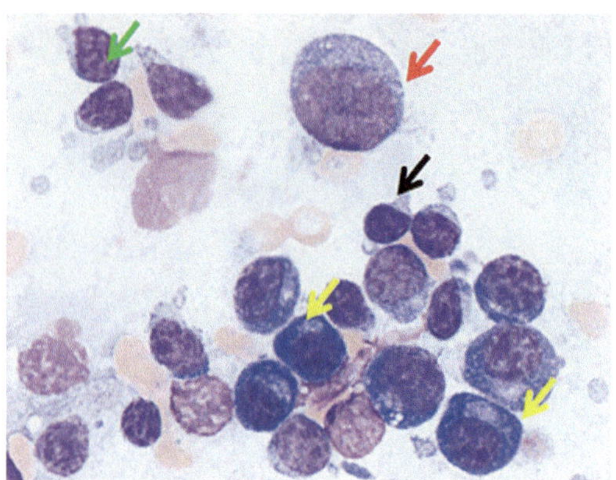

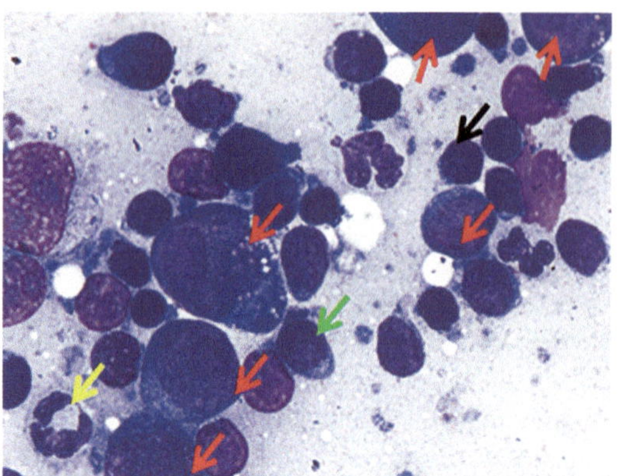

Abb. 6.4   Zytologie einer reaktiven Hyperplasie des Lymphknotens bei einem Hund mit Leishmaniose, May-Grünwald-Giemsa, 1000×. Es findet sich eine gemischte Zellpopulation aus zahlreichen Plasmazellen (gelbe Pfeile) sowie zahlreichen kleinen reifen (schwarzer Pfeil) und mittelgroßen (grüner Pfeil) Lymphozyten. Einzelne lymphatische Blasten (roter Pfeil) können ebenfalls gesehen werden. Bei diesem Fall ist ein zugrundeliegendes Lymphom, charakterisiert durch mehr als 50 % Blasten, sehr unwahrscheinlich, wobei ganz frühe Stadien nicht vollständig ausgeschlossen werden können. Solche Fälle wären jedoch auch mit histologischen Untersuchungen schwer zu erkennen (mit freundlicher Genehmigung von Dr. N. Bauer, Fachbereich Veterinärmedizin, Justus-Liebig-Universität Gießen).

Abb. 6.5   Zytologie einer follikulären Hyperplasie, abdominaler Lymphknoten, acht Monate alte Maine-Coon-Katze, May-Grünwald-Giemsa, 1000×. Es finden sich ca. 40 % pleomorphe, mittelgroße bis große lymphatische Blasten (rote Pfeile) neben zahlreichen kleinen reifen (schwarzer Pfeil) und mittelgroßen (grüner Pfeil) Lymphozyten. Einzelne intakte neutrophile Granulozyten (gelber Pfeil) können ebenfalls gesehen werden. In diesem Fall kann eine reaktive Hyperplasie mit starker Zunahme der lymphatischen Blasten nicht vollständig von einem High-Grade-Lymphom im frühen Stadium abgegrenzt werden, da der Anteil der lymphatischen Blasten nah am Schwellenwert von 50 % für die Diagnose eines Lymphoms liegt. Eine histopathologische Untersuchung zur Unterscheidung beider Diagnosen ist hier notwendig (mit freundlicher Genehmigung von Dr. N. Bauer, Fachbereich Veterinärmedizin, Justus-Liebig-Universität Gießen).

die **Untersuchung auf Klonalität** der Lymphozyten-population helfen, eine abschließende Diagnose zu stellen. Die neoplastischen Lymphozyten der Lymphome entstehen aus einer einzigen transformierten Zelle. Alle aus dieser Zelle entstandenen neoplastischen Zellen sind daher genetisch identisch (monoklonal). Im Gegensatz dazu sind reaktive Lymphozyten eine heterogene Population von Zellen, die in das Entzündungsgebiet einströmen und daher eine polyklonale Population darstellen.

Während ihrer Entwicklung rearrangieren Lymphozyten die Gene ihres Antigenrezeptors. Daher hat jede Zelle eine individuelle Gensequenz, die den individuellen Antigenrezeptor kodiert. Mittels einer **PCR** zur Erkennung von Antigenrezeptor-Rearrangements (**PCR for antigen receptor rearrangement, PARR**) kann mit Hilfe der Variation der Gensequenzen eine monoklonale Population (identische Sequenz in jeder neoplastischen Zelle) von einer polyklonalen Population (Mischung aus verschiedenen Sequenzen in nicht-neoplastischen Zellen) unterschieden werden. Die PARR ist nicht sensitiv

oder spezifisch genug, um als eigenständige Diagnosemethode für Lymphome zu dienen. Die Ergebnisse müssen immer im Zusammenhang mit Histologie, Immunhistologie und den klinischen Symptomen interpretiert werden. Weiterhin ist die Methode nicht dazu geeignet, die Linienzugehörigkeit (B- oder T-Zelle) zu bestimmen.

■ **Therapie**

Als Methode der Wahl für die Behandlung von kaninen Lymphomen gilt die **Chemotherapie** unter Verwendung von Varianten des „CHOP"-Kombinationsprotokolls (**C**yclophosphamide, Doxorubicin [= **H**ydroxydaunorubicin], Vincristin [= **O**ncovin], **P**rednison). Ein modifiziertes **Madison-Wisconsin**-Protokoll, das auf dem CHOP-Protokoll basiert, wird von vielen Veterinäronkologen verwendet. Die mediane Gesamtüberlebenszeit (*median overall survival time*, OST) von Hunden mit multizentrischem Lymphom, die mit CHOP-basierten Protokollen behandelt wurden, liegt bei ca. 8–12 Monaten; allerdings überleben weniger als 25 % dieser Hunde länger als 2 Jahre.

Eine **chirurgische Entfernung** kann bei solitären Formen hilfreich sein, wenn ein multizentrisches Auftreten ausgeschlossen werden kann.

Bestrahlung kann für solitäre Formen ebenfalls als Therapie in Frage kommen. Ebenso kann sie als palliative Therapie oder zur Depletion des Knochenmarks vor Knochenmarks- oder Stammzelltransplantationen eingesetzt werden.

- **Prognostische Faktoren und Marker**

Lymphome sind per definitionem maligne. Die Prognose der einzelnen Lymphomerkrankung hängt aufgrund der Vielfalt der unterschiedlichen Lymphome jedoch stark vom Lymphomtyp ab. Hierbei stellen die hochaggressiven Formen die eine Seite, die langsam progressiven (indolenten) die andere Seite des Spektrums dar.

Insgesamt werden bei **T-Zell-Lymphomen** kürzere Überlebens- und Remissionszeiten beschrieben. Das **WHO-Substadium b** (mit systemischen Symptomen) wird ebenfalls mit schlechterer Prognose assoziiert. Die **Gradierung** der histologischen WHO-Typen und deren Assoziierung mit Überlebenszeiten erlaubt die Verknüpfung von histologischen Typen mit der Prognose. High-Grade-Lymphome sind mit einer höheren Todesrate verbunden als Intermediate- oder Low-Grade-Lymphome. Ein anderer Faktor mit Einfluss auf die Prognose ist die **anatomische Lokalisation** (diffuse Lymphome der Haut oder des Verdauungstrakts, Lymphome der Leber und Milz sowie Lymphome des zentralen Nervensystems sind mit einer schlechteren Prognose assoziiert). Schließlich können immunhistologisch die Häufigkeit der **AgNORs** (*argyrophilic nucleolar organizer regions*) sowie die **potenzielle Verdopplungszeit (*potential doubling time*, Tpot)** als Vorhersagewerte für kanine Lymphome herangezogen werden.

- **Aktuelle Forschungstrends**

Das Ziel vieler Studien ist die Verbesserung von Diagnose, Prognose und Therapie von Lymphomen. Dabei kann das Auffinden von Faktoren, die mit Überleben und Ansprechen auf Therapien assoziiert sind, dabei helfen, exaktere Prognosen der einzelnen Erkrankung zu stellen. Gleichzeitig werden neue Therapieansätze und Therapeutika an Lymphomzelllinien und in klinischen Studien getestet.

- **Empfohlene Literatur**

(Mortier et al. 2012; Richards und Suter 2015; Marconato et al. 2013; Valli et al. 2011, 2013; Gross et al. 2008)

6.1.2 Kanine lymphozytäre Leukämie

Die lymphozytäre Leukämie wird als Neoplasie der Lymphozyten mit ausgeprägter Knochenmarksbeteiligung definiert. Die Erkrankung geht normalerweise (jedoch nicht zwangsläufig) mit einer großen Anzahl von **neoplastischen Zellen im peripheren Blut** einher. Leukämien ohne nachweisbare Tumorzellen im peripheren Blut werden als „aleukämische Leukämien" bezeichnet. Die Unterscheidung zwischen einer Leukämie und einem Lymphom im Stadium V kann im Einzelfall subjektiv sein

---

Kanine lymphozytäre Leukämie in sechs Fakten

1. eine Neoplasie der Lymphozyten mit ausgeprägter Knochenmarksbeteiligung
2. häufig zahlreiche neoplastische Lymphozyten im peripheren Blut
3. aleukämische Leukämien (ohne neoplastische Zellen im peripheren Blut) kommen vor
4. akute Formen sind sehr aggressiv mit schlechter Prognose
5. chronische Formen zeigen sehr langsame Progression
6. Chemotherapie ist Behandlung der Wahl

- **Epidemiologie und Pathogenese**

Lymphozytäre Leukämien können bei vielen verschiedenen Rassen gefunden werden. Es wird jedoch eine Rasseprädisposition für große Hunderassen (z. B. Deutscher Schäferhund, Retriever) beschrieben. Das mittlere Alter bei Diagnosestellung liegt bei ca. 7–10 Jahren. Eine Geschlechtsdisposition ist weder für die Erkrankung selbst noch für bestimmte

Subtypen bekannt. Ätiologie und exakte Pathogenese sind, wie bei den kaninen Lymphomen auch, nicht genau bekannt. Genetische Einflussfaktoren sind jedoch anzunehmen.

▪ Klinik

Die klinische Symptomatik ist vom Typ der Leukämie abhängig

Tiere mit **chronischer lymphozytärer Leukämie (CLL)** zeigen häufig milde Symptome (Lethargie, Appetitlosigkeit, Erbrechen, Diarrhoe, Lahmheit sowie leicht vergrößerte Lymphknoten und Milz) oder sind klinisch unauffällig. Das weiße Blutbild zeigt üblicherweise eine ausgeprägte Lymphozytose mit reifen Lymphozyten. Diese können morphologisch normal wirken, aber funktionell gestört sein. Zusätzlich finden sich gelegentlich eine milde Anämie, Thrombozytopenie und Neutropenie. Die Schwere der Symptome und die Blutbildveränderungen können im Lauf der Erkrankung zunehmen. Als paraneoplastische Syndrome treten im Zuge der CLL monoklonale Gammopathien, hämolytische Anämien, isolierte aplastische Anämien (Erythroblastopenie) und in einzelnen Fällen Hyperkalzämien auf.

Patienten mit **akuter lymphoblastischer Leukämie (ALL)** haben in der Regel ausgeprägtere Symptome mit Lymphadenopathie, Hepato- und Splenomegalie, Anorexie, Gewichtsverlust und Lethargie. Die massive Infiltration und Zerstörung des Knochenmarks führen zu einer Myelodepression bis hin zur Myelophthisis. Daraus folgen schwere Anämien sowie Thombozyto- und Neutropenien. Bei Infiltrationen außerhalb des Knochenmarks sind die Symptome abhängig von den betroffenen Organen oder Geweben.

▪ Zytologie und Histopathologie

Die **zytologische Untersuchung** des Knochenmarks (◧ Abb. 6.6) und des peripheren Bluts (◧ Abb. 6.7) ist hilfreich bei der Diagnose der lymphozytären Leukämie. Knochenmarksaspirate können redundant sein, wenn die zytologische Untersuchung des Blutes eine ausgeprägte Lymphozytose ergibt und gleichzeitig nicht-neoplastische Lymphozytosen (z. B. chronische Ehrlichiose, IL-2-Gabe, postvakzinäre Lymphozytose) ausgeschlossen werden können (z. B. durch PARR-Untersuchung, Prädominanz

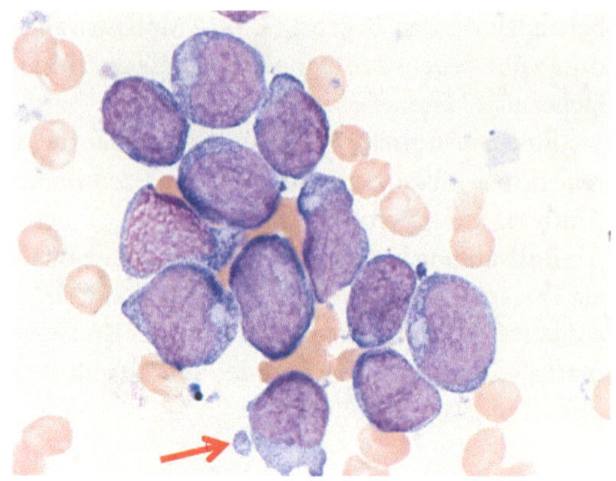

◧ **Abb. 6.6** Zytologie, akute lymphozytäre Leukämie, subleukämisches Stadium, Knochenmarksaspirat, Hund, May-Grünwald-Giemsa, 1000×. Der Hund wurde mit einer Panzytopenie und nur ganz vereinzelten lymphatischen Blasten im peripheren Blut vorgestellt. Das Knochenmarksaspirat ist sehr zellreich und die normalen hämatopoetischen Vorläuferzellen sind durch große Lymphoblasten mit einem Durchmesser von mehr als 2,5 Erythrozyten ersetzt. Der Kern der Zellen liegt exzentrisch und ist leicht eingekerbt mit fein getüpfelter Chromatinstruktur. Die Zellen haben mittlere Mengen eines hell basophilen Zytoplasmas mit deutlicher perinukleärer Aufhellung („Halo"). Typisch für lymphatische Zellen ist das Auftreten von Zytoplasmafragmenten (roter Pfeil) (mit freundlicher Genehmigung von Dr. N. Bauer, Fachbereich Veterinärmedizin, Justus-Liebig-Universität Gießen).

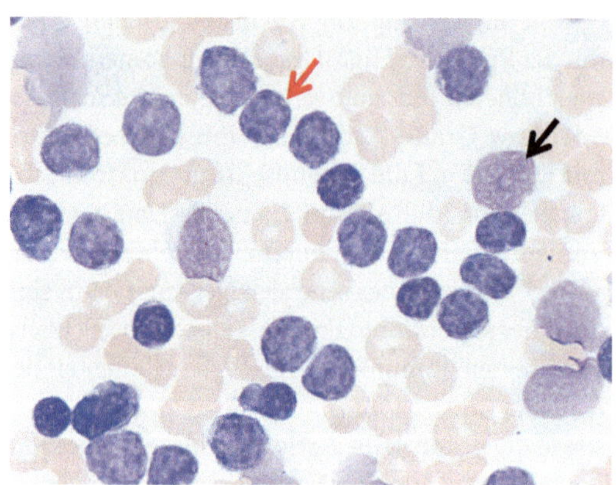

◧ **Abb. 6.7** Zytologie, chronische lymphozytäre Leukämie, Blutausstrich, Hund, May-Grünwald-Giemsa, 1000×. Das Tier zeigt eine hochgradige Leukozytose basierend auf einer hochgradigen Lymphozytose. Die Lymphozyten sind überwiegend klein und reif (roter Pfeil). Das Auftreten einzelner größerer Lymphozyten deutet jedoch auf eine Progression zu einer beschleunigten Proliferationsphase hin. Aufgrund der erhöhten Fragilität der lymphatischen Zellen finden sich auch einige freie Kerne („naked nuclei") (mit freundlicher Genehmigung von Dr. N. Bauer, Fachbereich Veterinärmedizin, Justus-Liebig-Universität Gießen).

eines Immunphänotyps oder atypische Lymphozyten). In diesen Fällen sollte auf die Knochenmarksaspiration verzichtet werden. Die Infiltration des Knochenmarks mit neoplastischen Zellen ist jedoch die charakteristische Eigenschaft der lymphozytären Leukämie. Bei der **ALL** finden sich im Aspirat zahlreiche Lymphoblasten, während bei der CLL reife Lymphozyten überwiegen.

Die **Histopathologie** von Knochenmarksbiopsien ist vor allem in den Fällen hilfreich, bei denen die Knochenmarksaspiration keine eindeutige Diagnose ergibt. Die Immunhistochemie kann in Fällen von morphologisch unreifen hämatopoetischen Zellen zur Unterscheidung der ALL von einer akuten myeloischen Leukämie eingesetzt werden.

▪ **Therapie**

Chlorambucil ist das **chemotherapeutische** Mittel der Wahl für die Behandlung der **CLL**. Ob eine Behandlung indiziert ist, hängt von dem Ausmaß der Symptome und der Blutbildveränderungen ab. Eine ausschließliche klinische Überwachung (mittels klinischer Untersuchung, komplettem Blutbild) wird in der indolenten Phase statt einer Medikation empfohlen. Aufgrund der aggressiven Natur der **ALL** benötigt diese Erkrankung eine aggressivere Chemotherapie (CHOP-basierte Protokolle) und/oder eine Knochenmarks- oder Stammzelltransplantation (derzeit in der Veterinärmedizin nur selten angewandt).

▪ **Prognostische Faktoren und Marker**

Der wichtigste prognostische Faktor ist der Typ der Leukämie. Die **CLL** zeigt gewöhnlich ein langsames Fortschreiten und im Durchschnitt überleben die veterinärmedizinischen Patienten 1–3 Jahre bei guter Lebensqualität. Mit höheren Überlebenszeiten assoziierte Faktoren sind ein T-Zell-Phänotyp, niedrige Lymphozytenzahlen im peripheren Blut, ein höheres Alter und das Fehlen einer Anämie. Tiere mit einer **ALL** haben selbst mit Therapie eine sehr schlechte Prognose. Die Überlebenszeiten liegen im Bereich von wenigen Tage bis ca. 8 Monaten.

▪ **Empfohlene Literatur**

(Adam et al. 2009; Hodgkins et al. 1980; Leifer und Matus 1986; Couto 1985; Matus et al. 1983; Morris et al. 1993)

6.1.3 Feline Lymphome

Feline Lymphome in sechs Fakten

1. häufiger Tumor bei Katzen
2. kann durch das feline Leukämievirus (FeLV) verursacht sein
3. Rückgang der FeLV-positiven Lymphome nach den 1980er-Jahren (FeLV-Eradikationsprogramme)
4. viele verschiedene Typen mit unterschiedlichem biologischem Verhalten
5. klinische Symptome abhängig von Ort und Stärke der neoplastischen Infiltration
6. Chemotherapie ist die Behandlung der Wahl

▪ **Epidemiologie und Pathogenese**

Hämatopoetische Tumoren machen bis zu 50 % der bei Katzen diagnostizierten Tumoren aus, 50–90 % der hämatopoetischen Tumoren sind Lymphome.

Das Signalement der Katzen mit Lymphomen und die Charakteristika dieser Tumoren haben sich mit den Eradikations- und Impfprogrammen gegen das Feline Leukämievirus (FeLV) in den frühen 1980er-Jahren stark verändert. **FeLV-assoziierte Lymphome** kommen häufig bei jungen Katzen vor (medianes Alter 4–6 Jahre). Diese Patienten zeigen häufig mediastinale Formen der Erkrankung. Das Vorkommen von Lymphomen hat jedoch im Lauf der Jahre zugenommen und dies trotz der Tatsache, dass die Anzahl der FeLV-assoziierten Lymphome mit den Eradikationsprogrammen abgenommen hat. Eine Veränderung des Alters der Patienten und der anatomischen Lokalisation der Lymphome ist bemerkbar. Tiermedizinische Patienten mit **nicht-FeLV-assoziierten Lymphomen** sind inzwischen älter (medianes Alter 9,5 Jahre), und gastrointestinale (vor allem intestinale) Lymphome dominieren. Es gibt eine **Rassedisposition** für Siamkatzen und orientalische Katzen; eine Geschlechtsprädisposition ist nicht bestätigt.

Eine FeLV-Infektion ist dementsprechend ein hoher Risikofaktor für die Entwicklung eines Lymphoms. Bevor die FeLV-Impfungen eingeführt wurden, waren ca. 55–70 % der Lymphome FeLV-positiv. Die Integration des FeLV-Provirus in die DNS der Lymphozyten kann die Entwicklung der Neoplasie auslösen. **FeLV-assoziierte Lymphome** sind häufig T-Zell-Lymphome mit mediastinaler (Thymus) oder multizentrischer Lokalisation und Beteiligung der peripheren Lymphknoten.

Die Infektion mit dem **Felinen Immundefizienz-Virus (FIV)** erhöht ebenfalls das Risiko, ein Lymphom zu entwickeln. Weil jedoch das Virus häufig nicht im Tumorgewebe selbst nachgewiesen werden konnte, wird ein indirekter Effekt (Immunsuppression) vermutet.

Eine **chronische Entzündung** ist ein anderer vermuteter Risikofaktor für die Entwicklung eines Lymphoms bei Katzen. Einige Studien haben eine Assoziation zwischen chronisch entzündlichen Darmerkrankungen (*inflammatory bowel disease*) und der Entwicklung von Lymphomen gefunden. Diese Ergebnisse konnten jedoch nicht alle Studien bestätigen.

■ **Klassifikation**

Klinisch lassen sich die felinen Lymphome anhand der **anatomischen Lokalisation** klassifizieren. Die anatomische Klassifikation ist in der Literatur nicht einheitlich, viele Studien nennen jedoch **multizentrische, gastrointestinale (alimentäre), mediastinale (Thymusform)** und **extranodale/unklassifizierte Formen** (zum Beispiel nasal, renal, kutan, ZNS-Lymphome).

Wie die kaninen Lymphome können auch die felinen Lymphome **mittels Histologie und Immunhistologie klassifiziert** werden. Eine Kombination der aktuell gültigen WHO-Klassifikation mit einem Gradierungsschema, ähnlich wie bei den Hunden, fehlt jedoch derzeit für die felinen Lymphome.

■ **Klinik**

Die klinischen Symptome sind mit dem Typ des Lymphoms und der anatomischen Lokalisation assoziiert.

Katzen mit **multizentrischen Lymphomen** können mit einzelnen vergrößerten peripheren Lymphknoten oder Knoten einer Lymphregion vorgestellt werden. Weitere mögliche klinische Symptome ergeben sich aus dem betroffenen Lymphzentrum oder den betroffenen Organen.

Patienten mit **gastrointestinalen Formen** zeigen entsprechende Symptome (z. B. Gewichtsverlust, Erbrechen, Diarrhoe und Anorexie). Abdominale

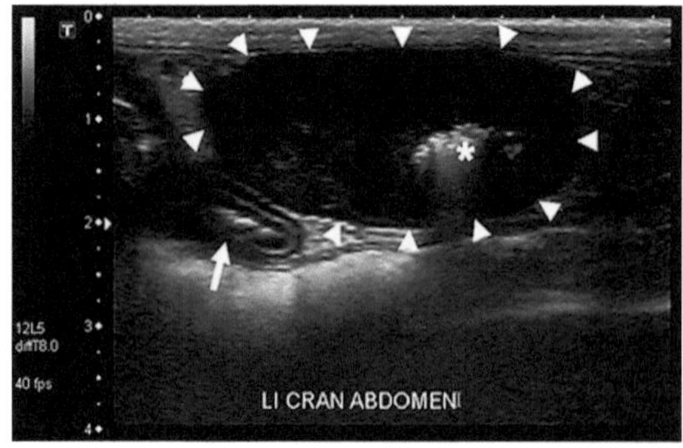

■ **Abb. 6.8** Sonographisches Bild einer Katze mit intestinalem Lymphom. Gut zu erkennen ist eine verdickte Darmschlinge (Pfeilköpfe) mit Verlust der typischerweise sichtbaren Schichtung der Darmwand (wie in der angrenzenden Schlinge sichtbar [Pfeil]). Die Streifung der Darmwand ist durch eine hypoechogene umlaufende Verdickung der Wand ersetzt. Das Lumen (*) enthält Gas, das ein hyperechogenes Signal erzeugt (mit freundlicher Genehmigung von Dr. Antje Hartmann, Vetsuisse Fakultät Universität Bern, und dem Fachbereich Veterinärmedizin, Klinik für Kleintiere/Chirurgie, Justus-Liebig-Universität Gießen).

Massen oder verdickte Darmwände (■ Abb. 6.8) können häufig palpiert werden. Die weitere Progression der Erkrankung hängt vom Lymphomtyp ab. Die lymphozytären Formen zeigen eine langsamere Progression (Monate) als die lymphoblastischen Formen (Tage oder Wochen).

Mediastinale Formen sind mit respiratorischen Symptomen (Tachypnoe, Dyspnoe) assoziiert. Weiterhin zeigen diese Tiere einen nicht-komprimierbaren kranialen Thorax und häufig einen Thoraxerguss mit neoplastischen Zellen.

Katzen mit **nasalen Lymphomen** zeigen Symptome des oberen Atmungstraktes (z. B. Nasenausfluss, nasalen Stridor, Augenausfluss oder Epistaxis). In extremen Fällen kann es bis zur Deformation des Gesichtsschädels kommen.

Renale Lymphome sind mit den klinischen Symptomen eines Nierenversagens (Polyurie/Polydipsie, verringerter Appetit, Gewichtsverlust) assoziiert. Eine irreguläre, häufig bilaterale Vergrößerung der Nieren ist palpabel (■ Abb. 6.9).

Kutane Lymphome machen ca. 3 % der felinen Hauttumoren aus. Es können zwei Formen unterschieden werden: epitheliotrope und nicht-epitheliotrope Lymphome. Das **nicht-epitheliotrope Lymphom** ist die häufigste Form des kutanen

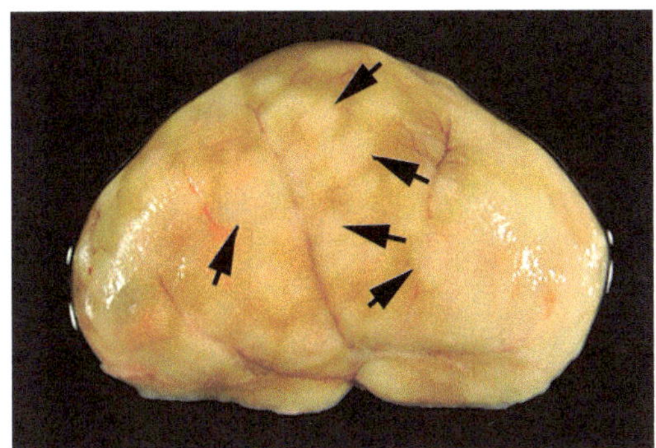

Abb. 6.9 Niere einer Katze mit renalem Lymphom. Der Tumor zeigt eine multifokale bis konfluierende Infiltration (Pfeile) des Nierenparenchyms.

Lymphoms der Katze. Es zeigt sich als einzelne oder multiple Knoten im Bereich der Dermis oder Subkutis. Jede Körperregion kann betroffen sein. Die Maulschleimhaut ist jedoch seltener involviert. Die Knötchen können ulzerieren und einer Schwellung der regionären Lymphknoten kann häufig beobachtet werden. **Epitheliotrope Lymphome** verhalten sich ähnlich wie oben beim Hund beschrieben.

Katzen mit **ZNS-Lymphomen** zeigen Symptome, die mit der Lokalisation innerhalb des ZNS (intrakranial, spinal) assoziiert sind. Unter anderem finden sich Krampfanfälle, Verhaltensänderungen, Ataxie, Parese oder Paralyse, Blindheit und viele andere. Häufig sind diese Symptome mit systemischen Symptomen wie Anorexie und Lethargie vergesellschaftet.

Paraneoplastische Syndrome (d. h. klinische Symptome, die durch die Neoplasie verursacht werden, aber weder durch den Masseneffekt des Tumors selbst noch seiner Metastasen bedingt sind) können bei Katzen mit Lymphomen beobachtet werden; sie sind jedoch deutlich seltener als bei Hunden mit Lymphomen. Eine tumorinduzierte Hyperkalzämie infolge der Produktion von parathormonverwandtem Peptid (PTHrP) kann zu Anorexie, Polyurie und Polydipsie sowie Gewichtsverlust, Lethargie und Schwäche führen.

▪ Stadienbestimmung (Staging)

Das **Clinical Staging System der WHO** (siehe ▣ Tab. 6.1) kann für die Stadienbestimmung (Staging) von felinen Lymphomen verwendet werden. Ein von Mooney und Hayes vorgeschlagenes Bestimmungssystem findet jedoch auch Verwendung (siehe ▣ Tab. 6.3)

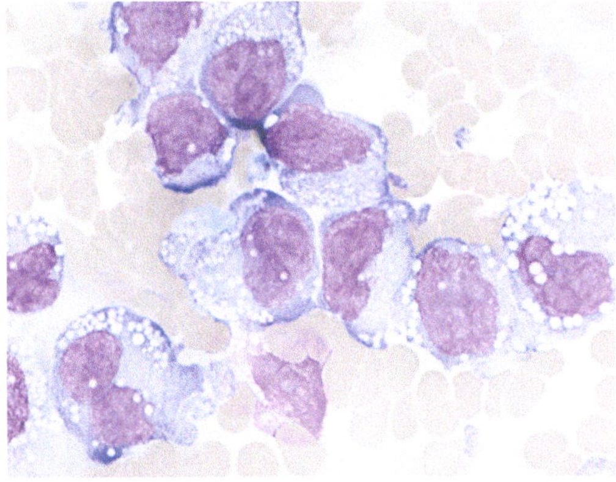

Abb. 6.10 Zytologie, Lymphom, Lymphknoten, Katze, May-Grünwald-Giemsa, 1000×. In zytologischen Präparaten beruht die Diagnose eines Lymphoms auf dem Vorhandensein von > 50 % lymphatischer Blasten. Bei dieser Katze finden sich fast 100 % lymphatische Blasten. Die Blasten sind groß (mehr als 2,5-mal so groß wie ein Erythrozyt) und haben einen exzentrisch gelegenen, irregulär geformten bis eingekerbten Zellkern mit retikulärem bis verklumptem Chromatin sowie schlecht sichtbaren Nukleoli und großen Mengen eines blass basophilen Zytoplasmas mit mehreren klaren Vakuolen. Vereinzelte zweikernige Zellen (unten links) sind sichtbar. Die Zellmorphologie ist typisch für ein anaplastisches T-Zell Lymphom (mit freundlicher Genehmigung von Dr. N. Bauer, Fachbereich Veterinärmedizin, Justus-Liebig-Universität Gießen).

▪ Zytologie und Histopathologie

Die **Zytologie** ist ein minimalinvasives Verfahren, das für die Diagnose von Lymphomen eingesetzt werden kann, wenn eine adäquate Anzahl (> 50 % der Zellpopulation) von eindeutig neoplastischen Zellen identifiziert werden kann (▣ Abb. 6.10). Eine akkurate Diagnose mittels der Zytologie kann jedoch bei nur wenigen erkennbaren neoplastischen Zellen im Präparat und/oder durch einen starken Hintergrund aus reaktiven Lymphozyten erschwert werden. Gleiches gilt für gut differenzierte (kleinzellige) Lymphome, bei denen sich die neoplastischen Zellen morphologisch nicht von nicht-neoplastischen Lymphozyten unterscheiden.

Im Zuge der **histopathologischen Untersuchung** können ähnliche Probleme auftreten. Die Histopathologie hat jedoch den Vorteil, das Wachstumsmuster und Veränderungen der Architektur, die durch das Wachstum und Infiltration der neoplastischen Zellen verursacht werden, darstellen zu können. Aufgrund der vielfältigen verschiedenen Lymphomtypen unterscheiden sich neoplastische Lymphozyten

☐ Tab. 6.3 Stagingsystem für feline Lymphome nach Mooney und Hayes

Stadium (Stage) 1

einzelner Tumor (extranodal) oder einzelne anatomische Lokalisation (nodal)
schließt primäre intrathorakale Tumoren mit ein

Stadium (Stage) 2

einzelner Tumor (extranodal) mit Beteiligung des regionären Lymphknotens
zwei oder mehr Knoten auf derselben Seite des Zwerchfells
zwei extranodale Tumoren ± Beteiligung des regionären Lymphknotens auf derselben Seite des Zwerchfells
resezierbarer primärer gastrointestinaler Tumor ± Beteiligung des assoziierten Mesenteriallymphknotens

Stadium (Stage) 3

zwei extranodale Tumoren auf gegenüberliegenden Seiten des Zwerchfells
zwei oder mehr Knoten auf gegenüberliegenden Seiten des Zwerchfells
jegliche ausgedehnte primäre, nicht resezierbare intraabdominale Erkrankung
alle paraspinalen und epiduralen Tumoren, unabhängig von anderen Tumorlokalisationen

Stadium (Stage) 4

Stadien 1, 2, oder 3 mit Beteiligung von Milz und/oder Leber

Stadium (Stage) 5

Stadien 1, 2, 3 oder 4 mit initialer Beteiligung des ZNS oder des Knochenmarks oder beidem

untereinander erheblich, und eine morphologische Identifizierung kann schwierig sein. Zellen von gut differenzierten (kleinzelligen) Lymphomen zeigen eine starke Ähnlichkeit mit nicht-neoplastischen Lymphozyten. Schlecht differenzierte Lymphome finden sich jedoch auch. Die Zellen dieser Tumoren ähneln Lymphoblasten. Das histologische Wachstumsmuster ist oft eine flächenhafte Infiltration mit Zerstörung der ursprünglichen Architektur des Gewebes. Manche Lymphome zeigen jedoch spezielle Wachstumsmuster, z. B. follikuläre Lymphome.

■ **Klonalitätsanalyse**

Siehe entsprechenden Absatz bei den kaninen Lymphomen.

■ **Therapie**

Die **Chemotherapie** ist aufgrund des systemischen Charakters der Erkrankung die Behandlung der Wahl für feline Lymphome. Ähnlich wie bei kaninen Lymphomen werden Modifikationen des CHOP Protokolls (**C**yclophosphamid, Doxorubicin [= **H**ydroxydaunorubicin], Vincristin [= **O**ncovin], **P**rednison) verwendet. Diese Protokolle eignen sich zur Behandlung von allen Lymphomtypen mit Ausnahme der gut differenzierten. Katzen sprechen nicht so gut auf die Behandlung an wie Hunde (Ansprechraten von 50–80 % mit medianen Remissions- und

Überlebenszeiten von 4–6 Monaten); sie zeigen jedoch geringere Nebenwirkungen der Therapie.

Eine **Bestrahlung** eignet sich für Formen mit einzelnen Tumoren. Eine hohe Remissionsrate kann durch Bestrahlung von nasalen Lymphomen erreicht werden.

■ **Prognostische Faktoren und Marker**

Die Prognose hängt vom **Typ und der anatomischen Lokalisation** des Lymphoms bei der Katze ab. Gastrointestinale Lymphome haben eine signifikant kürzere Überlebenszeit als mediastinale und nasale Lymphome. Aufgrund des Fehlens eines Gradierungsschemas, das mit der histologischen WHO-Klassifikation korreliert, werden die Prognosen in Hinsicht auf den **Zelltyp** basierend auf der Kiel-Klassifikation herangezogen. High-Grade-Lymphome habe eine signifikant kürzere Überlebenszeit als Low-Grade-Lymphome. Anders als beim Hund ist kein prognostischer Wert des **Immunphänotyps** (d. h. B- oder T-Zell-Lymphom) beschrieben.

■ **Forschungstrends**

Viele der aktuell veröffentlichten Studien haben das Ziel, die Diagnose, Therapie und Prognose von felinen Lymphomen zu verbessern. Die Untersuchung verschiedener Therapieansätze und Therapeutika kann therapeutische Strategien bei der Behandlung von Lymphomen verbessern und dabei helfen, den Behandlungserfolg dieser Therapien zu vergrößern.

- **Empfohlene Literatur**

(Hardy 1981; Vail et al. 1998; Louwerens et al. 2005; Carreras et al. 2003; Ragaini et al. 2003; Hart et al. 1994)

6.1.4 Feline lymphozytäre Leukämie

Lymphozytäre Leukämien sind neoplastische Proliferationen von Lymphozyten mit ausgeprägter Knochenmarksbeteiligung. Üblicherweise finden sich hierbei zahlreiche neoplastische Zellen im peripheren Blut. Bei den sogenannten aleukämischen Leukämien fehlen sie jedoch. In manchen Fällen kann es schwierig, in anderen unmöglich sein, eine Leukämie von einem Lymphom im Stadium V zu unterscheiden.

Feline lymphozytäre Leukämie in sieben Fakten

1. lymphozytäre Neoplasie mit ausgeprägter Knochenmarksbeteiligung
2. neoplastische Lymphozyten häufig zahlreich im peripheren Blut zu finden
3. aleukämische Leukämien (ohne neoplastische Zellen im peripheren Blut) kommen vor
4. akute Formen sind sehr aggressiv mit schlechter Prognose und häufig mit dem felinen Leukämievirus (FeLV) assoziiert
5. Rückgang der Inzidenz der felinen Leukämie mit Rückgang der Inzidenz der FeLV-Infektionen
6. chronische Formen sehr langsam progressiv
7. Chemotherapie ist die Behandlung der Wahl

- **Epidemiologie und Pathogenese**

Während der Ära der FeLV-Infektionen war die **akute lymphozytäre Leukämie (ALL)** der häufigste Leukämietyp bei Katzen. Nach den FeLV-Eradikations- und Impfprogrammen in den 1980er-Jahren ist dieser Tumortyp selten geworden, und es gibt nur wenig aktuelle Literatur darüber. Die Mehrheit der Katzen mit ALL sind weiterhin FeLV-positiv und die Erkrankung betrifft junge Katzen (< 4 Jahre).

Die **chronische lymphozytäre Leukämie (CLL)** wird bei Katzen nur selten diagnostiziert. Die aktuelle

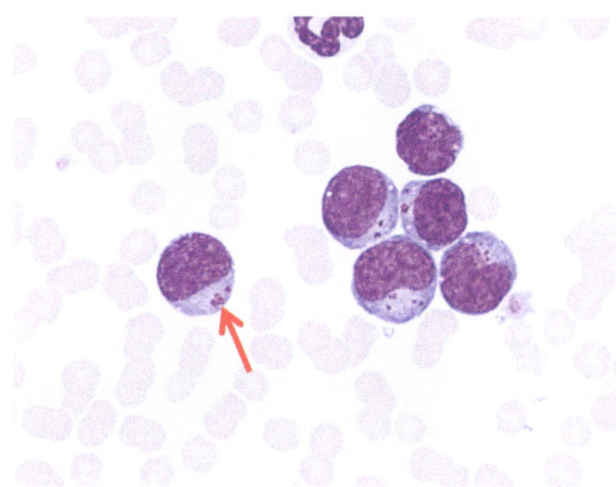

☑ **Abb. 6.11** Zytologie, akute lymphoblastische Leukämie mit großen granulierten Lymphozyten (*large granular lymphocytes*, LGL), Blutausstrich, Katze, May-Grünwald-Giemsa, 1000×. Es finden sich mehrere große Lymphozyten mit runden bis eingekerbten Kernen, einem fein getüpfelten Chromatin, überwiegend schlecht sichtbaren Nukleoli und einigen perinukleären eosinophilen Granula (roter Pfeil). Als Differenzialdiagnose kommt ein LGL-Lymphom in Frage, welches bei der Katze vor allem im Magen-Darm-Trakt entsteht. Bei diesen Tumoren kann eine Beteiligung der Milz zu einem leukämischen Stadium führen (mit freundlicher Genehmigung von Dr. N. Bauer, Fachbereich Veterinärmedizin, Justus-Liebig-Universität Gießen).

Inzidenz ist unbekannt; Katzen mit CLL sind jedoch älter (medianes **Alter** 12,5 Jahre), und diese Tumoren sind üblicherweise **FeLV-negativ**.

Bei den lymphozytären Leukämien ist keine Geschlechtsdisposition bekannt.

- **Klinik**

Katzen mit **ALL** werden meist in gutem körperlichen Zustand vorgestellt. Vorberichtlich zeigen sie akut einsetzende unspezifische Symptome wie Lethargie, Anorexie, Erbrechen, Diarrhoe, Gewichtsverlust und Polyurie/Polydipsie.

Die **CLL** ist eine Tumorerkrankung mit indolentem (langsam progressivem) Verlauf. Wenn die Katzen überhaupt Symptome zeigen, werden sie mit Lethargie, reduziertem Appetit und Gewichtsverlust vorgestellt. In vielen Fällen kann eine vergrößerte Milz palpiert werden.

- **Zytologie und Histopathologie**

Die **zytologische Untersuchung** von Knochenmark und peripherem Blut (☑ Abb. 6.11) kann bei der Diagnose der lymphozytären Leukämie hilfreich sein.

Knochenmarksaspirate können überflüssig sein, wenn die Zytologie des peripheren Bluts eine hochgradige Lymphozytose zeigt und nicht-neoplastische Ursachen für Lymphozytosen (z. B. chronische Ehrlichiose, IL-2-Gabe, postvakzinäre Lymphozytose) ausgeschlossen wurden (z. B. durch PARR-Analyse, Prädominanz eines Phänotyps oder atypische Lymphozyten). Das Charakteristikum der lymphozytären Leukämie ist jedoch die Infiltration des Knochenmarks mit neoplastischen Zellen. Bei der **ALL** finden sich große Zahlen lymphatischer Blasten in den Ausstrichen, während bei der **CLL** reife Zellen dominieren.

Die **Histopathologie** von Knochenmarksbiopsien ist vor allem dann hilfreich, wenn Knochenmarksaspirate keine konkrete Diagnose ergeben. Die Immunhistochemie kann in Fällen eingesetzt werden, bei denen die Histopathologie unreife Zellen zeigt und eine Unterscheidung einer ALL von einer akuten myeloischen Leukämie getroffen werden soll.

- **Therapie**

Katzen mit **ALL** sprechen nur schlecht auf **Chemotherapie** an. Eine Kombination von Vincristin und Prednison konnte in einer Studie bei 27 % der behandelten Katze eine vollständige Remission erreichen. Die Therapie der **CLL** mit Chlorambucil und Prednison erbrachte eine mediane Überlebenszeit von ca. 14 Monaten mit einer kompletten oder teilweisen Remission bei 88 % der behandelten Katzen.

- **Prognostische Faktoren und Marker**

Wie bei Hunden beeinflusst vor allem der Typ der Leukämie die Prognose. Patienten mit **ALL** haben eine sehr schlechte Prognose mit kurzen Überlebenszeiten. Patienten mit **CLL** haben aufgrund des indolenten Verhaltens der CLL eine bessere Prognose und längere Überlebenszeiten.

- **Empfohlene Literatur**

Campbell et al. (2013)

6.2 Tumoren der Plasmazellen von Hunden und Katzen

Die folgenden Tumoren der Plasmazellen sind in der WHO-Klassifikation der hämatopoetischen Tumoren der Haustiere aufgeführt:

- Indolente Plasmozytome
- Anaplastische Plasmozytome
- Plasmazell-Myelome (multiple Myelome).

Die Bezeichnung *„myeloma-related disorders (MRD)"* kann verwendet werden, um alle Neoplasien der Plasmazellen und immunglobulinsezernierenden B-Zell-Vorläufer zu beschreiben. Neben den Tumoren, die in der WHO-Klassifikation beschrieben werden, beinhalten die MRD folgende Erkrankungen:

- Solitäre Plasmozytome des Knochens
- Makroglobulinämie
- Immunoglobulinsezernierende Lymphome
- Myelomzell-Leukämie.

Das folgende Kapitel konzentriert sich auf die Plasmazell-Myelome und Plasmozytome als häufigste Formen der Plasmazell-Tumoren.

6.2.1 Plasmazell-Myelome (multiple Myelome) bei Hunden und Katzen

Plasmazell-Myelome sind durch eine systemische Proliferation von neoplastischen Plasmazellen gekennzeichnet. Das Knochenmark ist an multiplen Stellen, oft im Bereich des axialen Skeletts, betroffen (daher der Name „multiple Myelome").

Plasmazell-Myelome in fünf Fakten

1. systemische Proliferation von neoplastischen Plasmazellen, oft an multiplen Stellen des Knochenmarks
2. Infiltration des Knochenmarks führt zu osteolytischen Läsionen
3. kommt vor allem beim Hund, seltener bei anderen Spezies, vor
4. klinische Symptome aufgrund der Knochenveränderungen und der zirkulierenden (Bestandteile der) Immunglobuline
5. Chemotherapie ist die Behandlung der Wahl

■ Epidemiologie und Pathogenese

Das Plasmazell-Myelom ist eine maligne Erkrankung **älterer Hunde** (8–9 Jahre). Katzen und andere Haustiere sind nur selten betroffen. Wenn die Erkrankung bei anderen Spezies auftritt, sind ebenfalls ältere Tiere betroffen. Eine **Geschlechtsprädisposition** konnte **nicht bestätigt** werden. Die Ätiologie der Erkrankung ist unbekannt. Eine chronische Stimulation des Immunsystems (**chronische Entzündung**), die Exposition gegenüber **Karzinogenen** und **Rassedispositionen** (Deutsche Schäferhunde waren in einer Studie überrepräsentiert) werden als mitauslösende Faktoren bei der Entstehung der Erkrankung diskutiert.

■ Klinik

Hunde mit Plasmazell-Myelom zeigen häufig **Lahmheiten**. Multifokale osteolytische Läsionen können röntgenologisch identifiziert werden (◘ Abb. 6. 12).

Bei **Katzen** werden Lahmheiten nur bei einem Teil der Tiere beschrieben. Diese Spezies zeigt häufig **unspezifische Symptome** wie Gewichtsverlust, reduzierten Appetit, Erbrechen und Diarrhoe. Ein multiples extramedulläres Auftreten (vor allem in Milz, Leber und Lymphknoten) konnte bei einem erheblichen Teil der Fälle gefunden werden. Gelegentlich fehlt diesen Fällen eine Knochenmarksbeteiligung, weshalb letztere als **aggressive multizentrische nicht-kutane extramedulläre Plasmozytome** bezeichnet werden. Die Abgrenzung vom Plasmazell-Myelom ist jedoch unscharf, und dieser Tumor wird häufig den Plasmazell-Myelomen zugerechnet.

Die malignen Plasmazellen produzieren häufig große Mengen eines Immunglobulintyps oder von Teilen davon (**M-Komponente**). Dementsprechend sind die klinischen Symptome nicht nur auf die Infiltration der neoplastischen Zellen in Knochen und Organe zurückzuführen, sondern auch auf die großen Mengen der zirkulierenden M-Komponente bzw. deren Ausscheidung oder Ablagerung. Häufige klinische Symptome sind hämorrhagische Diathesen (z. B. als Epistaxis, Retinablutungen), Hyperviskositätssyndrome, Nierenversagen, Immundefizienzen, Herzversagen und ZNS-Symptome.

Zusätzliche **klinisch-pathologische Veränderungen** sind unter anderem Anämie, Hypalbuminämie, Proteinurie (einschließlich der Ausscheidung von Immunglobulin-Leichtketten-Proteinen, sogenannten „**Bence Jones**"-Proteinen), Hyperkalzämie und Azotämie.

■ Zytologie und Histopathologie

Knochenmarksaspirate (◘ Abb. 6.13) oder **Knochenmarksbiopsien** sind für eine definitive Diagnose notwendig. Bei Plasmazell-Myelomen ist die Zahl der Plasmazellen im Knochenmark höher als normal (normale Anzahl: < 5 %). Ein Schwellenwert von 20 % Plasmazellen in der Probe wird empfohlen (> 10 % bei Katzen, wenn die Zellen atypisch sind). Aufgrund der ungleichmäßigen Verteilung der neoplastischen Herde können multiple Aspirate oder Biopsien notwendig sein. In den meisten Fällen haben die neoplastischen Zellen eine einheitliche Form mit regulären Zellkernen und reichlich Zytoplasma. Vereinzelt treten zweikernige Zellen auf. Die Mitoserate liegt unter der Mitoserate des umgebenden Knochenmarks. Bei aggressiveren Formen zeigen die Zellen vermehrte Anisozytose und Anisokaryose mit hoher Mitoserate.

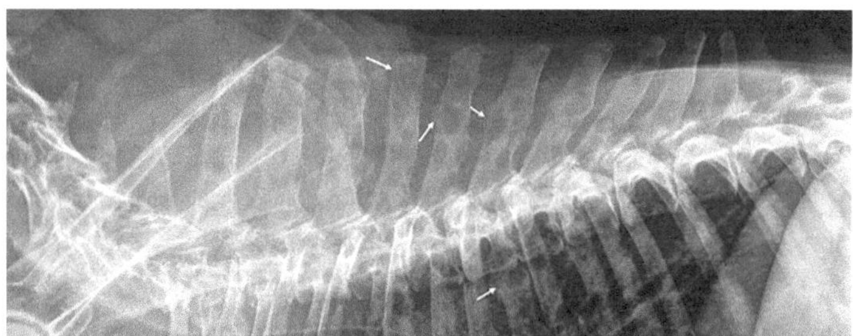

◘ **Abb. 6. 12**   Laterale Röntgenaufnahme der Brustwirbelsäule eines Hundes mit Plasmazell-Myelom. In den Wirbelkörpern, den Processus spinosi und den Rippen finden sich multiple Osteolyseherde (Pfeile). Das „ausgestanzte" Erscheinungsbild der Osteolyse ist typisch für Plasmazell-Myelome (mit freundlicher Genehmigung von Dr. Antje Hartmann, Vetsuisse Fakultät Universität Bern, und dem Fachbereich Veterinärmedizin, Klinik für Kleintiere/Chirurgie, Justus-Liebig-Universität Gießen).

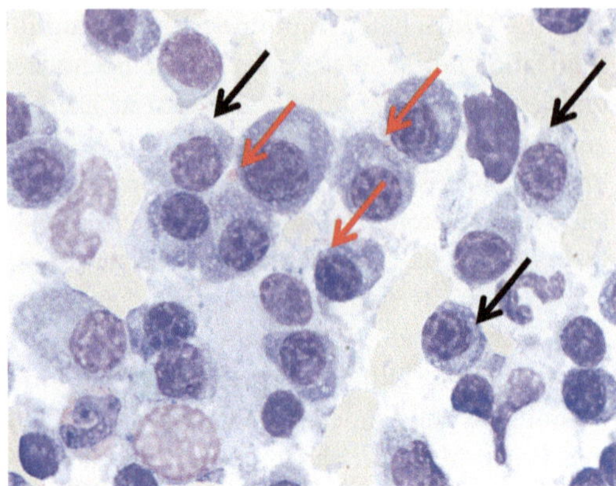

Abb. 6.13 Zytologie, Plasmazell-Myelom, Knochenmarksaspiration, Hund, May-Grünwald-Giemsa, 1000×. Das Präparat zeigt eine Dominanz von Plasmazellen mit atypischem, blass-basophilem und vakuolisiertem Zytoplasma (schwarze Pfeile). Einige Plasmazellen zeigen ein eosinophiles Material, das der Zellgrenze anhaftet (sog. „Flammenzellen" oder „flammende Plasmazellen", rote Pfeile). Dies weist auf ein IgA-produzierendes Plasmazell-Myelom hin (mit freundlicher genehmigung von Dr. N. Bauer, Fachbereich Veterinärmedizin, Justus-Liebig-Universität Gießen).

Die wichtigste **Differenzialdiagnose** für Plasmazell-Myelome ist eine gutartige Knochenmarks-Plasmozytose. Die Zellen der gutartigen Knochenmarks-Plasmozytose haben in der Regel jedoch weniger Zytoplasma. Eine definitive Diagnose des Plasmazell-Myeloms sollte jedoch auf zwei oder mehr der typischen Symptome, wie Osteolyse, atypische Plasmozytose, monoklonale Gammopathie und/oder Proteinurie (Bence-Jones-Proteine) basieren.

■ **Therapie**

Das Ziel einer Myelom-Behandlung ist die Reduktion der Tumorzellmasse und die Behandlung von sekundären Symptomen, die durch den Tumor und durch die von ihm sezernierten Proteine verursacht werden.

Chemotherapie (Melphalan in Kombination mit Prednison) reduziert bei Hunden effektiv die Anzahl der Tumorzellen und die Menge der zirkulierenden M-Komponente. Eine komplette Eliminierung des Tumors ist jedoch selten möglich, und Rezidive treten häufig auf. Die **mittlere Überlebenszeit** von Hunden liegt bei 1,5 Jahren. Katzen sprechen weniger gut auf Chemotherapie an. Rezidive sind häufig und die Überlebenszeit liegt bei unter

6 Monaten. Einzelne Fälle von längeren Überlebenszeiten (> 1 Jahr) wurden jedoch berichtet.

Nach dem Beginn der Chemotherapie sollten die **Sekundäreffekte des Tumors behandelt** werden. Das schließt eine Plasmapherese zur Behandlung des Hyperviskositätssydroms, die Behandlung der Hyperkalzämie, eine Flüssigkeitstherapie bei Beteiligung der Nieren und eine orthopädische Behandlung eventueller Frakturen ein.

■ **Prognostische Faktoren und Marker**

Ausgedehnte Osteolysen, Hyperkalzämie und die Ausscheidung von Bence-Jones-Proteinen sind bei Hunden negativ mit der Überlebenszeit korreliert.

■ **Empfohlene Literatur**

(Osborne et al. 1968; Matus et al. 1986; MacEwen und Hurvitz 1977; Mellor et al. 2006, 2008)

6.2.2 Plasmozytome bei Hunden und Katzen

Solitäre Plasmozytome entwickeln sich entweder im Knochen (solitäre Plasmozytome des Knochens) oder im Weichgewebe (extramedulläre Plasmozytome). Diese Tumoren stellen fokale Proliferationen von atypischen Plasmazellen dar.

Plasmozytome in fünf Fakten

1. Tumoren von erwachsenen Hunden, selten bei Katzen
2. Plasmozytome der Haut und Maulhöhle sind benigne.
3. solitäre Plasmozytome des Knochens können sich zu Plasmazell-Myelomen entwickeln
4. chirurgische Entfernung gilt als kurativ für die Plasmozytome der Haut
5. Chemotherapie und Bestrahlung werden bei manchen Tumoren zusätzlich durchgeführt

■ **Epidemiologie und Pathogenese**

Plasmozytome finden sich gelegentlich bei Hunden und nur sehr selten bei Katzen. Die Patienten sind in der Regel älter (medianes Alter bei Hunden: 9–10 Jahre). Eine Geschlechtsdisposition ist nicht bekannt. Hunderassen mit einem höheren Risiko, eine Plasmozytom zu entwickeln, sind der Amerikanische und Englische Cocker Spaniel sowie West Highland White Terrier. Ein höheres Risiko wird auch für Yorkshire Terrier, Boxer, Deutschen Schäferhund und Airedale Terrier angenommen.

▪ Klinik

Extramedulläre Plasmozytome bei Hunden finden sich üblicherweise in der Haut und weniger häufig in der Maulschleimhaut oder der Schleimhaut von Rektum und Kolon. Auch andere Körperregionen (z. B. Magen, Dünndarm, Milz, Leber, Genitalien, Augen, Uterus und Lunge) sind gelegentlich betroffen. Die Hauttumoren sind einzelne weiche, leicht erhabene Knoten ohne weitere klinische Symptome. Tumoren im unteren Verdauungstrakt können mit unspezifischen gastrointestinalen Symptomen einhergehen. Die Beteiligung von Kolon und Rektum kann zu Tenesmus, Blutungen (rektale Blutungen, Hämochezie) oder rektalem Prolaps führen. Der klinische Verlauf der Krankheit hängt vom Typ des Plasmozytoms ab.

Indolente Plasmozytome werden als benigne Tumoren angesehen, während **anaplastische Plasmozytome** zwar als maligne gelten, jedoch nur eine langsame Progression zeigen und selten metastasieren.

Solitäre Plasmozytome des Knochens beginnen im Knochen als einzelne Läsionen, entwickeln sich aber im Verlauf der Erkrankung häufig zu Plasmazell-Myelomen. Das klinische Bild hängt vom beteiligten Knochen ab. Lahmheit und Schmerzen treten bei Beteiligung der langen Röhrenknochen, neurologische Symptome bei Beteiligung der Wirbelknochen auf.

▪ Zytologie und Histopathologie

Eine **zytologische Untersuchung** von Plasmozytomen reicht oft für die Diagnose aus. Bei manchen Tumoren gleichen die Zellen gut differenzierten Plasmazellen (◘ Abb. 6.14), bei anderen können sie jedoch auch schlechter differenziert sein. **Indolente Plasmozytome** stellen sich **histologisch** als Tumoren mit einer flächenhaften Infiltration aus gleichförmigen großen Zellen mit exzentrisch gelegenen runden bis ovalen Zellkernen und kräftig gefärbtem Zytoplasma dar (◘ Abb. 6.15). Zweikernige Zellen sind gelegentlich zu finden, Mitosen jedoch nur selten. **Anaplastische Plasmozytome** zeigen eine ausgeprägte Anisokaryose und Hyperchromizität sowie zahlreiche zweikernige Zellen und Mitosen.

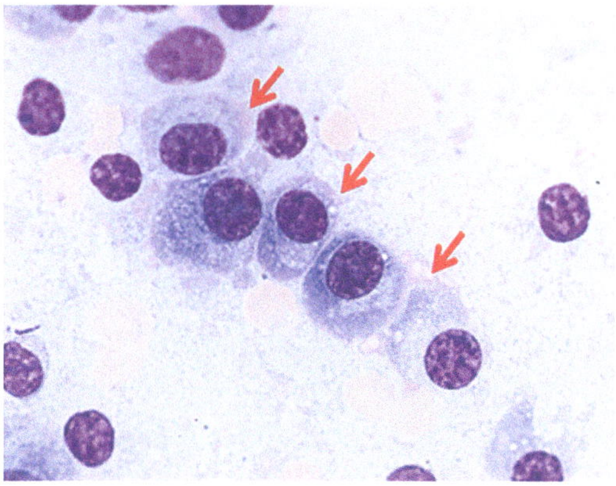

◘ **Abb. 6.14** Zytologie, Plasmozytom, Lymphknoten, Hund, May-Grünwald-Giemsa, 1000×. Im Lymphknoten kann eine Infiltration mit neoplastischen Plasmazellen nicht von reaktiven Plasmazellen unterschieden werden, wenn die Tumorzellen keine atypische Morphologie zeigen. Im vorliegenden Fall kann das Plasmozytom relativ einfach über die Dominanz so genannter „Flammenzellen" (*flame cells* oder *flaming plasma cells*) diagnostiziert werden. Diese Zellen stellen eine klonale Proliferation von IgA-produzierenden Plasmazellen dar, die durch magentafarbene, aufgeraute Zellgrenzen charakterisiert sind (mit freundlicher Genehmigung von Dr. N. Bauer, Fachbereich Veterinärmedizin, Justus-Liebig-Universität Gießen).

▪ Therapie

Die **chirurgische Entfernung** ist die Therapie der Wahl für **extramedulläre Plasmozytome.** Eine adjuvante **Chemotherapie** (Melphalan und Prednison) oder **Bestrahlung** können unterstützend für rezidivierende oder unvollständig entfernte Tumoren eingesetzt werden.

Die Behandlung von **solitären Plasmozytomen des Knochens** hängt von den betroffenen Knochen und den assoziierten Komplikationen ab. Die **chirurgische Entfernung** wird für Fälle mit instabilen Frakturen und/oder neurologischen Symptomen aufgrund einer Kompression des Rückenmarks empfohlen. **Bestrahlung** alleine ist geeignet für Patienten mit stabilen Frakturen oder als palliative Therapie. Tumoren in den Knochen des axialen Skelettes können entweder durch chirurgische Entfernung oder Bestrahlung behandelt werden.

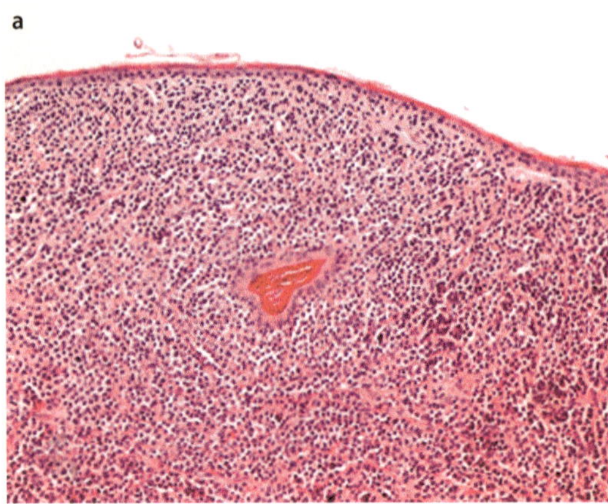

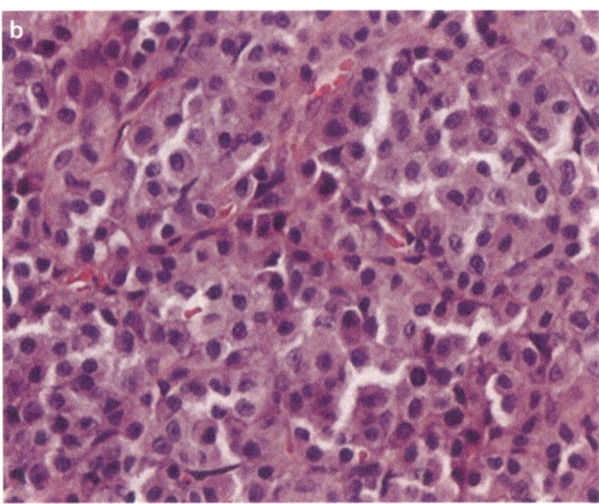

⊡ Abb. 6.15 Histologie der Haut eines Hundes mit einem solitären kutanen Plasmozytom. a) Die Dermis zeigt eine flächige Infiltration mit neoplastischen Zellen (Hämatoxylin und Eosin, 100×). b) Vergrößerung von a). Die neoplastischen Zellen sind groß und relativ einheitlich mit exzentrisch gelegenen runden bis ovalen Zellkernen sowie kräftig angefärbtem Zytoplasma (Hämatoxylin und Eosin, 400×).

■ **Prognostische Faktoren und Marker**

Die **anatomische Lage** ist ein wichtiger prognostischer Faktor. Extramedulläre Plasmozytome in der Haut und Mundhöhle werden als benigne angesehen, Tumoren in anderen Lokalisationen zeigen dagegen ein höheres Metastaserisiko in die lokalen Lymphknoten. Plasmozytome der Rektumschleimhaut haben eine geringere biologische Aggressivität, und die chirurgische Entfernung ist in der Regel kurativ. Solitäre Plasmozytome des Knochens haben eine weniger gute Prognose, da die meisten eine Progression zum Plasmazell-Myelom zeigen. Die Zeit von einer solitären Läsion bis zur systemischen Erkrankung kann jedoch Monate bis Jahre betragen. Das **mikroskopische Erscheinungsbild** ist dazu geeignet, benigne indolente Plasmozytome von (niedrig) malignen anaplastischen Plasmozytomen zu unterscheiden.

■ **Empfohlene Literatur**

(Platz et al. 1999; Meis et al. 1987; Baer et al. 1989)

6.3   Histiozytäre Tumoren

Proliferationen histiozytärer Zellen sind bei Hunden häufig, bei Katzen jedoch selten. Histiozyten sind eine heterogene Gruppe von Zellen, die von der dendritischen Zelllinie oder der Linie der Makrophagen abstammen. Verschiedene histiozytäre proliferative Erkrankungen existieren.

6.3.1   Kanine histiozytäre Tumoren

6.3.1.1   Kutane Histiozytome

Kutane Histiozytome sind häufige benigne Hauttumoren vor allem bei jungen Hunden (siehe ▶ Kap. 4).

6.3.1.2   Histiozytäre Sarkome

Histiozytäre Sarkome (HS) stammen von den dendritischen Zellen ab. Diese Zellen finden sich perivaskulär in vielen Organen mit Ausnahme des Gehirns (hier finden sie sich ausschließlich in den Meningen und im Choroid-Plexus). Eine verwandte, aber dennoch abgrenzbare Form des histiozytären Sarkoms wird als **hämophagozytäres Sarkom** bezeichnet. Diese Variante stammt von Makrophagen ab.

Histiozytäre Sarkome in sechs Fakten

1. maligner Tumor der dendritischen Zellen
2. Berner Sennenhunde sind prädisponiert
3. es gibt lokale oder disseminierte Formen („maligne Histiozytose")
4. disseminiertes HS mit schlechter Prognose
5. lokales HS mit besserer Prognose
6. Therapie der Wahl: chirurgische Entfernung (lokale Form), Chemotherapie (disseminierte Form)

▪ Epidemiologie und Pathogenese

Histiozytäre Sarkome finden sich vor allem bei Hunden und werden nur sehr selten bei anderen Spezies, einschließlich Katzen (siehe unten), Pferden und Rindern gefunden. **Berner Sennenhunde** haben eine Prädisposition für histiozytäre Sarkome, aber bei Rottweilern, Golden Retrievern und Flat-Coated Retrievern findet sich ebenfalls eine erhöhte Inzidenz. Bei anderen Rassen zeigt sich die Erkrankung nur sporadisch. Der Vererbungsmodus bei Berner Sennenhunden wird als polygenetisch beschrieben. Es gibt Übereinstimmungen mit den histiozytären Sarkomen des Menschen; ähnliche Genorte sind betroffen (Tumorsuppressorgene CDKN2A, RB1, und PTEN). Die Tiere sind bei initialer Diagnosestellung zwischen 6 und 8,5 Jahren alt. Eine Geschlechtsprädisposition wurde nicht gefunden.

Das **hämophagozytäre histiozytäre Sarkom** zeigt auch eine Prädisposition für den Berner Sennenhund, wie auch für Rottweiler und Retriever. Das Altersspanne der Tiere bei Diagnosestellung liegt zwischen 2,5 und 13 Jahren und ist damit etwas breiter als bei der nicht-hämophagozytären Variante.

▪ Klinik

Histiozytäre Sarkome können fokal (**lokalisiertes HS**), d. h. in einem einzelnen Organ/einer einzelnen Stelle des Körpers, oder systemisch auftreten. Wenn die Erkrankung sich über den lokalen Lymphknoten hinaus verbreitet, wird sie als **disseminiertes histiozytäres Sarkom** (ehemals „maligne Histiozytose") bezeichnet. Die Erkrankung wird häufig in Lunge, Milz und Lymphknoten gefunden.

Das **lokalisierte HS** findet sich häufig initial in der Subkutis der Gliedmaßen, aber andere Körperstellen wie Milz, Leber, Lunge, Gehirn, Nasen- oder Mundhöhle und Gelenke können ebenfalls als Primärlokalisation auftreten. Die Metastasierung erfolgt erst in die assoziierten Lymphknoten und darauffolgend an entferntere Körperstellen (häufig Leber und Lunge, wenn sie nicht schon primär betroffen waren).

Betroffene Organe des **hämophagozytären HS** sind Milz, Leber, Knochenmark und Lunge.

Die **klinischen Symptome** hängen von den betroffenen Organen ab, umfassen aber häufig unspezifische Symptome (wie Anorexie, Gewichtsverlust und Lethargie). Die Raumforderung von thorakalen Tumoren (vor allem in der Lunge, siehe

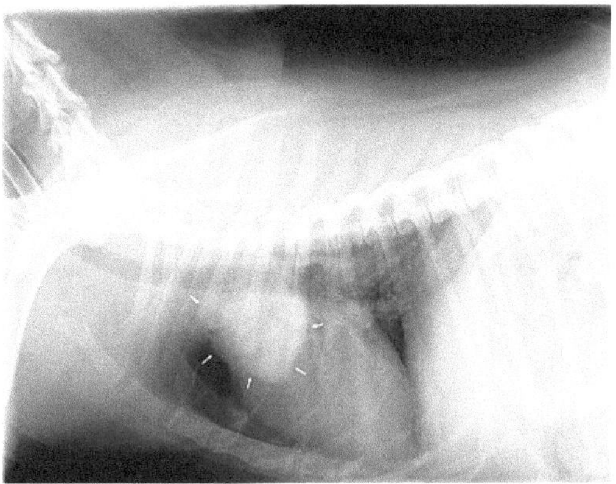

◘ Abb. 6.16   Laterale Röntgenaufnahmen des Thorax eines Berner Sennenhundes mit histiozytärem Sarkom. Im kaudalen Teil des linken kranialen Lungenlappens fällt eine solitäre raumfordernde Läsion (Pfeile) auf (mit freundlicher Genehmigung von Dr. Antje Hartmann, Vetsuisse Fakultät Universität Bern, und dem Fachbereich Veterinärmedizin, Klinik für Kleintiere/Chirurgie, Justus-Liebig-Universität Gießen)

◘ Abb. 6.16) führt zu Husten und anderen respiratorischen Symptomen. Die Beteiligung des ZNS kann mit neurologischen Symptomen einhergehen (z. B. Krämpfe, Ataxien und Paralysen). Das artikuläre HS ist mit Lahmheit assoziiert.

Klinisch-pathologische Veränderungen beinhalten Anämie, die in Fällen mit hämophagozytärem Sarkom ausgeprägt sein kann, Thrombozytopenie und in seltenen Fällen Hyperkalzämie.

Das **lokalisierte und disseminierte HS** erscheinen als solitäre oder multiple weiße Herde mit glatter Schnittfläche, wohingegen die **hämophagozytäre Variante** die betroffenen Organe ohne die Ausbildung von nodulären Tumormassen diffus infiltriert.

▪ Zytologie und Histopathologie

Die **Zytologie** zeigt pleomorphe histiozytäre Zellen mit ausgeprägter Anisozytose und Anisokaryose (siehe ◘ Abb. 6.17 und 6.18). Die Zellen sind häufig zwei- oder mehrkernig mit einer variablen Mitoserate. Die Unterscheidung benigner histiozytärer Proliferationen von histiozytären Sarkomen mit einer zytologischen Untersuchung alleine kann schwierig sein. Flächenhafte Infiltrationen mit großen pleomorphen, häufig mehrkernigen Zellen mit zahlreichen, häufig bizarren Mitosen (◘ Abb. 6.19) können bei der **histologischen Untersuchung** von HS gefunden werden. Gelegentlich findet sich auch eine

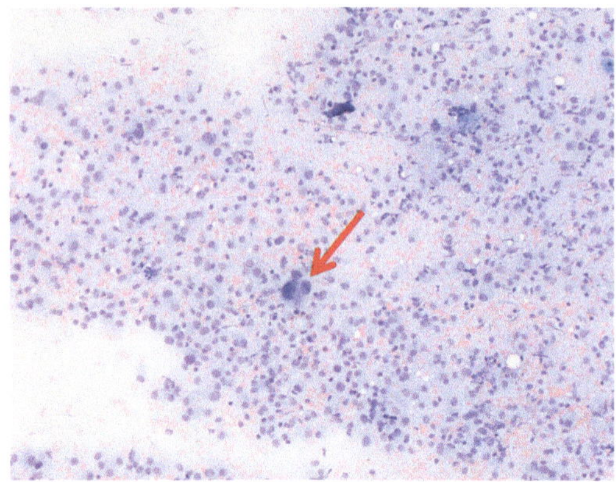

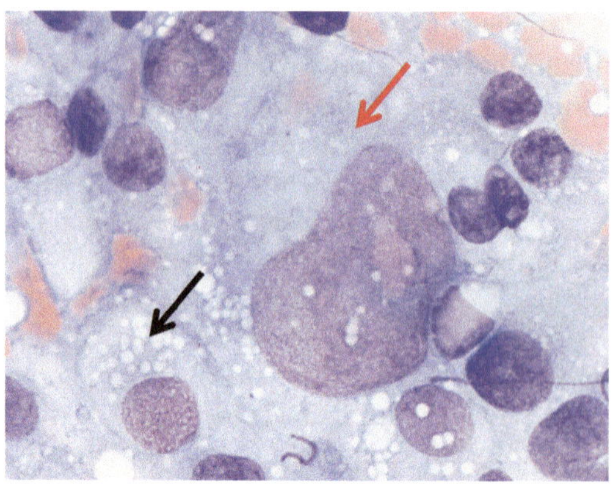

◘ Abb. 6.17 Zytologie, histiozytäres Sarkom, Thoraxmasse, Mischlingshund, May-Grünwald-Giemsa, 100×. Die histiozytären Riesenzellen (roter Pfeil) gelten als diagnostisch für das histiozytäre Sarkom (mit freundlicher Genehmigung von Dr. N. Bauer, Fachbereich Veterinärmedizin, Justus-Liebig-Universität Gießen).

◘ Abb. 6.18 Zytologie, histiozytäres Sarkom, Thoraxmasse, Mischlingshund (derselbe Hund wie in ◘ Abb. 6.17), May-Grünwald-Giemsa, 1000×. Gut sichtbar sind schmalere histiozytäre Zellen (schwarzer Pfeil) sowie größere atypische Histiozyten (roter Pfeil) mit Makronuklei (mit freundlicher Genehmigung von Dr. N. Bauer, Fachbereich Veterinärmedizin, Justus-Liebig-Universität Gießen).

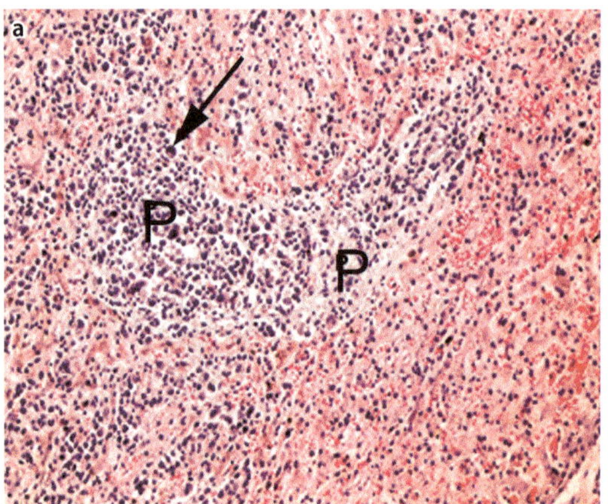

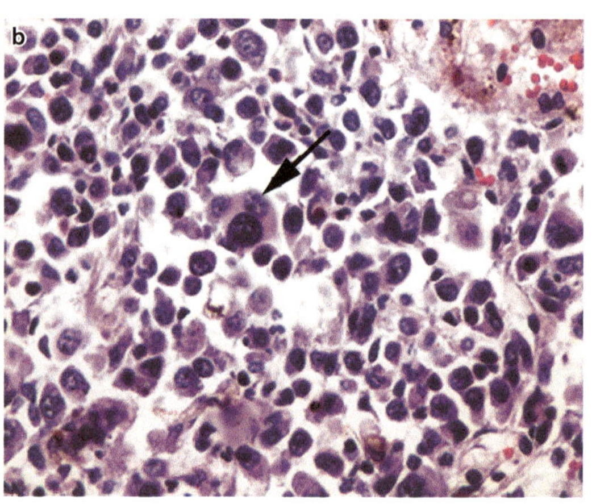

◘ Abb. 6.19 Histologie der Leber eines Berner Sennenhundes mit histiozytärem Sarkom. a) Es zeigt sich eine ausgeprägte Infiltration der Sinus und Portalfelder (P) mit neoplastischen Zellen einschließlich multipler Tumorriesenzellen (Pfeil; Hämatoxylin und Eosin, 100×). b) Höhere Vergrößerung von a). Die Tumorzellen (einschließlich der Tumorriesenzellen, Pfeil) zeigen eine ausgeprägte Pleomorphie (Hämatoxylin und Eosin, 400×).

Spindelzellkomponente. Aufgrund der hohen Pleomorphie müssen anaplastische Tumoren verschiedener Herkunft mittels Immunhistologie ausgeschlossen werden. Die hämophagozytäre Variante zeichnet sich durch ausgeprägte Erythrophagie sowohl in der Zytologie als auch in der Histologie aus.

- **Therapie**

Weiträumige chirurgische Entfernung des lokalisierten HS kann kurativ sein, wenn der Tumor noch nicht gestreut hat.

Die Behandlung des disseminierten HS mit **Lomustin** zeigte eine Ansprechrate von 50 % mit verlängerten Überlebenszeiten (Median 172 Tage) im Vergleich zu Hunden, die nicht auf die Therapie ansprechen (Median 60 Tage).

- **Prognostische Faktoren und Marker**

Der wichtigste prognostische Faktor ist der Typ des histiozytären Sarkoms. Die mediane Überlebenszeit von Hunden mit **lokalisiertem HS** betrug 5,3 Jahre in einer Studie mit 11 Hunden. Das aggressive

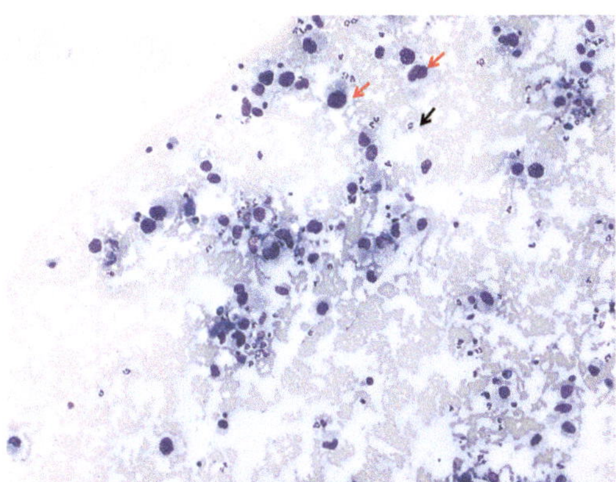

Abb. 6.20 Zytologie, feline progressive Histiozytose, Hauttumor, Unterkiefer, Katze, May-Grünwald-Giemsa, 100×. Es finden sich zahlreiche pleomorphe große histiozytäre Riesenzellen mit runden bis nierenförmigen Kernen, die diagnostisch für die progressive Histiozytose sind (roter Pfeil). Im Vergleich mit einem neutrophilen Granulozyten (schwarzer Pfeil) fällt deutlich der atypisch große Kern auf. Bei einem benignen Prozess wäre der Kern der histiozytären Zelle kleiner als ein neutrophiler Granulozyt (mit freundlicher Genehmigung von Dr. N. Bauer, Fachbereich Veterinärmedizin, Justus-Liebig-Universität Gießen).

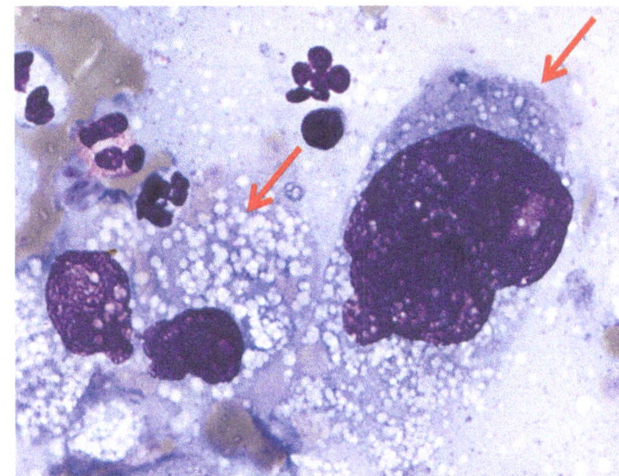

Abb. 6.21 Zytologie, feline progressive Histiozytose, Hauttumor, Unterkiefer, Katze (dieselbe Katze wie in **Abb. 6.20**), May-Grünwald-Giemsa, 1000×. Es zeigen sich sehr pleomorphe große histiozytäre Riesenzellen (roter Pfeil) mit ausgeprägter Anisozytose, Anisokaryose, Pleomorphie und gekerbten Zellkernen mit rauer Chromatinstruktur (mit freundlicher Genehmigung von Dr. N. Bauer, Fachbereich Veterinärmedizin, Justus-Liebig-Universität Gießen).

Verhalten des **disseminierten HS** führt zu einer sehr schnell progressiven Erkrankung und damit zu einer schlechten Prognose. Es gibt nur wenige Daten zu Überlebenszeiten; die Patienten werden in vielen Fallberichten kurz nach Diagnosestellung euthanasiert. Bei Hunde mit **hämophagozytärem HS** werden Überlebenszeiten von 2 bis 32 Wochen (Median ca. 7 Wochen) berichtet.

■ **Empfohlene Literatur**

(Moore 2014; Fulmer und Mauldin 2007; Affolter und Moore 2002)

6.3.2 Feline progressive Histiozytose

Die feline progressive Histiozytose entsteht aus den interstitiellen dendritischen Zellen der Haut und entspricht einem langsam progressiven (*low grade*) histiozytärem Sarkom.

Feline progressive Histiozytose in vier Fakten

1 langsam progressiver Tumor der interstitiellen dendritischen Zellen der Haut
2. beginnt mit solitären Hautknoten
3. wird häufig systemisch in Verlauf der Erkrankung
4. eine effektive Therapie besteht nicht, die Langzeitprognose ist schlecht

■ **Epidemiologie und Pathogenese**

Die feline progressive Histiozytose ist eine Erkrankung der mittelalten bis älteren Katzen (7–17 Jahre).

■ **Klinik**

Die Erkrankung zeigt sich zunächst als **solitärer kutaner Knoten**, der sich in der Regel zu multiplen nicht-schmerzhaften, nicht-juckenden Knoten, Papeln oder Plaques entwickelt. Die Läsionen können haarlos sein und ulzerieren. Betroffene

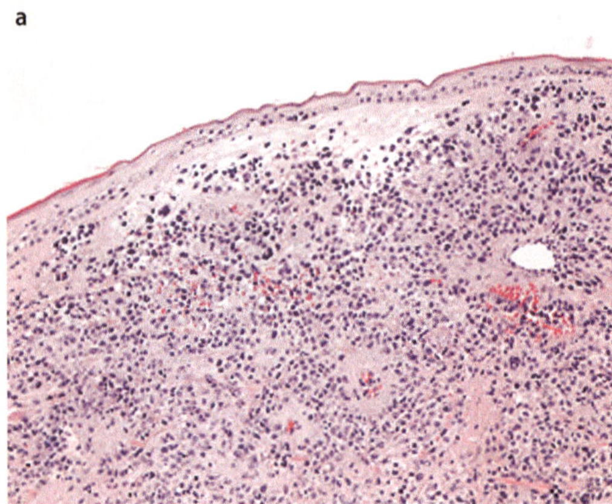

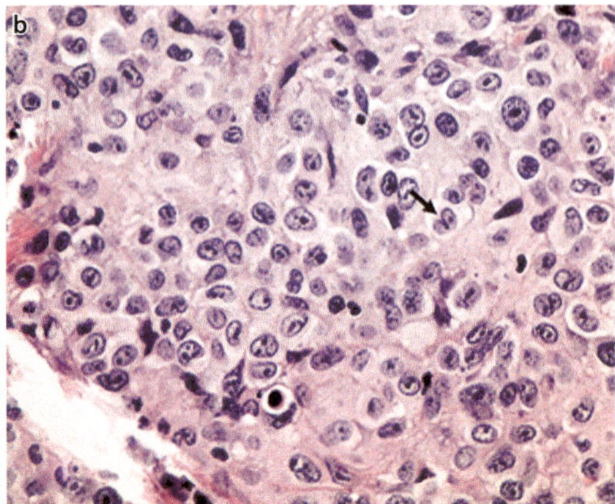

Abb. 6.22   Histologie der Haut einer Katze mit progressiver Histiozytose. a) Es findet sich eine flächenhafte Infiltration der Dermis mit neoplastischen Zellen (Hämatoxylin und Eosin, 100×). b) Größere Vergrößerung von a. Die neoplastischen Zellen haben eine große Menge Zytoplasma und große runde bis ovale, häufig eingekerbte (Pfeil) Zellkerne (Hämatoxylin und Eosin, 400).

Körperstellen sind Kopf, Rumpf und distale Gliedmaßen. Die Veränderungen können größer und kleiner werden. Eine Regression tritt jedoch nicht auf. Stattdessen entwickeln viele Katzen **Metastasen** in den regionären Lymphknoten und inneren Organen (einschließlich Lunge, Leber, Milz und Nieren) **im Verlauf der Erkrankung.**

■ Zytologie und Histopathologie

Frühe Läsionen bestehen aus gut differenzierten Histiozyten (■ Abb. 6.22). Reaktive Veränderungen in Folge von Infektionen müssen ausgeschlossen werden. Im Verlauf der Erkrankung nehmen jedoch die Anzeichen von Malignität (atypische Zellen, bizarre Mitosen und mehrkernige Zellen) zu. (■ Abb. 6.20, 6.21).

■ Therapie

Eine effektive Therapie ist nicht beschrieben.

■ Prognostische Faktoren und Marker

Die Erkrankung zeigt einen langsamen Verlauf. Aufgrund des Fehlens einer effektiven Therapie ist die Prognose jedoch schlecht.

■ Empfohlene Literatur

(Moore 2014; Affolter und Moore 2006)

Weiterführende Literatur

Adam F, Villiers E, Watson S, Coyne K, Blackwood L (2009) Clinical pathological and epidemiological assessment of morphologically and immunologically confirmed canine leukaemia. Vet Comp Oncol 7(3):181–195. 10.1111/j.1476-5829.2009.00189.x

Affolter VK, Moore PF (2002) Localized and disseminated histiocytic sarcomas of dendritic cell origin in dogs. Vet Pathol 39(1):74–83

Affolter VK, Moore PF (2006) Feline progressive histiocytosis. Vet Pathol 43(5):646–655. 10.1354/vp.43-5-646

Aster JC (2004) Diseases of White Blood Cells, Lymph Nodes, Spleen, and Thymus. In: Kumar v et al. (Hrsg) Robbins and Cotran Pathologic Basis of Disease, 7. Aufl. Elsevier Saunders, Philadelphia, S 661–710

Baer K, Patnaik A, Gilbertson S, Hurvitz A (1989) Cutaneous plasmacytomas in dogs: a morphologic and immunohistochemical study. Vet Pathol Online 26(3):216–221

Beatty JA, Lawrence CE, Callanan JJ, Grant CK, Gault EA, Neil JC, Jarrett O (1998) Feline immunodeficiency virus (FIV)-associated Lymphome: a potential role for immune dysfunction in tumourigenesis. Vet Immunol Immunopathol 65(2–4):309–322

Bergman PJ (2012) Paraneoplastic hypercalcemia. Top Companion Anim Med 27(4):156–158. doi:http://dx.doi.org/10.1053/j.tcam.2012.09.003

Bienzle D, Silverstein DC, Chaffin K (2000) Multiple myelomas in cats: variable presentation with different immunoglobulin isotypes in two cats. Vet Pathol 37(4):364–369

Breuer W, Colbatzky F, Platz S, Hermanns W (1993) Immunog-
lobulin-producing tumours in dogs and cats. J Comp
Pathol 109(3):203–216

Campbell MW, Hess PR, Williams LE (2013) Chronic
lymphocytic leukaemia in the cat: 18 cases (2000–2010).
Vet Comp Oncol 11(4):256–264. doi:10.1111/j.1476-
5829.2011.00315.x

Carreras JK, Goldschmidt M, Lamb M, McLear RC, Drobatz
KJ, Sorenmo KU (2003) Feline epitheliotropic intestinal
malignant lymphomas: 10 cases (1997–2000). J Vet Intern
Med 17(3):326–331

Chun R (2009) Lymphoma: which chemotherapy protocol
and why?. Top Companion Anim Med 24(3):157–162.
10.1053/j.tcam.2009.03.003

Cotter S (1983) Treatment of lymphomas and leukemia with
cyclophosphamide, vincristine, and prednisone. II. Treatment of cats. J Am Anim Hosp Assoc 19(2):166–172

Couto CG (1985) Clinicopathologic aspects of acute leukemias
in the dog. J Am Vet Med Assoc 186(7):681–685

Couto CG, Rutgers HC, Sherding RG, Rojko J (1989) Gastrointestinal lymphomas in 20 dogs. A retrospective study. J
Vet Intern Med 3(2):73–78

Curran K, Thamm DH (2015) Retrospective analysis for
treatment of naïve canine multicentric lymphoma with
a 15-week, maintenance-free CHOP protocol. Vet Comp
Oncol Suppl 1:147–155. 10.1111/vco.12163

Dobson JM (2013) Breed-predispositions to cancer in pedigree
dogs. ISRN Veterinary Science 2013:941275–941275.
doi:10.1155/2013/941275

Elmslie RE, Ogilvie GK, Gillette EL, McChesney-Gillette S
(1991) Radiotherapy with and without chemotherapy for
localized lymphoma in 10 cats. Vet Radiol 32(6):277–280.
10.1111/j.1740-8261.1991.tb00121.x

Essex ME (1982) Feline leukemia: a naturally occurring cancer
of infectious origin. Epidemiol Rev 4:189–203

Ester SJ, Mesfin GM (1980) A solitary plasmacytoma in a dog
with progression to a disseminated myeloma. Can Vet J
21(10):284–286

Fulmer AK, Mauldin GE (2007) Canine histiocytic neoplasia: an
overview. Can Vet J 48(10):1041

Gross TL, Ihrke PJ, Walder EJ, Affolter VK (Hrsg.) (2008)
Lymphocytic tumors. In: Skin diseases of the dog
and cat. Blackwell Science Ltd, Oxford, S 866–893.
10.1002/9780470752487.ch37

Hadden AG, Cotter SM, Rund W, Moore AS, Davis RM,
Morrissey P (2008) Efficacy und toxicosis of VELCAP-C
treatment of lymphoma in cats. J Vet Intern Med
22(1):153–157. 10.1111/j.1939-1676.2007.0031.x

Haney SM, Beaver L, Turrel J, Clifford CA, Klein MK, Crawford S,
Poulson JM, Azuma C (2009) Survival analysis of 97 Katzen
mit nasal Lymphome: a multi-institutional retrospective
study (1986–2006). J Vet Intern Med 23(2):287–294.
10.1111/j.1939-1676.2008.0243.x

Hanna F (2005) Multiple myelomas in cats. J Feline Med Surg
7(5):275–287. doi:10.1016/j.jfms.2004.12.005

Hardy WD Jr (1981) Haematopoietic tumors of cats. J Am Anim
Hosp Assoc 17:921–940

Hardy WD Jr, McClellund AJ, Zuckerman EE, HW Jr S, MacE-
wen EG, Francis D, Essex M (1980) Development of virus
non-producer lymphosarcomas in pet cats exposed to
FeLV. Nature 288(5786):90–92

Hart JR, Shaker E, Patnaik AK, Garvey MS (1994) Lymphocytic-
plasmacytic entercololitis in cats: 60 cases (1988–1990). J
Am Anim Hosp Assoc 30(5):505–514

Hayes HM, Tarone RE, Cantor KP, Jessen CR, McCurnin DM,
Richardson RC (1991) Case-control study of canine malignant lymphoma: positive association mit Hundowner's
use of 2,4-dichlorophenoxyacetic acid herbicides. J Natl
Cancer Inst 83(17):1226–1231

Hedan B, Thomas R, Motsinger-Reif A, Abadie J, Undre C, Cullen J, Breen M (2011) Molecular cytogenetic characterization of canine histiocytic sarcomas: A spontaneous model
for human histiocytic cancer identifies deletion of tumor
suppressor genes und highlights influence of genetic
background on tumor behavior. BMC Cancer 11:201.
doi:10.1186/1471-2407-11-201

Hodgkins EM, Zinkl JG, Madewell BR (1980) Chronic
lymphocytic leukemia in the dog. J Am Vet Med Assoc
177(8):704–707

Jackson ML, Wood SL, Misra V, Haines DM (1996) Immunohistochemical identification of B und T lymphocytes in formalin-
fixed, paraffin-embedded feline lymphosarcomass: relation to feline leukemia virus status, tumor site, und patient
age. Can J Vet Res 60(3):199–204

Kupanoff PA, Popovitch CA, Goldschmidt MH (2006) Colorectal
plasmacytomas: a retrospective study of nine dogs. J Am
Anim Hosp Assoc 42(1):37–43. doi:10.5326/0420037

Leifer CE, Matus RE (1986) Chronic lymphocytic leukemia
in the dog: 22 cases (1974–1984). J Am Vet Med Assoc
189(2):214–217.

Lester SJ, Mesfin GM (1980) A solitary plasmacytoma in a dog
with progression to a disseminated myeloma. Can Vet J
21 (10):284–286

Little L, Patel R, Goldschmidt M (2007) Nasal und nasopharyngeal lymphomas in cats: 50 cases (1989–2005). Vet Pathol
44(6):885–892

Louwerens M, London CA, Pedersen NC, Lyons LA (2005)
Feline lymphomas in the post-feline leukemia virus era. J
Vet Intern Med 19(3):329–335

Lucke VM (1987) Primary cutaneous plasmacytomas
in the dog and cat. J Small Anim Prac 28(1):49–55.
doi:10.1111/j.1748-5827.1987.tb05970.x

MacEwen EG, Hurvitz AI (1977) Diagnosis and management
of monoclonal gammopathies. Vet Clin North Am
7(1):119–132

Marconato L, Gelain ME, Comazzi S (2013) The dog as a possible animal model for human non-Hodgkin lymphomas: a
review. Hematol Oncol 31(1):1–9. 10.1002/hon.2017

Marioni-Henry K, Van Winkle TJ, Smith SH, Vite CH (2008)
Tumors affecting the spinal cord of cats: 85 cases

(1980–2005). J Am Vet Med Assoc 232(2):237–243. doi:10.2460/javma.232.2.237

Matus RE, Leifer CE, MacEwen EG (1983) Acute lymphoblastic leukemia in the dog: a review of 30 cases. J Am Vet Med Assoc 183(8):859–862

Matus RE, Leifer CE, MacEwen EG, Hurvitz AI (1986) Prognostic factors for multiple myelomas in the dog. J Am Vet Med Assoc 188(11):1288–1292

Meis JM, Butler JJ, Osborne BM, Ordonez NG (1987) Solitary plasmacytomas of bone and extramedullary plasmacytomas. A clinicopathologic and immunohistochemical study Cancer.59(8):1475–1485

Meleo KA (1997) The role of radiotherapy in the treatment of lymphoma und thymoma. Vet Clin North Am Small Anim Pract 27(1):115–129

Mellor PJ, Haugland S, Murphy S, Smith KC, Holloway A, Archer J, Powell RM, Polton GA, Tasker S, McCormick D, Tempest ME, McNeil PE, Scase TJ, Knott CD, Bonfanti U, Villiers EJ, Argyle DJ, Herrtage ME, Day MJ (2006) Myelomas-related disorders in cats commonly present as extramedullary neoplasms in contrast to myelomas in human patients: 24 cases with clinical follow-up. J Vet Intern Med 20(6):1376–1383

Mellor PJ, Haugland S, Smith KC, Powell RM, Archer J, Scase TJ, Villiers EJ, McNeil PE, Nixon C, Knott C, Fournier D, Murphy S, Polton GA, Belford C, Philbey AW, Argyle DJ, Herrtage ME, Day MJ (2008) Histopathologic, immunohistochemical, and cytologic analysis of feline myelomas-related disorders: further evidence for primary extramedullary development in the cat. Vet Pathol Online 45(2):159–173. 10.1354/vp.45-2-159

Messick JB (2013) The lymph nodes. In: Cowell RL, Valenciano AC (Hrsg) Cowell and Tyler's diagnostic cytology and hematology of the dog and cat, 4. Aufl. Elsevier, St. Louis, S 180–194

Milner RJ, Peyton J, Cooke K, Fox LE, Gallagher A, Gordon P, Hester J (2005) Response rates und survival times for cats with lymphoma treated with the University of Wisconsin-Madison chemotherapy protocol: 38 cases (1996–2003). J Am Vet Med Assoc 227(7):1118–1122

Mooney SC, Hayes AA (1986) Lymphomas in the cat: an approach to diagnosis and management. Semin Vet Med Surg (Small Anim) 1(1):51–57

Mooney SC, Hayes AA, Matus RE, MacEwen EG (1987) Renal lymphoma in cats: 28 cases (1977–1984). J Am Vet Med Assoc 191(11):1473–1477

Mooney SC, Hayes AA, MacEwen EG, Matus RE, Geary A, Shurgot BA (1989) Treatment and prognostic factors in lymphoma in cats: 103 cases (1977–1981). J Am Vet Med Assoc 194(5):696–702

Moore PF (2014) A review of histiocytic diseases of dogs and cats. Vet Pathol 51(1):167–184. 10.1177/0300985813510413

Moore PF, Affolter VK, Vernau W (2006) Canine hemophagocytic histiocytic sarcomas: a proliferative disorder of CD11d + macrophages. Vet Pathol 43(5):632–645. 10.1354/vp.43-5-632.

Morris JS, Dunn JK, Dobson JM (1993) Canine lymphoid leukaemia and lymphomas with bone marrow involvement: a review of 24 cases. J Small Anim Pract 34(2):72–79. 10.1111/j.1748-5827.1993.tb02613.x

Mortier F, Daminet S, Vandenabeele S, Van De Maele I (2012) Canine lymphomas: a retrospective study (2009–2010). Vlaams Diergeneeskundig Tijdschrift 81(6):341–351

Novacco M, Comazzi S, Marconato L, Cozzi M, Stefanello D, Aresu L, Martini V (2015) Prognostic factors in canine acute leukaemias: a retrospective study. Vet Comp Oncol:n/a-n/a. doi:10.1111/vco.12136

Osborne CA, Perman V, Sautter JH, Stevens JB, Hanlon GF (1968) Multiple myelomas in the dog. J Am Vet Med Assoc 153(10):1300–1319

Owen LN (1980) TNM classification of tumours in domestic animals. World Health Organization, Geneva

Padgett GA, Madewell BR, Keller ET, Jodar L, Packard M (1995) Inheritance of histiocytosis in Bernese mountain dogs. J Small Anim Pract 36(3):93–98

Patel RT, Caceres A, French AF, McManus PM (2005) Multiple myelomas in 16 cats: a retrospective study. Vet Clin Pathol 34(4):341–352

Platz SJ, Breuer W, Pfleghaar S, Minkus G, Hermanns W (1999) Prognostic value of histopathological grading in canine extramedullary plasmacytomas. Vet Pathol 36(1):23–27

Ragaini L, Aste G, Cavicchioli L, Boari A (2003) Inflammatory bowel disease mimicking alimentary lymphosarcomas in a cat. Vet Res Commun 27(Suppl 1):791–793

Reinacher M, Theilen G (1987) Frequency und significance of feline leukemia virus infection in necropsied cats. Am J Vet Res 48(6):939–945

Richards KL, Suter SE (2015) Man's best friend: what can pet dogs teach us about non-Hodgkin's lymphomas?. Immunol Rev 263(1):173–191. 10.1111/lmr.12238

Rusbridge C, Wheeler SJ, Lamb CR, Page RL, Carmichael S, Brearley MJ, Bjornson AP (1999) Vertebral plasma cell tumors in 8 dogs. J Vet Intern Med 13(2):126–133

Sato H, Fujino Y, Chino J, Takahashi M, Fukushima K, Goto-Koshino Y, Uchida K, Ohno K, Tsujimoto H (2014) Prognostic Analyses on Anatomical und Morphological Classification of Feline Lymphoma. J Vet Med Sci 76(6):807–811. doi:10.1292/jvms.13-0260.

Savary KC, Price GS, Vaden SL (2000) Hypercalcemia in cats: a retrospective study of 71 cases (1991–1997). J Vet Intern Med 14(2):184–189

Shearin AL, Hedan B, Cadieu E, Erich SA, Schmidt EV, Faden DL, Cullen J, Abadie J, Kwon EM, Grone A, Devauchelle P, Rimbault M, Karyadi DM, Lynch M, Galibert F, Breen M, Rutteman GR, Undre C, Parker HG, Ostrunder EA (2012) The MTAP-CDKN2A locus confers susceptibility to a naturally occurring canine cancer. Cancer epidemiology, biomarkers & prevention: a publication of the American Association for Cancer Research. cosponsored by the American Society of Preventive Oncology 21(7):1019–1027. doi:10.1158/1055-9965.EPI-12-0190-T

Simon D, Eberle N, Laacke-Singer L, Nolte I (2008) Combination chemotherapy in feline lymphoma: treatment outcome, tolerability, und duration in 23 cats. J Vet Intern Med 22(2):394–400. doi:10.1111/j.1939-1676.2008.0057.x

Taylor SS, Goodfellow MR, Browne WJ, Walding B, Murphy S, Tzannes S, Gerou-Ferriani M, Schwartz A, Dobson JM (2009) Feline extranodal lymphoma: response to chemotherapy und survival in 110 cats. J Small Anim Pract 50(11):584–592. doi:10.1111/j.1748-5827.2009.00813.x

Teske E, Van Heerde P, Rutteman GR, Kurzman ID, Moore PF, MacEwen EG (1994) Prognostic factors for treatment of malignant lymphoma in dogs. J Am Vet Med Assoc 205(12):1722–1728

Troxel MT, Vite CH, Van Winkle TJ, Newton AL, Tiches D, Dayrell-Hart B, Kapatkin AS, Shofer FS, Steinberg SA (2003) Feline intracranial neoplasia: retrospective review of 160 cases (1985–2001). J Vet Intern Med 17(6):850–859

Vail DM, Kisseberth WC, Obradovich JE, Moore FM, London CA, MacEwen EG, Ritter MA (1996) Assessment of potential doubling time (Tpot). argyrophilic nucleolar organizer regions (AgNOR), and proliferating cell nuclear antigen (PCNA) as predictors of therapy response in canine non-Hodgkin's Lymphome. Exp Hematol 24(7):807–815

Vail DM, Moore AS, Ogilvie GK, Volk LM (1998) Feline lymphomas (145 cases): proliferation indices, cluster of differentiation 3 immunoreactivity, and their association with prognosis in 90 cats. J Vet Intern Med 12(5):349–354

Valli VE (2007) Veterinary comparative hematopathology. Blackwell, Ames.

Valli VE, Jacobs RM, Parodi AL, Vernau W, Moore PF (2002) World Health Organization International Histological classification of tumors of domestic animals: Histological classification of hematopoietic tumors of domestic animals, Vol. VIII. Second Series. Armed Force Institut of Pathology, American Registry of Pathology, Washington, DC

Valli VE, San Myint M, Barthel A, Bienzle D, Caswell J, Colbatzky F, Durham A, Ehrhart EJ, Johnson Y, Jones C, Kiupel M, Labelle P, Lester S, Miller M, Moore P, Moroff S, Roccabianca P, Ramos-Vara J, Ross A, Scase T, Tvedten H, Vernau W (2011) Classification of canine malignant lymphomas according to the World Health Organization criteria. Vet Pathol 48(1):198–211. 10.1177/0300985810379428

Valli VE, Kass PH, San Myint M, Scott F (2013) Canine lymphomas: association of classification type, disease stage, tumor subtype, mitotic rate, and treatment with survival. VetPathol 50(5):738–748. Doi:10.1177/0300985813478210

Workman HC, Vernau W (2003) Chronic lymphocytic leukemia in dogs and cats: the veterinary perspective. Vete Clin North Am Small Anim Pract 33(6):1379–1399

Wright ZM, Rogers KS, Mansell J (2008) Survival data for Canine oral extramedullary plasmacytomes: a retrospective analysis (1996–2006). J Am Anim Hosp Assoc 44(2):75–81. doi:10.5326/0440075

Tumoren des Urogenitaltrakts

Robert Klopfleisch

© Springer-Verlag GmbH Deutschland 2017
R. Klopfleisch (Hrsg.), *Veterinäronkologie kompakt*,
https://doi.org/10.1007/978-3-662-54987-2_7

7.1   Kanine Urogenitaltrakttumoren

7.1.1   Kanine Nierentumoren

Nierentumoren sind seltene Tumoren bei Hunden. Wenn sie auftreten, sind sie jedoch **meist maligne.** Adenome machen nur 15 % der primären Nierentumoren aus. Maligne Tumoren können uni- oder bilateral auftreten, und **Karzinome** sind die häufigsten kaninen Nierentumoren.

7.1.1.1   Kanine epitheliale und mesenchymale Tumoren

Kanine epitheliale und mesenchymale Nierentumoren in fünf Fakten
1. meist maligne
2. Tumoren alter Hunde, außer Zystadenokarzinome
3. klinische Symptome oft unspezifisch
4. Nephrektomie als Therapie der Wahl bei Fällen mit unilateralen Tumoren
5. häufige Metastasierung in die Lymphknoten, Lunge, Leber

■ **Epidemiologie und Pathogenese**

Epitheliale Nierentumoren des Hundes werden in **Nierenkarzinome** und **Übergangszellkarzinome** unterschieden. Primäre Tumoren der Nieren sind meist **maligne** und können Metastasen auch innerhalb der Nieren entwickeln.

Nierenkarzinome entwickeln sich aus dem Epithelzellen der Nierentubuli und sind die **häufigsten** epithelialen Tumoren der kaninen Niere. Sie treten **bilateral** auf und können hochinvasiv wachsen. Das mittlere Alter betroffener Hund beträgt acht Jahre, mit einer Prädisposition männlicher Hunde.

Zystadenokarzinome sind eine seltene Variante epithelialer Nierentumoren und vor allem im Zusammenhang mit der **nodulären Dermatofibrose** des **Deutschen Schäferhundes** beschrieben. Dieser Erkrankungskomplex wird durch eine Mutation im Folliculin-Gen hervorgerufen, und betroffene Hunde zeigen gewöhnlich erste Hauttumoren im Alter von sechs Jahren. Die parallel dazu auftretenden renalen Zystadenokarzinome sind gewöhnlich bilateral.

Übergangszellkarzinome entstehen aus dem Epithel des Nierenbeckens und sind seltene Tumoren. Sie zeigen im Gegensatz zu Nierenkarzinomen nur selten Lungenmetastasen.

Mesenchymale Tumoren der Nieren umfassen **Hämangiosarkome, Hämangiome** und **Fibrosarkome** und sind selten.

■ **Klinik**

Die klinischen Befunde bei Hunden mit Nierentumoren sind gewöhnlich **unspezifisch** und umfassen Gewichtsverlust, Polyurie, Lethargie und Hämaturie. Sie werden vor allem durch die **Zerstörung des Nierenparenchyms** hervorgerufen. Selten können schmerzhafte abdominale Massen direkt palpiert werden. Eine **Blutuntersuchung** kann Polyzytämie, Anämie, Azotämie, Neutrophilie oder Hyperkalzämie zeigen. Da die meisten Nierentumoren zum Zeitpunkt der Diagnose bereits in die Lunge, Lymphknoten oder Leber metastasiert haben, wird empfohlen, **Thoraxröntgenaufnahmen** und eine **abdominale Ultraschalluntersuchung** durchzuführen.

■ **Zytologie und Histopathologie**

Sogenannte „*Clear cells*" mit vakuolisiertem Zytoplasma können sich in der Zytologie renaler Karzinome finden. Für eine definitive Diagnose ist jedoch eine histopathologische Untersuchung nötig. Histopathologisch findet sich eine große Breite an unterschiedlichen Zelltypen in Nierenkarzinomen. Die *Clear-cell*-Variante ist mit signifikant verminderten Überlebenszeiten assoziiert. Der mitotische Index (< 10 Mitosen, 10–30 Mitosen, > 30 Mitosen in zehn 400-fach-Gesichtsfeldern) in Nierenkarzinomen wird als wichtige prognostische Variable für die Überlebenszeiten angesehen.

■ **Therapie**

Die Therapie der Wahl für unilaterale renale Tumoren ist die **Nephrektomie**, unabhängig vom Tumortyp. Besondere Beachtung sollte der Vermeidung der Ausbreitung von neoplastischen Zellen in die Bauchhöhle während der chirurgischen Entfernung geschenkt werden. Chemotherapie als

Behandlungsansatz ist für primäre renale Tumoren des Hundes nicht beschrieben.

- **Prognose**

Obwohl **Lungenmetastasen** sich bei den meisten Hunden mit Nierenkarzinomen bereits zum Zeitpunkt der Primärdiagnose finden, werden Überlebenszeiten von bis zu fünf Jahren nach Nephrektomie beschrieben. Epitheliale Tumoren sind dabei mit längeren Überlebenszeiten als mesenchymale Tumoren beschrieben.

7.1.1.2 Kanine Nephroblastome

Kanine Nephroblastome in fünf Fakten

1. vor allem bei jungadulten Hunden
2. können sehr groß werden
3. gewöhnlich unilateral
4. Nephrektomie als Therapie der Wahl
5. Prognose hängt vom Grad der Differenzierung ab

- **Epidemiologie und Pathogenese**

Nephroblastome stammen von **primitiven nephrogenen Blastemzellen** ab und können Knorpel- und Muskelanteile enthalten. Im Gegensatz zu anderen Nierentumoren treten Nephroblastome häufiger im jungen Alter auf. Die Malignität der Tumoren hängt vom **Differenzierungsgrad** der Tumoren ab. Nephroblastome können riesig werden und eine Auftreibung des Abdomens bewirken. Sie treten gewöhnlich **unilateral** auf. In 50 % der Fälle finden sich **Metastasen** in die Lunge und Leber. Nephroblastome können auch als primär intradurale Neoplasien des Rückenmarkskanals auftreten.

- **Klinik**

Die klinischen Symptome von Hunden mit Nephroblastomen sind meist unspezifisch, wie auch bei den anderen Nierentumoren (siehe ▶ Abschn. 7.1.1.1). Circa 75 % der Hunde mit Nephroblastomen entwickeln **Lungenmetastasen**, Röntgenaufnahmen des Thorax sollten deshalb immer durchgeführt werden.

Palpable abdominale Massen finden sich in manchen Fällen.

- **Zytologie und Histopathologie**

Nephroblastome sind gewöhnlich aus Blastemzellen, epithelialen und stromalen Komponenten aufgebaut und sehr variabel im Erscheinungsbild. Die Zytologie ist deshalb zumeist nicht für eine Diagnose ausreichend. Histopathologisch finden sich **primitive Glomeruli** zusammen mit lockerem mesenchymalen Bindegewebe und unreifen Tubuli. Die histopathologische Diagnose kann durch einen immunhistochemischen Nachweis von **C-19-Protein** bestätigt werden.

- **Therapie und Prognose**

Die Nephrektomie ist die Methode der Wahl. Die **Prognose** hängt vom Differenzierungsgrad des Tumors ab. Tumoren mit gut differenzierten Tubuli haben eine bessere Prognose als anaplastische Tumoren.

7.1.2 Kanine Harnblasentumoren

Tumoren der Harnblase sind die **häufigsten** Tumoren des kaninen Urogenitaltrakts. Die meisten davon sind **Übergangszellkarzinome**. Die klinische Diagnose kann sich als schwierig erweisen, da die klinischen Symptome recht unspezifisch sind.

7.1.2.1 Kanine Übergangszellkarzinome

Übergangszellkarzinome der Harnblase in sechs Fakten

1. häufigster Harnblasentumor beim Hund
2. häufig assoziiert mit dem Kontakt zwischen Urothel und Karzinogenen
3. oft invasiv, metastasierend und lumenverlegend
4. klinisches Staging gemäß TNM-System
5. effektive Therapieansätze kombinieren Chirurgie und medikamentöse Behandlung

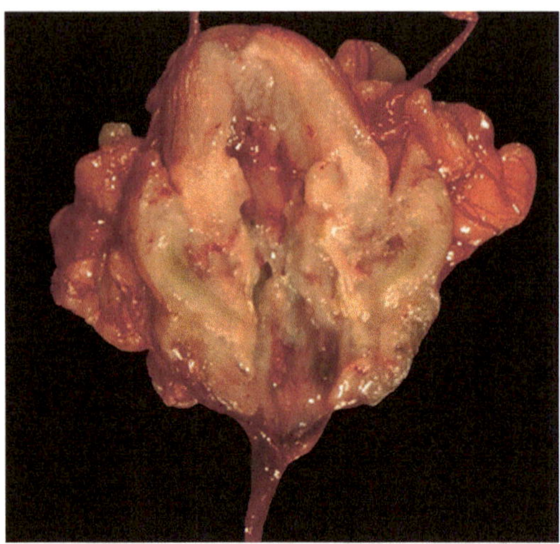

■ **Epidemiologie und Pathogenese**

Übergangszellkarzinome der Harnblase sind die häufigsten urogenitalen Neoplasien beim Hund und entstehen aus Übergangsepithel der Harnblase. Sie sind oft **invasiv** und finden sich im Harnblasendreieck (◼ Abb. 7.1). Primäre Neoplasien der Urethra sind selten. Übergangszellkarzinome der Harnblase können jedoch die Urethra infiltrieren. Kastrierte Hunde entwickeln häufiger Übergangszellkarzinome. Es gibt eine **Geschlechtsprädisposition** bei männlichen Hunden. Eine Exposition des Harnblasenepithels zu **Karzinogenen** wie Cyclophosphamid oder verschiedenen anderen Insektiziden, Herbiziden oder Pestiziden kann ebenfalls zu Übergangszellkarzinomen führen. Eine **Rasseprädisposition** wurde für Scottish Terrier, West Highland White Terrier, Foxterrier, Beagle, Collie und adipöse Hunde beschrieben. Betroffene Hunde sind zumeist **10 Jahre** alt. Eine Obstruktion der harnleitenden Wege ist häufig.

■ **Klinik**

Die Hauptsymptome der Tumoren sind Pollakiurie, Hämaturie, Dysurie und später Anurie. Diese **unspezifischen Symptome** sind vergleichbar mit denen nicht-neoplastischer Krankheiten und können zumindest temporär sogar auf Antibiotikagabe ansprechen, da assoziierte Urogenitaltraktinfektionen häufig vorkommen. Ultraschalluntersuchungen sind die Standardmethode zum Nachweis von Harnblasentumoren. Der Verlust des typischen Schichtaufbaus der Harnblase ist zumeist auf malignes Wachstum hinweisend. Die Tumoren können **polypoid, sessil oder papillär** wachsen. Differenzialdiagnosen umfassen Polypen und polypoide Zystitis. Endoskopische Untersuchungen ermöglichen die genauere Untersuchung von Lokalisation, Morphologie und Ausmaß der Neoplasie. **Metastasierung** kommt häufig in späten Tumorstadien vor und findet zumeist in die Lymphknoten, Leber und Lunge statt.

Das klinische **Staging** von Überganszellkarzinomen wird entsprechend der Klassifikation der World Health Organization (WHO) vorgenommen (◼ Tab. 7.1).

■ **Zytologie und Histopathologie**

Mittels Zytologie ist es möglich, **dysplastische Tumorzellen** im Urin nachzuweisen. Ihre Sensitivität ist jedoch gering. Die Histologie ist Methode der Wahl für eine definitive Diagnose. Histopathologisch werden die Tumoren anhand ihrer Invasivität, ihres Wachstumsmusters (papillär, nicht-papillär) und des **Tumorgrads** unterschieden. Eine Invasion des umgebenden Gewebes ist ein Hinweis auf eine stattgefundene **Metastasierung**. Nicht-papilläre und infiltrative Varianten zeigen am häufigsten eine Metastasierung. Eine immunhistochemische Färbung für **Uroplakin III** kann bei undifferenzierten Tumoren die Diagnosefindung unterstützen.

■ **Therapie**

Die **Chirurgie** wird für die Entnahme von Biopsien, die Entnahme des gesamten Tumors oder die Wiederherstellung des Urinflusses eingesetzt. Beim chirurgischen Eingriff muss darauf geachtet werden, dass keine Tumorzellen in andere Körperregionen verschleppt werden. Leider ist eine komplette Resektion zumeist unmöglich und eine **Rezidivierung** deshalb häufig. Stents können eine urethrale Obstruktion zu vermeiden helfen und die Überlebenszeiten verlängern. Eine **Chemotherapie** wird häufig in Kombination mit COX-Inhibitoren gegeben und kann eine Alternative zur Chirurgie darstellen. Sie kann zu einer partiellen Remission führen. Die Gabe der **Cox-Inhibitoren** Piroxicam oder Deracoxib ist mit

Tab. 7.1 Klinisches Staging-System für Übergangszellkarzinome (Owen 1980)

TNM-Stage	Kategorie
T	**Primärer Tumor**
T0	neoplastisches Wachstum nachweisbar
T1	superfizieller papillärer Tumor
T2	Invasion der Harnblasenwand
T3	Invasion benachbarter Gewebe (Prostata, Uterus, Vagina, Darm)
N	**Regionale Lymphknoten (Lnn. iliaci mediales)**
N0	Lymphknoten nicht betroffen
N1	regionale Lymphknoten betroffen
N2	weitere Lymphknoten (Lnn. lumbales aortici, hypogastrici, sacrales) betroffen
M	**Fernmetastasen**
M0	keine Fernmetastasen
M1	Fernmetastasen (Lunge, Knochen, Gehirn etc.)

Überlebenszeiten von bis zu zwei Jahren assoziiert. Die Effizienz einer lokalen Applikation von Mitomycin C und photodynamischer Wirkstoffe sowie der Immuntherapie konnte bisher beim Hund nicht bewiesen werden. Eine **Bestrahlungstherapie** in Kombination mit Chirurgie führt häufig zu ausgeprägter Fibrose im Bestrahlungsfeld und wird deshalb häufig abgelehnt. Eine neuere Studie konnte jedoch bei Patienten nach 10 Bestrahlungen mit 2,7 Gy gute Behandlungserfolge und Überlebenszeiten von bis zu 767 Tagen zeigen. Eine regelmäßige Urinuntersuchung auf sekundäre bakterielle Infektionen ist nötig.

- **Prognostische Faktoren**

Das Überleben von Hunden mit Harnblasentumoren ist streng mit den Ergebnissen des **TNM-Stagings** korreliert (**Tab. 7.1**). Ein höherer TNM-Stage, jüngeres Alter, Einbeziehung der Prostata in das Tumorwachstum sind mit Überlebenszeiten von bis zu 234 Tagen assoziiert. Die **Prognose** ist ebenfalls von der Invasion **Invasion in die**in die Urethra und die umgebenden Gewebe sowie der **histologischen**

Klassifikation abhängig. In der **Ultraschalluntersuchung** sind die Invasion in die Harnblasenwand, eine Lokalisation im Harnblasendreieck und eine Heterogenität der Masse mit einer schlechten Prognose assoziiert.

7.1.2.2 Andere kanine epitheliale Neoplasien der Harnblase

Plattenepithelkarzinome (PEK), undifferenzierte Karzinome und **Adenokarzinome** der Harnblase sind viel seltener als Übergangszellkarzinome. Adenokarzinome und PEK zeigen ein nicht-papilläres Wachstum und sind oft ulzeriert. Sie metastasieren jedoch genau so häufig wie Übergangszellkarzinome. **PEK** treten auch in der **Urethra** weiblicher Hunde auf. **Papillome** können multipel, gestielt oder sessil sein. Das Übergangsepithel auf den Papillomen ist gut differenziert, eine Plattenepithelmetaplasie kann beobachtet werden. Eine Hämaturie aufgrund von Ulzerationen kommt häufig vor.

7.1.2.3 Kanine mesenchymale Tumoren

Mesenchymale Tumoren der Harnblase sind beim Hund **selten** und zumeist benigne Fibrome und Leiomyome. Leiomyosarkome zeigen eine lokale Invasion, eine Metastasierung ist jedoch selten.

- **Weiterführende Literatur**

(Budreckis et al. 2015; Cannon und Allstadt 2015; Choy und Fidel 2016; Fulkerson und Knapp 2015; Gerber und Rees 2009; Glickman et al. 2004; Glickman et al. 1989; Hanazono et al. 2014; Hosoya et al. 2013; Kobayashi et al. 2004; Love und Walshaw 1989; McMillan et al. 2011; Mutsaers et al. 2003; Nolan et al. 2015; Patrick et al. 2006; Ramos-Vara et al. 2003; Reed et al. 2012; Rocha et al. 2000; Sledge et al. 2015; Valli et al. 1995; Vignoli et al. 2007)

7.1.3 Feline Nierentumoren

Neoplasien der Niere sind, mit Ausnahme der renalen Lymphome, **selten** bei der Katze. Eine Unterscheidung der verschiedenen Tumoren ist von großer Bedeutung, da sich die Behandlungsansätze für die verschiedenen Tumorarten stark unterscheiden.

7.1.3.1 Feline renale Lymphome

> **Feline renale Lymphome in sechs Fakten**
> 1. häufigster renaler Tumor bei der Katze
> 2. diffus oder nodulär
> 3. gewöhnlich bilateral
> 4. typische Ultraschallbefunde:
>   Vergrößerung, Verwischen der
>   Rinden-Mark-Grenze, charakteristischer
>   hypoechogener Rand
> 5. Chemotherapie als Therapie der Wahl
> 6. definitive Diagnose oft via Zytologie
>   möglich

■ **Epidemiologie und Pathogenese**

Renale Lymphome sind die **häufigste** renale Neoplasie der Katze und häufig Teil eines multizentrischen Lymphoms (siehe ▶ Kap. 6). Eine Beteiligung andere Organe neben den Nieren ist zum Zeitpunkt der Diagnose fast immer nachweisbar. Das mittlere Alter von Katzen mit renalen Lymphomen sind **8 Jahre**, und die Mehrheit der Fälle ist **FeLV-negativ**. Renale Lymphome sind hauptsächlich **B-Zell-Lymphome**.

■ **Klinik**

Die Symptome bei renalen Lymphomen umfassen **Anorexie, Gewichtsverlust, Polyurie und Polydipsie.** Palpierbare Vergrößerungen der Nieren können vorhanden sein, eine Bestätigung mittels Röntgenaufnahmen ist jedoch zumeist nötig. Eine **Ultraschalluntersuchung** ist jedoch häufig die hilfreichere Diagnostikmethode und zeigt meist einen **hypoechogenen Rand** um die renale Masse und ein Verwischen der Rinden-Mark-Grenze. Eine finale Diagnose ist mittels Zytologie oder Histologie von Biopsien möglich.

■ **Zytologie und Histopathologie**

In den meisten Fällen ist eine **Zytologie** diagnostisch und durch **uniforme lymphoblastische Zellen** mit hoher Mitoserate und wenigen reifen Lymphozyten charakterisiert. Eine **histopathologische Untersuchung** ist in Fällen mit einem gemischten Zellbild wichtig, um eine chronische interstitielle Nephritis auszuschließen.

■ **Therapie und Prognose**

Chemotherapie ist die Therapie der Wahl für renale Lymphome. Das **COP-Protokoll** ist das am häufigsten verwendete Therapieprotokoll, welches Cyclophosphamid, Vincristin und Prednisolon verwendet. Eine **Nephrektomie** ist hingegen ineffektiv, da zum Diagnosezeitpunkt meist bereits andere Organe betroffen sind.

Renale Lymphome sprechen gut auf Chemotherapie an und Überlebenszeiten von bis zu fünf Jahren wurden berichtet. Die Prognose für renale Lymphome ist jedoch schlechter als für andere Lymphome der Katze. Die Grade der **Azotämie** und/oder **renalen Vergrößerung** stellen keine relevanten prognostischen Faktoren dar und sollten nicht genutzt werden, um sich gegen eine Chemotherapie zu entscheiden, solange das Allgemeinbefinden der Katze gut ist.

7.1.3.2 Andere renale Tumoren der Katze

Verglichen mit renalen Lymphomen sind andere Nierentumoren der Katze **sehr selten**. Das mittlere Alter beträgt 10 Jahre, und gewöhnlich ist nur eine Niere betroffen, sodass eine **Nephrektomie** zusammen mit einer Chemotherapie zumeist sinnvoll ist. Die häufigsten nicht-lymphatischen renalen Tumoren der Katze sind **renale Karzinome** und **Übergangszellkarzinome**. Die klinischen und histopathologischen Befunde sind ähnlich denen der Nierentumoren beim Hund. Benigne Tumoren der felinen Nieren sind extrem selten.

■ **Weiterführende Literatur**

(Gabor et al. 1998; Henry et al. 1999; Mooney et al. 1987; Taylor et al. 2009; Vail et al. 1998; Valdes-Martinez et al. 2007)

7.1.4 Feline Harnblasentumoren

Harnblasentumoren sind **seltene Tumoren** bei Katzen. Sie machen weniger als 1 % aller felinen Neoplasien aus. Betroffene Tiere sind 12–15 Jahre alt, und **Übergangszellkarzinome** sind am häufigsten. **Lymphome** werden ebenfalls beschrieben. Die assoziierten klinischen Symptome sind unspezifisch und umfassen häufig auch eine Infektion des

Urogenitaltrakts. Im Gegensatz zum Hund finden sich die Tumoren nur selten im Harnblasendreieck. Die **Histopathologie** der Tumoren und mögliche **Therapieansätze** ähneln denen für kanine Tumoren. Ein Staging-System für Katzen ist nicht bekannt. **Überlebenszeiten** von bis zu 261 Tagen wurden beschrieben. Andere Harnblasentumoren sind sehr selten.

- **Weiterführende Literatur**

(Brearley et al. (1986); Osborne et al. (1968); Patnaik et al. (2008); Walker et al. (1993); Wilson et al. (2007); Wimberly und Lewis (1979))

7.1.5　Equine Nierentumoren

Nierentumoren sind selten beim Pferd. Am häufigsten sind **renale Karzinome** bei älteren Pferden. Eine Metastasierung ist möglich. Interessanterweise sind **renale Adenome** häufiger als bei anderen Spezies.

- **Weiterführende Literatur**

(Haschek et al. 1981; Rhind et al. 1999; van Mol und Fransen 1986; Wise et al. 2009)

7.1.6　Equine Harnblasentumoren

Primäre Harnblasentumoren sind selten beim Pferd. **Plattenepithelkarzinome (PEK)** sind häufiger als Übergangszellkarzinome, Polypen, Rhabdomyosarkome und Lymphome. Sie sind oft **ulzeriert** und können eine Hämaturie verursachen. PEK können histopathologisch Tumoranteile mit morphologischen Merkmalen eines Übergangszellkarzinoms enthalten.

- **Weiterführende Literatur**

(Fischer et al. 1985; Hurcombe et al. 2008; Patterson-Kane et al. 2000; Turnquist et al. 1993; Zantingh et al. 2012)

7.1.7　Bovine renale Tumoren

Renale Tumoren sind seltene Neoplasien bei Rindern; dabei treten renale Karzinome am häufigsten auf. Die Metastasierungsrate ist gering, und die Tumoren sind häufig **bilateral**. Häufige klinische Befunde sind Proteinurie und **Hämosiderinablagerungen**. Renale Adenome sind häufiger als bei Hund und Katze.

- **Weiterführende Literatur**

(Kelley et al. 1996; Nielsen et al. 1976a)

7.1.8　Bovine Harnblasentumoren

Rinder zeigen eine große Vielfalt an Harnblasentumoren, die zu großen ökonomische Verlusten weltweit führen. Das häufigste mit diesen Tumoren assoziierte klinische Symptom ist **Hämaturie**. Die zahlreichen Harnblasenneoplasien bei Rind werden deshalb unter dem Begriff *enzootische Hämaturie* zusammengefasst.

7.1.8.1　Enzootische Hämaturie

Enzootische Hämaturie in vier Fakten
1. häufig beobachtet in Gebieten mit Adlerfarn auf den Weiden
2. verursacht zahlreiche verschiedene Harnblasentumoren
3. Ptaquilosid aus dem Adlerfarn zusammen mit BPV-Infektion als Ursache
4. Hämaturie oft das dominierende klinische Symptom

- **Epidemiologie und Pathogenese**

Je nach Region können 90 % der Rinder einer Population von enzootischer Hämaturie betroffen sein. Die Aufnahme von **Ptaquilosid** aus Adlerfarn spielt die Hauptrolle bei der Entwicklung von Harnblasentumoren beim Rind. Neben der karzinogenen Wirkung kann Ptaquilosid auch eine akute Intoxikation mit hochgradigen Hämorrhagien in der Harnblase verursachen. Auf Dauer ist jedoch die **Ulzeration der Tumoren** die Ursache der Hämaturie.

Ptaquilosid kann Papillome, Fibrome, Hämangiome, Hämangiosarkome und Karzinome, teils auch parallel, hervorrufen. Lokale **Invasion** der umgebenden Gewebe findet sich bei malignen Tumoren, eine **Metastasierung** findet sich bei bis zu **10 %** der Fälle.

Eine chronische Adlerfarnintoxikation kann eine **Immunsuppression** hervorrufen und zu einer chronischen **Papillomatose** führen, welche ein wichtiger **Kofaktor** bei der neoplastischen Transformation darstellt. Verschieden Varianten des bovinen Papillomavirus (BPV), **BPV-1, BPV-2, BPV-13**, können eine Rolle bei der Tumorentwicklung spielen. In den meisten Tumoren kann DNA des **BPV-2 E5 Onkoproteins** nachgewiesen werden.

- **Klinik**

Hämaturie ist das häufigste, wenn auch recht unspezifische, klinische Symptom der chronischen Adlerfarnintoxikation. Sie kann auch durch eine **akute Adlerfarnintoxikation** allein hervorgerufen worden.

- **Histopathologie und Spezialfärbungen**

Auf der Basis ihres Wachstumsmusters können die Tumoren vier Gruppen eingeteilt werden: flache, **exophytische/papilläre, endophytische** und **invasive**. Alle können sich in maligne Tumoren weiterentwickeln. Der immunhistochemische Nachweis des Urothelmarkers **Uroplakin** nimmt mit Zunahme der Malignität der Tumoren ab.

- **Therapie**

Da die enzootische Hämaturie nicht heilbar ist, beschränken sich die tierärztlichen Maßnahmen auf prophylaktische Maßnahmen wie zum Beispiel **BPV-2-Vakzine**.

- **Weiterführende Literatur**

(Ambrosio et al. 2001; Castillo et al. 1998; Cota et al. 2014; Hopkins 1986; Pires et al. 2010; Pathania et al. 2011; Pathania et al. 2012; Roperto et al. 2010; Sharma et al. 2013; Xu 1992)

7.2   Tumoren des weiblichen Genitale

7.2.1   Ovarialtumoren

7.2.1.1   Kanine Ovarialtumoren

Ovarialtumoren sind **seltene Tumoren** beim Hund, wobei die häufig durchgeführte Ovariohysterektomie sicherlich zu einer Fallreduktion führt. Die häufigsten kaninen Ovarialtumoren sind epitheliale Tumoren. Ihre **Prognose** hängt nicht von ihrem Histotyp ab, sondern wird vor allem von der erfolgreichen **kompletten Resektion** und dem Vorhandensein von **Metastasen** beeinflusst.

Kanine epitheliale Ovarialtumoren

> **Epitheliale Tumoren des kaninen Ovars in vier Fakten**
> 1. häufigste ovarielle Tumoren der Hündin
> 2. benigne und maligne Tumoren, letztere mit häufiger intraabdominaler Metastasierung
> 3. klinische Symptome oft unspezifisch
> 4. Ovariohysterektomie als Therapie der Wahl

- **Epidemiologie und Pathogenese**

Epitheliale Ovarialtumoren entstehen aus der Oberfläche des Ovars und sind **zumeist maligne**. Sie können in verschiedene histologische Subtypen unterschieden werden, was jedoch klinische keine Relevanz hat. Metastasen finden sich vor allem als **Abklatschmetastasen im Bauchraum**, eine Metastasierung in die Lymphknoten oder die Leber ist ebenfalls häufig. Epitheliale Ovarialtumoren finden sich bei älteren Hunden im mittleren **Alter** von 10 Jahren. Pointer scheinen eine **Rasseprädisposition** zu haben. Die Tumoren sind **häufiger bilateral** als andere Ovarialtumoren. Benigne Varianten sind Rete-Adenome, papilläre Adenome und Zystadenome.

- **Klinik**

Das wichtigste klinische Symptom sind große palpable **abdominale Massen**. Epitheliale Ovarialtumoren sind nicht hormonell aktiv. Selten wird eine Hyperkalzämie aufgrund der Sekretion von parathormonverwandtes Peptid (PTHrP) bei ovariellen Adenokarzinomen beobachtet. Die Ultraschalluntersuchung ist für die definitive Diagnose sowie für den Nachweis von Metastasen von großer Bedeutung. **Maligne** Tumoren erscheinen zumeist **solide** während **benigne** Tumoren oft zystisch sind. Thoraxröntgenaufnahmen sind für den Ausschluss metastatischer Ausbreitung nötig.

■ **Zytologie und Histopathologie**

Aufgrund des hohen Risikos einer Tumorzellverschleppung sollte eine transabdominale Aspiration vermieden werden. **Abdominale Flüssigkeiten** können maligne epitheliale Tumorzellen enthalten und können für die zytologische Diagnose relevant sein. Histopathologisch können die Tumoren in verschiedene Unterklassen eingeteilt werden, die jedoch ohne **prognostische Relevanz** sind. Die Differenzierung zwischen Adenomen und Adenokarzinomen basiert auf dem Nachweis von Invasion, mitotischem Index und Größe. Immunhistochemisch exprimieren epitheliale Ovarialtumoren **Zytokeratin, Vimentin, HBME-1** und **Desmin**, nicht jedoch **Inhibin-α**, welches ein spezifischer Differenzierungsmarker für Granulosazelltumoren ist.

■ **Therapie und Prognose**

Eine komplette **Ovariohysterektomie** ist die Therapie der Wahl für epitheliale Ovarialtumoren und auch für andere ovarielle Tumoren. Die Anfertigung eines Blutbilds vor der Chirurgie ist nötig, um mögliche **myelosuppressive Effekte** aufgrund der Östrogenproduktion durch den Tumor auszuschließen. Insofern keine Metastasen nachweisbar sind, ist die Prognose für ovarielle Karzinome gut.

Kanine Granulosazelltumoren

Granulosazelltumoren sind die zweithäufigsten Tumoren des kaninen Ovars. Sie sind mesenchymale Tumoren, entstehen aus den gonadalen Stromazellen und können verschiedenste Hormone produzieren, die wiederum für die wichtigsten **klinischen Symptome**, wie Vulvaschwellung und -ausfluss, persistierendem Östrus oder Panzytopenie oder zystische endometriale Hyperplasie und Pyometra verantwortlich sind. Circa 20 % der Granulosazelltumoren des Hundes zeigen **malignes Verhalten. Metastasen** finden sich häufig in Lymphknoten, Pankreas oder Lunge. Abdominale Abklatschmetastasen wie bei epithelialen Tumoren finden sich eher selten. Englische Bulldogen, Boston Terrier und Deutsche Schäferhunde zeigen eine **Rasseprädisposition**. Der immunhistochemische Nachweis von **Inhibin-α** kann zur Bestätigung der Diagnose genutzt werden. Die **Ovariohysterektomie** ist die Therapie der Wahl.

Kanine Teratome und Dysgerminome

Teratome und Dysgerminome entstehen aus den primordialen Keimzellen des Ovars und werden häufig von Veränderungen des Uterus, wie **Pyometra** oder **endometrialer Hyperplasie,** begleitet. **Dysgerminome** sind gewöhnlich unilateral, und die Metastasierungsrate ist gering (circa 30 %). Sie bestehen aus einer uniformen Zellpopulation mit Keimzellmorphologie. **Teratome** bestehen aus Zellen aus mindestens zwei Keimblättern und können parallel Muskelgewebe, Haare, Fettgewebe Nervengewebe und viele andere Gewebearten enthalten. **Maligne Varianten** sind **selten**. Diese zeigen jedoch in 50 % der Fälle eine Metastasierung innerhalb des Abdomens. Teratome finden sich häufiger bei jungen Hündinnen. Die **Ovariohysterektomie** ist die Therapie der Wahl.

Andere Tumoren des kaninen Ovars

Andere weniger häufige Tumoren des Ovars bei der Hündin sind **Thekome**, die benigne stromale Tumoren darstellen.

■ **Weiterführende Literatur**

(Akihara et al. 2007; Banco et al. 2011; Buijtels et al. 2010; Diez-Bru et al. 1998; Hori et al. 2006; McCandlish et al. 1979; Nielsen et al. 1976b; Patnaik und Greenlee 1987; Riccardi et al. 2007; Rota et al. 2013)

7.2.1.2 Feline Ovarialtumoren

Feline Granulosazelltumoren

Feline Granulosazelltumoren in fünf Fakten:

1. häufigster ovarieller Tumor der Katze; 50 % maligne
2. klinische Symptome aufgrund der Hormonsynthese durch den Tumor
3. Zytologie abdominaler Effusionen kann für die Diagnose hilfreich sein
4. Ovariohysterektomie als Therapie der Wahl

- **Epidemiologie und Pathogenese**

Granulosazelltumoren sind die häufigsten ovariellen Tumoren der Katze. Von diesen zeigen circa **50 % malignes Verhalten**. Wie beim Hund können sie verschiedene Hormone synthetisieren, die dann für die meisten klinischen Symptome verantwortlich sind. Die Tumoren sind oft unilateral. **Metastasen** können sich in verschiedensten Organen finden.

- **Klinik**

Wie beim Hund sind die klinischen Symptome meist **unspezifisch**. Sie werden vor allem durch Hormonsekretion durch den Tumor hervorgerufen (siehe ▶ Abschn. 7.2.1.1.2). Der Masseneffekt der Tumoren kann jedoch teils Lethargie, Erbrechen und Aszites hervorrufen.

- **Zytologie und Histopathologie**

Aufgrund der Gefahr einer Verschleppung von Tumorzellen in die Bauchhöhle wird von einer transabdominalen Aspiration abgeraten. **Abdominale Flüssigkeiten** können maligne epitheliale Tumorzellen enthalten und eine **zytologische Diagnose** ermöglichen. **Histopathologisch** zeigen die Tumoren Zellen, die normalen Ovarialfollilkeln ähneln und in drüsenähnlichen oder Rosettenmustern angeordnet sein können. Gut differenzierte Tumoren zeigen sogenannte *Call-Exner-Bodies*, die aus Proteinkugeln mit umgebenden Tumorzellen bestehen.

- **Therapie und Prognose**

Die **Ovariohysterektomie** ist die Therapie der Wahl. Während der Eröffnung der Bauchhöhle sollte eine genaue Untersuchung der Bauchhöhle auf Metastasen durchgeführt werden. Die **Prognose** hängt von der Möglichkeit zur kompletten Entfernung des Tumors und dem Nachweis von Metastasen ab.

Andere feline Ovarialtumoren

Die zweithäufigsten ovariellen Tumoren der Katze sind **Dysgerminome**, welche 15 % der Ovarialtumoren ausmachen. Sie sind durch ihre große Größe, ihr bilaterales Wachstum und eine Metastasierung in 33 % der Fälle charakterisiert. Sie zeigen zumeist eine zystische Textur. **Teratome** und **epitheliale** Ovarialtumoren sind **selten**.

- **Weiterführende Literatur**

(Cellio und Degner 2000; Gelberg und McEntee 1985)

7.2.1.3   Equine Ovarialtumoren

Granulosazelltumoren sind die häufigsten Ovarialtumoren der Stute. Ähnlich wie bei anderen Spezies zeigen sie häufig eine Synthese von **Östrogen** und **Progesteron**, die für die meisten klinischen Symptome verantwortlich sind. Weiterhin synthetisieren Granulosazelltumoren der Stute häufig Testosteron. **Hengstverhalten** bei Stuten ist deshalb ein weiteres typisches klinisches Symptom. Die Tumoren entwickeln sich zumeist unilateral mit **Atrophie des kontralateralen Ovars**. Die Funktion des kontralateralen Ovars kann nach Entfernung des Tumors zumeist wieder hergestellt werden. Zystenbildung und Hämorrhagien kommen häufig vor. Eine **Ovariohysterektomie** ist die Therapie der Wahl. Andere Tumoren des equinen Ovars sind ausgesprochen selten.

- **Weiterführende Literatur**

(Bailey et al. 2002; McCue et al. 1992; McCue et al; 2006; Norris et al. 1968; Stabenfeldt et al. 1979)

7.2.1.4   Bovine Ovarialtumoren

Die wichtigsten ovariellen Tumoren bei Kühen sind **Granulosazelltumoren**. Diese sind meist **benigne und unilateral**, Metastasen können selten auftreten. Nach Entfernung eines unilateralen Tumors können sich weitere Tumoren im kontralateralen **Ovar** entwickeln. In gut differenzierten Tumoren finden sich histologisch *Call-Exner Bodies*, die aus Proteinkugeln umgeben von Tumorzellen in rosetenähnlicher Anordnung bestehen. Aufgrund der hormonellen Aktivität der Tumoren zeigen betroffene Kühe häufig Nymphomanie. Die **Ovariohysterektomie** ist die Therapie der Wahl. Nur wenige Fälle boviner epithelialer Ovarialtumoren wurden bisher beschrieben.

- **Weiterführende Literatur**

(Dobson et al. 2013; **El-Sheikh Ali H et al.** 2013; Garcia Iglesias MJ et al 1991; MacLachlan 1987; Meganck et al. 2011)

7.2.2 Uterus- und Vaginaltumoren

7.2.2.1 Kanine Uterus- und Vaginaltumoren

Leiomyome sind die häufigsten Tumoren des Uterus und der Vagina beim Hund. Andere Tumorarten treten nur ausgesprochen selten auf.

Kanine Leiomyome/Leiomyosarkome

> **Kanine Leiomyome/Leiomyosarkome in vier Fakten**
> 1. entstehen aus glatten Muskelzellen des Uterus und der Vagina
> 2. vaginale Tumoren häufiger als uterine
> 3. Tumoren zumeist benigne
> 4. Ovariohysterektomie ist kurativ, Leiomyosarkome können metastasieren

■ **Epidemiologie und Pathogenese**

Leiomyome entstehen aus den glatten Muskelzellen des Uterus oder Vagina. Sie sind häufiger als die malignen Leiomyosarkome. Sie können fokal oder multifokal auftreten. Sie treten meist bei mittelalten bis alten Hunden und ohne Rasseprädisposition auf. **Leiomyome** sind nicht invasiv, metastasieren nicht und wachsen langsam. Sie können makroskopisch zumeist nicht von den malignen Leiomyosarkomen differenziert werden. **Leiomyosarkome** können hingegen **metastasieren.** Die Entstehung von **Leiomyomen** scheint **hormonabhängig** zu sein und findet sich häufig zusammen mit Ovarialzysten, Granulosazelltumoren, endometrialer und Milchdrüsenhyperplasie.

Multifokale Leiomyome können selten zusammen mit renalen Zystadenomen und nodulärer Dermatofibrose bei Deutschen Schäferhunden vorkommen.

■ **Klinik**

Uterine Leiomyome sind häufig Zufallsbefunde, da sie langsam und nicht-invasiv wachsen und nicht metastasieren. Leiomyosarkome haben ein glasigeres, weißes bis fleischiges Aussehen. Vaginale und rektale Palpation, vaginoskopische Untersuchung und Zytologie können bei der Diagnosestellung helfen.

■ **Zytologie und Histopathologie**

Der Diagnose von Tumoren der glatten Muskulatur ist anhand des Nachweise glatten Muskelzellen mit länglichem Zytoplasma und abgerundeten „**zigarrenförmigen**" Zellkernen in der Zytologie möglich. Tumorzellen lassen sich jedoch nicht mit Sicherheit von normalen glatten Muskelzellen der Uteruswand unterscheiden. Eine **histopathologische Untersuchung** ist deshalb nötig für die endgültige Diagnose. Tumorzellen eines **Leiomyoms** zeigen sich in Strängen, Bündeln und Wirbeln angeordnet und mit expansivem Wachstum. **Leiomyosarkome** zeigen weiterhin eine weniger strukturierte Anordnung, infiltratives Wachstum und stärkere Pleomorphie der Zellform. Der immunhistochemische Nachweis von Aktin glatter Muskelzellen (*smooth muscle actin*, **SMA**) hilft bei der Abgrenzung von anderen mesenchymalen Tumoren.

■ **Therapie und Prognose**

Eine **komplette chirurgische Exzision** der Tumoren ist die Therapie der Wahl für urogenitale Tumoren der glatten Muskelzellen. Die Chirurgie ist dabei sowohl für Leiomyome als auch für Leiomyosarkome kurativ. Der sehr seltene Nachweis einer **Metastasierung** von Leiomyosarkomen verschlechtert die Prognose sehr stark.

7.2.2.2 Feline uterine und vaginale Tumoren

Feline uterine Adenokarzinome

> **7.9 Feline uterine Adenokarzinome in vier Fakten**
> 1. häufigste Tumoren des felinen Uterus
> 2. können metastasieren
> 3. Ovariohysterektomie als Therapie der Wahl
> 4. Prognose abhängig vom Metastasierungsstatus

■ **Epidemiologie und Pathogenese**

Adenokarzinome entstehen aus den Epithelzellen des Endometriums und sind die häufigsten Tumoren des felinen Uterus. Eine **Metastasierung** in nahezu alle Organe des Körpers wurde beschrieben.

- **Klinik**

Die **klinischen Symptome** sind zumeist unspezifisch und umfassen Inappetenz, Polydipsie, Polyurie oder Erbrechen. Das komplette **Staging** umfasst Röntgenaufnahmen des Thorax und eine abdominale Ultraschalluntersuchung, da uterine Adenokarzinome ein **hohes Metastasierungsrisiko** aufweisen.

- **Zytologie und Histopathologie**

Die Zytologie kann unterstützend bei der Diagnosefindung sein. Eine definitive Diagnose ist jedoch nur durch die **histopathologische Untersuchung** der exzidierten Neoplasie möglich. Dabei ist die Analyse der Invasivität und der chirurgischen Ränder von größter Bedeutung. Immunhistochemisch zeigen die Tumoren eine Expression von **Zytokeratin, COX-2, E-Cadherin** und **β-Catenin**.

- **Therapie und Prognose**

Die **Ovariohysterektomie** ist die Therapiemethode der Wahl für uterine Karzinome. Die **Prognose** hängt dabei vor allem vom Nachweis von Metastasen ab, wobei die meisten uterinen Adenokarzinome zum Zeitpunkt der Diagnose bereits metastasiert haben. Chemotherapieprotokolle sind bisher nicht etabliert.

Feline mesenchymale Uterus- und Vaginaltumoren

Leiomyome sind die häufigsten, jedoch auch **sehr seltenen** und einzig relevanten, mesenchymalen Uterus- und Vaginaltumoren bei der Katze. Sie treten vor allem bei alten Katzen auf. Die Diagnoseansätze, Therapie und Prognose sind ähnlich der der vaginalen Leiomyome beim Hunde (siehe ▶ Abschn. 7.2.2.1). Therapie der Wahl ist immer die komplette **Ovariohysterektomie**.

- **Weiterführende Literatur**

(Anderson und Pratschke 2011; Cooper et al. 2006; Gil Da Costa et al. 2009; Miller et al. 2003; Sato et al. 2007)

7.2.2.3   Bovine Uterus- und Vaginaltumoren

Karzinome sind die häufigsten Uterustumoren beim Rind und von größerer Häufigkeit als bei anderen Haustierspezies mit Ausnahme des Kaninchens.

Die Tumoren können einzeln oder primär multipel auftreten und sind zumeist mit einer kräftigen Bindegewebszubildung (Desmoplasie) assoziiert. Sie erscheinen dadurch makroskopisch als sehr fest und kontrahiert. Eine **Metastasierung** kommt **häufig** vor. Die regionalen **Lymphknoten** und die **Lunge** sind am häufigsten betroffen. **Leiomyome** können ebenfalls auftreten und ähneln in Biologie, Erscheinung und Prognose denen bei Hund und Katze. **Vaginaltumoren** sind selten beim Rind. Lediglich **Fibropapillome** der Vulva wurden wiederholt beschrieben und scheinen durch das **Bovine Papillomavirus 1 (BPV-1)** hervorgerufen zu werden. Sie zeigen jedoch zumeist eine spontane Regression innerhalb von 6 Monaten.

- **Weiterführende Literatur**

(Elsinghorst et al. 1984; Elzein et al. 1991; Garcia-Iglesias et al. 1995)

7.3   Tumoren des männlichen Genitaltrakts

7.3.1   Hodentumoren

7.3.1.1   Kanine Hodentumoren

Kanine Hodentumoren in fünf Fakten
1. werden unterteilt in Seminome, Sertolizelltumoren und Leydigzelltumoren
2. Tumoren alter Hunde und kryptorchider Hoden
3. Sertolizelltumoren und Leydigzelltumoren verursachen eine Feminisierung und Myelosuppression
4. Metastasierungsrisiko bei weniger als 10 % für Sertolizelltumoren und Seminome
5. Kastration als Therapie der Wahl für alle Hodentumoren

Hodentumoren sind sehr häufige Tumoren des Rüden. **Alte Rüden** und **kryptorchide Hoden** sind besonders für die Entstehung dieser Tumoren prädisponiert. Sie werden in **Seminome, Sertolizelltumoren und Leydigzelltumoren** unterschieden, die auch parallel in einem Hoden auftreten können. Alle Hodentumoren sind nahezu immer **benigne.** Selten wurden maligne Sertolizelltumoren und Seminome beschrieben. Das Risiko von Metastasen ist bei allen Hodentumoren gering.

Seminome stammen von den Spermatozytenvorläuferzellen ab und ähneln den Dysgerminomen des Ovars. **Sertolizelltumoren** sind gonadostromale Tumoren und ähneln den Granulosazelltumoren der Hündin. **Leydigzelltumoren** stammen von der Leydigzellen des Hodeninterstitiums ab. Mischformen der Tumoren können auftreten. Teratome sind sehr selten beim Hund.

- **Klinik**

Der wichtigste klinische Befund bei Hodentumoren ist eine unilaterale **Hodenvergrößerung,** oft zusammen mit einer Atrophie des kontralateralen Hodens. Eine **Feminisierung** mit Vulvaschwellung, Gynäkomastie, Milchbildung und bilateraler Alopezie (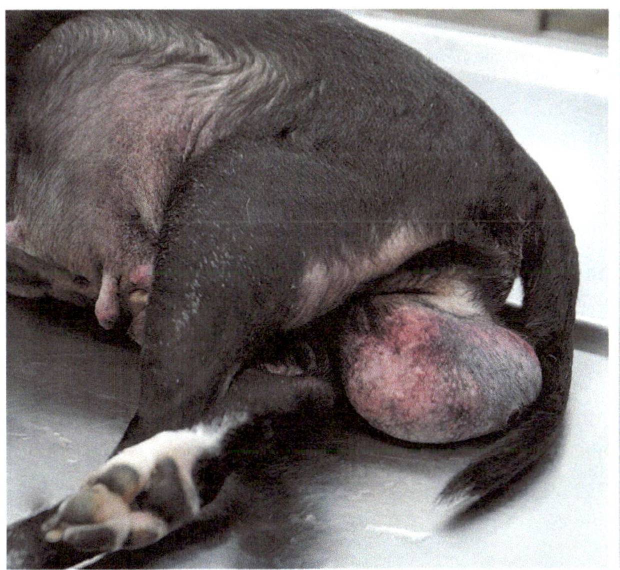 Abb. 7.2) kann die Folge einer **Hormonsynthese durch Sertolizelltumoren** sein. Diese führt zu hohen Blutöstradiolwerten und Knochenmarksdepletion. Weiterhin kann eine **Plattenepithelmetaplasie** der **Prostata** auftreten. Eine mögliche, jedoch

nicht sicher bestätigte Testosteronsynthese durch **Leydigzelltumoren** wird für die häufig mit diesen Tumoren assoziierte **Perianaldrüsenhyperplasie/-adenome** verantwortlich gemacht.

Eine **Metastasierung** wird für weniger als 10 % der Sertolizelltumoren und Seminome beschrieben. Die regionalen Lymphknoten sind am häufigsten betroffen. Wenn sie metastasieren, zeigen **Seminome** eine Metastasierung in zahlreiche Organe.

Eine **Ultraschalluntersuchung** wird für die Untersuchung von kryptorchiden Hoden mit Tumorverdacht empfohlen.

- **Zytologie und Histopathologie**

Makroskopisch können zumindest die Leydigzelltumoren durch ihre eher gelbe Farbe und ausgeprägte Hämorrhagien und Zysten von den eher weißen Seminomen und Sertolizelltumoren abgegrenzt werden (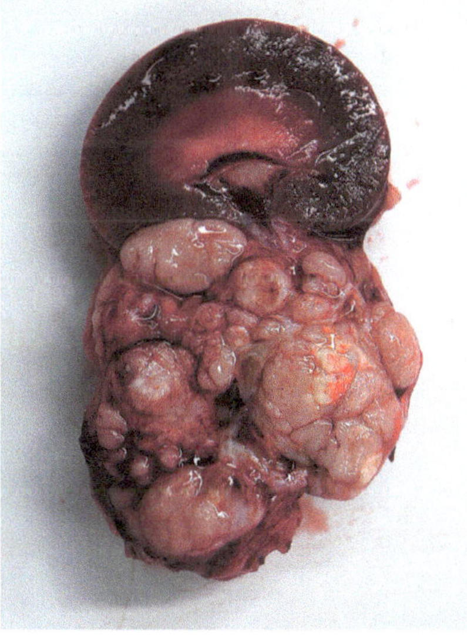 Abb. 7.2).

Mittels **Zytologie** ist die Diagnose eines Hodentumors meist gut möglich. Da die betroffenen Hunde zumeist kastriert werden, ist eine histopathologische Untersuchung jedoch fast immer möglich. Tumorzellen von **Leydigzelltumoren** zeigen sich zyto- und histopathologisch als runde bis polyhedrale Zellen

Abb. 7.2 Links: Sertolizelltumor bei einem 14 Jahre altem Hund. Man beachte die bilaterale Alopezie, die Hyperplasie des Milchdrüsengewebes, die Vergrößerung und Hyperkeratose der Zitzen als häufige Folgen der Hormonproduktion des Tumors. Rechts: Sertolizelltumor eines kryptorchiden Hodens (mit freundlicher Genehmigung von Robert Klopfleisch und dem Archiv des Instituts für Tierpathologie, Freie Universität Berlin)

mit viel granulärem oder fein vakuolisiertem Zytoplasma, das gelbes Pigment enthält. Intranukleäre, PAS-positive zytoplasmatische Invaginationen sind ein weiteres typisches Merkmal von Leydigzelltumoren. **Seminome** sind durch teils stark pleomorphe, rundzellige Tumorzellen charakterisiert. Sie enthalten meist CD8-Lymphozyten und multinukleierte Tumorzellen. **Sertolizelltumoren** enthalten zumeist recht viel Stroma. Ihre Tumorzellen ähneln normalen, hochprismatischen, in Tubuli angeordneten Sertolizellen in gut differenzierten Neoplasien. Schlecht differenzierte Sertolizelltumoren zeigen einen Verlust des strukturierten Wachstums und pleomorphe Tumorzellen. **Sertolizelltumoren** sind im Gegensatz zur Seminomen positiv für **NSE**.

- **Therapie und Prognose**

Therapie der Wahl ist die **Kastration**. Die **regionalen Lymphknoten** müssen für den Nachweis von Metastasen untersucht und eventuell reseziert werden. Die Chirurgie ist gewöhnlich **kurativ**. Bisher gibt es keine gut etablierten Chemotherapieprotokolle. Die **Prognose** für alle Hodentumoren ist insgesamt gut bis sehr gut.

- **Weiterführende Literatur**

(Banco et al. 2015; Grieco et al. 2008; Hayes et al. 1985; HogenEsch et al. 1987; Johnston et al. 1991; Liao et al. 2009; Lucas et al. 2012; Masserdotti et al. 2005; Mischke et al. 2002; Quartuccio et al. 2012; Sanpera et al. 2002; Spugnini et al. 2000; Weaver 1983; Yu et al. 2009)

7.3.1.2 Feline Hodentumoren

Hodentumoren sind sehr selten bei der Katze, was jedoch auch die Folge der frühen Kastration der meisten Kater sein könnte. **Sertolizelltumoren, Seminome, Leydigzelltumoren** und Mischtumoren wurden beschrieben. Klinik, Histopathologie und Prognose sind vergleichbar mit den kaninen Hodentumoren. Leydigzelltumoren können bereits bei sehr jungen Katzen auftreten. Die **Kastration** ist gewöhnlich kurativ.

- **Weiterführende Literatur**

(Miller et al. 2007; Rosen und Carpenter 1993; Tucker und Smith 2008)

7.3.1.3 Equine Hodentumoren

Die häufigsten Hodentumoren des Hengstes sind **Seminome**, die sehr groß werden und deren Metastasen weit streuen können. Bei jüngeren Pferden sind **Teratome** die häufigsten Hodentumoren. Sie sind zumeist benigne und können sowohl in skrotalen und kryptorchiden Hoden auftreten. Sie werden zumeist nicht größer als 10 cm im Durchmesser und bestehen aus verschiedensten Geweben, wie z. B. Fettgewebe, Haaren, Talgdrüsen oder Knochen. **Leydigzelltumoren** und **Sertolizelltumoren** treten sehr selten und nur in kryptorchiden Hoden auf. Eine hormonelle Aktivität von Hodentumoren wurde beim Hengst nicht beschrieben. **Kastration** ist die Therapie der Wahl.

- **Weiterführende Literatur**

(Brinsko et al. 1998; Duncan 1998; Gelberg und McEntee 1987; Govaere et al. 2010; Govaere et al;2011; Hunt et al. 1990; De Lange et al. 2015; Pollock et al. 2002)

7.3.1.4 Bovine Hodentumoren

Hodentumoren sind sehr selten bei Bullen. **Leydigzelltumoren** wurden etwas häufiger und vor allem bei alten Guernsey-Rindern beschrieben. **Sertolizelltumoren** wurden bei sehr jungen oder neugeborenen Bullen beschrieben, was auf einen genetischen Faktor hinweist

- **Weiterführende Literatur**

(Jensen et al. 2008; López et al. 1994)

7.3.2 Prostatatumoren

7.3.2.1 Kanine Prostatatumoren

> **Kanine Prostatatumoren in sechs Fakten**
> 1. seltene, aber hochaggressive Tumoren beim Hund, häufiger ist die Prostatahyperplasie
> 2. mehr als 80 % mit Metastasierung zum Zeitpunkt der Diagnose

3. häufige Metastasierung in die Knochen
4. klinische Symptome unspezifisch, Zytologie oder Histopathologie zur Diagnose nötig
5. Chirurgie nur selten kurativ
6. Prognose generell schlecht

- ■ **Epidemiologie und Pathogenese**

Prostatatumoren sind selten beim Hund. Prostatavergrößerungen bei älteren Hunden stellen zumeist benigne **Prostatahyperplasien** dar. Prostatakarzinome treten vor allem bei **älteren Hunden** auf. Große Rassen und **Bouvier des Flandres** sind leicht überrepräsentiert. Die Tumoren stellen fast immer **Adenokarzinome** dar, während Adenome oder Übergangszellkarzinome und Plattenepithelkarzinome selten sind und Adenome nicht existieren.

- ■ **Klinik**

Wichtigstes klinisches Symptom ist die **Prostatavergrößerung,** die sich vor allem durch Kotabsatzstörungen äußert. Lahmheit und Knochenschmerzen im Beckenbereich, Abmagerung, Hämaturie, Strangurie, Polydipsie und Polyurie sind ebenfalls typisch. Im **Ultraschall** zeigen sich Prostatakarzinome im Vergleich zur Hyperplasie eher unregelmäßig in ihrer Form, sie erscheinen bei der Palpation fester und zeigen zum Teil ossifizierende und mineralisierte Anteile. Eine **Feinnadelaspiration** unter Ultraschall-Führung oder **Biopsien** sind sehr hilfreich in der Diagnosefindung. Eine Verschleppung von Tumorzellen in den Biopsiekanal ist jedoch möglich. **Röntgenaufnahmen** sind für den Nachweis von Lungen- oder Knochenmetastasen relevant. Eine Vergrößerung der sublumbaren Lymphknoten und mineralisierte Foci in der Prostata sind nahezu pathognomonisch für Prostatakarzinome bei kastrierten Hunden, jedoch nicht bei unkastrierten Hunden. Mineralisierungen, Asymmetrie und infiltratives Wachstum sind klare Hinweise auf eine Neoplasie. Prostataspezifische Tumormarker sind beim Hund nicht bekannt.

- ■ **Zytologie und Histopathologie**

Bis zu 75 % der zytologischen Diagnosen stimmen mit der histopathologischen Untersuchung überein. Prostatakarzinomzellen sind zumeist sehr **heterogen** in ihrer Morphologie. Bis zu 50 % der Karzinome zeigen eine gemischte Zellpopulation mit urothelialer, squamoider, sarcomastoider oder glandulärer Differenzierung der Tumorzellen.

- ■ **Therapie und Prognose**

Die **Prostatektomie** ist eine mögliche Therapieoption für Prostatakarzinome. Aufgrund der Invasivität und des hohen Metastasierungspotenzials und der häufigen postoperativen Komplikationen (Inkontinenz) ist sie zumeist jedoch **nicht kurativ.** Eine inkomplette Resektion zusammen mit **Chemotherapie** kann eine Lebensverlängerung ohne Inkontinenz herbeiführen. Die **Prognose** ist für Prostatakarzinome jedoch immer vorsichtig bis schlecht. In bis zu 80 % der Fälle hat der Tumor zum Zeitpunkt der Primärdiagnose bereits metastasiert. Die Überlebenszeiten ohne Chirurgie oder Chemotherapie können deshalb nur 30 Tage nach Diagnose betragen. Als **Chemotherapieprotokoll** wurde eine Kombination aus Gemcitabin und Carboplatin bzw. Mitoxantron allein beschrieben. Weiterhin zeigten Hunde, die mit Piroxicam und Carprofen behandelt wurden, längere Überlebenszeiten in einer Studie. Die **Bestrahlung** birgt große Risiken von Nebenwirkungen aufgrund der Schädigung peritumoraler Strukturen. In Fällen ohne schädliche Nebenwirkungen können jedoch die Überlebenszeiten auf bis zu 12 Monate verlängert werden.

- ■ **Weiterführende Literatur**

(Bryan et al. 2007; Cooley und Waters 1998; Cornell et al. 2000; Dominguez et al. 2009; Freitag et al. 2007; LeRoy und Northrup 2009; Powe et al. 2004; Smith 2008; Weisse et al. 2006)

7.3.2.2 Feline Prostatatumoren

Prostatatumoren können bei Katern auftreten, sind jedoch sehr selten. Wie beim Hund sind die Tumoren zumeist **maligne Karzinome.** Die wenigen beschriebenen Fälle behandelten immer alte, kastrierte Kater. Die Tumoren verhalten sich klinische **sehr aggressiv mit hohem Metastasierungsrisiko** vor allem in die Lunge und die abdominalen Organe. Eine Knochenmetastasierung scheint nicht vorzukommen. Eine **Resektion** des Tumors scheint mit längeren Überlebenszeiten und weniger Komplikationen als beim Hund assoziiert zu sein. **Chemotherapiebehandlungen** mit Doxorubicin und Cyclophosphamid wurden beim Kater mit Überlebenszeiten von bis zu 10 Monaten beschrieben.

- **Weiterführende Literatur**

(Caney et al. 1998; Hubbard et al. 1990; LeRoy und Lech 2004; Zambelli et al. 2010)

7.3.3 Penistumoren

7.3.3.1 Equine Plattenepithelkarzinome des Penis

> **Box 7.12 Equine Plattenepitheltumoren in vier Fakten**
> 1. häufigster Tumor des Penis und Präputiums beim Pferd
> 2. typische „blumenkohlähnliche" ulzerierte Erscheinung
> 3. metastasieren häufig in regionale Lymphknoten, aber nicht weiter
> 4. Chirurgie als Therapie der Wahl

- **Epidemiologie und Pathogenese**

Pferde mit Plattenepithelkarzinomen (PEK) des Penis sind gewöhnlich älter als **12 Jahre** mit einem Medianalter von **19,5 Jahren**. Sie haben meist eine Vorgeschichte von Papillomen in der gleichen Lokalisation, was auf einen Einfluss dieser Veränderungen auf die Entwicklung von PEK spricht. Die meisten Tumoren entstehen auf der **Glans penis** und sind, wie auch PEK anderer Körperregionen, **zumeist ulzeriert**. Sie können sich auch selten an anderen Strukturen des Penis entwickeln. Das **equine Papillomavirus Typ 2** (EcPV2) wurde in den PEK, aber auch in der normalen genitalen Schleimhaut nachgewiesen. Das E6/E7-Onkogen des EcPV2 findet sich weiterhin in der Mehrheit der neoplastischen Zellen in Metastasen.

- **Klinik**

Klinisch zeigen sich penile und präputiale PEK als große, blumenkohlartige, **ulzerierte Massen**; sie sind zumeist sehr fest. **Papillome** sind hingegen klein und zeigen ein papilliformes, über die Oberfläche erhabenes Wachstum. Circa 25 % der Tumoren zeigen zum Zeitpunkt der Diagnose eine **Metastasierung** in die regionalen Lymphknoten. Eine Metastasierung in die Lunge und Leber wurden ebenfalls beschrieben, ist aber sehr selten.

- **Zytologie und Histopathologie**

Die Zytologie führt häufig zum falsch-negativen Ergebnis einer eitrigen und nekrotisierenden Entzündung aufgrund der mit der Ulzeration assoziierten Entzündung (◘ Abb. 7.3–7.6). Histopathologisch zeigen sich die Tumoren hochgradig nekrotisch und ulzeriert mit einer ansonsten für PEK typischen Morphologie.

- **Therapie und Prognose**

Die **Chirurgie** ist die Therapie der Wahl für Penis-PEK. Abhängig von der Lokalisation und Invasion können eine Phallektomie, eine segmentale Posthektomie oder eine *En bloc*-Resektion des Penis, des Präputium und der oberflächlichen Inguinallymphknoten nötig sein. Insgesamt ist die **Prognose** nach der Resektion zumeist gut bis akzeptabel. Bis zu 19 % der Pferde zeigen jedoch eine Rezidivierung nach Resektion.

- **Weiterführende Literatur**

(Doles et al. 2001; Mair et al. 2000; Van Den Top et al. 2008; Vanderstraeten et al. 2011; Zhu et al. 2015)

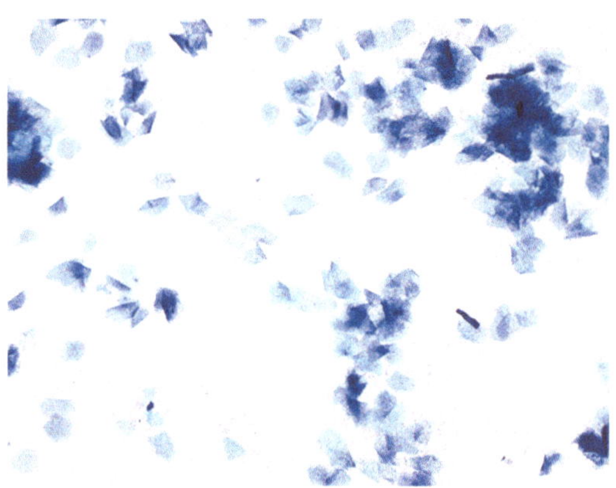

◘ **Abb. 7.3** Zytologie, Abklatschpräparat von einem gesunden Penis, Pferd, May-Grünwald-Giemsa, 100×. Man beachte die zahlreichen kernlosen, gut differenzierten Plattenepithelzellen (mit freundlicher Genehmigung von Dr. N. Bauer, Fachbereich Veterinärmedizin, Justus-Liebig-Universität Gießen)

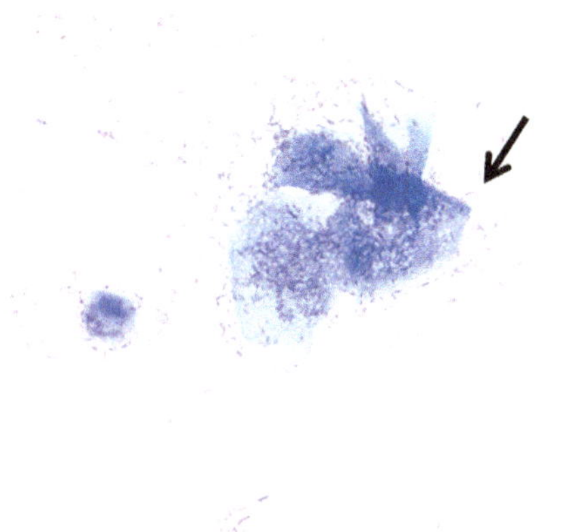

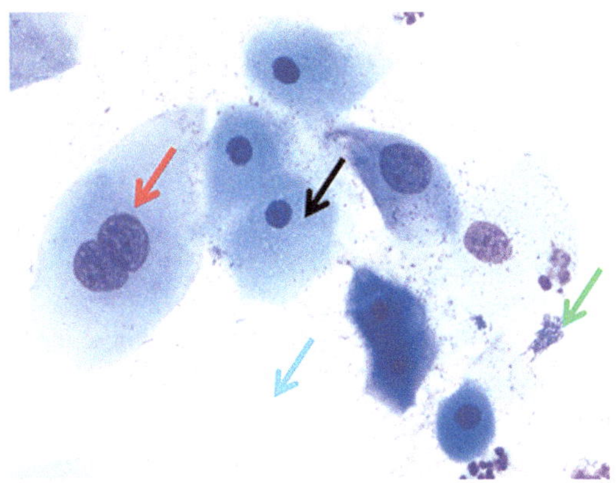

■ **Abb. 7.4** Zytologie, Abklatschpräparat von einem gesunden Penis, Pferd, May-Grünwald-Giemsa, 500×. Man beachte die zahlreichen kernlosen, gut differenzierten Plattenepithelzellen, die von zahlreichen Bakterien (schwarzer Pfeil) umgeben sind (mit freundlicher Genehmigung von Dr. N. Bauer, Fachbereich Veterinärmedizin, Justus-Liebig-Universität Gießen)

■ **Abb. 7.6** Zytologie, Abklatschpräparat von einem Penis mit Plattenepithelkarzinom, Pferd, May-Grünwald-Giemsa, 500×. Man beachte die zahlreichen nukleierten Plattenepithelzellen mit moderater Anisozytose, Anisokaryose und Pleomorphismus sowie das hochvariable Kern-Zytoplasma-Verhältnis, das auf eine sehr niedrige Differenzierung einiger Tumorzellen hindeutet. Es finden sich wenige binukleierte Plattenepithelzellen (roter Pfeil) sowie Plattenepithelzellen mit multiplen feinen, gut abgrenzbaren Vakuolen (schwarzer Pfeil). Zahlreiche bakterielle Kokken (blauer Pfeil) und Stäbchen (grüner Pfeil) finden sich ebenfalls (mit freundlicher Genehmigung von Dr. N. Bauer, Fachbereich Veterinärmedizin, Justus-Liebig-Universität Gießen)

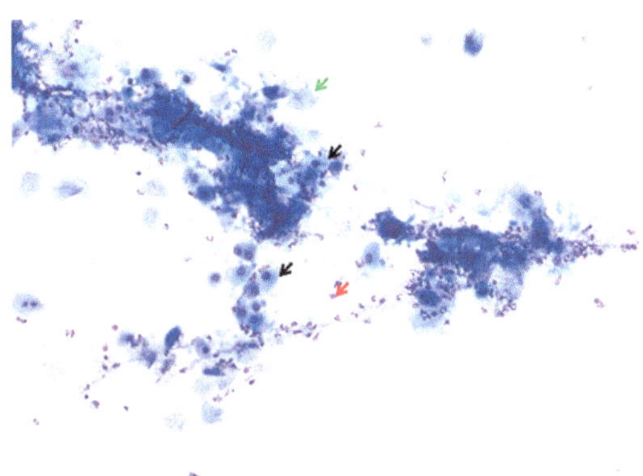

■ **Abb. 7.5** Zytologie, Abklatschpräparat von einem Penis mit Plattenepithelkarzinom, Pferd, May-Grünwald-Giemsa, 100×. Mach beachte die zahlreichen Plattenepithelzellen mit moderater Anisozytose, Anisokaryose und Pleomorphismus (schwarzer Pfeil). Es sind weiterhin zahlreiche oft degenerierte Neutrophile (roter Pfeil) und wenige anukleäre Plattenepithelzellen (grüner Pfeil) zu sehen (mit freundlicher Genehmigung von Dr. N. Bauer, Fachbereich Veterinärmedizin, Justus-Liebiq-Universität Gießen)

Retraktion der Glans penis mit einer Prädisposition für Infektionen und Trauma.

■ **Weiterführende Literatur**

(Bocaneti et al. 2015; Cornegliani et al. 2007; Nasir und Campo 2008; Peppler et al. 2009; Wakui et al. 1992; Yaghoobi Yeganeh Manesh et al. 2014)

7.4 Transmissibler venerischer Tumor (TVT, „Sticker-Sarkom") männlicher und weiblicher Hunde

7.3.3.2 Bovine Penistumoren

Fibropapillome des Penis beim Bullen werden durch das **Bovine Papillomavirus 2** hervorgerufen. Sie sind zumeist multipel und können recht groß werden. Sie finden sich häufiger bei jungen Bullen und zeigen ein benignes Verhalten ohne Metastasierung. Größere Tumoren führen jedoch zu einer eingeschränkten

Transmissibler veneraler Tumor in fünf Fakten

1. Überragung der Tumorzellen durch Koitus oder Beschnüffeln
2. zumeist am äußeren männlichen/ weiblichen Genitale, aber auch im Gesichtsbereich

3. häufig spontane Regression
4. Chemotherapie ist meist erfolgreich
5. Chirurgie ist nicht empfohlen

- ▪ **Epidemiologie und Pathogenese**

Transmissible venerischer Tumoren (TVT, syn. **Sticker-Sarkom**) werden durch direkte Implantation der Tumorzellen beim Geschlechtsakt oder durch Beschnüffeln übertragen. Genetisch zeigen sich die Tumorzellen als klonale Population, die sich von allen anderen kaninen Zellen unterscheiden. TVT treten vor allem in warmen und feuchten Klimata auf und zeigen eine Latenzzeit von 2–6 Monaten bis zur klinisch nachweisbaren Tumorentwicklung. TVT finden sich vor allem in der Submukosa der Vagina, können jedoch in der Mundhöhle oder der Nasenhöhle und der Haut auftreten. Beim Rüden finden sie sich vor allem an der Peniswurzel. Eine **Metastasierung** in die regionalen Lymphknoten kann selten auftreten und findet sich vor allem bei immuninkompetenten Tieren. Eine **spontane Regression** mit Infiltration durch Lymphozyten kann auftreten und führt zu einer **lebenslangen Immunität.**

- ▪ **Klinik**

Das häufigste klinische Symptom von TVT ist blutiger bis mukoider Ausfluss. Die neoplastische Masse findet sich zumeist im Bereich der Vulva, seltener tiefer in der Vagina. Beim männlichen Hund stellen sie einzelne bis **multiple sessile** bis gestielte Knötchen dar; diese und können bis zu 15 cm im Durchmesser groß werden. TVT sind gewöhnlich fokale, **multilobulierte, rote** und stark vaskularisierte Tumoren. Ihre blumenkohlartige Oberfläche kann einem Plattenepithelkarzinom ähneln. **Metastasen** in die regionalen Lymphknoten und darüber hinaus können selten vorkommen. Eine Erythrozytose wurde als paraneoplastisches Syndrom bei TVT beschrieben.

- ▪ **Zytologie und Histopathologie**

Die **Zytologie** ist für die **Diagnose** des TVT zumeist ausreichend. Runde, ovale oder polygonale neoplastische Zellen mit **histiozytärer Morphologie** und viel bläulichem Zytoplasma sind zu beobachten. Eine **Variabilität** in der Zellgröße ist häufig zu beobachten. Die Mitoserate ist hoch. TVT sind positiv für

Vimentin und negativ für Zytokeratin, CD3, CD79α und S100.

- ▪ **Therapie und Prognose**

Chemotherapie wird als Therapie der Wahl angesehen. Es wurden gute Resultate nach der Verwendung von Vincristin allein oder in Kombination mit Cyclophosphamid und Methotrexat beschrieben. Eine Rezidivierung ist nur selten zu beobachten. Ein **chirurgischer Ansatz** wird hingegen nicht empfohlen, da er häufig mit Rezidiven assoziiert ist.

- ▪ **Weiterführende Literatur**

(Amber et al. 1990; Den Otter et al. 2015; Ferreira et al. 2000; Gonzalez et al. 2000; Mozos et al. 1996; Mukaratirwa und Gruys 2003; Murchison et al. 2014; Murgia et al. 2006; Nak et al. 2005; Park et al. 2006; Strakova und Murchison 2015)

Weiterführende Literatur

Akihara Y, Shimoyama Y, Kawasako K, Komine M, Hirayama K, Kagawa Y, Omachi T, Matsuda K, Okamoto M, Kadosawa T, Taniyama H (2007) Immunohistochemical evaluation of canine ovarian tumors. J Vet Med Sci 69(7):703–708

Amber EI, Henderson RA, Adeyanju JB, Gyang EO (1990) Single-drug chemotherapy of canine transmissible venereal tumor with cyclophosphamide, methotrexate, or vincristine. J Vet Intern Med 4(3):144–147

Ambrosio V, Borzacchiello G, Bruno F, Galati P, Roperto F (2001) Uroplakin expression in the urothelial tumors of cows. Vet Pathol 38(6):657–660

Anderson C, Pratschke K (2011) Uterine adenocarcinoma with abdominal metastases in an ovariohysterectomised cat. J Feline Med Surg 13(1):44–47

Bailey MT, Troedsson MH, Wheato JE (2002) Inhibin concentrations in mares with granulosa cell tumors. Theriogenology 57(7):1885–1895

Banco B, Antuofermo E, Borzacchiello G, Cossu-Rocca P, Grieco V (2011) Canine ovarian tumors: an immunohistochemical study with HBME-1 antibody. J Vet Diagn Invest 23(5):977–981

Banco B, Giudice C, Ghisleni G, Romussi S, Behar DK, Grieco V (2015) Immunohistochemical study of mixed germ cell sex cord stromal tumours in 13 canine testes. J Comp Pathol 152:182–187

Batchelor DJ, Bright SR, Ibarrola P, Tzannes S, Blackwood L (2006) Long-term survival after combination chemotherapy for bilateral renal malignant lymphoma in a dog. N Z Vet J 54(3):147–150

Battaglia L, Petterino C, Zappulli V, Castagnaro M (2005) Hypoglycaemia as a paraneoplastic syndrome associated with renal adenocarcinoma in a dog. Vet Res Commun 29(8):671–675

Bocaneti F, Altamura G, Corteggio A, Velescu E, Borzacchiello G (2015) Expression of bcl-2 and p53 in bovine cutaneous fibropapillomas. Infect Agent Cancer 10(1):2

Brearley MJ, Thatcher C, Cooper JE (1986) Three cases of transitional cell carcinoma in the cat and a review of the literature. Vet Rec 118(4):91–94

Brinsko SP (1998) Neoplasia of the male reproductive tract. Vet Clin North Am Equine Pract 14(3):517–533

Broome TA, Allen D, Baxter GM, Pugh DG, Mahaffey E (1992) Septic metritis secondary to torsion of a pedunculated uterine fibroleiomyoma in a filly. J Am Vet Med Assoc 200(11):1685–1688

Bryan JN, Henry CJ, Turnquist SE, Tyler JW, Liptak JM, Rizzo SA, Sfiligoi G, Steinberg SJ, Smith AN, Jackson T (2006) Primary renal neoplasia of dogs. J Vet Intern Med 20(5):1155–1160

Bryan JN, Keeler MR, Henry CJ, Bryan ME, Hahn AW, Caldwell CW (2007) A population study of neutering status as a risk factor for canine prostate cancer. Prostate 67(11):1174–1181

Budreckis DM, Byrne BA, Pollard RE, Rebhun RB, Rodriguez CO Jr, Skorupski KA (2015) Bacterial urinary tract infections associated with transitional cell carcinoma in dogs. J Vet Intern Med 29(3):828–833

Buijtels JJ, De Gier J, Kooistra HS, Kroeze EJ, Okkens AC (2010) Alterations of the pituitary-ovarian axis in dogs with a functional granulosa cell tumor. Theriogenology 73(1):11–19

Caney SM, Holt PE, Day MJ, Rudorf H, Gruffydd-Jones TJ (1998) Prostatic carcinoma in two cats. J Small Anim Pract 39(3):140–143

Cannon CM, Allstadt SD (2015) Lower urinary tract cancer. Vet Clin Small Anim 45:807–824

Castillo UF, Ojika M, Alonso-Amelot M, Sakagami Y (1998) Ptaquiloside Z, a new toxic unstable sesquiterpene glucoside from the neotropical bracken fern Pteridium aquilinum var. caudatum. Bioorg Med Chem 6(11):2229–2233

Cave TA, Hine R, Howie F, Thompson H, Argyle DJ (2002) Uterine carcinoma in a 10-month-old golden retriever. J Small Anim Pract 43(3):133–135

Cellio LM, Degner DA (2000) Testosterone-producing the coma in a female cat. J Am Anim Hosp Assoc 36(4):323–325

Chiang YC, Liu CH, Ho SY, Lin CT, Yeh LS (2007) Hypertrophic osteopathy associated with disseminated metastases of renal cell carcinoma in the dog: a case report. J Vet Med Sci 69(2):209–212

Choy K, Fidel J (2016) Tolerability and tumour response of a novel low-dose palliative radiation therapy protocol in dogs with transitional cell carcinoma of the bladder and urethra. Vet Radiol Ultrasound 57:341–351

Cooley DM, Waters DJ (1998) Skeletal metastasis as the initial clinical manifestation of metastatic carcinoma in 19 dogs. J Vet Intern Med 12(4):288–293

Cooper TK, Ronnett BM, Ruben DS, Zink MC (2006) Uterine myxoid leiomyosarcoma with widespread metastases in a cat. Vet Pathol 43(4):552–556

Cornegliani L, Vercelli A, Abramo F (2007) Idiopathic mucosal penile squamous papillomas in dogs. Vet Dermatol 18(6):439–443

Cornell KK, Bostwick DG, Cooley DM, Hall G, Harvey HJ, Hendrick MJ, Pauli BU, Render JA, Stoica G, Sweet DC, Waters DJ (2000) Clinical and pathologic aspects of spontaneous canine prostate carcinoma: a retrospective analysis of 76 cases. Prostate 45(2):173–183

Cota JB, Carvalho T, Pinto C, Peleteiro MC (2014) Epithelial urinary bladder tumors from cows with enzootic hematuria: structural and cell cycle-related protein expression. Vet Pathol 51(4):749–754

Crow SE, Allen DP, Murphy CJ, Culbertson R (1995) Concurrent renal adenocarcinoma and polycythemia in a dog. J Am Anim Hosp Assoc 31(1):29–33

De Lange V, Chiers K, Lefère L, Cools M, Ververs C, Govaere J (2015) Malignant seminoma in two unilaterally cryptorchid stallions. Reprod Domest Anim 50(3):510–513

Den Otter W, Hack M, Jacobs JLJ, Tan JFV, Rozendaal L, van Moorselaar RJA (2015) Effective treatment of transmissible venereal tumors in dogs with vincristine and IL2. Anticancer Res 35(2):713–717

Diez-Bru N, Garcia-Real I, Martinez EM, Rollan E, Mayenco A, Llorens P (1998) Ultrasonographic appearance of ovarian tumors in 10 dogs. Vet Radiol Ultrasound 39(3):226–233

Dobson H, Kerby MJ, Chantrey J, Smith RF (2013) Long-term outcome for two heifers with a granulosa-theca cell tumour. Vet Rec 172(22):581

Doles J, Williams JW, Yarbrough TB (2001) Penile amputation and sheath ablation in the horse. Vet Surg 30(4):327–331

Dominguez PA, Dervisis NG, Cadile CD, Sarbu L, Kitchell BE (2009) Combined gemcitabine and carboplatin therapy for carcinomas in dogs. J Vet Intern Med 23(1):130–137

Duncan RB (1998) Malignantsertoli cell tumor in a horse. Equine Vet J 30(4):355–357

Durno AS, Webb JA, Gauthier MJ, Bienzle D (2011) Polycythemia and inappropriate erythropoietin concentrations in two dogs with renal T-cell lymphoma. J Am Anim Hosp Assoc 47(2):122–128

Edmondson EF, Hess AM, Powers BE (2015) Prognostic significance of histologic features in canine renal cell carcinoma: 70 nephrectomies. Vet Pathol 52(2):260–268

El-Sheikh Ali H, Kitahara G, Nibe K, Yamaguchi R, Horii Y, Zaabel S, Osawa T (2013) Plasma anti-Müllerian hormone as a biomarker for bovine granulosa-theca cell tumors: comparison with immunoreactive inhibin and ovarian steroid concentrations. Theriogenology 80(8):940–949

Elsinghorst TA, Timmermans HJ, Hendriks HG (1984) Comparative pathology of endometrial carcinoma. Vet Q 6(4):200–208

Elzein ET, Sundberg JP, Housawi FM, Gameel AA, Ramadan RO, Hassanein MM (1991) Genital bovine papillomavirus infection in Saudi Arabia. J Vet Diagn Invest 3(1):36–38

Ferreira AJ, Jaggy A, Varejão AP, Ferreira ML, Correia JM, Mulas JM, Almeida O, Oliveira P, Prada J (2000) Brain and ocular metastases from a transmissible venereal tumour in a dog. J Small Anim Pract 41(4):165–168

Fischer AT Jr, Spier S, Carlson GP, Hackett RP (1985) Neoplasia of the equine urinary bladder as a cause of hematuria. J Am Vet Med Assoc 186(12):1294–1296

Freitag T, Jerram RM, Walker AM, Warman CG (2007) Surgical management of common canine prostatic conditions. Compend Contin Educ Vet 29(11):656–658,660, 662–663

Fulkerson CM, Knapp DW (2015) Management of transitional cell carcinoma of the urinary bladder in dogs: a review. Vet J 205(2):217–225

Gabor LJ, Malik R, Canfield PJ (1998) Clinical and anatomical features of lymphosarcoma in 118 cats. Aust Vet J 76:725–732

Garcia Iglesias MJ, Martinez Rodriguez JM, Bravo Moral AM, EscuderoDiez A (1991) Common epithelial tumours of the ovary in cows. Res Vet Sci 50(3):358–359

Garcia-Iglesias MJ, Bravo-Moral AM, Perez-Martinez C, Ferreras-Estrada MC, Martinez-Rodriguez JM, Escudero-Diez A (1995) Incidence and pathomorphology of uterine tumours in the cow. Res Vet Sci 42(7):421–429

Gelberg HB, McEntee K (1985) Feline ovarian neoplasms. Vet Pathol 22(6):572–576

Gelberg HB, McEntee K (1987) Equine testicular interstitial cell tumors. Vet Pathol 24(3):231–234

Gerber K, Rees P (2009) Urinary bladder botryoid rhabdomyosarcoma with widespread metastases in an 8-month-old Labrador cross dog. J S Afr Vet Assoc 80(3):199–203

Gil Da Costa RM, Santos M, Amorim I, Lopes C, Pereira PD, Faustino AM (2009) An immunohistochemical study of feline endometrial adenocarcinoma. J Comp Pathol 140(4):254–259

Glickman LT, Schofer FS, McKee LJ, Reif JS, Goldschmidt MH (1989) Epidemiologic study of insecticide exposures, obesity, and risk of bladder cancer in household dogs. J Toxicol Environ Health 28(4):407–414

Glickman LT, Raghavan M, Knapp DW, Bonney PL, Dawson MH (2004) Herbicide exposure and the risk of transitional cell carcinoma of the urinary bladder in Scottish Terriers. J Am Vet Med Assoc 224(8):1290–1297

Gonzalez CM, Griffey SM, Naydan DK, Flores E, Cepeda R, Cattaneo G, Madewell BR (2000) Canine transmissible venereal tumour: a morphological and immunohistochemical study of 11 tumours in growth phase and during regression after chemotherapy. J Comp Pathol 122(4):241–248

Govaere J, Ducatelle R, Hoogewijs M, De Schauwer C, De Kruif A (2010) Case of bilateral seminoma in a trotter stallion. Reprod Domest Anim 45(3):537–539

Govaere J, Maes S, Saey V, Blancke W, Hoogewijs M, Deschauwer C, Smits K, Roels K, Vercauteren G, De Kruif A (2011) Uterine fibrosarcoma in a Warm blood mare. Reprod Domest Anim 46(3):564–566

Grieco V, Riccardi E, Greppi GF, Teruzzi F, Iermanò V, Finazzi M (2008) Canine testicular tumours: a study on 232 dogs. J Comp Pathol 138(2–3):86–89

Hanazono K, Fukumoto S, Endo Y, Ueno H, Kadosawa T, Uchide T (2014) Ultrasonographic findings related to prognosis in canine transitional cell carcinoma. Vet Radiol Ultrasound 55(1):79–84

Haschek WM, King JM, Tennant BC (1981) Primary renal cell carcinoma in two horses. J Am Vet Med Assoc 179(10):992–994

Hayes HM, Wilson GP, Pendergrass TW, Cox VS (1985) Canine cryptorchism and subsequent testicular neoplasia: case-control study with epidemiologic update. Teratology 32(1):51–56

Hayes HM Jr, Fraumeni JF Jr (1977) Epidemiological features of canine renal neoplasms. Cancer Res 37:2553–2556

Henry CJ, Turnquist SE, Smith A, Graham JC, Thamm DH, O'Brien M, Clifford CA (1999) Primary renal tumours in cats: 19 cases (1992–1998). J Feline Med Surg 1(3):165–170

HogenEsch H, Whiteley HE, Vicini DS, Helper LC (1987) Seminoma with metastases in the eyes and the brain in a dog. Vet Pathol 24(3):278–280.

Hopkins NC (1986) Aetiology of enzootic haematuria. Vet Rec 118(26):715–717

Hori Y, Uechi M, Kanakubo K, Sano T, Oyamada T (2006) Canine ovarian serous papillary adenocarcinoma with neoplastic hypercalcemia. J Vet Med Sci 68(9):979–982

Hosoya K, Takagi S, Okumura M (2013) Iatrogenic tumor seeding after ureteral stenting in a dog with urothelial carcinoma. J Am Anim Hosp Assoc 49(4):262–266

Hubbard BS, Valgamott JC, Liska WD (1990) Prostatic adenocarcinoma in a cat. J Am Vet Med Assoc 197(11):1493–1494

Hunt RJ, Hay W, Collatos C, Welles E (1990) Testicular seminoma associated with torsion of the spermatic cord in two cryptorchid stallions. J Am Vet Med Assoc 197(11):1484–1486

Hurcombe SD, Slovis NM, Kohn CW, Oglesbee M (2008) Poorly differentiated leiomyosarcoma of the urogenital tract in a horse. J Am Vet Med Assoc 233(12):1908–1912

Jensen KL, Krag L, Boe-Hansen GB, Jensen HE, Lehn-Jensen H (2008) Malignant Sertoli cell tumour in a young Simmenthal bull–clinical and pathological observations. Reprod Domest Anim 43(6):760–763

Johnston GR, Feeney DA, Johnston SD, O'Brien TD (1991) Ultrasonographic features of testicular neoplasia in dogs: 16 cases (1980–1988). J Am Vet Med Assoc 198(10):1779–1784

Kelley LC, Crowell WA, Puette M, Langheinrich KA, Self AD (1996) A retrospective study of multicentric bovine renal cell tumors. Vet Pathol 33(2):133–141

Knapp DW, Ramos-Vara JA, Moore GE, Dhawan D, Bonney PL, Young KE (2014) Urinary bladder cancer in dogs, a naturally occurring model for cancer biology and drug development. ILAR J 55(1):100–118

Kobayashi M, Sakai H, Hirata A, Yonemaru K, Yanai T, Watanabe K, Yamazoe K, Kudo T, Masegi T (2004) Expression of myogenic regulating factors, Myogenin and MyoD, in two canine botryoid rhabdomyosarcomas. Vet Pathol 41(3):275–277

Krawiec DR, Heflin D (1992) Study of prostatic disease in dogs: 177 cases (1981–1986). J Am Vet Med Assoc 200(8):1119–1122

Leroy BE, Lech ME (2004) Prostatic carcinoma causing urethral obstruction and obstipation in a cat. J Feline Med Surg 6(6):397–400

Leroy BE, Northrup N (2009) Prostate cancer in dogs: comparative and clinical aspects. Vet J 180(2):149–162

Liao AT, Chu PY, Yeh LS, Lin CT, Liu CH (2009) A 12-year retrospective study of canine testicular tumors. J Vet Med Sci 71(7):919–923

Locke JE, Barber LG (2006) Comparative aspects and clinical outcomes of canine renal hemangiosarcoma. J Vet Intern Med 20(4):962–967

López A, Ikede B, Ogilvie T (1994) Unilateral interstitial (Leydig) cell tumor in a neonatal cryptorchid calf. J Vet Diagn Invest 6(1):133–135

Love NE, Walshaw R (1989) What is your diagnosis? Thick bladder wall and an irregular mixed echoic density consistent with an infiltrative bladder mass. J Am Vet Med Assoc 195(10):1409–1410

Lucas X, Rodenas C, Cuello C, Gil MA, Parrilla I, Soler M, Belda E, Agut A (2012) Unusual systemic metastases of malignant seminoma in a dog. Reprod Domest Anim 47(4):e59–e61

MacLachlan NJ (1987) Ovarian disorders in domestic animals. Environ Health Perspect 73:27–33

Mair TS, Walmsley JP, Phillips TJ (2000) Surgical treatment of 45 horses affected by squamous cell carcinoma of the penis and prepuce. Equine Vet J 32(5):406–410

Manothaiudom K, Johnston SD (1991) Clinical approach to vaginal/vestibular masses in the bitch. Vet Clin North Am Small Anim Pract 21(3):509–521

Masserdotti C, Bonfanti U, De Lorenzi D, Tranquillo M, Zanetti O (2005) Cytologic features of testicular tumours in dog. J Vet Med A Physiol Pathol Clin Med 52(7):339–346

McCandlish IA, Munro CD, Breeze RG, Nash AS (1979) Hormone producing ovarian tumours in the dog. Vet Rec 105(1):9–11

McCue PM (1992) Equine granulosa cell tumors. Proc Am Assoc Equine Pract 38:587–593

McCue PM, Roser JF, Munro CJ, Liu IK, Lasley BL (2006) Granulosa cell tumors of the equine ovary. Vet Clin North Am Equine Pract 22(3):799–817

McMillan SK, Boria P, Moore GE, Widmer WR, Bonney PL, Knapp DW (2011) Antitumor effects of deracoxib treatment in 26 dogs with transitional cell carcinoma of the urinary bladder. J Am Vet Med Assoc 239(8):1084–1089

Meganck V, Govaere J, Vanholder T, Vercauteren G, Chiers K, De Kruif A, Opsomer G (2011) Two atypical cases of granulosa cell tumours in Belgian Blue heifers. Reprod Domest Anim 46(4):746–749

Militerno G, Bazzo R, Bevilacqua D, Bettini G, Marcato PS (2003) Transitional cell carcinoma of the renal pelvis in two dogs. J Vet Med A Physiol Pathol Clin Med 50(9):457–459

Miller MA, Ramos-Vara JA, Dickerson MF, Johnson GC, Pace LW, Kreeger JM, Turnquist SE, Turk JR (2003) Uterine neoplasia in 13 cats. J Vet Diagn Invest 15(6):515–522

Miller MA, Hartnett SE, Ramos-Vara JA (2007) Interstitial cell tumor and Sertoli cell tumor in the testis of a cat. Vet Pathol 44(3):394–397

Mischke R, Meurer D, Hoppen HO, Ueberschär S, Hewicker-Trautwein M (2002) Blood plasma concentrations of oestradiol-17beta, testosterone and testosterone/oestradiol ratio in dogs with neoplastic and degenerative testicular diseases. Res Vet Sci 73(3):267–272

Moe L, Lium B (1997) Hereditary multifocal renal cystadenocarcinomas and nodular dermatofibrosis in 51 German shepherd dogs. J Small Anim Pract 38(11):498–505

Mooney SC, Hayes AA, Matus RE, MacEwen EG (1987) Renal lymphoma in cats: 28 cases (1977–1984). J Am Vet Med Assoc 191:1473–1477

Mozos E, Méndez A, Gómez-Villamandos JC, Martín De Las Mulas J, Pérez J (1996) Immunohistochemical characterization of canine transmissible venereal tumor. Vet Pathol 33(3):257–263

Mukaratirwa S, Gruys E (2003) Canine transmissible venereal tumour: cytogenetic origin, immunophenotype, and immunobiology. A review. Vet Q 25(3):101–111

Murchison EP, Wedge DC, Alexandrov LB, Fu B, Martincorena I, Ning Z, Tubio JMC et al (2014) Transmissible dog cancer genome reveals the origin and history of an ancient cell lineage. Science 343:437–440

Murgia C, Pritchard JK, Kim SY, Fassati A, Weiss RA (2006) Clonal origin and evolution of a transmissible cancer. Cell 126:477–487

Murphy ST, Kruger JM, Watson GL (1994) Uterine adenocarcinoma in the dog: a case report and review. J Am Anim Hosp Assoc 30(5):440–444

Mutsaers AJ, Widmer WR, Knapp DW (2003) Canine transitional cell carcinoma. J Vet Intern Med 17(2):136–144

Nak D, Nak Y, Cangul IT, Tuna B (2005) A clinico-pathological study on the effect of vincristine on transmissible venereal tumour in dogs. J Vet Med A Physiol Pathol Clin Med 52(7):366–370

Nasir L, Campo MS (2008) Bovine papillomaviruses: their role in the aetiology of cutaneous tumours of bovids and equids. Vet Dermatol 19(5):243–254

Nelissen P, White RA (2012) Subtotal vaginectomy for management of extensive vaginal disease in 11 dogs. Vet Surg 41(4):495–500

Nielsen SW, Misdorp W, McEntee K (1976a) Tumours of the ovary. Bull World Health Organ 53(2–3):203–215

Nielsen SW, Mackey LJ, Misdorp W (1976b) Tumors of the kidney. Bull World Health Organ 53(2–3):237–246

Nolan MW, Gieger TL, Vaden SL (2015) Management of transitional cell carcinoma of the urinary bladder in dogs: important challenges to consider. Vet J 205(2):126–127

Norris HJ, Taylor HB, Garner FM (1968) Equine ovarian granulosa tumours. Vet Rec 82:419–420

Osborne CA, Low DG, Perman V, Barnes DM (1968) Neoplasms of the canine and feline urinary bladder: incidence, etiologic factors, occurrence and pathologic features. Am J Vet Res 29(10):2041–2055

Owen L (1980) TNM classification of tumours in domestic animals, 1st edn. World Health Organization, Geneva (abgerufen am 8.3.2017 unter http://apps.who.int/iris/handle/10665/68618)

Park MS, Kim Y, Kang MS, Oh SY, Cho DY, Shin NS, Kim DY (2006) Disseminated transmissible venereal tumor in a dog. J Vet Diagn Invest 18(1):130–133

Pathania S, Kumar P, Devi LG, Kumar D, Dhama K, Somvanshi R (2011) Preliminary assessment of binary ethylenimine inactivated and saponized cutaneous warts (BPV-2) therapeutic vaccine for enzootic bovine haematuria in hill cows. Vaccine 29(43):7296–7302

Pathania S, Dhama K, Saikumar G, Shahi S, Somvanshi R (2012) Detection and quantification of bovine papilloma virus type 2 (BPV-2) by real-time PCR in urine and urinary bladder lesions in enzootic bovine haematuria (EBH)- affected cows. Transbound Emerg Dis 59(1):79–84

Patnaik AK, Schwarz PD, Greene RW (2008) A histopathologic study of twenty urinary bladder neoplasms in the cat. J Small Anim Pract 27:433–445

Patnaik AK, Greenlee PG (1987) Canine ovarian neoplasms: a clinicopathologic study of 71 cases, including histology of 12 granulosa cell tumors. Vet Pathol 24(6):509–514

Patrick DJ, Fitzgerald SD, Sesterhenn IA, Davis CJ, Kiupel M (2006) Classification of canine urinary bladder urothelial tumours based on the World Health Organization/ International Society of Urological Pathology consensus classification. J Comp Pathol 135(4):190–199

Patsikas M, Papazoglou LG, Jakovljevic S, Papaioannou NG, Papadopoulou PL, Soultani CB, Chryssogonidis IA, Kouskouras KA, Tziris NE, Charitanti AA (2014) Radiographic and ultrasonographic findings of uterine neoplasms in nine dogs. J Am Anim Hosp Assoc 50(5):330–337

Patterson-Kane JC, Tramontin RR, Giles RC, Harrison LR (2000) Transitional cell carcinoma of the urinary bladder in a Thoroughbred, with intra-abdominal dissemination. Vet Pathol 37:692–695

Peppler C, Weissert D, Kappe E, Klump S, Kramer M, Reinacher M, Neiger R (2009) Osteosarcoma of the penile bone (os penis) in a dog. Aust Vet J 87(1):52–55

Pérez-Martínez C, Durán-Navarrete AJ, García-Fernández RA, Espinosa-Alvarez J, EscuderoDiez A, García-Iglesias MJ (2004) Biological characterization of ovarian granulosa cell tumours of slaughtered cattle: assessment of cell proliferation and oestrogen receptors. J Comp Pathol 130(2–3):117–123

Pires I, Silva F, Queiroga FL, Rodrigues P, Henriques R, Pinto CA, Lopes C (2010) Epithelioid hemangiosarcomas of the bovine urinary bladder: a histologic, immunohistochemical, and ultrastructural examination of four tumors. J Vet Diagn Invest 22(1):116–119

Pollock PJ, Prendergast M, Callanan JJ, Skelly C (2002) Testicular teratoma in a three-day-old thoroughbred foal. Vet Rec 150(11):348–350

Powe JR, Canfield PJ, Martin PA (2004) Evaluation of the cytologic diagnosis of canine prostatic disorders. Vet Clin Pathol 33(3):150–154

Quartuccio M, Marino G, Garufi G, Cristarella S, Zanghì A (2012) Sertoli cell tumors associated with feminizing syndrome and spermatic cord torsion in two cryptorchid dogs. J Vet Sci 13(2):207–209

Ramos-Vara JA, Miller MA, Boucher M, Roudabush A, Johnson GC (2003) Immunohistochemical detection of uroplakin III, cytokeratin 7, and cytokeratin 20 in canine urothelial tumors. Vet Pathol 40(1):55–62

Reed LT, Knapp DW, Miller MA (2012) Cutaneous metastasis of transitional cell carcinoma in 12 dogs. Vet Pathol 50(4):676–681

Rhind SM, Hawe C, Dixon PM, Scudamore CL (1999) Oral metastasis of renal cell carcinoma in a horse. J Comp Pathol 120(1):97–103

Riccardi E, Grieco V, Verganti S, Finazzi M (2007) Immunohistochemical diagnosis of canine ovarian epithelial and granulosa cell tumors. J Vet Diagn Invest 19(4):431–435

Rocha TA, Mauldin GN, Patnaik AK, Bergman PJ (2000) Prognostic factors in dogs with urinary bladder carcinoma. J Vet Intern Med 14(5):486–490

Roperto S, Borzacchiello G, Brun R, Leonardi L, Maiolino P, Martano M, Paciello O, Papparella S, Restucci B, Russo V, Salvatore G, Urraro C, Roperto F (2010) A review of bovine urothelial tumours and tumour-like lesions of the urinary bladder. J Comp Pathol 142(2–3):95–108

Rosen DK, Carpenter JL (1993) Functional ectopic interstitial cell tumor in a castrated male cat. J Am Vet Med Assoc 202(11):1865–1866

Rota A, Tursi M, Zabarino S, Appino S (2013) Monophasic teratoma of the ovarian remnant in a bitch. Reprod Domest Anim 48(2):e26–e28

Sanpera N, Masot N, Janer M, Romeo C, De Pedro R (2002) Oestrogen-induced bone marrow aplasia in a dog with a Sertoli cell tumour. J Small Anim Pract 43(8):365–369

Sato T, Maeda H, Suzuki A, Shibuya H, Sakata A, Shirai W (2007) Endometrial stromal sarcoma with smooth muscle and glandular differentiation of the feline uterus. Vet Pathol 44(3):379–382

Sharma R, Bhat TK, Sharma OP (2013) The environmental and human effects of ptaquiloside-induced enzootic bovine hematuria: a tumorous disease of cattle. Rev Environ Contam Toxicol 224:53–95

Sledge DG, Patrick DJ, Fitzgerald SD, Xie Y, Kiupel M (2015) Differences in expression of uroplakin III, cytokeratin 7, and cyclooxygenase-2 in canine proliferative urothelial lesions of the urinary bladder. Vet Pathol 52(1):74–82

Smith J (2008) Canine prostatic disease: a review of anatomy, pathology, diagnosis, and treatment. Theriogenology 70(3):375–383

Spugnini EP, Bartolazzi A, Ruslander D (2000) Seminoma with cutaneous metastases in a dog. J Am Anim Hosp Assoc 36(3):253–256

Stabenfeldt GH, Hughes JP, Kennedy PC, Meagher DM, Neely DP (1979) Clinical findings, pathological changes and endocrinological secretory patterns in mares with ovarian tumours. J Reprod Fertil Suppl 27:277–285

Strakova A, Murchison EP (2015) The cancer which survived: insights from the genome of an 11000 year-old cancer. Curr Opin Genet Dev 30:49–55

Taylor AJ, Lara-Garcia A, Benigni L (2014) Ultrasonographic characteristics of canine renal lymphoma. Vet Radiol Ultrasound 55(4):441–446

Taylor SS, Goodfellow MR, Browne WJ, Walding B, Murphy S, Tzannes S, Gerou-Ferriani M, Schwartz A, Dobson JM (2009) Feline extranodal lymphoma: response to chemotherapy and survival in 110 cats. J Small Anim Pract 50:584–592

Thacher C, Bradley RL (1983) Vulvar and vaginal tumors in the dog: a retrospective study. J Am Vet Med Assoc 183(6):690–692

Tsioli VG, Gouletsou PG, Loukopoulos P, Zavlaris M, Galatos AD (2011) Uterine leiomyosarcoma and pyometra in a dog. J Small Anim Pract 52(2):121–124

Tucker AR, Smith JR (2008) Prostatic squamous metaplasia in a cat with interstitial cell neoplasia in a retained testis. Vet Pathol 45(6):905–909

Turnquist SE, Pace LW, Keegan K, Andrews-Jones L, Kreeger JM, Bailey KL, Stogsdill PL, Wilson HA (1993) Botryoid rhabdomyosarcoma of the urinary bladder in a filly. J Vet Diagn Invest 5(3):451–453

Vail DM, Moore AS, Ogilvie GK, Volk LM (1998) Feline lymphoma (145 cases): proliferation indices, cluster of differentiation, immunoreactivity, and their association with prognosis in 90 cases. J Vet Intern Med 12:349–354

Valdes-Martinez A, Cianciolo R, Mai W (2007) Association between renal hypoechoic subcapsular thickening and lymphosarcoma in cats. Vet Radiol Ultrasound 48:357–460

Valli VE, Norris A, Jacobs RM, Laing E, Withrow S, Macy D, Tomlinson J, McCaw D, Ogilvie GK, Pidgeon G et al (1995) Pathology of canine bladder and urethral cancer and correlation with tumour progression and survival. J Comp Pathol 113(2):113–130

Van Den Top JG, De Heer N, Klein WR, Ensink JM (2008) Penile and preputial tumours in the horse: a retrospective study of 114 affected horses. Equine Vet J 40(6):528–532

Van Mol KA, Fransen JL (1986) Renal carcinomas in a horse. Vet Rec 119(10):238–239

Vanderstraeten E, Bogaert L, Bravo IG, Martens A (2011) EcPV2 DNA in equine squamous cell carcinomas and normal genital and ocular mucosa. Vet Microbiol 147(3–4):292–299

Vignoli M, Rossi F, Chierici C, Terragni R, DeLorenzi D, Stanga M, Olivero D (2007) Needle tract implantation after fine needle aspiration biopsy (FNAB) of transitional cell carcinoma of the urinary bladder and adenocarcinoma of the lung. Schweiz Arch Tierheilkd 149(7):314–318

Wakui S, Furusato M, Nomura Y, Iimori M, Kano Y, Aizawa S, Ushigome S (1992) Testicular epidermoid cyst and penile squamous cell carcinoma in a dog. Vet Pathol 29(6):543–545

Walker DB, Cowell RL, Clinkenbeard KD, Turgai J (1993) Carcinoma in the urinary bladder of a cat: cytologic findings and a review of the literature. Vet Clin Pathol 22(4):103–108

Weaver AD (1983) Survey with follow-up of 67 dogs with testicular sertoli cell tumours. Vet Rec 113(5):105–107

Weisse C, Berent A, Todd K, Clifford C, Solomon J (2006) Evaluation of palliative stenting for management of malignant urethral obstructions in dogs. J Am Vet Med Assoc 229(2):226–234

Weissman A, Jiménez D, Torres B, Cornell K, Holmes SP (2013) Canine vaginal leiomyoma diagnosed by CT vaginourethrography. J Am Anim Hosp Assoc 49(6):394–397

Wilson HM, Chun R, Larson VS, Kurzman ID, Vail DM (2007) Clinical signs, treatments, and outcome in cats with transitional cell carcinoma of the urinary bladder: 20 cases (1990–2004). J Am Vet Med Assoc 231(1):101–106

Wimberly HC, Lewis RM (1979) Transitional cell carcinoma in the domestic cat. Vet Pathol 16:223–228

Wise LN, Bryan JN, Sellon DC, Hines MT, Ramsay J, Seino KK (2009) A retrospective analysis of renal carcinoma in the horse. J Vet Intern Med 23(4):913–918

Xu LR (1992) Bracken poisoning and enzootic haematuria in cattle in China. Res Vet Sci 53(1):116–121

Yaghoobi Yeganeh Manesh J, Shafiee R, Mohammad Bahrami A, Pourzaer M, Pourzaer M, Pedram B, Javanbakht J, Mokarizadeh A, Khadivar F (2014) Cyto-histopathological and outcome features of the prepuce squamous cell carcinoma of a mixed breed dog. Diagn Pathol 9:110

Yu CH, Hwang DN, Yhee JY, Kim JH, Im KS, Nho WG, Lyoo YS, Sur JH (2009) Comparative immunohistochemical characterization of canine seminomas and Sertoli cell tumors. J Vet Sci 10(1):1–7

Zambelli D, Cunto M, Raccagni R, Merlo B, Morini M, Bettini G (2010) Successful surgical treatment of a prostatic biphasic tumour (sarcomastoid carcinoma) in a cat. J Feline Med Surg 12(2):161–165

Zantingh AJ, Gaughan EM, Bain FT (2012) Case report: squamous cell carcinoma of the urinary bladder in a horse. Compend Contin Educ Vet 34(10):E1–E5

Zhu KW, Affolter VK, Gaynor AM, Dela Cruz FNJr, Pesavento PA (2015) Equine genital squamous cell carcinoma: in situ hybridization identifies a distinct subset containing equus caballus papillomavirus 2. Vet Pathol 52(6):1067–1072

Tumoren der Leber und Gallenblase

Angele Breithaupt

© Springer-Verlag GmbH Deutschland 2017

R. Klopfleisch (Hrsg.), *Veterinäronkologie kompakt*,

https://doi.org/10.1007/978-3-662-54987-2_8

Primäre Lebertumoren sind selten bei Tieren. Eine virale Ätiologie konnte für Murmeltiere (Woodchuck-Hepatitis-Virus), jedoch bislang weder für Hunde noch für Katzen identifiziert werden. Möglicherweise sind Infektionen mit Trematoden wie *Ancylostoma caninum* und *Trichuris vulpis* mit der Entwicklung von Gallengangskarzinomen assoziiert. Toxine, darunter Aflatoxine, induzieren zwar hepatozelluläre Karzinome, diese wurden bislang jedoch nur im Rahmen experimenteller Studien entwickelt. Im Gegensatz zum Menschen konnte bei Tieren bisher kein Zusammenhang zwischen Erkrankungen wie der Leberzirrhose oder Gallengangssteinen und der Entwicklung von Lebertumoren nachgewiesen werden.

Noduläre Hyperplasien sind bei Hunden häufig und stellen höchstwahrscheinlich keine präneoplastische Läsion dar. Derartige Hyperplasien finden sich seltener bei Katzen und Schweinen – bei anderen Haustieren kommen sie praktisch nicht vor. Sie treten typischerweise als Umfangsvermehrungen mit histologisch regelrechter Läppchenarchitektur auf. Hiervon abzugrenzen sind sogenannte Regeneratknoten, denen meist ein gewisser Leberschaden vorausgeht und die eine fibrotische Komponente aufweisen.

Zu den primären Lebertumoren gehören neben hepatozellulären und cholangiozellulären Adenomen und Adenokarzinomen auch mesenchymale Tumoren (meist Sarkome) sowie Karzinoide.

Das makroskopische Erscheinungsbild ist von großer Bedeutung für die therapeutische Herangehensweise und für die Prognose. Es werden massive (solitäre) von nodulären (multifokal in mehreren Leberlappen) und diffusen (multifokal in allen Leberlappen oder die Leber vollständig betreffend) Tumoren unterschieden.

Hepatozelluläre Adenome sind typischerweise massiv (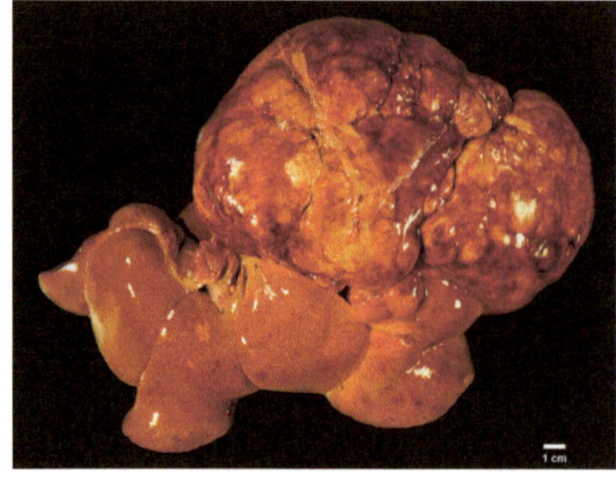 Abb. 8.1), können jedoch auch multipel auftreten und bis zu 12 cm im Durchmesser erreichen, wobei sie in der Regel nicht mit klinischen Symptomen einhergehen. Die Tumoren sind recht gut abgrenzbar, jedoch nicht bekapselt und von gelb- bis dunkelbrauner Farbe. Histologisch stellen sich die Zellen als gut differenzierte Hepatozyten dar, die zwar in Leberbälkchen angeordnet sind, aber keine regelrechte Läppchenarchitektur mit Zentralvene, Periportalfeld und kleinem Gallengang sowie Leberarterie und Vene aufweisen.

Abb. 8.1   Leber eines 4 Jahre alten Pekinesen: hepatozelluläres Adenom des linken lateralen Leberlappens, die histologische Untersuchung der Leberlymphknoten identifizierte keine Metastasen

Hepatozelluläre Adenokarzinome stellen sich entweder als solitäre, noduläre oder diffuse Tumoren dar. Das (fern-) metastatische Potenzial ist gering und betrifft meist nur die Leberlymphknoten. Sie können jedoch die Leberkapsel penetrieren und so zu Abklatschmetastasen im Abdomen führen. Als Folge von Kapselrupturen leiden die Patienten nicht selten an schweren inneren Blutungen. Histologisch stellen sich diese Tumoren mit mäßig differenzierten Leberzellen dar, die neben der Leberkapsel auch Blutgefäße wie die Vena cava infiltrieren und auch auf diesem Weg zu inneren Blutungen führen können. Die differenzialdiagnostische Abgrenzung von Adenomen ist insbesondere in zytologischen Präparationen anspruchsvoll, da Leberzellen eine vergleichsweise hohe physiologische Pleomorphie aufweisen. Eine immunhistochemische Untersuchung mit Hilfe von Proliferationsmarkern (z. B. Ki67) kann hilfreich sein, um die proliferationsaktiven Adenokarzinome zu identifizieren.

Cholangiozelluläre (Gallengangs-) Adenome sind meist massiv, nicht selten kugelförmig, von hellbrauner bis grau-weißer Farbe und erscheinen gut abgrenzbar. Sie sind häufig zystisch durchsetzt, gefüllt mit einer wässrigen bis viskösen Flüssigkeit. Ihr histologisch gut differenziertes Galllengangsepithel wird von fibrovaskulärem Stroma begleitet, wobei das umliegende Gewebe komprimiert wird.

Cholangiozelluläre Adenokarzinome entstehen sowohl intrahepatisch (Abb. 8.2), als auch extrahepatisch oder in der Gallenblase selbst als noduläre,

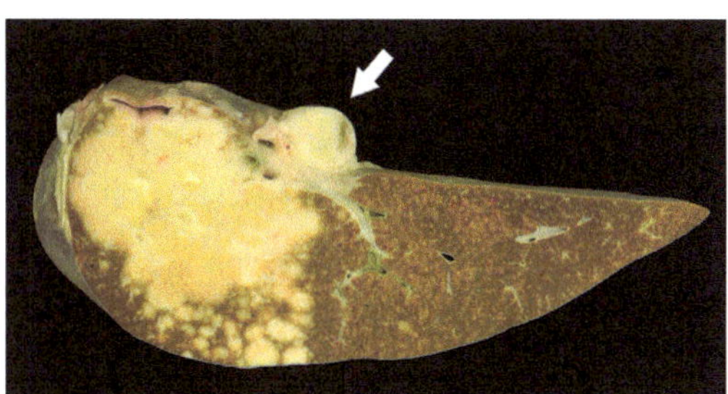

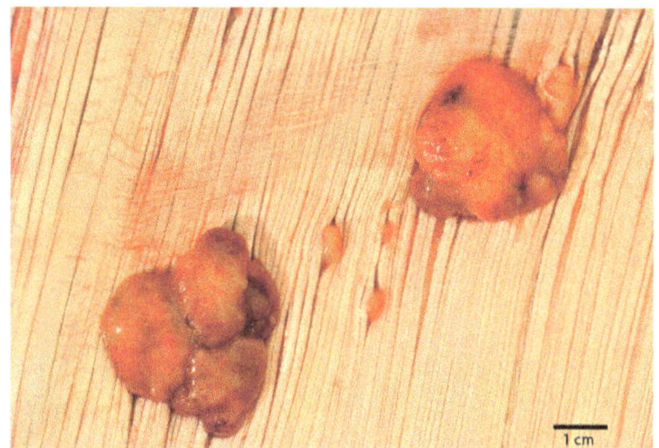

seltener diffuse, blass-beige Tumoren, die typischerweise eine zentrale Einziehung (sogenannter Krebsnabel) aufweisen. Metastasen in drainierenden Lymphknoten und in der Lunge sind häufig und auch diese Tumoren neigen zur Kapselinvasion mit konsekutiven Abklatschmetastasen (Abb. 8.3). Die Tumorzellen wachsen hochinvasiv in duktaler, azinärer und/oder papillärer Anordnung und zeigen meist zahlreiche Mitosen sowie ein ausgeprägtes fibrovaskuläres Stroma (skirrhös).

Karzinoide sind seltene Tumoren bei Hunden und Katzen und treten bei vergleichsweise jungen Patienten auf. Den Ursprung stellen neuroektodermale Zellen dar, die meist diffus das Lebergewebe infiltrieren und Metastasen in drainierenden Lymphknoten, dem Peritoneum und der Lunge ausbilden können. Derartige Tumoren gehen mit einer schlechten Prognose einher, da sie chirurgisch meist schwer zugänglich sind. Daten zur Beurteilung der Effektivität einer chemotherapeutischen oder Bestrahlungsbehandlung sind unzureichend. Zur differenzialdiagnostischen Abgrenzung von Karzinomen dienen histologische Versilberungstechniken, welche die argyrophile Granula der Zellen erkennbar machen, oder der immunhistochemische Nachweis von neurosekretorischen Produkten wie Serotonin.

Von der Gruppe der primären Sarkome der Leber kommen Hämangiosarkome am häufigsten bei der Katze vor, während bei Hunden Leiomyosarkome im Vordergrund stehen – Hämangiosarkome in der Leber von Hunden sind in der Regel sekundäre Tumoren. Im Allgemeinen wachsen Sarkome der Leber stark invasionsaktiv und gehen mit Metastasen in Milz und Lunge einher. Sie erscheinen meist als schlecht abgrenzbare, grau-weiße (Leiomyosarkome, Fibrosarkome) oder blutgefüllte (Hämangiosarkome) Masse. Insbesondere Hämangiosarkome rupturieren häufig und können zu tödlichen inneren Blutungen führen. Die Prognose ist grundsätzlich als schlecht zu bewerten, nicht zuletzt da zum Zeitpunkt der Diagnosestellung meist bereits Fernmetastasen vorliegen.

Lymphome sind selten auf die Leber beschränkt und stellen vor allem bei Katzen eine systemische Erkrankung bzw. multiple Manifestationen unter Beteiligung der Leber dar. Die Diagnose ist dann von besonderer Schwierigkeit, wenn es sich um diffus-infiltrierende Varianten handelt (mehr über Lymphome in ▶ Kap. 6).

Gutartige Tumoren wie Fibrome, Myelolipome und Hepatoblastome sind sehr selten und werden bis auf Hepatoblastome bei Pferden nicht weiter ausgeführt.

Vor einer chirurgischen Behandlung oder der Entnahme einer Biopsie ist die Erstellung eines Gerinnungsfaktor-Profils zu empfehlen. Postoperative Blutungen auf der Grundlage einer Gerinnungsstörung sind bei Lebererkrankungen nicht selten.

Hinsichtlich der Auswertbarkeit von Proben besteht Uneinigkeit in der Literatur: eine korrekte Diagnose scheint nach Feinnadelaspiration durchaus möglich zu sein, jedoch ist eine verlässlichere Aussage mittels Stanzbiopsien zu erreichen. Andere Autoren unterstellen den zytologischen Präparaten eine eingeschränkte Sensitivität und Spezifität und empfehlen daher histologische Präparate.

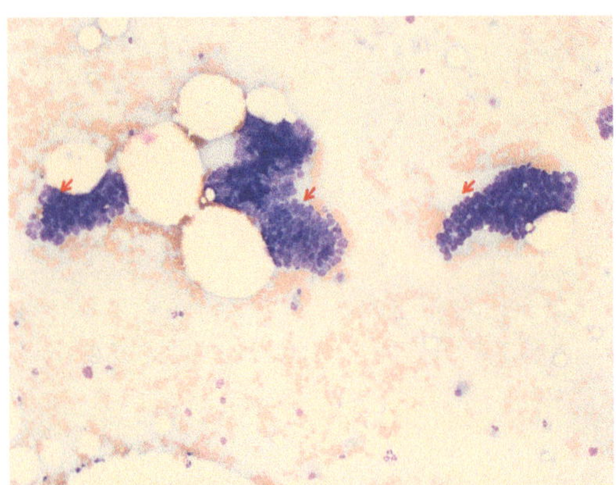

Abb. 8.4   Zytologisches Präparat von der Leber eines Hundes: Karzinom, Aggregate von kleinzelligen bis mittelgroßen kubischen Epithelzellen, die drüsenartig angeordnet sind. Sie zeigen runde Kerne und ein großes Kern-Zytoplasma-Verhältnis. Die Kerne enthalten fein verteiltes Chromatin (roter Pfeil). Aufgrund der Zellmorphologie (relativ kleine, kubische Zellen) kann ein cholangiozellulärer Tumor vermutet, aber nicht sicher diagnostiziert werden. May-Grünwald-Giemsa Färbung, 1000× (mit freundlicher Genehmigung von Dr. N. Bauer, Justus-Liebig-Universität Gießen)

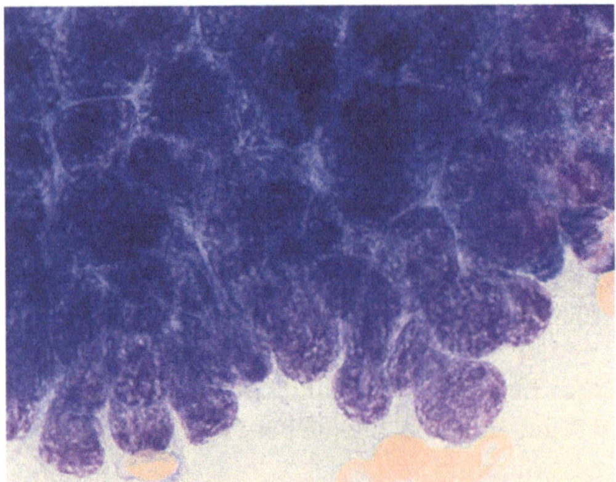

Abb. 8.5   Zytologisches Präparat von der Leber eines Hundes: Karzinom, die Zellen sind kleinzellig bis mittelgroß mit runden Zellkernen, einem großen Kern-Zytoplasma-Verhältnis und fein verteiltem Chromatin. Als Hinweis für das Vorliegen eines malignen Tumors erscheinen die Zellkerne dicht gedrängt, teils überlappend. May-Grünwald-Giemsa 1000×. (dieselbe Probe wie in ◼ Abb. 8.4; mit freundlicher Genehmigung von Dr. N. Bauer, Justus-Liebig-Universität Gießen)

Die zytopathologische Diagnose von epithelialen Tumoren ist anspruchsvoll. Zwar ist die Identifizierung von Malignitätskriterien bei adäquaten Proben möglich, die differenzialdiagnostische Abgrenzung von reaktiv-proliferierenden Leber- oder

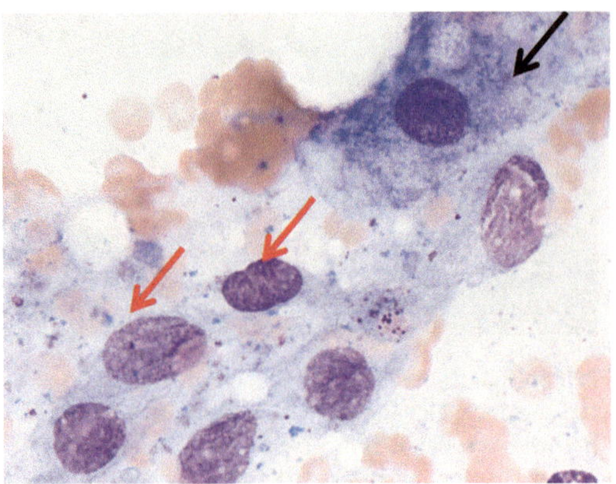

Abb. 8.6   Zytologisches Präparat von der Leber eines Hundes: die Masse stellte sich im Ultraschall als hypoechogen mit den Maßen 5 × 5 × 5 mm dar. Anhäufungen von moderat kohäsiven, spindelförmigen Zellen mit unscharfen Zellgrenzen, ovalen Zellkernen mit feinem Chromatinmuster und einer mittleren Menge blassblauem Zytoplasma (roter Pfeil). Daneben finden sich Leberzellen (schwarzer Pfeil). Eine Differenzierung zwischen einer Bindegewebsproliferation (z. B. aufgrund einer Leberzirrhose) und einem malignen, mesenchymalen Tumor ist anhand des Präparates grundsätzlich nicht möglich. Da es sich vorberichtlich um eine umschriebene Masse handelt, kann ein Sarkom vermutet werden. May-Grünwald-Giemsa 1000× (mit freundlicher Genehmigung von Dr. N. Bauer, Justus-Liebig-Universität Gießen)

Gallengangszellen oder sogar von Metastasen epithelialer Tumoren in der Leber kann jedoch schwierig sein (◼ Abb. 8.4–8.5). Darüber hinaus ist eine Differenzierung zwischen benignen und malignen mesenchymalen Proliferationen oft nicht möglich (◼ Abb. 8.6)

▪   Weiterführende Literatur

(Barr 1995; Cohen et al. 2003; Cullen und Popp 2002; Hammer und Sikkema 1995; Hayes et al. 1983; Leveille et al. 1993; Newell et al. 1998; Patnaik 1992; Patnaik et al. 1980, 1981a; Roth 2001; Stockhaus et al. 2004)

8.1   Tumoren der Leber und Gallenblase bei Hunden

Tumoren der Leber und Gallenblase des Hundes in fünf Fakten

1. sekundäre/metastatische Tumoren sind häufiger als Primärtumoren

2. hepatozelluläre Karzinome sind die häufigsten Primärtumoren
3. massive hepatozelluläre Karzinome können mit einer guten Prognose einhergehen
4. Ultraschalluntersuchung kann wertvolle Informationen liefern
5. Behandlungsmethode der Wahl ist die chirurgische Entfernung (Lobektomie)

■ Epidemiologie und Pathogenese

Bei Hunden sind sekundäre und somit metastatische Tumoren der Leber häufiger als Primärtumoren der Leber- oder Gallengangsepithelien. Zu den Sekundärtumoren, die meist Teil einer multifokalen oder systemischen Erkrankung sind, zählen Lymphome, histiozytäre Tumoren oder Mastzelltumoren.

Hepatozelluläre Karzinome sind die häufigsten Primärtumoren, die Patienten sind zwischen 10 und 11 Jahren alt. Eine Rassedisposition scheint nicht zu bestehen, einige Autoren vermuten, dass männliche Tiere gehäuft erkranken.

Der zweithäufigste Tumor, das *Gallengangskarzinom (cholangiozelluläres Karzinom)*, kommt bei Hunden im Durchschnittsalter von 8 Jahren vor, gehäuft bei Labrador Retrievern; weibliche Tiere scheinen überrepräsentiert zu sein.

Im Gegensatz hierzu sind *Gallengangsadenome* sehr selten bei Hunden und werden nicht näher erläutert.

Hepatozelluläre Adenome werden nicht selten zufällig entdeckt, derartige Tumoren gehen nur selten mit klinischen Symptomen einher.

Häufige metastatische Tumoren sind neben *Lymphomen, histiozytäre Sarkome* und *Mastzelltumoren*, aber auch *Hämangiosarkome, Melanome,* exokrine *Pankreaskarzinome, Schilddrüsen-*und *Milchdrüsenkarzinome*.

■ Klinik

Ungeachtet ihrer Herkunft (primär oder metastatisch) werden Tumoren in Leber und Gallenblase in ca. 75 % der Fälle von klinischen Symptomen begleitet. Die Patienten zeigen Inappetenz, Erbrechen, Gewichtsverlust, Polydipsie und Polyurie, erscheinen lethargisch und/oder entwickeln einen Aszites. Ferner treten gelegentlich Ataxien und Krämpfe auf,

die ursächlich durch eine Leberinsuffizienz, eine (paraneoplastische) Hypoglykämie oder Metastasen im zentralen Nervensystem bedingt sein können.

Im kranialen Abdomen ist häufig eine Masse palpierbar, noduläre oder diffuse Formen werden jedoch kaum erkannt.

Morphologisch stellen sich *hepatozelluläre Karzinome* in mehr als der Hälfte der Fälle als massive Tumoren dar. In zwei Dritteln der Fälle sind die linken Leberlappen betroffen. Metastasen in den drainierenden Lymphknoten, dem Peritoneum und der Lunge sind häufiger bei hepatozellulären Karzinomen, die ein noduläres oder diffuses Erscheinungsbild haben.

Gallengangskarzinome können sich solide oder in zystischer Form entwickeln, die Morphologie hat jedoch keinen Einfluss auf die Prognose oder die Behandlungsstrategie. Die zystische Variante weist meist ein ausgeprägtes fibrovaskuläres Stroma auf (skirrhös) und die Zysten enthalten klar-gelbliches, flüssiges bis gelatinöses Material. Das bösartige biologische Verhalten der Gallengangskarzinome äußert sich in Metastasen in den regionären Lymphknoten und der Lunge, die häufig zu finden sind.

Die makroskopische Unterscheidung von *hepatozellulären Adenomen* und *nodulären Hyperplasien* ist schwierig und selbst histologisch nicht immer eindeutig. Grundsätzlich erscheinen Hyperplasien multifokal und kleiner als Adenome, und sie weisen eine histologisch regelrechte Leberarchitektur auf, die bei Adenomen typischerweise aufgehoben ist.

Zu den *Parametern der klinischen Labordiagnostik*, die erhöht sein können, jedoch nicht spezifisch für Lebertumoren sind, gehören ALP (alkalische Phosphatase), ALT (Alanin-Aminotransferase), AST (Aspartat-Aminotransferase), GGT (Gamma-Glutamyltransferase), Bilirubin, Gallensäuren und α-Fetoprotein. Ferner können eine Leukozytose, Anämie und Hypoalbuminämie auftreten. Als Folge von Lebertumoren werden sogenannte paraneoplastische Hypoglykämien beschrieben. Im Gegensatz zum Menschen eignet sich bei Hunden der Nachweis von α-Fetoprotein nicht als Biomarker zur Überprüfung des Behandlungserfolges von hepatozellulären Karzinomen.

Die *sonografische Untersuchung* der Patienten liefert wertvolle Informationen über das Erscheinungsbild (massiv, nodulär, diffus), die Größe und Lokalisation sowie das Lageverhältnis zu benachbarten anatomischen Strukturen. Mittels Doppler-Verfahren kann die Gefäßversorgung nachvollzogen werden. Die kontrastverstärkte Ultrasonographie kann unter Umständen hilfreich bei der Differenzierung von gutartigen Proliferationen und malignen Tumoren sein. Grundsätzlich ist jedoch die Diagnosestellung limitiert, insbesondere bei der Visualisierung diffus infiltrierender Tumoren, bei der differenzialdiagnostischen Abgrenzung von nodulären Hyperplasien zu Adenomen sowie bei der Unterscheidung primärer von metastatischen Tumoren.

Eine *Röntgenaufnahme* ist in der Regel nicht ausreichend aussagekräftig, sie kann jedoch hilfreich beim Nachweis von Metastasen zum Beispiel in der Lunge sein.

■ **Zytologie und Histopathologie**

Die unspezifischen Symptome und die zum Teil limitierte diagnostische Aussagekraft der bildgebenden Verfahren unterstreichen die Bedeutung der zyto- bzw. histopathologischen Untersuchung für die Diagnose und die Behandlungsstrategie.

Im Anschluss an ein Gerinnungsprofil kann eine ultraschallgeführte Feinnadelaspiration zur zytologischen oder eine Biopsie zur histologischen Untersuchung entnommen werden. Die chirurgische Entnahme einer Gewebeprobe unter visueller Kontrolle wird von einigen Autoren bevorzugt empfohlen: Sie ermöglicht neben einer hohen diagnostischen Sicherheit in der histologischen Untersuchung unter Umständen gleichzeitig die initiale Behandlung durch Entfernung eines massiven, solitären Tumors.

■ **Therapie und Prognose**

Die *Prognose* wird wesentlich vom makroskopischen Erscheinungsbild und der zyto- bzw. histopathologischen Diagnose beeinflusst: Generell ist die Prognose bei benignen Tumoren und massiven, hepatozellulären Karzinomen gut. Eine vollständige Resektion ist hier meist möglich, Rezidive treten nach einer Leber-Lobektomie je nach Literaturangabe bei 0–13 % der Patienten auf. Metastasen innerhalb der Leber, in regionären Lymphknoten oder in der Lunge kommen bei 0–37 % der Hunde vor. Todesfälle sind in den meisten Fällen nicht mit der Tumorerkrankung assoziiert. Im Detail sind bei Hunden folgende *Faktoren von prognostischer Relevanz*:

- chirurgische Resektion: die mittlere Überlebenszeit verlängerte sich in einer Studie um das Vierfache
- Lokalisation: intraoperative Todesfälle werden bei Tumoren in den rechten Leberlappen beschrieben
- klinische Parameter, ALT und AST: reflektieren unter Umständen den Grad der Tumorausdehnung (ggf. Rückschluss auf Tumorgröße bzw. aggressives Wachstum möglich)
- Klinische Parameter: das Verhältnis von ALP zu AST und ALT zu AST

Im Gegensatz hierzu ist die Prognose für Hunde mit malignen Tumoren, die nicht massive hepatozelluläre Karzinome sind, als schlecht einzustufen. Auch nach einer Lobektomie treten häufig Rezidive oder Tumormetastasen auf, und andere, nicht-chirurgische Behandlungen sind meist nicht erfolgreich.

Die *chirurgische Behandlung*, die Lobektomie, ist die Therapie der Wahl bei massiven Tumoren der Leber. Selbst radikale chirurgische Resektionen werden von den Patienten meist gut toleriert, da die Leber eine bemerkenswerte Reserve- und Regenerationskapazität besitzt. Chirurgische Techniken sind unter anderem eine „finger fracture technique" und die Verwendung von „Staplern" oder gefäßversiegelnden Geräten. Als mögliche Komplikationen nach der Operation können Blutungen auftreten, daneben kann es zu Durchblutungsstörungen in den benachbarten Leberlappen, einer vorrübergehenden Hypoglykämie und/oder einer allgemein reduzierten Leberfunktion kommen.

Die *chemotherapeutische* oder *Bestrahlungstherapie* spielt eine vergleichsweise zu vernachlässigende Rolle. Die Leber toleriert keine hohe Strahlungsdosis, und durch die ausgeprägte Entgiftungsfunktion der Leber gelten Tumoren in diesem Organ als nahezu chemotherapieresistent. Jedoch zeigen einige Studien vielversprechende Ergebnisse, beispielsweise nach einer Behandlung mit Gemcitabin. Zu den innovativen Strategien, die in der Zukunft möglicherweise zur Anwendung kommen werden, zählen immunmodulatorische Wirkstoffe, Hormonbehandlungen und Inhibitoren der Angiogenese.

■ **Weiterführende Literatur**

(Clifford et al. 2004; Cole et al. 2002; Elpiner et al. 2011; Kemp et al. 2013; Kosovsky et al. 1989; Kutara et al. 2006; Leveille et al. 1993; Nakamura et al. 2010; Patnaik et al. 1980, 1981b; Stockhaus et al. 2004; Vörös et al. 1991; Yamada et al. 1999)

8.2 Tumoren der Leber und Gallenblase bei Katzen

Tumoren der Leber und Gallenblase der Katze in vier Fakten
1. Lymphome sind die häufigsten Lebertumoren
2. Gallengangstumoren sind die häufigsten nicht-hämatopoetischen Tumoren der Leber
3. zum Zeitpunkt der Diagnose finden sich meist Metastasen
4. chirurgische Behandlung ist die Methode der Wahl

▪ Epidemiologie und Pathogenese

Lymphome stellen mit Abstand die häufigsten Tumoren der Leber bei Katzen dar und sind in der Regel Teil einer multizentrischen/systemischen Erkrankung (◘ Abb. 8.7). Lymphome werden im ▶ Kap. 6 im Detail beschrieben und hier nicht näher erläutert.

Gallengangskarzinome sind die häufigsten nicht-hämatopoetischen Tumoren bei Katzen, gefolgt von hepatozellulären Karzinomen. Gutartige Neoplasien wie (meist zystische) *Gallengangsadenome* oder (meist solide) *hepatozelluläre Adenome* kommen ebenfalls relativ häufig vor. Nur selten finden sich hingegen *Mastzelltumoren*, *Sarkome* (hier meist *Hämangiosarkome*), *Myelolipome* und *Karzinoide*.

▪ Klinik

In 50 % der Fälle gehen Tumoren in der Leber und Gallenblase mit klinischen Symptomen einher. Die Patienten zeigen häufig Inappetenz und Gewichtsverlust und sind lethargisch. Seltener treten Erbrechen, Durchfall, Polyurie und Polydipsie, Ikterus, Aszites und abdominale Schmerzen auf. In seltenen Fällen entwickeln Katzen eine paraneoplastische Alopezie mit bilateral symmetrischem Haarausfall am ventralen Thorax, Abdomen und an den Innenschenkeln.

Eine Masse im kranialen Abdomen ist in ca. drei Vierteln der Fälle tastbar, jedoch werden noduläre und diffuse Neoplasien durch Palpation häufig nicht erkannt.

Gallengangskarzinome weisen ein aggressives Wachstumsverhalten auf, nicht selten mit der Ausbildung von Abklatschmetastasen im Abdomen und einer peritonealen Karzinomatose.

Gutartige Tumoren gehen meist nicht mit klinischen Symptomen einher, bis sie eine kritische Größe erreicht haben und gegebenenfalls benachbarte Organe komprimieren.

Wie schon für den Hund beschrieben, ist eine *Röntgenaufnahme* in der Regel nicht aussagekräftig genug, es zeigt sich häufig lediglich eine Hepatomegalie mit kaudaler Verdrängung des Magens. Eine *sonografische Untersuchung* ist zu empfehlen und

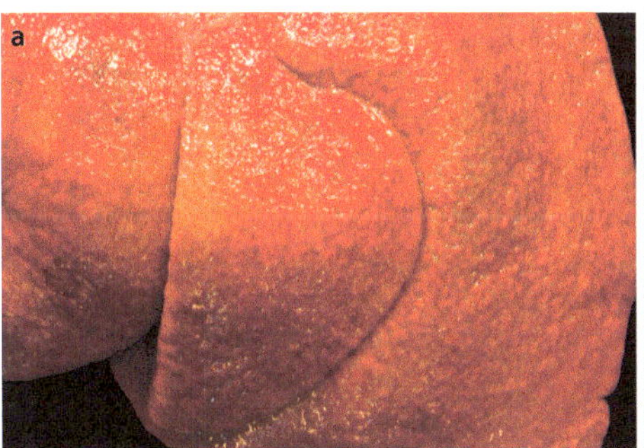
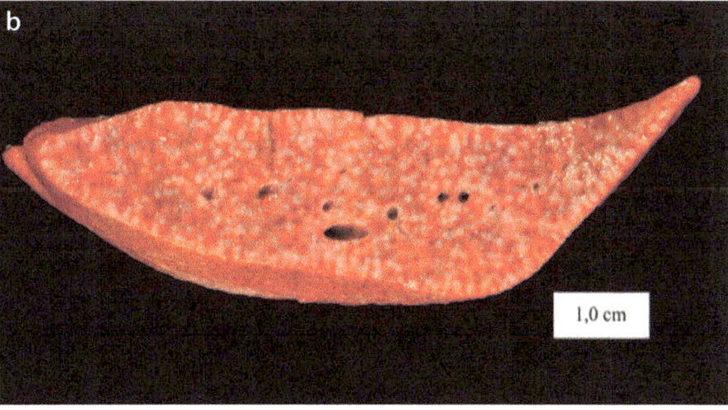

◘ **Abb. 8.7** Leber einer Katze mit diffusem Lymphom (mit freundlicher Genehmigung von Kristina Dietert, PhD, Freie Universität Berlin)

liefert relevante Informationen über das Stadium der Erkrankung: das Erscheinungsbild (massiv, nodulär), die Größe, die Lokalisation sowie das Lageverhältnis zu benachbarten anatomischen Strukturen. Auch bei Katzen kann das Doppler-Verfahren für die Darstellung der Tumor-Gefäßversorgung hilfreich sein und eine kontrastverstärkte Sonografie zum Teil benigne Proliferationen von malignen Neoplasien unterscheiden. Eine Studie zur systematischen Sonografie konnte eine sehr hohe Sensitivität und Spezifität bei der Differenzierung von gutartigen und malignen Tumoren sowie bei der Diagnose von Lymphomen bei Katzen aufweisen.

Im Rahmen der *klinischen Labordiagnostik* finden sich zahlreiche Parameter, die erhöht sein können. Am häufigsten zeigen die Patienten eine neutrophile Leukozytose. Im Allgemeinen sind die klassischen Leberenzyme bei malignen Tumoren tendenziell stärker erhöht als bei gutartigen Neoplasien. Einige Autoren gehen davon aus, dass erhöhte Werte der ALP (alkalische Phosphatase) nicht diagnostisch relevant sind und eine Erhöhung der Parameter ALT (Alanin-Aminotransferase) und AST (Aspartat-Aminotransferase) bei felinen Tumoren generell selten zu finden ist. Daher erscheint die Aussagekraft der klinischen Parameter zumindest fraglich, vielleicht mit der Ausnahme von erhöhten AST-Werten bei viszeralen Hämangiosarkomen.

Bilirubin ist bei einigen Katzen erhöht, insbesondere bei Gallengangskarzinomen und bei gallengangsverlegenden Karzinoiden.

■ Zytologie und Histopathologie

Eine zyto- bzw. histopathologische Untersuchung ist für eine zuverlässige Diagnose erforderlich und die Grundlage für die Behandlungsstrategie. Eine sonografiegestützte Feinnadelaspiration oder Biopsie ist hilfreich zur Diagnosestellung, und auch bei Katzen ist die chirurgische Entnahme einer Gewebeprobe unter Sichtkontrolle besonders geeignet für die histopathologische Untersuchung und ermöglicht gleichzeitig eine zumindest initiale Therapie massiver, solitärer Tumoren. Feinnadelaspirate scheinen ausreichend für die Diagnose der meisten hämatopoetischen Tumoren zu sein. Die differenzialdiagnostische Abgrenzung von gut differenzierten Lymphomen und einer chronischen Cholangiohepatitis ist jedoch anspruchsvoll.

■ Therapie und Prognose

Die *Prognose* wird im Wesentlichen vom makroskopischem Erscheinungsbild und der zyto- bzw. histopathologischen Diagnose bestimmt. Wie bereits für den Hund beschrieben, ist die Prognose bei gutartigen Neoplasien und massiven hepatozellulären Karzinomen grundsätzlich gut, da häufig eine vollständige Resektion möglich ist. Im Gegensatz hierzu ist die Prognose generell schlecht bei nodulären und diffusen malignen Tumoren. Zum Zeitpunkt der Diagnose sind häufig mehrere Leberlappen betroffen, und für gewöhnlich finden sich bereits Metastasen, typischerweise in den Leberlymphknoten, der Lunge und der abdominalen Serosa. Hämangiosarkome und Karzinoide haben generell eine schlechte Prognose, und die meisten Patienten müssen perioperativ euthanasiert werden.

Die *chirurgische Resektion* ist die Behandlung der Wahl, insbesondere bei massiven Lebertumoren, bei solitären Gallengangsadenomen und multifokalen Neoplasien, die sich auf nur ein bis zwei Leberlappen beschränken. Wie oben beschrieben, erlaubt die Reserve- und Regenerationskapazität der Leber ein radikales chirurgisches Vorgehen. Allerdings belegt eine Studie einen ungünstigen Verlauf trotz chirurgischer Behandlung massiver Gallengangstumoren bei Katzen: Die meisten Patienten verstarben innerhalb von sechs Monaten nach der Behandlung aufgrund von Rezidiven und dem Auftreten von Metastasen. Wie für Hunde beschrieben, sind gängige chirurgische Techniken der Lobektomie eine *„finger fracture technique"* und die Verwendung von „Staplern" oder gefäßversiegelnden Geräten, mit den gleichen perioperativen Komplikationen (Blutungen, Durchblutungsstörungen, transiente Hypoglykämie, reduzierte Leberfunktion).

Belastbare Daten zu den Erfolgsaussichten nach einer *Bestrahlungs- oder Chemotherapie* fehlen bislang in der Literatur. Erschwerend hierbei ist, dass einerseits Lebertumoren aufgrund der Entgiftungsfunktion der Leber für Chemotherapeutika als therapieresistent angesehen werden, andererseits ist für eine wirksame Chemotherapie eine kritische Masse von funktionalem Lebergewebe erforderlich.

■ Weiterführende Literatur

(Balkman 2009; Cole et al. 2002; Leveille et al. 1993; Marconato et al. 2007; Newell et al. 1998; Patnaik 1992; Patnaik et al. 1975, 2005; Roth 2001; Van Der Luer et al. 2008)

8.3 Tumoren der Leber und Gallenblase bei Pferden, Wiederkäuern und Schweinen

Equine Tumoren der Leber und Gallenblase in zwei Fakten
1. Hepatoblastom ist der häufigste Tumor
2. Hepatoblastome betreffen vorwiegend junge Pferde

■ Epidemiologie und Pathogenese

Primäre Leber- und Gallengangstumoren sind generell selten bei **Pferden**, wobei *Hepatoblastome* die häufigsten darstellen. Diese Tumoren haben ihren Ursprung vermutlich in hepatozellulären Vorläuferzellen und werden insbesondere bei jungen und jung-adulten Pferden (bis zu 4 Jahren) nachgewiesen. Typischerweise stellen sie sich als solitäre, lobulierte Masse mit etwas festerer Konsistenz dar, die mit Blutungen und Nekrosen einhergehen kann. Bemerkenswert ist, dass in einigen Fällen Metastasen beschrieben wurden.

Histologisch finden sich Anteile von embryonalem oder fetalem Gewebe mit teils epithelialem und mesenchymalem Erscheinungsbild. Charakteristischerweise lassen sich diese Zellen immunhistochemisch mit einem Antikörper gegen das α-Fetoprotein markieren. Belastbare Daten zur Therapie und Prognose liegen derzeit nicht vor.

Die durchschnittliche Lebenserwartung von domestizierten **Hängebauchschweinen** liegt zwischen 20 und 25 Jahren, daher liegen die meisten Daten zu Tumoren bei Schweinen von Hängebauchschweinen vor. Eine Studie deutet darauf hin, dass Hängebauchschweine zur Entwicklung von *hepatozellulären Karzinomen* neigen, die häufiger bei männlichen Tieren aufzutreten scheinen. In mehr als 10 % der Fälle lagen Fernmetastasen vor.

Berichte über Primärtumoren der Leber bei **Wiederkäuern** sind rar und widersprüchlich hinsichtlich der Prävalenz von *hepatozellulären* und *cholangiozellulären* Tumoren. Grundsätzlich handelt es sich meist um Zufallsbefunde oder Studien, die an Schlachthöfen durchgeführt wurden. In der Literatur gibt es keine belastbaren Daten zur Therapie und Prognose, vermutlich da aus wirtschaftlichen Gründen meist keine Behandlungsversuche erfolgen beziehungsweise weil es sich um postmortale Diagnosen handelt.

■ Weiterführende Literatur

(Anderson und Sandison 1968; Beeler-Marfisi et al. 2010; Bettini und Marcato 1992; de Vries et al. 2013; Haddad und Habecker 2012)

Weiterführende Literatur

Anderson LJ, Sandison AT (1968) Tumors of the liver in cattle, sheep and pigs. Cancer 21:289–301

Balkman C (2009) Hepatobiliary neoplasia in dogs and cats. Vet Clin North Am Small Anim Pract 39:617–625

Barr F (1995) Percutaneous biopsy of abdominal organs under ultrasound guidance. J Small Anim Pract 36:105–113

Beeler-Marfisi J, Arroyo L, Caswell JL, Delay J, Bienzle D (2010) Equine primary liver tumors: a case series and review of the literature. J Vet Diagn Invest 22:174–183

Bettini G, Marcato PS (1992) Primary hepatic tumours in cattle. A classification of 66 cases. J Comp Pathol 107:19–34

Clifford CA, Pretorius ES, Weisse C, Sorenmo KU, Drobatz KJ, Siegelman ES, Solomon JA (2004) Magnetic resonance imaging of focal splenic and hepatic lesions in the dog. J Vet Intern Med 18:330–338

Cohen M, Bohling MW, Wright JC, Welles EA, Spano JS (2003) Evaluation of sensitivity and specificity of cytologic examination: 269 cases (1999–2000). J Am Vet Med Assoc 222:964–967

Cole TL, Center SA, Flood SN, Rowland PH, Valentine BA, Warner KL, Erb HN (2002) Diagnostic comparison of needle and wedge biopsy specimens of the liver in dogs and cats. J Am Vet Med Assoc 220:1483–1490

Cullen JM, Popp JA (2002) Tumors in domestic animals, 4th Aufl. Iowa State Press, Ames

De Vries C, Vanhaesebrouck E, Govaere J, Hoogewijs M, Dosseler L, Chiers K, Ducatelle R (2013) Congenital ascites due to hepatoblastoma with extensive peritoneal implantation metastases in a premature equine fetus. J Comp Pathol 148:214–219

Elpiner AK, Brodsky EM, Hazzah TN, Post GS (2011) Single-agent gemcitabine chemotherapy in dogs with hepatocellular carcinomas. Vet Comp Oncol 9:260–268

Haddad JL, Habecker PL (2012) Hepatocellular carcinomas in Vietnamese pot-bellied pigs (Sus scrofa). J Vet Diagn Invest 24:1047–1051.

Hammer AS, Sikkema DA (1995) Hepatic neoplasia in the dog and cat. Vet Clin North Am Small Anim Pract 25:419–435

Hayes HM, Morin MM, Rubenstein DA (1983) Canine biliary carcinoma: epidemiological comparisons with man. J Comp Pathol 93:99–107

Kemp SD, Panciera DL, Larson MM, Saunders GK, Werre SR
(2013) A comparison of hepatic sonographic features
and histopathologic diagnosis in canine liver disease: 138
cases. J Vet Intern Med 27:806–813

Kosovsky JE, Manframarretta S, Matthiesen DT, Patnaik AK
(1989) Results of partial-hepatectomy in 18 dogs with
hepatocellular-carcinoma. J Am Anim Hosp Assoc
25:203–206

Kutara K, Asano K, Kito A, Teshima K, Kato Y, Sasaki Y, Edamura
K, Shibuya H, Sato T, Hasegawa A, Tanaka S (2006)
Contrast harmonic imaging of canine hepatic tumors. J
Vet Med Sci 68:433–438

Leveille R, Partington BP, Biller DS, Miyabayashi T (1993)
Complications after ultrasound-guided biopsy of
abdominal structures in dogs and cats – 246 cases (1984–
1991). J Am Vet Med Assoc 203:413–415

Marconato L, Albanese F, Viacava P, Marchetti V, Abramo F
(2007) Paraneoplastic alopecia associated with hepatocellular carcinoma in a cat. Vet Dermatol 18:267–271

Nakamura K, Takagi S, Sasaki N, Kumara WRB, Murakami M, Ohta
H, Yamasaki M, Takiguchi M (2010) Contrast-enhanced
ultrasonography for characterization of canine focal liver
lesions. Vet Radiol Ultrasound 51:79–85

Newell SM, Selcer BA, Girard E, Roberts GD, Thompson JP,
Harrison JM (1998) Correlations between ultrasonographic findings and specific hepatic diseases in cats: 72
cases (1985–1997). J Am Vet Med Assoc 213:94–98

Patnaik AK, Liu SK, Hurvitz AI, Mcclelland AJ (1975) Nonhema-
topoietic neoplasms in cats. J Natl Cancer Inst 54:855–860

Patnaik AK, Hurvitz AI, Lieberman PH (1980) Canine hepatic neoplasms: a clinicopathologic study. Vet Pathol 17:553–564

Patnaik AK, Hurvitz AI, Lieberman PH, Johnson GF (1981a)
Canine bile duct carcinoma. Vet Pathol 18:439–444

Patnaik AK, Lieberman PH, Hurvitz AI, Johnson GF (1981b)
Canine hepatic carcinoids. Vet Pathol 18:445–453

Patnaik AK (1992) A morphologic and immunocytochemical
study of hepatic neoplasms in cats. Vet Pathol 29:405–415

Patnaik AK, Lieberman PH, Erlandson RA, Antonescu C (2005)
Hepatobiliary neuroendocrine carcinoma in cats: a clinicopathologic, immunohistochemical, and ultrastructural
study of 17 cases. Vet Pathol 42:331–337

Roth L (2001) Comparison of liver cytology and biopsy
diagnoses in dogs and cats: 56 cases. Vet Clin Pathol
30:35–38

Stockhaus C, Van Den Ingh T, Rothuizen J, Teske E (2004) A
multistep approach in the cytologic evaluation of liver
biopsy samples of dogs with hepatic diseases. Vet Pathol
41:461–470

Van Der Luer R, Van Den Ingh T, Van Hoe M (2008) Feline paraneoplastic alopecia. Tijdschr Diergeneeskd 133:182–183

Vörös K, Vrabely T, Papp L, Horvath L, Karsai F (1991) Correlation of ultrasonographic and pathomorphological findings
in canine hepatic diseases. J Small Anim Pract 32:627–634

Yamada T, Fujita M, Kitao S, Ashida Y, Nishizono K, Tsuchiya
R, Shida T, Kobayashi K (1999) Serum alpha-fetoprotein
values in dogs with various hepatic diseases. J Vet Med Sci
61:657–659

Tumoren des Verdauungstraktes

Angele Breithaupt

© Springer-Verlag GmbH Deutschland 2017
R. Klopfleisch (Hrsg.), *Veterinäronkologie kompakt*,
https://doi.org/10.1007/978-3-662-54987-2_9

9.1   Tumoren der Mundhöhle

Die Tumoren der Mundhöhle haben einige Gemeinsamkeiten hinsichtlich der klinischen Symptome, Diagnostik, Therapie und Prognose.

Zu den häufig vorkommenden *Symptomen* zählen Schwellungen des Gesichts, verstärkter Speichelfluss, Mundgeruch, Schluckbeschwerden, Blutungen, respiratorische Atemgeräusche, Husten, Appetitlosigkeit, Gewichtsverlust, Lymphknotenschwellungen und Veränderungen oder Verlust der Stimme. Insbesondere bei Katzen kann es zu einer Lockerung im Zahnhalteapparat oder Zahnverlust kommen, dies sollte nicht mit einer primären Zahnerkrankung verwechselt werden (◘ Abb. 9.1).

Im Rahmen der *klinischen Untersuchung* kann bei der einfachen Inspektion des Schädels und der Mundhöhle eine grobe Abschätzung zur Tumorgröße gemacht werden; ferner können dabei bereits Zunahme oder Auflösungserscheinungen des Knochengewebes, Lockerungen im Zahnhalteapparat, Zahnverlust, Ulzerationen und Blutungen identifiziert sowie ein möglicher Verlust der Mobilität des Augapfels festgestellt werden. Die drainierenden Lymphknoten sollten hinsichtlich ihrer Größe und Beweglichkeit überprüft werden, wenngleich die Größe des Lymphknotens nicht zuverlässig Metastasen identifiziert oder ausschließt. Eine Feinnadelaspiration (FNA) ist daher unabhängig von der Größe und der Beweglichkeit des Lymphknotens durchzuführen. Die *bildgebende Diagnostik*, darunter die klassische Röntgenaufnahme, die Computertomografie (CT) und Magnetresonanztomografie (MRT),

liefern wichtige Informationen für die Diagnostik – auch von Metastasen zum Beispiel in der Lunge – und die Behandlungsstrategie. Vorsicht ist jedoch geboten, da eine Knocheninvasion allein anhand von Röntgenaufnahmen nicht sicher auszuschließen ist. Mittels kontrastverstärkter Sonografie und Szintigrafie können drainierende Lymphknoten identifiziert und eine FNA unterstützt werden.

Abhängig von der Lokalisation sollte eine Probenentnahme zur *zytologischen oder histologischen Untersuchung* am narkotisierten und intubierten Patienten erfolgen, um eine Blutaspiration zu vermeiden. Generell besitzen zytologische Proben eine geringere diagnostische Sensitivität und Spezifität als histologische Präparate. Bei gut resezierbaren, abgegrenzten Neoplasien kann eine vollständige Entnahme des Tumors angestrebt und das Resektat einer histologischen Untersuchung unterzogen werden. Nach den Ergebnissen dieser Untersuchung richtet sich dann die Entscheidung für oder gegen weitere therapeutische Schritte. Biopsien sollten generell bis in den benachbarten Knochen reichen, um eine Invasion in das Gewebe identifizieren zu können.

Maligne Neoplasien der Mundhöhle metastasieren in der Regel selten, mit der Ausnahme von Melanomen, oralen Plattenepithelkarzinomen und Sarkomen. Generell führen kaudal lokalisierte Tumoren zu einer schlechteren Prognose als rostral gelegene, möglicherweise weil Umfangsvermehrungen kaudal später entdeckt werden oder der chirurgische Zugang ungünstiger und die Resektion weniger radikal sein kann.

Die chirurgische Behandlung und Bestrahlungstherapie sind die häufigsten Maßnahmen bei Tumoren

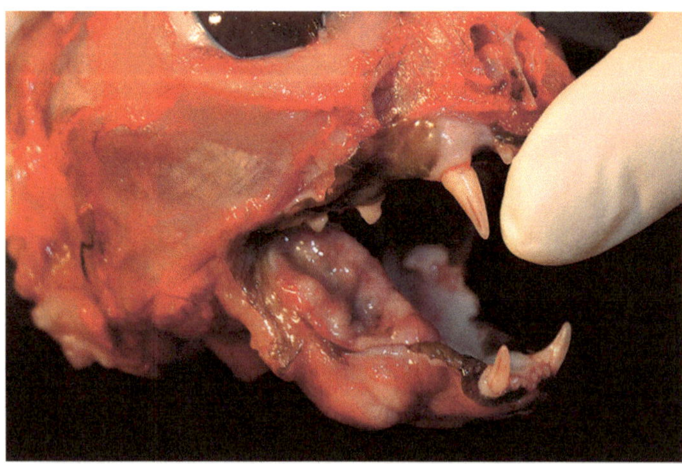

◘ **Abb. 9.1**   Orales Karzinom (nicht näher bezeichnet) einer Katze mit Zahnverlust (mit freundlicher Genehmigung von Anja Meyer, PhD, Freie Universität Berlin)

der Mundhöhle. Da orale Neoplasien zur Invasion in darunterliegenden Knochen neigen, sollte dieser Teil der *En-bloc*-Resektion sein. Grundsätzlich wird eine chirurgische Entfernung von mindestens 2 cm im gesunden Gewebe empfohlen; dies resultiert nicht selten in einer segmentalen Entfernung des Unter- oder Oberkieferknochens beziehungsweise der Orbita. Eine Bestrahlung kann als kurative oder palliative Maßnahme, auch mit vorangehender Resektion, angewandt werden. Einige Tumoren gelten als resistent gegenüber einer Bestrahlung, andere wiederum als empfindlich. Zu den letztgenannten gehören Melanome und Plattenepithelkarzinome bei Hunden.

Die mittlere Überlebenszeit kann durch eine Kombination von chirurgischer, chemotherapeutischer und Bestrahlungsbehandlung positiv beeinflusst werden. Dies gilt im besonderen Maße für Neoplasien, die als resistent gegenüber alleiniger Bestrahlungstherapie gelten, wie beispielsweise die Fibrosarkome des Hundes und feline Plattenepithelkarzinome.

Zahlreiche Berichte weisen darauf hin, dass eine (histologisch nachgewiesene) vollständige Resektion, ein geringer Tumordurchmesser und eine rostrale Lokalisation die *Prognose* günstig beeinflussen, höchstwahrscheinlich weil rostral gelegene Neoplasien früher und damit bei geringerem Durchmesser erkannt werden, chirurgisch leichter zugänglich sind

und dabei radikaler entfernt werden können. Umgekehrt findet sich eine erhöhte Rezidivrate bei kaudal gelegenen Tumoren, die sich negativ auf die Überlebenszeit auswirkt.

Die Tumoren der Mundhöhle bei Hunden und Katzen können, basierend auf der klinischen Untersuchung, nach dem Befundschema der WHO (World Health Organization, Owen 1980) klinischen Stadien (Staging) zugeordnet werden (◘ Tab. 9.1).

▪ Weiterführende Literatur

(Herring et al. 2002; Lurie et al. 2006; Owen 1980)

9.1.1 Tumoren der Mundhöhle bei Hunden

In der Mundhöhle des Hundes kommen gleichermaßen gut- und bösartige Neoplasien vor. Zu den gutartigen Tumoren zählen *Epuliden*, orale *Papillome* und *Plasmozytome*. Bösartige Varianten sind vor allem maligne *Melanome*, seltener auch *Plattenepithelkarzinome* (PEK) und *Fibrosarkome* (FS). In einigen Studien werden jedoch Plattenepithelkarzinome als die häufigsten Tumoren angegeben. Vereinzelt finden sich Granularzell-Myoblastome der Zunge, Mastzelltumoren, Adenokarzinome, Neurofibrosarkome, Leiomyosarkome, Lipome, Myxome,

◘ Tab. 9.1 Befundschema zur Einteilung der klinischen Stadien oraler Tumoren bei Hunden und Katzen (TNM-Klassifikation)

Primärtumor (T)	
Tis	Tumor in situ
T1	< 2 cm maximaler Durchmesser
T1a	keine Knocheninvasion
T1b	mit Knocheninvasion
T2	2–4 cm maximaler Durchmesser
T2a	keine Knocheninvasion
T2b	mit Knocheninvasion
T3	> 4 cm maximaler Durchmesser
T3a	keine Knocheninvasion
T3b	mit Knocheninvasion
Regionaler Lymphknoten (N)	
N0	keine Metastasen in regionalen Lymphknoten

▣ Tab. 9.1   Fortsetzung

Primärtumor (T)

N1	ipsilateraler Lymphknoten beweglich
N1a	keine Metastasen in Lymphknoten
N1b	Metastasen in Lymphknoten
N2	kontralateraler Lymphknoten beweglich
N2a	keine Metastasen in Lymphknoten
N2b	Metastasen in Lymphknoten
N3	Lymphknoten unbeweglich

Fernmetastasen (M)

M0	keine Fernmetastasen
M1	Nachweis von Fernmetastasen

Abschließende Stadieneinteilung

	Tumor (T)	Lymphknoten (N)	Fernmetastasen (M)
I	T1	N0, N1a	M0
		N2a	
II	T2	N0, N1a	M0
		N2a	
III	T3	N0, N1a	M0
		N2a	
IV	T (beliebig)	N1b	M0
	T (beliebig)	N2b, N3	M0
	T (beliebig)	N (beliebig)	M1

Hämangiosarkome und Hämangiome sowie Rhabdomyosarkome und Rhabdomyome, die im Folgenden nicht im Detail behandelt werden.

Die *Tonsillen* sind bei Tieren in urbanem Lebensumfeld etwa zehnmal häufiger von Tumoren betroffen als bei Tieren aus ländlichem Lebensraum, sodass ein Zusammenhang mit einer Umweltbelastung naheliegend ist. Primärtumoren sind häufig PEK (meist unilateral) und Lymphome (meist bilateral), Tumormetastasen, zum Beispiel von malignen Melanomen, sind jedoch differenzialdiagnostisch in Betracht zu ziehen. Eine Tonsillektomie ist nur selten kurativ, aber zur histopathologischen Untersuchung zumindest diagnostisch wertvoll.

■ **Weiterführende Literatur**

(Brodey 1960; Dennis et al. 2006; Todoroff und Brodey 1979)

9.1.1.1 Orale melanozytäre Tumoren der Mundhöhle bei Hunden

Orale melanozytäre Tumoren der Mundhöhle bei Hunden in sechs Fakten

1. einer der häufigsten Tumoren in der Mundhöhle
2. Fernmetastasen sind häufig
3. bis zu ein Drittel sind nicht pigmentiert
4. immunhistochemische Marker: Melan-A, PNL2, TRP-1, TRP-2
5. schlechte Prognose
6. prognostische Faktoren: u.a. Kernatypien, Anzahl der Mitosen, Ki67-Index

■ Epidemiologie und Pathogenese

In Übereinstimmung mit der aktuellen Nomenklatur der WHO wird im Folgenden der Begriff **Melanozytom** für die benignen und **Melanom** für die malignen Varianten der melanozytären Tumoren verwendet. Melanome stellen in den meisten Berichten den häufigsten Tumor der Mundhöhle bei Hunden dar. Sie kommen in der Regel bei älteren Patienten (Durchschnittsalter 11 Jahre) vor, eine Rassedisposition wird unter anderem für Scottish Terrier, Golden Retriever, Pudel und Dachshund vermutet. Melanozytome hingegen sind sehr selten in der Mundhöhle bei Hunden zu finden.

■ Klinik

Melanome zeigen sich meist als schwarz-braune, oft ulzerierte Tumoren an Gingiva, Lippen, Wangenschleimhaut, Gaumen und Zunge. Etwa ein Drittel der Tumoren ist unpigmentiert (amelanotisch). Nahezu alle Patienten entwickeln Metastasen in regionären Lymphknoten und/oder der Lunge, seltener in anderen Organen wie Leber, Nieren und Gehirn. Metastasen in den Lymphknoten gehen nicht zwingend mit der Vergrößerung derselben einher. Zur Stadieneinteilung findet entweder ein vierstufiges Schema der WHO (◨ Tab. 9.2) oder ein dreistufiges, aktuelleres Schema (◨ Tab. 9.3) Anwendung.

■ Zytologie und Histopathologie

Bei pigmentierten Tumoren ist die zyto- und histopathologische Diagnose relativ unkompliziert. Oft zeigen selbst makroskopisch nicht-pigmentierte Neoplasien mikroskopisch nachweisbares Melaninpigment. Bei Melanomen kann die Zytologie insbesondere in Kombination mit immunhistochemischer Untersuchung auf Zytokeratin (positiv), Melan A (positiv) und Vimentin (negativ) durchaus mit der Histopathologie mithalten. Generell ist jedoch eine histologische Untersuchung zur Beurteilung der Dignität notwendig.

Basierend auf der histopathologischen Diagnose ist eine Prognose für den Patienten formulierbar (siehe unten).

Sollte selbst im zytologischen/histologischen Präparat kein Pigment erkennbar sein, ist die Diagnostik erschwert und endet im Zweifelsfall mit der Identifizierung eines (malignen) Blastoms.

Für die immunhistochemische Untersuchung hat sich eine Kombination aus Antikörpern gegen

◨ **Tab. 9.2** Befundschema zur Einteilung der klinischen Stadien oraler Melanome bei Hunden (TNM-Klassifikation)

Primärtumor (T)	
T1	≤ 2 cm maximaler Durchmesser
T2	2–4 cm maximaler Durchmesser
T3	> 4 cm maximaler Durchmesser
Regionärer Lymphknoten (N)	
N0	keine Hinweise auf Metastasen im Lymphknoten
N1	histologischer/zytologischer Nachweis von Metastasen im Lymphknoten
N2	Lymphknoten ist unbeweglich
Fernmetastasen (M)	
M0	keine Fernmetastasen
M1	Nachweis von Fernmetastasen
Abschließende Stadieneinteilung	
I	T1 N0 M0
II	T2 N0 M0
III	T2 N1 M0 oder T3 N0 M0
IV	T (beliebig), N (beliebig), M1

Melan-A, PNL2, TRP-1 und TRP-2 mit einer sehr hohen Sensitivität und einer 100 %igen Spezifität bewährt.

■ Prognose und Therapie

Bei Melanomen führt der Nachweis von Fernmetastasen zu einer schlechten *Prognose*, orale Melanome haben generell eine schlechtere Prognose für den Patienten als diejenigen der Haut. Es besteht derzeit noch Uneinigkeit in der Literatur, ob die Stadieneinteilung wie oben beschrieben eine signifikante Rolle für die Prognose der Überlebenszeit oder die Remission spielt. Aus aktuelleren Studien geht hervor, dass die histologische Abgrenzung von benignen zu malignen Varianten für den klinischen Verlauf und die Überlebenszeit von Bedeutung zu sein scheint. Als sinnvolle Parameter zur Evaluierung der Dignität mit Relevanz für die Prognose gelten unter anderem der Grad der Atypie der Zellkerne, der mitotische Index und der Ki67- (Proliferations-) Index. Ferner

◻ Tab. 9.3 Alternatives Befundschema zur Einteilung der klinischen Stadien oraler Melanome bei Hunden nach (Hahn et al. 1994)

Primärtumor (T)			
T1	in situ oder ≤ 2 cm maximaler Durchmesser (≤ 8 cm³ Volumen)		
T2	2–4 cm maximaler Durchmesser (8–64 cm³ Volumen)		
T3	> 4 cm maximaler Durchmesser (> 64 cm³ Volumen)		
Mitosen			
a	≤ 3 pro 400-fach vergrößertem Gesichtsfeld		
b	> 3 pro 400-fach vergrößertem Gesichtsfeld		
Lokalisation			
1	rostrale Mandibula, kaudale Maxilla		
2	andere als unter 1 genannte Lokalisation		
Regionärer Lymphknoten (N)			
N0	kein Hinweis auf Beteiligung von regionären Lymphknoten		
N1	histologischer Nachweis von Metastasen im regionären Lymphknoten		
N2	regionärer Lymphknoten ist unbeweglich		
Fernmetastasen (M)			
M0	kein Hinweis auf Fernmetastasen		
M1	Nachweis von Fernmetastasen (inklusive nicht-regionärer Lymphknoten)		
Abschließende Stadieneinteilung			
	T	N	M
I	T1 a1	N0	M0
II	T1 a2, jede T1 b und T2 a1	N0	M0
	jede T	N1	M0
III	jede T2 a2, T2 b und T3	N0	M0
	T (beliebig)	N2	M0
	T (beliebig)	N (beliebig)	M1

konnte gezeigt werden, dass die Tumorgröße, Ulzerationen und das Fehlen von Pigment keine zuverlässigen Parameter bei oralen Melanomen darstellen.

Aufgrund der starken Invasionsaktivität oraler Melanome in das Knochengewebe wird von einer konservativen *chirurgischen Therapie* mit Erhalt des angrenzenden Knochens abgeraten; empfohlen wird eine *En-bloc*-Resektion. Hunde tolerieren partielle Mandibel- und Maxillektomien sowie Resektionen der Zunge bemerkenswert gut. Eine hypofraktionierte *Bestrahlungstherapie* kann zu einer partiellen oder sogar vollständigen Remission führen, einige Studien konnten jedoch keinen positiven Einfluss von unterschiedlichsten Bestrahlungsprotokollen und sensitivitätssteigernden platinbasierten Therapeutika nachweisen.

Die *chemotherapeutische* Behandlung ist überwiegend nicht erfolgversprechend, da Melanome eine ausgesprochen geringe Sensitivität hierfür aufweisen.

▪ Forschungstrends

Orale Melanome induzieren eine Immunantwort. Diese Anti-Tumor-Reaktion könnte Einfluss auf den Krankheitsverlauf und die Überlebenszeit haben. Immunmodulatorische Medikamente zur Behandlung von Melanomen stehen derzeit im Fokus der Forschung.

■ **Weiterführende Literatur**

(Blackwood und Dobson 1996; Boria et al. 2004; Burk 1996; Hahn et al. 1994; Przeździecki et al. 2015; Ramos-Vara et al. 2000; Rassnick et al. 2001; Regan et al. 2015; Smedley et al. 2011a; b; Smith et al. 2002)

9.1.1.2 Plattenepithelkarzinome (PKE) der Mundhöhle bei Hunden

Plattenepithelkarzinome des Hundes in fünf Fakten

1. PEK gehören zu den häufigsten Tumoren der Mundhöhle
2. Lokalisation meist in Zahnfleisch, Zunge, Tonsille
3. bis zu einem Drittel der Patienten haben zum Zeitpunkt der Diagnose Fernmetastasen
4. kaudale Lokalisation geht mit einer schlechteren Prognose einher
5. radikal-chirurgisches Vorgehen empfehlenswert

■ **Epidemiologie und Pathogenese**

Plattenepithelkarzinome gehören zu den häufigsten Tumoren der Mundhöhle des Hundes und eine Papillomvirusinfektion wird als mögliche Ursache diskutiert, erscheint jedoch unwahrscheinlich. Das Durchschnittsalter der Patienten liegt bei etwa 9 Jahren, und neben mittelgroßen und großen Rassen scheinen West Highland White Terrier prädisponiert zu sein. PKE der *Tonsillen* sind besonders häufig bei Deutschen Schäferhunden zu finden. Die Hälfte aller Tumoren der *Zunge* sind PKE, und hier sind neben Pudeln auch Golden Retriever, Samojeden und weibliche Tiere überrepräsentiert.

■ **Klinik**

Die meisten PKE finden sich in der Gingiva, insbesondere rostral der prämolaren Zähne, auf der Zunge und den Tonsillen. Sie treten als hellrote, oft ulzerierte, blutende Masse auf, die dem Bild einer Gingivitis ähneln kann. Invasionsaktivität, Osteolyse und Lockerung des Zahnhalteapparates kommen häufig vor. Im fortgeschrittenen Stadium treten Metastasen in drainierenden Lymphknoten auf. Für eine Einteilung des Stadiums der Erkrankung muss eine klinische Untersuchung der Mundhöhle (inklusive Rachen und Tonsillen) und gegebenenfalls eine zyto-/histopathologische Untersuchung der Lymphknoten sowie eine Röntgenaufnahme des Thorax (zur Darstellung von Metastasen in der Lunge) erfolgen. Etwa ein Drittel aller Patienten weist zum Zeitpunkt der Diagnosestellung bereits Fernmetastasen auf.

■ **Zytologie und Histopathologie**

Das zytologische und histologische Bild entspricht dem der kutanen PEK mit unterschiedlich gut differenzierten epithelialen Zellen und dem Nachweis von Keratin, Keratin-Perlen und einer gelegentlichen Entzündungsreaktion als Folge einer Ulzeration. Häufig kommt es zur Invasion des darunter liegenden Knochens.

■ **Prognose und Therapie**

Es besteht eine Korrelation zwischen der Lokalisation eines PEK und der *Prognose* für den Patienten: Tumoren mit kaudaler Lokalisation in der Gingiva und der Zunge gehen mit einer signifikant schlechteren Prognose einher als solche mit einer rostralen Manifestation. Die Ursache liegt möglicherweise darin begründet, dass kaudale Tumoren für längere Zeit unentdeckt bleiben und aufgrund des ungünstigen chirurgischen Zuganges nur unvollständig oder weniger radikal entfernt werden können. Ferner ist der kaudale Anteil der Mundhöhle reicher an Blut- und Lymphgefäßen, die zur Fernmetastasierung beitragen können.

Ein *immunhistochemisch* atypisches Markierungsverhalten bei p63-Antikörpern sowie zytoplasmatische Signale nach einer E-Cadherin-Markierung scheinen mit einem höheren Tumorgrad einherzugehen. Ferner ist der histologische Tumorgrad sowie eine Expression von PCNA ein wichtiger prognostischer Faktor bei PEK.

Die *chirurgische* Entfernung ist die klassische Behandlungsmethode für PEK, die nicht die Tonsillen betreffen. Aufgrund der Invasionsaktivität dieser Tumoren ist meist eine *En-bloc* Resektion oder Glossektomie erforderlich. Die Rezidivrate ist nach einer partiellen Maxillektomie deutlich höher als nach einer Mandibulektomie.

Die Überlebenszeit liegt zwischen wenigen Monaten und ca. 1,5 Jahren. Die deutlichsten Unterschiede finden sich je nach histologischem Grad bei PEK der Zunge mit einer mittleren Überlebenszeit von 16 Monaten bei Grad I und 3–4 Monaten bei Grad II und III.

Zwar sind PEK empfindlich für eine *Bestrahlungstherapie*, jedoch sind Rezidive nicht selten. Die mittlere Überlebenszeit kann signifikant verbessert werden, wenn eine chirurgische mit einer Bestrahlungstherapie kombiniert wird. Eine *Chemotherapie* kann zur Behandlung von Patienten mit Fernmetastasen oder nicht-resezierbaren Tumoren oder als Kombinationstherapie zum Einsatz kommen, der Effekt auf die Metastasierungsrate ist jedoch unbekannt. Die Anwendung von beispielsweise Piroxicam, Cisplatin oder Carboplatin ist möglich, die starke Toxizität der Medikamente schränkt jedoch das therapeutische Fenster und damit die klinische Anwendbarkeit ein.

■ **Forschungstrends**

Neue Therapieansätze sind unter anderem die Elektro- (Magnet-) Therapie und die Identifizierung möglicher viraler Ursachen.

■ **Weiterführende Literatur**

(Carpenter et al. 1993; Dennis et al. 2006; Kosovsky et al. 1991; Mestrinho et al. 2014, 2015; Munday et al. 2015b; 2016; Reed et al. 2010; Wallace et al. 1992; Withrow und Holmberg 1983)

9.1.1.3 Sarkome der Mundhöhle bei Hunden

Sarkome der Mundhöhle des Hundes in vier Fakten

1. Fibrosarkome sind der dritthäufigste Tumor
2. bis zu ein Drittel der Tumoren entwickeln Metastasen
3. Besonderheit: niedrig malignes Fibrosarkom
4. Prognose ist vorsichtig bis schlecht

■ **Epidemiologie und Pathogenese**

Mesenchymale Tumoren stellen ca. 12 % aller oralen und etwa 20 % aller malignen Tumoren der Mundhöhle dar, wobei *Fibrosarkome* die häufigsten der letztgenannten Gruppe sind. Männliche, mittelgroße und große Hunderassen sind überrepäsentiert unter den Patienten. Grundsätzlich kommen die Tumoren in allen Altersklassen vor.

Eine Besonderheit ist das sogenannte histologisch *niedrig-maligne Fibrosarkom*, welches vor allem bei jüngeren, großen Hunderassen vorkommt und aufgrund seines histologisch gut differenzierten Erscheinungsbildes nicht mit einem Fibrom oder einer Epulis verwechselt werden sollte. Osteosarkome und Fibrome kommen sehr selten vor und werden nicht im Detail behandelt.

■ **Klinik**

Orale *Fibrosarkome* entstehen sowohl am Ober- als auch am Unterkiefer, meist im Zahnfleisch oder in der Gaumenschleimhaut. Die Konsistenz der Neoplasien ist derb und zeigt gelegentlich eine ulzerierte Oberfläche; sie wachsen oft invasiv und gehen mit Osteolyse einher. Bis zu ein Drittel der Patienten entwickelt Metastasen in regionären Lymphknoten, der Lunge und anderen Organen, nicht selten lange Zeit nachdem der Primärtumor vollständig reseziert zu sein schien. Um die prämolaren Zähne und Canini herum entstehen häufig *niedrig-maligne Fibrosarkome*, die jedoch ausgesprochen infiltrativ wachsen können und gegebenenfalls in regionäre Lymphknoten oder die Lunge metastasieren.

■ **Zytologie und Histopathologie**

Im Vergleich zu Fibromen mit ihren gut differenzierten Spindelzellen zeigen Fibrosarkome zytologisch nur mäßig differenzierte und teils pleomorphe, plumpe bis spindelförmige Zellen mit ovalen Zellkernen. Eine histologische Untersuchung ist notwendig, um eine sichere Diagnose zu stellen und die Entnahmeränder zu beurteilen.

Fibrosarkome erscheinen unter Umständen sehr gut differenziert, obwohl sie ein invasives, aggressives Wachstumsverhalten zeigen. Demnach ist eine Abgrenzung von Fibrosarkomen zu Fibromen schwierig und erfordert ausreichend große und tiefgehende Biopsien, die eine Beurteilung einer Knocheninvasion ermöglichen.

■ **Prognose und Therapie**

Die *Prognose* bei oralen Fibrosarkomen ist aufgrund der hohen Rezidivrate und den Metastasen in regionäre Lymphknoten oder die Lunge (bis zu 27 % der Patienten können Metastasen entwickeln) als vorsichtig zu beurteilen. Hunde mit oralen, histologisch niedrig-malignen Fibrosarkomen haben eine deutlich verkürzte Überlebenszeit verglichen mit anderen

Entstehungsorten. Unter Berücksichtigung der Rezidivrate sollte bei Fibrosarkomen mindestens 3 cm im gesunden Gewebe *reseziert* werden – dennoch stellen sich die meisten niedrig-malignen Tumoren als unvollständig entnommen dar. Aus diesem Grund könnte eine Kombination mit *Bestrahlungstherapie* die Überlebenszeiten verbessern, wenngleich orale Fibrosarkome von vielen Autoren als bestrahlungsresistent eingeschätzt werden. Daten zur *chemotherapeutischen* Behandlung liegen nur unzureichend vor.

- **Weiterführende Literatur**

(Ciekot et al. 1994; Kosovsky et al. 1991; Thrall 1981; Wallace et al. 1992)

9.1.1.4 Plasmozytome der Mundhöhle bei Hunden

Plasmozytome der Mundhöhle des Hundes in vier Fakten

1. orale Plasmozytome wachsen lokal invasiv, metastasieren selten
2. biologisches Verhalten generell gut, auch wenn histologisch Kriterien für Malignität vorliegen
3. Prognose ist gut
4. chirurgische Behandlung ist meist kurativ

- **Epidemiologie und Pathogenese**

Orale, extramedulläre Plasmozytome machen etwa 6 % aller Neoplasien der Mundhöhle aus. Mittelalte bis alte Hunde (7–9 Jahre) sowie Golden Retriever und Yorkshire Terrier sind überrepräsentiert. Als Primärtumoren stammen sie von Plasmazellen des Weichgewebes ab, als Sekundärtumoren stellen sie Metastasen von beispielsweise Myelomen des Knochenmarks dar.

- **Klinik**

Der Tumor erscheint als erhabene, rötliche, teilweise lobulierte Masse im Zahnfleisch und an den Lippen. Plasmozytome wachsen zwar lokal invasiv, sie metastasieren jedoch sehr selten.

- **Zytologie und Histopathologie**

Eine zyto- oder histopathologische Untersuchung ist notwendig, um Plasmozytome von anderen Rundzelltumoren oder nicht-pigmentierten melanozytären

Tumoren zu unterscheiden. Die Zellen sind meist gut differenziert, wenngleich nicht selten pleomorphe oder anaplastische Zellen, Mitosen sowie zwei- und mehrkernige Zellen vorhanden sein können. Das biologische Verhalten ist trotz der genannten Malignitätskriterien in den meisten Fällen gutartig.

- **Prognose und Therapie**

Die *Prognose* ist gut. Eine *chirurgische* Entfernung ist die Therapieform der Wahl und in der Regel kurativ. Die mittlere Überlebenszeit verlängert sich besonders nach vollständiger Resektion. Eine Kombination mit einer *Bestrahlungstherapie* und/oder *Chemotherapie* wird für schwer/nicht zugängliche Neoplasien empfohlen.

- **Weiterführende Literatur**

(Rakich et al. 1989; Wright et al. 2008)

9.1.1.5 Oral virale Papillome bei Hunden

Orale virale Papillome des Hundes in drei Fakten

1. Papillomviren induzieren Tumoren
2. Tumoren können beim Kauen störend sein: Resektion ggf. erforderlich
3. Prognose aufgrund der Regression: sehr gut

- **Epidemiologie und Pathogenese**

Virale Papillome (Virusfamilie *Papillomaviridae*) entstehen nach horizontaler Übertragung und betreffen meist juvenile Hunde. Diese entwickeln häufig multiple Tumoren an Lippen und Zahnfleisch. Das *Canine Papillomavirus* Typ 1 (CPV 1) scheint am weitesten verbreitet zu sein, seltener findet sich CPV 13. Ferner stehen diese Viren unter Verdacht, mit oralen Karzinomen assoziiert zu sein.

- **Klinik**

Die sogenannte virale Papillomatose tritt in der Regel mit multiplen, bis zu mehrere Zentimeter im Durchmesser großen, kaum erhabenen bis gestielten Tumoren auf, die eine glatte, raue oder warzenartige Oberfläche zeigen können. Die Patienten leiden meist nicht besonders unter den Neoplasien, jedoch kann eine Einschränkung des Kauens eine operative Entfernung erforderlich machen.

■ **Zytologie und Histopathologie**

Die Diagnose kann oft bereits nach der klinischen Untersuchung gestellt werden; besteht Unsicherheit, ist eine Biopsieentnahme sinnvoll. Zu beachten ist, dass sich die Tumoren nicht selten zytopathologisch als unspezifische Spindelzellproliferationen darstellen. Histologisch erfolgt der Nachweis sicherer. Typischerweise bedeckt ein verhornendem Plattenepithel die ausgeprägt vaskularisierte Propria. Die virale Ätiologie lässt sich anhand von charakteristischen zyto(patho)logischen Effekten erkennen: intranukleäre, basophile Einschlusskörperchen sowie „Koilozyten".

■ **Prognose und Therapie**

Die *Prognose* ist üblicherweise sehr gut, da die Papillomatose eine selbstlimitierende Erkrankung darstellt, die innerhalb von 4–8 Wochen eine Spontanregression zeigt. Diese korreliert mit einer ausgeprägten Antikörper-Antwort. Gelegentlich, insbesondere bei immunsupprimierten Patienten, persistieren die Tumoren. In solchen Fällen – und wenn das Kauen beeinträchtigt ist – wird eine *chirurgische* Behandlung mittels Resektion, Laser- oder Kryochirurgie erforderlich.

Selten wird von einer malignen Progression berichtet.

■ **Forschungstrends**

Gegenwärtige Studien berichten hauptsächlich über neue Virusspezies, Fälle mit Verdacht auf maligne Progression und eine potenzielle anti-tumorale Immunantwort.

■ **Weiterführende Literatur**

(DeBey et al. 2001; Munday et al. 2015c; Sancak et al. 2015; Watrach et al. 1970)

9.1.1.6 Epuliden bei Hunden (fibromatöse Epuliden)

Epuliden des Hundes in vier Fakten
1. Begriff Epulis sollte nur für die fibromatösen Epuliden verwendet werden
2. Lokalisation meist im Oberkiefer, rostral des dritten Prämolaren
3. Prognose und Therapie entsprechen der einer gingivalen Hyperplasie
4. Resektion ist in der Regel kurativ

■ **Epidemiologie und Pathogenese**

Der Begriff *Epulis* (die, Singular) oder Epulide (Plural) sollte nur für die fibromatösen Epuliden (des periodontalen Ligaments) verwendet werden, auch wenn eine Epulis allgemeiner verstanden eine exophytische Masse der Gingiva beschreibt. Die Neoplasie entwickelt sich aus dem gingivalen periodontalen Ligament bei Hunden aller Altersklassen, wobei brachycephale Hunde überrepräsentiert vertreten sind.

Die Verwendung des aus der Humanpathologie stammenden Begriffes peripheres odontogenes Fibrom ist obsolet, da der Tumor des Hundes eine ähnliche, jedoch nicht die gleiche Entität darstellt.

Neben Epuliden finden sich folgende *proliferative Erkrankungen der Mundhöhle* bei Hunden:
- *Gingivale Hyperplasie*: reifzellige, kollagenfaserreiche, zellarme Schleimhautproliferation, die wenige, in Nestern angeordnete Epithelzellen und eine Entzündungsreaktion beinhalten kann; die Erkrankung tritt familiär gehäuft bei Boxerhunden auf, Prognose und Therapie entsprechen der o. g. Epulis
- *Pyogenes Granulom*: blutgefäßreiches Granulationsgewebe (somit KEIN Granulom, der Begriff ist demnach eine Fehlbenennung), das meist von einer ulzerierten Schleimhaut bedeckt wird
- *Peripheres Riesenzellgranulom*: blutgefäßreiches Granulationsgewebe (somit KEIN Granulom, der Begriff ist demnach eine Fehlbenennung), charakteristischerweise mit Nachweis von mehrkernigen Riesenzellen, die vermutlich von Osteoklasten bzw. ihren Vorläuferformen abstammen

■ **Klinik**

Die gingivale Hyperplasie ist klinisch nicht von einer Epulis zu unterscheiden. Die *Prognose* für den Patienten und die Behandlung ist für beide Entitäten gleich, sodass einige Autoren die Differenzierung für akademisch halten.

Typischerweise finden sich einzelne oder multiple Epuliden rostral des dritten Prämolaren im Oberkiefer, sie wachsen langsam, sind von etwas festerer Konsistenz und erreichen selten mehr als 2 cm im Durchmesser. Von grau-rosa Farbe, sind sie meist von intakter Schleimhaut bedeckt. Sie zeigen keine Invasionsaktivität, können jedoch verdrängend wachsen und zu Zahnfehlstellungen führen.

- **Zytologie und Histopathologie**

Zytologisch lassen sich Epuliden oft nicht eindeutig diagnostizieren, da der Nachweis von beispielsweise Epithelnestern im Tumor ohne mögliche Zuordnung zur Gewebsarchitektur kaum zu interpretieren ist.

Eine histopathologische Untersuchung ist notwendig, um die Verdachtsdiagnose zu bestätigen und die Entnahmeränder zu untersuchen. Histologisch stellen sich Epuliden als regelmäßig angeordnete, mesenchymale Zellen zwischen fein-fibrillären Kollagenfasern dar. Sowohl Osteoid, Zahnzement und Dentin als auch Stränge von odonteogenem Epithel können vorkommen.

- **Prognose und Therapie**

Die Prognose nach *Resektion*, Laser- oder Kryochirurgie ist sehr gut. Eine unvollständige Entfernung geht mit Rezidivbildung einher. Das Risiko für Rezidive kann durch Anwendung von Kryochirurgie vermindert werden.

- **Weiterführende Literatur**

(Desoutter et al. 2012; Fiani et al. 2011; Gardner 1996; Yoshida et al. 1999)

9.1.1.7 Odontogene Tumoren bei Hunden

Odontogene Tumoren des Hundes in vier Fakten

1. Ameloblastome kommen meist rostral vor, wachsen invasiv und metastasieren nicht
2. akanthomatöse Ameloblastome kommen nur bei Hunden vor
3. Odontome entstehen meist kaudal und bestehen aus unterschiedlichen Anteilen des Zahnapparates
4. Prognose grundsätzlich gut nach vollständiger Entfernung

- **Epidemiologie und Pathogenese**

Odontogene Tumoren kommen als (1) nicht-induktive Tumoren ohne odontogenes Mesenchym oder als (2) induktive Tumoren mit odontogenem Mesenchym vor.

Neoplasien der ersten Kategorie beinhalten *Ameloblastome* und die nur selten vorkommenden *amyloidproduzierenden odontogenen Tumoren* (APOT). Ameloblastome werden häufig bei mittelgroßen und großen Hunden identifiziert, die etwa 7–10 Jahre alt sind. Diese gutartigen Tumoren entwickeln typischerweise keine Metastasen.

Neoplasien der zweiten Kategorie beinhalten komplexe und zusammengesetzte *Odontome* sowie das sehr seltene *ameloblastische Fibrom* beziehungsweise *Fibroodontom*. Bösartige Varianten sind ausgesprochen selten, hierzu gehören ameloblastische Karzinome und Fibrosarkome, sie gehen mit einem stark infiltrativem Wachstum und einer hohen mitotischen Aktivität einher.

- **Klinik**

Odontogene Tumoren wachsen relativ langsam, können sowohl expansiv als auch infiltrativ wachsen und dadurch zu Zahnfehlstellungen oder Zahnverlust und Osteolyse führen. Ameloblastome entstehen meist rostral im Ober- und Unterkiefer, insbesondere um die Schneidezähne des Unterkiefers. Sie können oberflächlich ulzeriert sein, zum Teil invasiv mit Osteolyse wachsen und zu Zahnverlust führen. Metastasen kommen so gut wie nicht vor. Odontome kommen meist in der kaudalen Mundhöhle vor.

- **Zytologie und Histopathologie**

Zytologisch finden sich Ansammlungen von neoplastischen Epithelzellen, die einen gewissen Grad an Anisozytose und -karyose aufweisen können. Ameloblastome treten als spindelzellige, basaloide, desmoplastische und keratinisierende Varianten auf, der mit Abstand häufigste Typ ist jedoch das *akanthomatöse Ameloblastom.* Diese Variante kommt ausschließlich bei Hunden vor und wächst invasiv in das Knochengewebe hinein, in dem Zysten entstehen können. Die dichten Ansammlungen von Tumorzellen zeigen typischerweise erkennbare interzelluläre Verbindungen (stachelzellartig); die Zellen im Randbereich sind palisadenartig angeordnet und haben einen antibasal gelegenen Zellkern.

Odontome sind benigne Tumoren, die ihren Ursprung in der Zahnanlage haben. Sie bestehen aus variablen Anteilen gut differenzierter Epithelzellen sowie mesenchymalen Zellen der Zahnanlagen. Während komplexe Odontome aus ungeordneten Gewebeteilen bestehen, zeigen zusammengesetzte Odontome regelrecht angeordnete Zahnanlagen.

■ **Prognose und Therapie**

Grundsätzlich ist die Prognose für Patienten mit diesen gutartigen Tumoren gut, die Methode der Wahl ist die *chirurgische* Entfernung. Eine unvollständige Entfernung führt meist zu Rezidiven. Insbesondere bei akanthomatösen Ameloblastomen ist eine radikalere Vorgehensweise (partielle Mandibulektomie, Maxillektomie) erforderlich, wenn das Knochengewebe mit betroffen ist. Eine *Bestrahlung* ist nicht üblich, es gibt Berichte über eine hohe Empfindlichkeit der Tumoren, jedoch scheinen Rezidive im Bestrahlungsfeld vorzukommen und eine maligne Progression wurde berichtet.

Daten zur *chemotherapeutischen* Behandlung – wie zum Beispiel einer intratumoralen Applikation von Bleomycin – liegen nur vereinzelt vor.

■ **Weiterführende Literatur**

(Fiani et al. 2011; Kelly et al. 2010; Poulet et al. 1992; Theon et al. 1997; Thrall 1984; White und Gorman 1989)

9.1.2 Tumoren der Mundhöhle bei Katzen

Die Tumoren der Mundhöhle bei Katzen sind überwiegend bösartig. Der häufigste Tumor ist das *Plattenepithelkarzinom.* Andere Neoplasien kommen deutlich seltener vor und werden nicht im Detail erörtert. Hierzu gehören das Fibrosarkom und der Feline Induktive Odontogene Tumor, welcher besonders junge Katzen betrifft und als osteolytische Masse meist im rostralen Oberkiefer zu finden ist.

Reaktive oder allgemein hyperplastische Läsionen sind unter anderem das periphere Riesenzellgranulom – die zweithäufigste orale Neoplasie der Katze nach der Epulis. Beide Entitäten verhalten sich biologisch wie beim Hund (siehe ▶ Abschn. 9.1.1.6 insbesondere zur Verwendung des Begriffs Epulis).

Mastzelltumoren sollten wie bei Hunden als potenziell maligne beurteilt werden. Metastasen kommen auch bei Katzen in den drainierenden Lymphknoten vor.

Orale *Papillome* und *Fibrosarkome* sind bei Katzen ausgesprochen selten und in der Regel mit einer Papillomvirus-Infektion assoziiert. Erst kürzlich wurde ein neues Papillomvirus bei der Katze entdeckt.

Odontogene Tumoren, melanozytäre Tumoren und Sarkome sind sehr selten. Auch hier gelten die gleichen Behandlungsstrategien und Prognosen (siehe ▶ Abschn. 9.1.1.1, 9.1.1.3 und 9.1.1.7).

■ **Weiterführende Literatur**

(Dunowska et al. 2014; Gardner und Dubielzig 1995; Munday et al. 2015a; Sundberg et al. 2000)

9.1.2.1 Plattenepithelkarzinome (PEK) der Mundhöhle bei Katzen

Feline Plattenepithelkarzinome der Mundhöhle in vier Fakten

1. PEK ist der häufigste Tumor in der Mundhöhle bei Katzen
2. typische Lokalisationen: Gingiva, sublingual (Frenulum), Tonsille
3. Zahnverlust, Exophthalmus und Lymphadenopathie sind möglich
4. PEK haben eine schlechte Prognose

■ **Epidemiologie und Pathogenese**

Das PEK ist der häufigste Tumor in der Mundhöhle bei Katzen. Aus einem Bericht geht ein Zusammenhang mit einem vermehrten Vorkommen von PEK und dem Tragen von „Flohhalsbändern" sowie der Gabe von Dosenfutter hervor. Das

Durchschnittsalter der Patienten liegt zwischen 10 und 12 Jahren, wobei weder eine Geschlechts- noch eine Rassedisposition bewiesen wurde. Neuere Studien sehen keinen Zusammenhang zwischen der Entstehen von PEK und einer Infektion mit Papillomviren bei Katzen.

■ **Klinik**

Hinsichtlich ihrer Lokalisation kommen PEK in absteigender Häufigkeit (1) im Zahnfleisch des Unter- und Oberkiefers, (2) sublingual nahe dem Frenulum und (3) auf den Tonsillen vor.

Sie stellen sich oft oberflächlich ulzeriert und entzündet dar und sollten nicht mit einer Stomatitis/Gingivitis verwechselt werden. Die recht frühe Invasion in den darunterliegenden Knochen mit ausgeprägter Osteolyse führt zur Lockerung und zum Verlust der Zähne mit reaktiver Knochenproliferation (◙ Abb. 9.2). Ist der Oberkiefer betroffen, können die Patienten einen vermindert beweglichen Bulbus und Exophthalmus zeigen. Eine Vergrößerung der regionären Lymphknoten ist nicht selten, wobei diese häufiger eine Folge der sekundären Entzündungsreaktion ist als die Manifestation einer Metastase (daher ist der Begriff Lymphadenopathie vorzugsweise zu verwenden). Vereinzelt

berichten Autoren über eine paraneoplastische Hyperkalzämie.

■ **Zytologie und Histopathologie**

Zytopathologisch weisen PEK als typisches Merkmal unterschiedlich gut differenzierte Epithelzellen mit Nachweis von Keratin auf. Eine sekundäre Entzündungsreaktion ist häufig und die Folge der oberflächlichen Ulzeration. Die Abgrenzung zu einer epithelialen Hyperplasie kann schwierig sein. Eine histopathologische Untersuchung ist demnach diagnostisch von Vorteil und notwendig zur Beurteilung der Tumor-Entnahmeränder.

■ **Prognose und Therapie**

Generell haben PEK eine schlechte *Prognose* für den Patienten. Eine mehrgleisige Behandlungsstrategie hat noch die besten Erfolgsaussichten – jedoch ist selbst eine Kombination aus *Resektion, Bestrahlung* und/oder *Chemotherapie* selten erfolgreich. Zu beachten ist, dass Katzen eine partielle Entfernung des Ober- oder Unterkiefers deutlich schlechter tolerieren können als Hunde, insbesondere die Fellpflege ist eingeschränkt.

Berichte zur Bestrahlungstherapie stellen fest, dass die Therapie alleine keinen positiven Effekt auf die Überlebenszeit hat, eventuell aber eine Kombination mit Bestrahlungs-„*Sensitizern*" oder mit einer Chemotherapie eine positive Auswirkung haben kann.

Es gibt nur wenige Berichte über chemotherapeutische Ansätze, und in den meisten Fällen hat die Behandlung keinen positiven Einfluss auf die Überlebenszeit. Auch die Verwendung von nichtsteroidalen antiinflammatorischen Medikamenten (NSAIDs) wird in der Literatur nicht konsistent als effektiv beurteilt.

■ **Forschungstrends**

Derzeit werden verstärkt neue chemotherapeutische Strategien und die Rolle von Papillomvirusinfektionen bei der Entwicklung von PEK untersucht.

■ **Weiterführende Literatur**

(Bertone et al. 2003; Bilgic et al. 2015; DiBernardi et al. 2007; Hayes et al. 2007; Munday und French 2015; Northrup et al. 2006; Snyder et al. 2004; Stebbins et al. 1989)

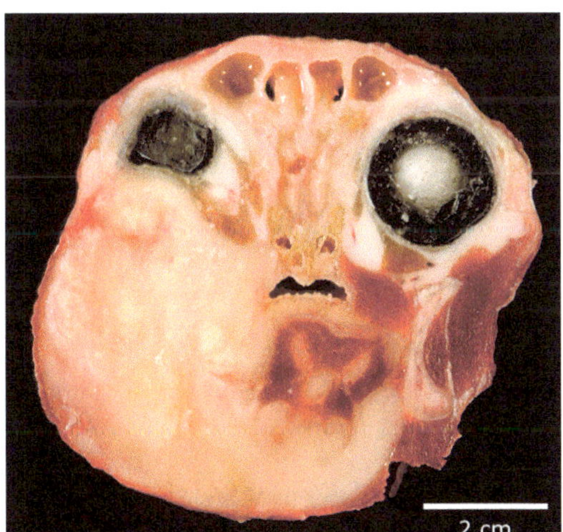

◙ **Abb. 9.2** Plattenepithelkarzinom in der Mundhöhle einer Katze mit ausgeprägter Invasionsaktivität (mit freundlicher Genehmigung von Stefanie Binder, Freie Universität Berlin)

9.1.3 Tumoren der Mundhöhle bei Pferden

■ **Epidemiologie und Pathogenese**

Neoplasien in der Mundhöhle sind selten bei Pferden. Neben *Osteomen* und *ossifizierenden Fibromen* gibt es wenige Fälle von *Plattenepithelkarzinomen* und noch seltener *Melanomen, Fibrosarkomen* und *Lymphomen*. Odontogene Tumoren wie Ameloblastome, ameloblastische Odontome, Zementome und komplexe Odontome werden ebenfalls berichtet (■ Abb. 9.3).

■ **Klinik**

Auch bei Pferden sind die für Tumoren der Mundhöhle typischen Symptome zu verzeichnen, darunter Speichelfluss, Mundgeruch, „Wickel kauen", Vorfall der Zunge, Nasenausfluss, Schluckbeschwerden, Inappetenz und Gewichtsverlust. In weit fortgeschrittenen Krankheitsverläufen kommt es nicht selten zur Invasion des darunterliegenden Knochens. Zur Abschätzung der Ausdehnung und zum Nachweis von Osteolyse kann eine *Röntgenaufnahme* hilfreich sein, eine *Endoskopie* liefert detaillierte Informationen bei zugänglichen Tumoren.

■ **Zytologie und Histopathologie**

Grundsätzlich ist eine histopathologische Untersuchung zur Diagnosestellung und Evaluierung der Tumor-Entnahmeränder notwendig.

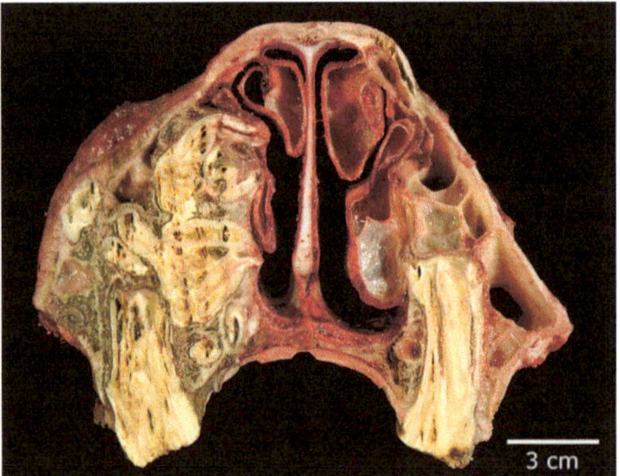

■ **Abb. 9.3** Odontom hier bei einem Zebra mit deutlich expansivem Wachstum, das zur Einengung der Sinus und der Nasenhöhle führt (mit freundlicher Genehmigung von Stefanie Binder, Freie Universität Berlin)

■ **Prognose und Therapie**

Die *Behandlung* der Wahl ist die chirurgische Resektion, möglichweise im Rahmen einer partiellen Mandibulektomie, da eine nur oberflächliche Behandlung meist zur Rezidivbildung neigt.

■ **Weiterführende Literaturempfehlung**

(Gardner 1994; Kreutzer et al. 2007; Morse et al. 1988)

9.1.4 Tumoren der Mundhöhle bei Rindern

Bovine Tumoren der Mundhöhle in vier Fakten

1. Tumoren der Mundhöhle bei Rindern selten
2. orale Papillomatose ist mit einer BPV-4 Infektion assoziiert
3. orale Papillomatose ist eine selbstlimitierende Erkrankung, Rückgang innerhalb von 12 Monaten
4. nach Resektion ist die Prognose für Patienten mit Ameloblastomen gut

■ **Epidemiologie und Pathogenese**

Großtiere haben im Allgemeinen selten maligne Tumoren in der Mundhöhle. Die *orale Papillomatose* ist mit einer Infektion mit dem Bovinen Papillomavirus Typ 4 (BPV-4) assoziiert, die zum Beispiel in England, Schottland und Brasilien endemisch vorkommt. Plattenepithelkarzinome kommen in diesen Regionen ebenfalls vor und werden mit der Aufnahme von Adlerfarn in Verbindung gebracht.

Ameloblastische Fibrome sind die häufigsten odontogenen Tumoren bei Rinden. Sie kommen in allen Altersklassen und besonders bei jüngeren Rindern vor. Andere Tumoren sind sehr selten und werden nicht weiter erörtert.

■ **Klinik**

Bei Rindern zeigen sich meist Umfangsvermehrungen beziehungsweise Schwellungen des Gesichts,

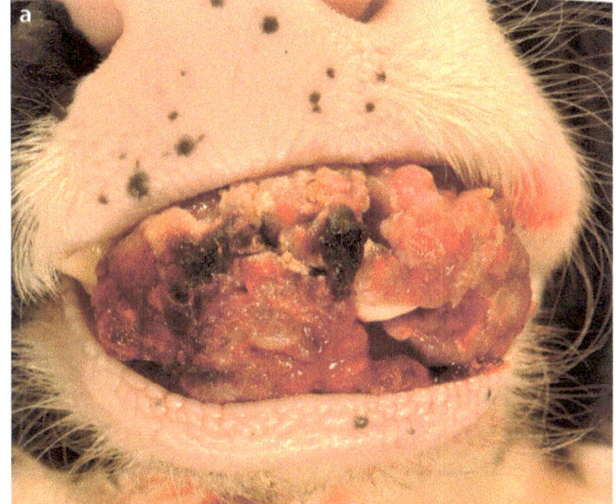

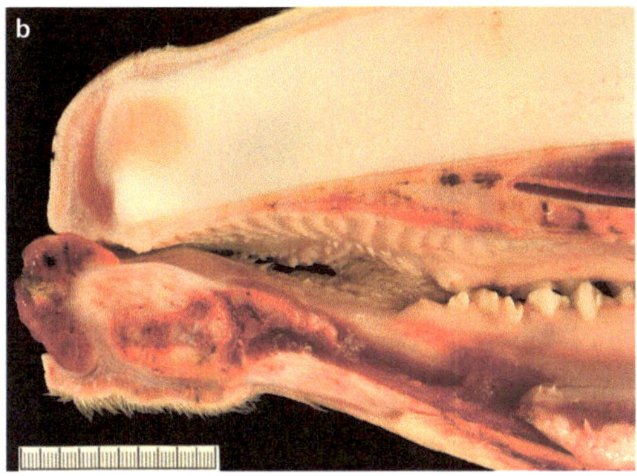

Abb. 9.4 Ameloblastisches Fibrom bei einem 3 Wochen alten Kalb, (a) frontale Ansicht und (b) sagittale Ansicht, bemerkenswert ist hier das verdrängende Wachstum, das zu Zahnfehlstellung führte, und der Nachweis von ausgeprägtem Granulationsgewebe (mit freundlicher Genehmigung von Moritz Radbruch, Freie Universität Berlin)

vermehrtes Speicheln, Mundgeruch, Schmerzverhalten, Schluckbeschwerden, Blutungen, Atemgeräusche, veränderte Stimme, Husten, Inappetenz, Gewichtsverlust und eine Lymphadenopathie.

Orale Papillome entsprechen klinisch der oralen Papillomatose bei Hunden (▶ Abschn. 9.1.1.5) mit meist multiplen, bis wenige Zentimeter großen, etwas erhabenen oder gestielten Tumoren mit glatter, rauer oder warzenähnlicher Oberfläche. Die Läsionen können sich über den Ösophagus hinaus bis in den Pansen fortsetzen.

Ameloblastische Fibrome entwickeln sich meist im Bereich der Unterkiefer-Schneidezähne im Knochen und können zur Zerstörung des Knochengewebes führen. (◼ Abb. 9.4a, b).

■ **Zytologie und Histopathologie**

Eine zytopathologische Untersuchung ist in der Regel nicht diagnostisch bei Papillomen. Eine histopathologische Untersuchung ist daher zu empfehlen und auch notwendig, um die Tumor-Entnahmeränder zu evaluieren. Das histologische Bild entspricht den oben genannten Charakteristika (▶ Abschn. 9.1.1.5).

■ **Prognose und Therapie**

Die *Prognose* ist grundsätzlich gut für Patienten mit oralen *Papillomen*, da es sich um eine selbstlimitierende Erkrankung handelt. Eine zellvermittelte Immunantwort sorgt meist innerhalb von 12 Monaten zur Regression der Umfangsvermehrungen. Bei immunsupprimierten Patienten kann es zu einer bemerkenswerten Ausbreitung der Tumoren kommen, die gegebenenfalls persistieren. *Ameloblastische Fibrome* verhalten sich biologisch wie Ameloblastome mit einer guten Prognose nach chirurgischer Behandlung.

■ **Weiterführende Literatur**

(Bocaneti et al. 2016; Campo et al. 1980; Masuda et al. 2011; Munday 2014; Tsirimonaki et al. 2003)

9.2 Tumoren der Speicheldrüsen

9.2.1 Tumoren der Speicheldrüsen bei Hunden und Katzen

Typische Erkrankungen der Speicheldrüsen sind Entzündungen oder die Ausbildung von Zysten. Tumorerkrankungen sind eher selten und kommen vorwiegend bei älteren Patienten vor (> 10 Jahre). Belastbare Daten zu einer Rassedisposition liegen derzeit nicht vor.

Tumoren der Speicheldrüsen bei Hunden und Katzen in drei Fakten

1. Tumoren der Speicheldrüsen sind selten
2. Tumoren der Speicheldrüsen sind meist maligne
3. zum Zeitpunkt der Diagnose liegen häufig bereits Fernmetastasen vor

▪ Epidemiologie und Pathogenese

Bis zu 95 % der Speicheldrüsentumoren sind maligne, hierzu zählen *Adenokarzinome, Plattenepithelkarzinome* und *anaplastische Karzinome* sowie Tumoren mit epithelialem und myoepithelialem Ursprung. Es gibt vereinzelt Berichte, dass Cocker Spaniel und Siamkatzen überrepräsentiert und bei Katzen möglicherweise männliche Tiere häufiger betroffen sind. Es ist jedoch fraglich, ob es ich um eine Disposition im engeren Sinne handelt.

▪ Klinik

Am häufigsten sind die Ohr- und die Unterkieferspeicheldrüse betroffen, und die Patienten zeigen meist unilaterale Schwellungen. Neben Schmerzverhalten entwickeln die Tiere Inappetenz, Schluckbeschwerden, Blutungen und Mundgeruch. Metastasen kommen sowohl in den regionären Lymphknoten als auch in der Lunge vor. Es empfiehlt sich daher, vergrößerte Lymphknoten zu beproben und eine histopathologische Untersuchung einzuleiten. Eine *Röntgenaufnahme* kann Aufschluss über eventuelle osteolytische Prozesse, eine reaktive Proliferation des Periosts, Mineralisierungen innerhalb der Masse und Fernmetastasen geben.

▪ Zytologie und Histopathologie

Im Rahmen einer zytopathologischen Untersuchung von Feinnadelaspiraten kann bereits der Verdacht auf eine Tumorerkrankung gestellt werden, aber in der Regel ist eine histopathologische Untersuchung erforderlich, um die Diagnose zu bestätigen.

▪ Prognose und Therapie

Aufgrund der unzureichend vorliegenden Daten ist die *Prognose* bei Tumoren der Speicheldrüsen nicht eindeutig zu stellen. Berichte belegen, dass der histologische Grad des Tumors keine Relevanz für die Prognose hat, sich jedoch ein weiter fortgeschrittenes klinisches Stadium (*Stage*) negativ auf die Prognose auswirkt.

Bei Katzen scheinen die Neoplasien ein besonders aggressives Verhalten zu zeigen, da Fernmetastasen in Lymphknoten häufig sind. Eine (radikale) *chirurgische* Behandlung ist durch die unmittelbare Nachbarschaft zu großen Blutgefäßen und Nerven schwierig bis unmöglich, sodass eine vollständige Resektion selten gelingt und Rezidive häufig

auftreten. Die kombinierte Behandlung mit Bestrahlung scheint zumindest bei Hunden die Überlebenszeit zu verlängern.

9.3 Tumoren der Speiseröhre

9.3.1 Tumoren der Speiseröhre bei Hunden und Katzen

Tumoren der Speiseröhre bei Hunden und Katzen in fünf Fakten

1. Tumoren der Speicheröhre sind selten
2. eine Infektion mit *Spirocerca lupi* kann bei Hunden Speiseröhrentumoren auslösen
3. Hunde können infolge der Tumorerkrankung eine hypertrophe Osteopathie entwickeln
4. Katzen entwickeln meist Plattenepithelkarzinome
5. meist nicht/schlecht zugänglich für chirurgische Behandlung

▪ Epidemiologie und Pathogenese

Tumoren der Speiseröhre sind selten bei Hunden und Katzen. Neben *Primärtumoren* kommen differenzialdiagnostisch Metastasen und invasiv wachsende Tumoren aus benachbarten Regionen infrage wie zum Beispiel *Thymome, Chemodektome, Lymphome* und ektopisches *Schilddrüsengewebe*.

Primärtumoren bei Hunden sind zum Beispiel *Plattenepithelkarzinome*, verschiedene *Adenokarzinome, Leiomyome, Leiomyosarkome, Fibrosarkome, Osteosarkome* und *Plasmozytome*. Die Patienten sind meist im fortgeschrittenen Alter, es besteht keine Rasse- oder Geschlechtsdisposition. Generell wachsen die Tumoren lokal invasiv, und regionäre Lymphknoten können aufgrund des invasiven Wachstums oder durch Metastasierung betroffen sein. *Papillome* der Speiseröhre sind selten und können mit einer Infektion mit Papillomaviren assoziiert sein (▶ Abschn. 9.1.1.5).

Osteosarkome und Fibrosarkome bei Hunden werden im Zusammenhang mit einer

Nematodeninfektion (*Spirocerca lupi*) beschrieben: Der Parasit kommt endemisch unter anderem in Afrika, Israel und in den südöstlichen USA vor, der adulte Nematode findet sich im Zentrum der entstehenden Granulome. Fibroblasten in der Peripherie dieser Entzündungsherde proliferieren, und eine maligne Progression führt schließlich zur Ausbildung der Tumoren. Diese wachsen lokal invasiv, und Fernmetastasen in Lunge, Lungenlymphknoten, Herz, Nieren, Milz und Nebennieren wurden beschrieben.

Bei Katzen kommen hauptsächlich *Plattenepithelkarzinome* vor, diese betreffen vorwiegend ältere Tiere.

- **Klinik**

Die Patienten zeigen typischerweise Regurgitieren, Dysphagie, vermehrten Speichelfluss, Erbrechen, seltener respiratorische Symptome und Gewichtsverlust. Palpatorisch lassen sich die Umfangsvermehrungen häufig nicht erfassen, da die Tumoren nicht selten im terminalen Ösophagus und der Kardia zu finden sind.

Ösophageale Plattenepithelkarzinome entstehen oft auf Höhe der zweiten Rippe und erscheinen als weiße, knotige und ulzerierte Masse. Leiomyome treten vorwiegend im Übergangsbereich zum Magen auf und weisen eine intakte Schleimhaut auf. Sie sind frei beweglich unter der Schleimhaut und daher schwer zugänglich für eine Biopsieentnahme.

Im Rahmen eines paraneoplastischen Syndroms entwickeln Hunde gelegentlich eine sogenannte *hypertrophe Osteopathie* und *Spondylitis* der kaudalen Brust- oder Lendenwirbel. Die Pathogenese ist derzeit noch nicht vollständig aufgeklärt, man vermutet, dass von den Tumoren selbst oder aufgrund des raumfordernden Prozesses allgemein (Hypoxie?) osteoproliferative Wachstumsfaktoren sezerniert werden.

Eine *endoskopische* Untersuchung ist empfehlenswert und sinnvoll für die Entnahme von Biopsieproben. *Röntgenaufnahmen* (unter Verwendung von Kontrastmitteln) ermöglichen die Darstellung von einem Megaösophagus, Lungenmetastasen und sekundären Aspirationspneumonien, eine *MRT* kann noch genaueren Aufschluss über die Ausdehnung des Tumors geben.

- **Zytologie und Histopathologie**

Die Diagnostik auf Grundlage einer zytopathologischen Untersuchung ist eine Herausforderung, insbesondere bei mesenchymalen Tumoren, sodass meist eine *histopathologische* Diagnose erforderlich ist, auch um die Dignität des Tumors sicherer zu bestimmen. Leiomyosarkome sind in dieser Lokalisation häufig gering maligne.

- **Prognose und Therapie**

Die *Prognose* ist für Patienten mit malignen Tumoren – mit Ausnahme von gering malignen Leiomyosarkomen – schlecht. Die meisten Tumoren sind aufgrund ihrer Lokalisation oder der fortgeschrittenen Invasion in das umliegende Gewebe kaum oder gar nicht zugänglich für eine (vollständige) *chirurgische* Resektion. Aufgrund der Nähe zu hochsensiblen Organen wie der Lunge oder dem Herzen ist eine *Bestrahlungstherapie* problematisch. Bislang wird eine *Chemotherapie* als nicht erfolgsversprechend angesehen. Eine Ausnahme stellen *Spirocerca-lupi*-assoziierte Tumoren dar, die je nach Lokalisation chirurgisch und/oder chemotherapeutisch, beispielsweise mit Doramectin, behandelt werden können.

- **Weiterführende Literatur**

(Dvir et al. 2008; Farese et al. 2008; Kirberger et al. 2013; Lindsay et al. 2010; Mazaki-Tovi et al. 2002; Ranen et al. 2004; Van Der Merwe et al. 2008)

9.3.2 Tumoren der Speiseröhre und der Vormägen bei Wiederkäuern

In einigen Regionen, darunter Brasilien, Bolivien, England und Schottland, kommen Tumoren (*Papillome*) der Speiseröhre und der Vormägen vor, die mit einer Infektion mit dem Bovinen Papillomvirus Typ 4 (BPV-4) assoziiert sind (siehe auch ▶ Abschn. 9.1.4).

Wie für die Mundhöhle, so gibt es auch für die Speiseröhre und die Vormägen Berichte über *Plattenepithelkarzinome*.

Fibropapillome sind typischerweise mit kutanen (Fibro-) Papillomen vergesellschaftet und möglicherweise durch eine BPV-2-Infektion induziert, wenngleich bislang der Nachweis von BPV-2 in den alimentären Tumoren noch aussteht.

9.4   Gastrointestinale Tumoren

9.4.1   Gastrointestinale Tumoren bei Hunden

■ **Epidemiologie und Pathogenese**

Ein Viertel aller gastrointestinalen Tumoren bei Hunden finden sich im **Magen**. Die häufigsten Tumoren sind *Adenokarzinome* (▶ Abschn. 9.4.1.1) und *Lymphome* (▶ Abschn. 9.4.1.2), gefolgt von *Leiomyomen* (▶ Abschn. 9.4.1.3) und *Leiomyosarkomen* (▶ Abschn. 9.4.1.4).

Die Patienten sind typischerweise 7–15 Jahre alt, wobei Adenokarzinome tendenziell bei jüngeren und Leiomyome meist bei älteren Hunden vorkommen.

Rüden scheinen häufiger betroffen zu sein, und Daten über eine Rassedisposition sind recht widersprüchlich in der Literatur. Die Magenschleimhaut von Hunden ist meist mit sogenannten *non-Helicobacter pylori Helicobacters* (NHPH) besiedelt. Es besteht Uneinigkeit hinsichtlich der pathogenetischen oder ätiologischen Relevanz dieser Bakterien für die Entwicklung von Magentumoren. Die meisten Autoren vermuten jedoch, dass *Helicobacter* sp. keine Rolle bei der Tumorentstehung spielen.

Gelegentlich treten im Magen Adenome und adenomatöse Polypen auf, die jedoch nicht im Detail diskutiert werden.

Tumoren im **Dünndarm** kommen seltener vor als im Dickdarm und sind mehrheitlich *Lymphome* (▶ Abschn. 9.4.1.2), gefolgt von *Adenokarzinomen* (▶ Abschn. 9.4.1.1) und *Leiomyosarkomen* (▶ Abschn. 9.4.1.3). Daneben finden sich Karzinoide und Mastzelltumoren, die nicht weiter besprochen werden.

Die Patienten sind im mittleren Alter, und einige Berichte sprechen von einer Disposition männlicher Tiere. Inwiefern eine chronische lymphoplasmazelluläre Enteritis oder die *Inflammatory Bowel Disease* (IBD) prädisponierend für eine Tumorerkrankung ist, bleibt zunächst unklar.

Bis zu 40 % der Tumoren des Gastrointestinaltraktes manifestieren sich im **Dickdarm**. Hier sind die Patienten im Durchschnitt 8,5 Jahre alt. Eine Rassedisposition wird für den West Highland White Terrier, den Deutschen Schäferhund sowie den Pudel vermutet; und Rüden sind überrepräsentiert. Die drei häufigsten Tumoren sind gutartige *adenomatöse Polypen* (▶ Abschn. 9.4.1.1), *Adenokarzinome* (meist rektal, ▶ Abschn. 9.4.1.1) und *Lymphome* (▶ Abschn. 9.4.1.2). Daneben kommen *gastrointestinale stromale Tumoren (GIST), Leiomyome* und *Leiomyosarkome* (▶ Abschn. 9.4.1.3), *Plasmozytome, Karzinoide* und *Siegelringkarzinome* vor.

■ **Klinik**

Tumoren des **Magens** führen häufig zu blutigem Erbrechen, Inappetenz und progressivem Gewichtsverlust, seltener mit abdominalen Schmerzen. Die Mehrheit entwickelt sich im distalen Pylorusbereich. Empfehlenswert ist eine endoskopische sowie Ultraschalluntersuchung, die eine Prüfung der abdominalen Lymphknoten und die Suche nach Metastasen beinhalten sollte.

Bei **Dünndarmtumoren** zeigen die Hälfte der Patienten keine Symptome, mögliche klinische Anzeichen sind Erbrechen, Gewichtsverlust (durch Inappetenz oder Malabsorbtion), abdominale Schmerzen, Durchfall, Ileus und Meläna. Zum Zeitpunkt der Diagnosestellung ist die Erkrankung meist schon weit fortgeschritten. Metastasen in Mesateriallymphknoten, Netz, Milz, Leber und Lunge sind nicht selten.

Kolorektale Tumoren gehen mit Symptomen einher, die allgemein bei Dickdarmerkrankungen vorkommen können: Tenesmus, blutiger Stuhl, Schleimbeimengungen, Durchfall oder Obstipation. In zwei Dritteln der Fälle kann die Neoplasie rektal ertastet werden.

Mittels *Ultraschall* kann eine verdickte Darmwand mit Verlust der regelrechten Wandschichtung identifiziert werden. In vielen Fällen ist diese Darstellungsmöglichkeit sehr gut geeignet, um neoplastische von nicht-neoplastischen Erkrankungen abzugrenzen und gleichzeitig eine Feinnadelaspiration oder besser noch eine Biopsieentnahme unter Sichtkontrolle durchzuführen.

Röntgenaufnahmen sind in den meisten Fällen nicht diagnostisch, die Verwendung von Kontrastmittel kann jedoch hilfreich sein.

Je nach Lokalisation des Tumors sollte anstelle einer *endoskopischen* Biopsieentnahme eine *Laparoskopie* zur Beprobung durchgeführt werden. Diese ermöglicht ferner die makroskopische Untersuchung des Gewebes, die diagnostisch relevant sein kann.

Im Rahmen einer Malabsorbtion entwickeln die Patienten gelegentlich eine Hypoproteinämie.

Hunde mit gastrointestinalen Tumoren, die keine Lymphome sind, zeigen erhöhte Werte der Leberenzyme (z. B. alkalische Phosphatase), eine Hypoglykämie kommt besonders oft bei Leiomyomen und -myosarkomen vor, aufgrund der Sekretion von insulinähnlichen Wachstumsfaktoren.

■ **Zytologie und Histopathologie**

Die zytopathologischen und histopathologischen Befunde werden in den spezifischen Abschnitten erörtert. Siehe hierzu die ▶ Abschn. 9.4.1.2, 9.4.1.3, 9.4.2, 9.4.2.1, 9.4.2.2, 9.4.2.3, 9.4.3 und 9.4.4.

■ **Prognose und Therapie**

Bei gutartigen **Magentumoren** ist eine vollständige *chirurgische* Resektion meist kurativ, bei malignen Varianten ist die Prognose für den Patienten jedoch generell schlecht. Die Mehrheit der Patienten verstirbt innerhalb von 6 Monaten nach einer Resektion aufgrund von Metastasen oder Rezidiven. Dennoch ist die chirurgische Behandlung die klassische Therapie, insbesondere bei Adenomen, Karzinomen, Leiomyomen und Leiomyosarkomen. Im Rahmen der Operation sollten die Leber und die abdominalen Lymphknoten auf Metastasen überprüft werden, nicht zuletzt um eine TNM-basierte Stadieneinteilung zu ermöglichen. Eine niedrig dosierte Bestrahlung kann die Tumorgröße reduzieren. Bei Lymphomen ist von einer systemischen Erkrankung auszugehen, die folglich eine systemische Behandlungsstrategie und somit eine *Chemotherapie* erfordert. Bemerkenswert hierbei ist, dass Lymphome des Gastrointestinaltraktes generell schlechter auf diese Therapie ansprechen als Lymphome, die nicht primär hier lokalisiert sind. Grundsätzlich gilt, dass eine (initiale) chirurgische Therapie gerade von großvolumigen oder ulzerierten Tumoren für den Patienten palliativ und sinnvoll sein kann.

Intestinale Tumoren führen im Allgemeinen zu einer guten bis vorsichtigen Prognose, wenn die Resektion vollständig gelingt; bei Adenomen und Leiomyomen ist die Prognose generell gut. Die Überlebenszeiten bei Sarkomen scheinen länger zu sein als bei Karzinomen. Die Therapie der Wahl ist mit der Ausnahme von Lymphomen die *chirurgische* Resektion. Die Entnahmeränder sollten 5 cm kranial und kaudal des Tumors im gesunden Gewebe liegen.

Eine Resektion von Neoplasien im proximalen Duodenum ist somit problematisch, wenn die Gallenblasen- und Pankreasausführungsgänge erhalten bleiben sollen, ebenso kann eine Anastomose von Ileum und Zäkum erforderlich sein. Ob eine *Chemotherapie* zur Behandlung epithelialer Tumoren vorteilhaft ist – auch in Kombination mit einer chirurgischen Therapie –, wurde bislang nicht eindeutig geklärt, und eine Behandlung mittels *Bestrahlung* wird nur selten angewendet.

Im **Dickdarm** ist mit Ausnahme von Lymphomen eine *chirurgische* Resektion erforderlich. In Abhängigkeit von der Lokalisation und dem Stadium der Erkrankung kann *endoskopisch* oder *laparoskopisch* vorgegangen werden, eine Osteotomie des Beckens notwendig sein oder eine *Pull-Through*-Technik (Vorverlagerung und Resektion des Tumors durch den Anus) zur Anwendung kommen. Postoperative Komplikationen sind unter anderem rektale Blutungen, Nahtdehiszenzen, Tenesmus oder Stuhlinkontinenz. Bei nicht-resezierbaren Tumoren kann mittels *Bestrahlung* und/oder *Chemotherapie* eine Verbesserung der klinischen Symptome bei einigen Patienten erreicht werden.

■ **Weiterführende Literatur**

(Cohen et al. 2003; Danova et al. 2006; Eisele et al. 2010; Frank et al. 2007; Gaschen 2011; Gieger 2011; Paoloni et al. 2002; Patnaik et al. 1977, 1978, 1980; Penninck et al. 2003; Rassnick et al. 2009; Simon et al. 2005; Von Babo et al. 2012; Willard 2012)

9.4.1.1 Gastrointestinale Adenokarzinome bei Hunden

Gastrointestinale Adenokarzinoma des Hundes in fünf Fakten

1. Lokalisation meist Pylorus und große Kurvatur des Magens, Rektum
2. häufigste Varianten infiltrativ, nicht-ulzerierend
3. Tumor induziert oft eine skirrhöse Reaktion („linitis plastica")
4. zum Zeitpunkt der Diagnose bestehen meist Metastasen
5. adenomatöse Polypen meist rektal und benigne, eine maligne Progression ist möglich

- ■ **Epidemiologie und Pathogenese**

Adenokarzinome betreffen meist Hunde im Alter von 11–12 Jahren (**Magen**) beziehungsweise 9–10 Jahren (**Darm**). Männliche Tiere sind überrepräsentiert, und der Deutsche Schäferhund erscheint prädisponiert zu sein.

- ■ **Klinik**

Karzinome des **Magens** kommen häufig im Bereich des Pylorus, seltener an der großen Kurvatur vor. Sie sind rosa-rot, können infiltrativ oder exophytisch wachsen und oberflächlich intakt oder ulzeriert sein. Die häufigste Variante ist das infiltrative, nicht-ulzerierte Karzinom. Das infiltrative Wachstum geht häufig mit einer skirrhösen Reaktion einher (ausgeprägte Bindegewebszubildung), die zu einer Versteifung der Magenwand führt (linitis plastica). Metastasen treten in regionären Lymphknoten, in Lunge, Leber und Milz auf.

Für Tumoren im Magen eignet sich besonders eine *Ultraschall-* und *endoskopische* Untersuchung. Die endoskopische Untersuchung wird als die sensitivste Methode angesehen, um Karzinome des Magens zu identifizieren. Eine perkutane Feinnadelaspiration vergrößerter Lymphknoten oder der verdickten Magenwand ist nicht selten diagnostisch.

Intestinale Adenokarzinome wachsen entweder horizontal-backsteinartig oder zirkulär in der Darmwand, oder sie stellen sich als gestielte Masse dar, die in das Darmlumen hineinragt. Möglicherweise korreliert das Wachstumsverhalten mit dem biologischen Verhalten und der Prognose. Diese Tumoren metastasieren selten, es sind jedoch ungewöhnliche Manifestationen zum Beispiel in der Haut oder den Meningen beschrieben.

Das **Rektum** ist am häufigsten betroffen, und hier sind die Tumoren palpierbar; daneben kommen Adenokarzinome im Kolon und Duodenum häufig vor.

Eine *Proktoskopie* (mit Biopsie) wird für weiter aborale Tumoren empfohlen, idealerweise unter Verwendung einer starren Biopsiepinzette, um tiefergehende Bioptate zu erhalten, die eine Unterscheidung von benignen Polypen und Adenokarzinomen ermöglichen. Weiter oral gelegene Tumoren machen eine Ultraschalluntersuchung erforderlich.

Adenomatöse Polypen finden sich vorwiegend im **Rektum** als solitäre Massen. Sie verhalten sich meist gutartig und metastasieren nicht. Eine maligne

Progression zu *Adenokarzinomen* ist jedoch grundsätzlich möglich und kann mit einer Mutation im p53-Tumorsuppressorgen assoziiert sein. Der immunhistochemische Nachweis einer p53-Überexpression ist allerdings nicht prognostisch relevant. Der sensitivste Nachweis erfolgt mittels digitaler rektaler Untersuchung. Einfache *Röntgenaufnahmen* sind nur selten diagnostisch, die Verwendung von Kontrastmitteln kann in einigen Fällen infiltrative Tumoren identifizieren.

- ■ **Zytologie und Histopathologie**

Zytologische Präparate sind schwierig zu interpretieren. Adenokarzinome bestehen aus unterschiedlich gut differenzierten Tumorzellen, und möglicherweise sind die Tumorzellen, die in den tieferen Schichten der Darmwand liegen, nicht im Präparat enthalten. Daher ist die histologische Untersuchung möglichst mehrerer adäquat großer Biopsien von betroffenen (und auch nicht betroffenen) Regionen für eine sichere Diagnose notwendig. Jedoch auch die histopathologische Diagnose ist erschwert, wenn nur oberflächliches, tumorzellarmes, weitgehend nekrotisches oder entzündlich verändertes Gewebe zur Einsendung gelangt.

- ■ **Prognose und Therapie**

Gastrointestinale Karzinome haben eine schlechte Prognose für Patienten und werden typischerweise *chirurgisch* behandelt, auch wenn eine vollständige Resektion selten möglich ist. Darüber hinaus liegen zum Zeitpunkt der Diagnose meist schon Metastasen vor.

Bei **intestinalen** Karzinomen ist eine *Resektion* zu empfehlen. Generell neigen Tumoren des Kolons eher zur Dehiszenz, und die Patienten entwickeln häufiger fäkale Inkontinenz. Sollten perioperativ keine Komplikationen auftreten, ist die chirurgische Behandlung für Monate palliativ. Eine *Bestrahlungstherapie* ist nicht üblich, eine zusätzliche *Chemotherapie* kann jedoch palliativ sinnvoll sein.

In der Literatur korrelieren bei Adenokarzinomen zusammengefasst eine *p53-Überexpression*, eine verminderte *p21-Expression*, das Fehlen einer *p16-Expression*, aber ein erhöhter *p16-Index* mit den histopathologischen Kriterien der Malignität. Ferner scheint *C2-O-Le(x)* als tumorassoziiertes Antigen eine Rolle für das Invasions- und

Metastasierungspotenzial einiger Tumoren des Magens zu spielen. Die Expression von *Gastrin* in Magentumoren ist im Gegensatz zum Menschen weniger verbreitet und daher als prognostischer Marker ungeeignet; die *Serum-Gastrin* Konzentration ist ebenfalls kein geeigneter Biomarker für Magenadenokarzinome bei Hunden.

Kolorektale Adenokarzinome exprimieren nicht selten *COX-2*, sodass eine Therapie mit NSAID Erfolgsaussichten hat.

■ Weiterführende Literatur

(Carrasco et al. 2011; Church et al. 1987; Hampson et al. 1990; Janke et al. 2010; Krauser 1985; Marolf et al. 2015; McEntee et al. 2002; Patnaik et al. 1977; 1980; Seim-Wikse et al. 2014; Tomlinson et al. 1982; Valerius et al. 1997; Willard 2012)

9.4.1.2 Gastrointestinale Lymphome bei Hunden

Gastrointestinale Lymphome des Hundes in fünf Fakten

1. gastrointestinale Lymphome sind meist Primärtumoren, oft T-Zell-Tumoren
2. T-Zell-Varianten sprechen schlechter auf Chemotherapie an
3. T-Zell-Varianten haben kürzere Überlebens- und Remissionszeit
4. hochmaligne Lymphome habe eine höhere Mortalitätsrate
5. generelle Empfehlung einer Chemotherapie

■ Epidemiologie und Pathogenese

Lymphome kommen häufig im **Magen** des Hundes vor und werden in der Literatur überwiegend als der häufigste **intestinale Tumor** des Hundes eingeordnet. Es besteht Uneinigkeit, ob eine maligne Progression aus einer chronischen, lymphoplasmazellulären Enteritis oder der „Inflammatory Bowel Disease" (IBD) erfolgen kann.

■ Klinik

Die überwiegende Mehrheit der Lymphome stellt *primäre Tumoren* dar und ist nicht Teil eines multizentrischen Krankheitsgeschehens. Das klinische Stadium kann systematisch anhand der WHO-basierten Stadieneinteilung erfolgen (■ Tab. 6.1). Eine detaillierte Darstellung zur Klassifikation und Dignität der Lymphome erfolgt in ■ Tab. 6.2. *Multizentrische Lymphome* treten meist mit einer abdominalen Lymphadenopathie auf, und weitere Manifestationen finden sich in Leber, Milz und Knochenmark.

Endoskopisch stellen sich Lymphome als glatte oder backsteinartig hervortretende, weiße bis rosafarbene Herde dar, oft innerhalb des mukosaassoziierten lymphatischen Gewebes. Um Metastasen in anderen Organen zu identifizieren, sollten Biopsien verdächtiger Strukturen genommen werden.

■ Zytologie und Histopathologie

Ein zytopathologisches Präparat kann schwierig zu interpretieren sein. Wie bereits im entsprechenden Kapitel angemerkt, ist eine sichere Diagnose sehr von der Qualität des Präparates abhängig, zum Beispiel muss ein ausreichend hoher Anteil neoplastischer Zellen vorliegen. Eine reaktive Infiltration mit Immunzellen erschwert die Diagnose; generell ist die Unterscheidung von kleinzelligen, gut differenzierten Lymphomen und einer Immunzellinfiltration nicht trivial. Die histopathologische Untersuchung ist nicht frei von dieser Problematik, und mehrere adäquat große und ausreichend tief gehende Biopsien sollten zur Untersuchung gelangen.

Den größten Anteil stellen die *T-Zell-Lymphome* dar. Hier können klein- und mittelgroßzellige sowie lymphoblastische Varianten unterschieden werden. Immunhistochemische Markierungen oder Spezialfärbungen (CD79a als B-Zell-Marker, CD3 als T-Zell-Marker, Toluidinblau zum Nachweis der metachromatischen Granula von Mastzellen) sind hilfreich zur Unterscheidung von B-, T- und Mastzelltumoren. Ein System zur klinischen Einteilung der Erkrankungsstadien ist in ■ Tab. 6.2 zusammengefasst. In der aktuellen Literatur findet sich eine systematische, komplexe Herangehensweise zur histopathologischen und immunhistochemischen Untersuchung von Lymphomen, die zum Beispiel die Erhebung des Proliferationsindex (Ki67-Index) und eine Polymerasekettenreaktion (PCR) zur Feststellung der Klonalität der Tumormasse beinhaltet. Hiernach kann eine verlässlichere Unterscheidung von Lymphomen und der IBD bei Hunden erfolgen (Carrasco et al. 2015).

▪ Prognose und Therapie

Im Vergleich zu multizentrischen Lymphomen, ist die *Prognose* für Hunde mit **gastrointestinalen** Lymphomen schlechter. Die Patienten mit Metastasen haben in der Regel eine deutlich kürzere mittlere Überlebenszeit. Wie bereits in ▸ Kap. 6 beschrieben, haben hochmaligne Lymphome höhere Mortalitätsraten als intermediäre oder niedrigmaligne Tumoren. T-Zell-Lymphome führen zu einer kürzeren Überlebens- und Remissionszeit als B-Zell-Tumoren und sprechen schlechter auf eine Chemotherapie an.

Die Evaluierung der *AgNOR*-Anzahl (*argyrophilic nucleolar organizer regions*) und der Verdopplungszeit (*potential doubling time*) kann für die Prognose bei Hunden relevant sein (siehe ▸ Kap. 6).

Eine *Chemotherapie* nach dem „CHOP"-Protokoll (**C**yclophosphamid, Doxorubicin [= **H**ydroxydaunorubicin], Vincristin [= **O**ncovin], **P**rednison) oder modifiziert nach *Madison Wisconsin* wird bevorzugt angewendet. (siehe ▸ Kap. 6). Hunde, die mit einer Kombination aus verschiedenen Therapeutika behandelt werden (z. B., Cyclophosphamid, Doxorubicin, Vincristin, L-Asparaginase, Prednisolon, Lomustin, Procarbazin, Mustargen) sprechen in ca. 50 % der Fälle auf die Behandlung an und haben eine mittlere Überlebenszeit von ungefähr 110 Tagen. Insbesondere bei soliden Tumoren kann eine *chirurgische* Resektion erfolgreich sein. Eine *Bestrahlung* kann bei solitären Tumoren oder als palliative Therapie sinnvoll sein.

▪ Forschungstrends

Im Fokus der Forschung stehen diagnostische und prognostische Marker und neue chemotherapeutische Protokolle. Kürzlich konnte gezeigt werden, dass die Veränderung der Anzahl der Foxp3-positiven, regulatorischen T-Zellen zur Pathogenese der intestinalen Lymphome beiträgt.

▪ Weiterführende Literatur

(Carrasco et al. 2015; Couto et al. 1989; Coyle und Steinberg 2004; Frank et al. 2007; Gieger 2011; Maeda et al. 2016; Ohmura et al. 2015; Rassnick et al. 2009; Simon et al. 2006, 2008)

9.4.1.3 Gastrointestinale Spindelzelltumoren bei Hunden: Leiomyome, Myosarkome und gastrointestinale stromale Tumoren (GIST)

Gastrointestinale Spindelzelltumoren des Hundes in drei Fakten

1. klinische Relevanz der Unterscheidung von GIST und Leiomyosarkomen ist unklar
2. GIST kommen vorwiegend im Magen und Dickdarm vor
3. GIST sind immunhistochemisch positiv für CD117 (c-Kit) und CD 34, aber SMA- und Desmin negativ

▪ Epidemiologie und Pathogenese

Leiomyome und *Leiomyosarkome* kommen vorwiegend bei älteren Patienten (> 10 Jahre) vor, sie wachsen langsam und metastasieren spät. *Gastrointestinale stromale Tumoren* (*GIST*) haben ihren Ursprung in den Cajal-Zellen, den sogenannten Schrittmacherzellen des Darms, und können von anderen mesenchymalen Tumoren, insbesondere Leiomyosarkomen, abgegrenzt werden. Ob diese Unterscheidung von klinischer Relevanz, ist bleibt umstritten.

▪ Klinik

Leiomyome entstehen meist als solitäre Neoplasien des Magens innerhalb der Magenwand, können jedoch in das Lumen hineinragen. Sie werden meist von intakter Schleimhaut bedeckt und können eine beträchtliche Größe erreichen, bis die Patienten klinische Symptome entwickeln (◨ Abb. 9.5).

Leiomyosarkome finden sich häufiger im Darm und wachsen ebenfalls langsam, aber infiltrativ. Die Patienten zeigen Inappetenz, Erbrechen, Gewichtsverlust, Umfangsvermehrung des Abdomens sowie Durchfall, und sie sind lethargisch. Gelegentlich kommt es zur Perforation der Darmwand. Eine paraneoplastische Hypoglykämie wird bei Leiomyomen und -myosarkomen beschrieben.

GIST treten sowohl im Magen als auch im Darm auf, wobei der Dickdarm der häufiger betroffene

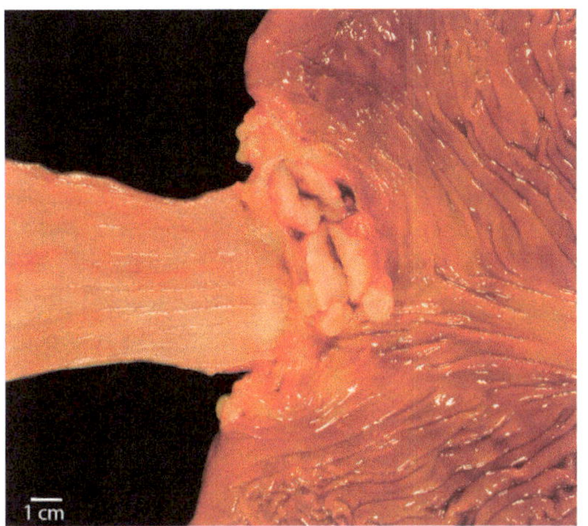

◘ Abb. 9.5 Leiomyom an der Kardia des Magens eines Hundes (mit freundlicher Genehmigung von Dr. Marie von Deetzen, Freie Universität Berlin)

Darmabschnitt ist. Sie wachsen langsam und metastasieren erst spät in Mesenteriallymphknoten und seltener in Leber und Milz.

Eine einfache *Röntgenaufnahme* kann Hinweise auf eine abdominale Masse liefern, eine *Ultraschalluntersuchung* ist jedoch zuverlässiger. *Endoskopisch* stellen sich die Tumoren als relativ fest und mit intakter Schleimhaut bedeckt dar.

■ **Zytologie und Histopathologie**

Die zytopathologische Untersuchung eines Feinnadelaspirats ist in der Regel nicht sinnvoll. Eine histologische Untersuchung ist erforderlich für die Diagnostik und notwendig zur Untersuchung der Tumorentnahmeränder. Falls erwünscht, kann eine immunhistochemische Differenzierung von GIST und Leiomyomen bzw. Leiomyosarkomen erfolgen: GIST zeigen positive Reaktionen bei der Markierung mit c-Kit (CD117) und CD34. Leiomyome und -myosarkome zeigen für die genannten Marker keine positiven Signale, jedoch für SMA (*smooth muscle actin*, glattmuskuläres Aktin) und Desmin.

■ **Prognose und Therapie**

Leiomyome gehen mit einer guten *Prognose* einher, und eine *chirurgische* Behandlung ist meist kurativ. Auch für Leiomyosarkome ist die chirurgische Resektion die übliche Behandlungsstrategie. Die

Prognose ist auch noch gut bis vorsichtig. Die mittlere Überlebenszeit variiert je nach Literatur zwischen 1 und 2 Jahren. Recht lange Überlebenszeiten sind selbst für Patienten beschrieben, bei denen zum Zeitpunkt der Resektion bereits Metastasen vorlagen. Die Metastasierungsrate ist generell niedrig bis moderat. Besonders lange Überlebenszeiten sind möglichweise auf eine sehr frühe und vollständige Resektion zurückzuführen.

GIST haben eventuell eine etwas längere mittlere Überlebenszeit als Leiomyosarkome – eine Differenzierung dieser Tumoren wäre somit sinnvoll, jedoch liegen derzeit widersprüchliche Daten in der Literatur vor. Es gibt Berichte, dass GIST eine Mutation im c-KIT-Onkogen aufweisen können. Somit würden Inhibitoren der Tyrosinkinase vielversprechende Therapeutika darstellen, aber auch an dieser Stelle fehlen bislang zuverlässige Daten. Proliferationsmarker (z. B. Ki67, AgNor) scheinen zumindest für GIST prognostisch relevant zu sein.

■ **Weiterführende Literatur**

(Cohen et al. 2003; Frost et al. 2003; Gillespie et al. 2011; Gregory-Bryson et al. 2010; Hayes et al. 2013; LaRock und Ginn 1997; Maas et al. 2007; Russell et al. 2007; Willard 2012)

9.4.2 Gastrointestinale Tumoren bei Katzen

■ **Epidemiologie und Pathogenese**

Tumoren im **Magen** sind selten bei Katzen, die häufigsten sind *Lymphome* (siehe ▶ Abschn. 9.4.2.1), gefolgt von *Adenokarzinomen* (▶ Abschn. 9.4.2.2) und *Leiomyomen*; letztere werden nicht im Detail besprochen.

Die Rolle einer Infektion mit Helicobacter sp. bei der Entstehung der Tumoren ist noch nicht hinreichend geklärt, wird jedoch überwiegend als nicht relevant beurteilt.

Tumoren im **Dünndarm** umfassen bei Katzen in abnehmender Häufigkeit *Lymphome, Adenokarzinome* und *Mastzelltumoren* (MZT). Das Durchschnittsalter der Patienten liegt zwischen 10 und 12 Jahren, wobei jüngere Katzen in der Regel positiv auf das Feline Leukämievirus (FeLV) getestet werden.

Eine Geschlechtsdisposition wird in der Literatur widersprüchlich angegeben. Siamkatzen sind unter den Patienten mit intestinalen Adenokarzinomen und Lymphomen überrepräsentiert. Bislang gibt es keine Hinweise für eine Assoziation von Retrovirusinfektionen und Tumoren, die keine Lymphome darstellen.

Bei Katzen finden sich 10–15 % aller gastrointestinalen Tumoren im **Dickdarm**. Hier sind die Patienten im Durchschnitt 12,5 Jahre alt, und weder eine Geschlechts- noch eine Rassedisposition liegen vor. Am häufigsten finden sich *Adenokarzinome, Lymphome* und *Mastzelltumoren*. Kolorektale Lymphome sind für gewöhnlich nicht mit einer FeLV-Infektion assoziiert, es gibt jedoch Berichte über Patienten, die positiv auf das Feline Immundefizienz-Virus (FIV) getestet wurden.

■ Klinik

Tumoren des Magens führen bei Katzen zu (blutigem) Erbrechen, Inappetenz und seltener Gewichtsverlust. Die Palpation einer Masse ist schwierig, *Endoskopie, Ultraschall* und/oder eine *Röntgenaufnahme* (mit Kontrastmittel) sind hilfreich zur Darstellung einer Tumormasse und einer verdickten Magenwand mit dem charakteristischen Verlust der regelrechten Magenwandschichten.

Bei intestinalen Tumoren zeigen die Patienten eher Gewichtsverlust durch Inappetenz oder Malabsorbtion, und gelegentlich wird von Erbrechen berichtet. Zur diagnostischen Vorgehensweise finden sich detaillierte Informationen in den jeweiligen Abschnitten der Tumoren.

■ Zytologie und Histopathologie

Die Zyto- und Histopathologie der jeweiligen Tumoren wird in den entsprechenden Abschnitten besprochen.

■ Weiterführende Literatur

(Bridgeford et al. 2008; Canejo-Teixeira et al. 2014; Gabor et al. 1998; Patnaik et al. 1976; Rissetto et al. 2011; Slawienski et al. 1997)

9.4.2.1 Gastrointestinale Lymphome bei Katzen

Gastrointestinale Lymphome der Katze in fünf Fakten

1. Lymphome sind die häufigsten Tumoren im Darm
2. Katzen unter 4 Jahren haben meist FeLV-assoziierte Lymphome, diese kommen seltener vor
3. Katzen über 8 Jahren haben meist nicht-FeLV-assoziierte Lymphome, diese kommen häufiger vor
4. gut differenzierte, niedrigmaligne Lymphome haben eine bessere Prognose für Patienten
5. schlecht differenzierte, hochmaligne lymphoblastische Lymphome gehen mit schlechterer Prognose einher

■ Epidemiologie und Pathogenese

Eine detaillierte Übersicht zu *Lymphomen* und dem Zusammenhang mit einer FeLV- und FIV-Infektion findet sich in ▶ Kap. 6. Grundsätzlich sind Lymphome bei Katzen bis zu einem Alter von 4 Jahren selten, sie sind jedoch meist mit einer FeLV-Infektion assoziiert. Im Gegensatz hierzu kommen Lymphome bei Katzen über 8 Jahren relativ häufig vor, wobei diese Variante in der Regel nicht mit einer FeLV-Infektion vergesellschaftet ist. Siamkatzen und männliche Tiere haben ein erhöhtes Risiko, Tumoren zu entwickeln.

Im Magen sind Lymphome recht selten und stellen sich meist als *Large B-cell lymphoblastic Lymphoma* dar. Lymphome sind der häufigste intestinale Tumor der Katze, mit steigender Tendenz, wobei die meisten Patienten keine Hinweise auf eine Infektion mit FeLV oder FIV aufweisen. Die Abgrenzung zu einer chronisch-entzündlichen Enteritis ist mitunter schwierig, und einige Autoren vermuten, dass die IBD (*inflammatory bowel disease*) eine präleukotische Form darstellt.

▪ Klinik

Man unterscheidet solide Neoplasien von diffus-infiltrierenden, intramuralen Varianten. *Solide Tumoren* können zur Obstruktion führen und sind häufig oberflächlich ulzeriert (◼ Abb. 9.6 und ◼ Abb. 9.7). Liegt eine systemische Tumorerkrankung vor, finden sich auch vergrößerte abdominale Lymphknoten, Leber, Milz und Nieren.

Erbrechen ist ein klinisches Symptom bei **Magen**lymphomen. Die Palpation einer Tumormasse im Magen ist schwierig, aber mittels Ultraschall bzw.

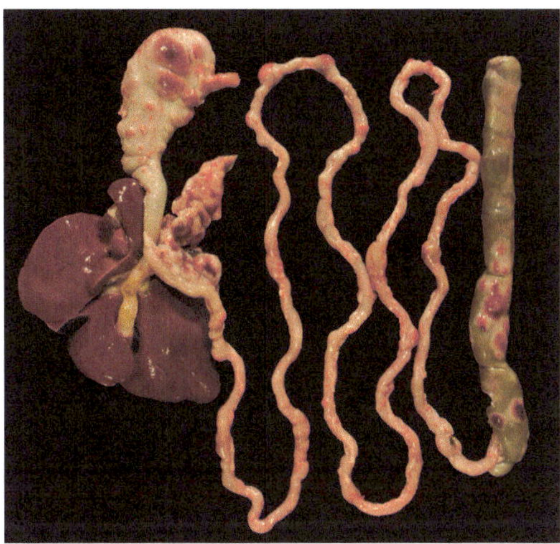

◼ **Abb. 9.6** Lymphom, alimentäre Form bei einer Katze mit Manifestation in Magen und Darm (mit freundlicher Genehmigung von Kristina Dietert, PhD, Freie Universität Berlin)

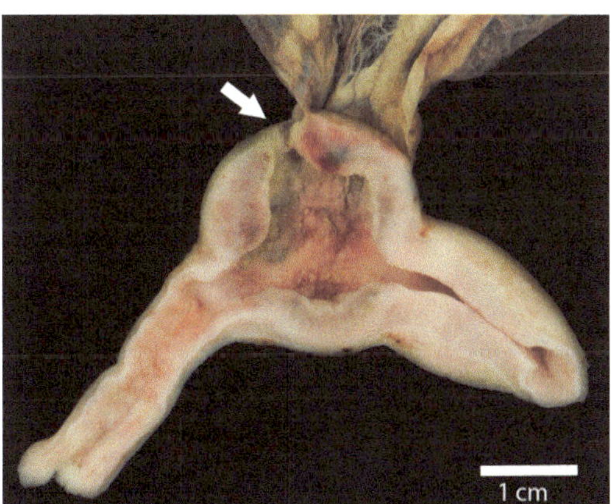

◼ **Abb. 9.7** Lymphom, alimentäre Form bei einer Katze mit Ulzeration (Pfeil) (mit freundlicher Genehmigung von Anja Ostrowski, PhD, Freie Universität Berlin)

Röntgen kann zumindest eine verdickte Magenwand dargestellt werden, insbesondere bei Verwendung von Kontrastmitteln. Im Rahmen einer *endoskopischen* Untersuchung kann die Neoplasie nicht nur dargestellt, sondern auch beprobt werden.

Intestinale Lymphome verursachen zum Beispiel Gewichtsverlust, Durchfall und Erbrechen, wobei eine Manifestation im **Dickdarm** recht häufig mit Durchfall und in der Folge auch Gewichtsverlust einhergeht.

Ultraschall ist gut geeignet zur Darstellung und Unterstützung bei der Entnahme einer Feinnadelaspiration. Die Tumoren stellen sich mit einer verdickten Darmwand dar, die typischerweise die regelrechte Schichtung verloren hat. *Endoskopisch* lassen sich nur Massen im proximalen Duodenum bzw. im Enddarm darstellen. Das Anfertigen einer *Röntgenaufnahme*, gegebenenfalls mit Hilfe von Kontrastmitteln, ermöglicht zum Teil eine Darstellung der abdominalen Massen und gehört zur vollständigen Untersuchung des Patienten (ggf. Nachweis von Metastasen im Thorax).

Der Krankheitsverlauf hängt stark von der Variante des Tumors ab: Gut differenzierte Lymphome haben einen deutlich langsameren Verlauf (Monate), schlecht differenzierte, lymphoblastische Varianten verlaufen hingegen deutlich schneller (Wochen). Zur klinischen Stadieneinteilung wird auf die beiden am häufigsten angewandten Schemata verwiesen (▶ Kap. 6, ◼ Tab. 6.1 und ◼ Tab. 6.2).

▪ Zytologie und Histopathologie

Die zytologische und histologische Diagnostik von Lymphomen ist ausführlich in ▶ Kap. 6 dargestellt und ist ebenso auf gastrointestinale Lymphome anzuwenden. Allgemein gilt, dass eine zytopathologische Diagnose dann möglich wird, wenn die Probe relevante Anteile der Tumormasse enthält und eine adäquate Anzahl von neoplastischen Zellen zu finden ist. Sollte die Probe aus dem Tumorrandbereich stammen oder überwiegend aus nekrotischen Zellen bzw. aus sehr gut differenzierten Tumorzellen bestehen oder aber einen ausgeprägten reaktiv-lymphozytären Anteil aufweisen, ist eine Diagnose außerordentlich schwierig zu stellen (◼ Abb. 9.8).

Auch die histopathologische Diagnose wird von den o. g. Faktoren beeinflusst, jedoch ist die Beurteilung der gegebenenfalls aufgehobenen geweblichen Architektur möglich und hilfreich. Die Interpretation

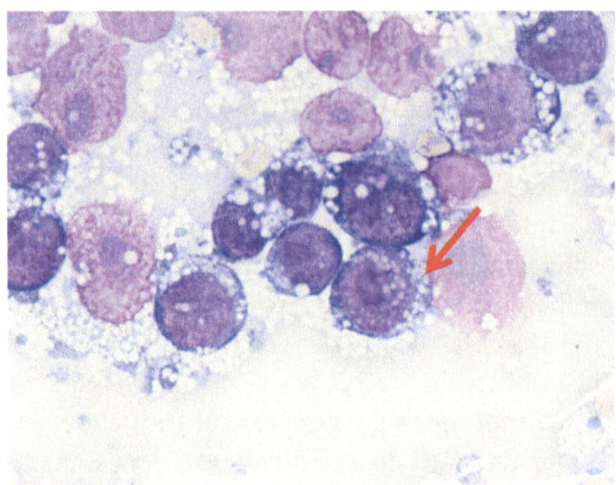

Abb. 9.8 Zytologisches Präparat eines hochmalignen B-Zell-Lymphoms (*Burkitt-like Lymphoma*) aus der Darmwand einer Katze, May-Grünwald-Giemsa, 1000×; zahlreiche, mittelgroße, lymphoblastische Rundzellen mit rundem, exzentrischem Zellkern, feinem Chromatin und überwiegend nicht erkennbaren Nukleoli. Das Zytoplasma liegt in moderaten Mengen vor und enthält zahlreiche kleine Vakuolen (roter Pfeil) (mit freundlicher Genehmigung von Dr. N. Bauer, Fachbereich Veterinärmedizin, Justus-Liebig-Universität Gießen)

des Wachstumsverhaltens ist von großer Bedeutung, da gut differenzierte Tumorzellen nicht-neoplastischen Lymphozyten ähneln; schlecht differenzierte neoplastische Zellen können mit Lymphoblasten verwechselt werden. Für zweifelhafte Fälle wird eine immunhistochemische Typisierung der T-Zellen (z. B. CD3-positiv) oder B-Zellen (z. B. CD79a-positiv) bzw. ein Klonalitätstest empfohlen. Letzterer soll helfen, die reaktiven, typischerweise polyklonalen Zellen von den neoplastischen, charakteristischerweise monoklonalen zu unterscheiden.

Man unterscheidet histologisch drei Grade: niedrig- (geringgradig), intermediär und hochmaligne (hochgradig) Lymphome. Es liegen einerseits Berichte vor, die im Magen vorwiegend hochmaligne Varianten identifiziert haben, wobei B- und T-Zell-Typen etwa gleich häufig vorlagen. Andererseits wird von einer erhöhten Anzahl von B-Zell-Lymphomen im Magen gesprochen, und der Darm zeigt vorwiegend mukosale T-Zell-Lymphome. Es wird darauf hingewiesen, dass gerade die Fälle mit einer T-Zell-Variante als IBD (*inflammatory bowel disease*) fehlinterpretiert werden können. Für die Katze wurde ein diagnostischer Algorithmus erstellt, der dabei helfen soll, in intestinalen Biopsieproben Tumoren von Entzündungen zu unterscheiden (Kuipel et al. 2011).

■ **Prognose und Therapie**

Detaillierte Informationen zur *Prognose* speziell bei Lymphomen des Magens liegen nicht vor. Einige Berichte lassen vermuten, dass derartige Tumoren vergleichbare Überlebenszeiten nach *Chemotherapie* zeigen wie Lymphome in anderen Lokalisationen. Die mittlere Überlebenszeit von Tieren mit gastrointestinalen Lymphomen im Allgemeinen variiert zwischen 2 und 24 Monaten und ist im Wesentlichen vom Ansprechen gegenüber der verwendeten Chemotherapie abhängig. Ferner gehen niedrigmaligne Lymphome generell mit einer besseren Prognose (mittlere Überlebenszeiten z. B. 17 Monate) einher als hochmaligne (2,7 Monate). Andere Faktoren, wie das klinische (Sub-) Stadium, der Immunphänotyp (T- oder B-Zellen) oder die Vorbehandlung mit Steroiden sind nicht zuverlässig prognostisch. Aktuelle Studien lassen vermuten, dass niedrigmaligne T-Zell-Lymphome (kleinzelliger Typ) eine relativ lange Überlebenszeit aufweisen können (im Mittel etwa 18,9 Monate), während transmurale T-Zell-Lymphome – insbesondere vom LGL- (*large granular lymphocyte-*) Typ – mit einer deutlich kürzeren Überlebenszeit assoziiert waren (ca. 1,5 Monate). Das Vorliegen einer (sekundären) Leukämie hat einen negativen Einfluss auf die Prognose. Wie bereits beschrieben sind Varianten des *CHOP Protokolls* (Cyclophosphamid, Doxorubicin [= *Hydroxydaunorubicin*], Vincristin [= *Oncovin*], *Prednison*) das Mittel der Wahl bei Lymphomen, die nicht sehr gut differenziert sind. Sollten solitäre Formen vorliegen, kann eine *Bestrahlungstherapie* sinnvoll sein, vor allem bei Tumoren im Magen und in den distalen Darmanteilen. Gut differenzierte, kleinzellige Lymphome können sehr gut auf eine Prednisolon/Chlorambucil-Behandlung ansprechen, mit mittleren Überlebenszeiten von bis zu 2 Jahren. Dagegen sprechen schlecht differenzierte Lymphome nur mäßig an, haben eine geringere Remissionsrate und Überlebenszeiten von weniger als 3 Monaten im Mittel. Eine chemotherapiebegleitende *chirurgische* Behandlung scheint die Überlebenszeit nicht zu verbessern.

■ **Forschungstrends**

Hämatopoetische Tumoren machen den größten Anteil der Tumoren bei Katzen aus. Daher sind die Verbesserung der Therapie aber auch der Diagnostik und die Suche nach prognostischen Markern im Fokus der Wissenschaft.

Weiterführende Literatur

(Grover 2005; Gustafson et al. 2014; Kiupel et al. 2011; Lingard et al. 2009; Moore et al. 2012; Patterson-Kane et al. 2004; Pohlman et al. 2009; Rissetto et al. 2011; Roccabianca et al. 2006; Willard 2012)

9.4.2.2 Gastrointestinale Adenokarzinome bei Katzen

Gastrointestinale Adenokarzinome der Katze in drei Fakten

1. Adenokarzinome entstehen meist im Dünndarm
2. zum Zeitpunkt der Diagnose meist schon bestehende Metastasen
3. Adenokarzinome zeigen typisches „Flaschenhals"-Erscheinungsbild

Epidemiologie und Pathogenese

Adenokarzinome betreffen in der Regel ältere Patienten, die Hälfte der Patienten ist älter als 11 Jahre. Eine Geschlechtsdisposition gibt es nicht, jedoch scheinen Siamkatzen besonders häufig zu erkranken. In absteigender Häufigkeit treten diese Tumoren im Jejunum, Ileum, in der Ileo-Zäkalregion und im Duodenum auf. Die meisten Patienten weisen zum Zeitpunkt der Diagnosestellung bereits Metastasen in den Mesenteriallymphknoten, im Peritoneum (Karzinomatose), in der Leber oder der Lunge auf.

Klinik

Die Katzen können Inappetenz, Erbrechen, Obstruktion, Durchfall, Gewichtsverlust, Blutungen und Intussuszeptionen zeigen. In etwa der Hälfte der Fälle lässt sich eine Masse im Abdomen palpieren und auf einer Röntgenaufnahme darstellen. Die Verwendung von Kontrastmittel hilft bei der Darstellung einer partiellen oder vollständigen Verlegung des Darmlumens. Die zirkuläre Striktur führt zur Dilatation des oral gelegenen Abschnittes und entspricht dem Bild eines Flaschenhalses (Abb. 9.9).

Zytologie und Histopathologie

Wie bereits im Abschnitt dieses Tumors bei Hunden beschrieben, ist die Interpretation zytologischer Präparate schwierig. Zwar weisen Adenokarzinome charakteristische Merkmale neoplastischer Zellen auf, die Probe enthält jedoch unter Umständen keine

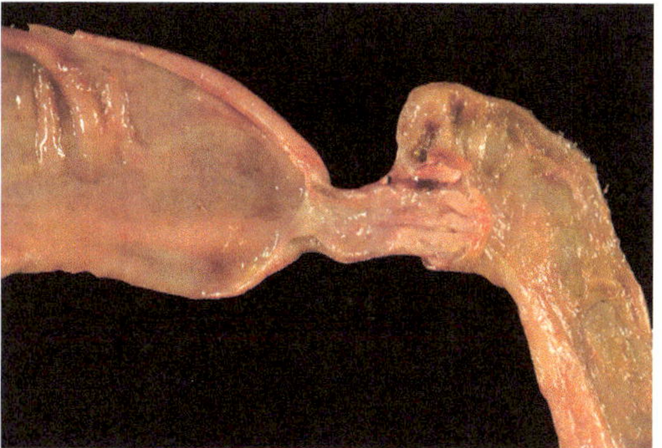

 Abb. 9.9   Intestinales Adenokarzinom bei einer Katze, die zirkuläre Striktur führt zur Dilatation des oral gelegenen Abschnittes und entspricht dem Bild eines Flaschenhalses (mit freundlicher Genehmigung von Dr. Stefanie Eggert, Freie Universität Berlin)

Tumorzellen, da sich diese häufig tief in der Darmwand vereinzelt oder in kleinen Nestern befinden. Für eine histopathologische Untersuchung sollten im besten Fall mehrere adäquat große Biopsien entnommen werden. Auch hier ist die Diagnose erschwert, wenn die Probe nur oberflächliche Schleimhaut, weitgehend nekrotische Anteile oder schwere Entzündungsreaktionen aufweist. Generell ist die Beprobung der Mesenteriallymphknoten empfehlenswert zur Identifikation von Metastasen.

Bei Adenokarzinomen können histologische Varianten unterschieden werden, darunter solide (niedrigmaligne), papilläre, tubuläre und muzinöse. Fibröse, knorpelige und knöcherne Metaplasien sind nicht selten. In jedem Fall ist die histologische Untersuchung erforderlich zur Beurteilung der Tumorentnahmeränder.

Prognose und Therapie

Die *Prognose* bei Adenokarzinomen des Magens ist unklar, da in der Literatur nicht genügend Fälle beschrieben sind. Es ist jedoch von einer vorsichtigen bis schlechten Prognose auszugehen. Es ist möglich, dass die Lokalisation und der histologische Phänotyp eine Rolle für die Prognose spielen. Die mittleren Überlebenszeiten variieren zwischen Wochen und Jahren, abhängig auch davon, wie weit die Erkrankung zum Diagnosezeitpunkt fortgeschritten ist.

Die *chirurgische* Resektion ist die Therapie der Wahl und in einigen Fällen mit ausreichenden Tumorentnahmerändern möglich, die bei soliden Karzinomen mindesten 5 cm im gesunden Gewebe sein sollten. Bislang hat sich eine *Chemotherapie* im Anschluss an eine Resektion nicht als nutzbringend herausgestellt. Insgesamt sind lange Überlebenszeiten selten zu finden, aber grundsätzlich möglich, solange noch keine Metastasen vorliegen.

■ **Weiterführende Literatur**

(Birchard et al. 1986; Cribb 1988; Kosovsky et al. 1988; Patnaik et al. 1976; Willard 2012)

9.4.2.3 Gastrointestinale Mastzelltumoren (MZT) bei Katzen

Gastrointestinale Mastzelltumoren der Katze in vier Fakten

1. MZT sind von der Felinen gastrointestinalen eosinophilen sklerosierenden Fibroplasie abzugrenzen
2. MZT sind generell als maligne anzusehen (zum Zeitpunkt der Diagnose bestehen meist Metastasen)
3. Prognose ist schlecht
4. chirurgische Resektion ist Therapieform der Wahl

■ **Epidemiologie und Pathogenese**

Intestinale Mastzelltumoren stellen den dritthäufigsten Tumor in dieser Lokalisation dar und betreffen vorwiegend ältere Patienten. Die Tumoren müssen von der proliferativ-entzündlichen *Felinen gastrointestinalen eosinophilen sklerosierenden Fibroplasie* abgegrenzt werden. Letztere umfasst eine ulzerierte, intramurale Masse, die oft im Magen (Pylorus) oder ileozäkalen Übergang auftritt, drainierende Lymphknoten mit einbeziehen kann und neben eosinophilen Granulozyten eine hohe Anzahl von Mastzellen enthalten kann.

■ **Klinik**

Die Patienten zeigen typischerweise intermittierendes Erbrechen, Durchfall, Inappetenz, Gewichtsverlust bei lethargischem Auftreten. Am häufigsten sind die Tumoren im Dünndarm zu finden, und die Patienten weisen in der Regel keine Eosinophilie oder erhöhte Anzahl von Mastzellen im Blut auf. Metastasen finden sich nicht selten zum Zeitpunkt der Diagnose in regionären Lymphknoten, der Leber

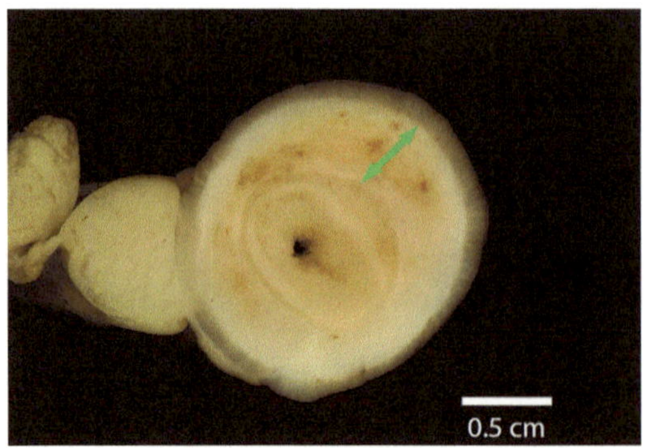

■ **Abb. 9.10** Intestinaler Mastzelltumor einer Katze mit diffuser Infiltration (Pfeil) der Darmwand (mit freundlicher Genehmigung von Dr. Marie von Deetzen, Freie Universität Berlin)

und Milz. Im Ultraschall stellen sich diese Tumoren entweder als fokale, nicht-ringförmige, exzentrische, die Darmwand verdickende Masse dar oder als ringförmige, exzentrische Masse, in der die physiologische Wandschichtung des Darmes aufgehoben ist (■ Abb. 9.10).

■ **Zytologie und Histopathologie**

Eine zytologische Untersuchung ist unter Umständen diagnostisch nicht sicher genug. Die histologische Untersuchung von Biopsien ist empfehlenswert. Schleimhautulzerationen kommen bei Katzen selten vor. Die Tumorzellen sind meist weniger gut differenziert als bei Mastzelltumoren der Haut, und gegebenenfalls sind Spezialfärbungen (Darstellung der Granula) oder eine Immunhistochemie notwendig. Grundsätzlich zeigen diese Rundzellen eine Anordnung in dichten Zelllagen, die häufig die Muskularis und Propria infiltrieren. Hierbei kann eine ausgeprägte Bindegewebsproliferation vorkommen, seltener (als bei Hauttumoren) findet sich eine signifikante Anzahl von eosinophilen Granulozyten.

■ **Prognose und Therapie**

Diese Tumoren sollten im Allgemeinen als maligne eingestuft werden. Die Überlebenszeiten sind unter 4 Monaten, und zum Zeitpunkt der Diagnose liegen meist schon Metastasen vor. Eine *chirurgische* Resektion ist das Mittel der Wahl, allerdings ist auch die postoperative *Prognose* schlecht. Auch eine Behandlung mit *Histaminblockern* (H1- und H2-Blocker) kann in Betracht gezogen werden. Bislang wurden

Rezeptor-Tyrosinkinase-Inhibitoren noch nicht in ausreichendem Umfang und unter kontrollierten Bedingungen getestet.

■ **Weiterführende Literatur**

(Bortnowski und Rosenthal 1992; Craig et al. 2009; Henry und Herrera 2013; Laurenson et al. 2011; Linton et al. 2015; Sato und Solano 2004)

9.4.3 Gastrointestinale Tumoren bei Pferden

Gastrointestinale Tumoren des Pferdes in vier Fakten

1. Plattenepithelkarzinome (PKE) sind der häufigste Magentumor
2. PEK entstehen meist im nicht-glandulären Teil des Magens
3. PEK haben häufig eine starke Stroma-Komponente (skirrhös)
4. häufigster intestinaler Tumor ist das Lymphom des Dünndarms

■ **Epidemiologie und Pathogenese**

Der häufigste Tumor des **Magens** bei Pferden ist das *Plattenepithelkarzinom (PEK)*. *Adenokarzinome*, *Leiomyosarkome*, *gastrointestinale stromale Tumoren*, *Papillome* und benigne *Polypen* sind selten und werden nicht weiter erörtert. PEK finden sich häufig im nicht-glandulären Anteil des Magens. Eine Rasse- oder Geschlechtsdisposition liegt bislang nicht vor. Die Patienten sind in der Regel zwischen 7 und 18 Jahren alt.

Die *alimentäre Form des Lymphoms* ist der häufigste Tumor im **Darm** und betrifft Pferde, die 8 Jahre und älter sind. Andere, seltene Tumoren des Darmes, darunter Adenokarzinome, Leiomyome, Leiomyosarkome, Myxosarkome, Ganglioneurome, periphere Nervenscheidentumoren und Karzinoide, werden nicht weiter besprochen.

■ **Klinik**

Patienten mit PEK des Magens können sowohl akut Symptome entwickeln als auch über Jahre unauffällig bleiben. Sie zeigen recht unspezifische Anzeichen wie Inappetenz, Gewichtsverlust, Schmerzen im Abdomen, Hypoalbuminämie/Hyperglobulinämie und Anämie aufgrund von inneren Blutungen. Punktate der Bauchhöhlenflüssigkeit entsprechen in der Regel dem Bild eines nichtseptischen Exsudats, das ebenfalls keinen spezifischen Befund darstellt. Mittels *rektaler Untersuchung* kann je nach Lokalisation des Tumors eine Masse palpiert werden. Ferner ist eine *Endoskopie* und/oder *Ultraschalluntersuchung* hilfreich zur Darstellung der Neoplasie. Häufig befindet sich die Erkrankung zum Zeitpunkt der Diagnose im weit fortgeschrittenen Stadium. Makroskopisch stellen sich die Tumoren für gewöhnlich als gut abgrenzbare, blumenkohlartige Massen dar, die eine beträchtliche Größe erreichen können. Die Magenwand ist deutlich verdickt und von festerer Textur durch die oft sehr starke skirrhöse Reaktion. Implantationsmetastasen und die skirrhöse Reaktion können sich auch auf die serosale Seite des Magen, das große Netz oder allgemeiner gesagt die Serosa der Bauchhöhle fortsetzen (◘ Abb. 9.11). Die hämatogene Streuung in die Leber, in Lunge, Nieren und andere Organe ist selten zu finden. Der eigentliche Primärtumor ist oft ulzeriert und kann bis in den Ösophagus hineinreichen und dort eventuell zur Obstruktion führen.

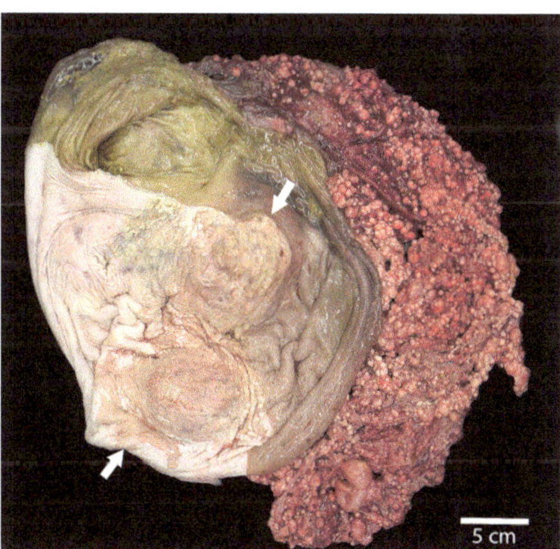

◘ **Abb. 9.11** Plattenepithelkarzinom im Magen eines Pferdes, zu unterscheiden sind der mutmaßliche Primärtumor (zwischen den Pfeilen) und die umfangreichen serosalen Implantationsmetastasen (mit freundlicher Genehmigung von Philipp Olias, PhD, Freie Universität Berlin)

Die häufigste Lokalisation für gastrointestinale Lymphome ist der **Dünndarm**. Eine *Ultraschalluntersuchung* ist eine sensitive Methode zur Identifizierung der Neoplasie. Es scheint, dass eine ringförmige Verdickung der Darmwand charakteristisch für ein Lymphom ist, die Tumoren werden oft von einer mesenterialen Lymphadenopathie begleitet. Ob rektale Biopsien ein sensitives Mittel zur Diagnostik sind, ist umstritten. Schließlich kann eine *Laparoskopie* bei der Diagnosefindung hilfreich sein und gleichzeitig eine (initiale) Behandlung ermöglichen. Allerdings bestehen zum Zeitpunkt der Diagnose meist schon Metastasen.

▪ Zytologie und Histopathologie

Bei PEK kann eine zytologische Untersuchung neoplastische Zellen in der Peritonealflüssigkeit identifizieren. Die Zellen stellen sich – wie bei PEK anderer Lokalisation – als variabel differenzierte Epithelzellen dar, und es kann Keratin nachgewiesen werden. Histologisch zeigen PEK in der Regel eine starke Invasionsaktivität in die Magenwand, und sie wachsen in Strängen oder Nestern mit deutlichen interzellulären Verbindungen (Stachelzellen), nicht selten mit einer ausgeprägten skirrhösen Reaktion. Bei schlecht differenzierten Tumorzellen kann eine immunhistochemische Markierung mit Zytokeratin-Antikörpern helfen. Bei *Lymphomen* gilt ganz allgemein, dass die Abgrenzung zur IBD (*inflammatory bowel disease*) schwierig sein kann und gegebenenfalls eine immunhistochemische Differenzierung der B- (CD79a-markiert) und T-Zellen (CD3-markiert) hilfreich ist.

▪ Prognose und Therapie

Die Behandlung der gastrointestinalen Tumoren ist bei Pferden generell schwierig, da die Erkrankung meist schon weit fortgeschritten ist und die Zugangsmöglichkeiten begrenzt sind. Die Überlebenszeiten nach Diagnosestellung sind meist kurz. Eine Bestrahlungs- oder Chemotherapie kann bei PEK hilfreich sein (zum Beispiel Piroxicam, COX-Inhibitoren). Dennoch ist die Prognose ungünstig hinsichtlich Langzeitüberlebensraten.

▪ Weiterführende Literatur

(Olsen 1992; Recknagel et al. 2012; Reef et al. 1984; Taylor et al. 2009; Vandenhoven und Franken 1983)

9.4.4 Tumoren des Labmagens und Darmes bei Wiederkäuern

Tumoren des Labmagens und des Darmes des Rindes in vier Fakten
1. Lymphome sind häufigster Tumor des Labmagens
2. BLV kann B-Zell-Lymphome im Labmagen induzieren
3. Prognose ist schlecht, Behandlung wirtschaftlich nicht sinnvoll
4. Prävention der BLV-Infektion und Elimination infizierter Tiere ist Strategie der Wahl

▪ Epidemiologie und Pathogenese

Grundsätzlich sind Tumoren des **Labmagens** selten. Die häufigsten stellen *Lymphome* dar. Gelegentlich treten *Karzinome, Sarkome* und *Adenome* auf. *Lymphome* kommen sehr selten im **Darm** vor. Das Bovine Leukämie-Virus (BLV) verursacht B-Zell-Lymphome im Rahmen der *Enzootischen Bovinen Leukose*, insbesondere bei Rindern über 2 Jahren. Das Virus wird horizontal zum Beispiel durch blutsaugende Arthropoden oder kontaminierte Kanülen übertragen. Nahezu 98 % der serologisch BLV-positiven Rinder entwickeln keine Tumoren. Es gibt Berichte über *Polypen* und *Adenokarzinome* im Darm. Diese können mit einer Papillomvirusinfektion oder einer Intoxikation mit Adlerfarn assoziiert sein, werden jedoch nicht im Detail besprochen.

▪ Klinik

Die Patienten zeigen unter anderem Inappetenz, Gewichtsverlust, eine verminderte Milchproduktion und selten Fieber. Die sensitivste Untersuchung ante mortem stellt die Beprobung der peripheren Lymphknoten oder einer fraglichen Masse dar. Serologische Untersuchungen sind nicht aussagekräftig. Daneben kann eine Ultraschalluntersuchung die verdickte Labmagen-/Darmwand und den Verlust der physiologischen Wandschichtung identifizieren.

Eine Ulzeration der Schleimhaut kann zu inneren Blutungen, Meläna und Anämie führen, gelegentlich tritt Reflux auf und eine hypochlorämische

Azidose. Neben dem Labmagen treten BLV-assoziierte Tumoren in den Lymphknoten (z. B. retrobulbär, pharyngeal), im Herzen, im Uterus, epidural im Wirbelkanal sowie in Leber und Milz auf. Im Gegensatz hierzu finden sich Tumoren der sporadischen, nicht-BLV-assoziierten Leukose häufiger in der Haut, dem Thymus und den Lymphknoten.

■ **Zytologie und Histopathologie**

Die zytologische Untersuchung von Feinnadelaspiraten (FNA) aus Lymphknoten oder verdächtigen Massen ist wenig sensitiv, wird jedoch als recht spezifisch angesehen. Biopsien gelten als sensitivere Methoden, doch sind FNA sehr leicht und kostenarm zu gewinnen. Wie bereits erwähnt ist die Sicherheit der Diagnose stark von der Güte der Probe abhängig (v. a. ausreichende Anzahl von Tumorzellen), insbesondere die Tumorränder sind nicht selten von reaktiven Immunzellinfiltraten betroffen, welche die Diagnose erschweren.

■ **Prognose und Therapie**

Lymphome des Labmagens haben eine schlechte *Prognose* für die Patienten. Die Behandlung der Enzootischen Leukose ist wirtschaftlich nicht sinnvoll, mit der Ausnahme von Patienten mit einem hohen genetischen Wert. Die wichtigste Strategie ist es demnach, infizierte Tiere frühzeitig zu identifizieren und zu eliminieren, um eine Übertragung zu verhindern. Eine effektive Vakzine ist derzeit nicht erhältlich.

■ **Forschungstrends**

In der Literatur finden sich vorwiegend Daten zur Entwicklung einer effektiven Vakzine sowie kompetitiven Infektionen mit viralen Deletionsmutanten.

■ **Weiterführende Literatur**

(Bertone 1990; Buczinski et al. 2011; Burton et al. 2010; Gutierrez et al. 2014; Rodriguez et al. 2011)

Weiterführende Literatur

Bertone AL (1990) Neoplasms of the bovine gastrointestinaltract. Vet Clin North Am Food Anim Pract 6:515–524

Bertone ER, Snyder LA, Moore AS (2003) Environmental and lifestyle risk factors for oral squamous cell carcinoma in domestic cats. J Vet Intern Med 17:557–562

Bilgic O, Duda L, Sanchez MD, Lewis JR (2015) Feline oral squamous cell carcinoma: clinical manifestations and literature review. J Vet Dent 32:30–40

Birchard SJ, Couto CG, Johnson S (1986) Non lymphoid intestinal neoplasia in 32 dogs and 14 cats. J Am AnimHosp Assoc 22:533–537

Blackwood L, Dobson JM (1996) Radiotherapy of oral malignant melanomas in dogs. J Am Vet Med Assoc 209:98–102

Bocaneti F, Altamura G, Corteggio A, Velescu E, Roperto F, Borzacchiello G (2016) Bovine papillomavirus: new insights into an old disease. Transbound Emerg Dis 63:14–23

Boria PA, Murry DJ, Bennett PF, Glickman NW, Snyder PW, Merkel BL, Schlittler DL, Mutsaers AJ, Thomas RM, Knapp DW (2004) Evaluation of cisplatin combined with piroxicam for the treatment of oral malignant melanoma and oral squamous cell carcinoma in dogs. J Am Vet Med Assoc 224:388–394

Bortnowski HB, Rosenthal RC (1992) Gastrointestinal mast-cell tumors and eosinophilia in 2 cats. J Am Anim Hosp Assoc 28:271–275.

Bridgeford EC, Marini RP, Feng Y, Parry NMA, Rickman B, Fox JG (2008) Gastric Helicobacter species as a cause of feline gastric lymphoma: a viable hypothesis. Vet Immunol Immunopathol 123:106–113

Brodey RS (1960) A clinical and pathologic study of 130 neoplasms of the mouth and pharynx in the dog. Am J Vet Res 21:787–812

Brown NO (1989) Salivary gland diseases. Diagnosis, treatment, and associated problems. Probl Vet Med 1:281–294

Buczinski S, Belanger AM, Francoz D (2011) Ultrasonographic appearance of lymphomatous infiltration of the abomasum in cows with lymphoma. J Am Vet Med Assoc 238:1044–1047

Burk RL (1996) Radiation therapy in the treatment of oral neoplasia. Vet Clin North Am Small Anim Pract 26:155–163

Burton AJ, Nydam DV, Long ED, Divers TJ (2010) Signalment and clinical complaints initiating hospital admission, methods of diagnosis, and pathological findings associated with bovine lymphosarcoma (112 cases). J Vet Intern Med 24:960–964

Campo MS, Moar MH, Jarrett WFH, Laird HM (1980) A new papillomavirus associated with alimentary cancer in cattle. Nature 286:180–182

Canejo-Teixeira R, Oliveira M, Pissarra H, Niza MMRE, Vilela CL (2014) A mixed population of Helicobacter pylori, Helicobacter bizzozeronii and „Helicobacter hellmannii" in the gastric mucosa of a domestic cat. Ir Vet J 67(1):25

Carpenter LG, Withrow SJ, Powers BE, Ogilvie GK, Schwarz PD, Straw RC, Larue SM, Berg J (1993) Squamous-cell carcinoma of the tongue in 10 dogs. J Am Anim Hosp Assoc 29:17–24

Carrasco V, Canfran S, Rodriguez-Franco F, Benito A, Sainz A, Rodriguez-Bertos A (2011) Canine gastric carcinoma: immunohistochemical expression of cell cycle proteins (p53, p21, and p16) and heat shock proteins (Hsp27 and Hsp70). Vet Pathol 48:322–329

Carrasco V, Rodriguez-Bertos A, Rodriguez-Franco F, Wise AG, Maes R, Mullaney T, Kiupel M (2015) Distinguishing intestinal lymphoma from inflammatory bowel disease in canine duodenal endoscopic biopsy samples. Vet Pathol 52:668–675

Church EM, Mehlhaff CJ, Patnaik AK (1987) Colorectal adenocarcinoma in dogs: 78 cases (1973–1984). J Am Vet Med Assoc 191:727–730

Ciekot PA, Powers BE, Withrow SJ, Straw RC, Ogilvie GK, LaRue SM (1994) Histologically low-grade, yet biologically high-grade, fibrosarcomas of the mandible and maxilla in dogs: 25 cases (1982–1991). J Am Vet Med Assoc 204:610–615

Cohen M, Post GS, Wright JC (2003) Gastrointestinal leiomyosarcoma in 14 dogs. J Vet Intern Med 17:107–110

Couto CG, Rutgers HC, Sherding RG, Rojko J (1989) Gastrointestinal lymphoma in 20 dogs – a retrospective study. J Vet Intern Med 3:73–78

Coyle KA, Steinberg H (2004) Characterization of lymphocytes in canine gastrointestinal lymphoma. Vet Pathol 41:141–146

Craig LE, Hardam EE, Hertzke DM, Flatland B, Rohrbach BW, Moore RR (2009) Feline gastrointestinal eosinophilic sclerosing fibroplasia. Vet Pathol 46:63–70

Cribb AE (1988) Feline gastrointestinal adenocarcinoma: a review and retrospective study. Can Vet J 29:709–712

Danova NA, Robles-Emanuelli JC, Bjorling DE (2006) Surgical excision of primary canine rectal tumors by an anal approach in twenty-three dogs. Vet Surg 35:337–340

DeBey BM, Bagladi-Swanson M, Kapil S, Oehme FW (2001) Digital papillomatosis in a confined Beagle. J Vet Diagn Invest 13:346–348

Dennis MM, Ehrhart N, Duncan CG, Barnes AB, Ehrhart EJ (2006) Frequency of and risk factors associated with lingual lesions in dogs: 1,196 cases (1995–2004). J Am Vet Med Assoc 228:1533–1537

Desoutter AV, Goldschmidt MH, Sanchez MD (2012) Clinical and histologic features of 26 canine peripheral giant cell granulomas (formerly giant cell epulis). Vet Pathol 49:1018–1023

DiBernardi L, Dore M, Davis JA, Owens JG, Mohammed SI, Guptill CF, Knapp DW (2007) Study of feline oral squamous cell carcinoma: potential target for cyclooxygenase inhibitor treatment. Prostaglandins Leukot Essent Fatty Acids 76:245–250

Dunowska M, Munday JS, Laurie RE, Hills SFK (2014) Genomic characterisation of Felis catus papillomavirus 4, a novel papillomavirus detected in the oral cavity of a domestic cat. Virus Genes 48:111–119

Dvir E, Kirberger RM, Mukorera V, Van Der Merwe LL, Clift SJ (2008) Clinical differentiation between dogs with benign and malignant spirocercosis. Vet Parasitol 155:80–88

Eisele J, McClaran JK, Runge JJ, Holt DE, Culp WT, Liu S, Long F, Bergman PJ (2010) Evaluation of risk factors for morbidity and mortality after pylorectomy and gastroduodenostomy in dogs. Vet Surg 39:261–267

Farese JP, Bacon NJ, Ehrhart NP, Bush J, Ehrhart EJ, Withrow SJ (2008) Oesophageal leiomyosarcoma in dogs: surgical management and clinical outcome of four cases. Vet Comp Oncol 6:31–38

Fiani N, Verstraete FJM, Kass PH, Cox DP (2011) Clinicopathologic characterization of odontogenic tumors and focal fibrous hyperplasia in dogs: 152 cases (1995–2005). J Am Vet Med Assoc 238:495–500

Frank JD, Reimer SB, Kass PH, Kiupel M (2007) Clinical outcomes of 30 cases (1997–2004) of canine gastrointestinal lymphoma. J Am Anim Hosp Assoc 43:313–321

Frost D, Lasota J, Miettinen M (2003) Gastrointestinal stromal tumors and leiomyomas in the dog: a histopathologic, immunohistochemical, and molecular genetic study of 50 cases. Vet Pathol 40:42–54

Gabor LJ, Malik R, Canfield PJ (1998) Clinical and anatomical features of lymphosarcoma in 118 cats. Aust Vet J 76:725–732

Gardner DG (1994) Ameloblastomas in the horse – a critical-review and report of an additional example. J Oral Pathol Med 23:41–44

Gardner DG (1996) Epulides in the dog: a review. J Oral Pathol Med 25:32–37

Gardner DG, Dubielzig RR (1995) Feline inductive odontogenic-tumor (inductive fibroameloblastoma) a tumor unique to cats. J Oral Pathol Med 24:185–190

Gaschen L (2011) Ultrasonography of small intestinal inflammatory and neoplastic diseases in dogs and cats. Vet Clin North Am Small Anim Pract 41:329–344

Gieger T (2011) Alimentary lymphoma in cats and dogs. Vet Clin North Am Small Anim Pract 41:419–432

Gillespie V, Baer K, Farrelly J, Craft D, Luong R (2011) Canine gastrointestinal stromal tumors: immunohistochemical expression of CD34 and examination of prognostic indicators including proliferation markers Ki67 and AgNOR. Vet Pathol 48:283–291

Gregory-Bryson E, Bartlett E, Kiupel M, Hayes S, Yuzbasiyan-Gurkan V (2010) Canine and human gastrointestinal stromal tumors display similar mutations in c-KIT exon 11. BMC Cancer 10:559

Grover S (2005) Gastrointestinal lymphoma in cats. Comp Cont Educ Pract Vet 27:741–751

Gustafson TL, Villamil A, Taylor BE, Flory A (2014) A retrospective study of feline gastric lymphoma in 16 chemotherapy-treated cats. J Am Anim Hosp Assoc 50:46–52

Gutierrez G, Rodriguez SM, De Brogniez A, Gillet N, Golime R, Burny A, Jaworski JP, Alvarez I, Vagnoni L, Trono K, Willems L (2014) Vaccination against delta-retroviruses: the bovine leukemia virus paradigm. Viruses 6:2416–2427

Hahn KA, Denicola DB, Richardson RC, Hahn EA (1994) Canine oral malignant-melanoma – prognostic utility of an alternative staging system. J Small Anim Pract 35:251–256

Hammer A, Getzy D, Ogilvie G, Upton M, Klausner J, Kisseberth WC (2001) Salivary gland neoplasia in the dog and cat: survival times and prognostic factors. J Am Anim Hosp Assoc 37:478–482

Hampson ECGM, Wilkinson GT, Sutton RH, Turner SA (1990) Cutaneous metastasis of a colonic-carcinoma in a dog. J Small Anim Pract 31:155–158

Hayes AM, Adams VJ, Scasey TJ, Murphy S (2007) Survival of 54 cats with oral squamous cell carcinoma in United Kingdom general practice. J Small Anim Pract 48:394–399.

Hayes S, Yuzbasiyan-Gurkan V, Gregory-Bryson E, Kiupel M (2013) Classification of canine nonangiogenic, nonlymphogenic, gastrointestinal sarcomas based on microscopic, immunohistochemical, and molecular characteristics. Vet Pathol 50:779–788

Henry C, Herrera C (2013) Mast cell tumors in cats: clinical update and possible new treatment avenues. J Feline Med Surg 15:41–47

Herring ES, Smith MM, Robertson JL (2002) Lymph node staging of oral and maxillofacial neoplasms in 31 dogs and cats. J Vet Dent 19:122–126

Janke L, Carlson CS, St Hill CA (2010) The novel carbohydrate tumor antigen C2-O-sLe x is upregulated in canine gastric carcinomas. Vet Pathol 47:455–461

Kelly JM, Belding BA, Schaefer AK (2010) Acanthomatous ameloblastoma in dogs treated with intralesional bleomycin. Vet Comp Oncol 8:81–86

Kirberger RM, Clift SJ, Van Wilpe E, Dvir E (2013) Spirocerca lupi-associated vertebral changes: a radiologic-pathologic study. Vet Parasitol 195:87–94

Kiupel M, Smedley RC, Pfent C, Xie Y, Xue Y, Wise AG, DeVaul JM, Maes RK (2011) Diagnostic algorithm to differentiate lymphoma from inflammation in feline small intestinal biopsy samples. Vet Pathol 48:212–222

Kosovsky JE, Matthiesen DT, Patnaik AK (1988) Small intestinal adenocarcinoma in cats – 32 cases (1978–1985). J Am Vet Med Assoc 192:233–235

Kosovsky JK, Matthiesen DT, Marretta SM, Patnaik AK (1991) Results of partial mandibulectomy for the treatment of oral tumors in 142 dogs. Vet Surg 20:397–401

Krauser K (1985) Neoplasien des Magens beim Hund. Berl Munch Tierarztl Wschr 98:48–53

Kreutzer R, Wohlsein P, Staszyk C, Nowak M, Sill V, Baumgartner W (2007) Dental benign cementomas in three horses. Vet Pathol 44:533–536

LaRock RG, Ginn PE (1997) Immunohistochemical staining characteristics of canine gastrointestinal stromal tumors. Vet Pathol 34:303–311

Laurenson MP, Skorupski KA, Moore PF, Zwingenberger AL (2011) Ultrasonography of intestinal mast cell tumors in the cat. Vet Radiol Ultrasound 52:330–334

Lindsay N, Kirberger R, Williams M (2010) Imaging diagnosis-spinal cord chondrosarcoma associated with spirocercosis in a dog. Vet Radiol Ultrasound 51:614–616

Lingard AE, Briscoe K, Beatty JA, Moore AS, Crowley AM, Krockenberger M, Churcher RK, Canfield PJ, Barrs VR (2009) Low-grade alimentary lymphoma: clinicopathological findings and response to treatment in 17 cases. J Feline Med Surg 11:692–700

Linton M, Nimmo JS, Norris JM, Churcher R, Haynes S, Zoltowska A, Hughes S, Lessels NS, Wright M, Malik R (2015) Feline gastrointestinal eosinophilic sclerosing fibroplasia: 13 cases and review of an emerging clinical entity. J Feline Med Surg 17:392–404

Lurie DM, Seguin BD, Schneider PD, Verstraete FJ, Wisner ER (2006) Contrast-assisted ultrasound for sentinel lymph node detection in spontaneously arising canine head and neck tumors. Invest Radiol 41:415–421

Maas CP, Ter Haar G, Van Der Gaag I, Kirpensteijn J (2007) Reclassification of small intestinal and cecal smooth muscle tumors in 72 dogs: clinical, histologic, and immunohistochemical evaluation. Vet Surg 36:302–313

Maeda S, Ohno K, Fujiwara-Igarashi A, Uchida K, Tsujimoto H (2016) Changes in Foxp3-positive regulatory T cell number in the intestine of dogs with idiopathic inflammatory bowel disease and intestinal lymphoma. Vet Pathol 53:102–112

Marolf AJ, Bachand AM, Sharber J, Twedt DC (2015) Comparison of endoscopy and sonography findings in dogs and cats with histologically confirmed gastric neoplasia. J Small Anim Pract 56:339–344

Masuda EK, Kommers GD, Martins TB, Barros CSL, Piazer JVM (2011) Morphological factors as indicators of malignancy of squamous cell carcinomas in cattle exposed naturally to bracken fern (Pteridium aquilinum). J Comp Pathol 144:48–54

Mazaki-Tovi M, Baneth G, Aroch I, Harrus S, Kass PH, Ben-Ari T, Zur G, Aizenberg I, Bark H, Lavy E (2002) Canine spirocercosis: clinical, diagnostic, pathologic, and epidemiologic characteristics. Vet Parasitol 107:235–250

McEntee MF, Cates JM, Neilsen N (2002) Cyclooxygenase-2 expression in spontaneous intestinal neoplasia of domestic dogs. Vet Pathol 39:428–436

Mestrinho LA, Faisca P, Peleteiro MC, Niza MM (2014) PCNA and grade in 13 canine oral squamous cell carcinomas: association with prognosis. Vet Comp Oncol. doi: 10.1111/vco.12134. [Epub ahead of print]

Mestrinho LA, Pissarra H, Faisca PB, Braganca M, Peleteiro MC, Niza MM (2015) p63 and E-cadherin expression in canine oral squamous cell carcinoma. Vet Pathol 52:614–620

Mooney SC, Hayes AA (1986) Lymphomas in the cat: an approach to diagnosis and management. Semin Vet Med Surg (Small Anim) 1(1):51–57

Moore PF, Rodriguez-Bertos A, Kass PH (2012) Feline gastrointestinal lymphoma: mucosal architecture, immunophenotype, and molecular clonality. Vet Pathol 49:658–668

Morse CC, Saik JE, Richardson DW, Fetter AW (1988) Equine juvenile mandibular ossifying fibroma. Vet Pathol 25:415–421

Munday JS (2014) Bovine and human papillomaviruses: a comparative review. Vet Pathol 51:1063–1075

Munday JS, Fairley RA, Mills H, Kiupel M, Vaatstra BL (2015a) Oral papillomas associated with felis catus papillomavirus type 1 in 2 domestic cats. Vet Pathol 52:1187–1190

Munday JS, French A, Harvey CJ (2015b) Molecular and immunohistochemical studies do not support a role for papillomaviruses in canine oral squamous cell carcinoma development. Vet J 204:223–225

Munday JS, Tucker RS, Kiupel M, Harvey CJ (2015c) Multiple oral carcinomas associated with a novel papillomavirus in a dog. J Vet Diagn Invest 27:221–225

Munday JS, Dunowska M, Laurie RE, Hills S (2016) Genomic characterisation of canine papillomavirus type 17, a possible rare cause of canine oral squamous cell carcinoma. Vet Microbiol 182:135–140

Munday JS, French AF (2015) Felis catus papillomavirus types 1 and 4 are rarely present in neoplastic and inflammatory oral lesions of cats. Res Vet Sci 100:220–222

Northrup NC, Selting KA, Rassnick KM, Kristal O, O'Brien MG, Dank G, Dhaliwal RS, Jagannatha S, Cornell KK, Gieger TL (2006) Outcomes of cats with oral tumors treated with mandibulectomy: 42 cases. J Am Anim Hosp Assoc 42:350–360

Ohmura S, Leipig M, Schopper I, Hergt F, Weber K, Rutgen BC, Tsujimoto H, Hermanns W, Hirschberger J (2015) Detection of monoclonality in intestinal lymphoma with polymerase chain reaction for antigen receptor gene rearrangement analysis to differentiate from enteritis in dogs. Vet Comp Oncol. doi: 10.1111/vco.12151. [Epub ahead of print]

Olsen SN (1992) Squamous-cell carcinoma of the equine stomach – a report of 5 cases. Vet Rec 131:170–173

Owen LN (1980) World Health Organisation TNM Classification of tumors in domestic animals. Geneva

Paoloni MC, Penninck DG, Moore AS (2002) Ultrasonographic and clinicopathologic findings in 21 dogs with intestinal adenocarcinoma. Vet Radiol Ultrasound 43:562–567

Patnaik AK, Liu SK, Johnson GF (1976) Feline intestinal adenocarcinoma. A clinicopathologic study of 22 cases. Vet Pathol 13:1–10

Patnaik AK, Hurvitz AI, Johnson GF (1977) Canine gastrointestinal neoplasms. Vet Pathol 14:547–555

Patnaik AK, Hurvitz AI, Johnson GF (1978) Canine gastric adenocarcinoma. Vet Pathol 15:600–607

Patnaik AK, Hurvitz AI, Johnson GF (1980) Canine intestinal adenocarcinoma and carcinoid. Vet Pathol 17:149–163

Patterson-Kane JC, Kugler BP, Francis K (2004) The possible prognostic significance of immunophenotype in feline alimentary lymphoma: a pilot study. J Comp Pathol 130:220–222

Penninck D, Smyers B, Webster CR, Rand W, Moore AS (2003) Diagnostic value of ultrasonography in differentiating enteritis from intestinal neoplasia in dogs. Vet Radiol Ultrasound 44:570–575

Pohlman LM, Higginbotham ML, Welles EG, Johnson CM (2009) Immunophenotypic and histologic classification of 50 cases of feline gastrointestinal lymphoma. Vet Pathol 46:259–268

Poulet FM, Valentine BA, Summers BA (1992) A survey of epithelial odontogenic-tumors and cysts in dogs and cats. Vet Pathol 29:369–380

Przeździecki R, Czopowicz M, Sapierzyński R (2015) Accuracy of routine cytology and immunocytochemistry in preoperative diagnosis of oral amelanotic melanomas in dogs. Vet Clin Pathol 44:597–604

Rakich PM, Latimer KS, Weiss R, Steffens WL (1989) Mucocutaneous plasmacytomas in dogs: 75 cases (1980–1987). J Am Vet Med Assoc 194:803–810

Ramos-Vara JA, Beissenherz ME, Miller MA, Johnson GC, Pace LW, Fard A, Kottler SJ (2000) Retrospective study of 338 canine oral melanomas with clinical, histologic, and immunohistochemical review of 129 cases. Vet Pathol 37:597–608

Ranen E, Lavy E, Aizenberg Z, Perl S, Harrus S (2004) Spirocercosis-associated esophageal sarcomas in dogs – a retrospective study of 17 cases (1997–2003). Vet Parasitol 119:209–221

Rassnick KM, Ruslander DM, Cotter SM, Al-Sarraf R, Bruyette DS, Gamblin RM, Meleo KA, Moore AS (2001) Use of carboplatin for treatment of dogs with malignant melanoma: 27 cases (1989–2000). J Am Vet Med Assoc 218:1444–1448

Rassnick KM, Moore AS, Collister KE, Northrup NC, Kristal O, Chretin JD, Bailey DB (2009) Efficacy of combination chemotherapy for treatment of gastrointestinal lymphoma in dogs. J Vet Intern Med 23:317–322

Recknagel S, Nicke M, Schusser GF (2012) Diagnostic assessment of peritoneal fluid cytology in horses with abdominal neoplasia. Tierarztl Prax Ausg G Grosstiere Nutztiere 40:85–93

Reed SD, Fulmer A, Buckholz J, Zhang B, Cutrera J, Shiomitsu K, Li S (2010) Bleomycin/interleukin-12 electrochemogenetherapy for treating naturally occurring spontaneous neoplasms in dogs. Cancer Gene Ther 17:571–578

Reef VB, Dyson SS, Beech J (1984) Lymphosarcoma and associated immune-mediated hemolytic-anemia and thrombocytopenia in horses. J Am Vet Med Assoc 184:313–317

Regan D, Guth A, Coy J, Dow S (2015) Cancer immunotherapy in veterinary medicine: current options and new developments. Vet J 207:20–28

Rissetto K, Villamil JA, Selting KA, Tyler J, Henry CJ (2011) Recent trends in feline intestinal neoplasia: an epidemiologic study of 1,129 cases in the veterinary medical database from 1964 to 2004. J Am Anim Hosp Assoc 47:28–36

Roccabianca P, Vernau W, Caniatti M, Moore PF (2006) Feline large granular lymphocyte (LGL) lymphoma with secondary leukemia: primary intestinal origin with predominance of a CD3/CD8 alpha alpha phenotype. Vet Pathol 43:15–28

Rodriguez SM, Florins A, Gillet N, De Brogniez A, Sanchez-Alcaraz MT, Boxus M, Boulanger F, Gutierrez G, Trono K, Alvarez I, Vagnoni L, Willems L (2011) Preventive and therapeutic strategies for bovine leukemia virus: lessons for HTLV. Viruses 3:1210–1248

Russell KN, Mehler SJ, Skorupski KA, Baez JL, Shofer FS, Goldschmidt MH (2007) Clinical and immunohistochemical differentiation of gastrointestinal stromal tumors from leiomyosarcomas in dogs: 42 cases (1990–2003). J Am Vet Med Assoc 230:1329–1333

Sancak A, Favrot C, Geisseler MD, Muller M, Lange CE (2015) Antibody titres against canine papillomavirus 1 peak around clinical regression in naturally occurring oral papillomatosis. Vet Dermatol 26:57–59

Sato AF, Solano M (2004) Ultrasonographic findings in abdominal mast cell disease: a retrospective study of 19 patients. Vet Radiol Ultrasound 45:51–57

Seim-Wikse T, Kolbjornsen O, Jorundsson E, Benestad SL, Bjornvad CR, Grotmol T, Kristensen AT, Skancke E (2014) Tumour gastrin expression and serum gastrin concentrations in dogs with gastric carcinoma are poor diagnostic indicators. J Comp Pathol 151:207–211

Simon D, Meneses F, Nolte I (2005) Moglichkeiten der Diagnostik von Tumorerkrankungen am Magen-Darm-Trakt. Tierarztl Prax K 33:401–406

Simon D, Nolte I, Eberle N, Abbrederis N, Killich M, Hirschberger J (2006) Treatment of dogs with lymphoma using a 12-week, maintenance-free combination chemotherapy protocol. J Vet Intern Med 20:948–954

Simon D, Moreno SN, Hirschberger J, Moritz A, Kohn B, Neumann S, Jurina K, Scharvogel S, Schwedes C, Reinacher M, Beyerbach M, Nolte I (2008) Efficacy of a continuous, multiagent chemotherapeutic protocol versus a short-term single-agent protocol in dogs with lymphoma. J Am Vet Med Assoc 232:879–885

Slawienski MJ, Mauldin GE, Mauldin GN, Patnaik AK (1997) Malignant colonic neoplasia in cats: 46 cases (1990–1996). J Am Vet Med Assoc 211:878–881

Smedley RC, Lamoureux J, Sledge DG, Kiupel M (2011a) Immunohistochemical diagnosis of canine oral amelanotic melanocytic neoplasms. Vet Pathol 48:32–40.

Smedley RC, Spangler WL, Esplin DG, Kitchell BE, Bergman PJ, Ho HY, Bergin IL, Kiupel M (2011b) Prognostic markers for canine melanocytic neoplasms: a comparative review of the literature and goals for future investigation. Vet Pathol 48:54–72

Smith SH, Goldschmidt MH, McManus PM (2002) A comparative review of melanocytic neoplasms. Vet Pathol 39:651–678

Snyder LA, Bertone ER, Jakowski RM, Dooner MS, Jennings-Ritchie J, Moore AS (2004) p53 expression and environmental tobacco smoke exposure in feline oral squamous cell carcinoma. Vet Pathol 41:209–214

Spangler WL, Culbertson MR (1991) Salivary gland disease in dogs and cats: 245 cases (1985–1988). J Am Vet Med Assoc 198:465–469

Stebbins KE, Morse CC, Goldschmidt MH (1989) Feline oral neoplasia: a ten-year survey. Vet Pathol 26:121–128.

Sundberg JP, Van Ranst M, Montali R, Homer BL, Miller WH, Rowland PH, Scott DW, England JJ, Dunstan RW, Mikaelian I, Jenson AB (2000) Feline papillomas and papillomaviruses. Vet Pathol 37:1–10

Taylor SD, Haldorson GJ, Vaughan B, Pusterla N (2009) Gastric neoplasia in horses. J Vet Intern Med 23:1097–1102

Teske E, Van Heerde P, Rutteman GR, Kurzman ID, Moore PF, MacEwen EG (1994) Prognostic factors for treatment of malignant lymphoma in dogs. J Am Vet Med Assoc 205:1722–1728

Theon AP, Rodriguez C, Griffey S, Madewell BR (1997) Analysis of prognostic factors and patterns of failure in dogs with periodontal tumors treated with megavoltage irradiation. J Am Vet Med Assoc 210:785–788

Thrall DE (1981) Orthovoltage radiotherapy of oral fibrosarcomas in dogs. J Am Vet Med Assoc 179:159–162

Thrall DE (1984) Orthovoltage radiotherapy of acanthomatous epulides in 39 dogs. J Am Vet Med Assoc 184:826–829

Todoroff RJ, Brodey RS (1979) Oral and pharyngeal neoplasia in the dog – retrospective survey of 361 cases. J Am Vet Med Assoc 175:567–571

Tomlinson MJ, Mckeever PJ, Nordine RA (1982) Colonic adenocarcinoma with cutaneous metastasis in a dog. J Am Vet Med Assoc 180:1344–1345

Tsirimonaki E, O'Neil BW, Williams R, Campo MS (2003) Extensive papillomatosis of the bovine upper gastrointestinal tract. J Comp Pathol 129:93–99

Vail DM, Kisseberth WC, Obradovich JE, Moore FM, London CA, MacEwen EG, Ritter MA (1996) Assessment of potential doubling time (Tpot), argyrophilic nucleolar organizer regions (AgNOR), and proliferating cell nuclear antigen (PCNA) as predictors of therapy response in canine non-Hodgkin's lymphoma. Exp Hematol 24:807–815

Valerius KD, Powers BE, McPherron MA, Hutchison JM, Mann FA, Withrow SJ (1997) Adenomatous polyps and carcinoma in situ of the canine colon and rectum: 34 cases (1982–1994). J Am Anim Hosp Assoc 33:156–160

Valli VE, Kass PH, San Myint M, Scott F (2013) Canine lymphomas: association of classification type, disease stage, tumor subtype, mitotic rate, and treatment with survival. Vet Pathol 50:738–748

Van Der Merwe LL, Kirberger RM, Clift S, Williams M, Keller N, Naidoo V (2008) Spirocerca lupi infection in the dog: a review. Vet J 176:294–309

Vandenhoven R, Franken P (1983) Clinical aspects of lymphosarcoma in the horse – a clinical report of 16 cases. Equine Vet J 15:49–53

Von Babo V, Eberle N, Mischke R, Meyer-Lindenberg A, Hewicker-Trautwein M, Nolte I, Betz D (2012) Canine non-hematopoietic gastric neoplasia. Epidemiologic and diagnostic characteristics in 38 dogs with post-surgical outcome of five cases. Tierarztl Prax Ausg K Kleintiere Heimtiere 40:243–249

Wallace J, Matthiesen DT, Patnaik AK (1992) Hemimaxillectomy for the treatment of oral tumors in 69 dogs. Vet Surg 21:337–341

Watrach AM, Small E, Case MT (1970) Canine papilloma – progression of oral papilloma to carcinoma. J Natl Cancer Inst 45:915–920

White RA, Gorman NT (1989) Wide local excision of acanthomatous epulides in the dog. Vet Surg 18:12–14

Willard MD (2012) Alimentary neoplasia in geriatric dogs and cats. Vet Clin North Am Small Anim Pract 42:693–706

Withrow SJ, Holmberg DL (1983) Mandibulectomy in the treatment of oral-cancer. J Am Anim Hosp Assoc 19:273–286

Wright ZM, Rogers KS, Mansell J (2008) Survival data for canine oral extramedullary plasmacytomas: a retrospective analysis (1996–2006). J Am Anim Hosp Assoc 44:75–81

Yoshida K, Yanai T, Iwasaki T, Sakai H, Ohta J, Kati S, Minami T, Lackner AA, Masegi T (1999) Clinicopathological study of canine oral epulides. J Vet Med Sci 61:897–902

Tumoren des exokrinen Pankreas

Robert Klopfleisch

© Springer-Verlag GmbH Deutschland 2017
R. Klopfleisch (Hrsg.), *Veterinäronkologie kompakt*,
https://doi.org/10.1007/978-3-662-54987-2_10

10.1 Kanine exokrine Pankreastumoren

Kanine exokrine Pankreastumore in fünf Fakten

1. nicht-neoplastische benigne noduläre Hyperplasie viel häufiger als echte Neoplasien
2. Tumoren meist hochmaligne Adenokarzinome
3. häufig bereits zum Zeitpunkt der Diagnose metastasiert
4. partielle Pankreatektomie möglich, Chemotherapie nicht hilfreich
5. generell schlechte Prognose

■ **Epidemiologie und Pathogenese**

Tumoren des exokrinen Pankreas sind selten beim Hund. Die Tumoren stammen von den duktalen oder azinären Epithelzellen ab. Hündinnen zeigen eine Geschlechtsprädisposition. Das mittlere Alter betroffener Hunde liegt bei 10 Jahren. **Adenokarzinome** des Pankreas sind hochgradig **aggressiv** und eine **Metastasierung** in die Lymphknoten, Leber und das Peritoneum finden sich zumeist bereits bei der ersten Diagnosestellung. **Pankreasadenome** sind extrem selten bzw. nicht von sogenannten **nodulären Hyperplasien** abzugrenzen und sind keine gängige Diagnose des Pathologen.

■ **Klinik**

Die klinischen Symptome bei Tieren mit Pankreastumoren sind **unspezifisch** und umfassen vor allem die typischen Anzeichen einer **Pankreasinsuffizienz**, wie z. B. Vomitus, Anorexie und Lethargie. Weiterhin können **Diabetes mellitus** oder Ikterus aufgrund der Obstruktion des Gallengangs auftreten. In seltenen Fällen wurden weiterhin Steatitis, Pannikulitis oder epidermale Nekrose beschrieben. Eine Blutuntersuchung kann erhöhte Lipase- und Amylasewerte zeigen, Normalwerte schließen jedoch einen Tumor nicht aus. Eine **Ultraschalluntersuchung** ist für die Identifikation der Pankreasmasse hilfreich, welche sich häufig im duodenalen Schenkel des Pankreas findet. Eine Computertomographie (CT) ist ebenfalls sehr hilfreich für die Lokalisation von Tumor und Metastasen. Eine diagnostische und palliative **Laparotomie** wird empfohlen, wenn die anderen diagnostischen Methoden nicht ausreichend spezifisch sind. Pankreaskarzinome sind **solitäre, invasive** Knoten, die jedoch das Organ mit fortschreitender Erkrankung diffus infiltrieren. Finden sich zahlreiche kleine Knötchen im Pankreas bei der Ultraschalluntersuchung oder Laparotomie, handelt es sich zumeist um benigne noduläre **Hyperplasien**.

■ **Zytologie und Histopathologie**

Eine ultraschallgeführte **Feinnadelaspiration** des Pankreas kann die Diagnose unterstützen. **Schlecht differenzierte, pleomorphe Epithelzellen**, die manchmal in Acini gelegen sind, sowie zahlreiche und teils atypische Mitosen sind hinweisend auf einen Tumor. Es findet sich eine große Korrelation zwischen zytologischen und histopathologischen Diagnosen. Letztlich kann jedoch nur durch eine **histopathologische Untersuchung** eine Einschätzung der Invasionsaktivität des Tumors und der chirurgischen Ränder vorgenommen werden. Selbst gut differenzierte Tumoren können jedoch metastasieren.

■ **Therapie und Prognose**

Die **partielle Pankreatektomie** ist die Therapiemethode der Wahl bei Hunden ohne sichtbare Metastasen. Zumeist ist jedoch eine **zusätzliche partielle Duodenektomie** nötig, um den Tumor vollständig zu entfernen. **Chemotherapieansätze** mit **Cisplatin** wurden beschrieben, führen jedoch nur zu einer kurzzeitigen Abschwächung der Symptome. Die Prognose für die Tumoren ist aufgrund ihres hohen Metastasierungspotenzials schlecht bis sehr schlecht. Vor allem durch die zumeist massive Zerstörung des Pankreas beträgt die Überlebenszeit zumeist nur wenige Tage.

■ **Weiterführende Literatur**

(Allen et al. 1989; Bennett et al. 2001; Cave et al. 2007; Chang et al. 2007; Cobb und Merrell 1984; Cordner et al. 2015; Dennis et al. 2008; Kircher und Nielsen 1976; Newman et al. 2005; Priester 1974; Quigley et al. 2001; Vanderperren et al. 2014)

10.2   Feline exokrine Pankreastumore

Feline exokrine Pankreastumore in fünf Fakten

1. nicht-neoplastische noduläre Hyperplasien sehr viel häufiger
2. echte Neoplasien meist hochmaligne Adenokarzinome
3. häufig bereits umfassende Metastasierung zum Zeitpunkt der Diagnose
4. partielle Pankreatektomie Therapie der Wahl, Chemotherapie kann hilfreich sein
5. generell schlechte Prognose

■ **Epidemiologie und Pathogenese**

Pankreastumoren sind sehr seltene Tumoren der Katze. Umfangsvermehrungen im felinen Pankreas sind fast immer nicht-neoplastische, vollkommen gutartige, noduläre **Hyperplasien**. Das mittlere **Alter** von Katzen mit Pankreastumoren beträgt 12 Jahre. Karzinome des Pankreas sind extrem **infiltrativ wachsend** und **Metastasen** in die Lymphknoten, Leber, Peritoneum und darüber hinaus sind zumeist bereits bei der Primärdiagnose nachweisbar. Adenome sind nicht von Hyperplasien abgrenzbar und stellen deshalb eine kaum bis gar nicht verwendete Diagnose dar.

■ **Klinik**

Die klinischen Symptome eines exokrinen Pankreaskarzinoms sind **unspezifisch**. Sie können neben den Anzeichen einer Pankreasinsuffizienz bei der Katze auch eine **paraneoplastische Alopezie** des Abdomens, des Kopfes und der Gliedmaßen umfassen. Nur selten sind die Tumoren als abdominale Masse direkt **palpierbar**. Im Ultraschall finden sich einzelne **Pankreasknötchen** mit einem Durchmesser von > 2 cm. Zahlreiche kleinere Knötchen sprechen hingegen eher für den Befund einer **nodulären Hyperplasie**. Ein tumorassoziierter Diabetes mellitus findet sich ebenfalls häufig.

■ **Zytologie und Histopathologie**

Das zytologische und histopathologische Erscheinungsbild feliner Pankreaskarzinome ist ähnlich denen beim Hund (▶ Abschn. 10.1).

■ **Therapie und Prognose**

Die partielle **Pankreatektomie** ist die Therapiemethode der Wahl bei Katzen ohne Hinweise auf Metastasen. Eine partielle **Duodenektomie** ist jedoch zur vollständigen Entfernung des Tumors häufig zusätzlich nötig. Eine **Chemotherapie** mit Gemcitabin und Carboplatin scheint bei der Katze wirksamer zu sein als beim Hund und ist mit Überlebenszeiten von bis zu 165 Tagen und bei wenigen Katzen mit kompletter Remission assoziiert. Eine Behandlung mit Prednison ist nicht effektiv.

Insgesamt ist die **Prognose** für Katzen mit Pankreaskarzinomen **schlecht bis sehr schlecht** aufgrund der hohen Metastasierungsrate und der zumeist weitgehenden Pankreaszerstörung. Abdominale Effusionen zum Zeitpunkt der Diagnose verschlechtern die Prognose.

■ **Weiterführende Literatur**

(Banner et al. 1979; Bennett et al. 2001; Fabbrini et al. 2005; Hecht et al. 2007; Kircher und Nielsen 1976; Knell und Venzin 2012; Linderman et al. 2013; Lobetti 2015; Marconato et al. 2007; Martinez-Ruzafa et al. 2009; Priester 1974; Seaman 2004; Tasker et al. 1999; Turek 2003; Yoshimura et al. 2013)

10.3   Pankreastumoren bei Pferden und Rindern

Exokrine Pankreastumoren sind bei Pferden und Rindern sehr selten. Wenn sie auftreten, zeigen sie ein hohes Metastasierungspotenzial, ähnlich wie bei Hund und Katze. Noduläre **Hyperplasie** kommen viel häufiger vor als echte Tumoren.

■ **Weiterführende Literatur**

(De Brot et al. 2014; Kelley et al. 1996; Lucena et al. 2011; Rendle et al. 2006)

Weiterführende Literatur

Allen SW, Cornelius LM, Mahaffey EA (1989) A comparison of two methods of partial pancreatectomy in the dog. Vet Surg 18(4):274–278

Banner BF, Alroy J, Kipnis RM (1979) Acinar cell carcinoma of the pancreas in a cat. Vet Pathol 16(5):543–547

Brot de S, Junge H, Hilbe M (2014) Acinar cell carcinoma of exocrine pancreas in two horses. J Comp Pathol 150(4):388–392

Bennett PF, Hahn KA, Toal RL, Legendre AM (2001) Ultrasonographic and cytopathological diagnosis of exocrine pancreatic carcinoma in the dog and cat. J Am Anim Hosp Assoc 37(5):466–473

Cave TA, Evans H, Hargreaves J, Blunden AS (2007) Metabolic epidermal necrosis in a dog associated with pancreatic adenocarcinoma, hyperglucagonemia, hyperinsulinemia and hypoaminoacidemia. J Small Anim Pract 48(9):522–526

Chang SC, Liao JW, Lin YC, Liu CI, Wong ML (2007) Pancreatic acinar cell carcinoma with intracranial metastasis in a dog. J Vet Med Sci 69(1):91–93

Cobb LF, Merrell RC (1984) Total pancreatectomy in dogs. J Surg Res 37(3):235–240

Cordner AP, Sharkey LC, Armstrong PJ, McAteer KD (2015) Cytologic findings and diagnostic yield in 92 dogs undergoing fine-needle aspiration of the pancreas. J Vet Diagn Invest 27(2):236–240

Dennis MM, O'Brien TD, Wayne T, Kiupel M, Williams M, Powers BE (2008) Hyalinizing pancreatic adenocarcinoma in six dogs. Vet Pathol 45(4):475–483

Fabbrini F, Anfray P, Viacava P, Gregori M, Abramo F (2005) Feline cutaneous and visceral necrotizing panniculitis and steatitis associated with a pancreatic tumour. Vet Dermatol 16(6):413–419

Hecht S, Penninck DG, Keating JH (2007) Imaging findings in pancreatic neoplasia and nodular hyperplasia in 19 cats. Vet Radiol Ultrasound 48(1):45–50

Kelley LC, Harmon BG, McCaskey PC (1996) A retrospective study of pancreatic tumors in slaughter cattle. Vet Pathol 33(4):398–406

Kircher CH, Nielsen SW (1976) Tumours of the pancreas. Bull World Health Organ 53(2–3):195–202

Knell S, Venzin C (2012) Partial pancreatectomy and splenectomy using a bipolar vessel sealing device in a cat with an anaplastic pancreatic carcinoma. Schweiz Arch Tierheilkd 154(7):298–301

Linderman MJ, Brodsky EM, De Lorimier LP, Clifford CA, Post GS (2013) Feline exocrine pancreatic carcinoma: a retrospective study of 34 cases. Vet Comp Oncol 11(3):208–218

Lobetti R (2015) Lymphocytic mural folliculitis and pancreatic carcinoma in a cat. J Feline Med Surg 17(6):548–550

Lucena RB, Rissi DR, Kommers GD, Pierezan F, Oliveira-Filho JC, Macêdo JT, Flores MM, Barros CS (2011) A retrospective study of 586 tumours in Brazilian cattle. J Comp Pathol 145(1):20–24

Marconato L, Albanese F, Viacava P, Marchetti V, Abramo F (2007) Paraneoplastic alopecia associated with hepatocellular carcinoma in a cat. Vet Dermatol 18(4):267–271

Martinez-Ruzafa I, Dominguez PA, Dervisis NG, Sarbu L, Newman RG, Cadile CD, Kitchell BE (2009) Tolerability of gemcitabine and carboplatin doublet therapy in cats with carcinomas. J Vet Intern Med 23(3):570–577

Newman SJ, Steiner JM, Woosley K, Barton L, Williams DA (2005) Correlation of age and incidence of pancreatic exocrine nodular hyperplasia in the dog. Vet Pathol 42(4):510–513

Priester WA (1974) Data from eleven United States and Canadian colleges of veterinary medicine on pancreatic carcinoma in domestic animals. Cancer Res 34(6): 1372–1375

Quigley KA, Jackson ML, Haines DM (2001) Hyperlipasemia in 6 dogs with pancreatic or hepatic neoplasia: evidence for tumor lipase production. Vet Clin Pathol 30(3):114–120

Rendle DI, Hewetson M, Barron R, Baily JE (2006) Tachypnoea and pleural effusion in a mare with metastatic pancreatic adenocarcinoma. Vet Rec 159(11):356–359

Seaman RL (2004) Exocrine pancreatic neoplasia in the cat: a case series. J Am Anim Hosp Assoc 40(3):238–245

Tasker S, Griffon DJ, Nuttall TJ, Hill PB (1999) Resolution of paraneoplastic alopecia following surgical removal of a pancreatic carcinoma in a cat. J Small Anim Pract 40(1):16–19

Turek MM (2003) Cutaneous paraneoplastic syndromes in dogs and cats: a review of the literature. Vet Dermatol 14(6):279–296

Vanderperren K, Haers H, Van Der Vekens E, Stock E, Paepe D, Daminet S, Saunders JH (2014) Description of the use of contrast-enhanced ultrasonography in four dogs with pancreatic tumours. J Small Anim Pract 55(3):164–169

Yoshimura H, Matsuda Y, Kawamoto Y, Michishita M, Ohkusu-Tsukada K, Takahashi K, Naito Z, Ishiwata T (2013) Acinar cell cystadenoma of the pancreas in a cat. J Comp Pathol 149(2–3):225–228

Tumoren des Skeletts

Robert Klopfleisch

© Springer-Verlag GmbH Deutschland 2017
R. Klopfleisch (Hrsg.), *Veterinäronkologie kompakt*,
https://doi.org/10.1007/978-3-662-54987-2_11

Skeletttumoren werden in allen Haustierspezies beschrieben. Häufig sind sie jedoch nur beim Hund, und sie werden bei der Katze regelmäßig beobachtet. Osteosarkome sind mit 90 % die wichtigsten Tumoren des knöchernen Skeletts. Chondrosarkome, Fibrosarkome und Hämangiosarkome machen die restlichen 10 % der Skeletttumoren aus.

11.1 Kanine Knochen- und Gelenktumoren

Osteosarkome sind die wichtigsten Knochentumoren des Hundes. Sie machen nahezu 90 % Knochentumoren aus. Mit 5 % der Tumoren sind **Chondrosarkome** die zweithäufigste Tumorart des knöchernen Skeletts. Fibrosarkome, Hämangiosarkome und Osteochondrome sind selten. **Synovialzellsarkome** sind die wichtigsten gelenkassoziierten Tumoren des Hundes.

11.1.1 Kanine Osteosarkome

Kanine Osteosarkome in zehn Fakten
1. appendikuläre Osteosarkome (Osteosarkome der Gliedmaßen) am häufigsten
2. axiale Osteosarkome von Schädel, Rippen, Wirbelsäule und Becken häufiger bei kleinen Hunderassen
3. alle Osteosarkome zeigen hochinvasives Wachstum
4. 90 % aller appendikulären Osteosarkome mit Fernmetastasen
5. axiale Osteosarkome etwas seltener (30–50 %) mit Fernmetastasen
6. meist direkte hämatogene Ausbreitung, Lymphknotenmetastasen meist nicht nachweisbar
7. Chirurgie (Amputation/gliedmaßenerhaltend) als Behandlungsmethode der Wahl
8. adjuvante Chemotherapie notwendig für Verlangsamung des Metastasenwachstums
9. Strahlentherapie vor allem zur Schmerzlinderung
10. zahlreiche prognostische Faktoren bekannt

■ **Epidemiologie und Pathogenese**

Osteosarkome sind die häufigsten Knochentumoren des Hundes. Sie stellen **90 % aller Knochentumoren** und 5 % aller malignen Tumoren des Hundes dar. Sie kommen vor allem bei mittelalten bis alten Hunden in einem medianen **Alter** von 7 Jahren vor, finden sich jedoch auch manchmal bei jungen Hunden im Alter von circa 2 Jahren. Osteosarkome sind Tumoren großer Hunderassen. Nur 5 % aller kaninen Osteosarkome werden bei Hunden mit einem Körpergewicht von < 15 kg beobachtet. Deutscher Schäferhund, Deutsche Dogge, Rottweiler, Dobermann, Greyhound und Golden Retriever zeigen eine Rasseprädisposition für axiale Osteosarkome. Generell sind jedoch zunehmende Größe und höheres Gewicht ein stärkerer prädisponierender Faktor als die Rasse. Eine tiefergehende Analyse der genetischen Basis der Osteosarkomprädisposition identifizierte ein **polygenes Spektrum von vererbten Faktoren** mit Einfluss auf Knochendifferenzierung und -wachstum. Eine Geschlechtsprädisposition ist nicht bekannt.

Osteosarkome werden grob nach ihrer anatomischen Lokalisation in **appendikuläre Osteosarkome** der Gliedmaßen (◨ Abb. 11.1), und **axiale Osteosarkome** der Wirbelsäule und der flachen Knochen des Schädels und des Beckens eingeteilt. Circa 75 % aller kaninen Osteosarkome entwickeln sich in den Knochen der Gliedmaßen. Bei großen Hunderassen machen appendikuläre Osteosarkome 95 % der Osteosarkome aus. Appendikuläre Tumoren entwickeln sich häufiger an den **metaphysealen Knochen** und den **Vordergliedmaßen.** Hier finden sie sich zumeist im proximalen Humerus und dem distalen Radius, jedoch selten im Bereich der Ellbogengelenke. Appendikuläre Osteosarkome sind lokal aggressiv wachsend mit Invasion der umgebenden knöchernen und weichgeweblichen Strukturen. **Fernmetastasen** werden bei 90 % der Hunde appendikuläre Osteosarkome beobachtet. Im Gegensatz

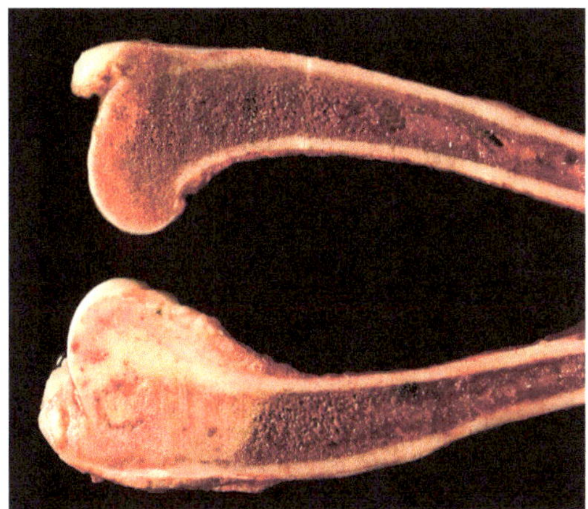

Abb. 11.1 Osteosarkom des Humerus, Hund (unten: betroffener Humerus, oben: kontralateraler, normaler Humerus)

dazu zeigen sich **axiale Osteosarkome** zwar lokal invasiv wachsend, jedoch nur in 30 % der Fälle mit Fernmetastasen.

Die **Ätiologie** der kaninen Osteosarkome ist noch nicht geklärt. Eine Hypothese postuliert, dass insbesondere bei den großen und schweren Hunderassen wiederholte **Mikrofrakturen** tumorinduzierend wirken könnten. **Computertomographie**-(CT-) Untersuchungen konnten diese Hypothese jedoch nicht bestätigen. Sie fanden keine signifikanten Unterschiede im Ausmaß von Mikrofrakturen im nicht-neoplastischen Knochen von großen und kleinen Hunden. **Defekte der p53-Funktion** und eine **p53-Überexpression** und somit ineffiziente DNA-Reparaturmechanismen wurden als mögliche Ursache für kanine Osteosarkome identifiziert. Ein Verlust der Funktion des Phosphatase-und-Tensin-homolog-Gens (PTEN-Gen), eines Tumorsuppressorgens, wurde in 50 % der Osteosarkome einer Studie identifiziert. Weiterhin wurde ein Überexpression des Tyrosinkinaserezeptors **MET**, des Insulinähnlichen Wachstumsfaktors 1 (**IGF1**) und seines Rezeptors (**IGF1R**) sowie des Membran-Zytoskelett-Linkers **Ezrin** als mögliche Ursachen für kanine Osteosarkome identifiziert.

■ **Klinik**

Hunde mit **appendikulären Osteosarkomen** werden klinisch zumeist mit einer schweren **Lahmheit** und **Knochenschmerzen** auffällig. Die Schmerzen

werden durch Mikrofrakturen, pathologische Frakturen des kortikalen Knochens oder Periostirritationen hervorgerufen. Eine Schwellung ist zumeist erst in den späten Phasen der Tumorentwicklung zu beobachten. Obwohl sich appendikuläre Osteosarkome zumeist im metaphysären Knochen entwickeln und hochinvasiv wachsen, überspringen sie jedoch nie Gelenke. Circa **90 % der Osteosarkome metastasieren früh und hämatogen**. Dennoch zeigen bei der ersten Präsentation nur < 10 % erkennbare Fernmetastasen in der Lunge (■ Abb. 11.2) oder anderen Organen. Ein Jahr nach erster Diagnose zeigen jedoch 90 % der Hunde Metastasen bei alleiniger Behandlung mit Amputation ohne adjuvante Chemotherapie. Lymphogene Metastasierung mit Schwellung der regionalen Lymphknoten findet sich nur in < 10 % der Hunde mit Osteosarkomen.

Nicht-appendikuläre, axiale Osteosarkome sind zwar ähnlich aggressiv lokal wachsend, metastasieren aber etwas seltener. So zeigen **Osteosarkome des Schädels** eine Metastasierungsrate von 33 %.

Röntgenbilder der betroffenen Knochen sind von höchstem diagnostischen Wert für die Diagnose von Osteosarkomen (■ Abb. 11.3). Osteosarkome sind recht variabel in ihrem Erscheinungsbild

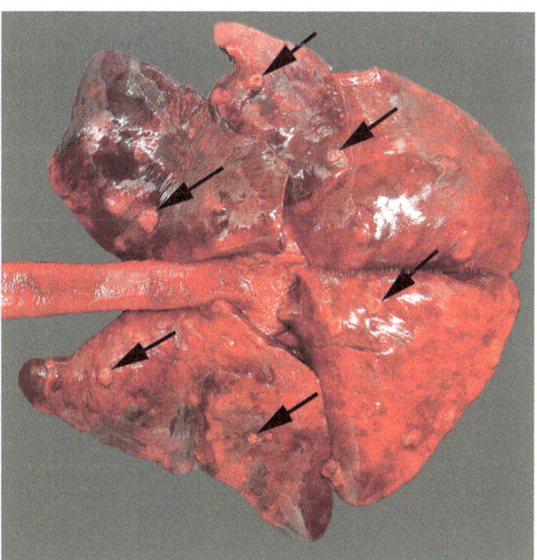

Abb. 11.2 Lungenmetastasen (Pfeile) eines appendikulären Osteosarkoms, Hund (mit freundlicher Genehmigung von S. Plog, PhD, IDEXX, Wetherby, UK sowie des Archivs des Instituts für Tierpathologie, Freie Universität Berlin)

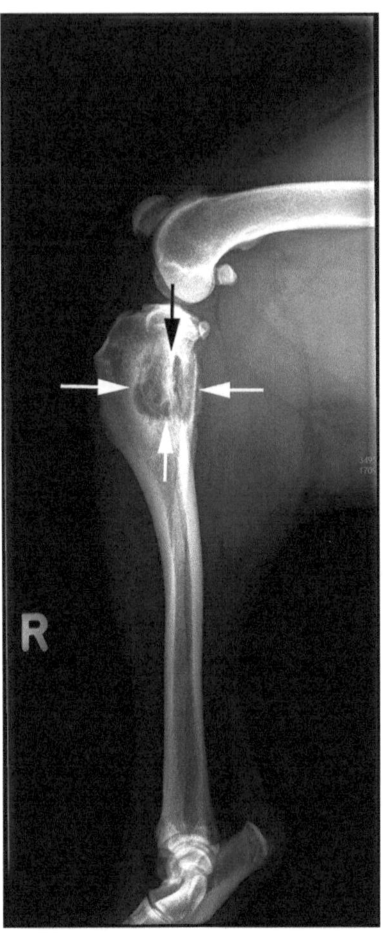

□ **Abb. 11.3**   Röntgenbild eines Osteosarkoms (Pfeile) in der proximalen Tibia eines Hundes (mit freundlicher Genehmigung von Dr. Lottermoser, Kleintierpraxis Sörensen, Berlin)

auf Röntgenbildern und können sich sowohl als eher lytische Tumoren mit Verlust der Knochenstruktur als auch als eher proliferative Tumoren mit nachweislicher Tumormasse darstellen. Eine Lyse des kortikalen Knochens findet sich jedoch in den meisten Fällen, was zu einer pathologischen Fraktur führen kann. Palisadenartiger, senkrecht zum kortikalen Knochen ausstrahlender neu geformter Knochen in das umgebende Weichgewebe ist häufig zu sehen und wird als „**Sunburst-Phänomen**" bezeichnet. Die Bildung neues Knochens kann auch zu einer dreieckigen Anhebung des Periosts mit abnehmender Höhe hin zur Peripherie des Tumors führen. Dieses Phänomen wird als „**Codman-Dreieck**" (*Codman*

Triangle) bezeichnet. Codman-Dreiecke finden sich jedoch auch bei nicht-neoplastischen Erkrankungen mit Knochenneubildung. **Magnetresonanztomographie (MRT)** und **Computertomographie (CT)** werden in zunehmendem Maße zur Einschätzung der Invasion und der Tumorgrenzen genutzt. Beide sind ebenfalls sensitiver im Nachweis von Lungenmetastasen als einfache Röntgenbilder. Klinische Untersuchung, Röntgenaufnahmen, CT und MRT sind meist ausreichend für die Verdachtsdiagnose eines Osteosarkoms. Aufgrund der zumeist fatalen Konsequenzen der Diagnose für das Tier ist jedoch eine Biopsie nötig, um die finale Diagnose eines Osteosarkoms zu stellen.

Das **Enneking-Stagingsystem** (Enneking et al. 1980) wird zum Staging von kaninen Osteosarkomen genutzt. Es ist ein **5-gradiges System**, das auf dem chirurgischen Grad, der Invasivität des Primärtumors und dem Nachweis von Metastasen basiert (□ Tab. 11.1). In diesem System bezeichnet der **Tumorgrad** die biologische Aggressivität des Tumors. Niedriggradige Tumoren sind histologisch gut differenziert mit einem geringen Metastasierungsrisiko (< 25 %), während hochgradige Tumoren eine höhere Inzidenz einer Metastasierung zeigen, histologisch wenig differenziert sind und eine hohe Mitoserate, Nekrose sowie vaskuläre Invasion zeigen. Die Tumorlokalisation definiert, ob sich der Tumor noch innerhalb eines gut abgegrenzten anatomischen Kompartiments befindet oder bereits in andere Kompartimente wie Periost oder Gelenkknorpel übergreift. Letztlich findet das Vorhandensein von lokalen oder Fernmetastasen ihren Widerhall im Stagingsystem.

Hunde mit Osteosarkomen können eine erhöhte Konzentration **alkalischer Phosphatase des Knochens (bALP)** im Serum zeigen. Dieser Befund ist mit einer kürzeren medianen Überlebenszeit (5,5 versus 12,5 Monaten) und einer schlechteren Prognose als bei Hunden mit Osteosarkomen und normalen Serumkonzentrationen assoziiert.

■ **Zytologie und Histopathologie**

Die **Zytologie** des Osteosarkoms sollte auf Zellen basieren, die aus der Mitte und den lytischen Arealen gewonnen wurden, da Proben aus der Peripherie gewöhnlich nicht-neoplastisches reaktives Knochengewebe enthält. Mittels

◘ Tab. 11.1 Enneking-Stagingsystem für maligne muskulo-skelettale Tumoren (Enneking et al. 1980)

Stage	Tumorgrad	Tumorlokalisation	Metastasierung
IA	niedrig (G1)	intrakompartimental (T1)	keine Metastasen (M0)
IB	niedrig (G1)	extrakompartimental (T2)	keine Metastasen (M0)
IIA	hoch (G2)	intrakompartimental (T1)	keine Metastasen (M0)
IIB	hoch (G2)	extrakompartimental (T2)	keine Metastasen (M0)
III (MÜZ 3–76 Tage)	jeder (G)	jeder (T)	regionäre/Fernmetastasen (M1)

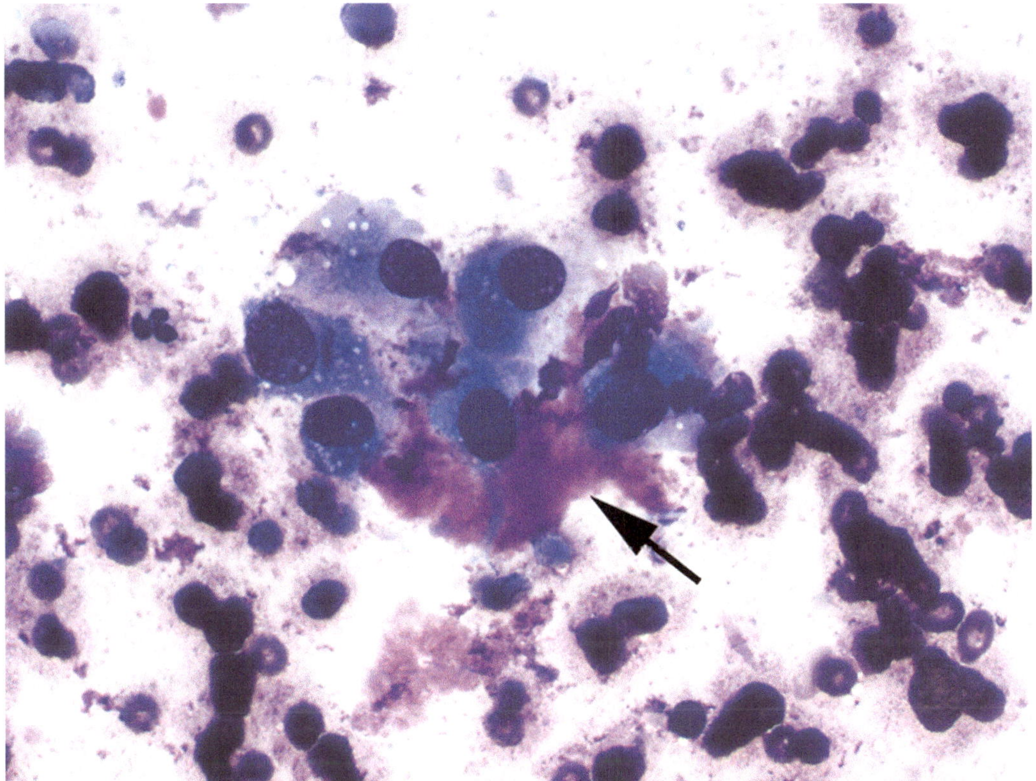

◘ Abb. 11.4　Feinnadelaspirat eines appendikulären Osteosarkoms, Hund (Pfeil: Osteoid)

Knochenmarksbiopsienadeln kann der kortikale Knochen besser penetriert und können größere Gewebsstücke entnommen werden. Eine ultraschallgeführte Biopsieentnahme erhöht die Exaktheit der Diagnose. Die Diagnose eines Osteosarkoms benötigt jedoch unabhängig von der methodischen Korrektheit einen gut ausgebildeten und erfahrenen Zytologen. Osteosarkome sind im Gegensatz zu reaktiven Knochenproliferationen durch einzelne oder in Gruppen liegende, plumpe bis fusiforme Tumorzellen gekennzeichnet. Einzelne Zellen können Anisozytose, Anisokaryose und Karyomegalie zeigen. Osteoklastenartige Tumorzellen sind größere, multinukleierte Zellen. Osteoidinseln können sich zwischen den Tumorzellen finden und sind extrem hilfreich für die Diagnose von Osteosarkomen. Osteoid ist amorphes bis fibrilläres und hellpinkfarbenes Material in zytologischen Färbungen (◘ Abb. 11.4).

◘ Tab. 11.2 Gradingsystem für kanine Osteosarkome (Kirpensteijn et al. 2002)

Tumorgrad	Metastasen/ Gefäßinvasion	Pleomorphie	Mitosen*	Tumormatrix	Tumorzellen	Nekrose
I	keine	1 (25 %)	1 (< 10)	1 (50 %)	1 (25 %)	0–1 (25 %)
II	keine	2 (25–50 %)	2 (10–20)	2 (25–50 %)	2 (25–50 %)	2 (25–50 %)
III	keine	3 (50 %)	3 (> 20)	3 (25 %)	3 (50 %)	3 (50 %)
III	vorhanden	irrelevant				

*pro drei mikroskopische Gesichtsfelder mit 400×-Vergrößerung

Eine Färbung der aspirierten Zellen mit Antikörpern gegen **alkalische Phosphatase** kann die Spezifität und Sensitivität der Diagnose erhöhen.

Die **Histopathologie** des Osteosarkoms benötigt eine invasivere Biopsieentnahme. Der nötige Hautschnitt sollte so gelegt werden, dass dieser Bereich bei einem möglichen folgenden chirurgischen Eingriff mit entnommen werden kann, da bei der Biopsieentnahme möglicherweise Tumorzellen in den Biopsiekanal verschleppt werden. Eine offene Biopsie mit relativ großflächiger chirurgischer Durchtrennung der Haut und des Periost über dem Tumor ermöglicht eine gezielte Entnahme von Tumorgewebe, ist jedoch mit einem erhöhten Risiko für lokale Infektionen, Hämatome und pathologische Frakturen assoziiert. **Geschlossene Nadelbiospien** mittels Knochenmarksbiopsienadeln oder Biopsiestanzen (*Michele Trephine*) führen zu kleineren Wunden mit weniger assoziierten Risiken. Sowohl Stanz- also auch Nadelbiopsien haben eine diagnostische Exaktheit von über 90 % gegenüber einer Inzisionsbiopsie. Ein Gradingsystem für Osteosarkome wurde von Kirpensteijn et al. (2002) entwickelt (◘ Tab. 11.2).

- **Therapie**

Die Therapie des Osteosarkoms zielt vor allem auf eine lokale Tumorkontrolle, sollte jedoch immer eine adjuvante Therapie zur Verhinderung der Bildung von Fernmetastasen bzw. deren massiven Wachstums beinhalten. Eine **chirurgische Entfernung mit adjuvanter Chemotherapie ist die Methode der Wahl für Osteosarkome.** Die Effizienz einer Strahlentherapie wird noch debattiert, insbesondere zur palliativen Schmerzbehandlung und im Rahmen von stereotaktischer und extrakorporaler Bestrahlung.

Aufgrund des aggressiven Wachstums der Tumoren ist die **Amputation** betroffener Gliedmaßen inklusive des Schulterblatts oder Teilen des Beckens der Goldstandard für die Behandlung von appendikulären Osteosarkomen. Sogar große und schwere Hunde kompensieren den Verlust einer Gliedmaße zumeist sehr gut. Eine erhöhte Gefährdung für eine Arthrose der Gelenke der verbleibenden Gliedmaße ist jedoch zu beachten.

Sollte der Besitzer eine Amputation ablehnen, ist eine **gliedmaßenerhaltende Chirurgie** eine mögliche Alternative. Ein gliedmaßenerhaltender Ansatz ist jedoch nur eine Option, wenn eine komplette Exzision des Tumors mit **potenziell tumorfreien Rändern** möglich ist. Aufgrund der zumeist metaphysealen Lokalisation appendikulärer Osteosarkome erfordern tumorfreie Ränder zumeist eine Arthrodese, was die gliedmaßenerhaltende Chirurgie meist nur für wenige distale Osteosarkome der Ulna und des Radius möglich macht. Eine Teilresektion gewichttragender Knochen erfordert die Transplantation von Allograftknochen aus anderen Teilen des Körpers, metallische Endoprothesen und zirkuläre Fixateure externes. Ein anderer, jedoch nur selten genutzter Ansatz ist eine **extrakorporale Tumorsterilisierung** des betroffenen Knochenfragments. Bei dieser Methode wird das betroffene Knochensegment mit dem Tumor entnommen und bei 65 °C für 40 Minuten pasteurisiert oder außerhalb des Körpers bestrahlt (extrakorporale Bestrahlung) und letztlich wieder reimplantiert. Alle diese Ansätze ermöglichen einen Erhalt der Gliedmaße in 80 % der Fälle. Komplikationen, wie Infektionen (bis zu 50 %), Implantatabstoßung (bis zu 40 %) und Tumorrezidivierung (bis zu 25 %) sind jedoch häufig. Unabhängig von der Art der Chirurgie beträgt die Überlebenszeit von Hunden mit rein chirurgisch behandelten Osteosarkomen im Durchschnitt weniger als sechs Monate. Die häufigste Todesursache bzw. der häufigste Euthanasiegrund ist die Entwicklung von Metastasen.

Eine **adjuvante Chemotherapie** wird deshalb häufig genutzt, um die Entwicklung von Metastasen zu verhindern bzw. deren Wachstum zu bremsen. Obwohl die Chemotherapie zumeist einen lebensverlängernden Einfluss hat, haben Hunde mit Osteosarkomen auch bei diesem Ansatz eine schlechte Prognose für eine vollständige Heilung. Cisplatin, Carboplatin und Doxorubicin allein oder in Kombination sind die am häufigsten verwendeten Chemotherapeutika. Eine **Monotherapie mit Cisplatin** oder **Carboplatin** oder **Doxorubicin** als adjuvante Behandlung erhöhte die mediane Überlebenszeit auf 10–12 Monate (verglichen mit 4 Monaten ohne Behandlung). Die Behandlung scheint das Wachstum von Metastasen zu bremsen, jedoch nicht zu verhindern, da die meisten Hunde auch mit dieser adjuvanten Therapie, wenn auch später, Metastasen entwickeln. Je nach Studie wurde für die **Kombinationstherapie** mit Carboplatin und Doxorubicin ein verbesserter, verminderter oder kein Effekt auf die Überlebenszeiten im Vergleich zur Monotherapie beschrieben. Diverse Ansätze zur Verbesserung der Chemotherapieprotokolle durch den Zusatz von Bisphosphonate enthaltendem Pamidronat, Gemcitabin, Suramin und anderen Substanzen führt zu keiner signifikanten Verlängerung der Überlebenszeiten. Die Behandlung mit einer **lokalen Applikation eines biodegradierbaren Cisplatinpolymers** wurde in einer Studie mit dem Effekt einer 50 %igen Reduktion der Wahrscheinlichkeit einer Tumorrezidivierung beschrieben.

Eine **Bestrahlungstherapie** wird momentan vor allem als palliativer Ansatz zur Reduktion der teils hochgradigen osteosarkominduzierten Schmerzen angewendet. Durch das etwas verminderte Tumorwachstum und das verbesserte Allgemeinbefinden können bis 4 Monate längere Überlebenszeiten beobachtet werden. Palliative Strahlentherapie wird normalerweise mit einer **systemischen Chemotherapie** kombiniert, um das Metastasenwachstum zu bremsen. Eine solche Kombinationstherapie kann die Überlebenszeiten um 6 Monate gegenüber keiner Behandlung erhöhen. Eine **stereotaktische Radiochirurgie** mittels Linearbeschleuniger wurde bisher bei einigen Fällen kaniner Osteosarkome als gliedmaßenerhaltender Ansatz angewendet. Es beinhaltet eine hochpräzise Bestrahlung eines nicht-resezierten Tumors in situ. Die Ergebnisse zeigen, dass die stereotaktische Radiochirurgie möglicherweise eine Langzeitkontrolle des Tumors erreichen kann, wenn sie bereits in einer frühen Phase der Tumorentwicklung angewandt und mit einer Chemotherapie kombiniert wird.

- **Prognostische Faktoren und Marker**

Zahlreiche positive und negative prognostische Faktoren wurden für Hunde mit Osteosarkomen publiziert und sind in ◘ Tab. 11.3 zusammengefasst.

◘ **Tab. 11.3** Prognostische Faktoren für kanine Osteosarkome

Faktor	Details	Beeinflusste klinische Werte (vs. Kontrollgruppe)
erhöhte ALP-Serumwerte	Metaanalyse verschiedener Studien	156 Tage kürzere Überlebenszeiten
Lokalisation am proximalen Humerus	Metaanalyse verschiedener Studien	132 Tage kürzere Überlebenszeiten
Lokalisation proximal des Tarsal-/ Karpalgelenks	OSA	schlechtere Prognose
mandibuläres OSA	mandibuläres OSA	bessere Prognose als alle anderen OSA
Tumorgrad*	OSA	Grad III mit schlechter Prognose
Tumorgrad*	mandibuläres OSA	MÜZ Grad I: 648 Tage Grad III: 306 Tage

◘ Tab. 11.3   Fortsetzung

Faktor	Details	Beeinflusste klinische Werte (vs. Kontrollgruppe)
Tumorgrad*	appendikuläres OSA mit Carboplatin-Behandlung	MÜZ: Grad I: 162 Tage Grad II 298 Tage Grad III: 162 Tage
Wundinfektion	appendikuläres OSA mit gliedmaßenerhaltender Chirurgie	MÜZ ~ 550 Tage (~ 400 Tage)
tumorfreie Ränder	Chirurgie und diverse adjuvante Behandlungs-formen von OSA der Maxilla, der Mandibula und des Schädels	Risiko für PFI 40 %/GÜZ 50 % (100 % ohne tumorfreie Ränder)
teleangiektatischer Histotyp	Osteosarkome der Ulna	Osteosarkome 7-fach häufiger als Todesursache
Lymphknotenmetastasen	appendikuläres OSA	MÜZ 59 Tage (MÜZ 318 Tage)
Erzrin-Expression	OSA	KFI 188 d (KFI 116 Tage)
schwache Survivin-Expression	OSA	KFI 5 Monate (KFI 10 Monate)
kräftige Cox2-Expression	OSA	MÜZ 35 Monate (MÜZ 12 Monate ohne Cox2-Expression)

*Tumorgrading nach Kirpensteijn et al. (2002); ALP: alkalische Phosphatase; KFI: Krankheitsfreies Intervall; MÜZ: mediane Überlebenszeit; OSA: appendikuläres Osteosarkom; GÜZ: generelle Überlebenszeit, PFI: progressionsfreies Intervall;

- **Weiterführende Literatur**

(Alexander et al. 2012; Amsellem et al. 2014; Armbrust et al. 2012; Ballegeer et al. 2010; Barrett et al. 2014; Bettini et al. 2009; Bongiovanni et al. 2012; Culp et al. 2014; D'Costa et al. 2012; Goldfinch und Argyle 2012; Gottfried et al. 2000; Hahn und McEntee 1997, 1998; Kim et al. 2014; Kujawa et al. 2014; Lee et al. 2012; MacEwen et al. 2004; Maniscalco et al. 2014; Maritato et al. 2014; Mayhew et al. 2013; McCleese et al. 2013; McNiel et al. 1997; Polton et al. 2008; Sabattini et al. 2014; Wood et al. 1998)

11.1.2   Kanine Chondrosarkome

Kanine Chondrosarkome in fünf Fakten

1. Nasenhöhle als häufigste Lokalisation, jedoch in jeder knöchernen Struktur möglich
2. lokal invasiv, jedoch langsamer wachsend als Osteosarkome
3. Metastasen in ~ 33 % aller Fälle, jedoch selten bei nasalen Chondrosarkomen
4. Chirurgie oft assoziiert mit Langzeit-kontrolle der Tumore
5. Metastasen können Jahre nach Resektion des Primärtumors auftreten

- **Epidemiologie und Pathogenese**

Chondrosarkome sind niedrigmaligne Tumoren der Chondrozyten. Sie sind mit **5 % aller kaninen Knochentumoren** der zweithäufigste Knochentumor nach Osteosarkomen. Die Ätiologie kaniner Chondrosarkome ist unbekannt. Das durchschnittliche **Alter** von Hunden zum Zeitpunkt der Diagnose ist 9 Jahre, sie können sich jedoch auch in jedem anderen Alter entwickeln. Die Nasenhöhle ist die am häufigsten betroffene **anatomische Lokalisation**, es finden sich jedoch auch häufig Chondrosarkome

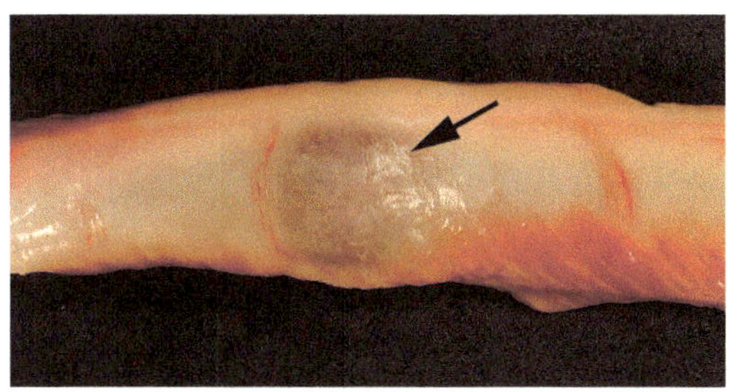

Abb. 11.5 Chondrom (Pfeil) an der Rippe eines Hundes (mit freundlicher Genehmigung von A. Ostrowski, PhD, und dem Archiv des Instituts für Tierpathologie, Freie Universität Berlin)

an Rippen (■ Abb. 11.5), Gliedmaßen, Becken und Schädel. Große **Rassen**, wie Boxer, Golden Retriever und Deutscher Schäferhund, sind prädisponiert. Boxer entwickeln vor allem Chondrosarkome an den Rippen und am Becken.

▪ Klinik

Im Vergleich zu Osteosarkomen zeigen Chondrosarkome ein weniger **aggressives biologisches Verhalten**. Die ersten klinischen Symptome entwickeln sich meist sehr graduell über Wochen bis Monate. Sie stellen meist **feste Schwellungen** dar, die langsam wachsen. Die **Metastaserate ist < 33 %** und damit niedriger als für Osteosarkome. Nasale

Chondrosarkome metastasieren sogar noch seltener. Ein weiteres Charakteristikum von Chondrosarkomen ist die sehr späte Entwicklung von **Metastasen**. Diese werden zumeist erst Monate bis Jahre nach Resektion des Primärtumors klinisch relevant.

Im **Röntgenbild** zeigen sich Chondrosarkome als Mixtur aus Verlust von kortikalem Knochen und nachweisbarer Tumormasse, ähnlich wie Osteosarkome.

▪ Zytologie und Histopathologie

Zytologisch sind Chondrosarkome als amorphes chondroides Material mit Gruppen von Chondroblasten mit runden, hyperchromatischen Kernen und spärlichem Zytoplasma, pleomorphen mesenchymalen Zellen mit runden Kernen und vakuolisiertem Zytoplasma sowie Gruppen von unreifen Knorpelzellen mit zwei Kernen gekennzeichnet. **Histologisch** stellen sich Chondrosarkome als entdifferenzierte, moderat pleomorphe Chondrozyten mit Synthese von typischer Knorpelmatrix dar. Ein **Gradingsystem** wurde von Farese et al. (2009) entwickelt und scheint zumindest für appendikuläre Chondrosarkome der Gliedmaßen nach Amputation eine prognostische Relevanz zu haben (■ Tab. 11.4). Leider sind nicht alle histologischen Eigenschaften des Gradingsystems der

■ Tab. 11.4 Gradingsystem für kanine appendikuläre Chondrosarkome (Evans et al. 1977; Rozemann et al. 2006; Farese et al. 2009)

Histologische Kriterien	Punkte	Eigenschaften
A. Matrixsynthese	1	chondroid bis myxoid
	2	eher myxoid
	3	keine Matrix
B. Architektur	1	nicht genau definiert
	2	nicht genau definiert
	3	nicht genau definiert
C. Grad der Pleomorphie	1	wenige, große, pleomorphe Kerne
	2	erhöhte Zahl pleomorpher Kerne
	3	große Kerne mit starker Pleomorphie
D. Zellularität	1	wenige Zellen in Lakunen
	2	erhöhte Zellzahl in der Peripherie

◘ Tab. 11.4   Fortsetzung

Histologische Kriterien	Punkte	Eigenschaften
	3	spindlige Zellen in zellreichen Gebieten
E. Nekrose	1	nicht genau definiert
	2	nicht genau definiert
	3	Nicht genau definiert
F. Mitosen	1	0 Mitosen/10 HPF
	2	< 2 Mitosen/10 HPF
	3	> 2 Mitosen/10 HPF
Gesamtsumme (Summe A–E und F)	< 6 und Mitosen = 1	**Grad 1** (Überleben nach Amputation: 6 Jahre)
Gesamtsumme (Summe A–E und F)	7–10 und Mitosen = 1–2	**Grad 2** (Überleben nach Amputation: 2,7 Jahre)
Gesamtsumme (Summe A–E und F)	11–16 oder Mitosen = 3	**Grad 3** (Überleben nach Amputation: 0,9 Jahre)

HPF: Gesichtsfeld bei 400-facher Vergrößerung

Originalpublikation ausreichend erläutert. Andere Studien postulieren, dass bei Chondrosarkomen die **Lokalisation relevanter als das Grading** ist und dass Chondrosarkome der Gliedmaßen die beste Prognose haben.

■ **Therapie**

Chirurgie ist die Behandlungsmethode der Wahl für Chondrosarkome in jeder anatomischen Lokalisation und häufig mit einer Langzeitkontrolle der Tumoren assoziiert. Die mediane Überlebenszeit beträgt mehrere Jahre, auch ohne adjuvante Chemotherapie oder Strahlentherapie und je nach Lokalisation. Eine komplette chirurgische Entfernung von **nasalen Chondrosarkomen** ist zumeist nicht möglich. Die Überlebenszeiten nach Chirurgie allein variieren zwischen 5 Monaten und < 2 Jahren und können durch eine adjuvante Bestrahlungstherapie auf über 2 Jahre erhöht werden. Eine *En-bloc*-Resektion von **Chondrosarkomen der Rippen** ohne adjuvante Therapie ist teils mit Überlebenszeiten von 5 Jahren oder mehr assoziiert. Die meisten der betroffenen Tiere sterben oder werden aufgrund von Tumorrezidivierung euthanasiert. In ähnlicher Weise führt eine Resektion von **Chondrosarkomen des Beckens** mittels Hemipelvektomie zu Überlebenszeiten von 5 Monaten bis 8 Jahren, und der Euthanasiegrund ist letztlich aber eine späte Metastasenentwicklung.

Adjuvante Chemotherapieprotokolle für Chondrosarkome sind unbekannt, und ihre Notwendigkeit ist aufgrund der langen Überlebenszeiten mit ausschließlicher Chirurgie fraglich.

Adjuvante Bestrahlungstherapie wird für inkomplett resezierte nasale Chondrosarkome angewandt und kann die Überlebenszeiten verlängern.

■ **Weiterführende Literatur**

(Amsellem et al. 2014; Bongiovanni et al. 2012; Brodey et al. 1974; Eberle et al. 2011; Farese et al. 2009; Hahn et al. 1997; Karlsson et al. 2013; Neihaus et al. 2011; Popovitch et al. 1994; Portela et al. 2014; Schmidt et al. 2013; Sylvestre und Cockshutt 1992; Theon et al. 1993)

11.1.3 Kanine Synovialzellsarkome

Kanine Synovialzellsarkome (SZS) in fünf Fakten
1. maligne Tumoren stammen von periartikulären stromalen Zellen ab
2. werden unterschieden von periartikulären histiozytären Sarkome
3. circa 50 % der Tumoren mit Fernmetastasen
4. Amputation der Gliedmaße so proximal wie möglich als Therapie der Wahl
5. Effekt einer adjuvanten Chemo-/Strahlentherapie nicht systematisch untersucht

■ **Epidemiologie und Pathogenese**

Synovialzellsarkome sind die häufigsten Gelenktumoren des Hundes. Sie stammen von synovioblastischen mesenchymalen Zellen des periartikulären Weichgewebes ab. Sie werden somit zur großen Gruppe der Weichgewebssarkome gezählt. Synovialzellsarkome müssen von **CD18-positiven periartikulären histiozytären Sarkomen** abgegrenzt werden, die von manchen Autoren jedoch auch als Synovialzellsarkom-Subtyp angesehen werden. Sie sind jedoch nachweislich lokalisierte histiozytäre Tumoren. Große **Rassen** und **männliche Tiere** zeigen eine Prädisposition für Synovialzellsarkome. Das mediane **Alter** von Hunden bei der ersten Diagnose ist 8 Jahren (Bereich 1–14 Jahre). Das **Kniegelenk** ist am häufigsten betroffen, gefolgt vom **Ellbogengelenk**. Der molekulare Mechanismus der Synovialzellsarkomkarzinogenese ist nicht bekannt.

■ **Klinik**

Die **primären klinischen Befunde** von Hunden mit Synovialzellsarkomen sind **Lahmheit** und **Schwellung** des Gelenks. Die Tumoren wachsen gewöhnlich **invasiv** und **langsam** über Wochen bis Monate entlang von Faszien und Bändern. Oft zerstören sie auch den subchondralen Knochen des Gelenks. **Radiologisch** zeigen sich Synovialzellsarkome wenig röntgendicht und können in variablem Umfang mit Osteolyse assoziiert sein. **Metastasen** finden sich bei 30 % der Hunde zum Zeitpunkt der Primärdiagnose. In finalen Tumorstadien zeigen 50 % der Hunde Metastasen in die regionalen Lymphknoten oder die Lunge. Hunde mit Metastasen haben eine **mediane Überlebenszeit** von weniger als 6 Monate verglichen zu > 3 Jahren bei Hunden ohne Metastasen. Ein Stagingsystem für kanine Synovialzellsarkome wurde von Vail et al. (1994, ◘ Tab. 11.5); entwickelt.

■ **Zytologie und Histopathologie**

Aspirationen von Synovialzellsarkomen sind meist von hoher Zellularität. In biphasischen Tumoren können sie kuboidale bis pleomorphe epitheliale Zellen und fibroblastenähnliche Spindelzellen mit

◘ **Tab. 11.5** Stagingsystem für kanine Synovialzellsarkome (Vail et al. 1994)

Primärtumor	T1	gut abgegrenzt, keine Invasion des umgebenden Weichgewebes
	T2	Invasion des umgebenden Weichgewebes
	T3	Invasion der Gelenke und Knochen
Lymphknotenmetastasen	N0	keine
	N1	Metastasen
Fernmetastasen	M0	keine
	M1	Metastasen
		MKFI/MST (Monate)
Stage 1	T3, N0,M0	> 48/n. b.
Stage 2	> T3, N0, M0	3/3

MKFI: Medianes krankheitsfreies Intervall, MÜZ: Mediane Überlebenszeit, n. b.: nicht beschrieben

ovoidem Kern und feingranulärem Zytoplasma enthalten. Die Zellen sind meist in kleinen Gruppen mit zerklüfteten Rändern angeordnet. Monophasische Synovialzellsarkome enthalten nur spindlige Tumorzellen und sind schwer von anderen Weichgewebssarkomen abzugrenzen.

Histologisch sind die Tumoren aus einer gleichförmigen Population von Spindelzellen (monophasische Tumoren) oder einer gemischten Population von Spindelzellen und epitheloiden Zellen (biphasisch) aufgebaut. Monophasische Tumoren sind schwierig von Fibrosarkomen abzugrenzen. Der Nachweis epitheloider Zellen wurde mit einer besseren Prognose verglichen mit monophasischen Tumoren assoziiert. Epitheloide Zellen finden sich jedoch nur sehr selten in kaninen im Vergleich zu den humanen Synovialzellsarkomen. Ein Gradingsystem wurde von Vail et al. (1994, ◻ Tab. 11.6); entwickelt und teilweise zur prognostischen Einschätzung der Tumoren genutzt. Hunde mit Grad-III-Synovialzellsarkomen zeigen Überlebenszeiten von 7 Monaten, während Grad-I- oder Grad-II-Synovialzellsarkome eine mediane Überlebenszeit von 4 bzw. 3 Jahren haben.

■ **Therapie**

Die **Amputation** von Gliedmaßen so proximal wie möglich ist die Behandlung der Wahl für Synovialzellsarkome. Sie ist mit medianen Überlebenszeiten von 1–3 Jahren nach Amputation assoziiert. Eine **gliedmaßenerhaltende Chirurgie** wird aufgrund der häufigen Infiltration der das Gelenk umgebenden knöchernen und Weichgewebsstrukturen meist nicht durchgeführt. Eine marginale, gliedmaßenerhaltende Tumorresektion ist dennoch mit einer Überlebenszeit von circa 1,5 Jahren im Vergleich zu 2,5 Jahren bei Gliedmaßenamputation assoziiert.

Eine **adjuvante Chemotherapie** mit Vincristin, Doxorubicin und Cyclophosphamid in verschiedenen Kombinationen sowie eine **adjuvante Strahlentherapie** könnten möglicherweise die Überlebenszeiten erhöhen, strukturierte Studien zu diesen Ansätzen sind jedoch noch nicht erhältlich.

■ **Prognostische Faktoren und Marker**

Negative prognostische Faktoren für das Überleben von Hunden mit Synovialzellsarkomen sind Metastasen, Invasion knöcherner Strukturen, > 30 % nekrotische Tumoranteile und monophasische Tumoren. **Immunhistochemie** für **CD18** kann zur Abgrenzung von histiozytären Sarkomen genutzt werden.

■ **Weiterführende Literatur**

(Hodge et al. 2011; Morello et al. 2003; Ryseff und Bohn 2012; Szewczyk et al. 2015; Venzin et al. 2012)

◻ **Tab. 11.6** Grading System für kanine Synovialzellsarkome (Vail et al. 1994)

Variable	Beschreibung und Bewertung
Synovial-artige Spalten	0 = keine, 1 = wenige, 2 = mäßig viele, 3 = viele
Riesenzellen	0 = keine, 1 = wenige, 2 = mäßig viele, 3 = viele
Mehrkernige Zellen	0 = keine, 1 = wenige, 2 = mäßig viele, 3 = viele
Kernpleomorphie	0 = keine, 1 = geringgradig, 2 = mittelgradig, 3 = hochgradig
Nucleoli	S = einzelne, M = mehrere
Mitosen pro zehn 400x-Felder	0 = keine, 1 = 0–10, 2 = 11–20, 3 = 21–30, 4 = >30
Grad der Tumorabgrenzung	1 = gut abgegrenzt, 2 = mäßig gut abgegrenzt, 3 = schlecht abgegrenzt
Anteil der Nekrose	0 = keine, 1 = 1–14 %, 2 = 15–30 %, 3 = >30 %
Summer der Bewertungen	0–4,5 = Grad 1 5–7 = Grad 2 >7.5 = Grad 3

11.2 Feline Knochen- und Gelenktumoren

Primäre Knochentumoren sind selten bei der Katze. Wenn sie auftreten sind sie jedoch zumeist maligne, und 80 % werden als **Osteosarkome** diagnostiziert. Chondrosarkome, Fibrosarkome und Hämangiosarkome stellen den Rest der Knochentumoren dar, sind jedoch, wie auch Synovialzellsarkome, ausgesprochen selten bei der Katze.

11.2.1 Feline Osteosarkome

Feline Osteosarkome in fünf Fakten

1. weniger häufig als beim Hund
2. axiale und appendikuläre Osteosarkome mit ähnlicher Häufigkeit
3. lokal invasive Tumoren mit einer Metastasierungsrate von < 10 %
4. chirurgische Resektion als Behandlungsmethode der Wahl
5. adjuvante Bestrahlungstherapie hat wahrscheinlich positiven Effekt auf das Überleben

■ **Epidemiologie und Pathogenese**

Osteosarkome sind seltene maligne Tumoren der Katze. Sie treten seltener auf als beim Hund, stellen jedoch mit einem Anteil von 80 % den **häufigsten malignen Knochentumor** dar. Sie können in jedem Alter auftreten, werden jedoch am häufigsten im **Alter** von 9–10 Jahren beobachtet. Eine Rasseprädisposition wird für Siamkatzen vermutet. Osteosarkome können bei der Katze nahezu überall im Skelettsystem auftreten, wobei einige Lokalisationen häufiger betroffen sind.. **Appendikuläre Osteosarkome** der Gliedmaßen sind nur minimal häufiger als **axiale Osteosarkome** der flachen Knochen des Schädels, der Rippen, des Beckens und der Skapula. Circa zwei Drittel der axialen Osteosarkome treten **in den Knochen des Schädels und der Mandibula** auf. Knochen mit vorhergehender Fraktur und/oder Osteosynthese zeigen eine Prädisposition.

■ **Klinik**

Katzen mit Osteosarkomen werden zumeist aufgrund von progressiver Lahmheit, lokaler Schwellung, Knochendeformationen und pathologischen Frakturen vorgestellt. Osteosarkome des Kopfes werden meist im Rahmen von Zahnproblemen oder ulzerativen Veränderungen in der Maulhöhle diagnostiziert. Radiologisch zeigen feline **appendikuläre Osteosarkome** zumeist eine hochgradige Osteolyse und nur wenig proliferative Anteile. Das „**Sunburst-Phänomen**", d. h. strahlenartige Zubildung neuen Knochens um den Tumor, und das **Codman-Dreieck**, d. h. eine dreieckige subperiosteale Knochenneubildung, finden sich seltener als beim Hund. **Axiale Osteosarkome** zeigen sich hingegen eher als proliferative denn als osteolytische Veränderungen. Feline Osteosarkome sind vor allem lokal aggressive und invasive Tumoren. Eine Metastasierung kommt nur bei 10 % der Tiere vor und ist damit viel seltener als beim Hund.

■ **Zytologie und Histopathologie**

Zytologie (siehe ▶ Abschn. 11.1.1 über kanine Osteosarkome).

Histologisch werden verschiedene Subtypen feliner Osteosarkome beschrieben, wobei deren klinische Relevanz unklar ist. Das **Gradingsystem** für kanine Osteosarkome von Kirpensteijn et al. (2002) wurde für feline Osteosarkome angepasst (Dimopoulou et al. 2008, ❏ Tab. 11.7).

■ **Therapie**

Die **Tumorresektion** mit umfangreichen Rändern ins gesunde Gewebe hinein stellt die Behandlungsmethode der Wahl für Osteosarkome jeder anatomischen Lokalisation dar. Aufgrund der niedrigen Metastasierungsrate ist die Tumorfreiheit der Entnahmeränder einer der wichtigsten Prognosefaktoren für Überlebenszeit und Rezidivierung. Die **Amputation** der Gliedmaßen bei **appendikulären Osteosarkomen** kann mit Überlebenszeiten von bis zu 4 Jahren ohne adjuvante Therapie assoziiert sein. Im Gegensatz dazu zeigen **axiale Osteosarkome** nur Überlebenszeiten von weniger als 6 Monaten, da eine komplette Resektion hier meist nicht möglich ist.

Adjuvante und stereotaktische Strahlentherapie dürften auch bei Katzen einen positiven Effekt

☐ Tab. 11.7 Gradingsystem für feline Osteosarkome (Dimopoulou et al. 2008)

Tumorgrad	Metastasen/ Gefäßinvasion	Pleomorphie	Mitosen*	Tumormatrix	Tumorzellen	Nekrose
I	keine	1 (< 25 %)	0 (0)	1 (> 50 %)	1 (< 25 %)	1 (> 25 %)
II	keine	2 (25–50 %)	2 (1)	2 (25–50 %)	2 (25–50 %)	2 (25–50 %)
III	keine	3 (> 50 %)	3 (> 1)	3 (< 25 %)	3 (> 50 %)	3 (> 50 %)
III	vorhanden	irrelevant				

*pro drei Gesichtsfelder mit 400x-Vergrößerung

bei unvollständig entnommenen axialen Osteosarkomen haben. Eine systematische Untersuchung dieser Methoden ist bisher jedoch nicht durchgeführt worden.

Eine **adjuvante Chemotherapie** hat nur wenig positive Effekte auf das Überleben von Katzen mit Osteosarkomen, da diese bei dieser Spezies nur selten metastasieren.

- **Weiterführende Literatur**

(Bitetto et al. 1987; Bray et al. 2014; Dimopoulou et al. 2008; Hahn und McEntee 1997; Heldmann et al. 2000; Helm und Morris 2012; Liu et al. 1974; McEntee 1997; Okada et al. 2009; Quigley und Leedale 1983; Sonnenschein et al. 2012)

Weiterführende Literatur

Alexander K, Joly H, Blond L, D'Anjou MA, Nadeau ME, Olive J, Beauchamp G (2012) A comparison of computed tomography, computed radiography, and film-screen radiography for the detection of canine pulmonary nodules. Vet Radiol Ultrasound 53:258–265

Amsellem PM, Selmic LE, Wypij JM, Bacon NJ, Culp WT, Ehrhart NP, Powers BE, Stryhn H, Farese JP (2014) Appendicular osteosarcoma in small-breed dogs: 51 cases (1986–2011). J Am Vet Med Assoc 245:203–210

Armbrust LJ, Biller DS, Bamford A, Chun R, Garrett LD, Sanderson MW (2012) Comparison of three-view thoracic radiography and computed tomography for detection of pulmonary nodules in dogs with neoplasia. J Am Vet Med Assoc 240:1088–1094

Ballegeer EA, Adams WM, Dubielzig RR, Paoloni MC, Klauer JM, Keuler NS (2010) Computed tomography characteristics of canine tracheobronchial lymph node metastasis. Vet Radiol Ultrasound 51:397–403

Barrett LE, Pollard RE, Zwingenberger A, Zierenberg-Ripoll A, Skorupski KA (2014) Radiographic characterization of primary lung tumors in 74 dogs. Vet Radiol Ultrasound 55:480–487

Bettini G, Marconato L, Morini M, Ferrari F (2009) Thyroid transcription factor-1 immunohistochemistry: diagnostic tool and malignancy marker in canine malignant lung tumours. Vet Comp Oncol 7:28–37

Bitetto WV, Patnaik AK, Schrader SC, Mooney SC (1987) Osteosarcoma in cats: 22 cases (1974–1984). J Am Vet Med Assoc 190:91–93

Bongiovanni L, Mazzocchetti F, Malatesta D, Romanucci M, Ciccarelli A, Buracco P, De Maria R, Palmieri C, Martano M, Morello E, Maniscalco L, Della Salda L (2012) Immunohistochemical investigation of cell cycle and apoptosis regulators (survivin, beta-catenin, p53, caspase 3) in canine appendicular osteosarcoma. BMC Vet Res 8(78):1–4

Bray JP, Worley DR, Henderson RA, Boston SE, Mathews KG, Romanelli G, Bacon NJ, Liptak JM, Scase TJ (2014) Hemipelvectomy: outcome in 84 dogs and 16 cats, A veterinary society of surgical oncology retrospective study. Vet Surg 43:27–37

Brodey RS, Misdorp W, Riser WH, Van Der Heul RO (1974) Canine skeletal chondrosarcoma: a clinicopathologic study of 35 cases. J Am Vet Med Assoc 165:68–78

Culp WT, Olea-Popelka F, Sefton J, Aldridge CF, Withrow SJ, Lafferty MH, Rebhun RB, Kent MS, Ehrhart N (2014) Evaluation of outcome and prognostic factors for dogs living greater than one year after diagnosis of osteosarcoma: 90 cases (1997–2008). J Am Vet Med Assoc 245:1141–1146

D'Costa S, Yoon BI, Kim DY, Motsinger-Reif AA, Williams M, Kim Y (2012) Morphologic and molecular analysis of 39 spontaneous feline pulmonary carcinomas. Vet Pathol 49:971–978

Dimopoulou M, Kirpensteijn J, Moens H, Kik M (2008) Histologic prognosticators in feline osteosarcoma: a comparison with phenotypically similar canine osteosarcoma. Vet Surg 37:466–471

Eberle N, Fork M, Von Babo V, Nolte I, Simon D (2011) Comparison of examination of thoracic radiographs and thoracic computed tomography in dogs with appendicular osteosarcoma. Vet Comp Oncol 9:131–140

Enneking WF, Spanier SS, Goodman MA (1980) A system for the surgical staging of musculoskeletal sarcoma. Clin Orthop Relat Res 153:106–120

Evans HL, Ayala AG, Romsdahl MM (1977) Prognostic factors in chondrosarcoma of bone: a clinicopathologic analysis with emphasis on histologic grading. Cancer 40:818–831

Farese JP, Kirpensteijn J, Kik M, Bacon NJ, Waltman SS, Seguin B, Kent M, Liptak J, Straw R, Chang MN, Jiang Y, Withrow SJ (2009) Biologic behavior and clinical outcome of 25 dogs with canine appendicular chondrosarcoma treated by amputation: a Veterinary Society of Surgical Oncology retrospective study. Vet Surg 38:914–919

Goldfinch N, Argyle DJ (2012) Feline lung-digit syndrome: unusual metastatic patterns of primary lung tumours in cats. J Feline Med Surg 14:202–208

Gottfried SD, Popovitch CA, Goldschmidt MH, Schelling C (2000) Metastatic digital carcinoma in the cat: a retrospective study of 36 cats (1992–1998). J Am Anim Hosp Assoc 36:501–509

Hahn KA, McEntee MF (1997) Primary lung tumors in cats: 86 cases (1979–1994). J Am Vet Med Assoc 211:1257–1260

Hahn KA, McGavin MD, Adams WH (1997) Bilateral renal metastases of nasal chondrosarcoma in a dog. Vet athol 34:352–355.

Hahn KA, McEntee MF (1998) Prognosis factors for survival in cats after removal of a primary lung tumor: 21 cases (1979–1994). Vet Surg 27:307–311

Heldmann E, Anderson MA, Wagner-Mann C (2000) Feline osteosarcoma: 145 cases (1990–1995). J Am Anim Hosp Assoc 36:518–521

Helm J, Morris J (2012) Musculoskeletal neoplasia: an important differential for lumps or lameness in the cat. J Feline Med Surg 14:43–54

Hodge SC, Deqner D, Walshaw R, Teunissen B (2011) Vascularized ulnar bone grafts for limb-sparing surgery for the treatment of distal radial osteosarcoma. J Am Anim Hosp Assoc 47:98–111

Karlsson EK, Sigurdsson S, Ivansson E, Thomas R, Elvers I, Wright J, Howald C, Tonomura N, Perloski M, Swofford R, Biagi T, Fryc S, Anderson N, Courtay-Cahen C, Youell L, Ricketts SL, Mandlebaum S, Rivera P, Von Euler H, Kisseberth WC, London CA, Lander ES, Couto G, Comstock K, Starkey MP, Modiano JF, Breen M, Lindblad-Toh K (2013) Genome-wide analyses implicate 33 loci in heritable dog osteosarcoma, including regulatory variants near CDKN2A/B. Genome Biol 14:R132

Kim J, Kwon SY, Cena R, Park S, Oh J, Oui H, Cho KO, Min JJ, Choi J (2014) CT and PET-CT of a dog with multiple pulmonary adenocarcinoma. J Vet Med Sci 76:615–620

Kirpensteijn J, Kik M, Rutteman GR, Teske E (2002) Prognostic significance of a new histologic grading system for canine osteosarcoma. Vet Pathol 39:240–246

Kujawa A, Olias P, Bottcher A, Klopfleisch R (2014) Thyroid transcription factor-1 is a specific marker of benign but not malignant feline lung tumours. J Comp Pathol 151:19–24

Lee JH, Lee JH, Yoon HY, Kim NH, Sur JH, Jeong SW (2012) Hypertrophic osteopathy associated with pulmonary adenosquamous carcinoma in a dog. J Vet Med Sci 74:667–672

Liu SK, Dorfman HD, Patnaik AK (1974) Primary and secondary bone tumours in the cat. J Small Anim Pract 15:141–156

MacEwen EG, Pastor J, Kutzke J, Tsan R, Kurzman ID, Thamm DH, Wilson M, Radinsky R (2004) IGF-1 receptor contributes to the malignant phenotype in human and canine osteosarcoma. J Cell Biochem 92:77–91.

Maniscalco L, Iussich S, Morello E, Martano M, Gattino F, Miretti S, Biolatti B, Accornero P, Martignani E, Sanchez-Cespedes R, Buracco P, De Maria R (2014) Increased expression of insulin-like growth factor-1 receptor is correlated with worse survival in canine appendicular osteosarcoma. Vet J 205:272–280

Maritato KC, Schertel ER, Kennedy SC, Dudley R, Lamm C, Barnhart M, Kass P (2014) Outcome and prognostic indicators in 20 cats with surgically treated primary lung tumors. J Feline Med Surg 16:979–984

Mayhew PD, Hunt GB, Steffey MA, Culp WT, Mayhew KN, Fuller M, Johnson LR, Pascoe PJ (2013) Evaluation of short-term outcome after lung lobectomy for resection of primary lung tumors via video-assisted thoracoscopic surgery or open thoracotomy in medium- to large-breed dogs. J Am Vet Med Assoc 243:681–688

McCleese JK, Bear MD, Kulp SK, Mazcko C, Khanna C, London CA (2013) Met interacts with EGFR and Ron in canine osteosarcoma. Vet Comp Oncol 11:124–139

McEntee MC (1997) Radiation therapy in the management of bone tumors. Vet Clin North Am Small Anim Pract 27:131–138

McNiel EA, Ogilvie GK, Powers BE, Hutchison JM, Salman MD, Withrow SJ (1997) Evaluation of prognostic factors for dogs with primary lung tumors: 67 cases (1985–1992). J Am Vet Med Assoc 211:1422–1427

Morello E, Vasconi E, Martano M, Peirone B, Buracco P (2003) Pasteurized tumoral autograft and adjuvant chemotherapy for the treatment of canine distal radial osteosarcoma: 13 cases. Vet Surg 32:539–544

Neihaus SA, Locke JE, Barger AM, Borst LB, Goring RL (2011) A novel method of core aspirate cytology compared to fine-needle aspiration for diagnosing canine osteosarcoma.. J Am Anim Hosp Assoc 47:317–323

Okada M, Kitagawa M, Nagasawa A, Itou T, Kanayama K, Sakai T (2009) Magnetic resonance imaging and computed tomography findings of vertebral osteosarcoma in a cat. J Vet Med Sci 71:513–517

Polton GA, Brearley MJ, Powell SM, Burton CA (2008) Impact of primary tumour stage on survival in dogs with solitary lung tumours. J Small Anim Pract 49:66–71

Popovitch CA, Weinstein MJ, Goldschmidt MH (1994) Chondrosarcoma: a retrospective study of 97 dogs (1987–1990). J Am Anim Hosp Assoc 30:81–85

Portela RF, Fadl-Alla BA, Pondenis HC, Byrum ML, Garrett LD, Wycislo KL, Borst LB, Fan TM (2014) Pro-tumorigenic effects of transforming growth factor beta 1 in canine osteosarcoma. J Vet Intern Med 28:894–904

Quigley PJ, Leedale AH (1983) Tumors involving bone in the domestic cat: a review of fifty-eight cases. Vet Pathol 20:670–686

Rozeman LB, Cleton-Jansen AM, Hogendoorn PC (2006) Pathology of primary malignant bone and cartilage tumours. Int Orthop 30:437–444

Ryseff JK, Bohn AA (2012) Detection of alkaline phosphatase in canine cells previously stained with Wright-Giemsa and its utility in differentiating osteosarcoma from other mesenchymal tumors. Vet Clin Pathol 41:391–395

Sabattini S, Mancini FR, Marconato L, Bacci B, Rossi F, Vignoli M, Bettini G (2014) EGFR overexpression in canine primary lung cancer: pathogenetic implications and impact on survival. Vet Comp Oncol 12:237–248

Schmidt AF, Nielen M, Klungel OH, Hoes AW, De Boer A, Groenwold RH, Kirpensteijn J, Investigators VSSO (2013) Prognostic factors of early metastasis and mortality in dogs with appendicular osteosarcoma after receiving surgery: an individual patient data meta-analysis. PrevVet Med 112:414–422

Sonnenschein B, Dickomeit MJ, Bali MS (2012) Late-onset fracture-associated osteosarcoma in a cat. Vet Comp Orthop Traumatol 25:418–420

Sylvestre AM, Cockshutt JR (1992) A case series of 25 dogs with chondrosarcoma. Vet Comp Ortho Traumatol 1:17–21

Szewczyk M, Lechowski R, Zabielska K (2015) What do we know about canine osteosarcoma treatment? Review. Vet Res Commun 39:61–67

Theon AP, Madewell BR, Harb MF, Dungworth DL (1993) Megavoltage irradiation of neoplasms of the nasal and paranasal cavities in 77 dogs. J Am Vet Med Assoc 202:1469–1475

Vail DM, Powers BE, Getzy DM, Morrison WB, McEntee MC, O'Keefe DA, Norris AM, Withrow SJ (1994) Evaluation of prognostic factors for dogs with synovial sarcoma: 36 cases (1986-1991). J Am Vet Med Assoc 205:1300–1307

Venzin C, Grundmann S, Montavon P (2012) Endoprosthesis (EN) in frontlimb-sparing surgery for distal radial tumours in the dog: preliminary results. Schweiz Arch Tierheilkd 154:337–343

Wood EF, O'Brien RT, Young KM (1998) Ultrasound-guided fine-needle aspiration of focal parenchymal lesions of the lung in dogs and cats. J Vet Intern Med 12:338–342

Endokrine Tumoren

Robert Klopfleisch

© Springer-Verlag GmbH Deutschland 2017

R. Klopfleisch (Hrsg.), *Veterinäronkologie kompakt*,

https://doi.org/10.1007/978-3-662-54987-2_12

Die negativen Effekte von Tumoren endokriner Organe basieren vor allem auf zwei Eigenschaften, dem Masseneffekt von Primärtumor und Metastasen und zusätzlich in vielen Fällen auf dem systemischen Effekt einer erhöhten oder verminderten Hormonsekretion des Tumors bzw. geschädigten Organs. Tumoren endokriner Organe können deshalb auch wenn sie nur langsam und expansiv wachsen und somit eigentlich „gutartiges Verhalten" zeigen, durch eine unangemessene Hormonsekretion zur schweren Schädigung des Gesamtorganismus führen. In diesem Kapitel werden wichtige Tumoren der Hypophyse, Nebenniere und Schilddrüse und der β-Zellen des Pankreas besprochen. Tumoren der Hoden und Ovarien, die ebenfalls endokrine Effekte haben können, werden in ▸ Kap. 7 beschrieben.

12.1 Tumoren der Hypophyse

Die Hypophyse ist aus drei Lappen aufgebaut. Der **Hypophysenvorderlappen** ist am häufigsten von endokrinen Tumoren betroffen, die endokrin aktiv sein oder die physiologische Hormonsekretion der endokrinen Zellen dieses Lappens behindern können. Im Hypophysenvorderlappen werden das Wachstumshormon (GH), das Thyreoidea-stimulierende Hormon (Thyreotropin, TSH), das Adrenokortikotrope Hormon (ACTH), Prolaktin (PRL), das Luteinisierende Hormon (LH) und andere synthetisiert. Der **Hypophysenzwischenlappen** sezerniert Melanozyten-stimulierendes Hormon (MSH), und der **Hypophysenhinterlappen** schüttet das Antidiuretische Hormon (ADH) aus. Die beiden letztgenannten können sekundär durch Tumoren des Hypophysenvorderlappens komprimiert und geschädigt werden.

Tumoren des Hypophysenvorderlappens werden grob in kortikotrope und somatotrope Tumoren unterschieden. **Kortikotrope Tumoren** sezernieren vor allem **ACTH** und beeinflussen somit vorrangig den Metabolismus der kortikalen Zellen der Nebenniere. **Somatotrope Tumoren** sezernieren **GH**, was wiederum einen Einfluss auf den Metabolismus verschiedener Gewebe wie Knochen, Muskel, Leber und Niere hat.

12.1.1 Kanine kortikotrope Hypophysentumoren

Kanine Hypophysentumoren in sieben Fakten
1. meist langsam und expansiv wachsende, nicht-metastasierende Tumoren
2. klinische Befunde basieren vor allem auf dem Hyperkortisolismus infolge der ACTH-Übersekretion durch die Tumorzellen
3. neurologische Befunde sind selten und finden sich nur bei weit fortgeschrittenen Tumorstadien
4. Screeningtests für Hyperkortisolismus sind ACTH-Stimulation, LDDST, Kortisol/Creatinin-Verhältnis
5. differenzierende Tests sind endogenes ACTH, HDDST
6. medikamentöse Behandlung mit Trilostan und Mitotan sind Therapie der Wahl
7. transsphenoidale Hypophysektomie und Bestrahlung wurden ebenfalls beschrieben

■ **Epidemiologie und Pathogenese**
Adrenokortikotropes Hormon (ACTH-) sezernierende Hypophysentumoren (HT) sind Tumoren von Hunden im Alter über 9 Jahre (◘ Abb. 12.1). Es gibt eine Rasseprädisposition für Dackel, Pudel und Terrier und eine Geschlechtsprädisposition für weibliche Hunde, die mit 60 % der Fälle leicht überrepräsentiert sind. Die molekulare Basis der Entwicklung von HT ist unbekannt.

ACTH-sezernierende HT sind die Ursache von **85 % der Fälle von Hyperkortisolismus** (syn. Hyperadrenokortizismus, Cushing-Syndrom) beim Hund. Die kontinuierliche und exzessive ACTH-Sekretion induziert eine bilaterale Hyperplasie der Nebennierenrinde und eine überschießende Sekretion von Kortisol (Hyperkortisolämie). Die Konsequenzen des Hyperkortisolismus sind die wichtigsten klinischen Befunde bei Hunden mit ACTH-sezernierenden HT, während neurologische Befunde aufgrund invasiven oder expansiven Tumorwachstums eher

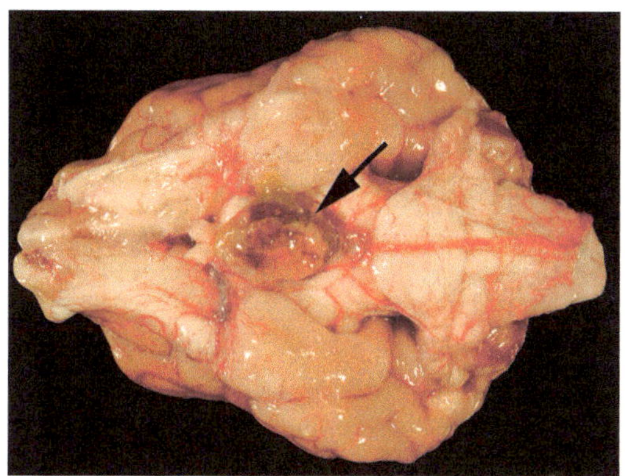

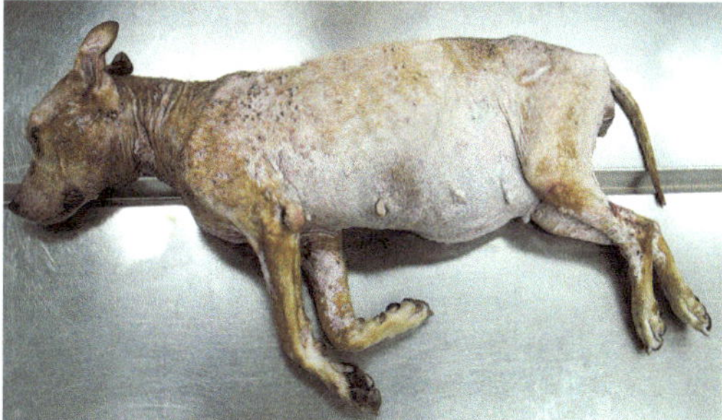

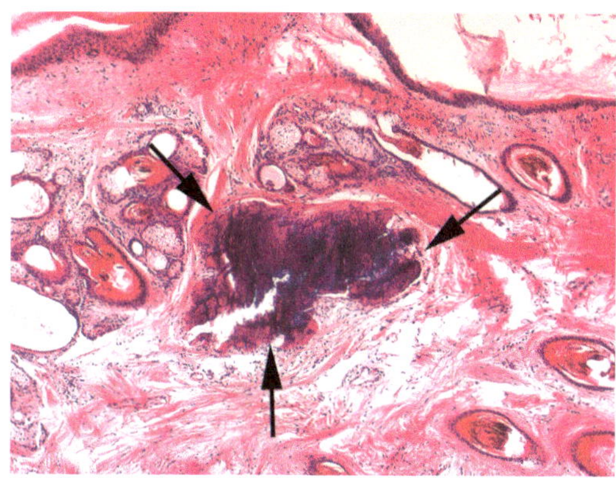

selten zu beobachten sind. Circa **60 % der HT** sind **expansiv wachsend Tumoren,** 30 % sind lokal invasive Adenome und **nur 6 % der Tumoren sind metastasierende Adenokarzinome.**

■ **Klinik**

Die **klinischen Befunde** bei Hunden mit HT basieren vor allem den Folgen des ACTH-stimulierten Hyperkortisolismus. Klinische neurologische Befunde aufgrund des Masseneffekts der Tumoren sind selten und treten gewöhnlich nur in fortgeschrittenen Tumorstadien auf. Typische **klinische Befunde** eines **Hyperkortisolismus** sind **Polyurie/-dipsie, Stammfettsucht, Muskelschwäche, Alopezie** (■ Abb. 12.2), **kutane Mineralisierungen** (■ Abb. 12.3), **Abnahme der Hautdicke,** ein **verminderter Immunstatus** mit häufigen Infektionen des Urogenitaltrakts und schlechte Wundheilung. Ein Diabetes mellitus aufgrund kortisolinduzierter Insulinresistenz wird bei < 10 % der Hunde mit HT beobachtet. Im Gegensatz dazu zeigen 80 % der Katzen mit HT einen Diabetes mellitus. **Neurologische Befunde** finden sich nur bei Tumoren mit einer Größe über 1 cm. Die klinischen Befunde führen zumeist schon nach der klinischen Untersuchung zur Verdachtsdiagnose eines HT-assoziierten Hyperkortisolismus. Weiterführende Laboruntersuchungen und der Einsatz von bildgebenden Verfahren werden jedoch für eine Bestätigung der Diagnose benötigt. **Standardbluttests** bei Hunden mit Hyperkortisolismus zeigen zumeist eine Neutrophilie,

Monozytose, Lymphopenie, Eosinopenie, Hypercholesterolämie und erhöhte Serumkonzentration der alkalischen Phosphatase (ALP).

Drei Screeningtests werden hauptsächlich genutzt, um die Diagnose eines Hyperkortisolismus zu verifizieren. Sie alle haben eine moderate Spezifität und Sensitivität zur Differenzierung eines HT-assoziierten von einem nebennierentumorassoziierten Hyperkortisolismus. Der **ACTH-Stimulationstest** überprüft die Reaktion der Nebenniere auf ACTH. Nach Injektion von ACTH zeigt sich bei Hunden mit Hyperkortisolismus mindestens eine Verdreifachung der Serumkonzentration von Kortisol innerhalb von 60–90 Minuten. Der niedrig dosierte **Dexamethason-Suppressionstest (NDDST)** überprüft die Reaktion der Nebenniere auf exogene niedrige Dosen von Dexamethason. Bei **gesunden**

Hunden führt dieser zu einer Verminderung des endogenen Kortisols auf **< 10 ng/ml nach 8 Stunden bzw. 50 % des Ausgangswertes**. Eine Verminderung der Werte wie bei gesunden Hunden, aber eine abgeschwächte Verminderung auf > 10 ng/ml nach 8 Stunden wird als Hinweis auf einen **hypophysären Cushing-Syndrom** angesehen. Eine nur sehr geringe bzw. nahezu ausbleibende Verminderung der Kortisolblutserumwerte nach 4 und 8 Stunden gilt als Hinweis auf einen **adrenalen Hyperkortisolismus**. Das **Kortisol/Creatinin-Verhältnis** im Urin ist ein hochsensitiver, aber nur mäßig spezifischer Test auf Hyperkortisolismus. Ein **Verhältnis von > 16** wird als hinweisend auf einen Hyperkortisolismus angesehen. Andere Erkrankungen und auch Stress können jedoch ebenfalls zu erhöhten Verhältnissen führen.

Im Falle von positiven Testergebnissen von einem der Screeningtests werden weiterführende **differenzierende Tests** durchgeführt, um sicher einen adrenalen von einem hypophysären Hyperkortisolismus abzugrenzen. Der **hochdosierte Dexamethason-Suppressionstest (HDDST)** überprüft die Antwort der Nebenniere auf die Injektion von hohen Dosen von Dexamethason. Hunde mit HT-abhängigem Hyperkortisolismus zeigen verminderte Kortisolserumwerte von < 1,5 µg/dl nach 8 Stunden, während Hunde mit endokrin aktiven Veränderungen der Nebenniere unveränderte Kortisolserumwerte zeigen. Die Messung des **endogenen ACTH ist die definitive Methode zur Unterscheidung des hypophysären vom adrenalen Hyperkortisolismus.** Es ist erhöht bei Hunden mit HT-assoziiertem Hyperkortisolismus, nicht jedoch bei Hunden mit adrenalem Hyperkortisolismus.

Computertomographie (CT) und **Magnetresonanztomographie (MRT)** unterstützen die Diagnose und Differenzierung von adrenalem und hypophysärem Hyperkortisolismus. Gewöhnlich sind jedoch fast 50 % aller HT zu klein für den Nachweis mit CT und MRT sind.

■ **Zytologie und Histopathologie**

Aufgrund des schwierigen Zugangs sind zytologische Präparate von Hypophysentumoren zumeist nicht erhältlich. **Histologische Analysen** sind auf die postmortale Diagnose beschränkt.

■ **Therapie**

Die Therapie von HT beim Hund basiert vorrangig auf einer medikamentösen Behandlung. Verschiedene Studien zeigen jedoch auch positive Effekte von Chirurgie und Bestrahlung von HT.

Die **medikamentöse Therapie** von HT basiert auf zwei Wirkstoffen, Mitotan und Trilostan. **Trilostan** inhibiert kompetitiv die 3β-Hydroxysteroiddehydrogenase, die essenziell für die Kortisolsynthese ist. Trilostan muss lebenslang verabreicht werden, und sein Effekt muss durch kontinuierliche ACTH-Stimulation in größeren Abständen getestet werden. **Mitotan** (Lysodren) ist ein zytotoxischer, adrenokortikolytischer Wirkstoff, der die Nebennierenrinde zerstört. Zwei Behandlungsansätze wurden beschrieben: nicht-selektive komplette und selektive inkomplette Adrenokortikolyse. **Selektive Adrenokortikolyse** zielt auf die Zerstörung nur eines Teils der Nebennierenrinde; ein Teil soll erhalten werden, um die basale Sekretion von endogenen Glukokortikoiden zu ermögliche. **Nicht-selektive, komplette Adrenokortikolyse** zerstört die komplette Nebennierenrinde und macht den Hund abhängig von einer exogenen Glukokortikoid- und Mineralokortikoid-Supplementierung für den Rest seines Lebens. Der generelle Therapieerfolg scheint für beide Medikamente nahezu gleich zu sein. Die mediane Überlebenszeit für Hunde mit Trilosan-Behandlung beträgt 662 Tage (Bereich 8–1971 Tage) und mit Mitotan-Behandlung 708 Tage (Bereich 33–1399 Tage).

Eine **chirurgische Hypophysektomie** ist die Behandlung der Wahl für humane Patienten mit HT, wird aber nur von sehr wenigen Tierkliniken weltweit angeboten. Die t**ranssphenoidale Hypophysektomie** ist mit einer generellen Erfolgsquote von 65 % und 4-Jahre-Überlebensrate von circa 70 % assoziiert.

Die **Bestrahlungstherapie** ist eine vielversprechende Therapieoption für HT, die neurologische Symptome zeigen. Die Erfolgsrate korreliert negativ mit der Tumorgröße. Die frühe Erkennung und Behandlung kleiner HT ist deshalb für einen optimalen Behandlungserfolg notwendig. Die **exzessive ACTH-Sekretion** wird jedoch mit Bestrahlung allein nicht verhindert. Eine adjuvante medikamentöse Therapie ist deshalb nötig, um die klinische

Krankheit zu kontrollieren. Zwei Studien konnten eine verlängerte mittlere Überlebenszeit von bis zu 4 Jahren in Vergleich 1,5 Jahren bei nicht-bestrahlten Hunden zeigen.

- **Weiterführende Literatur**

(Abraham et al. 2002; Berg et al. 2007; Brearley et al. 2006; Elliott et al. 2000; Goldstein et al. 1989; Jensen et al. 2015; Kent et al. 2007; Littler et al. 2006; Moore und O'Brien 2008; Morrison et al. 1989; Nichols 1997; Niessen 2010; Niessen et al. 2007a; Niessen et al. 2007b; Norman und Mooney 2000; Peterson et al. 1990; Pollard et al. 2010; Posch et al. 2011; Sellon et al. 2009; Slingerland et al. 2008)

12.1.2 Feline kortikotrope Hypophysentumoren

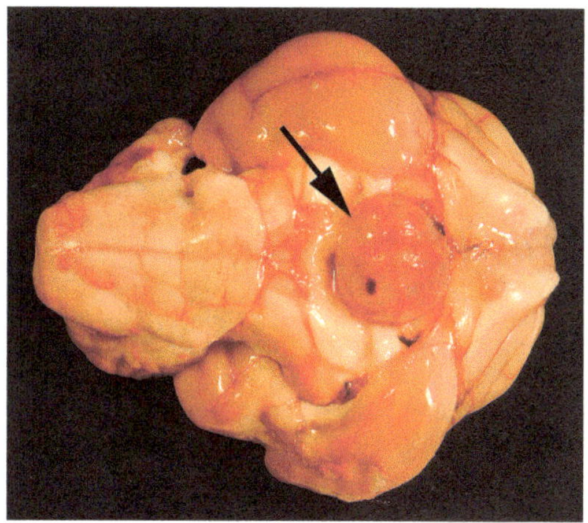

■ **Abb. 12.4** Kortikotropes Hypophysenadenom bei Katzen (mit freundlicher Genehmigung von A. Meyer, PhD, IDEXX Ludwigshafen, und des Archivs der Instituts für Tierpathologie, Freie Universität Berlin)

Feline kortikotrope Hypophysentumoren in neun Fakten

1. seltene Tumoren bei Katzen
2. assoziiert mit den typischen Befunden eines Cushing-Syndroms
3. circa 80 % der betroffenen Katzen mit Diabetes mellitus
4. neurologische Befunde nur bei fortgeschrittenen Tumorstadien
5. Screeningtests für Hyperkortisolismus: ACTH-Stimulation, LDDST, Kortisol/Creatinin-Verhältnis
6. differenzierende Tests: endogene ACTH-Messung, HDDST
7. bilaterale Adrenalektomie als häufiger Behandlungsansatz
8. nur wenige Studien zur Effizienz der medikamentösen Behandlung mit Trilostan und Mitotan
9. Hypophysektomie und Bestrahlung ebenfalls beschrieben

- **Epidemiologie und Pathogenese**

Feline kortikotrope Hypophysentumoren (HT) sind seltene Tumoren bei Katzen (■ Abb. 12.4). Dennoch sind 85 % der Fälle von Hyperkortisolismus HT-abhängig und nur 15 % durch Nebennierenrindentumore. Katzen mit HT-abhängigem Hyperkortisolismus sind durchschnittlich 10 Jahre alt. Eine **Rasse**- oder **Geschlechtsprädisposition** ist nicht bekannt. Feline HT sind meist Adenome, Karzinome sind ausgesprochen selten. Feline HT sind zumeist **kortikotrop**, ein signifikanter Teil der Tumoren sind jedoch **somatotrope feline HAT**, die eine Sekretion von Wachstumshormon (GH) zeigen und zu einer **Akromegalie** bei betroffenen Katzen führen. Einzelne Fallbeschreibungen konnten auch gemischte somato- und kortikotrope feline HT mit einer großen Breite an assoziierten metabolischen Veränderungen identifizieren.

- **Klinik**

Klinische Befunde von Katzen mit HT-abhängigem Hyperkortisolismus umfassen die **typischen Befunde des Cushing-Syndroms**: Polyurie/-dipsie, Stammfettsucht, Muskelatrophie, Alopezie/struppiges Fell und Abnahme der Hautdicke (■ Abb. 12.5). Circa 80 % der Katzen mit Hyperkortisolismus entwickeln einen **insulinunabhängigen Diabetes mellitus** im Vergleich zu lediglich 10 % der Hunde mit Hyperkortisolismus. Hochgradiger **Bluthochdruck** wurde bei einigen Katzen mit HT-abhängigem Hyperkortisolismus beschrieben. **Neurologische**

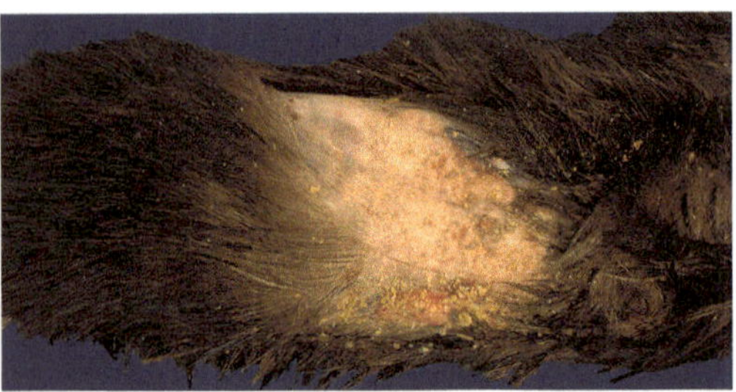

■ **Abb. 12.5**   Alopezie und Schuppen bei einer Katze mit kortikotropem Hypophysenadenom (mit freundlicher Genehmigung des Archivs der Instituts für Tierpathologie, Freie Universität Berlin)

Befunde durch expansives oder invasives Tumorwachstum sind selten bei Katzen.

Die oben beschriebenen klinischen Befunde führen zumeist zu einer Verdachtsdiagnose eines HT-assoziierten Hyperkortisolismus. Weiterführende Laboruntersuchungen und Bildgebung sind jedoch nötig, um die Diagnose zu bestätigen.

Standardblut- und Urintests bei Katzen mit Hyperkortisolismus zeigen zumeist eine **Hyperglykämie** und **Glukosurie** sowie seltener eine Hypercholesterolämie und erhöhte Serumkonzentrationen von Alaninaminotransferase (ALT) und alkalischer Phosphatase (ALP).

Drei Screeningtests werden genutzt, um die Diagnose eines Hyperkortisolismus zu verifizieren. Sie alle haben eine moderate Spezifität und Sensitivität zur Differenzierung eines HT-assoziierten von einem nebennierentumorassoziierten Hyperkortisolismus. Der **ACTH-Stimulationstest** überprüft die Reaktion der Nebenniere auf ACTH. Nach Injektion von ACTH zeigt sich bei Katzen mit Hyperkortisolismus eine signifikante mehr als dreifache Erhöhung der Serumkonzentration von Kortisol innerhalb von 30–60 Minuten. Der niedrig dosierte **Dexamethason-Suppressionstest (NDDST)** überprüft die Reaktion der Nebenniere auf exogene niedrige Dosen von Dexamethason. Katzen mit Hyperkortisolismus zeigen eine eingeschränkte Verminderung der Kortisolserumwerte nach 8 Stunden. Das **Kortisol/Creatinin-Verhältnis** im Urin ist ein hochsensitiver, aber nur mäßig spezifischer Test auf Hyperkortisolismus. Ein **Verhältnis von > 30** wird als hinweisend auf einen Hyperkortisolismus angesehen. Andere

Erkrankungen und auch Stress können jedoch auch zu erhöhten Verhältnissen führen.

Im Falle von positiven Testergebnissen von einem der Screeningtests werden weiterführende **differenzierende Tests** durchgeführt, um sicher einen adrenalen von einem hypophysären Hyperkortisolismus abzugrenzen. Der **hochdosierte Dexamethason-Suppressionstest (HDDST)** überprüft die Antwort der Nebenniere auf die Injektion von hohen Dosen von Dexamethason. Katzen mit HT-abhängigem Hyperkortisolismus zeigen verminderte Kortisolserumwerte nach 8 Stunden, während Katzen mit endokrin aktiven Veränderungen der Nebenniere unveränderte Kortisolserumwerte zeigen. Die Messung des **endogenen ACTH** ist die **definitive Methode zur Unterscheidung des hypophysären vom adrenalen Hyperkortisolismus**. Es ist erhöht bei Katzen mit HT-assoziiertem Hyperkortisolismus, nicht jedoch bei Katzen mit adrenalem Hyperkortisolismus.

Computertomographie (CT) und Magnetresonanztomographie (MRT) unterstützen die Diagnose und Differenzierung von adrenalem und hypophysärem Hyperkortisolismus. Gewöhnlich sind jedoch fast 50 % aller HT zu klein für den Nachweis mit CT und MRT.

- **Zytologie und Histopathologie**

Aufgrund des schwierigen Zugangs sind zytologische Präparate von Hypophysentumoren zumeist nicht erhältlich. **Histologische Analysen** sind auf die postmortale Diagnose beschränkt.

- **Therapie**

Nur wenige Berichte finden sich zur Effektivität der **medikamentöse Behandlung** des HT-abhängigen Hyperkortisolismus bei Katzen. Die Effizienz von **Mitotan**, einem zytotoxischen, adrenokortikolytischen Wirkstoffs, der die Nebennierenrinde zerstört, wurde mit widersprüchlichen Ergebnissen bei der Katze getestet. Studien zur Anwendung von **Trilostan**, welches die 3β-Hydroxysteroiddehydrogenase und damit die Kortisolsynthese kompetitiv hemmt, konnten einen positiven Effekt auf die klinischen Symptome von Katzen mit Hyperkortisolismus zeigen.

Die **bilaterale Adrenalektomie** mit anschließender lebenslanger Glukokortikoid- und

Mineralokortikoid-Ersatztherapie ist die Behandlungsmethode der Wahl für Katzen mit Hyperkortisolismus. Eine **transsphenoidale Hypophysektomie** wurde in wenigen Berichten als effektive Behandlung des felinen HT-abhängigen Hyperkortisolismus beschrieben.

- **Weiterführende Literatur**

(Ash et al. 2005; Boag et al. 2004; Dirtu et al. 2013; Fischetti et al. 2012; Greco 2012; Kaser-Hotz et al. 2002; Lamb et al. 2014; Lo et al. 2014; Massari et al. 2011; Mayer und Treuil 2007; Myers und Bruyette 1994; Neiger et al. 2004; Niessen et al. 2013; Posch et al. 2011; Schwedes 1997)

12.1.3 Feline somatotrope Hypophysentumoren (Feline Akromegalie)

Feline somatotrope Hypophysentumoren in fünf Fakten
1. seltene Tumoren
2. klinische Symptome dominiert von den Folgen der Sekretion von Wachstumshormon
3. klinische Symptome beinhalten abnormales Wachstum der Gliedmaßen, Mandibeln und generelle Organomegalie
4. die meisten Katzen entwickeln insulinresistenten Diabetes mellitus
5. Somatostatin-Analoga und Bestrahlung als Behandlung der Wahl

- **Epidemiologie und Pathogenese**

Feline somatotrope Hypophysentumoren (HT) sind seltene Tumoren der Katze. Sie sezernieren exzessiv **Wachstumshormon (GH, syn. Somatotropin)**, jedoch kein ACTH. Die Effekte der GH-Sekretion werden vor allem durch die Induktion der Synthese von Insulin-like growth Factor 1 (IGF-1) vermittelt. GH und IGF-1 stimulieren zusammen die Proliferation und Teilung von Chondro- und Osteoblasten und induzieren somit **Knochenwachstum** im Bereich der Gliedmaßen und des Schädels. Weiterhin entwickeln alle Katzen mit HT-abhängiger GH-Sekretion einen **Diabetes mellitus** aufgrund peripherer Insulinresistenz. Obwohl generell angenommen wird, dass diese Tumoren selten sind, lassen neuere Studien vermuten, dass möglicherweise ein Drittel der Fälle von felinem Diabetes mellitus auf unentdeckten somatotropen HT basieren. Katzen entwickeln GH-sezernierende HT durchschnittlich im Alter von **10 Jahren**. Es gibt eine **Geschlechtsprädisposition** für Kater, jedoch keine **Rasseprädisposition**. Feline somatotrope HT sind **gewöhnlich Adenome**. Es wird diskutiert, ob GH-sezernierende Hypophysenveränderungen möglicherweise eher als Hyperplasie bezeichnet werden sollten. Einige Berichte beschreiben gemischte somato- und kortikotrope feline HT mit zahlreichen assoziierten metabolischen Veränderungen bei den betroffenen Katzen.

- **Klinik**

Katzen mit somatotropen HT werden zumeist primär aufgrund der Symptome eines **Diabetes mellitus** mit Polydipsie/-urie vorgestellt. Zumeist ist der Diabetes mellitus in diesen Fällen jedoch mit einem **Gewichtszuwachs** und nicht, wie sonst üblich, mit einem Gewichtsverlust assoziiert. Die **Akromegalie** zeigt sich durch eine Verbreiterung der Gesichtskontur, Protrusion des Unterkiefers, erhöhte Interdentalabstände, vergrößerte Pfoten und einen generalisiert groben Körperbau, welcher sich jedoch sehr langsam entwickelt und deshalb vom Besitzer übersehen werden kann. Organomegalie der Niere, Leber und des Herzens finden sich ebenfalls bei den meisten Katzen und kann zu Herzgeräuschen und Herzinsuffizienz führen.

Labortests bei Katzen mit somatotropen HT werden dominiert durch für Diabetes mellitus typische Befunde, wie Hyperglykämie, Glukosurie, und erhöhte Fruktosamin- und Leberenzymwerte. Eine Messung der Blutkonzentrationen von GH und IGF-1 wurde als finale Bestätigung einer Akromegalie beschrieben. Die Messung des **Serum-GH** ist jedoch von nur reduzierter Spezifität und Sensitivität, da HT GH nur intermittierend sezernieren und das Peptid nur eine sehr kurze Halbwertzeit hat. Die **Serum-IGF-1**-Messung ist mäßig spezifisch und sensiver zum Nachweis von somatotropen HT, da die Serumkonzentrationen für 24 Stunden nach GH-Induktion stabil bleiben. Eine aktuelle Studie konnte weiterhin zeigen, dass das **Serum-Ghrelin**, ein Wachstumshormon-Sekretagogum, bei Katzen mit Akromegalie vermindert ist und als Marker des Behandlungserfolgs genutzt werden kann. Neurologische Befunde sind selten bei Katzen mit somatotropen HAT, möglicherweise aufgrund ihres langsamen Wachstums.

Bildgebende Verfahren wie **Computertomographie (CT)** und **Magnetresonanztomographie (MRT)** können somatotrope HT als Umfangsvermehrungen in der Hypophyse nachweisen. Die meisten Tumoren sind jedoch zu klein, um selbst mit diesen hochauflösenden Verfahren nachgewiesen zu werden.

■ **Zytologie und Histopathologie**

Zytologische Biopsien von Hypophysentumoren sind gewöhnlich aufgrund des schweren Zugangs zum Tumor nicht erhältlich. **Histologische Analysen** werden nur postmortal durchgeführt.

■ **Therapie**

Aufgrund der geringen Inzidenz der Tumoren gibt es nur wenige beschriebene Behandlungsprotokolle für somatotrope HT. **Medikamentöse Behandlung** des Diabetes mellitus ist zumeist die einzige Form der Behandlung. Aufgrund der fluktuierenden Insulinresistenz bei Katzen mit somatotropen HT sollten die Blutglukosewerten jedoch laufend untersucht und die Insulindosierung entsprechend angepasst werden. Die Verabreichung von **Somatostatinanaloga**, welche an den Somatostatinrezeptor binden und die Freisetzung von GH verhindern, wurde bei Katzen mit Akromegalie getestet. Dabei zeigt das Somatostatinanalog Octreotid eine effektive Suppression der GH-Freisetzung zumindest in manchen Katzen.

Die **transsphenoidale Chirurgie** zur direkten Entfernung des HT ist Behandlung der Wahl beim Menschen, wird jedoch nur von wenigen hochspezialisierten Veterinärchirurgen durchgeführt.

Eine **Bestrahlungstherapie** feliner somatotroper HT wird momentan als Behandlung der Wahl angesehen. Verschiedene Studien konnten die kurzfristige Effizienz der Bestrahlungstherapie für feline HT zeigen, beinhalten aber keine Information über das Langzeitüberleben.

Behandlungsunabhängig überleben Katzen mit HT-assoziierter Akromegalie zwischen 1,5 und 3 Jahre. Die häufigste Todesursache bei den Tieren ist ein Nierenversagen.

■ **Weiterführende Literatur**

(Abraham et al. 2002; Berg et al. 2007; Brearley et al. 2006; Elliott et al. 2000; Fischetti et al. 2012; Greco 2012; Hurty und Flatland 2005; Lamb et al. 2014; Littler et al. 2006; Meij et al. 2010; Niessen 2010; Niessen et al. 2007b; Niessen et al. 2013; Peterson 2007; Posch et al. 2011; Slingerland et al. 2008)

12.1.4 Equine kortikotrope Hypophysentumoren

Equine kortikotrope Hypophysentumoren in fünf Fakten

1. klinische Erkrankung wird als „Dysfunktion der Pars intermedia der Hypophyse des Pferdes (DPI)" bezeichnet
2. hervorgerufen durch ACTH-sezernierende Hypophysenadenome oder -hyperplasien infolge des neurodegenerativen Verlusts hypothalamischer dopaminerger Hypophyseninhibition
3. pathognomonische Befunde sind Hirsutismus und Hyperhidrose
4. die meisten Tiere zeigen Insulinresistenz und Laminitis
5. Dopamin-D2- Rezeptoragonist Pergolid als Behandlung der Wahl

■ **Epidemiologie und Pathogenese**

Die **Dysfunktion der Pars intermedia der Hypophyse des Pferdes (DPI)** wird durch Tumoren bzw. Hyperplasie und Tumoren (HT) des Hypophysenzwischenlappens hervorgerufen. Alter ist der wichtigste Risikofaktor für die Entstehung von DPI, welche eine Erkrankung von Pferden älter als 15 Jahre ist. Studien zeigen, dass bis zu 30 % älterer Pferde zumindest eine milde Form der Erkrankung haben. Ponys und Morgan-Pferde sind etwas häufiger betroffen.

DPI ist, anders als das Cushing-Syndrom beim Hund, eine Erkrankung des Hypophysenzwischenlappens. Beim gesunden Pferd wird **ACTH** auch vorrangig vom Hypophysenvorderlappen synthetisiert. Mit zunehmenden Alter kommt es jedoch zu einem progressiven Verlust der hypothalamischen Kontrolle durch oxidative stressinduzierte **Neurodegeneration**

von dopaminsezernierenden Zellen im Hypothalamus. Infolgedessen kommt es zu einer **Hyperplasie oder Adenomen** des Hypophysenzwischenlappens mit exzessiver Sekretion von ACTH, Endorphinen und Melanocortin. Die Adenome komprimieren teilweise auch den Hypothalamus und den Sehnerv betroffener Pferde.

- **Klinik**

Verschiedene typische Befunde sind mit einer DPI assoziiert. **Hirsutismus** ist ein pathognomonischer klinischer Befund von DPI. Er ist charakterisiert durch exzessives Haarwachstum sowie eine abnormale Retention des Winterfells im Sommer und führt so zu abnormal langem und lockigem Haar. Als Pathogenese des Hirsutismus werden erhöhte Serumkonzentrationen von Melanocortin angenommen, welches auch physiologisch die Entwicklung des Winterfells bestimmt. **Hyperhidrose**, also exzessives Schwitzen, ist ebenfalls ein typischer Befund bei DPI. Die Pathogenese ist unbekannt. **Skelettmuskelatrophie** (Sarkopenie), **Polyurie/-dipsie**, **Insulinresistenz** und **Laminitis** sind andere bedeutende Befunde bei vielen, aber nicht allen Pferden mit DPI; sie finden sich aber auch bei anderen Endokrinopathien wie dem equinen metabolischen Syndrom. **Abnormale Verteilung der Fettdepots**, z. B. in der Fossa supraorbitalis über dem Auge, entlang des Nackens, über der Schwanzwurzel und im Bereich der Milchdruse, wird ebenfalls bei manchen Pferden mit DPI beobachtet. Pferde mit DPI werden aufgrund ihres abnormen Metabolismus lethargisch und können bei stärkerem Tumorwachstum auch Ataxie, Blindheit, epileptische Anfälle zeigen.

Häufigster **Laborbefund** bei Pferden mit DPI ist eine **Hyperglykämie** aufgrund einer Insulinresistenz sowie, weniger häufig, erhöhte Leberenzymwerte aufgrund steroidinduzierter Hepatopathien.

Spezifische Labortests für DPI umfassen den Dexamethason-Suppressionstest, die Überprüfung der Konzentration des α Melanozyten-stimulierenden Hormons (α-MSH), und der Thyreotropin-Releasinghormon-Stimulationstest (TRH-Stimulationstest). Keiner dieser Tests ist jedoch hochspezifisch, da es aufgrund großer jahreszeitlicher Schwankungen der Hormonsekretion und der Überschneidung der Befunde mit anderen Krankheiten nur eine inkonstante Korrelation der Laborwerte mit den klinische Befunden einer DPI gibt.

Der Dexamethason-Suppressionstest (DST) wird als sensitivster und spezifischster Labortest auf eine DPI angesehen. Die Administration von Dexamethason unterdrückt die ACTH- und damit die Kortisolsekretion aufgrund eines negativen Feedbackmechanismus im Hypophysenvorderlappen. Die ACTH-Sekretion melanotroper Zellen des Zwischenlappens wird hingegen nicht über einen negativen Feedbackmechanismus kontrolliert. Pferde mit DPI zeigen somit 24 Stunden nach Dexamethasongabe keine verminderten Kortisolkonzentrationen im Blut. Die Sensitivität des DST ist besonders hoch bei Tieren mit klaren klinischen Symptomen.

Erhöhte Plasmakonzentrationen von α-MSH sind ebenfalls mit DPI korreliert. Die α-MSH-Konzentration fluktuiert jedoch jahreszeitenabhängig (höhere Werte im Herbst). Die Messung des **endogenen ACTH** wurde ebenfalls als Ansatz zur Diagnose der DPI vorgeschlagen, scheint jedoch sehr stark von anderen Faktoren, wie Stress und Bewegung, abzuhängen.

Der Thyreotropin-Releasinghormon- (TRH-) **Stimulationstest** basiert auf der Beobachtung, dass die Administration von TRH zu erhöhten Kortisolkonzentration bei Pferden mit DPI, nicht jedoch bei gesunden Pferden führt. Eine Erhöhung von über 50 % wird als ausreichend für die Diagnose bezeichnet. Dennoch ist bei jedem dritten Pferd ein falsch positives Testergebnis zu erwarten.

Die **kontrastmittelverstärkte Magnetresonanztomographie (MRT)** hat eine ausreichende Auflösung, um Veränderungen der equinen Hypophyse darzustellen. Aufgrund der hohen Kosten und der nur geringen Zugänglichkeit der Methode wird die MRT jedoch nur selten für die Diagnose des DPI genutzt.

- **Zytologie und Histopathologie**

Zytologische Biopsien von Hypophysentumoren sind gewöhnlich aufgrund des schweren Zugangs zum Tumor nicht erhältlich. **Histologische Analysen** werden nur postmortal durchgeführt.

- **Therapie**

Verschiedene **medikamentöse Therapieansätze** wurden beschrieben. Diese umfassen Trilostan (3β-Hydroxysteroiddehydrogenase-Inhibitor), Cyproheptadin (Serotoninantagonist), Bromocriptin (Dopaminagonist) und Pergolid (Dopaminagonist).

Pergolid, ein **Dopamin-D2-Rezeptoragonist,** ist die Behandlung der Wahl für Pferde mit DPI. Es ersetzt die verlorengegangenen dopaminergen inhibitorischen Signale und unterdrückt so die ACTH-Sekretion im Hypophysenzwischenlappen. Die klinischen Symptome der DPI schwächen sich jedoch oft erst nach Monate nach Beginn der Behandlung ab. Pergolid muss lebenslang gegeben werden, ermöglicht den Tieren jedoch über Jahre eine akzeptable Lebensqualität.

Die durchschnittliche **Überlebenszeit** für Pferde mit DPI wurde mit 4,5 Jahren einer guten Lebensqualität für 50 % der Pferde bestimmt.

■ **Weiterführende Literatur**

(Beech et al. 2009; Diez de Castro et al. 2014; Mastro et al. 2015; Mc Gowan et al. 2013a, b; McFarlane 2011)

12.2 Nebennierentumoren

Nebennierentumoren (NT) sind häufige Tumoren bei Hund, Katze und insbesondere beim Frettchen. NT sind selten bei Pferden und anderen Haustierarten. NT werden in adrenokortikale und adrenomedulläre Tumoren differenziert, die beide endokrin aktiv oder inaktiv sein können. Adrenokortikale Tumoren sezernieren exzessives Kortisol oder weniger häufig Androstendion, Progesteron, 17-Hydroxyprogesteron, Testosteron und Östradiol, während adrenomedulläre Tumoren (Phäochromozytome) Katecholamine sezernieren. Phäochromozytome sind nur beim Hund von Relevanz und sehr selten bei anderen Tierarten.

12.2.1 Kanine adrenokortikale Tumore

Kanine adrenokortikale Tumoren in sechs Fakten

1. Ursache für 15 % der Fälle von Hyperkortisolismus
2. sezernieren Kortisol, circa 20 % der Tumoren dringen in Vena cava ein und metastasieren

3. klinische Befunde umfassen Alopezie, Polyurie/-dipsie, Stammfettsucht, Muskelatrophie
4. relevante Labortests sind LDDST, Kortisol/Creatinin-Verhältnis und endogenes ACTH
5. Adrenalektomie als Behandlung der Wahl, hohe intraoperative Komplikationsrate
6. Trilostan und Mitotan als effiziente medikamentöse Therapie

■ **Epidemiologie und Pathogenese**
Primäre Nebennierentumoren (NT) sind eher seltene Tumoren des Hundes (■ Abb. 12.6). Von diesen sind **adrenokortikale Tumoren** (AKT) der Nebennierenrinde die häufigsten. Die **Inzidenz adrenokortikaler Adenome und Karzinome** wird als ähnlich angenommen, wobei einige Publikationen über eine bis zu 4-fach höhere Inzidenz von Karzinomen berichten. Circa 20 % der Tumoren zeigen Gefäßeinbrüche, und 50 % der Karzinome metastasieren in Leber, Lunge und andere Organe (■ Abb. 12.7). AKT werden bei Hunden mit einem Durchschnittsalter von 11 Jahren beobachtet. Es gib eine geringe **Geschlechtsprädisposition** für Rüden und eine **Rasseprädisposition** für große Rassen, wie Deutsche Schäferhunde, Pudel und Labradore.

AKT können **endokrin aktiv oder inaktiv** sein, epidemiologische Daten zur Inzidenz sind jedoch nicht erhältlich. Endokrin aktive, **kortisolsezernierende AKT** sind die Ursache von weniger als 15 % der Fälle von Hyperkortisolismus (**Cushing-Syndrom**) beim Hund, während mehr als 80 % der

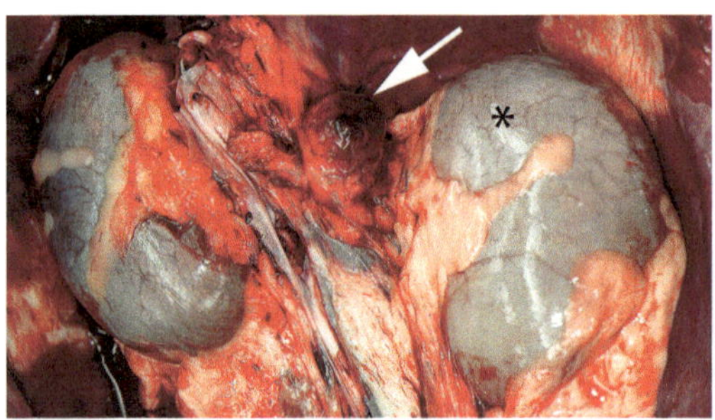

■ **Abb. 12.6**   Adrenokortikaler Tumor (Pfeil) beim Hund (mit freundlicher Genehmigung von Dr. P. Schlieben, PhD, LUA Frankfurt/Oder und des Archivs des Instituts für Tierpathologie, Freie Universität Berlin)

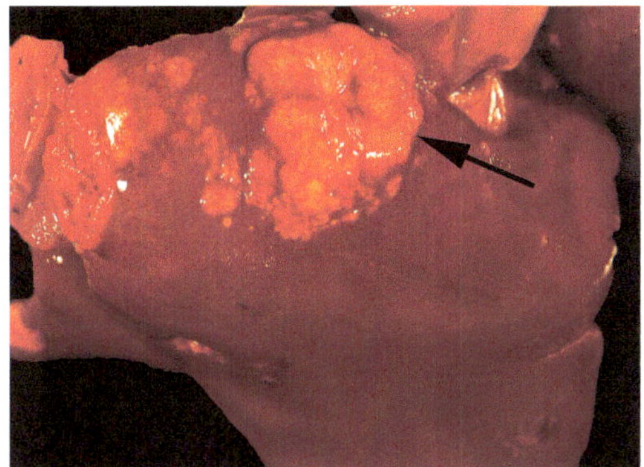

Fälle von Hyperkortisolismus durch Hypophysentumoren hervorgerufen werden (▶ Abschn. 12.1.1). Die molekulare Pathogenese von AKT beim Hund ist unbekannt.

▪ Klinik

Klinische Befunde, bildgebende Verfahren und Hormontests sind für die Diagnose von AKT zentral. Alle Methoden sind jedoch nicht zu 100 % spezifisch und sensitiv für AKT und müssen integrativ bewertet werden.

Klinische Befunde bei AKT sind die **klassischen Befunde eines Hyperkortisolismus** mit Polyurie/-dipsie, Polyphagie, Stammfettsucht, Muskelschwäche, Lethargie und bilateral symmetrischer Alopezie. Allgemeine **Laboruntersuchungen** zeigen meist eine Neutrophilie, Lymphopenie, Monozytose und Eosinopenie. Weiterhin können erhöhte Serumwerte an alkalischer Phosphatase, Kortisol, vermindertes spezifisches Harngewicht, Hyperglykämie, Lipämie und erhöhte Serumcholesterolwerte beobachtet werden. Die klinischen Befunde sind zumeist milder beim AKT-assoziierten als beim hypophysären Hyperkortisolismus.

Spezifische Screeningtests für die Diagnose eines adrenokortikalen Hyperkortisolismus beinhalten die Messung des Serumkortisolspiegels, einen niedrig dosierten **Dexamethason-Suppressionstest** (LDDST), eine Bestimmung des **Kortisol/Creatinin-Verhältnisses** im Urin und die des **endogenen ACTH** (detaillierte Beschreibung in ▶ Abschn. 12.1.1).

Niedrige endogene ACTH-Konzentrationen sind einer der wichtigsten Hinweise auf einen eher adrenalen als hypophysären Hyperkortisolismus.

Ultraschall wird häufig zur Evaluation der Form und Größe der Nebennieren bei Tieren mit Hyperkortisolismus genutzt. Mineralisierungen des Knotens wurden als mäßig spezifische Eigenschaft sowohl bei Adenomen also auch bei Karzinomen festgestellt. Die Identifizierung einer vaskulären Invasion oder von Metastasen ist klinisch relevant für die sichere Bestätigung der Tumormalignität.

Computertomographie (CT) und **Magnetresonanztomographie (MRT)** werden genutzt, um einen akkurateren Eindruck von Größe und Invasionsaktivität der Tumoren zu erhalten.

▪ Zytologie und Histopathologie

Die Diagnose eines AKT kann in den meisten Fällen per **Zytologie** gestellt werden. Die Zytologie wird jedoch aufgrund des hohen Risikos für assoziierte Hämorrhagien und der eingeschränkten Fähigkeit, Adenome von Karzinomen zu unterscheiden, nur beschränkt empfohlen. Makroskopisch zeigen sich adrenokortikale **Adenome** als bis zu 2 cm große, gut abgrenzbare, solitäre, gelbe Knoten, die das umgebende Nebennierengewebe komprimieren. **Adenokarzinome** sind meist größer als 2 cm, gelbe bis rote bröckelige, teils nekrotische Massen, sie sind meist schlecht abgrenzbar und zeigen eine Invasion des umgebenden Gewebes und der Gefäße. Sie metastasieren primär in Leber, Lunge, Nieren und Mesenteriallymphknoten. **Histologisch** enthalten **Adenome** polygonale Zellen mit Vakuolen, Fibrinthromben und Hämatopoese. **Adenokarzinome** sind durch eine Invasion der Tumorkapsel, periphere Fibrose, trabekuläres Wachstum, Hämorrhagien, Nekrose, Pleomorphie und eine hohe Mitoserate gekennzeichnet. Karzinome zeigen einen höheren Ki-67-Index als Adenome. Bei Tieren mit endokrin aktiven AKT zeigt die **kontralaterale Nebenniere** eine Atrophie der Nebennierenrinde.

▪ Therapie

Adrenalektomie ist die Behandlung der Wahl für kanine AKT. Fortgeschrittene chirurgische Fähigkeiten sind jedoch für die Entfernung von Tumoren mit Invasion der Vena phrenoabdominalis nötig. Aufgrund der Atrophie der kontralateralen Nebenniere benötigen die Tiere postoperativ für mehrere Wochen eine Kortisolsubstitution. Das Risiko postoperativer Komplikationen und Mortalität sind mit 20 % recht hoch. Häufigste Komplikationen sind Hämorrhagie, Pankreatitis und Thrombembolie. Patienten, die die erste Woche nach Chirurgie überleben, haben eine mediane Überlebenszeit zwischen 1 und 2 Jahren. Eine **laparoskopische Adrenalektomie** wird seit kurzem häufiger angewandt und scheint mit weniger postoperativen Komplikationen assoziiert zu sein.

Die medikamentöse Therapie mit **Trilostan**, welches kompetitiv die 3β-Hydroxysteroiddehydrogenase inhibiert, die wiederum essenziell für die Kortisolsynthese ist, ist ein alternativer Ansatz. Er erfordert jedoch eine lebenslange Verabreichung von Trilostan. **Mitotan** (Lysodren) ist ein anderer Wirkstoff für die Behandlung des Hyperkortisolismus. Es ist zytotoxisch und adrenokortikolytisch, und es zerstört die Nebennierenrinde. Eine komplette Zerstörung der Nebennierenrinde kann kurativ in Bezug auf den Tumor sein, erfordert jedoch eine lebenslange Kortisol- und Mineralokortikoidsubstitution. Eine Studie berichtet von medianen **Überlebenszeiten** von circa 1 Jahr und 3 Monaten mit Trilostan- bzw. Mitotan-Behandlung. Eine andere Studie fand ähnliche Überlebenszeiten von circa 16 Monaten für Hunde, die mit einem der beiden Wirkstoffe behandelt wurden.

■ **Prognostische Faktoren und Marker**

Wichtigster **negativer prognostischer Faktor** für kanine AKT sind histologische Befunde der Malignität, Gefäßinvasion und Metastasierung. Lethargie, Thrombozytopenie, Hypokaliämie und erhöhte AST-Werte wurden als weitere negative präoperative prognostische Faktoren beschrieben.

■ **Weiterführende Literatur**

(Anderson et al. 2001; Arenas et al. 2014; Arenas et al. 2013; Barrera et al. 2013; Benchekroun et al. 2010; Bertazzolo et al. 2014; Davis et al. 2012; de Brito Galvao und Chew 2011; Feldman et al. 1992; Friedrich-Rust et al. 2011; Gregori et al. 2015; Helm et al. 2011; Kyles et al. 2003; Labelle et al. 2004; Lang et al. 2011; Larson et al. 2013; Llabres-Diaz und Dennis 2003; Massari et al. 2011; Naan et al. 2013; Pey et al. 2014; Posch et al. 2011; Scavelli et al. 1986; Schultz et al. 2009; Schwartz et al. 2008; Van Sluijs et al. 1995)

12.2.2   Feline adrenokortikale Tumore

Feline adrenokortikale Tumoren in sieben Fakten

1. seltene Tumoren der Katze
2. Ursache für 15 % der Fälle von Hyperkortisolismus (Alopezie, Polyurie/-dipsie, Stammfettsucht)
3. häufige Ursache des Conn-Syndroms (Hyperaldosteronismus, Bluthochdruck, Hypokaliämie)
4. LDDST, Kortisol/Creatinin-Verhältnis im Urin, endogenes ACTH als relevante Hormontests
5. Aldosteron/Renin-Verhältnis im Plasma als Labortest für Hyperaldosteronismus
6. Adrenalektomie Behandlung der Wahl, aber häufig mit intraoperativen Komplikationen
7. Trilostan und Mitotan sind effiziente medikamentöse Therapieansätze

■ **Epidemiologie und Pathogenese**

Primäre Nebennierentumoren (NT) sind seltene Tumoren bei Katzen. Adrenokortikale Tumoren (AKT) sind häufiger als adrenomedulläre. Adenome und Karzinome scheinen ungefähr gleich häufig zu sein, konklusive epidemiologische Daten sind jedoch aufgrund der Seltenheit der Tumoren nicht vorhanden. AKT werden bei Katzen durchschnittlich im Alter von 12 Jahren diagnostiziert. Eine **Rasse- oder Geschlechtsprädisposition** ist nicht bekannt. Die Pathogenese feliner AKT ist nicht bekannt. AKT können endokrin aktiv oder inaktiv sein, wiederum sind jedoch ausreichende epidemiologische Daten nicht vorhanden. NT können invasiv in die Vena cava wachsen und in entfernte Organe metastasieren (◘ Abb. 12.8).

Ein **primärer Hyperaldosteronismus** (syn. **Conn-Syndrom**) ist das häufigste mit felinen AKT assoziierte Syndrom. Das Conn-Syndrom ist durch eine autonome Sekretion von Aldosteron, aber auch anderer Mineralokortikoide durch AKT sowie durch noduläre Hyperplasien charakterisiert. Erhöhte Aldosteronkonzentrationen führen

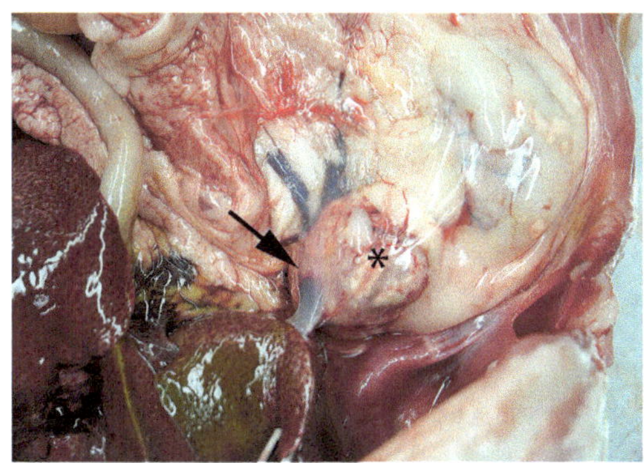

Abb. 12.8 Metastasierender adrenokortikaler Tumor (*) mit Invasion der Vena cava (Pfeil) bei einer Katze (mit freundlicher Genehmigung von S. Plog, PhD, IDEXX Wetherby und des Archivs des Instituts für Tierpathologie, Freie Universität Berlin)

zu erhöhter Wasser- und Natriumretention und erhöhter Kaliumausscheidung, was zusammen zu einem erhöhten **arteriellen Bluthochdruck** und/oder **Hypokaliämie** sowie chronischem Nierenversagen führt. Das mediane **Alter** der Katzen bei der Diagnose des Hyperaldosteronismus ist 13 Jahre (Bereich 5–20 Jahre). Eine **Rasse**- oder **Geschlechtsprädisposition** ist nicht dokumentiert.

Hyperkortisolismus ist seltener bei Katzen als bei Hunden. Die Verteilung zwischen hypophysärer (ca. 85 %) und adrenaler Form (circa 15 %) ist jedoch gleich.

- **Klinik**

Klinische Befunde, bildgebende Verfahren und Hormontests sind für die Diagnose von AKT zentral. Alle Methoden sind jedoch nicht zu 100 % spezifisch und sensitiv für AKT und müssen integrativ bewertet werden.

Klinische Befunde bei Katzen mit AKT-assoziiertem **primären Hyperaldosteronismus** basieren auf der exzessiven Sekretion von Mineralokortikoiden wie Aldosteron und der damit assoziierten Hypokaliämie und/oder systemischem arteriellen Bluthochdruck. Die meisten der betroffenen Katzen zeigen eine Muskelschwäche und/oder okuläre Befunde eines arteriellen Bluthochdrucks. Das **Aldosteron/Renin-Verhältnis im Plasma** wird momentan als der beste Screeningtest für den felinen primären Hyperaldosteronismus angesehen. Eine weiterführende Bildgebung ist jedoch nötig, um

zwischen einer meist unilateralen adrenokortikalen Neoplasie und oder einer bilateralen Hyperplasie zu unterscheiden.

Die **klinischen Befunde** einer Katze mit AKT-assoziiertem **Hyperkortisolismus** sind die klassischen Befunde des Cushing-Syndroms mit Polyurie/-dipsie, Polyphagie, Stammfettsucht, Muskelschwäche, Lethargie und bilateral symmetrischer Alopezie. **Standardlaboruntersuchungen** zeigen gewöhnlich eine Neutrophilie, Lymphopenie, Monozytose und Eosinopenie. Weiterhin können sich erhöhte Aktivität der alkalischen Phosphatase (ALP), erhöhte Kortisolserumwerte und ein vermindertes spezifisches Harngewicht, Hyperglykämie, Lipämie sowie erhöhte Serumcholesterolwerte zeigen. Klinische Befunde eines adrenalen Hyperkortisolismus sind zumeist milder als die eines hypophysären.

Spezifische Screeningtests für die Diagnose eines hypophysären ACT-Hyperkortisolismus umfassen die Messung des Serumkortisols, einen **niedrig dosierten Dexamethason-Suppressionstest** (LDDST), Messung des **Urin-Kortisol/Creatinin-Verhältnisses**, **ACTH-Stimulationstest** und die Messung des **endogenen ACTH** (eingehende Beschreibung unter ▶ Abschn. 12.1.1). Niedrige endogene ACTH-Werte sind ein wichtiger Hinweis auf einen eher adrenalen als hypophysären Hyperkortisolismus.

Ultraschall wird häufig zur Evaluation der Form und Größe der Nebennieren bei Tieren mit Hyperkortisolismus genutzt. Mineralisierungen des Knotens wurden als mäßig spezifische Eigenschaft sowohl bei Adenomen also auch bei Karzinomen festgestellt. Die Identifizierung einer vaskulären Invasion oder von Metastasen ist klinisch relevant für die sichere Bestätigung der Tumormalignität.

Zur Anwendung von **Computertomographie** (CT) und **Magnetresonanztomographie** (MRT) bei felinen AKT gibt es nur einzelne Berichte, es ist jedoch anzunehmen, dass sie eine genauere Analyse der Größe und Invasionsaktivität der Tumoren erlauben.

- **Zytologie und Histopathologie**

Die Diagnose eines AKT kann in den meisten Fällen per **Zytologie** gestellt werden. Die Zytologie wird jedoch aufgrund des hohen Risikos für assoziierte

Hämorrhagien und der eingeschränkten Fähigkeit, Adenome von Karzinomen zu unterscheiden, nur beschränkt empfohlen. In der Literatur gibt es keine Studien zu relevanten histologischen Eigenschaften der Malignität von AKT bei Katzen. Es ist jedoch anzunehmen, dass sie denen **kaniner AKT ähneln** (▶ Abschn. 12.2.1).

- ■ **Therapie**

Es gibt nur wenig Literatur zur Behandlung feliner AKT. **Adrenalektomie** ist momentan die Behandlung der Wahl für AKT bei Katzen. Die **postoperative Komplikationsrate** und Mortalität bei Katzen nach Adrenalektomie wird kontrovers diskutiert. Manche Studien berichten über wenig Komplikationen und Überlebenszeiten von circa 3 Jahren, während andere ein hohes postoperatives Komplikationsrisiko bei 40 % der Eingriffe mit z. B. Hämorrhagie und Sepsis beschreiben. Eine unilaterale Adrenalektomie ist mit höheren Überlebensraten als die bilaterale assoziiert. Überleben die Katzen jedoch den chirurgischen Eingriff an sich, haben sie eine gute Langzeitprognose mit Überlebenszeiten bis zu 5 Jahren.

Die **medikamentöse Behandlung des Hyperaldosteronismus** wurde für wenige nicht resezierbare Tumoren beschrieben. Der **Mineralokortikoidrezeptorblocker Spironolacton** wurde am häufigsten genutzt, scheint aber zumeist nicht zu einem vollständigen Abklingen der klinischen Befunde zu führen.

Sowohl Trilostan als auch Mitotan wurden zur **medikamentösen Behandlung von adrenalem Hyperkortisolismus** bei Katzen angewendet. **Trilostan** wird von den Katzen gut toleriert und schwächt die klinischen Befunde inklusive Diabetes mellitus ab. Als mediane Überlebenszeit mit Behandlung wurden circa 2 Jahre (Bereich 80–1278 Tage) beschrieben.

- ■ **Weiterführende Literatur**

(Ash et al. 2005; Bertazzolo et al. 2014; Boag et al. 2004; Combes et al. 2013; Daniel et al. 2015; de Brito Galvao und Chew 2011; Djajadiningrat-Laanen et al. 2011; Javadi et al. 2004; Lo et al. 2014; Maggio et al. 2000; Moore et al. 2000; Myers und Bruyette 1994; Neiger et al. 2004; Schulman 2010; Schwedes 1997; Syme et al. 2007)

12.2.3 Adrenokortikale Tumoren des Frettchens (Adrenokortikale Krankheit, AKK)

Adrenokortikale Krankheit (AKK) beim Frettchen in sechs Fakten

1. AKK beim Frettchen charakterisiert durch Übersekretion von Sexualhormonen
2. Nebennierenproliferation wahrscheinlich induziert durch erhöhte Hypophysensekretion von FSH und LH
3. Kastration und verlängerte Fotoperioden als Haupteinfluss auf Nebennierenproliferation
4. Alopezie, Schwellung der Vulva, Strangurie und palpierbare Nebennieren als häufigste klinische Befunde
5. Adrenalektomie Behandlung der Wahl mit guter Prognose nach perioperativem Überleben
6. GnRH-Agonisten, Melatonin und GnRH-Vakzine sind potenzielle medikamentöse Therapien

- ■ **Epidemiologie und Pathogenese**

Die **adrenokortikale Krankheit (AKK)**, d. h. ein **Hyperadrenokortizismus**, ist mit einer Prävalenz von bis zu 70 % eine der wichtigsten Krankheiten des Frettchens. Die AKK wird beim Frettchen durch adrenokortikale Adenome (~ 10 %), Hyperplasie (~ 45 %), oder Adenokarzinome (~ 45 %) hervorgerufen, von denen alle eine exzessive **Sekretion von Sexualhormonen** (Östradiol-17b, Androstendion, Dehydroepiandrosteron, 17-Hydroxyprogesteron und Progesteron, jedoch nicht von Kortisol) zeigen. Die linke Nebenniere ist häufiger betroffen. Es gibt eine leichte **Geschlechtsprädisposition** für Weibchen. Das mediane Alter der ersten klinischen Befunde ist 4 Jahre (Bereich 8 Monate bis 9 Jahre). **Metastasen** der Adenokarzinome sind selten und normalerweise nur in späten Stadien der Krankheit zu finden.

Die exakte **Ätiologie** der AKK beim Frettchen ist unbekannt. Es scheint eine **genetische Basis** zu geben, da die Erkrankung häufiger bei den eher ingezüchteten Frettchen in den USA auftritt als bei den eher ausgezüchteten europäischen Frettchen. Eventuell spielt eine abnormal erhöhte Expression des **Tumorsuppressorgens** GATA-4 eine Rolle in der Karzinogenese.

Die wichtigsten Hypothesen zur Entstehung der AKK fokussieren jedoch auf nichtgenetische Umwelteinflüsse. Die Kastration und insbesondere die sehr frühe Kastration von Frettchen im Alter von 4–6 Wochen scheint eine wichtige Rolle zu spielen. Bei kastrierten Frettchen sezerniert der Hypothalamus weiterhin kontinuierlich Gonadotropin-Releasing-Hormon (GnRH), welches die Hypophyse zur Sekretion von luteinisierendem Hormon (LH) und dem Follikelstimulierenden Hormon (FSH) anregt. Beide Hormone stimulieren wiederum die Sekretion von Sexualhormonen (Östradiol) in der Nebennierenrinde. Die Nebennierenrinde gibt jedoch kein negatives Feedback in den Hypothalamus, welcher weiterhin kontinuierlich GnRH freisetzt und so eine adrenokortikale Proliferation anregt. **Unphysiologisch lange Fotoperioden** von mehr als 8 Stunden tragen ebenfalls zur AKK bei. Frettchen sind hochsensibel gegenüber der Tageslichtlänge, welche einen starken Einfluss auf die Sekretion von GnRH und LH hat.

- **Klinik**

Die **klinischen Befunde** der AKK basieren auf der exzessiven Sekretion von Sexualhormonen und nur selten auf dem Masseneffekt des Primärtumors oder seiner Metastasen. Progressive und symmetrische **Alopezie** findet sich bei mehr als 90 % der betroffenen Tiere. Eine **Schwellung der Vulva** (70 %), erhöhte **Aggression** oder vermehrte Libido, **Strangurie** aufgrund urethraler Obstruktion durch Prostatahyperplasie, palpierbare **Nebennieren** und Anämie sind andere typische Befunde.

Die klinische Diagnose einer AKK wird durch **Hormonmessungen** gestützt. Betroffene Tiere haben erhöhte Serumkonzentrationen an Östradiol, Androstendion und 17-Hydroxyprogesteron. Die Kortisolwerte sind bei der AKK nicht erhöht.

Abdominaler Ultraschall ist hochsensitiv für die Identifikation von Nebennierenvergrößerungen. Diese sind zumeist zystisch oder mineralisiert und können in die Vena cava eindringen oder diese komprimieren. **Röntgenbilder** sind meist nicht sensitiv genug, um kleine Massen zu identifizieren.

- **Zytologie und Histopathologie**

Eine **Zytologie** der Umfangsvermehrungen der Nebenniere wird beim Frettchen normalerweise nicht durchgeführt. **Histopathologie** ist notwendig, um eine finale Differenzierung von Hyperplasien, Adenomen und Karzinomen vorzunehmen. Das Vorhandensein von Nekrosen, Zelltypien und einer hohen Mitoserate sind mögliche Marker für die Malignität von Nebennierentumoren beim Frettchen.

- **Therapie**

Die **Adrenalektomie** ist die Behandlung der Wahl bei AKK und mit einer guten Prognose assoziiert. Das Überleben nach Chirurgie wird eher von der Möglichkeit zur kompletten Resektion bestimmt als von den histologischen Eigenschaften der Tumoren. Manche Autoren postulieren, dass eine bilaterale Adrenalektomie aufgrund des damit assoziierten Hypoadrenokortizismus nicht durchgeführt werden sollte. Der chirurgische Eingriff ist beim Frettchen, wie auch bei anderen Tierarten, mit einem hohen Risiko von Hämorrhagien assoziiert.

Verschiedene effektive **medikamentöse Therapien** wurden in den letzten Jahren für die AKK entwickelt. Sie schwächen die klinischen Befunde ab, führen jedoch nicht zu einer Heilung der Krankheit.

Langfristige hochdosierte Gabe der **Gonadotropin-Releasinghormon- (GnRH-) Agonisten** Leuprorelin (*Leuprolide*) und Deslorelin können die Freisetzung von FSH und LH reduzieren, was wiederum die Sekretion der Sexualhormone durch die Nebenniere vermindert.

Der exakte Mechanismus, über den **Melatonin** die LH- und FSH-Sekretion beeinflusst, ist unklar. Die Gabe von Melatonin hat jedoch einen inhibierenden Effekt auf die Sexualhormonfreisetzung und kann zur Abschwächung der klinischen Befunde der AKK zumindest für ein paar Monate führen. Möglicherweise wird durch Melatoningabe das durch verlängerte Fotoperioden mangelnde endogene Melatonin ausgeglichen.

In einem experimentellen Ansatz konnte die Effizienz einer **Anti-GnRH-Vakzinierung zur Prophylaxe und Therapie** der AKK gezeigt werden. Die Vakzine verminderte die AKK-Symptome und reduzierte die Inzidenz von AKK, wenn die Tiere in einem Alter unter 3 Jahre vakziniert wurden.

■ **Weiterführende Literatur**

(Chen 2010; Combes et al. 2013; Davis et al. 2012; de Brito Galvao und Chew 2011; Djajadiningrat-Laanen et al. 2011; Gregori et al. 2015; Lang et al. 2011; Maggio et al. 2000; Pey et al. 2014; Schulman 2010; Voorhout et al. 1990; Wagner et al. 2005; Weiss und Scott 1997)

12.2.4 Kanine adrenomedulläre Tumoren (Phäochromozytome)

Kanine Phäochromozytome in fünf Fakten
1. zumeist maligne Tumoren der chromaffinen Zellen des Nebennierenmarks
2. oft Nebenbefunde bei der Sektion aus anderen Gründen
3. klinische Relevanz aufgrund Masseneffekt oder Katecholaminfreisetzung
4. Adrenalektomie ist Behandlung der Wahl, aber assoziiert mit hoher Komplikationsrate
5. präoperative Gabe von α-adrenergen Antagonisten zur Reduktion des intraoperativen Komplikationsrisikos nötig

■ **Epidemiologie und Pathogenese**

Phäochromozytome (PCT) sind Tumoren der chromaffinen Zellen des Nebennierenmarks. Endokrin aktive PCT sind selten bei Hunden und sezernieren dann intermittierend **Adrenalin (Epinephrin)** und/oder **Noradrenalin (Norepinephrin)**. Das mediane Alter von Hunden bei der ersten Tumordiagnose liegt bei 11 Jahren. Es gibt keine **Rasse-** oder **Geschlechtsprädisposition.**

PCT sind **seltene Tumoren** des Hundes und **sehr selten bei Katzen.** Sie sind langsam wachsend, werden jedoch als grundsätzlich maligne eingeschätzt, da sie in 80 % der Fälle eine **Gefäßinvasion** und in 40 % der Fälle **Metastasen** in die regionären Lymphknoten, Leber, Lunge, Milz und Nieren zeigen.

■ **Klinik**

PCT werden häufig als Nebenbefund bei der Sektion von Hunden ohne vorherige relevante klinische Befunde beobachtet. Wenn klinische Befunde auftreten, so werden sie entweder durch das expansive oder invasive Wachstum der Tumoren oder durch die Sekretion von Epinephrin oder Norepinephrin hervorgerufen.

Ein **Tumormasseneffekt** kann sich durch Abdominalschmerzen und -auftreibung oder Hämoperitoneum aufgrund einer Tumorruptur manifestieren. Die Invasion und Thrombose der Vena cava oder deren extramurale Kompression kann den venösen Blutrückfluss behindern und zu einer Zyanose bzw. Ödemen der Hintergliedmaßen führen.

Klinische Befunde aufgrund der Katecholaminfreisetzung sind selten beim Hund und treten dann nur intermittierend, von mehrmals täglich bis hin zu großen Abständen, auf. Sie umfassen vor allem episodische Schwäche, Kollaps, Ängstlichkeit, Tachykardie, Herzrhythmusstörungen, Bluthochdruck, und Hyperthermie.

Ein **abdominaler Ultraschall** ist gewöhnlich sehr hilfreich bei der Diagnose der bis zu 10 cm großen PCT sowie beim Nachweis einer Invasion der V. cava bzw. von Metastasen. Ein Ultraschall ist jedoch nicht fähig, PCT von adrenokortikalen oder sekundären Tumoren abzugrenzen.

Magnetresonanztomographie (MRT) und **Computertomographie** (CT) sind sensitiver im Nachweis von kleinen Nebennierentumoren und potenziellen Metastasen als Ultraschall, können aber ebenfalls die verschiedenen Nebennierentumoren nicht voneinander abgrenzen.

Standardlabortests sind bei Hunden mit PCT zumeist unauffällig. Die wenigen vorhanden Studien zu spezifischen **biochemischen Tests** für PCT zeigen, dass ein erhöhtes **Metanephrin/Creatinin-Verhältnis** ein spezifischer und sensitiver Marker für PCT ist. Der potenzielle Einfluss von Stress auf die Ergebnisse wurde jedoch noch nicht vollständig untersucht.

■ **Zytologie und Histopathologie**

Das Vorhandensein von Nebennierentumoren kann durch die **Zytologie** zumeist sicher festgestellt werden. Aufgrund des hohen Komplikationsrisikos bei der Punktion von gut vaskularisierten Tumoren, die schwierige Entnahme und die Schwierigkeiten bei der Unterscheidung von benignen und malignen Tumoren wird sie jedoch nur selten angewandt. **Histopathologisch** können maligne Tumoren durch eine Gefäßinvasion und den Nachweis von lokalen oder Fernmetastasen identifiziert werden, während die Zellform nur wenig über die Malignität der PCT aussagt. **Immunhistochemisch** zeigen sich PCT positiv für Chromogranin A, Synaptophysin, N-CAM (CD56) und Protein Genprodukt 9.5 (PGP9.5). Makroskopisch zeigen sich PCT als unilaterale oder bilaterale, dunkelrote bis braune, bis 10 cm große, weiche, gut abgegrenzte Knoten zentral in der Nebenniere. Nekrose und Hämorrhagien im Tumorgewebe sind häufig.

- **Therapie**

Adrenalektomie ist die Behandlung der Wahl für kanine PCT. Präoperative Verabreichung des **α-adrenergen Antagonisten Phenoxybenzamin** für 3 Wochen reduziert die intraoperative Komplikationsrate durch Reduzierung der katecholaminassoziierten Hypertension oder Herzrhythmusstörungen von 48 % auf 13 %.

- **Prognostische Faktoren und Marker**

Die generelle Prognose für Hunde mit PCT ist gut. Der wichtigste prognostische Faktor ist das **perioperative Überleben**. 70–80 % der Tiere, die die unmittelbare postoperative Phase überstehen, überleben anschließend für bis zu 3 Jahre. Andere negative prognostische Faktoren sind eine Tumorgröße von mehr als 5 cm, Gefäßinvasion und das Vorhandensein von Metastasen.

- **Weiterführende Literatur**

(Barrera et al. 2013; Bertazzolo et al. 2014; de Brito Galvao und Chew 2011; Gilson et al. 1994; Gostelow et al. 2013; Gregori et al. 2015; Herrera et al. 2008; Kyles et al. 2003; Lang et al. 2011; Larson et al. 2013; Massari et al. 2011; Pey et al. 2014; Rosenstein 2000; Salesov et al. 2015; Schultz et al. 2009)

12.3 Schilddrüsentumoren

12.3.1 Kanine Schilddrüsentumoren

Kanine Schilddrüsentumoren in sechs Fakten

1. seltene Tumoren beim Hund
2. 90 % sind invasive Karzinome
3. >50 % mit Metastasen in die Lunge und andere Organe
4. 60 % der Hunde mit Tumoren euthyreoid, 30 % hypothyreoid, 10 % hyperthyreoid
5. Thyreoidektomie für bewegliche, wenig invasive und Bestrahlung oder radioaktives Jod für unbewegliche, invasive Tumoren als Behandlung der Wahl
6. Überlebenszeiten von 1–3 Jahren nach Behandlung, abhängig von Tumorstadium

- **Epidemiologie und Pathogenese**

Schilddrüsentumoren sind seltene Tumoren des Hundes (4 % aller Tumoren). Bis zu **90 % der klinisch auffälligen Tumoren sind Karzinome**, während Adenome zumeist nur Zufallsbefunde bei der Sektion sind. Schilddrüsentumoren finden sich bei Hunden in einem medianen Alter von 10 Jahren. Es gibt eine **Rasseprädisposition** für Golden Retriever, Beagle, Boxer und Siberian Husky. Eine **Geschlechtsprädisposition** oder eine Prädisposition der linken oder rechten Schilddrüse ist nicht bekannt. Mehr als 50 % der Tumoren umfassen beide Drüsen. **Metastasen** sind bereits meist bei der initialen Diagnose nachweisbar und am häufigsten in der Lunge zu finden. Nur circa 20 % der Tumoren sind endokrin aktiv und führen zu einem Hyperthyreoidismus. Die Ätiologie und Karzinogenese kaniner Schilddrüsentumoren ist nahezu unbekannt. Ein **Joddefizit, radioaktive Bestrahlung** und eine erhöhte Aktivität des **PI3K/Akt-Signalweges** wurden als potenzielle Karzinogenesefaktoren postuliert.

- **Klinik**

Die meisten Hunde mit Schilddrüsentumoren werden aufgrund der klinischen Folgen einer Umfangsvermehrung im Halsbereich vorgestellt (◘ Abb. 12.9), welche mit Husten, Dyspnoe, Larynxparalyse oder Horner-Syndrom assoziiert ist. Akute, schwere Hämorrhagien können infolge von Rupturen gut vaskularisierter Tumoren oder einer Invasion der Halsgefäße auftreten. **Metastasen** finden sich bei circa 50 % der Hunde bereits zum Zeitpunkt der Diagnose, sie korrelieren mit der Tumorgröße. Ein Tumorvolumen > 20 cm^3 ist mit einer **Metastaserate** von 75 % oder höher assoziiert. Tumoren

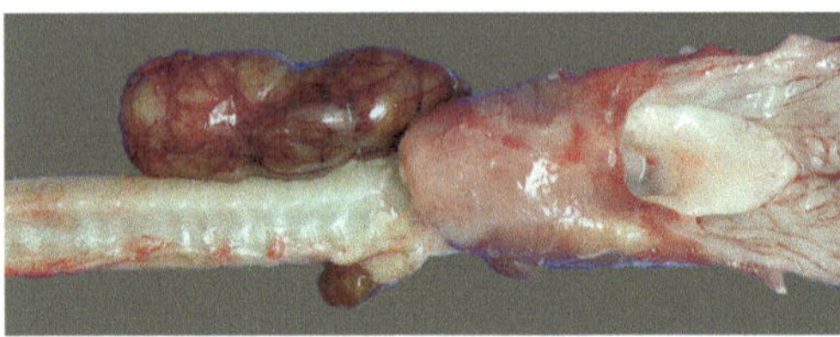

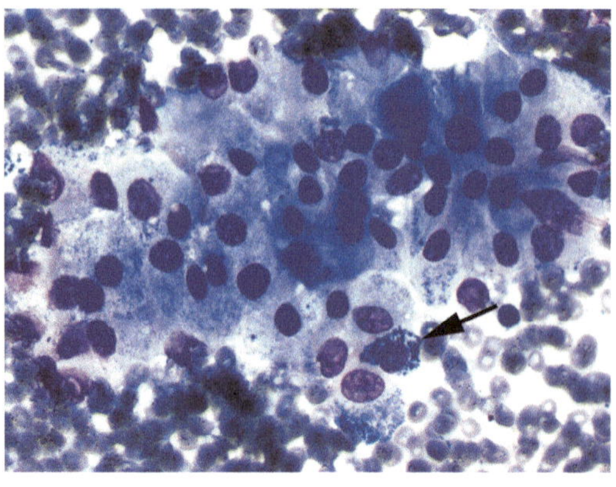

Abb. 12.9 Schilddrüsenadenom bei einem Hund (mit freundlicher Genehmigung des Archivs des Instituts für Tierpathologie, Freie Universität Berlin)

zeigen häufig eine direkte hämatogene Ausbreitung in die Lunge und weniger häufig lymphogen über die zervikalen Lymphknoten.

Die Mehrheit der kaninen Schilddrüsentumoren ist **endokrin inaktiv**. Circa 60 % der Hunde mit Tumoren sind euthyreoid, 30 % sind hypothyreoid aufgrund der Zerstörung des normalen Schilddrüsengewebes und 10 % sind hyperthyreoid. Klinische Befunde des **Hyper- und Hypothyreoidismus** sind somit nicht immer vorhanden, wenn vorhanden aber sehr hilfreich in der Diagnose kaniner Schilddrüsentumore. Typische **Befunde eines Hypothyreoidismus** sind Alopezie, Schuppenbildung, Gewichtszunahme, verminderte Aktivität, Hautinfektionen und subkutane Akkumulation von Mukopolysacchariden (Myxödem). Viele hyperthyreoide Hunde sind asymptomatisch, typische **Befunde eines Hyperthyreoidismus** sind jedoch Gewichtsverlust, Polyurie/Polydipsie, Polyphagie, Hyperthermie, Aggressivität, Tachykardie, Hecheln und Unruhe.

Röntgenaufnahmen, Ultraschall, Magnetresonanztomographie (MRT) und **Computertomographie (CT)** werden genutzt, um die Invasivität der Schilddrüsentumoren einzuschätzen. Eine Studie beurteilte CT und MRT als besonders sensitiv (~ 100 %), während Ultraschall und Palpation weniger sensitiv waren. **Szintigraphie** mit ^{99m}Tc-Pertechnetat wird in wenigen Tierkliniken genutzt, um hochsensitiv die komplette Tumorentnahme zu untersuchen bzw. Metastasen zu identifizieren.

Das WHO-Staging für kanine Schilddrüsentumoren (Owen 1980) basiert auf den klinischen Befunden, Zytologie-/Histopathologieergebnissen und Bildgebungsverfahren (Tab. 12.1).

▪ Zytologie und Histopathologie

Die Anwendungsmöglichkeiten der **Zytologie** für kanine Schilddrüsentumoren sind beschränkt. Die

Abb. 12.10 Zytologie eines Schilddrüsenadenoms bei einem Hund

Zytologie ist zwar fähig, einen Schilddrüsentumor zu bestätigen, eine Identifikation von Malignität ist zumeist jedoch nicht möglich (Abb. 12.10). Inzisionsbiopsien und Untersuchungen der Tumorränder können die Aussagekraft erhöhen. Maligne Schilddrüsentumoren sind jedoch zumeist stark vaskularisiert, und Hämodilution ist ein Problem für die zytologische Diagnose.

Histopathologisch zeigen sich Adenome als expansiv wachsende und bekapselte, gut differenzierte Tumoren. Karzinome zeigen eine erhöhte Zellularität, Pleomorphie und Invasion der Tumorkapsel und umgebender Gefäße. Solides Wachstum, Gefäßinvasion und Pleomorphie sind mit einer schlechteren Prognose assoziiert. Der Ursprung des Tumors in der Schilddrüse kann bei hochgradig entdifferenzierten Tumoren und ihren Metastasen mittels immunhistochemischer Färbung von Thyroglobulin und TTF-1 bestätigt werden.

▪ Therapie

Die Wahl des Therapieansatzes wird vor allem von der Invasivität des Tumors beeinflusst.

Die **chirurgische Entfernung** ist die Behandlung der Wahl für frei bewegliche, wenig invasive **Tumoren** (circa 50 % aller Tumoren). Schwere Hämorrhagien sind eine häufige **intraoperative Komplikation**. Eine bilaterale Thyreoidektomie kann weiterhin zu einer Hypokalzämie durch gleichzeitige Entfernung der Nebenschilddrüse führen. Hypothyreoidismus ist ein weiteres **postoperatives Problem**. Die mediane Überlebenszeit von Hunden nach Exzision der Tumoren ist circa 3 Jahre.

● **Tab. 12.1** WHO-Staging für kanine Schilddrüsentumoren (Owen 1980)

Stage	Beschreibung
Stage	Beschreibung
Tumor (T)	
T0	kein Tumor
T1a/T1b	Tumor < 2 cm, T1a Tumor frei beweglich, T1b nicht frei beweglich
T2a/T2b	Tumor 2–5 cm, T2a Tumor frei beweglich, T2b nicht frei beweglich
T3a/T3b	Tumor > 5 cm, T3a Tumor frei beweglich, T3b nicht frei beweglich
Lymphknoten (N)	
N0	keine Lymphknotenmetastasen
N1a/N1b	ipsilateraler Lymphknoten betroffen, N1a frei beweglich, N1b fixiert
N2a/N2b	bilateral Lymphknoten betroffen, N2a frei beweglich, N2b fixiert
Fernmetastasen (M)	
M0	keine Metastasen
M1	Metastasen
Stage	
I	T1 mit N0, M0
II	T0 oder T1 mit N1
T2 mit N0 oder N1a	III
T3 mit M0	T0-T2 mit N1b orN2b
IV	jeder T/N mit M1

Eine Thyreoidektomie wird nicht empfohlen für **invasive, unbewegliche Tumoren.** Die Therapie basiert hier auf einer **Bestrahlung** zur Reduktion der Tumorgröße vor einer chirurgischen Entfernung. Die mit Bestrahlungstherapie assoziierten Überlebensraten liegen bei circa 70 % nach 3 Jahren. Eine palliative Bestrahlungstherapie wurde als hilfreich für metastasierte Tumoren und mit einer Überlebenszeit von bis zu 6 Monaten beschrieben.

Radioaktives ^{131}I wurde für eine Schilddrüsenablation bei Hunden mit nicht resezierbaren Schilddrüsentumoren beschrieben. Radioaktives Jod akkumuliert vor allem in hyper- und neoplastischen Schilddrüsenzellen und tötet diese Zellen bereits nach wenigen Tagen ab. Nicht-neoplastische Schilddrüsenzellen sind davon meist nicht betroffen. Überlebenszeiten von bis zu 3 Jahre wurden für Stage-II- und Stage-III-Tumoren und 1 Jahr für metastasierende Stage-IV-Tumoren beschrieben. Eine schwere Myelosuppression ist die wichtigste Nebenwirkung von ^{131}I bei manchen Hunden.

Eine **Chemotherapie** wird für Stage-III und Stage-IV-Tumoren empfohlen, um die Entwicklung von Fernmetastasen einzuschränken. Die wenigen publizierten Studien deuten darauf hin, dass Doxorubicin oder Cisplatin eine Teilremission bei circa 50 % der Hunde bewirkt. Andere Studien fanden hingegen keinen Effekt adjuvanter Chemotherapie auf das Überleben.

■ **Weiterführende Literatur**

(Aronsohn et al. 1984; Atwater et al. 1994; Barber 2007; Cavalcanti et al. 2014; Fineman et al. 1998; Hunt et al. 1997; Meleo 1997; Pack et al. 2001; Popovitch et al. 1994; Radlinsky 2007; Scott-Moncrieff 2012; Shilo et al. 2011; Singh et al. 2010; Spadavecchia und Jaggy 2008; Taeymans et al. 2008; Turrel et al. 2006)

12.3.2 Feline Schilddrüsentumore

Feline Schilddrüsentumoren in fünf Fakten
1. häufigster endokriner Tumor der Katze
2. meist benigne Hyperplasien oder Adenome
3. nur 3 % Karzinome, diese mit Metastasierungsrate von 70 %
4. Tumoren meist endokrin aktiv und mit Hyperthyreoidismus
5. Therapie mit radioaktivem ^{131}I und Thyreoidektomie als Therapie der Wahl

■ **Epidemiologie und Pathogenese**

Hyperthyreoidismus mit erhöhten Serumkonzentrationen an Thyroxin (T4) und Triiodothyronin (T3) ist die **häufigste endokrine Erkrankung bei**

Katzen. Er wird durch endokrin aktive Schilddrüsenproliferation, wie **Hyperplasien** und etwas seltener **Adenome**, hervorgerufen. Es wird angenommen, ist bis jetzt aber nicht sicher bestätigt, dass sich Schilddrüsenadenome direkt aus hyperplastischen Schilddrüsenanteilen entwickeln. **Karzinome** machen weniger als 3 % aller Fälle aus, haben jedoch eine Metastasierungsrate von bis zu 70 %. Schilddrüsentumoren der Katze sind fast immer **endokrin aktiv**, im Gegensatz zur Situation beim Hund. Schilddrüsentumoren sind eine Krankheit älterer Katzen mit einem medianen Alter von 13 Jahre bei der Diagnose. Es gibt keine **Rasse-** oder **Geschlechtsprädisposition.**

Verschiedene diätetische, entzündliche und Umwelteinflüsse werden verdächtigt, an der Ätiologie feliner Schilddrüsenhyperplasien und Neoplasien beteiligt zu sein. Mutationen im Rezeptor des Thyreoidea-stimulierenden Hormons (TSH-Rezeptor) wurden bereits identifiziert, ihre Relevanz ist jedoch nicht bewiesen.

▪ Klinik

Die meisten felinen Schilddrüsentumoren sind gutartig, aber endokrin aktiv. Die klinischen Symptome basieren somit zumeist auf dem hormonellen Ungleichgewicht und nur selten auf dem Masseneffekt des Tumors.

Die häufigsten **klinischen Befunde des tumorassoziierten Hyperthyreoidismus** sind Gewichtsverlust, Polyphagie, Polydipsie, Polyurie, Erbrechen, Diarrhoe, palpable Schilddrüsenknötchen, Linksherzhypertrophie, Tachykardie und ein ungepflegt erscheinendes Fell.

Standardlabortests bei Katzen mit Hyperthyreoidismus können Lympho-/Eosinopenie, Azotämie und Hypokaliämie zeigen. Eine definitive Diagnose des Hyperthyreoidismus kann mittels **Hormontests** gestellt werden. Erhöhte **totale T4-Serumkonzentrationen** finden sich bei 90 % der Katzen, während die T3-Konzentrationen seltener erhöht sind. Bei Katzen mit Verdacht auf Hyperthyreoidismus sollten die T4-Konzentrationen zweifach innerhalb mehrerer Tage gemessen werden. **Messungen von freiem T4 und TSH** können bei der Diagnose eines okkulten Hyperthyreoidismus bei Katzen mit normalen T4-Werten hilfreich sein.

Ultraschall und **Computertomographie** (CT) werden zur Identifizierung der Tumormasse genutzt. Adenome sind gewöhnlich gut umschrieben und enthalten teilweise zystische Strukturen, während Karzinome eher schlecht abgegrenzt und hochvariabel in ihrer Textur sind.

Eine **Tc-Pertechnetat-Szintigraphie** wird angewendet, wenn Ultraschall und CT den Tumor nicht nachweisen können. Mittels Szintigraphie ist es auch möglich, die seltenen entopischen thorakalen Schilddrüsentumoren bzw. deren Metastasen nachzuweisen.

Karzinome können auch über ihre **Masseneffekte** zu Husten, Dyspnoe, Dysphagie, Larynxparalyse oder Horner-Syndrom führen.

▪ Zytologie und Histopathologie

Es gibt keine Studien zur Sensitivität und Spezifität der **Zytologie** für die Diagnose von felinen Schilddrüsentumoren. **Histopathologisch** zeigen sich Hyperplasien als kleine bis große irreguläre Follikel mit papillären Projektionen in das Lumen. Sie sind nicht bekapselt und komprimieren nicht das umgebende Schilddrüsengewebe. **Adenome** werden in verschiedene, klinisch irrelevante Subtypen unterteilt. Sie sind gut begrenzt und komprimieren das umgebende Schilddrüsengewebe. **Karzinome** sind meist solide Akkumulationen pleomorpher Zellen mit Invasion der umgebenden Gewebe.

▪ Therapie

Es gibt drei Haupttherapieansätze für Schilddrüsentumoren: radioaktives ^{131}I, thyreostatische Medikamente und Thyreoidektomie.

Wenn zugänglich, stellt die **radioaktive ^{131}I-Therapie** die Therapie der Wahl dar. Das radioaktive Jod akkumuliert in hyperplastischen und neoplastischen, nicht jedoch normalen Schilddrüsenzellen und tötet diese bereits nach einer Injektion innerhalb weniger Tage ab. Die mediane Überlebenszeit von ^{131}I-behandelten Katzen kann bis zu 4 Jahre betragen. Die Rezidivierungsrate liegt bei unter 5 %. **Medikamentöse Therapie mit Thiamiden,** welche die Schilddrüsenhormonsynthese inhibieren, werden für die präoperative Abschwächung der klinischen Befunde genutzt. Sie reduzieren die T4-Konzentrationen langfristig. Sie reduzieren jedoch nicht die Tumorgröße und sind deshalb zur Therapie von karzinomassoziiertem Hyperthyreoidismus nicht geeignet.

Thyreoidektomie ist ein weiterer effektiver Behandlungsansatz für feline Schilddrüsentumoren und Hyperthyreoidismus. Herzrhythmusstörungen sind häufige intraoperative Komplikationen während der Thyreoidektomie und verlangen die Verabreichung von β-Blockern. Eine Abschwächung der klinischen Befunde ist jedoch oft erst Wochen nach Thyreoidektomie zu beobachten. Eine Entfernung der Nebenschilddrüse kann zu Hypoparathyreoidismus und Hypokalzämie führen.

■ **Weiterführende Literatur**

(Barber 2007; Daminet et al. 2014; Daniel und Neelis 2014; Edinboro et al. 2010; Hibbert et al. 2009; Higgs und Hibbert 2012; Kooistra 2014; Lautenschlaeger et al. 2013; Peterson 2012; Peterson 2013a; b; Peterson und Broome 2015; Peterson und Ward 2007; Rasmussen et al. 2014; Sangster et al. 2013; Scott-Moncrieff 2012; Shiel und Mooney 2007; Trepanier 2006; 2007; Volckaert et al. 2015)

12.4 Tumoren der Nebenschilddrüse (Parathyreoidea-Tumoren)

Tumoren der Nebenschilddrüse (Parathyreoidea-Tumoren) sind seltene Tumoren älterer Hunde und treten ausgesprochen selten auch bei alten Katzen auf. Sie entwickeln sich aus den Hauptzellen der Nebenschilddrüse, können exzessiv Parathormon (PTH) sezernieren und sind deshalb mit einem primären Hyperparathyreoidismus und Hyperkalzämie assoziiert.

12.4.1 Kanine Parathyreoidea-Tumoren

Kanine Parathyreoidea-Tumoren in fünf Fakten

1. zumeist Adenome, sehr selten Karzinome
2. fast immer endokrin aktiv mit Sekretion von Parathormon und Hyperkalzämie
3. meist bereits klinisch relevant bevor der sehr kleine Tumor palpiert werden kann
4. Parathyreoidektomie als Behandlung der Wahl
5. generell gute Prognose für das Überleben

■ **Epidemiologie und Pathogenese**

Kanine Parathyreoidea-Tumoren sind zumeist einzelne, gut abgrenzbare **Adenome** der Hauptzellen der Nebenschilddrüse. **Karzinome** sind sehr selten und können in die regionären Lymphknoten oder die Lunge metastasieren. Das mediane Alter bei primärer Diagnose beträgt 11 Jahre, und es findet sich eine **Rasseprädisposition** für Keeshonde und Deutsche Schäferhunde, aber keine **Geschlechtsprädisposition**.

Fast alle kaninen Parathyreoidea-Tumoren **sezernieren Parathormon (PTH)** und sind somit mit einer klinisch apparenten **Hyperkalzämie** aufgrund eines **primären Hyperparathyreoidismus** assoziiert. PTH erhöht die Serumkalziumkonzentrationen aufgrund von Osteolyse durch indirekte (osteoblastenvermittelte) Aktivierung von Osteoklasten. Dies führt letztlich zu einer Osteodystrophia fibrosa, erhöhter Resorption von Kalzium (Ca) in den distalen Nierentubuli und einer erhöhten intestinalen Ca-Aufnahme.

■ **Klinik**

Die wichtigsten k**linischen Befunde** bei Parathyreoidea-Tumoren werden durch den **Hyperparathyreoidismus** und **seltener durch Masseneffekte** hervorgerufen. Erstere umfassen Hyperkalzämie, Polyurie/Polydipsie, Schwäche, Gewichtsverlust und neuromuskuläre Befunde wie Taumeln und Herzarrhythmien. Die Hyperkalzämie ist jedoch zumeist ein Zufallsbefund bei Routineuntersuchungen. Die Tumoren sind zu diesem Zeitpunkt meist zu klein, um palpatorisch nachgewiesen zu werden. Die Hyperkalzämie wird durch den Nachweis von erhöhten Serumwerten an **ionisiertem Kalzium** und erhöhte Serumkonzentrationen an **PTH** verifiziert.

Ultraschall ist hilfreich für die Vorbereitung des chirurgischen Eingriffs bei Parathyreoideatumoren größer als 3 mm.

■ Zytologie und Histopathologie

Parathyreoideatumoren sind nur schwer durch die Zytologie zu diagnostizieren. **Adenome** sind durch ovale, gleichförmige Kerne mit blass eosinophilem Zytoplasma charakterisiert. **Karzinomzellen** sind eher pleomorph, aber häufig denen der Adenome sehr ähnlich. **Histopathologisch** zeigen sich **Adenome** als gut umschriebene Akkumulation von dicht gepackten Hauptzellen, Zellen mit blass eosinophilem Zytoplasma, dünner Tumorkapsel und einer geringgradigen Kompression des umgebenden Gewebes. **Karzinome** sind zumeist nicht bekapselt und zeigen eher pleomorphe Zellen und eine Invasion des umgebenden Gewebes und der Gefäße.

■ Therapie

Parathyreoidektomie ist die Behandlung der Wahl für kanine Parathyreoideatumoren. Alternativ kann eine perkutane **ultraschallgeführte Ethanol-** oder **Hitzeablation** angewandt werden. Bei einer Parathyreoidektomie ist jedoch die Erfolgsrate am höchsten und die Komplikationsrate am niedrigsten. Circa 10 % der Patienten haben mehr als einen Tumor in mehr als einer Parathyreoidea. Bis zu drei der vier Nebenschilddrüsen können entfernt werden, ohne dass es zu einem **Hypoparathyreoidismus** kommt. Hyperparathyreoidismus ist jedoch mit einer Atrophie der nicht-neoplastischen Nebenschilddrüse assoziiert und kann zu einer temporären **postchirurgischen Hypokalzämie** führen. Die ionisierten Kalziumwerte müssen deshalb mindestens eine Woche lang laufend untersucht werden.

■ Prognostische Faktoren und Marker

Die langfristige **Prognose** nach Chirurgie oder Ablation ist sehr gut, auch für nicht-metastasierende Karzinome. Die Rezidivrate liegt bei unter 10 %.

■ Weiterführende Literatur

(Barber 2004; Bonczynski 2007; de Brito Galvao und Chew 2011; Feldman et al. 2005; Feldman et al. 1997; Ham et al. 2009; Liles et al. 2010; Long et al. 1999; Milovancev und Schmiedt 2013; Pollard et al. 2015; Pollard et al. 2001; Rasor et al. 2007; Schaefer und Goldstein 2009; Skelly und Franklin 2007)

12.5   Insulinome (Betazelltumoren)

Insulinome sind einer der häufigsten Tumoren des Frettchens mit einer Inzidenz von bis zu 25 % bei alten Tieren. Im Gegensatz dazu sind Insulinome bei anderen Tierarten eher selten (◘ Abb. 12.11). Tumoren der anderen Pankreas-Inselzellen umfassen Glukagonome und Gastrinome und sind sehr selten bei allen Tierarten.

12.5.1   Kanine Insulinome

> **Kanine Insulinome in sechs Fakten**
> 1. seltene Tumoren bei Hunden
> 2. zumeist endokrin aktiv mit exzessiver Insulinsekretion
> 3. circa 50 % der Tumoren mit Metastasen in Leber und Lunge
> 4. typische intermittierende neurologische Befunde infolge einer Hypoglykämie
> 5. Tumoren oft zu klein für Nachweis mittels Bildgebung
> 6. Chirurgie als Behandlung der Wahl mit Überlebenszeiten von wenigen Monaten bis 2 Jahren

■ Epidemiologie und Pathogenese

Kanine Insulinome sind seltene Tumoren der beta-Zellen des Pankreas. Es gibt eine Rasseprädisposition für Retriever, Deutsche Schäferhunde, Irish Setters und Boxer. Das mediane Alter zum Zeitpunkt der

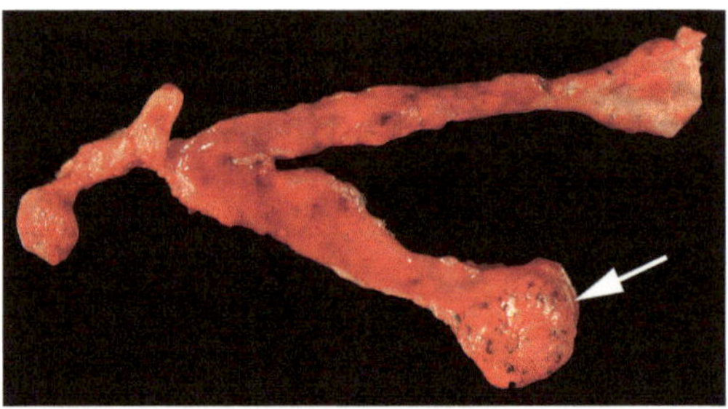

◘ **Abb. 12.11**   Insulinom (Pfeil) im Pankreas einer Katze (mit freundlicher Genehmigung von A. Schmidt, PhD, IDEXX Ludwigshafen und dem Archiv der Instituts für Tierpathologie, Freie Universität Berlin)

Diagnose sind 9 Jahre (Bereich 3–15 Jahre). Es gibt keine **Geschlechtsprädisposition**. Die meisten der Insulinome sind endokrin aktiv, sie sezernieren **Insulin** und führen zu einer assoziierten Hypoglykämie. Circa 50 % der kaninen Insulinome entwickeln **Metastasen** in die regionären Lymphknoten und die Leber, aber nur selten in die Lunge. Die **molekulare Pathogenese** der Insulinome ist unbekannt.

▪ Klinik

Das wichtigste **diagnostische Kriterium** bei Hunden mit Insulinomen sind normale oder erhöhte Blutinsulinwerte bei niedrigen Blutglukosekonzentrationen (< 3 mmol/l). Die **klinischen Befunde** sind zumeist das Ergebnis einer **Hypoglykämie des Nervensystems**, mit Muskeltremor, Schwäche, Ataxie, Kollaps und Anfällen. Diese Symptome sind meist nur kurzzeitig und intermittierend. Niedrige **Fructosaminkonzentrationen** im Blut können als Indikator einer chronischen Hypoglykämie genutzt werden.

Ultraschall wird häufig für die Darstellung des Insulinoms und zur Vorbereitung der Chirurgie genutzt. Er hat jedoch nur eine Sensitivität von circa 50 %, da die meisten Insulinome sehr klein sind. Die **Computertomographie (CT)** ist von höherer Sensitivität (70 %).

Ein **Stagingsystem** der WHO (Owen 1980) wird aktuell zur klinischen Klassifikation von kaninen Pankreastumoren genutzt (◘ Tab. 12.2)

▪ Zytologie und Histopathologie

Zytologisch zeigen sich gutartige Insulinome als Akkumulation gut differenzierter, uniformer Tumorzellen, die im typischen neuroendokrinem Muster angeordnet sind. Karzinome enthalten meist etwas mehr pleomorphe Zellen, eine definitive Identifizierung von Malignität ist jedoch zytologisch zumeist nicht möglich. **Histopathologisch** zeigen sich Adenome als gut abgrenzbare Tumoren mit runden bis polygonalen Zellen in typischen endokrinen Nestern und Inseln. Karzinome sind meist größer als Adenome, infiltrieren die Tumorkapsel und enthalten dicht gepackte, pleomorphe Zellen. Hämorrhagie und Nekrose finden sich ebenfalls.

▪ Therapie

Chirurgische Tumorexzision ist die Behandlung der Wahl für kanine Insulinome. Sie geht immer mit der

◘ **Tab. 12.2** WHO-Stagingsystem für kanine Pankreastumoren (Owen 1980)

Stage	Beschreibung
Tumor (T)	
T1	Tumor vorhanden
Lymphknoten(N)	
N0	keine Lymphknotenmetastasen
N1a/N1b	regionäre Lymphknoten betroffen
N2a/N2b	ferne Lymphknoten betroffen
Fernmetastasen (M)	
M0	keine Metastasen
M1	Fernmetastasen
Stage	
I	T1,N0,M0
II	T1,N1,M0
III	T1,N1,M1 oder T1,N0,M1

Behandlung der akuten Hypoglykämie durch intravenöse Dextroseverabreichung einher. Circa 50 % der kaninen Insulinome haben zum Zeitpunkt der Erstdiagnose bereits Metastasen gebildet. Das hohe Risiko einer **metastasierenden Krankheit** sollte den Patientenbesitzern aktiv kommuniziert werden. Vermutete Metastasen in den regionären Lymphknoten oder der Leber sollten reseziert werden. Die häufigsten postoperativen Komplikationen sind Pankreatitis und persistente Hypoglykämie. Die **medianen Überlebenszeiten** nach Chirurgie variieren zwischen wenigen Monaten bis zu 2 Jahren in den verschiedenen Studien. Die Prognose hängt vom klinischen Stadium der Krankheit ab. Die Hälfte der Hunde mit Stage-I-Tumoren zeigen 14 Monate nach der Chirurgie keine Hypoglykämie, während weniger als 20 % der Hunde mit Stage-II- und Stage-III-Tumoren zu diesem Zeitpunkt euglykämisch sind. Weiterhin zeigen Stage-III-Tumoren signifikant kürzere Überlebenszeiten mit einem Versterben von 50 % der Patienten nach 6 Monaten aufgrund von Metastasen.

Eine **medikamentelle Therapie** von Insulinomen wird manchmal bei Hunden angewandt. **Streptozocin**, ein speziell für beta-Zellen toxischer Wirkstoff, wird teils bei Hunden angewendet. Nebenwirkungen wie hohe Nephrotoxizität bei mäßiger therapeutischer Effizienz schränken jedoch seine klinische Anwendung stark ein. Weiterhin wurde **Octreotid**, ein die Insulinsynthese unterdrückendes Somatostatinanalog, bei Hunden verwendet.

■ **Prognostische Faktoren und Marker**

Der histopathologische Nachweis von Kernatypien in den Tumorzellen ist prognostisch für den krankheitsfreien Intervall (DFI) von Hunden mit Insulinom, während Tumorgröße, TNM-Stage, Nekrose und Ki67-Index von prognostischem Wert für DFI und generelle Überlebenszeit sind.

■ **Weiterführende Literatur**

(Buishand et al. 2010; Buishand et al. 2012; Buishand et al. 2014; Caywood et al. 1988; Cordner et al. 2015; de Brito Galvao und Chew 2011; Fukazawa et al. 2009; Goutal et al. 2012; Iseri et al. 2007; Lamb et al. 1995; Madarame et al. 2009; Moore et al. 2002; Nakamura et al. 2015; Northrup et al. 2013; Polton et al. 2007; Robben et al. 2005; Robben et al. 2006; Tobin et al. 1999; Trifonidou et al. 1998; Vanderperren et al. 2014)

12.5.2 Insulinome beim Frettchen

Insulinome beim Frettchen in sieben Fakten

1. häufigster Tumor beim Frettchen
2. meist expansiv wachsend und nicht metastasierend, aber nahezu immer insulinsezernierend
3. intermittierende neurologische Befunde einer Hypoglykämie
4. niedrige Blutglukosewerte mit gleichzeitig erhöhten Insulinwerten sind diagnostisch
5. meist sind die Tumoren zu klein für Darstellung mit bildgebenden Verfahren
6. chirurgische Exzision als Behandlung der Wahl
7. diätetische Anpassung und Diazoxid als palliative Behandlung

■ **Epidemiologie und Pathogenese**

Insulinome sind die häufigsten Tumoren beim **Frettchen** (25 % aller Tumoren). Schwarzfußiltisse stellen unter den Iltissen (zu denen das Frettchen als domestizierte Form ebenfalls zählt) eine Ausnahme dar, da sie nur selten Insulinome entwickeln. Insulinome beim Frettchen sind zumeist endokrin aktiv und führen zu einer **insulinsekretionvermittelten Hypoglykämie** mit entsprechenden Symptomen. Die Tumoren treten am häufigsten beim mittelalten bis alten Frettchen mit einem medianen Alter von 4 Jahren auf, können sich aber auch früher entwickeln. Insulinome des Frettchens verhalten sich biologisch **zumeist gutartig**, d. h. sie wachsen expansiv und metastasieren nur äußerst selten. Es gibt keine **Geschlechtsprädisposition**.

■ **Klinik**

Die **klinischen Befunde** werden durch die **Hypoglykämie dominiert** und nur selten durch den Masseneffekt des Tumors. Die Tiere zeigen Lethargie, Muskelschwäche und Ataxie. Krampfanfälle sind seltener als beim Hund. Die Tumoren **sezernieren intermittierend Insulin**, weshalb die klinischen Symptome auch zumeist nur episodischen Charakter haben. Die klinischen Befunde lassen jedoch nach intravenöser Gabe von Glukose nach, was einen diagnostischen Hinweis darstellt.

Standardlabortests beim Frettchen mit Insulinomen zeigen **Blutglukosewerte von < 70 mg/dL** im nüchternen Zustand bei gleichzeitig erhöhten **Insulinkonzentrationen** (> 35 mU/ml). Die Messung von Seruminsulinkonzentrationen wird jedoch nur in wenigen Laboren durchgeführt.

Ein **Ultraschall** kann bei der Diagnose von Insulinomen hilfreich sein. Die meisten Insulinome sind jedoch zu klein, sodass es häufig zu falsch negativen Befunden kommt.

■ **Zytologie und Histopathologie**

Es gibt keine Literaturangaben zur **Zytologie** von Insulinomen beim Frettchen. Aufgrund der vergleichbaren Histopathologie dürften die zytologischen Befunde denen beim Hund ähneln. **Histopathologisch** können Insulinome Merkmale einer Hyperplasie, eines Adenoms oder eines Karzinoms enthalten. Sie sind zumeist aus in typischen neuroendokrinen Nestern angeordneten polygonalen Zellen aufgebaut. Infiltrative oder nicht bekapselte Karzinome sind selten. Der immunhistochemische Nachweis von Insulin und Chromogranin A kann bei der Diagnose hilfreich sein.

- **Therapie**

Die **chirurgische Exzision** ist Behandlung der Wahl für Insulinome beim Frettchen und mit längeren Überlebenszeiten als eine medikamentöse Therapie assoziiert. Häufig kommt es jedoch zur Rezidivierung der klinischen Befunde, auch wenn von einer kompletten Tumorentnahme ausgegangen wird.

Diätetische Modifikationen und **medikamentöse Therapie** haben einen **palliativen Effekt. Glukokortikoide** können die hepatische Glukoneogenese, aber auch die periphere Insulinresistenz erhöhen. **Diazoxid** inhibiert direkt die Insulinsekretion der beta-Zellen und erhöht die hepatische Glukoneogenese.

Diätetische Modifikationen zielen auf eine Vermeidung einer schnell erhöhten Blutglukose ab, die zu einem weiteren Anstieg der Insulinausschüttung führt. Eine proteinreiche, kohlenhydratarme Diät wird empfohlen.

- **Weiterführende Literatur**

(Antinoff und Hahn 2004; Bennett et al. 2015; Caplan et al. 1996; Chen 2008; Ehrhart et al. 1996; Li et al. 1998; PFell et al. 2011; Weiss et al. 1998)

Weiterführende Literatur

Abraham LA, Helmond SE, Mitten RW, Charles JA, Holloway SA (2002) Treatment of an acromegalic cat with the dopamine agonist L-deprenyl. Aust Vet J 80: 479–483

Anderson CR, Birchard SJ, Powers BE, Belandria GA, Kuntz CA, Withrow SJ (2001) Surgical treatment of adrenocortical tumors: 21 cases (1990–1996). J Am Anim Hosp Assoc 37: 93–97

Antinoff N, Hahn K (2004) Ferret oncology: diseases, diagnostics, and therapeutics. Vet Clin North Am Exot Anim Pract 7: 579–625

Arenas C, Perez-Alenza D, Melian C (2013) Clinical features, outcome and prognostic factors in dogs diagnosed with non-cortisol-secreting adrenal tumours without adrenalectomy: 20 cases (1994–2009). Vet Rec 173: 501

Arenas C, Melian C, Perez-Alenza MD (2014) Long-term survival of dogs with adrenal-dependent hyperadrenocorticism: a comparison between mitotane and twice daily trilostane treatment. J Vet Intern Med/Am Coll Vet Inter Med 28: 473–480

Aronsohn MG, Schunk KL, Carpenter JL, King NW (1984) Clinical and pathologic features of thymoma in 15 dogs. J Am Vet Med Assoc 184: 1355–1362

Ash RA, Harvey AM, Tasker S (2005) Primary hyperaldosteronism in the cat: a series of 13 cases. J Feline Med Surg 7: 173–182

Atwater SW, Powers BE, Park RD, Straw RC, Ogilvie GK, Withrow SJ (1994) Thymoma in dogs: 23 cases (1980–1991). J Am Vet Med Assoc 205: 1007–1013

Barber LG (2007) Thyroid tumors in dogs and cats. Vet Clin North Am Small Anim Pract 37(755–773): vii

Barber PJ (2004) Disorders of the parathyroid glands. J Feline Med Surg 6: 259–269

Barrera JS, Bernard F, Ehrhart EJ, Withrow SJ, Monnet E (2013) Evaluation of risk factors for outcome associated with adrenal gland tumors with or without invasion of the caudal vena cava and treated via adrenalectomy in dogs: 86 cases (1993–2009). J Am Vet Med Assoc 242: 1715–1721

Beech J, Boston RC, McFarlane D, Lindborg S (2009) Evaluation of plasma ACTH, alpha-melanocyte-stimulating hormone, and insulin concentrations during various photoperiods in clinically normal horses and ponies and those with pituitary pars intermedia dysfunction. J Am Vet Med Assoc 235: 715–722

Benchekroun G, de Fornel-Thibaud P, Rodriguez Pineiro MI, Rault D, Besso J, Cohen A, Hernandez J, Stambouli F, Gomes E, Garnier F, Begon D, Maurey-Guenec C, Rosenberg D (2010) Ultrasonography criteria for differentiating ACTH dependency from ACTH independency in 47 dogs with hyperadrenocorticism and equivocal adrenal asymmetry. J Vet Intern Med/Am Coll Vet Intern Med 24: 1077–1085

Bennett KR, Gaunt MC, Parker DL (2015) Constant rate infusion of glucagon as an emergency treatment for hypoglycemia in a domestic ferret (Mustela putorius furo). J Am Vet Med Assoc 246: 451–454

Berg RIM, Nelson RW, Feldman EC, Kass PH, Pollard R, Refsal KR (2007) Serum insulin-like growth factor-I concentration in cats with diabetes mellitus and acromegaly. J Vet Intern Med 21: 892–898

Bertazzolo W, Didier M, Gelain ME, Rossi S, Crippa L, Avallone G, Roccabianca P, Bonfanti U, Giori L, Fracassi F (2014) Accuracy of cytology in distinguishing adrenocortical tumors from pheochromocytoma in companion animals. Vet Clin Pathol/Am Soc Vet Clin Pathol 43: 453–459

Boaq AK, Neiger R, Church DB (2004) Trilostane treatment of bilateral adrenal enlargement and excessive sex steroid hormone production in a cat. J Small Anim Pract 45: 263–266

Bonczynski J (2007) Primary hyperparathyroidism in dogs and cats. Clin Tech Small Anim Pract 22: 70–74

Brearley MJ, Polton GA, Littler RM, Niessen SJM (2006) Coarse fractionated radiation therapy for pituitary tumours in cats: a retrospective study of 12 cases. Vet Comp Oncol 4: 209–217

Brito Galvao de JF, Chew DJ (2011) Metabolic complications of endocrine surgery in companion animals. The Veterinary clinics of North America. Small Animal Pract 41: 847–868

Buishand FO, Kik M, Kirpensteijn J (2010) Evaluation of clinicopathological criteria and the Ki67 index as prognostic indicators in canine insulinoma. Vet J 185: 62–67

Buishand FO, van Erp MG, Groenveld HA, Mol JA, Kik M, Robben JH, Kooistra HS, Kirpensteijn J (2012) Expression of insulin-like growth factor–1 by canine insulinomas and their metastases. Vet J 191: 334–340

Buishand FO, Visser J, Kik M, Grone A, Keesler RI, Briaire-de Bruijn IH, Kirpensteijn J (2014) Evaluation of prognostic indicators using validated canine insulinoma tissue microarrays. Vet J 201: 57–63

Caplan ER, Peterson ME, Mullen HS, Quesenberry KE, Rosenthal KL, Hoefer HL, Moroff SD (1996) Diagnosis and treatment of insulin-secreting pancreatic islet cell tumors in ferrets: 57 cases (1986–1994). J Am Vet Med Assoc 209: 1741–1745

Cavalcanti JV, Moura MP, Monteiro FO (2014) Thymoma associated with exfoliative dermatitis in a cat. J Feline Med Surg 16: 1020–1023

Caywood DD, Klausner JS, O'Leary TP (1988) Pancreatic insulin-secreting neoplasms: clinical, diagnostic, and prognostic features in 73 dogs. J Am Anim Hosp Assoc 24: 577–584

Chen S (2008) Pancreatic endocrinopathies in ferrets. Vet Clin North Am Exot Anim Pract 11(107–123): vii

Chen S (2010) Advanced diagnostic approaches and current medical management of insulinomas and adrenocortical disease in ferrets (Mustela putorius furo). Vet Clin North Am Exot Anim Pract 13: 439–452

Combes A, Pey P, Paepe D, Rosenberg D, Daminet S, Putcuyps I, Bedu AS, Duchateau L, de Fornel-Thibaud P, Benchekroun G, Saunders JH (2013) Ultrasonographic appearance of adrenal glands in healthy and sick cats. J Feline Med Surg 15: 445–457

Cordner AP, Sharkey LC, Armstrong PJ, McAteer KD (2015) Cytologic findings and diagnostic yield in 92 dogs undergoing fine-needle aspiration of the pancreas. J Vet Diagn Invest Off Publ Am Assoc Vet Lab Diagn Inc 27: 236–240

Daminet S, Kooistra HS, Fracassi F, Graham PA, Hibbert A, Lloret A, Mooney CT, Neiger R, Rosenberg D, Syme HM, Villard I, Williams G (2014) Best practice for the pharmacological management of hyperthyroid cats with antithyroid drugs. J Small Anim Pract 55: 4–13

Daniel G, Mahony OM, Markovich JE, Appleman E, Monaghan KN, Lawrence YA, Fiocchi EH, Weaver K, Johnston A, Barton B (2015) Clinical findings, diagnostics and outcome in 33 cats with adrenal neoplasia (2002–2013). J Feline Med Surg 18(2): 77–84

Daniel GB, Neelis DA (2014) Thyroid scintigraphy in veterinary medicine. Semin Nucl Med 44: 24–34

Davis MK, Schochet RA, Wrigley R (2012) Ultrasonographic identification of vascular invasion by adrenal tumors in dogs. Vet Radiol Ultrasound Off J Am Coll Vet Radiol Int Vet Radiol Assoc 53: 442–445

Diez de Castro E, Lopez I, Cortes B, Pineda C, Garfia B, Aguilera-Tejero E (2014) Influence of feeding status, time of the day, and season on baseline adrenocorticotropic hormone and the response to thyrotropin releasing hormone-stimulation test in healthy horses. Domest Anim Endocrinol 48: 77–83

Dirtu AC, Niessen SJM, Jorens PG, Covaci A (2013) Organohalogenated contaminants in domestic cats' plasma in relation to spontaneous acromegaly and type 2 diabetes mellitus: a clue for endocrine disruption in humans?. Environ Int 57–58: 60–67

Djajadiningrat-Laanen S, Galac S, Kooistra H (2011) Primary hyperaldosteronism: expanding the diagnostic net. J Feline Med Surg 13: 641–650

Edinboro CH, Scott-Moncrieff JC, Glickman LT (2010) Feline hyperthyroidism: potential relationship with iodine supplement requirements of commercial cat foods. J Feline Med Surg 12: 672–679

Ehrhart N, Mitrow SJ, Ehrhart EJ, Wimsatt JH (1996) Pancreatic beta cell tumor in ferrets: 20 cases (1986–1994). J Am Vet Med Assoc 209: 1737–1740

Elliott DA, Feldman EC, Koblik PD, Samii VF, Nelson RW (2000) Prevalence of pituitary tumors among diabetic cats with insulin resistance. J Am Vet Med Assoc 216: 1765–1768

Feldman EC, Hoar B, Pollard R, Nelson RW (2005) Pretreatment clinical and laboratory findings in dogs with primary hyperparathyroidism: 210 cases (1987–2004). J Am Vet Med Assoc 227: 756–761

Feldman EC, Nelson RW, Feldman MS, Farver TB (1992) Comparison of mitotane treatment for adrenal tumor versus pituitary-dependent hyperadrenocorticism in dogs. J Am Vet Med Assoc 200: 1642–1647

Feldman EC, Wisner ER, Nelson RW, Feldman MS, Kennedy PC (1997) Comparison of results of hormonal analysis of samples obtained from selected venous sites versus cervical ultrasonography for localizing parathyroid masses in dogs. J Am Vet Med Assoc 211: 54–56

Fineman LS, Hamilton TA, de Gortari A, Bonney P (1998) Cisplatin chemotherapy for treatment of thyroid carcinoma in dogs: 13 cases. J Am Anim Hosp Assoc 34: 109–112

Fischetti AJ, Gisselman K, Peterson ME (2012) Ct and Mri evaluation of skull bones and soft tissues in six cats with presumed acromegaly versus 12 unaffected cats. Vet Radiol Ultrasound 53: 535–539

Friedrich-Rust M, Glasemann T, Polta A, Eichler K, Holzer K, Kriener S, Herrmann E, Nierhoff J, Bon D, Bechstein WO, Vogl T, Zeuzem S, Bojunga J (2011) Differentiation between benign and malignant adrenal mass using contrast-enhanced ultrasound. Ultraschall in der Medizin 32: 460–471

Fukazawa K, Kayanuma H, Kanai E, Sakata M, Shida T, Suganuma T (2009) Insulinoma with basal ganglion involvement detected by magnetic resonance imaging in a dog. J Vet Med Sci/Jap Soc Vet Sci 71: 689–692

Gilson SD, Withrow SJ, Wheeler SL, Twedt DC (1994) Pheochromocytoma in 50 dogs. J Vet Int Med/Am Coll Vet Int Med 8: 228–232

Goldstein LJ, Galski H, Fojo A, Willingham M, Lai SL, Gazdar A, Pirker R, Green A, Crist W, Brodeur GMet al.1989Expression of a multidrug resistance gene in human cancersJ Natl Cancer Inst81116–124

Gostelow R, Bridger N, Syme HM (2013) Plasma-free metanephrine and free normetanephrine measurement for the diagnosis of pheochromocytoma in dogs. J Vet Int Med/ Am Coll Vet Int Med 27: 83–90

Goutal CM, Brugmann BL, Ryan KA (2012) Insulinoma in dogs: a review.. J Am Anim Hosp Assoc 48: 151–163

Greco DS (2012) Feline acromegaly. Top Companion Anim M 27: 31–35

Gregori T, Mantis P, Benigni L, Priestnall SL, Lamb CR (2015) Comparison of computed tomographic and pathologic findings in 17 dogs with primary adrenal neoplasia. Vet Radiol Ultrasound Off J Am Coll Vet Radiol Int Vet Radiol Assoc 56: 153–159

Ham K, Greenfield CL, Barger A, Schaeffer D, Ehrhart EJ, Pinkerton M, Valli VE (2009) Validation of a rapid parathyroid hormone assay and intraoperative measurement of parathyroid hormone in dogs with benign naturally occurring primary hyperparathyroidism. Vet Surg 38: 122–132

Helm JR, McLauchlan G, Boden LA, Frowde PE, Collings AJ, Tebb AJ, Elwood CM, Herrtage ME, Parkin TD, Ramsey IK (2011) A comparison of factors that influence survival in dogs with adrenal-dependent hyperadrenocorticism treated with mitotane or trilostane. J Vet Intern Med/ Am Coll Vet Int Med 25: 251–260

Herrera MA, Mehl ML, Kass PH, Pascoe PJ, Feldman EC, Nelson RW (2008) Predictive factors and the effect of phenoxybenzamine on outcome in dogs undergoing adrenalectomy for pheochromocytoma. J Vet Intern Med/Am Coll Vet Int Med 22: 1333–1339

Hibbert A, Gruffydd-Jones T, Barrett EL, Day MJ, Harvey AM (2009) Feline thyroid carcinoma: diagnosis and response to high-dose radioactive iodine treatment. J Feline Med Surg 11: 116–124

Higgs P, Hibbert A (2012) Managing hyperthyroidism in cats. Vet Rec 171: 225–226

Hunt GB, Churcher RK, Church DB, Mahoney P (1997) Excision of a locally invasive thymoma causing cranial vena cava syndrome in a dog. J Am Vet Med Assoc 210: 1628–1630

Hurty CA, Flatland B (2005) Feline acromegaly: a review of the syndrome. J Am Anim Hosp Assoc 41: 292–297

Iseri T, Yamada K, Chijiwa K, Nishimura R, Matsunaga S, Fujiwara R, Sasaki N (2007) Dynamic computed tomography of the pancreas in normal dogs and in a dog with pancreatic insulinoma. Vet Radiol Ultrasound Off J Am Coll Vet Radiol Int Vet Radiol Assoc 48: 328 331

Javadi S, Slingerland LI, van de Beek MG, Boer P, Boer WH, Mol JA, Rijnberk A, Kooistra HS (2004) Plasma renin activity and plasma concentrations of aldosterone, cortisol, adrenocorticotropic hormone, and alpha-melanocyte- stimulating hormone in healthy cats. J Vet Intern Med/Am Coll Vet Int Med 18: 625–631

Jensen KB, Forcada Y, Church DB, Niessen SJM (2015) Evaluation and diagnostic potential of serum ghrelin in feline hypersomatotropism and diabetes mellitus. J Vet Intern Med 29: 14–20

Kaser-Hotz B, Rohrer CR, Stankeova S, Wergin M, Fidel J, Reusch C (2002) Radiotherapy of pituitary tumours in five cats. J Small Anim Pract 43: 303–307

Kent MS, Bommarito D, Feldman E, Theon AP (2007) Survival, neurologic response, and prognostic factors in dogs with pituitary masses treated with radiation therapy and untreated dogs. J Vet Intern Med/Am Coll Vet Int Med 21: 1027–1033

Kooistra HS (2014) Feline hyperthyroidism: a common disorder with unknown pathogenesis. Vet Rec 175: 456–457

Kyles AE, Feldman EC, De Cock HE, Kass PH, Mathews KG, Hardie EM, Nelson RW, Ilkiw JE, Gregory CR (2003) Surgical management of adrenal gland tumors with and without associated tumor thrombi in dogs: 40 cases (1994–2001). J Am Vet Med Assoc 223: 654–662

Labelle P, Kyles AE, Farver TB, De Cock HE (2004) Indicators of malignancy of canine adrenocortical tumors: histopathology and proliferation index. Vet Pathol 41: 490–497

Lamb CR, Ciasca TC, Mantis P, Forcada Y, Potter M, Church DB, Niessen SJ (2014) Computed tomographic signs of acromegaly in 68 diabetic cats with hypersomatotropism. J Feline Med Surg 16: 99–108

Lamb CR, Simpson KW, Boswood A, Matthewman LA (1995) Ultrasonography of pancreatic neoplasia in the dog: a retrospective review of 16 cases. Vet Rec 137: 65–68

Lang JM, Schertel E, Kennedy S, Wilson D, Barnhart M, Danielson B (2011) Elective and emergency surgical management of adrenal gland tumors: 60 cases (1999–2006). J Am Anim Hosp Assoc 47: 428–435

Larson RN, Schmiedt CW, Wang A, Lawrence J, Howerth EW, Holmes SP, Grey SW (2013) Adrenal gland function in a dog following unilateral complete adrenalectomy and contralateral partial adrenalectomy. J Am Vet Med Assoc 242: 1398–1404

Lautenschlaeger IE, Hartmann A, Sicken J, Mohrs S, Scholz VB, Neiger R, Kramer M (2013) Comparison between computed tomography and (99m)TC- pertechnetate scintigraphy characteristics of the thyroid gland in cats with hyperthyroidism. Vet Radiol Ultrasound Off J Am Coll Vet Radiol Int Vet Radiol Assoc 54: 666 673

Li X, Fox JG, Padrid PA (1998) Neoplastic diseases in ferrets: 574 cases (1968–1997). J Am Vet Med Assoc 212: 1402–1406

Liles SR, Linder KE, Cain B, Pease AP (2010) Ultrasonography of histologically normal parathyroid glands and thyroid lobules in normocalcemic dogs. Vet Radiol Ultrasound Off J Am Coll Vet Radiol Int Vet Radiol Assoc 51: 447–452

Littler RM, Polton GA, Brearley MJ (2006) Resolution of diabetes mellitus but not acromegaly in a cat with a pituitary macroadenoma treated with hypofractionated radiation. J Small Anim Pract 47: 392–395

Llabres-Diaz FJ, Dennis R (2003) Magnetic resonance imaging of the presumed normal canine adrenal glands. Vet Radiol Ultrasound Off J Am Coll Vet Radiol Int Vet Radiol Assoc 44: 5–19

Lo AJ, Holt DE, Brown DC, Schlicksup MD, Orsher RJ, Agnello KA (2014) Treatment of aldosterone-secreting adrenocortical tumors in cats by unilateral adrenalectomy: 10 cases (2002–2012). J Vet Int Med/Am Coll Vet Int Med 28: 137–143

Long CD, Goldstein RE, Hornof WJ, Feldman EC, Nyland TG (1999) Percutaneous ultrasound-guided chemical parathyroid ablation for treatment of primary hyperparathyroidism in dogs. J Am Vet Med Assoc 215: 217–221

Madarame H, Kayanuma H, Shida T, Tsuchiya R (2009) Retrospective study of canine insulinomas: eight cases (2005–2008). J Vet Med Sci/Jap Soc Vet Sci 71: 905–911

Maggio F, DeFrancesco TC, Atkins CE, Pizzirani S, Gilger BC, Davidson MG (2000) Ocular lesions associated with systemic hypertension in cats: 69 cases (1985–1998). J Am Vet Med Assoc 217: 695–702

Massari F, Nicoli S, Romanelli G, Buracco P, Zini E (2011) Adrenalectomy in dogs with adrenal gland tumors: 52 cases (2002–2008). J Am Vet Med Assoc 239: 216–221

Mastro LM, Adams AA, Urschel KL (2015) Pituitary pars intermedia dysfunction does not necessarily impair insulin sensitivity in old horses. Domest Anim Endocrinol 50: 14–25

Mayer MN, Treuil PL (2007) Radiation therapy for pituitary tumors in the dog and cat. Can Vet J La revue veterinaire canadienne 48: 316–318

McFarlane D (2011) Equine pituitary pars intermedia dysfunction. Vet Clin North Am Equine Pract 27: 93–113

McGowan TW, Pinchbeck GP, McGowan CM (2013a) Evaluation of basal plasma alpha-melanocyte-stimulating hormone and adrenocorticotrophic hormone concentrations for the diagnosis of pituitary pars intermedia dysfunction from a population of aged horses. Equine Vet J 45: 66–73

McGowan TW, Pinchbeck GP, McGowan CM (2013b) Prevalence, risk factors and clinical signs predictive for equine pituitary pars intermedia dysfunction in aged horses. Equine Vet J 45: 74–79

Meij BP, Auriemma E, Grinwis G, Buijtels JJCWM, Kooistra HS (2010) Successful treatment of acromegaly in a diabetic cat with transsphenoidal hypophysectomy. J Feline Med Surg 12: 406–410

Meleo KA (1997) The role of radiotherapy in the treatment of lymphoma and thymoma. Vet Clin North Am Small Anim Pract 27: 115–129

Milovancev M, Schmiedt CW (2013) Preoperative factors associated with postoperative hypocalcemia in dogs with primary hyperparathyroidism that underwent parathyroidectomy: 62 cases (2004–2009). J Am Vet Med Assoc 242: 507–515

Moore AS, Nelson RW, Henry CJ, Rassnick KM, Kristal O, Ogilvie GK, Kintzer P (2002) Streptozocin for treatment of pancreatic islet cell tumors in dogs: 17 cases (1989–1999). J Am Vet Med Assoc 221: 811–818

Moore LE, Biller DS, Smith TA (2000) Use of abdominal ultrasonography in the diagnosis of primary hyperaldosteronism in a cat. J Am Vet Med Assoc 217(213–215): 197

Moore SA, O'Brien DP (2008) Canine pituitary macrotumors. Compendium 30: 33–40 quiz 41

Morrison SA, Randolph J, Lothrop CD (1989) Hypersomatotropism and insulin-resistant diabetesmellitus in a Cat. J Am Vet Med Assoc 194: 91–94

Myers NC 3rd, Bruyette DS (1994) Feline adrenocortical diseases: part I–hyperadrenocorticism. Semin Vet Med Surg 9: 137–143

Naan EC, Kirpensteijn J, Dupre GP, Galac S, Radlinsky MG (2013) Innovative approach to laparoscopic adrenalectomy for treatment of unilateral adrenal gland tumors in dogs. Vet Surg 42: 710–715

Nakamura K, Lim SY, Ochiai K, Yamasaki M, Ohta H, Morishita K, Takagi S, Takiguchi M (2015) Contrast-enhanced ultrasonographic findings in three dogs with pancreatic insulinoma. Vet Radiol Ultrasound Off J Am Coll Vet Radiol Int Vet Radiol Assoc 56: 55–62

Neiger R, Witt AL, Noble A, German AJ (2004) Trilostane therapy for treatment of pituitary-dependent hyperadrenocorticism in 5 cats. J Vet Int Med/Am Coll Vet Int Med 18: 160–164

Nichols R (1997) Complications and concurrent disease associated with canine hyperadrenocorticism. Vet Clin North Am Small Anim Pract 27: 309–320

Niessen S (2010) Feline acromegaly: an essential differential diagnosis for the difficult diabetic. J Feline Med Surg 12: 15–23

Niessen SJ, Khalid M, Petrie G, Church DB (2007a) Validation and application of a radioimmunoassay for ovine growth hormone in the diagnosis of acromegaly in cats. Vet Rec 160: 902–907

Niessen SJ, Petrie G, Gaudiano F, Khalid M, Smyth JB, Mahoney P, Church DB (2007b) Feline acromegaly: an underdiagnosed endocrinopathy?. J Vet Int Med/Am Coll Vet Int Med 21: 899–905

Niessen SJM, Church DB, Forcada Y (2013) Hypersomatotropism, acromegaly, and hyperadrenocorticism and feline diabetes mellitus. Vet Clin N Am-Small 43: 319–350

Norman EJ, Mooney CT (2000) Diagnosis and management of diabetes mellitus in five cats with somatotrophic abnormalities. J Feline Med Surg 2: 183–190

Northrup NC, Rassnick KM, Gieger TL, Kosarek CE, McFadden CW, Rosenberg MP (2013) Prospective evaluation of biweekly streptozotocin in 19 dogs with insulinoma. J Vet Int Med/Am Coll Vet Int Med 27: 483–490

Owen LN (1980) Skeletal tumors. In: TNM classification of tumours in domestic, 1st edn. World Health Organization, Geneva, pp 66–67

Pack L, Roberts RE, Dawson SD, Dookwah HD (2001) Definitive radiation therapy for infiltrative thyroid carcinoma in dogs. Vet Radiol Ultrasound 42: 471–474

Peterson M (2012) Hyperthyroidism in cats: what's causing this epidemic of thyroid disease and can we prevent it?. J Feline Med Surg 14: 804–818

Peterson ME (2007) Acromegaly in cats: are we only diagnosing the tip of the iceberg?. J Vet Int Med/Am Coll Vet Int Med 21: 889–891

Peterson ME (2013a) Feline focus: diagnostic testing for feline thyroid disease: hyperthyroidism. Compendium 35: E3

Peterson ME (2013b) More than just T(4): diagnostic testing for hyperthyroidism in cats. J Feline Med Surg 15: 765–777

Peterson ME, Broome MR (2015) Thyroid scintigraphy findings in 2096 cats with hyperthyroidism. Vet Radiol Ultrasound Off J Am Coll Vet Radiol Int Vet Radiol Assoc 56: 84–95

Peterson ME, Taylor RS, Greco DS, Nelson RW, Randolph JF, Foodman MS, Moroff SD, Morrison SA, Lothrop CD (1990) Acromegaly in 14 cats. J Vet Intern Med 4: 192–201

Peterson ME, Ward CR (2007) Etiopathologic findings of hyperthyroidism in cats. The Veterinary clinics of North America. Small Anim Pract 37: 633–645

Pey P, Rossi F, Vignoli M, Duchateau L, Marescaux L, Saunders JH (2014) Use of contrast-enhanced ultrasonography to characterize adrenal gland tumors in dogs. Am J Vet Res 75: 886–892

Phair KA, Carpenter JW, Schermerhorn T, Ganta CK, DeBey BM (2011) Diabetic ketoacidosis with concurrent pancreatitis, pancreatic beta islet cell tumor, and adrenal disease in an obese ferret (Mustela putorius furo). Am Assoc Lab Anim Sci JAALAS 50: 531–535

Pollard RE, Bohannon LK, Feldman EC (2015) Prevalence of incidental thyroid nodules in ultrasound studies of dogs with hypercalcemia (2008–2013). Vet Radiol Ultrasound Off J Am Coll Vet Radiol Int Vet Radiol Assoc 56: 63–67

Pollard RE, Long CD, Nelson RW, Hornof WJ, Feldman EC (2001) Percutaneous ultrasonographically guided radiofrequency heat ablation for treatment of primary hyperparathyroidism in dogs. J Am Vet Med Assoc 218: 1106–1110

Pollard RE, Reilly CM, Uerling MR, Wood FD, Feldman EC (2010) Cross-sectional imaging characteristics of pituitary adenomas, invasive adenomas and adenocarcinomas in dogs: 33 cases (1988–2006). J Vet Int Med/Am Coll Vet Int Med 24: 160–165

Polton GA, White RN, Brearley MJ, Eastwood JM (2007) Improved survival in a retrospective cohort of 28 dogs with insulinoma. J Small Anim Pract 48: 151–156

Popovitch CA, Weinstein MJ, Goldschmidt MH (1994) Chondrosarcoma: a retrospective study of 97 dogs (1987–1990). J Am Anim Hosp Assoc 30: 81–85

Posch B, Dobson J, Herrtage M (2011) Magnetic resonance imaging findings in 15 acromegalic cats. Vet Radiol Ultrasound 52: 422–427

Radlinsky MG (2007) Thyroid surgery in dogs and cats. Vet Clin N Am-Small 37: 789–798

Rasmussen SH, Andersen HH, Kjelgaard-Hansen M (2014) Combined assessment of serum free and total T4 in a general clinical setting seemingly has limited potential in improving diagnostic accuracy of thyroid dysfunction in dogs and cats. Vet Clin Pathol/Am Soc Vet Clin Pathol 43: 1–3

Rasor L, Pollard R, Feldman EC (2007) Retrospective evaluation of three treatment methods for primary hyperparathyroidism in dogs. J Am Anim Hosp Assoc 43: 70–77

Robben JH, Pollak YW, Kirpensteijn J, Boroffka SA, van den Ingh TS, Teske E, Voorhout G (2005) Comparison of ultrasonography, computed tomography, and single-photon emission computed tomography for the detection and localization of canine insulinoma. J Vet Int Med/Am Coll Vet Int Med 19: 15–22

Robben JH, van den Brom WE, Mol JA, van Haeften TW, Rijnberk A (2006) Effect of octreotide on plasma concentrations of glucose, insulin, glucagon, growth hormone, and cortisol in healthy dogs and dogs with insulinoma. Res Vet Sci 80: 25–32

Rosenstein DS (2000) Diagnostic imaging in canine pheochromocytoma. Vet Radiol Ultrasound Off J Am Coll Vet Radiol Int Vet Radiol Assoc 41: 499–506

Salesov E, Boretti FS, Sieber-Ruckstuhl NS, Rentsch KM, Riond B, Hofmann-Lehmann R, Kircher PR, Grouzmann E, Reusch CE (2015) Urinary and plasma catecholamines and metanephrines in dogs with pheochromocytoma, hypercortisolism, nonadrenal disease and in healthy dogs. J Vet Int Med/Am Coll Vet Int Med 29: 597–602

Sangster JK, Panciera DL, Abbott JA (2013) Cardiovascular effects of thyroid disease. Compendium 35: E5

Scavelli TD, Peterson ME, Matthiesen DT (1986) Results of surgical treatment for hyperadrenocorticism caused by adrenocortical neoplasia in the dog: 25 cases (1980–1984). J Am Vet Med Assoc 189: 1360–1364

Schaefer C, Goldstein RE (2009) Canine primary hyperparathyroidism. Compendium 31: 382–389; quiz 390

Schulman RL (2010) Feline primary hyperaldosteronism. Vet Clin North Am Small Anim Pract 40: 353–359

Schultz RM, Wisner ER, Johnson EG, MacLeod JS (2009) Contrast-enhanced computed tomography as a preoperative indicator of vascular invasion from adrenal masses in dogs. Vet Radiol Ultrasound Off J Am Coll Vet Radiol Int Vet Radiol Assoc 50: 625–629

Schwartz P, Kovak JR, Koprowski A, Ludwig LL, Monette S, Bergman PJ (2008) Evaluation of prognostic factors in the surgical treatment of adrenal gland tumors in dogs: 41 cases (1999–2005). J Am Vet Med Assoc 232: 77–84

Schwedes CS (1997) Mitotane (o, p'-DDD) treatment in a cat with hyperadrenocorticism. J Small Anim Pract 38: 520–524

Scott-Moncrieff JC (2012) Thyroid disorders in the geriatric veterinary patient. Vet Clin North Am Small Anim Pract 42(707–725): vi–vii

Sellon RK, Fidel J, Houston R, Gavin PR (2009) Linear-accelerator-based modified radiosurgical treatment of pituitary tumors in cats: 11 cases (1997–2008). J Vet Intern Med 23: 1038–1044

Shiel RE, Mooney CT (2007) Testing for hyperthyroidism in cats. Vet Clin North Am Small Anim Pract 37(671–691): vi

Shilo Y, Pypendop BH, Barter LS, Epstein SE (2011) Thymoma removal in a cat with acquired myasthenia gravis: a case report and literature review of anesthetic techniques. Vet Anaesth Analg 38: 603–613

Singh A, Boston SE, Poma R (2010) Thymoma-associated exfoliative dermatitis with post-thymectomy myasthenia gravis in a cat. Can Vet J La revue veterinaire canadienne 51: 757–760

Skelly BJ, Franklin RJ (2007) Mutations in genes causing human familial isolated hyperparathyroidism do not account for hyperparathyroidism in Keeshond dogs. Vet J 174: 652–654

Slingerland LI, Voorhout G, Rijnberk A, Kooistra HS (2008) Growth hormone excess and the effect of octreotide in cats with diabetes mellitus. Domest Anim Endocrinol 35: 352–361

Sluijs van FJ, Sjollema BE, Voorhout G, Van Den Ingh TS, Rijnberk A (1995) Results of adrenalectomy in 36 dogs with hyperadrenocorticism caused by adreno-cortical tumour. Vet Q 17: 113–116

Spadavecchia C, Jaggy A (2008) Thymectomy in a cat with myasthenia gravis: a case report focusing on perianaesthetic management. Schweiz Arch Tierheilkd 150: 515–518

Syme HM, Fletcher MG, Bailey SR, Elliott J (2007) Measurement of aldosterone in feline, canine and human urine. J Small Anim Pract 48: 202–208

Taeymans O, Dennis R, Saunders JH (2008) Magnetic resonance imaging of the normal canine thyroid gland. Vet Radiol Ultrasound 49: 238–242

Tobin RL, Nelson RW, Lucroy MD, Wooldridge JD, Feldman EC (1999) Outcome of surgical versus medical treatment of dogs with beta cell neoplasia: 39 cases (1990–1997). J Am Vet Med Assoc 215: 226–230

Trepanier LA (2006) Medical management of hyperthyroidism. Clin Tech Small Anim Pract 21: 22–28

Trepanier LA (2007) Pharmacologic management of feline hyperthyroidism. Vet Clin North Am Small Anim Pract 37(775–788): vii

Trifonidou MA, Kirpensteijn J, Robben JH (1998) A retrospective evaluation of 51 dogs with insulinoma. Vet Q 20(Suppl 1): S114–S115

Turrel JM, McEntee MC, Burke BP, Page RL (2006) Sodium iodide I 131 treatment of dogs with nonresectable thyroid tumors: 39 cases (1990–2003). Javma-J Am Vet Med A 229: 542–548

Vanderperren K, Haers H, Van der Vekens E, Stock E, Paepe D, Daminet S, Saunders JH (2014) Description of the use of contrast-enhanced ultrasonography in four dogs with pancreatic tumours. J Small Anim Pract 55: 164–169

Volckaert V, Vandermeulen E, Dobbeleir A, Duchateau L, Saunders JH, Peremans K (2015) Effect of thyroid volume on radioiodine therapy outcome in hyperthyroid cats. J Feline Med Surg 18(2): 144–149

Voorhout G, Stolp R, Rijnberk A, van Waes PF (1990) Assessment of survey radiography and comparison with x-ray computed tomography for detection of hyperfunctioning adrenocortical tumors in dogs. J Am Vet Med Assoc 196: 1799–1803

Wagner RA, Piche CA, Jochle W, Oliver JW (2005) Clinical and endocrine responses to treatment with deslorelin acetate implants in ferrets with adrenocortical disease.. Am J Vet Res 66: 910–914

Weiss CA, Scott MV (1997) Clinical aspects and surgical treatment of hyperadrenocorticism in the domestic ferret: 94 cases (1994–1996). J Am Anim Hosp Assoc 33: 487–493

Weiss CA, Williams BH, Scott MV (1998) Insulinoma in the ferret: clinical findings and treatment comparison of 66 cases. J Am Anim Hosp Assoc 34: 471–475

Tumoren des Nervensystems

Robert Klopfleisch

© Springer-Verlag GmbH Deutschland 2017
R. Klopfleisch (Hrsg.), *Veterinäronkologie kompakt*,
https://doi.org/10.1007/978-3-662-54987-2_13

Tumoren des Nervensystems sind vor allem bei Hunden und Katzen von Relevanz. Sie werden bei anderen Tierarten nur selten beobachtet bzw. behandelt. Eine besondere Eigenschaft aller Tumoren des Zentralnervensystems (ZNS) ist, dass gewöhnlich **Kriterien der Differenzierung zwischen gutartigen und bösartigen Tumoren** nicht notwendigerweise anwendbar sind. Jeder Tumor im ZNS muss als potenziell maligne angesehen werden, unabhängig von seiner Invasionsaktivität oder seinem metastatischen Potenzial. Selbst langsam und nicht invasiv wachsende Tumoren erhöhen den intrakranialen Druck oder komprimieren andere Hirnareale und können so zu neurologischen Symptomen und Tod führen. Die klinischen Symptome sind zumeist nicht spezifisch für eine bestimmte Tumorart, sondern hängen von der Lokalisation des Tumors ab. Krampfanfälle, Bewusstseins- und Verhaltensstörungen sind die häufigsten Befunde. ZNS-Tumoren **metastasieren** nur selten in Organe außerhalb des Hirns. Sekundäre Tumore, d. h. Metastasen in das Gehirn, kommen regelmäßig vor. Die häufigsten sekundären ZNS-Tumoren sind Hämangiosarkome, Mamma-, Lungen- und Prostatakarzinome, Melanome und Lymphome.

Meningeome und Gliome (i. e. Astrozytome und Oligodendrogliome) sind die häufigsten Tumoren des ZNS bei den meisten Haustierarten und werden detailliert in diesem Kapitel besprochen. Es gibt jedoch noch einige andere Tumorarten, die jedoch eher selten sind und hier nur kurz erwähnt sein sollen:

- **Papillome und Karzinome des Plexus choroideus (Plexuspapillome/-karzinome).** Sie komprimieren das umgebende Neuropil und sind oft mit einem Hydrozephalus aufgrund von exzessiver Liquorproduktion und Verstopfung der abfließenden Wege assoziiert. Intrakraniale Metastasierung in die Hirnventrikel kann vorkommen, eine extrakraniale Metastasierung ist jedoch ungewöhnlich.
- **Ependymome** entstehen aus den Ependymzellen des Ventrikelsystems des Gehirns. Wie die Plexustumoren führen sie zu Hydrozephalus und intrakranialer Abflussstörung.
- **Primitive neuroektodermale Tumoren** sind seltene Tumoren junger Tiere. Sie sind gewöhnlich invasive und schnell wachsende Tumoren.

13.1 Kanine Tumoren des Nervensystems

Eine große Zahl verschiedener Tumorarten wurden beim Hund beschrieben. Von diesen werden jedoch nur die Gliome astrozytärem (Astrozytome/Glioblastome) und oligodendrozytärem Ursprungs, Meningeome und die periphere Nervenscheidentumoren mit einer relevanten Häufigkeit diagnostiziert.

13.1.1 Kanine Gliome

> **Kanine Gliome in fünf Fakten**
> 1. werden unterteilt in Astrozytome (Glioblastome) und Oligodendrogliome
> 2. sind ungefähr so häufig wie Meningeome
> 3. Tumoren alter und brachyzephaler Hunde, z. B. Boxer
> 4. Gliome sind mit einer schlechten Prognose assoziiert (unbehandelt < 1 Monat mediane Überlebenszeit)
> 5. Kombination von Chirurgie und postchirurgischer Bestrahlung erhöht die Überlebenszeit

■ **Epidemiologie und Pathologie**

Gliome sind häufige Hirntumoren des Hundes. Sie werden in Astrozytome und Oligodendrogliome unterschieden. Beide Tumorarten treten vor allem bei Hunden im Alter von 7–10 Jahren auf. Es gibt eine **Rasseprädisposition** für große und brachyzephale Rassen wie z. B. Boxer. **Astrozytome** entwickeln sich aus Astrozyten bzw. ihren Vorläufern und werden anhand ihres histologischen Aussehens in **gut differenzierte** (niedriggradige), **anaplastische** (mittelgradige) und **Glioblastome** (hochgradige) Tumoren unterschieden (◘ Abb. 13.1). Astrozytome wachsen invasiv, metastasieren innerhalb des ZNS aber nicht extrakranial. Mutationen des p53-, Retinoblastom- und des p16-Gens wurden für Astrozytome beschrieben.

Oligodendrogliome stammen von oligodrozytärem Zellen ab. Sie finden sich vor allem im Frontal- und pyriformen Hirnlappen sowie im

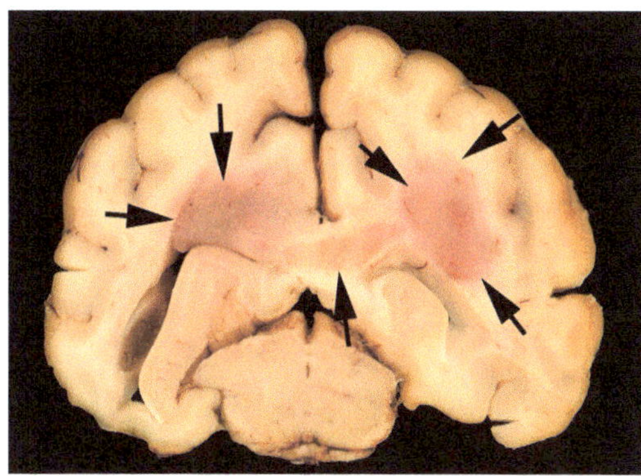

Abb. 13.1 Mittelgradiges Astrozytome bei einem Hund (Pfeile). Astrozytome sind zumeist schlecht abgrenzbar und weiß bis pinkfarben. Hochgradige Glioblastome zeigen zudem häufig Nekrose und Hämorrhagien.

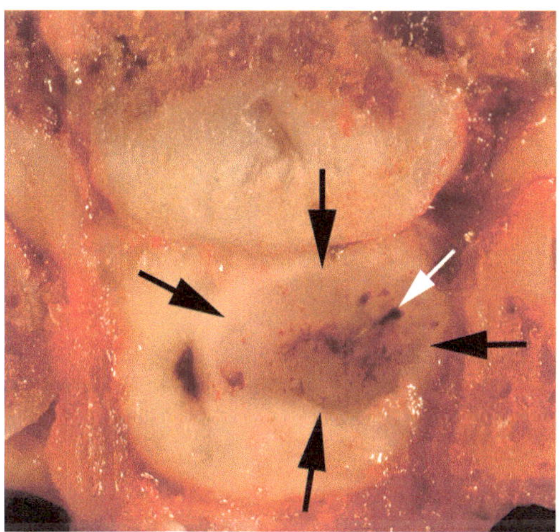

Abb. 13.2 Oligodendrogliom des Rückenmarks eines Hundes (schwarze Pfeile). Oligodendrogliome sind zumeist gut abgrenzbar und von gelatinöser Konsistenz und Aussehen. Intratumorale Hamorrhagien sind ein häufiger Befund (weißer Pfeil).

Thalamus und können überall im Rückenmark auftreten (■ Abb. 13.2). Die Ätiologie und Pathogenese der Tumoren ist unklar.

■ Klinik

Die **klinischen Symptome** bei Hunden mit Gliomen hängen vor allem von der Tumorlokalisation ab. Unabhängig von der Lokalisation zeigen die meisten Hunde jedoch Krampfanfälle und sich langsam entwickelnde Verhaltensänderungen. Bei allen alten Hunden mit diesen Symptomen sollte deshalb ein ZNS-Tumor differenzialdiagnostisch abgeklärt werden.

Magnetresonanztomographie (MRT) ist die Diagnostikmethode der Wahl für ZNS-Tumoren. Sie erlaubt eine Evaluation der Lokalisation und des Ausmaßes des Tumors. Kontrastmittel können die Sensitivität der Methode erhöhen. Die eindeutige Differenzierung von Gliomen von nicht-neoplastischen Erkrankungen ist jedoch nicht immer möglich, da beide überlappende MRT-Befunde zeigen können. Die Kombination der Bildgebung, der klinischen Symptome und der Epidemiologie führen jedoch zumeist zu einer recht sicheren Diagnose eines Hirntumors.

Liquoruntersuchungen, Standardlaboruntersuchungen und Röntgenaufnahmen des Thorax sind zumeist nicht diagnostisch für ZNS-Tumoren, können jedoch hilfreich beim Ausschluss anderer Krankheiten sein.

■ Zytologie und Histopathologie

Prächirurgische Intra-vitam-Biopsien von tumorverdächtigen intrakranialen Massen sind aufgrund des hohen chirurgischen Aufwands und der hohen assoziierten Morbidität und Mortalität zumeist nicht erhältlich. Die **histologische Analyse** ist somit vor allem auf die postmortale Diagnose beschränkt. Eine neuere Studie konnte jedoch zeigen, dass ein *frame-based*-**stereotaktischer Ansatz der Hirnbiopsieentnahme**, welcher MRT- und CT-Bilder zur Planung der Lokalisation der Biopsieentnahme nutzt, sicher und gut geeignet für eine neuropathologische Diagnose ist.

■ Therapie

Eine kürzlich publizierte Meta-Analyse fand für Bestrahlung und Chirurgie einen positiven Effekt auf den Krankheitsverlauf. Interessanterweise zeigten sich kaum Unterschiede zwischen der alleinigen Anwendung von Bestrahlung bzw. Chirurgie.

Eine **Bestrahlung** ist die Behandlung der Wahl für kanine Hirntumoren. Eine fraktionierte Bestrahlung kann die Überlebenszeiten auf bis zu 10 Monate verlängern, während Hunde ohne Behandlung Überlebenszeiten von weniger als einem Monat zeigen. **Stereotaktische Radiochirurgie** ist eine neue Behandlungsoption für

ZNS-Tumoren. Sie beinhaltet die Applikation einer einzelnen, sehr hohen Dosis von ionisierender Strahlung in ein definiertes anatomisches Zielgebiet. Die hohe Strahlendosis entfernt den Tumor somit ähnlich wie die chirurgische Resektion. Linearbeschleuniger, die bei diesem Ansatz genutzt werden, werden auch als *radio knives* („Strahlenmesser") bezeichnet.

Chirurgische Exzision von Gliomen oder Teilen von diesen benötigt weit fortgeschrittene chirurgische Fähigkeiten. Die Entscheidung bzw. Möglichkeit zur kompletten oder partiellen Resektion hängt zumeist von der Tumorlokalisation ab. Der invasive Charakter und die Schwierigkeiten, die Tumorränder eindeutig zu bestimmen, verhindern die komplette Resektion in den meisten Fällen. Auch eine partielle Resektion kann jedoch einen kurzzeitigen palliativen Effekt durch die Verminderung des intrakranialen Drucks haben. Ob die Kombination von Chirurgie mit postchirurgischer Bestrahlung die Überlebenszeiten verlängern kann, ist noch nicht geklärt.

Die Kenntnisse über die Effekte von **chemotherapeutischen Substanzen** auf Hirntumoren sind sehr beschränkt. Lomustin, Carmustin und Hydroxyurea scheinen einen palliativen und lebensverlängernden Effekt zu haben.

■ **Prognose**

Die Prognose für kanine Gliome ist ausgesprochen schlecht. Unbehandelte Hunde sterben oder werden zumeist innerhalb eines Monats nach Diagnose euthanasiert. Chirurgie und Bestrahlung können die Überlebenszeit auf mehrere Monate verlängern, erfordern jedoch hochspezialisierte klinische Fähigkeiten und sind mit einer „Behandlungs"-Mortalität verbunden.

■ **Weiterführende Literatur**

(Axlund et al. 2002; Bagley und Gavin 1998; Bagley et al. 1999; Bentley 2015; Bentley et al. 2013; Brearley et al. 1999; Hu et al. 2015; Ijiri et al. 2014; Klopp und Rao 2009; Lipsitz et al. 2003; MacLeod et al. 2009; Mariani et al. 2015; Polizopoulou et al. 2004; Rodenas et al. 2011; Rossmeisl 2014; Rossmeisl et al. 2015; Rossmeisl et al. 2013; Snyder et al. 2006; Song et al. 2013; Stoica et al. 2004; Tamura et al. 2007; Wisner et al. 2011; York et al. 2012; Young et al. 2011)

13.1.2   Kanine Meningeome

Kanine Meningeome in fünf Fakten
1. Tumoren alter, dolichozephaler Hunde
2. wachsen meist expansiv, seltener invasiv
3. schnell wachsende Meningeome und Meningeome um Hirnnerven verursachen häufig klinische Symptome
4. Chirurgie häufig kurativ für Meningeome des Frontalhirns
5. adjuvante oder exklusive Bestrahlung empfohlen für invasive Meningeome und Meningeome des Kleinhirn, des Hirnstamms oder distaler Hirnflächen

■ **Epidemiologie und Pathologie**

Meningeome kommen beim Hund ungefähr so häufig vor wie Gliome. Sie stammen von Zellen der Meningen ab und werden vor allem bei Hunden älter als **8 Jahre** beobachtet. Dolichozephale **Rassen** und Golden Retriever haben eine **Rasseprädisposition**. Es gibt keine **Geschlechtsprädisposition**. Meningeome sind zumeist gut abgrenzbare, langsam und expansiv wachsende Tumoren vor allem der Meningen im Bereich des Schädeldachs und hier vor allem im Bereich des Riech-/Frontalhirns (■ Abb. 13.3). Kanine Meningeome können jedoch auch sehr invasiv wachsen und sind dann fast immer mit klinischen Symptome assoziiert. Metastasen sind sehr selten.

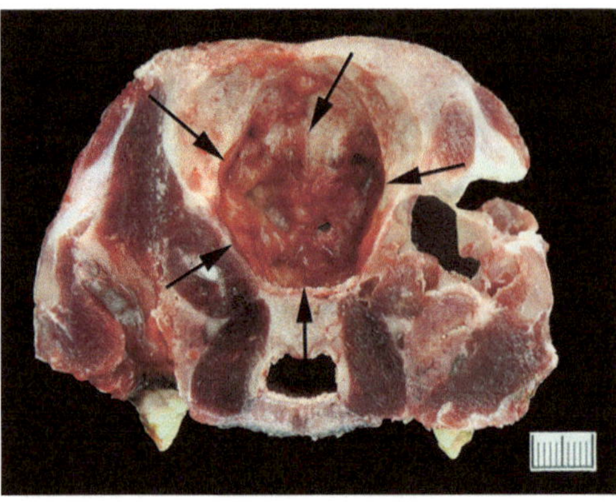

■ **Abb. 13.3**   Infiltratives Meningeom (Pfeile) der frontalen/rostralen Region des Schädeldaches eines Hundes

- **Klinik**

Wenn überhaupt vorhanden, so sind mit Meningeomen assoziierte klinische Symptome meist nur sehr **langsam voranschreitend**, da durch ihr langsames Wachstum insbesondere betroffene Großhirnbereiche sich möglicherweise adaptieren können. Eine veränderte Bewusstseinslage, Krampfanfälle, vestibuläre Dysfunktion und Hirnnervendefizite sind typische klinische Symptome. Häufig sind Meningeome jedoch auch Zufallsbefunde bei der Sektion von Hunden aufgrund anderer Krankheiten.

Magnetresonanztomographie (MRT) ist die Diagnostikmethode der Wahl für intrakraniale Tumoren. Sie erlaubt die genaue Einschätzung der Lokalisierung und der Größe des Tumors. Kontrastmittel können die die Sensitivität des Tumornachweis erhöhen. Eine eindeutige Differenzierung der verschiedenen ZNS-Tumoren voneinander und von manchen nicht-neoplastischen Erkrankungen ist jedoch nicht immer möglich. Typische Merkmale von Meningeomen im MRT sind eine Verlagerung anstatt einer Invasion von umgebenden oberflächlichen Hirnstrukturen, teils zystische Hohlräume, Mineralisierung und der „**Duraschwanz**", welcher eine schwanzartige Verlängerung der Hauptmasse des Meningeoms entlang der Neuropiloberfläche darstellt.

Liquoruntersuchungen, Standardbluttests und Thoraxröntgenaufnahmen sind für Meningeome nicht diagnostisch, helfen jedoch bei der Abklärung anderer möglicher Erkrankungen.

- **Zytologie und Histopathologie**

Intra-vitam-Biopsien werden bei Hirntumoren aufgrund des hohen chirurgischen Aufwands und der mit diesen Eingriffen assoziierten hohen Mortalität nicht durchgeführt. Die **histologische Analyse** ist somit vor allem auf die postmortale Diagnose beschränkt. Eine neuere Studie konnte jedoch zeigen, dass ein *frame-based*-**stereotaktischer Ansatz der Hirnbiopsieentnahme**, welcher MRT- und CT-Bilder zur Planung der Lokalisation der Biopsieentnahme nutzt, sicher und gut geeignet für eine neuropathologische Diagnose ist. Es sind verschiedene histologische Meningeomsubtypen beschrieben, ihre klinische Relevanz ist jedoch unklar. Erste Versuche, ein histologisches Grading in die histopathologische Diagnose kaniner Meningeome einzubeziehen, haben bisher noch wenig Widerhall gefunden.

- **Therapie**

Die chirurgische **Exzision** ist die Methode der Wahl für Meningeome. Überlebenszeiten von sieben Monaten und mehr wurden berichtet. Kanine Meningeome wachsen jedoch generell invasiver als feline Meningeome. Manche Autoren empfehlen deshalb, eine Chirurgie nur in Kombination mit einer postchirurgischen Bestrahlung anzuwenden.

Die **Bestrahlung** ist die Behandlung der Wahl für alle kaninen Meningeome, die nicht auf der Großhirnoberfläche lokalisiert sind. Eine fraktionierte Bestrahlung ist mit Überlebenszeiten von wenigen Monaten bis mehreren Jahren assoziiert. Im Gegensatz dazu zeigen Hunde ohne Behandlung Überlebenszeiten von weniger als einem Monat. Eine Kombination von Chirurgie mit postchirurgischer Bestrahlung kann die Überlebenszeit auf bis zu 7 Jahre erhöhen.

Es ist nur wenig über die Effizienz von **Chemotherapie bekannt.** Eine Behandlung mit Hydroxyurea und Glukokortikoiden ist mit Überlebenszeiten von bis zu sechs Monaten assoziiert.

- **Prognose**

Die Prognose für kanine Meningeome ist besser als für Gliome, jedoch trotzdem eher schlecht, wenn klinische Symptome bereits vorhanden sind. Eine eher kraniale Lokalisierung am Frontalhirn ist mit Überlebenszeiten von bis zu 7 Jahren assoziiert, während kaudale oder distale Meningeome mit Überlebenszeiten von weniger als 2 Jahren assoziiert sind.

- **Weiterführende Literatur**

(Adamo et al. 2004; Axlund et al. 2002; Bagley und Gavin 1998; Bagley et al. 1999; Bentley 2015; Brearley et al. 1999; Graham et al. 1998; Hu et al. 2015; Ijiri et al. 2014; Mariani et al. 2015; Motta et al. 2012; Pang et al. 2009; Polizopoulou et al. 2004; Rodenas et al. 2011; Rossmeisl 2014; Rossmeisl et al. 2015; Rossmeisl et al. 2013; Snyder et al. 2006; Song et al. 2013; Sturges et al. 2008; Tamura et al. 2007; Wisner et al. 2011)

13.1.3 Kanine periphere Nervenscheidentumoren (PNST)

Kanine periphere Nervenscheidentumoren (PNST) in sechs Fakten

1. werden klinisch/prognostisch in subkutane PNST und PNST der peripheren (größeren) Nerven unterschieden
2. können an jedem Spinal- oder Hirnnerv bzw. deren peripheren Aufzweigungen auftreten
3. assoziiert mit Hypoästhesie, Lahmheiten und Paralyse
4. Chirurgie ist Behandlung der Wahl
5. komplette Resektion aufgrund infiltrativen Wachstums schwierig
6. Prognose ist vorsichtig (subkutane) bis schlecht (periphere Nerven)

■ **Epidemiologie und Pathologie**

Die Definition eines peripheren Nervenscheidentumors (PNST) wird immer noch kontrovers diskutiert. Die engste Definition sieht sie als Tumoren, die sich nachweislich von **Schwann-Zellen** oder ihren Vorläufern um Hirn- und Spinalnerven (meist Plexus brachialis) ableiten. Es wird jedoch diskutiert, ob nicht möglicherweise viele, wenn nicht sogar die meisten der kaninen subkutanen **Weichgewebssarkome (*soft tissue sarcomas*, STS, ▶ Kap. 4**) eigentlich PNST darstellen, obwohl ihr „Ursprungsnerv" nicht immer genau definiert ist.

PNST treten vor allem beim mittelalten bis alten Hund ohne spezifische **Rasseprädisposition** auf. Teilweise werden die PNST in Schwannome, Neurofibrome und Neurofibrosarkome unterteilt. Die Einteilung basiert jedoch vor allem auf morphologischen Gesichtspunkten und ist klinisch nur wenig relevant. PNST sind durch eine typische elektronenmikroskopische (Ultra-) Struktur und eine spezifische Genexpression, wie z. B. NGFR, S100, PGP9.5, GLI1 und CLEC3B, gekennzeichnet.

■ **Klinik**

Die durch PNST hervorgerufenen **klinischen Symptome** hängen stark von der Tumorlokalisation ab und umfassen bei Tumoren um größere Nerven oft Hypoästhesie, Parese und Paralyse. PNST des Plexus brachialis können je nach Größe palpabel sein. Magnetresonanztomographie (MRT) ist eine wichtige Diagnostikmethode für die Detektion und Größeneinschätzung von PNST. Kleinere Tumoren oder entlang der Nerven wachsende Tumoren sind möglicherweise nicht als Masse sichtbar, können aber trotzdem zu einer Schädigung der Reizleitung in den Nerven führen.

■ **Zytologie und Histopathologie**

Die **Zytologie** der PNST wird durch locker zusammenhängende Gruppen von Spindelzellen mit abgerundeten Enden, geringgradiger Kernpleomorphie und einem fibrillären Hintergrund dominiert. **Histologisch** zeigen sich PNST als mäßig gut umschriebene Tumoren, die aus spindligen bis ovoiden Zellen mit wenig eosinophilem Zytoplasma bestehen. Dichter gedrängte Tumorzellen können sogenannte Antoni-A-Muster, d. h. parallele Reihen von palisadenartig angeordneten Kernen zeigen. Die neoplastischen Spindelzellen zeigen oft eine Wirbelbildung um Kapillaren. Auch Anteile mit myxoider Extrazellularsubstanz sind häufig zu sehen.

■ **Therapie**

Die **chirurgische Exzision** ist die Behandlung der Wahl für kanine PNST. Diese kann eine Amputation der betroffenen Gliedmaße bei PNST des Plexus brachialis umfassen oder nur eine Entfernung von subkutanen PNST mit umfangreichem Abstand zum Tumor. Aufgrund des infiltrativen Charakters kommt es selbst bei großzügiger Resektion regelmäßig zu Rezidiven. Eine **postoperative Bestrahlung** kann zur Beseitigung verbleibender Tumorzellen hilfreich sein. Umfassende klinische Studien zu diesem Thema sind jedoch noch nicht erhältlich.

■ **Prognose**

PNST der Subkutis haben eine vorsichtige, PNST der Spinal- und Hirnnerven eine vorsichtige bis schlechte Prognose aufgrund ihres infiltrativen Charakters und häufiger Rezidive.

■ **Weiterführende Literatur**

(Brearley et al. 1999; Dennis et al. 2011; Ettinger 2003; Gupta et al. 2004; Klopfleisch et al. 2013; Kraft et al. 2007; Meyer und Klopfleisch 2014; Oliveira et al.

2014; Platt et al. 2002; Rose et al. 2005; Shihab et al. 2013; Suzuki et al. 2014)

13.2 Feline Tumoren des Nervensystems

Tumoren des Nervensystems sind **selten bei der Katze** mit Ausnahme der Meningeome alter Katzen. Gliome, Ependymome und intrakraniale Lymphome werden nur unregelmäßig beobachtet. Periphere Nervenscheidentumoren (PNST) sind sehr selten.

13.2.1 Feline Gliome

> **Feline Gliome in drei Fakten**
> 1. sind selten (< 10 % aller intrakranialen Tumoren)
> 2. Art der klinischen Symptome hängt von Lokalisation ab, meist jedoch Bewusstseinsveränderungen und Krampfanfälle
> 3. wenige Berichte über erfolgreiche Behandlung mit Chirurgie oder Bestrahlung

- **Epidemiologie und Pathologie**

Gliome sind seltene Hirntumoren bei Katzen. Sie machen weniger als 10 % aller Hirntumoren aus (85 % Meningeome). Sie werden in Astrozytome und Oligodendrogliome unterschieden. **Astrozytome** stammen von Astrozyten ab und werden anhand ihres histologischen Phänotyps sowie in **gut differenzierte** (niedriggradige), **anaplastische** (mittelgradige) und **Glioblastome** (hochgradige) eingeteilt. Astrozytome wachsen invasiv und metastasieren innerhalb des ZNS, jedoch nicht in Organe außerhalb des ZNS. **Oligodendrogliome** entstehen aus oligodendrozytischen Zellen. Die Ätiologie und Pathogenese der Gliome bei Katzen ist unklar.

Nur wenige Fallberichte mit Darstellung von Diagnose und Therapie von Gliomen sind zugänglich. Diese beschreiben zumeist Tumoren bei Katzen mit einem Alter von 10 Jahren und älter und eine bevorzugte Lokalisation im Frontalhirn.

- **Klinik**

Die **klinischen Symptome** aufgrund eines Glioms hängen von der Lokalisation des Tumors ab. Die meisten Katzen zeigen jedoch eine veränderte Bewusstseinslage, wie Depression, Stupor, Koma sowie Kreisbewegungen, Anfälle, Ataxie und Verhaltensänderungen.

Die **Magnetresonanztomographie** (MRT) ist die diagnostische Methode der Wahl für Hirntumoren. Sie ermöglicht die Einschätzung der Lokalisation und der Tumorgröße. Kontrastmittel können zur Erhöhung der Sensitivität des Tumornachweises eingesetzt werden. Die eindeutige Unterscheidung von Gliomen von nicht-neoplastischen Erkrankungen ist jedoch aufgrund der vielfältig überlappenden Eigenschaften nicht möglich. Die Kombination der Befunde der Bildgebung und der klinischen/neurologischen Untersuchung geben jedoch zumeist einen guten Hinweis auf die Art der Läsion.

Liquoruntersuchungen, Standardbluttests und Röntgenaufnahmen des Thorax sind nicht diagnostisch für Hirntumoren, können jedoch beim Ausschluss anderer Krankheiten hilfreich sein.

- **Zytologie und Histopathologie**

Intra-vitam-Biopsien werden bei Hirntumoren aufgrund des hohen chirurgischen Aufwands und der mit diesen Eingriffen assoziierten hohen Mortalitat nicht durchgeführt. Die **histologische Analyse** ist somit vor allem auf die postmortale Diagnose beschränkt. Eine neuere Studie (bei Hunden) konnte jedoch zeigen, dass ein *Frame-based*-**stereotaktischer Ansatz der Hirnbiopsieentnahme**, welcher MRT- und CT-Bilder zur Planung der Lokalisation der Biopsieentnahme nutzt, sicher und gut geeignet für eine neuropathologische Diagnose bei Tieren ist.

- **Therapie**

Eine neuere Meta-Analyse konnte zeigen, dass **Bestrahlung** und **Chirurgie** einen positiven Effekt auf kanine Hirntumore haben. Ähnliche Berichte für die Behandlung bei Katzen sind nicht erhältlich.

Einzelfallberichte beschreiben den Effekt von Chirurgie, Bestrahlung und Chemotherapie für die Behandlung von felinen Gliomen. Zwei Fallberichte beschreiben eine Tumorremission für vier Jahre nach Behandlung mit Chirurgie und Bestrahlung bei zwei Katzen mit Gliomen Die Zahl der beschriebenen Fälle ist jedoch zu gering, um eine fundierte Therapieempfehlung zu geben. Die meisten Autoren gehen dennoch davon aus, dass sich feline Gliome in Bezug auf die Therapie ähnlich wie kanine Gliome verhalten sollten.

▪ Prognose

Die Prognose für unbehandelte feline Gliome ist schlecht mit Überlebenszeiten von nur wenigen Wochen.

▪ Weiterführende Literatur

(Rossmeisl 2014; Tamura et al. 2013a; Tamura et al. 2013b; Tomek et al. 2006; Troxel et al. 2004; Troxel et al. 2003)

13.2.2 Feline Meningeome

> **Feline Meningeome in vier Fakten**
> 1. häufiger Tumor älterer Katzen
> 2. häufig ein Nebenbefund bei der Sektion, kann jedoch mit neurologischen Symptomen einhergehen
> 3. chirurgische Exzision Behandlung der Wahl mit akzeptabler Erfolgsrate
> 4. wenig bis keine Information über den Erfolg von Bestrahlung/Chemotherapie

▪ Epidemiologie und Pathologie

Meningeome sind die häufigsten Tumoren des **Nervensystems bei der Katze** (85 % aller intrakranialen Tumoren). Circa 20 % der Katzen mit Meningeomen haben multiple Meningeome. Meningeome entstehen aus Zellen der Meningen und treten vor allem bei Katzen älter als **9 Jahre** auf. Es gibt eine schwache **Geschlechtsprädisposition** für männliche Katzen. Feline Meningeome sind vor allem langsam und expansiv wachsende, gut abgrenzbare, nichtmetastatische Tumoren der Oberfläche des Großhirns (▫ Abb. 13.4). Feline Meningeome sind häufig ein Nebenbefund während der Sektion alter Katzen ohne neurologische Symptome.

▪ Klinik

Die **klinischen Symptome** im Zusammenhang mit Meningeomen entwickeln sich zumeist nur sehr

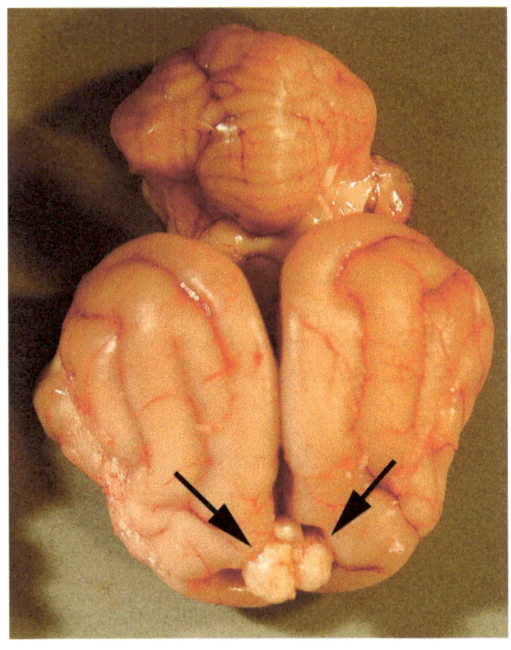

▫ **Abb. 13.4**   Meningeom bei einer Katze. Der Tumor war ein Zufallsbefund bei einer alten Katze ohne neurologische Auffälligkeiten

langsam und graduell und können deshalb für lange Zeit vom Besitzer übersehen werden. Eine veränderte Bewusstseinslage, Krampfanfälle, Bewusstseinsveränderungen und selten Ausfälle von Hirnnervenfunktionen sind die häufigsten Symptome.

Die **Magnetresonanztomographie** (MRT) ist die Diagnosemethode der Wahl für intrakraniale Tumoren. Sie erlaubt die Lokalisierung und Größeneinschätzung des Tumors. Kontrastmittel können zur Erhöhung der Sensitivität des Tumornachweises eingesetzt werden. Typische Merkmale von Meningeomen im MRT sind eine Verlagerung anstatt einer Invasion von umgebenden oberflächlichen Hirnstrukturen, teils zystische Hohlräume, Mineralisierung und der „Duraschwanz", welcher eine schwanzartige Verlängerung der Hauptmasse des Meningeoms entlang der Neuropiloberfläche darstellt. Die Kombination der Befunde der Bildgebung und der klinischen/neurologischen Untersuchung geben zumeist einen guten Hinweis auf die Art der Läsion.

Liquoruntersuchungen, Standardbluttests und Röntgenaufnahmen des Thorax sind nicht diagnostisch für Hirntumore, können jedoch beim Ausschluss anderer Krankheiten hilfreich sein.

- **Zytologie und Histopathologie**

Intra-vitam-Biopsien werden bei Hirntumoren aufgrund des hohen chirurgischen Aufwands und der mit diesen Eingriffen assoziierten hohen Mortalität nicht durchgeführt. Die **histologische Analyse** ist somit vor allem auf die postmortale Diagnose beschränkt. Eine neuere Studie (bei Hunden) konnte jedoch zeigen, dass ein *Frame-based*-**stereotaktischer Ansatz der Hirnbiopsieentnahme**, welcher MRT- und CT-Bilder zur Planung der Lokalisation der Biopsieentnahme nutzt, sicher und gut geeignet für eine neuropathologische Diagnose bei Tieren ist. Feline Meningeome stellen sich histologisch viel weniger variantenreich dar als beim Hund. Sie sind zumeist aus langen, in Strängen und Wirbeln angeordneten **Spindel- bis epitheloiden Zellen** aufgebaut.

- **Therapie**

Die **chirurgische Exzision** ist die Methode der Wahl für feline Meningeome, da die Tumoren bei Katzen zumeist sehr gut abgrenzbar sind. Die Chirurgie ist mit medianen Überlebenszeiten von mehr als 2 Jahren assoziiert. Eine postchirurgische Rezidivierung wird für circa 20 % der Fälle beobachtet. Die Effizienz einer **Bestrahlung** von Meningeomen oder einer Chemotherapie ist nicht beschrieben.

- **Prognose**

Feline Meningeome haben eine vorsichtige Prognose, wobei eine chirurgische Behandlung wie bereits erwähnt eine Erfolgsquote von bis zu 80 % hat.

- **Weiterführende Literatur**

(Adamo et al. 2004; Forterre et al. 2009; Ijiri et al. 2014; Lu et al. 2003; Motta et al. 2012; Nafe 1979; Pang et al. 2009; Tomek et al. 2006)

Weiterführende Literatur

Adamo PF, Forrest L, Dubielzig RR (2004) Canine and feline meningiomas: diagnosis, treatment and prognosis. Compend Contin Educ Pract Vet 27:951–966

Axlund TW, McGlasson ML, Smith AN (2002) Surgery alone or in combination with radiation therapy for treatment of intracranial meningiomas in dogs: 31 cases (1989–2002). J Am Vet Med Assoc 221:1597–1600

Bagley RS, Gavin PR (1998) Seizures as a complication of brain tumors in dogs. Clin Tech Small Anim Pract 13:179–184

Bagley RS, Gavin PR, Moore MP, Silver GM, Harrington ML, Connors RL (1999) Clinical signs associated with brain tumors in dogs: 97 cases (1992–1997). J Am Vet Med Assoc 215:818–819

Bentley RT (2015) Magnetic resonance imaging diagnosis of brain tumors in dogs. Vet J 205:204–216

Bentley RT, Ober CP, Anderson KL, Feeney DA, Naughton JF, Ohlfest JR, O'Sullivan MG, Miller MA, Constable PD, Pluhar GE (2013) Canine intracranial gliomas: relationship between magnetic resonance imaging criteria and tumor type and grade. Vet J 198:463–471

Brearley MJ, Jeffery ND, Phillips SM, Dennis R (1999) Hypofractionated radiation therapy of brain masses in dogs: a retrospective analysis of survival of 83 cases (1991–1996). J Vet Intern Med 13:408–412

Dennis MM, McSporran KD, Bacon NJ, Schulman FY, Foster RA, Powers BE (2011) Prognostic factors for cutaneous and subcutaneous soft tissue sarcomas in dogs. Vet Pathol 48:73–84

Ettinger SN (2003) Principles of treatment for soft-tissue sarcomas in the dog. Clin Tech Small Anim Pract 18:118–122

Forterre F, Jaggy A, Rohrbach H, Dickomeit M, Konar M (2009) Modified temporal approach for a rostro-temporal basal meningioma in a cat. J Feline Med Surg 11:510–513

Graham JP, Newell SM, Voges AK, Roberts GD, Harrison JM (1998) The dural tail sign in the diagnosis of meningiomas. Vet Radiol Ultrasound 39:297–302

Gupta K, Dey P, Vashisht R (2004) Fine-needle aspiration cytology of malignant peripheral nerve sheath tumors. Diagn Cytopathol 31:1–4

Hu H, Barker A, Harcourt-Brown T, Jeffery N (2015) Systematic review of brain tumor treatment in dogs. J Vet Intern Med 29:1456–1463

Ijiri A, Yoshiki K, Tsuboi S, Shimazaki H, Akiyoshi H, Nakade T (2014) Surgical resection of twenty-three cases of brain meningioma. J Vet Med Sci 76:331–338

Klopfleisch R, Meyer A, Lenze D, Hummel M, Gruber AD (2013) Canine cutaneous peripheral nerve sheath tumours versus fibrosarcomas can be differentiated by neuroectodermal marker genes in their transcriptome. J Comp Pathol 148:197–205

Klopp LS, Rao S (2009) Endoscopic-assisted intracranial tumor removal in dogs and cats: long-term outcome of 39 cases. J Vet Intern Med 23:108–115

Kraft S, Ehrhart EJ, Gall D, Klopp L, Gavin P, Tucker R, Bagley R, Kippenes H, DeHaan C, Pedroia V, Partington B, Olby N (2007) Magnetic resonance imaging characteristics of peripheral nerve sheath tumors of the canine brachial plexus in 18 dogs. Vet Radiol Ultrasound 48:1–7

Lipsitz D, Higgins RJ, Kortz GD, Dickinson PJ, Bollen AW, Naydan DK, LeCouteur RA (2003) Glioblastoma multiforme: clinical findings, magnetic resonance imaging, and pathology in five dogs. Vet Pathol 40:659–669

Lu D, Pocknell A, Lamb CR, Targett MP (2003) Concurrent benign and malignant multiple meningiomas in a cat: clinical, MRI and pathological findings. Vet Rec 152:780–782

MacLeod AG, Dickinson PJ, LeCouteur RA, Higgins RJ, Pollard RE (2009) Quantitative assessment of blood volume and permeability in cerebral mass lesions using dynamic contrast-enhanced computed tomography in the dog. Acad Radiol 16:1187–1195

Mariani CL, Schubert TA, House RA, Wong MA, Hopkins AL, Barnes Heller HL, Milner RJ, Lester NV, Lurie DM, Rajon DA, Friedman WA, Bova FJ (2015) Frameless stereotactic radiosurgery for the treatment of primary intracranial tumours in dogs. Vet Comp Oncol 13:409–423

Meyer A, Klopfleisch R (2014) Multiple polymerase chain reaction markers for the differentiation of canine cutaneous peripheral nerve sheath tumours versus canine fibrosarcomas. J Comp Pathol 150:198–203

Motta L, Mandara MT, Skerritt GC (2012) Canine and feline intracranial meningiomas: an updated review. Vet J 192:153–165

Nafe LA (1979) Meningiomas in cats: a retrospective clinical study of 36 cases. J Am Vet Med Assoc 174:1224–1227

Oliveira M, De La Fuente C, Pumarola M, Anor S (2014) Imaging diagnosis: cranial cervical intraspinal schwannoma in a dog. Vet Radiol Ultrasound 55:300–304

Pang DS, Allaire J, Rondenay Y, Kaartinen J, Cuvelliez SG, Troncy E (2009) The use of lingual venous blood to determine the acid-base and blood-gas status of dogs under anesthesia. Vet Anaesth Analg 36:124–132

Platt SR, Alleman AR, Lanz OI, Chrisman CL (2002) Comparison of fine-needle aspiration and surgical-tissue biopsy in the diagnosis of canine brain tumors. Vet Surg 31:65–69

Polizopoulou ZS, Koutinas AF, Souftas VD, Kaldrymidou E, Kazakos G, Papadopoulos G (2004) Diagnostic correlation of CT-MRI and histopathology in 10 dogs with brain neoplasms. J Vet Med A 51:226–231

Rodenas S, Pumarola M, Gaitero L, Zamora A, Anor S (2011) Magnetic resonance imaging findings in 40 dogs with histologically confirmed intracranial tumours. Vet J 187:85–91

Rose S, Long C, Knipe M, Hornof B (2005) Ultrasonographic evaluation of brachial plexus tumors in five dogs. Vet Radiol Ultrasound 46:514–517

Rossmeisl JH (2014) New treatment modalities for brain tumors in dogs and cats. Vet Clin North Am Small Anim Pract 44:1013–1038

Rossmeisl JH, Jones JC, Zimmerman KL, Robertson JL (2013) Survival time following hospital discharge in dogs with palliatively treated primary brain tumors. J Am Vet Med Assoc 242:193–198

Rossmeisl JH, Andriani RT, Cecere TE, Lahmers K, LeRoith T, Zimmerman KL, Gibo D, Debinski W (2015) Frame-based stereotactic biopsy of canine brain masses: technique and clinical results in 26 cases. Front Vet Sci 2:20

Shihab N, Summers BA, Benigni L, McEvoy AW, Volk HA (2013) Imaging diagnosis-malignant peripheral nerve sheath tumor presenting as an intra-axial brain mass in a young dog. Vet Radiol Ultrasound 54:278–282

Snyder JM, Shofer FS, Van Winkle TJ, Massicotte C (2006) Canine intracranial primary neoplasia: 173 cases (1986-2003). J Vet Intern Med 20:669–675

Song RB, Vite CH, Bradley CW, Cross JR (2013) Postmortem evaluation of 435 cases of intracranial neoplasia in dogs and relationship of neoplasm with breed, age, and body weight. J Vet Intern Med 27:1143–1152

Stoica G, Kim HT, Hall DG, Coates JR (2004) Morphology, immunohistochemistry, and genetic alterations in dog astrocytomas. Vet Pathol 41:10–19

Sturges BK, Dickinson PJ, Bollen AW, Koblik PD, Kass PH, Kortz GD, Vernau KM, Knipe MF, Lecouteur RA, Higgins RJ (2008) Magnetic resonance imaging and histological classification of intracranial meningiomas in 112 dogs. J Vet Intern Med 22:586–595

Suzuki S, Uchida K, Nakayama H (2014) The effects of tumor location on diagnostic criteria for canine malignant peripheral nerve sheath tumors (MPNST) and the markers for distinction between canine MPNST and canine perivascular wall tumors. Vet Pathol 51:722–:736

Tamura M, Hasegawa D, Uchida K, Kuwabara T, Mizoguchi S, Ochi N, Fujita M (2013a) Feline anaplastic oligodendroglioma: long-term remission through radiation therapy and chemotherapy. J Feline Med Surg 15:1137–1140

Tamura S, Hori Y, Tamura Y, Uchida K (2013b) Long-term follow-up of surgical treatment of spinal anaplastic astrocytoma in a cat. J Feline Med Surg 15:921–926

Tamura S, Tamura Y, Ohoka A, Hasegawa T, Uchida K (2007) A canine case of skull base meningioma treated with hydroxyurea. J Vet Med Sci 69:1313–1315

Tomek A, Cizinauskas S, Doherr M, Gandini G, Jaggy A (2006) Intracranial neoplasia in 61 cats: localisation, tumour types and seizure patterns. J Feline Med Surg 8:243–253

Troxel MT, Vite CH, Massicotte C, McLear RC, Van Winkle TJ, Glass EN, Tiches D, Dayrell-Hart B (2004) Magnetic resonance imaging features of feline intracranial neoplasia: retrospective analysis of 46 cats. J Vet Intern Med Am Coll Vet Intern Med 18:176–189

Troxel MT, Vite CH, Van Winkle TJ, Newton AL, Tiches D, Dayrell-Hart B, Kapatkin AS, Shofer FS, Steinberg SA (2003) Feline intracranial neoplasia: retrospective review of 160 cases (1985-2001). J Vet Intern Med 17:850–859

Wisner ER, Dickinson PJ, Higgins RJ (2011) Magnetic resonance imaging features of canine intracranial neoplasia. Vet Radiol Ultrasound 52:S52–S61

York D, Higgins RJ, LeCouteur RA, Wolfe AN, Grahn R, Olby N, Campbell M, Dickinson PJ (2012) TP53 mutations in canine brain tumors. Vet Pathol 49:796–801

Young BD, Levine JM, Porter BF, Chen-Allen AV, Rossmeisl JH, Platt SR, Kent M, Fosgate GT, Schatzberg SJ (2011) Magnetic resonance imaging features of intracranial astrocytomas and oligodendrogliomas in dogs. Vet Radiol Ultrasound 52:132–141

Tumoren des Respirationssystems

Robert Klopfleisch

© Springer-Verlag GmbH Deutschland 2017
R. Klopfleisch (Hrsg.), *Veterinäronkologie kompakt*,
https://doi.org/10.1007/978-3-662-54987-2_14

14.1 Tumoren der Nasenhöhle

Tumoren der Nasenhöhle oder der nasalen Sinus können verschiedenen zellulären Ursprungs sei. Trotz dieser Unterschiede in der Histopathologie führen sie zu klinisch recht ähnlichen Bildern und werden mit identischen Therapieprotokollen behandelt, unabhängig vom Zelltyp. Histologisch lassen sich jedoch Adenokarzinome und anaplastische Karzinome der Nasenschleimhaut, Plattenepithelkarzinome des nasalen Plattenepithels und Sarkome (Fibrosarkome, Chondrosarkome, Osteosarkome) unterscheiden. Anhand der Histogenese lassen sich geringfügige Unterschiede in der Prognose der Tumoren feststellen. Epitheliale Tumoren sind mit einer medianen Überlebenszeit von 9–13 Monaten assoziiert, während Hunde mit Fibrosarkomen eine durchschnittliche Überlebenszeit von bis zu zwei Jahren zeigen. Lymphome sind der häufigste Tumor der Nasenhöhle bei Katzen (▶ Kap. 6), jedoch selten bei Hunden. Tumoren der Nasenhöhle sind bei anderen Spezies selten, eine Ausnahme bildet der retrovirusinduzierte enzootische Nasentumor (ENT) des Schafs.

14.1.1 Kanine Nasenhöhlentumoren

Kanine Tumoren der Nasenhöhle in sechs Fakten

1. Begriff „Tumoren der Nasenhöhle" umfasst mehrere, zumeist maligne Tumorarten
2. alle Tumorarten zeigen in vorangeschritten Stadien invasives Wachstum und Metastasierung
3. klinisches Bild kann einer Rhinitis ähneln
4. Röntgenaufnahmen, CT oder MRT sind für das Staging notwendig
5. Biopsie oder Histopathologie für die finale Diagnose nötig
6. Bestrahlung ist Behandlung der Wahl

■ **Epidemiologie und Pathogenese**

Tumoren der Nasenhöhle sind eher seltene Tumoren beim Hund. Sie können in jedem Alter auftreten und zeigen sich am häufigsten im Alter von 10 Jahren.

Sarkome treten früher (circa 5–7 Jahre) auf. Es gibt eine **Geschlechtsprädisposition** für Rüden und eine **Rasseprädisposition** für dolichozephale Hunde. Eine verlängerte **Exposition zu Rauch und Abgasen** könnte evtl. zur Tumorentwicklung beitragen, die Daten sind jedoch nicht ausreichend, um eine Korrelation als sicher zu postulieren. Circa zwei Drittel der Tumoren sind **epitheliale Tumoren**, wie z. B. anaplastische Karzinome, Adenokarzinome und Plattenepithelkarzinome. **Mesenchymale Sarkome** sind seltener. Nasale Lymphome sind selten beim Hund, im Gegensatz zur Katze. **Benigne Tumoren** wie Polypen können auftreten, sind jedoch weniger häufig.

Eine fehlerhafte Expression von **p53-** und **Wachstumsfaktorrezeptoren** wurde in verschiedenen epithelialen Tumoren der Nasenhöhle nachgewiesen, und es wird angenommen, dass diese zur Karzinogenese beiträgt. Die exakten Mechanismen der Karzinogenese sind jedoch für keinen Nasenhöhlentumor bekannt.

■ **Klinik**

Das **klinische Bild** bei Tumoren der Nasenhöhle ist unspezifisch und kann einer Rhinitis ähneln. **Mukopurulenter Nasenausfluss, Epistaxis** und **Gesichtsdeformationen** sind die häufigsten Befunde. Die Behandlung der sekundären Entzündung mit Antibiotika oder Entzündungshemmern kann zu einer kurzzeitigen Verbesserung der Symptome führen und somit die Diagnose verfälschen. Maligne Nasentumoren aller histologischer Typen sind **invasiv**. Finale Stadien von Nasentumoren **metastasieren** in bis zu **50 % der Fälle**. Metastasen in regionäre Lymphknoten oder die Lunge sind am häufigsten zu beobachten.

Bildgebende Verfahren und Histologie werden für die akkurate Diagnose von Tumoren der Nasenhöhle benötigt. **Röntgen** ist ein sensitives Verfahren für fortgeschrittene Tumoren. Kleinere Tumoren sind jedoch nur mit **Computertomographie (CT)** oder **Magnetresonanztomographie (MRT)** nachzuweisen. Zytologie oder Histopathologie sind nötig, um zwischen Tumoren und Granulomen zu unterscheiden. (◘ Tab. 14.1) haben ein **Stagingsystem** für Tumoren der Nasenhöhle auf der Basis von bildgebenden Verfahren entwickelt.

Eine **Rhinoskopie** kann bei der Einschätzung der Tumorausbreitung helfen und

Tab. 14.1 Stagingsystem für kanine Tumoren der Nasenhöhle

Stage	Eigenschaften	Überlebenszeit (Monate)
1	unilateral ohne Knochenbeteiligung	24
2	jeder Tumor mit Knochenbeteiligung	14
3	Ausbreitung des Tumors in Orbita oder Subkutis	16
4	Lyse des Siebbeins	7

Fremdkörpergranulome ausschließen. Sie sollte jedoch nur nach den bildgebenden Verfahren angewendet werden, da sie häufig hochgradige Hämorrhagien hervorruft.

▪ Zytologie und Histopathologie

Tumorzellen können mittels **Stanzbiopsien, Feinnadelaspiraten, Kürettage oder Lavage** gewonnen werden. Blinde Biopsien haben den gleichen diagnostischen Wert wie rhinoskopiegeführte Biopsien. Eine wiederholte Biopsieentnahme ist für eine definitive Diagnose zumeist nötig. Biopsien der Nasenhöhle sollten nur unter Intubationsanästhesie durchgeführt werden. Biopsiegeräte sollten nicht tiefer als bis zum medialen Augenwinkel in die Nasenhöhle eingeführt werden.

Die **Zytologie** der gewonnen Biopsien ist zumeist diagnostisch (> 80 % der Fälle), speziell für epitheliale Tumoren, die eine charakteristische Proliferation von pleomorphen Tumorzellen (■ Abb. 14.1, 14.2) zeigen. Zytologiepräparate von Nasenspülungen sind weniger diagnostisch (nur 50 %), da die Zahl der Tumorzellen in der Flüssigkeit relativ gering ist. Sekundäre Entzündung und ein Verfehlen der Tumormasse bei der Biopsieentnahme können zur Fehldiagnose einer Rhinitis führen. Ein Viertel der Tumoren zeigen positive Befunde in der **Lymphknotenzytologie** zum Nachweis metastatischer Zellen.

▪ Therapie

Die Therapie von Tumoren der Nasenhöhle zielt vor allem auf die lokale Kontrolle der Erkrankung. Sollte Epistaxis vorhanden sein, beträgt die

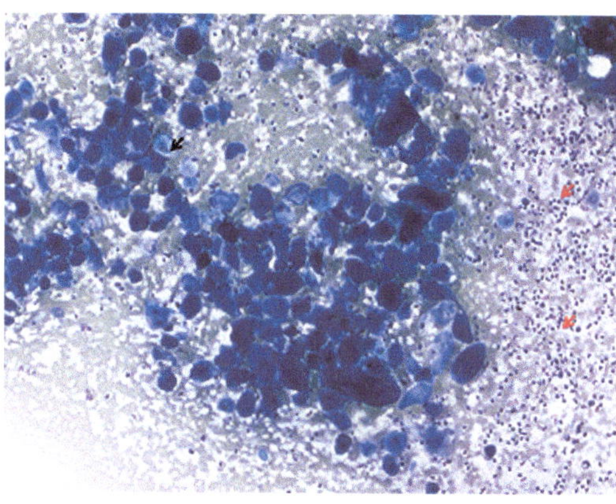

Abb. 14.1 Zytologie, nasales Plattenepithelkarzinom, Hund, May-Grünwald-Giemsa, 100×. Man beachte die runden bis polygonalen, türkisfarbenen bis basophilen Zellen mit zentralen runden bis ovalen Kernen und moderater bis hochgradiger Anisozytose, Anisokaryose und Pleomorphie. Es findet sich weiterhin eine hochgradige eitrige Entzündung (rote Pfeile) (mit freundlicher Genehmigung von Dr. N. Bauer, Fachbereich Veterinärmedizin, Justus-Liebig-Universität Gießen)

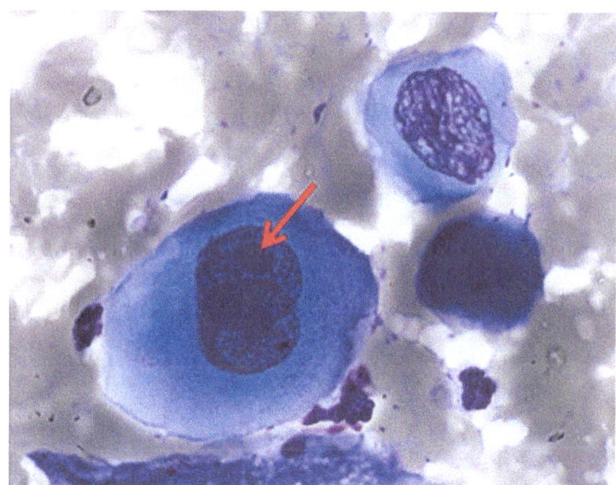

Abb. 14.2 Zytologie, nasales Plattenepithelkarzinom, Hund (derselbe Hund wie in ■ Abb. 14.1.) May-Grünwald-Giemsa, 1000×. Man beachte die binukleären Zellen mit großen Makronukleoli (roter Pfeil) und die moderate bis hochgradige Anisozytose, Anisokaryose und Pleomorphie der Zellen (mit freundlicher Genehmigung von Dr. N. Bauer, Fachbereich Veterinärmedizin, Justus Liebig Universität Gießen)

durchschnittliche Überlebenszeit nur 3–5 Monate ohne Behandlung nach Diagnose.

Chirurgische Behandlung mit Rhinotomie ist mit einem hohen Risiko für nicht-neoplastische Komplikationen assoziiert und führt nicht zu einer signifikanten Erhöhung der Überlebenszeit. Hunde mit kleinen, gut umschriebenen, unilateralen Tumoren sind gute Kandidaten für eine chirurgische Behandlung. Das Überleben kann mit prä- oder postoperativer Bestrahlung verlängert werden.

Die **Bestrahlung** ist die Behandlung der Wahl für Nasentumoren, wobei jedoch verschiedene Studien keinen Vorteil der Bestrahlung gegenüber der Chirurgie zeigen. Andere Studien konnten sehr positive Effekte mit einer **Erhöhung der medianen Überlebenszeit** von 3 Monaten bei unbehandelten Hunden **auf mehr als 12 Monate** bei behandelten Hunden zeigen. Die 2-Jahres-Überlebensrate lag hier bei 40 % aller Hunde. Die exklusive Bestrahlung ist insgesamt zumeist nicht kurativ. Bestrahlung ist mit Nebeneffekten wie Stomatitis, Rhinitis, Keratokonjunktivitis, Sehstörungen und Hautveränderungen assoziiert.

Chemotherapie wird nur selten als alleinige Behandlung von Tumoren der Nasenhöhlen genutzt. Cisplatin wird weiterhin als radiosensitivierende Substanz mit leicht erhöhten Überlebenszeiten angewendet.

■ **Prognostische Faktoren und Marker**

Verschiedene prognostische Faktoren wurden für kanine Tumoren der Nasenhöhle identifiziert und sind in Box 14.2 zusammengefasst.

> **Negative prognostische Faktoren für kanine Tumoren der Nasenhöhle**
> - Alter über 10 Jahre
> - Epistaxis
> - höheres Tumorstadium
> - metastatische Ausbreitung
> - Gesichtsdeformation
> - histologischer Typ (anaplastisches Karzinom > Plattenepithelkarzinom > Adenokarzinom > mesenchymale Tumoren)

■ **Weiterführende Literatur**

(Cohn 2014; Elliot und Mayer 2009; Finck et al. 2015; Harris et al. 2014; Kuehn 2006; Malinowski 2006; Maruo et al. 2011; Mellanby et al. 2002b; Rassnick et al. 2006; Reif et al. 1998; Sones et al. 2013)

14.1.2 Feline Tumoren der Nasenhöhle

> **Feline Tumoren der Nasenhöhle in vier Fakten**
> 1. zumeist invasiv wachsend
> 2. zumeist Lymphome
> 3. Bestrahlung ist Behandlung der Wahl
> 4. Kombination von Bestrahlung und Chemotherapie effizient für nasale Lymphome

■ **Epidemiologie und Pathogenese**

Feline (nicht-lymphoide) Nasenhöhlentumoren sind weniger häufig als beim Hund, aber zumeist maligner, wenn vorhanden. Sie treten bei einem Durchschnitts**alter** von 9–10 Jahren auf. Studien zur Ätiologie und der molekularen Karzinogenese feliner Nasenhöhlentumoren sind nicht erhältlich. Es findet sich eine geringgradige **Rasseprädisposition** für Siamkatzen und dolichozephale Katzen. **Lymphome** sind der häufigste Nasentumor der Katze, gefolgt von epithelialen Tumoren, wie Karzinomen, Adenokarzinomen und Plattenepithelkarzinomen. Teil eines multizentrischen Lymphoms sind nasale Lymphome nur, wenn die betroffenen Katzen positiv auf das Feline Leukämievirus (FeLV) getestet werden. Mesenchymale und benigne Tumoren sind bei der Katze sehr selten.

■ **Klinik**

Das klinische Bild ähnelt dem von Hunden (siehe ► Abschn. 14.1.1). Die Tumoren treten häufiger in der **kaudalen Nasenhöhle** auf und **wachsen invasiv**. Anders als beim Hund **metastasieren feline Nasenhöhlentumoren nur selten**. Eine Verschiebung der Symmetrieachse der Nasenstrukturen in **Röntgenaufnahmen** ist hinweisend auf einen Tumor, jedoch nicht diagnostisch, da auch chronische Entzündungen zu diesen Veränderungen führen. **CT** und **MRT** sind die Diagnosemethoden der Wahl. Infiltration in die umgebenden knöchernen und weichgeweblichen Strukturen sind hinweisend auf eine Neoplasie. Die **Zytologie** oder **Histopathologie** sind für eine finale Diagnose nötig.

■ Zytologie und Histopathologie

Wiederholte Bioptatentnahmen sind für eine definitive Diagnose nötig, da der Tumor häufig nicht getroffen wird. Eine Intubation während der Biopsieentnahme wird empfohlen, da es zu hochgradigen Blutungen und Aspirationen kommen kann.

Die **Zytologie** ist insbesondere für epitheliale Tumoren zumeist diagnostisch, da sich sehr häufig proliferative und pleomorphe epitheliale Tumorzellen identifizieren lassen (□ Abb. 14.3). Sekundäre Entzündung und falsch lokalisierte Zytologieentnahme können jedoch fälschlich zur Diagnose einer Rhinitis oder dem Verdacht auf ein Lymphom führen. Die Lymphknotenzytologie ist gewöhnlich negativ bei Katzen zum Zeitpunkt der ersten Diagnose von Nasentumoren.

Die **Histopathologie** kann Lymphome, Karzinome, Adenokarzinome, Plattenepithelkarzinome und mesenchymale Tumoren sicher voneinander unterscheiden. Es gibt jedoch nur wenige Informationen zur Korrelation des histologischen Tumortyps mit der Überlebenszeit.

■ Therapie

Bestrahlung ist die Behandlung der Wahl für feline Tumoren der Nasenhöhle. Sie kann zu einer Erhöhung der Überlebenszeit führen. Die 2-Jahres-Überlebensrate ist dennoch sehr gering für nicht-lymphatische Tumoren. Im Gegensatz dazu sind **nasale**

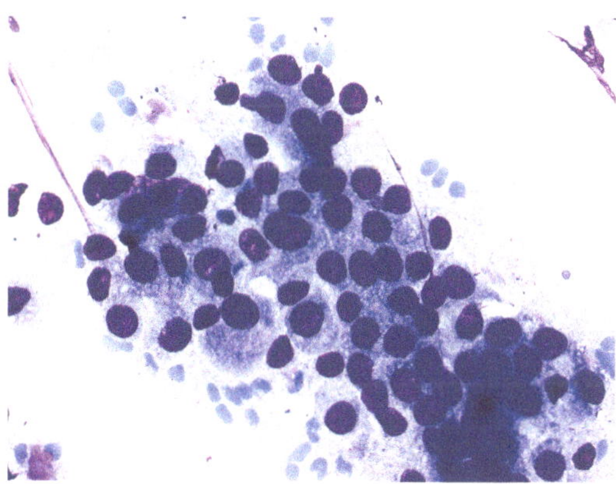

□ **Abb. 14.3** Zytologie, niedrig malignes nasales Adenokarzinom (bestätigt durch anschließende Histopathologie), Katze, May-Grünwald-Giemsa, 200×. Die Tumorzellen zeigen eine nur milde bis moderate zelluläre Pleomorphie und Anisokaryose

Lymphome hochgradig sensibel gegenüber Bestrahlungstherapie, was zu Überlebenszeiten von bis zu drei Jahren nach Bestrahlung führt

Eine Kombination von **Bestrahlung** und **Chemotherapie** wird **für nasale Lymphome** empfohlen. Am häufigsten wird das COP-Protokoll (Cyclophosphamid, Vincristin und Prednison) empfohlen. **Chemotherapie** allein ist jedoch ebenfalls mit medianen Überlebenszeiten bis zu drei Jahren beschrieben.

■ Weiterführende Literatur

(Demko und Cohn 2007; Finck et al. 2015; Fujiwara-Igarashi et al. 2014; Little et al. 2007; Malinowski 2006; Mellanby et al. 2002a; Sfiligoi et al. 2007)

14.1.3 Ovine und caprine enzootische Nasentumoren

Ovine und caprine enzootische Nasentumoren in fünf Fakten

1. hervorgerufen durch die Betaretroviren Enzootisches Nasentumorvirus 1 und 2 (ENTV1,2)
2. expansiv und invasiv wachsende Tumoren der Nasenschleimhaut
3. Metastasierung extrem selten
4. betroffene Tiere sollten von der Herde getrennt werden
5. keine Therapie bekannt

■ Epidemiologie und Pathogenese

Tumoren der Nasenhöhle beim Schaf wurden auf allen Kontinenten außer in Australien und Neuseeland beschrieben. Sie werden durch die Betaretroviren **Enzootisches Nasentumorvirus-1 (ENTV1)** beim Schaf und ENTV2 bei der Ziege hervorgerufen. In einer Herde zeigen zumeist mehrere, aber wenige Tiere gleichzeitig die Erkrankung. Die Übertragung erfolgt über Nasensekrete, die Erkrankung kann sich somit in der Herde kontinuierlich ausbreiten. Aufgrund des langsamen Verlaufs zeigen sich zumeist erst Jahre nach der Infektion klinische Symptome in dann **adulten Tieren**. Es gibt keine **Rasse-** oder **Geschlechtsprädisposition**. Der exakte

Mechanismus der Karzinogenese ist unbekannt, wahrscheinlich jedoch sehr ähnlich der durch das Jaagsiekte-Retrovirus (JSRV) hervorgerufenen pulmonären Adenomatose bei Schafen (siehe folgende Abschnitte). Das JSRV induziert den Lungentumor durch direkte Stimulation der zellulären Proliferation und Transformation über das **ENV-Glykoprotein**. ENV scheint **direkt Proteinkinasekaskaden**, wie den Phosphatidylinositol 3-Kinase-Akt und den MEK-ERK-Signalweg, zu aktivieren.

- **Klinik**

Der Krankheitsverlauf von enzootischen Nasentumoren ist **langsam progressiv**. Die klinischen Symptome umfassen unilateralen oder bilateralen **serösen bis mukopurulenten Nasenausfluss**, Dyspnoe, Atmung durch den geöffneten Mund, erweiterte Nasenlöcher, Stridor und Niesen. Gesichtsdeformationen, Exophthalmus und Tränenfluss finden sich ebenfalls sekundär aufgrund des expansiven Wachstums der Tumoren. Gradueller Gewichtsverlust über mehrere Monate führt letztlich zum Tod der Tiere. Die Tumoren wachsen **invasiv, metastasieren** aber fast nie. Zusätzlich zur Histopathologie kann mittels **Immunhistochemie** und/oder **PCR** die definitive Diagnose gestellt werden. Wenn eine ENTV-Infektion bestätigt wird, sollte das Tier von der Herde getrennt werden.

- **Pathologie und Histopathologie**

Typische **makroskopische Befunde** bei Schafen mit ENTV sind unilaterale oder bilaterale weiße, feste, multinoduläre Massen ausgehend von der Siebbeinplatte, die die Nasenhöhle komplett ausfüllen und die umgebenden Strukturen komprimieren.

Das **histologische Bild** zeigt sich typisch für ein Adenom oder Adenokarzinom der nasalen respiratorischen Schleimhaut mit kuboidalen, nicht-zilierten Epithelzellen. Die Histopathologie kann die virusinduzierten Tumoren nicht von den ausgesprochen seltenen nicht-virusinduzierten Tumoren unterscheiden.

- **Therapie**

Es gibt **keine Therapie** für ENTV bei Schaf oder Ziege. Betroffene Tiere werden zumeist euthanasiert, um einen weitere Ausbreitung in der Herde zu vermeiden.

- **Weiterführende Literatur**

(De Las Heras et al. 1995; De Las Heras et al. 1991; De Las Heras et al. 2003; De Las Heras et al. 1993; Ortin et al. 2004; Stowe und Anderson 2012; Walsh et al. 2013; Walsh et al. 2014; Yi et al. 2010)

14.2   Tumoren der Lunge

Lungentumoren sind bei Hund und Katze seltene Tumoren unbekannter Ätiologie. Beim Schaf sind sie zumeist virusinduziert. Im Gegensatz dazu sind Lungentumoren beim Menschen eine der häufigsten Todesursachen und vor allem durch Zigarettenkonsum hervorgerufen. Ein ähnliches Karzinogen ist bei Tieren nicht bekannt; dies könnte erklären, warum Lungentumoren bei Haustieren eher selten sind.

14.2.1   Kanine Lungentumoren

Kanine Lungentumoren in fünf Fakten:
1. keine Ätiologie oder Karzinogen bekannt
2. zumeist maligne mit moderater Metastasierungsrate
3. klinische Symptome nur in späten Tumorstadien
4. CT mit überlegener Sensitivität gegenüber Röntgenaufnahmen
5. Chirurgie als Behandlungsmethode der Wahl

- **Epidemiologie und Pathogenese**

Primäre Lungentumoren sind selten beim Hund. Sie werden zumeist im **Alter** von 10–11 Jahren diagnostiziert. Obwohl bei den humanen Tumoren bereits eine große Zahl von Mutationen mit Relevanz für Karzinogenese und Behandlung identifiziert wurden, ist bisher nahezu nichts über die Karzinogenese kaniner Lungentumoren bekannt. Eine Überexpression des epithelialen Wachstumsfaktorrezeptors (EGFR) wurde kürzlich als mit einer schlechteren Prognose für primäre kanine Lungentumoren korreliert beschrieben.

Klinik

Lungentumoren beim Hund sind meist langsam wachsende Tumoren, die nur in fortgeschritten Stadien der Entwicklung zu klinischen Symptomen führen. Ein Drittel der Lungentumordiagnosen des Hundes sind zufällige Befunde im Rahmen von Thoraxröntgenaufnahmen aufgrund anderer Erkrankungen (◘ Abb. 14.4). Die anderen zwei Drittel der Hunde zeigen sich mit **chronischem Husten, Dyspnoe und Lethargie**. Lahmheit, Schwellung und Schmerz der distalen Gliedmaßen finden sich bei weniger als 5 % der Hunde mit Lungentumoren. Diese Symptome werden durch die **hypertrophe Osteopathie**, eine paraneoplastische periosteale Knochenneubildung an den distalen Gliedmaßen bei Hunden mit thorakalen Massen jeder Art, hervorgerufen. Der Mechanismus hinter diesem paraneoplastischen Syndrom ist unklar. Eine Stimulation des Nervus vagus oder eine erhöhte Zytokinsekretion werden vermutet.

Röntgenaufnahmen des **Thorax** können Tumoren größer als 1 cm im Durchmesser erkennen. Mit einer **Computertomographie (CT)** können teils Tumoren mit nur wenigen Millimetern Durchmesser nachgewiesen werden. Die höhere Auflösung der CT ermöglicht deshalb eine erhöhte Sensitivität des Nachweises von Tumoren und eine bessere Einschätzung der Tumorgrenzen. Eine **Bronchoskopie** ist ein Ansatz zum Nachweis von Tumoren der

oberen Luftwege bis in die Bronchien. Lungentumoren des Hundes sind jedoch zumeist tiefer im Respirationstrakt lokalisiert. **Perkutane Biopsien** sind für die finale Diagnose von Lungentumoren notwendig. Die Biopsieentnahme muss unter CT- oder Ultraschall-Führung durchgeführt werden, um repräsentative Biopsien des Tumors zu erhalten. Ein TNM-Stagingsystem wurde durch Owen et al. Beschrieben (◘ Tab. 14.2.).

Zytologie und Histopathologie

Die **Zytologie** von Lungentumoren zeigt sich gewöhnlich mit **großen polyhedralen bis runden Epithelzellen** mit einem hohen Kern-Zytoplasma-Verhältnis und hochgradiger Anisozytose (◘ Abb. 14.5, 14.6). Teilweise können größere Zellgruppen in drüsenähnlichen Strukturen angeordnet sein und Sekret produzieren.

Histologisch sind zahlreiche Subtypen von Lungentumoren beschrieben. Diese Unterscheidung erfolgte jedoch zumeist nach rein morphologischen Kriterien in bronchioläre, alveoläre oder adenosquamöse Tumoren. In fortgeschrittenen Phasen der Tumorentwicklung zeigen die Tumoren jedoch zumeist ein sehr variables Wachstumsverhalten mit

◘ **Tab. 14.2** TNM-Stagingsystem für kanine Lungentumoren (Owen 1980)

Stage	Eigenschaften
Primäre Tumoren	
T1	solitäre Tumoren, unilateral ohne Knochenbeteiligung
T2	multiple Tumoren
T3	Tumor/-en mit peripherer Invasion
Regionäre Lymphknoten	
N0	keine Metastasierung
N1	Metastasen in bronchialen Lymphknoten
N2	Metastasen in entfernten Lymphknoten
Fernmetastasen	
M1	Metastasen
M2	keine Metastasen

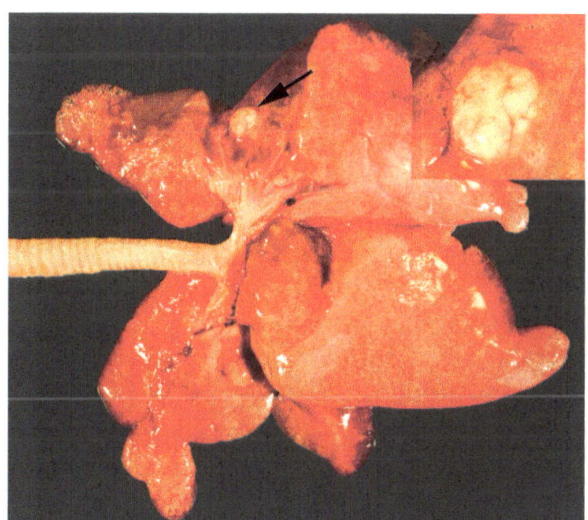

◘ **Abb. 14.4** Solitäres Lungenkarzinom beim Hund. Einfügung: Vergrößerung des Tumors (mit freundlicher Genehmigung von Dr. M. von Deetzen, Institut für Tierpathologie, Freie Universität Berlin)

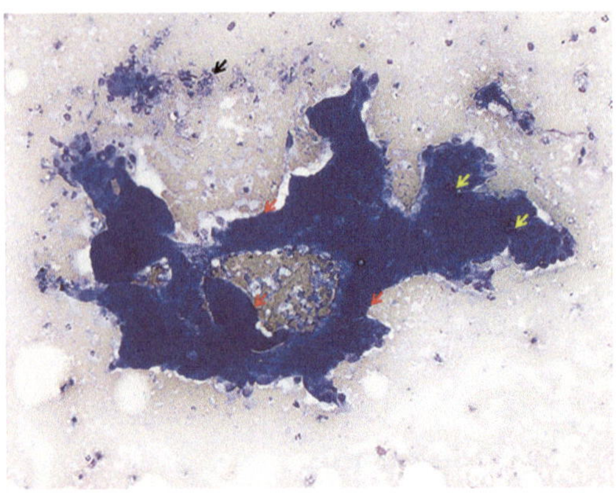

◘ Abb. 14.5   Zytologie, Adenokarzinom der Lunge, Hund, May-Grünwald-Giemsa, 100×. Man beachte die großen Gruppen polygonaler, stark basophiler Zellen mit tubulärem Wachstumsmuster (roter Pfeil), vermischt mit kleinen Mengen kalzifizierten Materials (gelbe Pfeile). Es finden sich weiterhin kleine Mengen von amorphem, basophilem, nekrotischem Material (schwarzer Pfeil) (mit freundlicher Genehmigung von Dr. N. Bauer, Fachbereich Veterinärmedizin, Justus-Liebig-Universität Gießen)

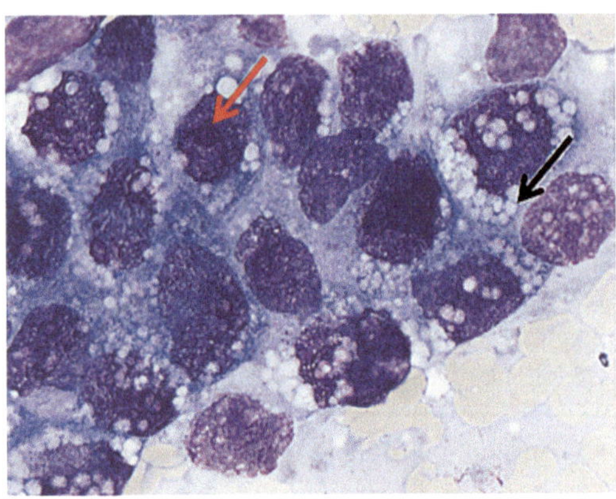

◘ Abb. 14.6   Zytologie, Adenokarzinom der Lunge, Hund (derselbe Hund wie in ◘ Abb. 14.5), May-Grünwald-Giemsa, 1000×. Man beachte die Gruppen polygonaler Zellen mit mäßig viel basophilem Zytoplasma und multiplen, klar umschriebenen Vakuolen, welche nur in Adenokarzinomen beobachtet werden (schwarzer Pfeil). Die Tumorzellen zeigen eine moderate Anisozytose, Anisokaryose und Pleomorphie. Viele Zellen haben einen einzelnen, prominenten Nukleolus (roter Pfeil) (mit freundlicher Genehmigung von Dr. N. Bauer, Fachbereich Veterinärmedizin, Justus-Liebig-Universität Gießen)

zumeist mehreren Wachstumsmustern. Eine definitive Diagnose des histologischen Tumortyps ist deshalb oft nicht möglich. Lediglich die Differenzierung der Tumorzellen hat einen prognostischen Wert. Hunde mit gut differenzierten Tumoren haben eine durchschnittliche Überlebenszeit von bis zu 2 Jahren, während Hunde mit anaplastischen Tumoren zumeist nur wenige Tage überleben und dann aufgrund der schlechten Prognose euthanasiert werden.

■ **Therapie**

Partielle oder komplette Lobektomie ist die **chirurgische** Behandlung der Wahl für kanine Lungentumoren. Intrapulmonär oder systemisch metastasierende Tumoren sind eine Kontraindikation für einen chirurgischen Ansatz. Lobektomien von bis zu zwei Lungenlappen werden gewöhnlich gut toleriert. Der regionäre Lymphknoten sollte ebenfalls reseziert oder zumindest bioptiert werden, um eine bessere Prognoseeinschätzung zu ermöglichen. Die Überlebenszeiten nach chirurgischer Entfernung von primäre Lungentumoren ist jedoch zumeist kurz mit Ausnahme von T1N0M0-Stage-Tumoren (◘ Tab. 14.2).

Die erhältlichen Informationen über **Chemotherapie** als einzige oder adjuvante Therapie sind kaum erhältlich. Vincristin, Doxorubicin und Cisplatin wurden mit mäßigem Erfolg eingesetzt.

Bestrahlung wird kaum bei Lungentumoren eingesetzt, da sie zu Nebenwirkungen wie bestrahlungsinduzierter Pneumonie und Fibrose führt.

■ **Prognostische Faktoren und molekulare Marker**

Der **Thyroid transcription factor 1 (TTF1)** wurde als spezifischer und mäßig sensitiver immunhistochemischer Marker für kanine primäre Lungentumoren beschrieben.

■ **Weiterführende Literatur**

(Alexander et al. 2012; Armbrust et al. 2012; Ballegeer et al. 2010; Barrett et al. 2014; Bettini et al. 2009; Kim et al. 2014; Lee et al. 2012; Mayhew et al. 2013; McNiel et al. 1997; Polton et al. 2008; Sabattini et al. 2014; Wood et al. 1998)

14.2.2 Feline Lungentumoren

Feline Lungentumoren in drei Fakten

1. seltene, häufig maligne Tumoren
2. manchmal Metastasierung in die distalen Gliedmaßen, die regionären Lymphknoten oder innerhalb der Lunge
3. Lobektomie als Behandlung der Wahl

■ **Epidemiologie und Pathogenese**

Primäre Lungentumoren sind **mäßig häufige Tumoren älterer Katzen.** Sie werden gewöhnlich im **Alter** von 10–12 Jahren diagnostiziert. Verursachende Karzinogene oder relevante Mutationen wurden bisher nicht identifiziert. Der epidermale Wachstumsfaktorrezeptor (EGFR), K-ras und das p53-Gen, drei Gene mit Mutationen in einem Teil von humanen Lungentumoren, wurden bisher analysiert. EGFR Mutationen mit unklarer biologischer Relevanz wurden in 20 % der Tumoren nachgewiesen, während K-ras und p53 keine Mutationen in den wenigen untersuchten Tumoren enthielten.

■ **Klinik**

Klinisch relevante **feline Lungentumoren** zeigen sich lokal aggressiv und mit hoher Metastasierungsrate. Es finden sich jedoch häufig auch gutartige, klinisch unauffällige Tumoren als Zufallsbefunde bei der Sektion alter Katzen aufgrund anderer Erkrankungen (■ Abb. 14.7). Katzen mit Lungentumoren zeigen sich zumeist mit **Gewichtsverlust, Lethargie und Dyspnoe.** Husten als klinisches Symptom ist sehr selten. Bis zu 10 % der Katzen mit primären Lungentumoren werden initial aufgrund einer Lahmheit vorstellig. Die Lahmheit basiert dabei nicht wie beim Hund auf einer hypertrophen Osteopathie der distalen Gliedmaßen, sondern auf einem Tropismus der Metastasierung primärer Lungentumoren in die distalen Phalangen der Gliedmaßen. Katzen mit diesem Lungen-Zehen-Syndrom haben eine schlechte Prognose und überleben zumeist nur für wenige Monate. Eine Metastasierung in den regionären Lymphknoten, innerhalb der Lunge oder in andere Organe ist hingegen selten.

Diagnostische bildgebende Verfahren, Staging, und Therapie sind wie beim Hund (▶ Abschn. 14.2.1).

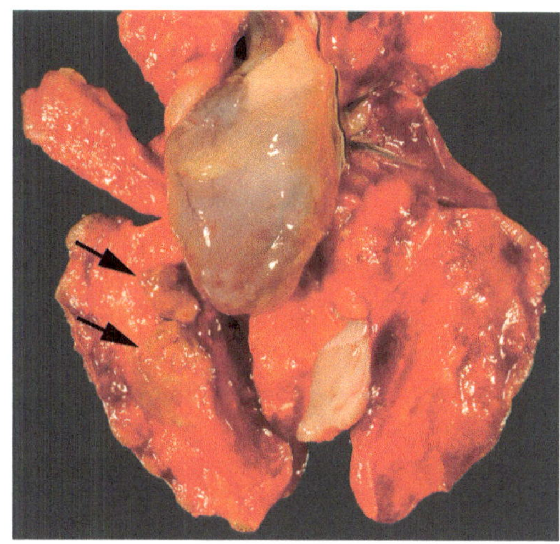

■ **Abb. 14.7** Bifokales pulmonäres Karzinom (Pfeile) bei einer Katze (mit freundlicher Genehmigung von Dr. P. Schlieben und dem Archiv des Instituts für Tierpathologie, Freie Universität Berlin)

■ **Therapie**

Die **partielle oder komplette Lobektomie** ist die **Behandlung der Wahl** für feline Lungentumoren. Kontraindikationen sind intrapulmonäre oder systemisch metastasierende Tumore. Die Lobektomie von bis zu zwei Lungenlappen wird zumeist gut toleriert. Eine Biopsie der regionären Lymphknoten sollte zur besseren Prognoseeinschätzung durchgeführt werden.

Informationen über die Relevanz einer **Chemotherapie** als einzige oder adjuvante Therapie sind nicht erhältlich.

Bestrahlung wird kaum bei Lungentumoren eingesetzt, da sie zu Nebenwirkungen wie Bestrahlungsinduzierter Pneumonie und Fibrose führt.

■ **Prognostische Faktoren und molekulare Marker**

Negative prognostische Indikatoren für feline primäre Lungentumoren sind das Vorhandensein von klinischen Symptomen, Thoraxerguss, schlechte Differenzierung der Tumoren in der Histopathologie, Nachweis von Metastasen und ein Stage über T1N0M0. Der immunhistochemische Nachweis von **Thyroid transcription factor 1 (TTF1)** wurde als spezifisch für nicht-neoplastische Schilddrüsengewebe, Lungengewebe und gut differenzierte Lungentumoren bei der Katze beschrieben.

■ **Weiterführende Literatur**

(D'Costa et al. 2012; Goldfinch und Argyle 2012; Gott-fried et al. 2000; Hahn und McEntee 1997; 1998; Kujawa et al. 2014; Maritato et al. 2014; Wood et al. 1998)

14.2.3   Ovine pulmonäre Adenokarzinome

Ovine pulmonäre Adenokarzinome in fünf Fakten

1. induziert durch das Jaagsiekte-Retrovirus (JSRV)
2. virales ENV-Protein induziert die neoplastische Transformation von Typ II-Pneumozyten
3. Gewichtsverlust, Atemnot und Nasenausfluss als häufigste klinische Symptome
4. Schubkarrentest induziert massiven Nasenausfluss (pathognomonisch)
5. keine Behandlung oder Vakzinierung möglich

■ **Epidemiologie und Pathogenese**

Das **ovine pulmonäre Adenokarzinom (OPA)** ist ein ansteckender Lungentumor beim Schaf, der durch das Jaagsiekte-Retrovirus (JSRV) hervorgerufen wird. Die Erkrankung tritt weltweit auf mit der Ausnahme von Australien, Neuseeland und Island. Es verbreitet sich vor allem durch den Kontakt mit virushaltigen respiratorischen Sekreten. Die Inkubationszeit beträgt mehrere Monate und die klinischen Symptome treten zumeist bei Tieren im **Alter** von 2–4 Jahren auf. Die höchste **Mortalität** in Schafherden wird während der ersten Jahre nach Erstdiagnose eines OPA-Falls beobachtet. Merinoschafe haben eine **Rasseprädisposition** für den Tumor. **Ziegen** können sich mit JRSV infizieren, entwickeln aber nur ausgesprochen selten den Tumor.

Der **molekulare Mechanismus der JSRV-induzierten Karzinogenese** ist nur inkomplett verstanden. Der klassische retrovirale Mechanismus der Karzinogenese ist eine insertionale Mutagenese. Im Fall des JSRT scheint jedoch das **Envelope-Glykoprotein (ENV)** die zelluläre Transformation durch die direkte Aktivierung verschiedener

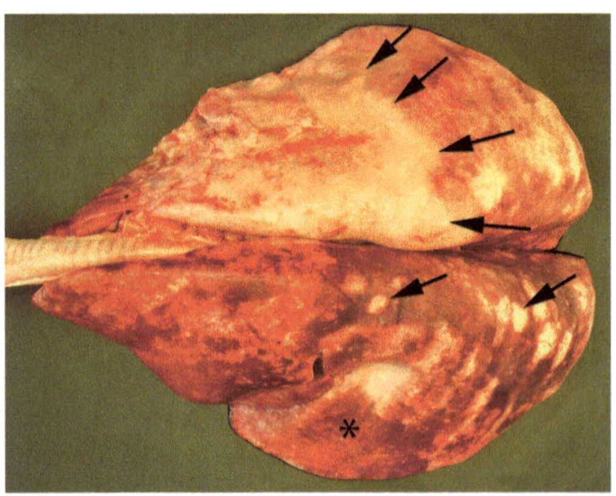

□ **Abb. 14.8**   Multifokales bis konfluierendes pulmonäres Adenokarzinom (Pfeile) bei einem männlichen Schaf (* = normales Lungengewebe) (mit freundlicher Genehmigung von Dr. A. Ostrowski und dem Archiv des Instituts für Tierpathologie, Freie Universität Berlin)

Proteinkinase-Signalkaskaden wie den Phosphatidylinositol-3-Kinase-AKT- und den MEK-ERK-Signalweg zu aktivieren. Das ENV wird ebenfalls für den Viruseintritt in die Zelle genutzt. Das Virus bindet an verschiedene Zelltypen, repliziert aber vor allem in Typ-II-Pneumozyten und weniger häufig in den Clara-Zellen der Lunge. Ein weiteres wichtiges Merkmal der JRSV-Infektion ist das Fehlen einer Immunreaktion gegen das Virus. Dies scheint vor allem auf der **immunologischen Toleranz** gegenüber den eng verwandten **endogenen Retroviren** zu basieren, die permanent in das Schafgenom integriert sind und zum Teil eine konstante Genexpression zeigen.

■ **Klinik**

Gewichtsverlust trotz normaler Futteraufnahme und Atemnot sind die Hauptsymptome von Schafen mit OPA. Husten ist selten und vor allem durch sekundäre bakterielle Pneumonien hervorgerufen, welche häufig auch die unmittelbare Todesursache von Tieren mit OPA sind. Die Tiere zeigen einen hochgradigen, schaumig-weißen Nasenausfluss von bis zu 400 ml wenn das Tier den Kopf senkt oder an den Hintergliedmaßen angehoben wird (Schubkarrentest). Sowohl serologische Untersuchungen als auch PCR-Tests sind von geringer Sensitivität und Spezifität für die Bestätigung von OPA. Ultraschall und vor allem **makroskopische und histologische Pathologie** sind für eine definitive Diagnose nötig.

Pathologie und Histopathologie

In der **Sektion** zeigen sich betroffene Lungen schwer und feucht mit multifokalen, kleinen, festen, grauen Knötchen oder großen konfluierenden, grauen Herden in späteren Tumorstadien. Es findet sich sehr viel klares bis schleimiges Sekret im Gewebsanschnitt und in den Bronchien (Abb. 14.8). Die bronchialen und mediastinalen Lymphknoten sind häufig aufgrund einer sekundären bakteriellen Pneumonie und weniger häufig aufgrund einer **Metastasierung** (< 10 % der Fälle) vergrößert. Fernmetastasen sind sehr selten. **Histologisch** findet sich eine hochgradige Proliferation von hochprismatischen Typ-II-Pneumozyten und Clara-Zellen.

Therapie

Eine **Behandlung** oder **Vakzinierung** für OPA bzw. gegen JSRV ist nicht möglich. Die Euthanasie betroffener Tiere ist nötig, um die Ausbreitung des Virus in der Herde zu vermeiden.

Weiterführende Literatur

(Azizi et al. 2014; Cousens et al. 2015; Cousens et al. 2009; Griffiths et al. 2010; Liu und Miller 2007; Minguijon et al. 2013; Scott et al. 2010; Youssef et al. 2015)

Weiterführende Literatur

Alexander K, Joly H, Blond L, D'Anjou MA, Nadeau ME, Olive J, Beauchamp G (2012) A comparison of computed tomography, computed radiography, and film screen radiography for the detection of canine pulmonary nodules. Vet Radiol Ultrasound Off J Am Coll Vet Radiol Int Vet Radiol Assoc 53:258–265

Armbrust LJ, Biller DS, Bamford A, Chun R, Garrett LD, Sanderson MW (2012) Comparison of three-view thoracic radiography and computed tomography for detection of pulmonary nodules in dogs with neoplasia. J Am Vet Med Assoc 240:1088–1094

Azizi S, Tajbakhsh E, Fathi F (2014) Ovine pulmonary adenocarcinoma in slaughtered sheep: a pathological and polymerase chain reaction study. J S Afr Vet Assoc 85:932

Ballegeer EA, Adams WM, Dubielzig RR, Paoloni MC, Klauer JM, Keuler NS (2010) Computed tomography characteristics of canine tracheobronchial lymph node metastasis. Vet Radiol Ultrasound Off J Am Coll Vet Radiol Int Vet Radiol Assoc 51:397–403

Barrett LE, Pollard RE, Zwingenberger A, Zierenberg-Ripoll A, Skorupski KA (2014) Radiographic characterization of primary lung tumors in 74 dogs. Vet Radiol Ultrasound Off J Am Coll Vet Radiol Int Vet Radiol Assoc 55:480–487

Bettini G, Marconato L, Morini M, Ferrari F (2009) Thyroid transcription factor-1 immunohistochemistry: diagnostic tool and malignancy marker in canine malignant lung tumours. Vet Comp Oncol 7:28–37

Cohn LA (2014) Canine nasal disease. Vet Clin North Am Small Anim Pract 44:75–89

Cousens C, Thonur L, Imlach S, Crawford J, Sales J, Griffiths DJ (2009) Jaagsiekte sheep retrovirus is present at high concentration in lung fluid produced by ovine pulmonary adenocarcinoma-affected sheep and can survive for several weeks at ambient temperatures. Res Vet Sci 87:154–156

Cousens C, Gibson L, Finlayson J, Pritchard I, Dagleish MP (2015) Prevalence of ovine pulmonary adenocarcinoma (Jaagsiekte) in a UK slaughterhouse sheep study. Vet Rec 176:413

D'Costa S, Yoon BI, Kim DY, Motsinger-Reif AA, Williams M, Kim Y (2012) Morphologic and molecular analysis of 39 spontaneous feline pulmonary carcinomas. Vet Pathol 49:971–978

De Las Heras M, Garcia De Jalon JA, Sharp JM (1991) Pathology of enzootic intranasal tumor in thirty-eight goats. Vet Pathol 28:474–481

De Las Heras M, Sharp JM, Ferrer LM, Garcia de Jalon JA, Cebrian LM (1993) Evidence for a type D-like retrovirus in enzootic nasal tumour of sheep. Vet Rec 132:441

De Las Heras M, Garcia De Jalon JA, Minguijon E, Gray EW, Dewar P, Sharp JM (1995) Experimental transmission of enzootic intranasal tumors of goats. Vet Pathol 32:19–23

De Las Heras M, Ortin A, Cousens C, Minguijon E, Sharp JM (2003) Enzootic nasal adenocarcinoma of sheep and goats. Curr Top Microbiol Immunol 275:201–223

Demko JL, Cohn LA (2007) Chronic nasal discharge in cats: 75 cases (1993-2004). J Am Vet Med Assoc 230:1032–1037

Elliot KM, Mayer MN (2009) Radiation therapy for tumors of the nasal cavity and paranasal sinuses in dogs. Can Vet J Rev Vet Can 50:309–312

Finck M, Ponce F, Guilbaud L, Chervier C, Floch F, Cadore JL, Chuzel T, Hugonnard M (2015) Computed tomography or rhinoscopy as the first-line procedure for suspected nasal tumor: a pilot study. Can Vet J Rev Vet Can 56:185–192

Fujiwara-Igarashi A, Fujimori T, Oka M, Nishimura Y, Hamamoto Y, Kazato Y, Sawada H, Yayoshi N, Hasegawa D, Fujita M (2014) Evaluation of outcomes and radiation complications in 65 cats with nasal tumours treated with palliative hypofractionated radiotherapy. Vet J 202:455–461

Goldfinch N, Argyle DJ (2012) Feline lung-digit syndrome: unusual metastatic patterns of primary lung tumours in cats. J Feline Med Surg 14:202–208

Gottfried SD, Popovitch CA, Goldschmidt MH, Schelling C (2000) Metastatic digital carcinoma in the cat: a retrospective study of 36 cats (1992-1998). J Am Anim Hosp Assoc 36:501–509

Griffiths DJ, Martineau HM, Cousens C (2010) Pathology and pathogenesis of ovine pulmonary adenocarcinoma. J Comp Pathol 142:260–283

Hahn KA, McEntee MF (1997) Primary lung tumors in cats: 86 cases (1979-1994). J Am Vet Med Assoc 211:1257–1260

Hahn KA, McEntee MF (1998) Prognosis factors for survival in cats after removal of a primary lung tumor: 21 cases (1979-1994). Vet Surg 27:307–311

Harris BJ, Lourenco BN, Dobson JM, Herrtage ME (2014) Diagnostic accuracy of three biopsy techniques in 117 dogs with intra-nasal neoplasia. J Small Anim Pract 55:219–224

Kim J, Kwon SY, Cena R, Park S, Oh J, Oui H, Cho KO, Min JJ, Choi J (2014) CT and PET-CT of a dog with multiple pulmonary adenocarcinoma. J Vet Med Sci Jpn Soc Vet Sci 76:615–620

Kuehn NF (2006) Nasal computed tomography. Clin Tech Small Anim Pract 21:55–59.

Kujawa A, Olias P, Bottcher A, Klopfleisch R (2014) Thyroid transcription factor-1 is a specific marker of benign but not malignant feline lung tumours. J Comp Pathol 151:19–24

Lee JH, Lee JH, Yoon HY, Kim NH, Sur JH, Jeong SW (2012) Hypertrophic osteopathy associated with pulmonary adenosquamous carcinoma in a dog. J Vet Med Sci Jpn Soc Vet Sci 74:667–672

Little L, Patel R, Goldschmidt M (2007) Nasal and nasopharyngeal lymphoma in cats: 50 cases (1989-2005). Vet Pathol 44:885–892

Liu SL, Miller AD (2007) Oncogenic transformation by the jaagsiekte sheep retrovirus envelope protein. Oncogene 26:789–801

Malinowski C (2006) Canine and feline nasal neoplasia. Clin Tech Small Anim Pract 21:89–94

Maritato KC, Schertel ER, Kennedy SC, Dudley R, Lamm C, Barnhart M, Kass P (2014) Outcome and prognostic indicators in 20 cats with surgically treated primary lung tumors. J Feline Med Surg 16:979–984

Maruo T, Shida T, Fukuyama Y, Hosaka S, Noda M, Ito T, Sugiyama H, Ishikawa T, Madarame H (2011) Retrospective study of canine nasal tumor treated with hypofractionated radiotherapy. J Vet Med Sci Jpn Soc Vet Sci 73:193–197

Mayhew PD, Hunt GB, Steffey MA, Culp WT, Mayhew KN, Fuller M, Johnson LR, Pascoe PJ (2013) Evaluation of short-term outcome after lung lobectomy for resection of primary lung tumors via video-assisted thoracoscopic surgery or open thoracotomy in medium- to large-breed dogs. J Am Vet Med Assoc 243:681–688

McNiel EA, Ogilvie GK, Powers BE, Hutchison JM, Salman MD, Withrow SJ (1997) Evaluation of prognostic factors for dogs with primary lung tumors: 67 cases (1985-1992). J Am Vet Med Assoc 211:1422–1427

Mellanby RJ, Herrtage ME, Dobson JM (2002a) Long-term outcome of eight cats with non-lymphoproliferative nasal tumours treated by megavoltage radiotherapy. J Feline Med Surg 4:77–81

Mellanby RJ, Stevenson RK, Herrtage ME, White RA, Dobson JM (2002b) Long-term outcome of 56 dogs with nasal tumours treated with four doses of radiation at intervals of seven days. Vet Rec 151:253–257

Minguijon E, Gonzalez L, De Las Heras M, Gomez N, Garcia Goti M, Juste RA, Moreno B (2013) Pathological and aetiological studies in sheep exhibiting extrathoracic metastasis of ovine pulmonary adenocarcinoma (Jaagsiekte). J Comp Pathol 148:139–147

Ortin A, Perez De Villarreal M, Minguijon E, Cousens C, Sharp JM, De Las Heras M (2004) Coexistence of enzootic nasal adenocarcinoma and jaagsiekte retrovirus infection in sheep. J Comp Pathol 131:253–258

Owen L (1980) TNM classification of tumours in domestic animals. Geneva: World health organization

Polton GA, Brearley MJ, Powell SM, Burton CA (2008) Impact of primary tumour stage on survival in dogs with solitary lung tumours. J Small Anim Pract 49:66–71

Rassnick KM, Goldkamp CE, Erb HN, Scrivani PV, Njaa BL, Gieger TL, Turek MM, McNiel EA, Proulx DR, Chun R, Mauldin GE, Phillips BS, Kristal O (2006) Evaluation of factors associated with survival in dogs with untreated nasal carcinomas: 139 cases (1993-2003). J Am Vet Med Assoc 229:401–406

Reif JS, Bruns C, Lower KS (1998) Cancer of the nasal cavity and paranasal sinuses and exposure to environmental tobacco smoke in pet dogs. Am J Epidemiol 147:488–492

Sabattini S, Mancini FR, Marconato L, Bacci B, Rossi F, Vignoli M, Bettini G (2014) EGFR overexpression in canine primary lung cancer: pathogenetic implications and impact on survival. Vet Comp Oncol 12:237–248

Scott P, Collie D, McGorum B, Sargison N (2010) Relationship between thoracic auscultation and lung pathology detected by ultrasonography in sheep. Vet J 186:53–57

Sfiligoi G, Theon AP, Kent MS (2007) Response of nineteen cats with nasal lymphoma to radiation therapy and chemotherapy. Vet Radiol Ultrasound Off J Am Coll Vet Radiol Int Vet Radiol Assoc 48:388–393

Sones E, Smith A, Schleis S, Brawner W, Almond G, Taylor K, Haney S, Wypij J, Keyerleber M, Arthur J, Hamilton T, Lawrence J, Gieger T, Sellon R, Wright Z (2013) Survival times for canine intranasal sarcomas treated with radiation therapy: 86 cases (1996-2011). Vet Radiol Ultrasound Off J Am Coll Vet Radiol Int Vet Radiol Assoc 54:194–201.

Stowe DM (2012) A Case of Enzootic Nasal Adenocarcinoma in a Ewe. Case Report Vet Med 2012:1–4

Walsh SR, Linnerth-Petrik NM, Yu DL, Foster RA, Menzies PI, Diaz-Mendez A, Chalmers HJ, Wootton SK (2013) Experimental transmission of enzootic nasal adenocarcinoma in sheep. Vet Res 44:66

Walsh SR, Stinson KJ, Menzies PI, Wootton SK (2014) Development of an ante-mortem diagnostic test for enzootic nasal tumor virus and detection of neutralizing antibodies in host serum. J Gen Virol 95:1843–1854

Wood EF, O'Brien RT, Young KM (1998) Ultrasound-guided fine-needle aspiration of focal parenchymal lesions of the lung in dogs and cats. J Vet Intern Med Am Coll Vet Intern Med 12:338–342

Yi G, Kaiyu W, Qigui Y, Zhongqiong Y, Yingdong Y, Defang C, Jinlu H (2010) Descriptive study of enzootic nasal adenocarcinoma in goats in southwestern China. Transbound Emerg Dis 57:197–200

Youssef G, Wallace WA, Dagleish MP, Cousens C, Griffiths DJ (2015) Ovine pulmonary adenocarcinoma: a large animal model for human lung cancer. ILAR J Natl Res Counc Inst Lab Anim Res 56:99–115

Tumoren der Gefäße

Robert Klopfleisch

© Springer-Verlag GmbH Deutschland 2017
R. Klopfleisch (Hrsg.), *Veterinäronkologie kompakt*,
https://doi.org/10.1007/978-3-662-54987-2_15

Gefäßtumoren können sich aus den Endothelzellen sowohl der Lymphgefäße als auch der Blutgefäße entwickeln. Hämangiosarkome, die sich aus den Endothelzellen der Blutgefäße entwickeln, sind für nahezu alle Haustierarten beschrieben. Sie kommen am häufigsten beim Hund und selten bei Katze und Pferd vor. Lymphangiome und Lymphangiosarkome sind seltene Tumoren bei allen Spezies und werden in diesem Kapitel nicht besprochen.

15.1   Kanine Hämangiosarkome

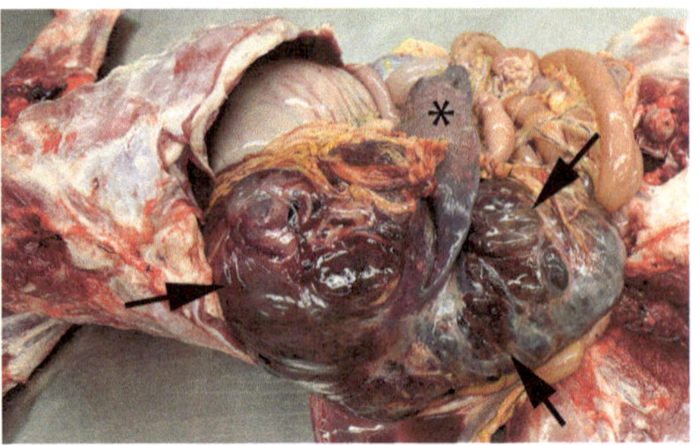

 Abb. 15.1   Hämangiosarkom (Pfeil) bei in der Milz (*) eines Hundes (mit freundlicher Genehmigung von A. Meyer, PhD, IDEXX, Ludwigshafen und dem Archiv des Instituts für Tierpathologie, Freie Universität Berlin).

Kanine Hämangiosarkome in fünf Fakten
1. häufiger und hochmaligner Tumor beim Hund
2. Milz und rechtes Herzohr sind die häufigsten Lokalisationen
3. Metastasierungsrate von 80 %
4. Ruptur des Tumors und hypovolämischer Schock als häufigste Todesursache
5. palliative, extensive Chirurgie als Behandlung der Wahl

■ **Epidemiologie und Pathogenese**
Hämangiosarkome (HSA) sind häufige und hochmaligne Tumoren des Hundes. Sie entstehen aus primitiven Endothelvorläuferzellen und machen nahezu 20 % aller mesenchymalen Tumoren beim Hund aus. Sie stellen überdies 50 % der Milztumoren dar (Abb. 15.1) und sind ebenfalls sehr häufig im rechten Herzohr und damit der häufigste primäre Herztumor (Abb. 15.2). Sie können jedoch in jeder Lokalisation des Körpers auftreten. Ihre **Metastasierungsrate** beträgt 80 %, und sie metastasieren vor allem in die Leber, die Lunge (Abb. 15.3) und sind der häufigste sekundäre Tumor des Hirns beim Hund. HSA sind Tumoren **älterer Hunde mit** einem Durchschnittsalter von 10 Jahren. Deutsche Schäferhunde und Golden Retriever haben eine **Rasseprädisposition.**

Die Ätiologie der HSA ist in den meisten Aspekten unklar. **Ultraviolettes Licht scheint die Karzinogenese von** HSA in nicht-pigmentierten, wenig behaarten Hautarealen zu fördern. Weiterhin

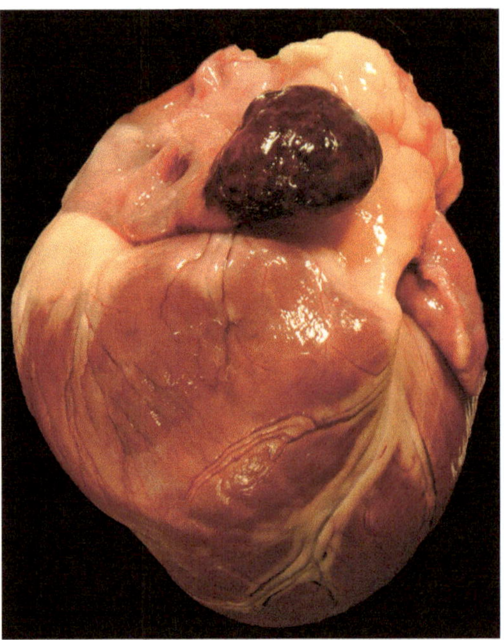

 Abb. 15.2   Hämangiosarkom des rechten Herzohrs bei einem Hund (mit freundlicher Genehmigung von S. Binder und dem Archiv des Instituts für Tierpathologie, Freie Universität Berlin).

scheinen sich HSA über eine autokrine Stimulation durch die Sekretion des *Vascular endothelial growth factor* (VEGF) und des basischen *Fibroblast growth factor* (bFGF) selbst zu beeinflussen. Eine erhöhte Genexpression von Genen aus den Bereichen Entzündung und Angiogenese wurde ebenfalls bei HSA identifiziert, die explizite Rolle dieser Gene bei der Tumorentstehung ist jedoch unklar. Die benigne

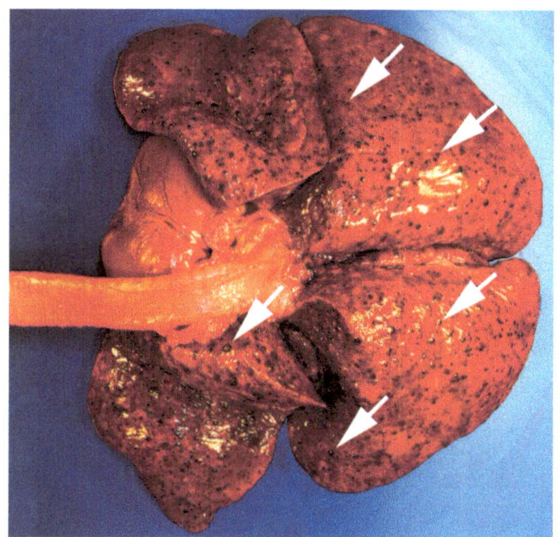

Abb. 15.3 Lungenmetastasen (Pfeile) eines Hämangiosarkoms bei einem Hund (mit freundlicher Genehmigung von Dr. C. Holzhausen, Hamburg und dem Archiv des Instituts für Tierpathologie, Freie Universität Berlin).

Form der hämovaskulären Tumoren, das **Hämangiom,** ist weniger häufig und findet sich vor allem in der Subkutis.

■ **Klinik**

Die **klinischen Befunde** bei Hunden mit HSA können in Effekte aufgrund des lokalen Masseneffekts des Primärtumors und generelle systemische Effekte durch seine Metastasen unterteilt werden.

Die lokalen Effekte von **HSA** hängen von der Tumorlokalisation ab. Die Masseneffekte der Tumoren haben gegenüber den systemischen Folgen eines massiven Blutverlusts infolge der **Ruptur** der fragilen und stark vaskularisierten Tumoren jedoch nur wenig klinische Relevanz. Hämoabdomen, Hämoperikard mit Herztamponade, Anämie, Hypovolämie und **Schock** sind somit **häufige Symptome** und **Todesursachen.**

Anämie ist ein sehr häufiger klinischer Befund bei Hunden mit HSA. Die Anämie kann regenerativ oder nicht-regenerativ sein, je nach Dauer und Ausmaß der Blutung. Weiterhin enthalten Blutausstriche von Hunden mit HSA häufig **Schistozyten,** da Erythrozyten aufgrund von Scherkräften in den irregulär geformten Tumorgefäßen geschädigt werden. **Thrombozytopenie** ist ein weiterer wichtiger Befund im Blutbild von Hunden mit HSA. Eine

erhöhte Aktivität der Gerinnungskaskade im Blut der Tumorgefäße vor allem aufgrund der inkompletten Endothelauskleidung führt zu veränderten Gerinnungsparametern bei circa 50 % der Hunde mit HSA. Sie zeigen eine verlängerte Prothrombinzeit (PT), erhöhte aktivierte partielle Thromboplastinzeit (APTT), Hypofibrinogenämie und erhöhte Konzentrationen an Fibrindegradationsprodukten im Blut.

Die Plasmakonzentration von *Big Endothelin-1* und **VEGF** wurden als diagnostische Marker zum Nachweis von HSA beim Hund vorgeschlagen.

Computertomographie (CT) primärer HSA und **Röntgenbilder des Thorax** sind für eine Einschätzung des Metastasierungsfortschritts des HSA im Thorax nötig. Im **Ultraschall** erscheinen HSA des Herzohrs und des Abdomens als kavernöse bis solide Massen.

Ein Stagingsystem für kanine HSA wurde von Wood et al. (1998) entwickelt (■ Tab. 15.1).

Tab. 15.1 WHO-Stagingsystem für kanine Hämangiosarkome (Wood et al. 1998)

Stage	Beschreibung
Tumor (T)	
T0	kein Tumor
T1	Tumor < 5 cm, beschränkt auf ein Organ
T2	Tumor > 5 cm oder rupturierter Tumor
T3	Tumor > 5 cm, Invasion umgebender Strukturen
Lymphknoten (N)	
N0	keine Lymphknotenmetastasen
N1	Metastasen in den regionären Lymphknoten
N2	ferne Lymphknoten betroffen
Fernmetastasen (M)	
M0	keine Metastasen
M1	Metastasen
Stage	
I	T0 oder T1 mit N0, M0
II	T2 mit N0 oder N1, M0
III	M1 mit jedem T und N

- **Zytologie und Histopathologie**

HSA sind in der **Makroskopie** solitäre oder multifokale dunkelrote, weiche, teils fluktuierende, brüchige und nicht bekapselte Massen. Zytologisch sind HSA zumeist nicht zu identifizieren, da es zu einer starken **Hämodilution** bei Punktion der stark durchbluteten Tumoren kommt. Stanzbiospien werden für HSA nicht empfohlen, das sie zu lebensbedrohenden Blutungen führen können. Aufgrund der schwierigen zytologischen Diagnose werden HSA vor allem mittels Histopathologie der resezierten Tumoren diagnostiziert. Auch die **histopathologische Diagnose** kann schwierig sein, da der hohe Anteil an blutgefüllten Hohlräumen und Hämatomen die Tumorzellen verdecken kann. **Histologisch** sind HSA aus spindligen bis polygonalen oder ovoiden Tumorzellen aufgebaut. Diese bilden blutgefüllte Räume in zumindest einigen Anteilen des Tumors. Solide Tumormassen sind oft nur schwer von anderen schlecht differenzierten Sarkomen abzugrenzen. Eine Immunhistochemie für die Endothelmarker **Von-Willebrand-Faktor oder CD31** kann zur Bestätigung der Diagnose genutzt werden.

- **Therapie**

Eine **aggressive chirurgische Entfernung** ist die Behandlung der Wahl für kanine HSA. Sie ist jedoch nahezu immer nur palliativ und fast nie kurativ. HSA der Milz erfordern eine **Splenektomie. Viszerale HSA** sind aggressiver und haben eine schlechtere Prognose als kutane HSA. Die mediane Überlebenszeit von Hunden mit HSA der Milz, die allein **chirurgisch** behandelt werden, beträgt 3 Monate, die Überlebensrate nach drei Monaten ist 33 %; nach 12 Monaten 10 %. Der Hauptrisikofaktor einer chirurgischen Behandlung von HSA ist eine intraoperative Ruptur bzw. ein hypovolämischer Schock. Ventrikuläre Arrhythmie ist ein häufiger Nebeneffekt während der ersten Tage nach Splenektomie bei 25 % der Hunde. HSA können palliativ mit einer **Perikardektomie** behandelt werden, da so die Gefahr eines Hämoperikards und einer Herzbeuteltamponade vermindert wird. Die Entfernung von **lokalisierten subkutanen HSA** ist mit einer etwas besseren Prognose assoziiert, wenn chirurgische Ränder von mindestens 2 cm eingehalten werden.

Eine **adjuvante Chemotherapie** ist aufgrund der hohen Metastasierungsrate klar indiziert. Das am häufigsten verwendete Chemotherapeutikum ist Doxorubicin. Eine **doxorubicinbasierte adjuvante Chemotherapie** kann die Überlebensrate auf 30 % nach 12 Monaten erhöhen und ist mit einer medianen Überlebenszeit zwischen 5 und 9 Monaten beschrieben. Eine alleinige Chemotherapie für nichtresezierbare HSA scheint einen kurzzeitigen Effekt zu haben.

Eine **Bestrahlung** wird nur selten angewendet, da bei der Behandlung von HSA die lokale Kontrolle des Tumors aufgrund der hohen Metastasierungsrate zumeist nicht im Vordergrund steht.

- **Weiterführende Literatur**

(Alvarez et al. 2013; Bertazzolo et al. 2005; Dervisis et al. 2011; Fife et al. 2004; Frenz et al. 2014; Fukuda et al. 2014; Fukumoto et al. 2014; Hammond und Pesillo-Crosby, 2008; Lamerato-Kozicki et al. 2006; Mullin et al. 2016; O'Brien, 2007; Shiu et al. 2011; Smith 2003; Spangler und Kass, 1997; Szivek et al. 2012; Teske et al. 2011; Weisse et al. 2005; Wiley et al. 2010; Wood et al. 1998; Yamamoto et al. 2013)

15.2   Kanine Gefäßwandtumoren

Kanine Gefäßwandtumoren, bisher als Hämangioperizytome bezeichnet, entstehen aus Zellen der Gefäßwand, nicht aber des Endothels. Sie sind mäßig invasive Tumoren mit einem geringen Metastasierungspotenzial. Die Tumorgröße (> 5 cm) und die Tiefe der Invasion sind positiv korreliert mit der Rezidivierung. Sie werden zumeist in die heterogene Gruppe der Weichgewebssarkome eingeordnet. Eine nähere Beschreibung der Diagnose, Therapie und Prognose dieser Tumoren findet sich in ▶ **Abschn. 4.1.3.** Es gibt eine anhaltende Debatte darüber, ob Weichgewebssarkome mit histologischem Nachweis von Wirbelbildung um kleine Gefäße oder Kollagenbündel als Gefäßwandtumoren oder eher als **periphere Nervenscheidentumoren (PNST)** anzusehen sind. Momentan kann festgestellt werden, dass eine Unterscheidung von Gefäßwandtumoren und PNST nur anhand von immunhistochemischen Markern vorgenommen werden kann und dass die meisten subkutanen Weichgewebssarkome der Haut beim Hund wahrscheinlich PNST sind.

Weiterführende Literatur

Alvarez FJ, Hosoya K, Lara-Garcia A, Kisseberth W, Couto G (2013) VAC protocol for treatment of dogs with stage III hemangiosarcoma. J Am Anim Hosp Assoc 49:370–377

Bertazzolo W, Dell'Orco M, Bonfanti U, Ghisleni G, Caniatti M, Masserdotti C, Antoniazzi E, Crippa L, Roccabianca P (2005) Canine angiosarcoma: cytologic, histologic, and immunohistochemical correlations. Vet Clin Pathol Am Soc Veter Clini Pathol 34:28–34

Dervisis NG, Dominguez PA, Newman RG, Cadile CD, Kitchell BE (2011) Treatment with DAV for advancedstage hemangiosarcoma in dogs. J Am Anim Hosp Assoc 47:170–178

Fife WD, Samii VF, Drost WT, Mattoon JS, Hoshaw-Woodard S (2004) Comparison between malignant and nonmalignant splenic masses in dogs using contrast enhanced computed tomography. Vet Radiol Ultrasound Off J Am College Veter Radiol Int Veter Radiol Ass 45:289–297

Frenz M, Kaup FJ, Neumann S (2014) Serum vascular endothelial growth factor in dogs with haemangiosarcoma and haematoma. Res Vet Sci 97:257–262

Fukuda S, Kobayashi T, Robertson ID, Oshima F, Fukazawa E, Nakano Y, Ono S, Thrall DE (2014) Computed tomographic features of canine nonparenchymal hemangiosarcoma. Vet Radiol Ultrasound Off J Am College Veter Radiol Int Veter Radiol Ass 55:374–379

Fukumoto S, Hanazono K, Miyasho T, Endo Y, Kadosawa T, Iwano H, Uchide T (2014) Serum big endothelin-1 as a clinical marker for cardiopulmonary and neoplastic diseases in dogs. Life Sci 118(2):329–332

Hammond TN, Pesillo-Crosby SA (2008) Prevalence of hemangiosarcoma in anemic dogs with a splenic mass and hemoperitoneum requiring a transfusion: 71 cases (2003–2005). J Am Vet Med Assoc 232:553–558

Kujawa A, Olias P, Bottcher A, Klopfleisch R (2014) Thyroid transcription factor-1 is a specific marker of benign but not malignant feline lung tumours. J Comp Pathol 151(1):19–24

Lamerato-Kozicki AR, Helm KM, Jubala CM, Cutter GC, Modiano JF (2006) Canine hemangiosarcoma originates from hematopoietic precursors with potential for endothelial differentiation. Exp Hematol 34:870–878

Mullin CM, Arkans MA, Sammarco CD, Vail DM, Britton BM, Vickery KR, Risbon RE, Lachowicz J, Burgess KE, Manley CA, Clifford CA. Doxorubicin chemotherapy for presumptive cardiac hemangiosarcoma in dogsdagger. Veterinary and comparative oncology. 2016;14:e171-e183

Mullins MN, Lana SE, Dernell WS, Ogilvie GK, Withrow SJ, Ehrhart EJ (2004) Cyclooxygenase-2 expression in canine appendicular osteosarcomas. J Vet Intern Med 18(6):859–865

O'Brien RT (2007) Improved detection of metastatic hepatic hemangiosarcoma nodules with contrast ultrasound in three dogs. Vet Radiol Ultrasound Off J Am College Veter Radiol Int Veter Radiol Ass 48:146–148

Shiu KB, Flory AB, Anderson CL, Wypij J, Saba C, Wilson H, Kurzman I, Chun R (2011) Predictors of outcome in dogs with subcutaneous or intramuscular hemangiosarcoma. J Am Vet Med Assoc 238:472–479

Smith AN (2003) Hemangiosarcoma in dogs and cats. Vet Clin North Am Small Anim Pract 33:533–552

Spangler WL, Kass PH (1997) Pathologic factors affecting postsplenectomy survival in dogs. J Veter Intern Med Am College Veter Intern Med 11:166–171

Szivek A, Burns RE, Gericota B, Affolter VK, Kent MS, Rodriguez CO, Skorupski KA (2012) Clinical outcome in 94 cases of dermal haemangiosarcoma in dogs treated with surgical excision: 1993–2007*. Vet Comp Oncol 10:65–73

Teske E, Rutteman GR, Kirpenstein J, Hirschberger J (2011) A randomized controlled study into the efficacy and toxicity of pegylated liposome encapsulated doxorubicin as an adjuvant therapy in dogs with splenic haemangiosarcoma. Vet Comp Oncol 9:283–289

Weisse C, Soares N, Beal MW, Steffey MA, Drobatz KJ, Henry CJ (2005) Survival times in dogs with right atrial hemangiosarcoma treated by means of surgical resection with or without adjuvant chemotherapy: 23 cases (1986–2000). J Am Vet Med Assoc 226:575–579

Wiley JL, Rook KA, Clifford CA, Gregor TP, Sorenmo KU (2010) Efficacy of doxorubicin-based chemotherapy for non-resectable canine subcutaneous haemangiosarcoma. Vet Comp Oncol 8:221–233

Wood CA, Moore AS, Gliatto JM, Ablin LA, Berg RJ, Rand WM (1998) Prognosis for dogs with stage I or II splenic hemangiosarcoma treated by splenectomy alone: 32 cases (1991–1993). J Am Anim Hosp Assoc 34:417–421

Yamamoto S, Hoshi K, Hirakawa A, Chimura S, Kobayashi M, Machida N (2013) Epidemiological, clinical and pathological features of primary cardiac hemangiosarcoma in dogs: a review of 51 cases. J Veter Med Sci Jap Soc Veter Sci 75:1433–1441

Okuläre und periokuläre Tumoren

Robert Klopfleisch

© Springer-Verlag GmbH Deutschland 2017
R. Klopfleisch (Hrsg.), *Veterinäronkologie kompakt*,
https://doi.org/10.1007/978-3-662-54987-2_16

Okuläre und periokuläre Tumoren sind seltene Tumoren bei allen Haustierarten. Treten sie auf, haben sie schwere Folgen für das Sehen und die Lebensqualität. Okuläre Tumoren metastasieren selten in die regionären Lymphknoten oder entfernte Organe. Feline okuläre Tumoren können jedoch invasives Wachstum in die umgebende Orbita zeigen. Chirurgie ist die Behandlung der Wahl für alle okulären und periokulären Tumoren, während Bestrahlung und Chemotherapie wenig Bedeutung haben. Melanome, Plattenepithelkarzinome und feline okuläre posttraumatische Sarkome sind die häufigsten (peri-) okulären Tumoren in der Veterinäronkologie.

16.1   Kanine periokuläre Tumoren des Augenlids, des dritten Augenlids, der Konjunktiva und des Limbus

Kanine periokuläre Tumoren in drei Fakten

1. häufig Adenome der Meibom-Drüsen, Papillome oder Melanome
2. zumeist gutartige Tumoren, außer die eher invasiven konjunktivalen Melanome und die seltenen Adenokarzinome des dritten Augenlids
3. Chirurgie als Behandlung der Wahl

■ **Epidemiologie und Pathogenese**

Adenome der Meibom-Drüsen, virale Papillome sowie **konjunktivale und limbale Melanome** sind die häufigsten periokulären Tumoren des Hundes. In manchen Studien wird eine **RassePrädisposition** für Boxer, Collies und Spaniel beschrieben, insgesamt sind die epidemiologischen Studien jedoch widersprüchlich in ihren Ergebnissen. Periokuläre Tumoren treten vor allem bei alten Hunden auf. Ausnahme sind die seltenen **Histiozytome des Augenlides** und **virale Papillome junger Hunde.** Pigmentierte Augenlider und die Konjunktiva von Weimaraner und Deutschem Schäferhund sind für **Melanome der Augenlider** prädisponiert. **Adenokarzinome der Drüse des dritten Augenlids** sind seltene

maligne Tumore, die manchmal in die regionären Lymphknoten metastasieren.

■ **Klinik**

Die große Mehrheit kaniner periokulärer Tumoren zeigt ein gutartiges Verhalten. Sogar die sehr wenigen malignen Tumoren, wie die **konjunktivalen Melanome** (im Gegensatz zu den gutartigen limbalen Melanomen) und die **Adenokarzinome des dritten Augenlids,** wachsen zwar invasiv, metastasieren jedoch nicht. Histiozytome und virale Papillome junger Hunde zeigen zumeist eine spontane Remission innerhalb weniger Wochen nach ihrem Auftreten. Die mit den Tumoren assoziierte **Klinik** basiert auf dem Masseneffekt der Tumoren und Interferenz mit der normalen Physiologie von Lidschluss sowie Befeuchtung der Kornea und somit mit der generellen Integrität der Mukosa und Immunität in diesem Bereich. Die Tumoren können eine ulzerierte, raue Oberfläche haben und zu **Konjunktivitis**, **Epiphora** und **mukopurulentem Augenausfluss** führen. Eine Neoplasie ist deshalb als Differenzialdiagnose für eine chronische rezidivierende Konjunktivitis zu beachten.

Fluorescein-Färbung, vorsichtige Palpation und Adspektion der okulären und periokulären Strukturen sind zumeist ausreichend für die vorläufige Diagnose eines Tumors. Melanome können pigmentiert sein, amelanotische Melanome sind jedoch nicht selten. Zytologie, Biopsie, Ultraschall oder Computertomographie (CT) und Magnetresonanztomographie (MRT) helfen bei der Planung der Therapie größerer Tumore.

■ **Zytologie und Histopathologie**

Zytologie ist ein seltenes diagnostisches Werkzeug für periokuläre Tumoren. **Postchirurgische Histopathologie von Exzisionsbiopsien** ist das viel häufiger verwendete Verfahren für die definitive Diagnose periokulärer Tumoren. **Melanome** sind häufig aus pigmentierten epitheloiden bis spindligen Zellen aufgebaut. Eine Immunhistochemie gegen die Marker S100 oder Melan A wird jedoch manchmal bei schlecht differenzierten Tumoren benötigt, um die Diagnose eines Melanoms sicher zu stellen. **Adenome der Meibom-Drüsen** bestehen zumeist aus Nestern und Strängen epithelialer Zellen mit teilweiser Talgdrüsen- oder Plattenepitheldifferenzierung und können deshalb Plattenepithelkarzinomen ähneln. **Tumoren des dritten Augenlids** sind zumeist gut differenzierte, expansiv wachsende Adenome und zeigen nur selten invasives Wachstum in umgebende Strukturen.

■ **Therapie**

Die **chirurgische Exzision** ist die Behandlung der Wahl für kanine periokuläre Tumoren. Da die meisten periokuläre Tumoren langsam wachsen, kann die Chirurgie gut geplant und ein Tumor ausgiebig beobachtet werden. Alle periokuläre Tumoren stellen eine Gefährdung des Visus dar und sollten sofort exzidiert werden, sobald okuläre Strukturen beeinträchtigt werden. Sowohl **Kryochirurgie** mittels flüssigem Stickstoff als auch klassische Chirurgie sind Behandlung der Wahl für periokuläre Tumore.

Augenlider im Speziellen und periokuläre Strukturen generell sind funktionell sehr sensible Strukturen. Tumoren, die nur ein Drittel der Länge des Augenlids betreffen, können mittels V-Plastik oder einer vierseitigen Exzision entnommen werden. Sind die Tumoren größer als ein Drittel, sind gut entwickelte chirurgische Fähigkeiten für eine fortgeschrittene Blepharoplastik nötig. Eine prächirurgische Verkleinerung des Tumors mittels systemischer oder lokaler Chemotherapie oder Bestrahlung kann angezeigt sein, um den zu entnehmenden Anteil des Augenlids zu minimieren. Oberflächliche konjunktivale Tumoren können mit einer **oberflächlichen Keratektomie oder Sklerotomie** behandelt werden. Ist der Tumor jedoch zu weit vorangeschritten, ist zumeist eine Enukleation des Auges nötig. Eine Resektion des kompletten dritten Augenlids ist eine recht einfache Prozedur, jedoch oft mit postchirurgischen Komplikationen, wie z. B. chronischer okulärer Trockenheit und Keratitis, assoziiert.

Die **Prognose** für kanine Augenlidtumoren ist exzellent. Nur weniger als 15 % der Tumoren rezidivieren nach Behandlung, und eine Metastasierung tritt ausgesprochen selten auf. Die Prognose für Tumoren des dritten Augenlids und der Konjunktiva ist ebenfalls gut. Die Rezidivraten konjunktivaler und limbaler Melanome und Tumoren des dritten Augenlids sind jedoch signifikant höher als für Augenlidtumore.

■ **Weiterführende Literatur**

(Aquino 2007; Aquino 2008; Bernays et al. 1999; Bussieres et al. 2005; Dees et al. 2016; Beckwith-Cohen et al. 2015; Donaldson et al. 2006a; Donaldson et al. 2006b; Featherstone et al. 2009; Finn et al. 2008; Hagard 2005; Lopes et al. 2010; Romkes et al. 2014)

16.2 Kanine okuläre Tumore

Kanine okuläre Tumoren in drei Fakten
1. zumeist gutartige Tumoren ohne Metastasierung
2. am häufigsten Melanome und Adenome des Ziliarkörper
3. Enukleation des Auges als Behandlung der Wahl

■ **Epidemiologie und Pathogenese**

Melanome sind der häufigste primäre okuläre Tumor des Hundes. Das mediane Alter betroffener Hunde beträgt 7 Jahre. Eine **Rasse-** oder **Geschlechtsprädisposition** für die Entwicklung okulärer Melanome ist nicht bekannt. Melanome entwickeln sich vor allem in der anterioren Uvea und der Iris. Mehr als 90 % der okulären Melanome sind **gutartig mit langsamem und expansivem Wachstum.** Weniger als 5 % der Tumoren metastasieren hämatogen. Maligne Tumoren sind häufig weniger pigmentiert als gutartige.

Adenome des Ziliarkörpers sind der zweihäufigste Primärtumor des Auges. Sie entstehen aus den Zellen der nicht-pigmentierten inneren Schicht des Ziliarepitheliums oder den pigmentierten oder nichtpigmentierten Epithelzellen der Iris und des Ziliarkörpers. Eine leichte **Rasseprädisposition** für Deutsche Schäferhunde und American Cocker Spaniel ist bekannt. Eine Metastasierung ist extrem selten.

■ **Klinik**

Eine klar sichtbare Masse ist nur ein seltener klinischer Befund für primäre okuläre Tumoren. Die meisten der primären okulären Tumoren werden infolge einer ophthalmologischen Untersuchung aufgrund eines Glaukoms, von Hyphaema oder einer Uveitis entdeckt. **Transillumination** und **Ultraschall** sind für die Diagnose eines Melanoms hilfreich, können jedoch zumeist nicht zwischen einem Tumor und anderen Umfangsvermehrungen wie Granulomen oder Hämatomen differenzieren. Eine zytologische Feinnadelaspiration kann zu einer signifikanten Zunahme der Spezifität der Diagnose führen, ist aber mit einem relativ hohen Risiko der Beschädigung des Augapfels verbunden.

■ **Zytologie und Histopathologie**

Die **Zytologie** mittels Feinnadelaspiration (FNA) ist eine eher selten angewandte Methode. Vor allem pigmentierte Melanome lassen sich mit ihr identifizieren. Adenome des Ziliarkörpers können jedoch auch pigmentierte Zellen enthalten.

Die **Histopathologie** ist die akkuratere Methode für die Diagnose von okulären Melanomen. Sie enthalten zumeist schwach pigmentierte Spindelzellen und wenige intensiv pigmentierte plumpe Melanozyten. Ein mitotischer Index über drei pro zehn Gesichtsfeldern mit 440-facher Vergrößerung ist ein Hinweis auf Malignität. Die seltenen **choroidalen Melanome** entstehen aus der subretinalen Choroidea. **Adenome des Ziliarkörpers** enthalten meist gut differenzierte, kuboidale bis hochprismatische Zellen, angeordnet in papillären, tubulären oder soliden Mustern. Sie können teilweise zystisch sein und Areale mit Blutungen oder Nekrosen enthalten.

■ **Therapie**

Die chirurgische Entfernung (Enukleation) ist die Behandlung der Wahl für kanine okuläre Tumoren. Eine **Sektoriridektomie** ist eine anspruchsvolle Operation, kann jedoch eine gute palliative Behandlung für diese Tumoren darstellen, wenn das Tumorvolumen kleiner als ein Viertel des Globus ist. Sie stellt jedoch keine kurative Behandlung dar und ist auf lange Sicht nicht zufriedenstellend. Neuerdings wird eine **transsklerale oder transkorneale Lasertherapie** als effiziente Methode der Behandlung von intranukleären Tumoren beschrieben, um die Enukleation zu vermeiden. Bei dieser Methode werden die Tumorzellen durch Lasereinwirkung abgetötet. Eine **Bestrahlung** wird zwar häufiger für die Behandlung kaniner okulärer Tumoren beschrieben, ist aber mit schweren Nebenwirkungen für alle okulären Strukturen und insbesondere die Retina assoziiert.

■ **Weiterführende Literatur**

(Beckwith-Cohen et al. 2015; Finn et al. 2008; Giuliano et al. 1999; Maggio et al. 2013; Pinard et al. 2012; Wilcock und Peiffer 1986; Willis und Wilkie 2001)

16.3 Feline periokuläre Tumoren des Augenlids, des dritten Augenlids, der Konjunktiva und des Limbus

---

> **Feline periokuläre Tumoren in drei Fakten**
> 1. vor allem Plattenepithelkarzinome und weniger häufig Melanome
> 2. zumeist maligne mit invasivem Wachstum, aber selten mit Metastasen
> 3. frühe chirurgische Exzision als Behandlung der Wahl

■ **Epidemiologie und Pathogenese**

Plattenepithelkarzinome (PEK) sind der einzige relevante Tumor des Augenlids und des dritten Augenlids bei Katzen. Periokuläre Tumoren der Katze sind somit zumeist maligne, was im starken Gegensatz zu den kaninen periokulären Tumoren steht, die zumeist gutartig sind. Feline periokuläre PEK entwickeln sich häufig auf hellen oder **weißen Augenlidern** und werden wahrscheinlich vor allem durch **ultraviolettes Licht** hervorgerufen. Sie zeigen meist **invasives Wachstum**, während Metastasierung hingegen selten vorkommt. **Feline konjunktivale Melanome** sind häufig maligne mit invasivem Wachstum und seltener Metastasierung. **Limbale Melanome** sind zumeist gutartig.

■ **Klinik**

Feline periokuläre Tumoren sind meist **maligne Tumoren** mit Ausnahme des langsam wachsenden, nicht-invasiven limbalen Melanoms. Die mit den Tumoren assoziierte **Klinik** basiert auf dem Masseneffekt der Tumoren und der Interferenz mit der normalen Physiologie von Lidschluss sowie Befeuchtung der Kornea und somit mit der generellen Integrität der Mukosa und Immunität in diesem Bereich. Die Tumoren können eine ulzerierte, raue

Oberfläche haben und zu **Konjunktivitis, Epiphora** und **mukopurulentem Augenausfluss** führen. Ein Tumor ist deshalb immer als Differenzialdiagnose für eine chronische, rezidivierende Konjunktivitis mit einzuschließen.

Fluorescein-Färbung, vorsichtige Palpation und Adspektion der okulären und periokulären Strukturen sind zumeist ausreichend für die vorläufige Diagnose eines Tumors. Melanome können pigmentiert sein, amelanotische Melanome sind jedoch nicht selten. Zytologie, Biopsie, Ultraschall oder Computertomographie (CT) und Magnetresonanztomographie (MRT) helfen bei der Planung der Therapie größerer Tumoren.

- **Zytologie und Histopathologie**

Zytologie mittels Feinnadelaspiration (FNA) ist ein seltenes diagnostisches Mittel für periokuläre Tumoren. Sie kann bei der Diagnose von periokulären Melanomen oder Plattenepithelkarzinomen über den Nachweis von pigmentierten oder plattenepithelähnlichen Zellen helfen. **Postchirurgische Histopathologie von Exzisionsbiopsien** ist das häufiger angewandte Diagnoseverfahren für die definitive Diagnose periokulärer Tumore. **Melanome** enthalten häufig pigmentierte epitheloide bis spindelförmige Zellen, eine Immunhistochemie auf die Marker S100 oder Melan A ist jedoch manchmal nötig, um eine definitive Diagnose zu erhalten. PEK sind aus Nestern und Strängen von Epithelzellen aufgebaut und zeigen teils eine Verhornung von Einzelzellen und eine umfangreiche sekundäre Entzündung.

- **Therapie**

Die chirurgische Exzision ist die Behandlung der Wahl für feline periokuläre Tumoren. Da die meisten periokulären Tumoren maligne sind, sollte diese zeitnah durchgeführt werden. **Kryochirurgie** mittels flüssigem Stickstoff und konservative Chirurgie werden angewandt.

Augenlider im Speziellen und periokuläre Strukturen im Allgemeinen sind funktionell sehr sensible Strukturen. Tumoren, die nur ein Drittel der Länge des Augenlids betreffen, können mittels **V-Plastik** oder einer **vierseitigen Exzision** entnommen werden. Sind die Tumoren größer als ein Drittel des Lids, sind gut entwickelte chirurgische Fähigkeiten für eine fortgeschrittene Blepharoplastik nötig. Eine

prächirurgische Verkleinerung des Tumors mittels systemischer oder lokaler Chemotherapie oder Bestrahlung kann angezeigt sein, um den Anteil des zu entnehmenden Augenlids zu minimieren. Oberflächliche konjunktivale Tumoren können mit einer **oberflächlichen Keratektomie oder Sklerotomie** behandelt werden. Ist der Tumor jedoch zu weit vorangeschritten, so ist zumeist eine Enukleation des Auges nötig. Eine Resektion des kompletten dritten Augenlids ist eine recht einfache Prozedur, jedoch oft mit postchirurgischen Komplikationen, wie chronischer okulärer Trockenheit und Keratitis, assoziiert.

- **Prognose und molekulare Marker**

Die Prognose für feline periokuläre Tumoren ist **schlechter als für kanine Tumoren,** da sie eine mäßig hohe Rezidivrate und einen höheren Anteil an Tumoren zeigen, die eine Enukleation benötigen. Wenn sie jedoch mit entsprechender Sorgsamkeit chirurgisch behandelt werden, sind lange Überlebenszeiten möglich.

- **Weiterführende Literatur**

(Aquino 2007; Aquino 2008; Dees et al. 2016; Beckwith-Cohen et al. 2015; Finn et al. 2008; Hagard 2005; Schobert et al. 2010; Van Der Woerdt 2004)

16.4 Feline okuläre Tumoren

Feline okuläre Tumoren in fünf Fakten
1. diffuse Irismelanome am häufigsten
2. Melanome mit langsamem Wachstum, aber > 50 % Metastasierungsrate
3. feline okuläre posttraumatische Sarkome sind der zweithäufigste Tumor
4. induziert durch Trauma, invasiv wachsend, selten metastasierend
5. frühe Enukleation als Behandlung der Wahl für beide Tumortypen

- **Epidemiologie und Pathogenese**

Feline diffuse Irismelanome machen mehr als 50 % der primären okulären Tumoren der Katze aus und sind somit der häufigste okuläre Tumor dieser Spezies. Das mediane Alter betroffener Katzen bei der Diagnose beträgt 9 Jahre. Es gibt keine **Rasse-** oder **Geschlechtsprädisposition** für die Entwicklung okulärer Melanome. Feline okuläre Melanome haben eine Metastasierungsrate von über 50 %. Die Metastasen sind jedoch ebenfalls relativ langsam wachsend und brauchen zumeist 1–3 Jahre, um klinisch relevant zu werden.

Das **feline okuläre posttraumatische Sarkom** ist der zweithäufigste feline okuläre Tumor, ist jedoch selten. Der Tumor entwickelt sich bei Katzen jeden Alters nach einem **okulären Trauma**, inklusive **Chirurgie**, nach einer langen Latenzzeit von bis zu 7 Jahren. Es gibt keine **Rasseprädisposition,** aber eine **Geschlechtsprädisposition** für Kater aufgrund der häufigeren Kampfverletzungen. Schäden der Linse und chronische Uveitis sind häufig in den Augen der betroffenen Katzen zu finden. Die Epithelzellen der Linse sind mit hoher Wahrscheinlichkeit die Ursprungszellen des Tumors. Chronische Entzündung wirkt möglicherweise unterstützend für die neoplastische Transformation der pluripotenten Zellen, ähnlich zur angenommenen Ätiologie des felinen vakzinierungs-/injektionsassoziierten Fibrosarkoms. Die Tumoren sind **hochgradig invasiv** mit Infiltration der Choroidea, Retina und des Nervus opticus. Eine Metastasierung kommt sehr selten vor.

- **Klinik**

Typische klinische Befunde bei Katzen mit diffusen **Irismelanomen** sind langsam voranschreitende **Veränderungen in der Pigmentierung der Iris.** Manchmal können sich diese in eine kleine pigmentierte oder amelanotische Masse entwickeln. In späteren Stadien zeigen die Tiere ein sekundäres Glaukom und typische Zeichen einer chronischen anterioren Uveitis mit iridialer Hyperpigmentierung. Die Diagnose des Melanoms basiert auf dem Nachweis einer progressiven iridialen Verdickung bzw. Irregularität der Irisoberfläche.

Feline okuläre posttraumatische Sarkome zeigen sich als **weiße** oder **rote Farbveränderungen** des Auges und **Formveränderungen des Augapfels.** Glaukom, Uveitis und korneale Ulzera sind ebenfalls häufig zu sehen. Die definitive Diagnose der Tumoren ist zumeist schwierig, bevor eine größere, kompakte nachweisbare Masse entstanden ist.

- **Zytologie und Histopathologie**

Feinnadelaspirate (FNA) sind von geringem Wert für die Diagnose von diffusen Irismelanomen und okulären posttraumatischen Sarkomen. Da die invasive Biopsieentnahme mit einem recht hohen Risiko der Schädigung der okulären Strukturen einhergeht, ist das Risiko einer FNA zumeist nicht gerechtfertigt.

Histopathologisch sind **diffuse Irismelanome** durch pleomorphe Zellen mit spindligen bis multinukleierten epitheloiden Zellen charakterisiert. Diffuse iridiale Melanome können alle anterioren okulären Strukturen infiltrieren. Posttraumatische Sarkome zeigen sich histopathologisch als Spindelzelltumoren mit ausgeprägten entzündlichen Arealen.

- **Therapie**

Die **Enukleation** ist die Behandlung der Wahl für feline Irismelanome. Aufgrund ihrer hohen Metastaserate ist eine sofortige Enukleation der Tumoren nach erster Diagnose empfohlen und dann mit **Überlebenszeiten von bis zu 5 Jahren** assoziiert. Wenn der Tumor bereits den Ziliarkörper und die Sklera durchwachsen hat, reduziert sich die durchschnittliche Überlebenszeit auf 1,5 Jahre. Manche Autoren empfehlen, eine Enukleation erst vorzunehmen, wenn sich ein Glaukom entwickelt, sich Zeichen einer Entzündung zeigen oder ein Sichtverlust wahrnehmbar ist, da die Wirksamkeit der Enukleation nicht bewiesen ist und die Metastasen sich sowieso erst Jahre später klinisch zeigen. Eine fokale Ablation des Tumors mittels Laser wurde beschrieben, die Effizienz der Behandlung ist aber noch nicht überprüft.

Die **Enukleation** ist auch für **feline okuläre posttraumatische Sarkome** die Behandlung der Wahl. Aufgrund ihres invasiven Verhaltens ist eine frühe Enukleation indiziert. Eine Enukleation fortgeschrittener Tumorstadien ist oft mit einer Rezidivierung assoziiert. Eine prophylaktische Enukleation traumatisierter Augen oder chronisch entzündeter Augäpfel wurde vorgeschlagen. Der Nervus opticus sollte soweit wie möglich ebenfalls entnommen werden, da die Tumoren häufig aus dem Globus in die Orbita eindringen. Die **Prognose** für feline okuläre posttraumatische Sarkome ist als vorsichtig einzuschätzen, wenn der Tumor den N. opticus infiltriert hat, da dies mit einer Rezidivierung einhergeht.

Eine **Bestrahlung** wird zunehmend für die Behandlung feliner okulärer Tumoren vorgeschlagen, ist jedoch mit verschiedenen schädlichen Nebenwirkungen an anderen okulären Strukturen assoziiert.

- **Weiterführende Literatur**

(Finn et al. 2008; Grahn et al. 2006; Kalishman et al. 1998; Pinard et al. 2012; Willis und Wilkie 2001; Zeiss et al. 2003)

Weiterführende Literatur

Aquino SM (2007) Management of eyelid neoplasms in the dog and cat. Clin Tech Small Anim Pract 22:46–54

Aquino SM (2008) Surgery of the eyelids. Top Companion Anim Med 23:10–22

Beckwith-Cohen B, Bentley E, Dubielzig RR (2015) Outcome of iridociliary epithelial tumour biopsies in dogs: a retrospective study. Vet Rec 176:147

Bernays ME, Flemming D, Peiffer RL Jr (1999) Primary corneal papilloma and squamous cell carcinoma associated with pigmentary keratitis in four dogs. J Am Vet Med Assoc 214:215–217, 204

Bussieres M, Krohne SG, Stiles J, Townsend WM (2005) The use of carbon dioxide laser for the ablation of meibomian gland adenomas in dogs. J Am Anim Hosp Assoc 41:227–234

Dees DD, Schobert CS, Dubielzig RR, Stein TJ (2016) Third eyelid gland neoplasms of dogs and cats: a retrospective histopathologic study of 145 cases. Vet Ophthalmol 19(2):138–143

Donaldson D, Sansom J, Adams V (2006a) Canine limbal melanoma: 30 cases (1992–2004). Part 2. Treatment with lamellar resection and adjunctive strontium- 90beta plesiotherapy – efficacy and morbidity. Vet Ophthalmol 9:179–185

Donaldson D, Sansom J, Scase T, Adams V, Mellersh C (2006b) Canine limbal melanoma: 30 cases (1992– 2004). Part 1. Signalment, clinical and histological features and pedigree analysis. Vet Ophthalmol 9:115–119

Featherstone HJ, Renwick P, Heinrich CL, Manning S (2009) Efficacy of lamellar resection, cryotherapy, and adjunctive grafting for the treatment of canine limbal melanoma. Vet Ophthalmol 12(Suppl 1):65–72

Finn M, Krohne S, Stiles J (2008) Ocular melanocytic neoplasia. Compendium 30:19–25

Giuliano EA, Chappell R, Fischer B, Dubielzig RR (1999) A matched observational study of canine survival with primary intraocular melanocytic neoplasia. Vet Ophthalmol 2:185–190

Grahn BH, Peiffer RL, Cullen CL, Haines DM (2006) Classification of feline intraocular neoplasms based on morpho-logy, histochemical staining, and immunohistochemical labeling. Vet Ophthalmol 9:395–403

Hagard GM (2005) Eyelid reconstruction using a split eyelid flap after excision of a palpebral tumour in a Persian cat. J Small Anim Pract 46:389–392

Kalishman JB, Chappell R, Flood LA, Dubielzig RR (1998) A matched observational study of survival in cats with enucleation due to diffuse iris melanoma. Vet Ophthalmol 1:25–29

Lopes RA, Cardoso TC, Luvizotto MC, De Andrade AL (2010) Occurrence and expression of p53 suppressor gene and c-Myc oncogene in dog eyelid tumors. Vet Ophthalmol 13:69–75

Maggio F, Pizzirani S, Pena T, Leiva M, Pirie CG (2013) Surgical treatment of epibulbar melanocytomas by complete excision and homologous corneoscleral grafting in dogs: 11 cases. Vet Ophthalmol 16:56–64

Pinard CL, Mutsaers AJ, Mayer MN, Woods JP (2012) Retrospective study and review of ocular radiation side effects following external-beam Cobalt-60 radiation therapy in 37 dogs and 12 cats. Can Veter J La Revue Veter Canadienne 53:1301–1307

Romkes G, Klopfleisch R, Eule JC (2014) Evaluation of onevs. two-layered closure after wedge excision of 43 eyelid tumors in dogs. Vet Ophthalmol 17:32–40

Schobert CS, Labelle P, Dubielzig RR (2010) Feline conjunctival melanoma: histopathological characteristics and clinical outcomes. Vet Ophthalmol 13:43–46

Wilcock BP, Peiffer RL Jr (1986) Morphology and behavior of primary ocular melanomas in 91 dogs. Vet Pathol 23:418–424

Woerdt van der A (2004) Adnexal surgery in dogs and cats. Vet Ophthalmol 7:284–290.

Willis AM, Wilkie DA (2001) Ocular oncology. Clin Tech Small Anim Pract 16:77–85

Zeiss CJ, Johnson EM, Dubielzig RR (2003) Feline intraocular tumors may arise from transformation of lens epithelium. Vet Pathol 40:355–362

Thymome

Robert Klopfleisch

© Springer-Verlag GmbH Deutschland 2017
R. Klopfleisch (Hrsg.), *Veterinäronkologie kompakt*,
https://doi.org/10.1007/978-3-662-54987-2_17

Thymome sind Tumoren der Thymusepithelzellen. Es sind heterogene Tumoren, die auch sehr viele gut differenzierte, nicht-neoplastische Lymphozyten enthalten und histologisch zumeist sogar von diesen dominiert werden. Dies kann zu diagnostischen Schwierigkeiten führen, da mediastinale und gut differenzierte Lymphome die wichtigste Differenzialdiagnose für Thymome darstellen und teils nur schwierig von diesen abzugrenzen sind. Thymome sind seltene Tumoren bei allen Spezies. Die meisten Berichte zu Thymomen in der Veterinäronkologie finden sich zu Katzen und Hunden. Kaninchen sind jedoch auch recht häufig betroffen (▶ Kap. 19), und manche Autoren berichten, dass Thymome der häufigste Tumor älterer Ziegen sind.

17.1   Kanine Thymome

> **Kanine Thymome in sechs Fakten**
> 1. eher seltene Tumoren bei Hunden
> 2. gutartiges, expansive Wachstumsmuster, jedoch klinisch maligne aufgrund des Masseneffekts im Thorax
> 3. Dyspnoe, kraniale Ödeme und Herzinsuffizienz sind häufigste klinische Symptome
> 4. verschiedene paraneoplastische Syndrome, z. B. Dermatitis und Myasthenia gravis
> 5. zytologische/histopathologische Diagnose schwierig, da häufig Dominanz von Lymphozyten im Tumor
> 6. Chirurgie als Behandlung der Wahl und assoziiert mit guter Prognose für Tumoren in frühen Stadien

■ **Epidemiologie und Pathogenese**

Thymome sind die häufigsten Tumoren des kranialen Mediastinums bei Hunden, insgesamt aber eher selten. Sie stammen von Thymusepithelzellen ab, sind zumeist **langsam und expansiv** wachsend und **metastasieren nur selten.** Aufgrund ihrer Lokalisation in der Nähe des Herzens, verschiedener Gefäßstamme und Nerven sowie der Lunge sind

Thymome jedoch oft nur unter Schwierigkeiten zu resezieren; sie stellen deshalb zumeist eine letale und **klinisch maligne Erkrankung** dar. Sie treten bei Hunden in einem medianen **Alter** von 9 Jahren auf. Eine **Geschlechts-** oder **Rasseprädisposition** ist nicht bekannt. Die Ursachen und Mechanismen der Thymomentwicklung bei Hunden oder allen anderen Haustierspezies sind unbekannt.

■ **Klinik**

Die **klinischen Symptome** bei Hunden mit Thymomen basieren zumeist auf dem Masseneffekt des Tumors im Thorax. Kompressionsatelektasen der Lunge sind mit **Dyspnoe, Tachypnoe** und **Husten** assoziiert. Die Kompression der kranialen Vena cava oder anderer Venen der kranialen Körperanteile kann mit Ödemen des Kopfs und der Vordergliedmaßen assoziiert sein. Weiterhin kann die Verlagerung und Umschließung des Herzens durch den Tumor zu einer **Herzinsuffizienz** führen.

Thymome sind mit mehreren **paraneoplastischen Syndromen** assoziiert, die bei mehr als 50 % der Hunde auftreten. Die **thymomassoziierte Myasthenia gravis** ist eine antikörperbasierte Autoimmunerkrankung gegen den Azetylcholinrezeptor. Sie ist das häufigste paraneoplastische Syndrom und kommt bei 20–40 % der Hunde mit Thymomen vor. Der exakte molekulare Mechanismus des Syndroms ist nicht bekannt. Myasthenia gravis ist mit einer Paralyse des Ösophagus assoziiert und führt zu einem Megaösophagus, Regurgitation und Aspirationspneumonie. Die **thymomassoziierte exfoliative Dermatitis** wird eher bei Katzen mit Thymomen beschrieben, vereinzelt aber auch bei Hunden. Sie ist durch diffuse, schwere kutane Erytheme und Schuppenbildung charakterisiert. Auch hier ist der molekulare Mechanismus der Erkrankung unklar. Weiterhin wurden in Einzelfällen eine autoimmune Polymyositis, Anämie aufgrund einer immunvermittelten Hämolyse sowie Hyperkalzämie aufgrund der Sekretion von parathormonähnlichem Peptid beschrieben.

Blutanalysen sind bei Hunden mit Thymomen unauffällig.

Röntgenaufnahmen und **Computertomographie (CT)** des Thorax können die Ausmaße der kranialen Masse und eine eventuelle Invasion der umgebenden Strukturen feststellen (◨ Abb. 17.1).

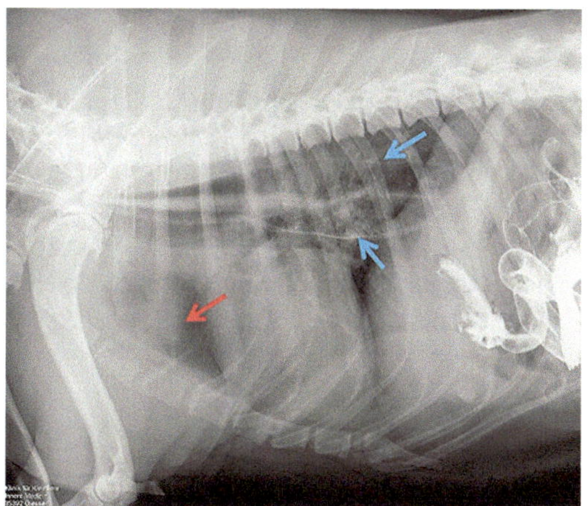

Abb. 17.1 Thorax, Röntgenaufnahme von rechts. Thymom (roter Pfeil) und Megaösophagus (blaue Pfeile) aufgrund assoziierter Myasthenia gravis (mit freundlicher Genehmigung von Dr. N. Bauer, Fachbereich Veterinärmedizin, Justus-Liebig-Universität, Gießen)

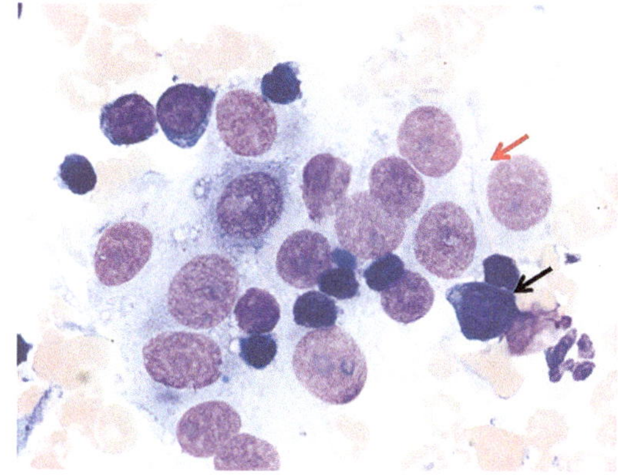

Abb. 17.2 Zytologie, Thymom, Hund (derselbe Hund wie in **Abb. 17.1**), May-Grünwald-Giemsa, 1000×. Man beachte die kleinen Gruppen leicht spindelförmiger bis polygonaler epithelialer Zellen (roter Pfeil), umgeben von kleinen bis mittelgroßen, reifen Lymphozyten (schwarzer Pfeil) (mit freundlicher Genehmigung von Dr. N. Bauer, Fachbereich Veterinärmedizin, Justus-Liebig-Universität, Gießen)

Ultraschall wird ebenfalls häufig angewandt, um Thymome darzustellen. Die finale Diagnose eines Thymoms erfordert eine **ultraschall- oder CT-geführte Biopsie**.

- **Zytologie und Histopathologie**

Die **Zytologie von Aspiraten** der Tumormasse oder Pleuraflüssigkeiten enthalten zumeist einen hohen Anteil an kleinen bis mittelgroßen reifen, gut differenzierten Lymphozyten und nur wenigen neoplastischen Thymomzellen (**Abb. 17.2**). Die Lymphozyten verdecken dabei oft die eigentlichen epithelialen spindelförmigen und teils plumpen polygonalen epithelialen Tumorzellen. Gut differenzierte Mastzellen und Makrophagen können ebenfalls vorhanden sein. Zytologisch können Thymome deshalb leicht **als gut differenzierte Lymphome fehldiagnostiziert** werden.

Durch eine **histopathologische Untersuchung** chirurgisch entnommener Tumoren ist eine besser abgesicherte Diagnose von Thymomen möglich. Die Diagnose wird jedoch auch hier häufig durch die Anwesenheit von zahlreichen gut differenzierten Lymphozyten, die die eigentlichen Tumorzellen verdecken, erschwert. **Hassall-Körper**, konzentrische eosinophile Massen, sind spezifische Strukturen des Thymusgewebes und finden sich häufig in Thymomen. Der immunhistochemische **Nachweis** von Zytokeratin verbessert die Sensitivität des Nachweises von positiven Tumorzellen.

- **Therapie**

Chirurgie ist die häufigste Behandlungsmethode für kanine Thymome. Röntgenaufnahmen und CT werden genutzt, um die Resezierbarkeit des Tumors festzustellen, wobei diese stark von den Fähigkeiten des Chirurgen abhängt. Die wenigen Studien zu diesem Thema postulieren, dass die chirurgische Entfernung mit einer medianen Überlebenszeit von 2–3 Jahren bei 50 % der Patienten einhergeht. Die Rezidivrate liegt bei 20 %, ein zweiter Eingriff ist jedoch mit einer **guten Prognose assoziiert**.

Prednison und Doxorubicin werden als **primäre** und **adjuvante Chemotherapie** verwendet. Die Chemotherapie ist mit einer partiellen Remission und einem Schrumpfen des Tumors verbunden. Die Schrumpfung basiert jedoch mit hoher Wahrscheinlichkeit eher auf einer Reduktion der nicht-neoplastischen Lymphozytenpopulation im Tumor als auf einer Abtötung von Thymomzellen.

Bestrahlung kann mit einer partiellen Remission und Überlebenszeiten von bis zu 8 Monaten assoziiert sein. Mehr Studien sind jedoch nötig, um eine sichere Einschätzung ihrer Effizienz zu ermöglichen.

- **Prognostische Faktoren und molekulare Marker**

Die Prognose für kanine Thymome hängt von ihrer Resezierbarkeit und dem Erfolg der Chirurgie ab. Eine komplette Resektion ist mit einer guten Langzeitprognose assoziiert. Eine Gefäßinvasion ist negativ und der Grad der Lymphozyteninfiltration positiv mit der Prognose korreliert. Hyperkalzämie, Myasthenia gravis und Megaösophagus zum Zeitpunkt der Diagnose haben einen negativen Einfluss auf die Prognose.

- **Weiterführende Literatur**

(Aronsohn et al. 1984; Atwater et al. 1994; Day 1997; Hunt et al. 1997; Hylands 2006; Marx et al. 2015a, b; Moffet 2007; Robat et al. 2013; Smith et al. 2001; Tepper et al. 2011; Turek 2003; Yoon et al. 2004; Zitz et al. 2008)

17.2   Feline Thymome

> **Feline Thymome in sechs Fakten**
> 1. eher seltene Tumoren der Katze
> 2. gutartiges Wachstum, aber klinisch maligne aufgrund des Masseneffekts im Thorax
> 3. Dyspnoe, kraniale Ödeme und Herzinsuffizienz als häufigste klinische Symptome
> 4. paraneoplastisches Syndrom weniger häufig als beim Hund
> 5. zytologische/histopathologische Diagnose schwierig aufgrund der Lymphozytendominanz im Tumor
> 6. Chirurgie als Behandlung der Wahl assoziiert mit einer guten Prognose

- **Epidemiologie und Pathogenese**

Thymome sind sehr seltene Tumoren des kranialen Mediastinums bei der Katze; mediastinale Lymphome sind bei der Katze um ein Vielfaches häufiger (▶ Kap. 6). Es gibt sehr viel weniger Literatur über feline als über kanine Thymome. Soweit einschätzbar, scheinen sich erstere aber in vielen Aspekten ähnlich den kaninen Thymomen zu verhalten.

Feline Thymome stammen von **Thymusepithelzellen** ab, haben ein langsames und expansives Wachstum und **metastasieren nur selten**. Aufgrund ihres Wachstums in der Nähe des Herzens, der Lunge, verschiedener Nerven und Gefäßstämme sind Thymome oft nur schwer zu resezieren und stellen eine immer **potenziell letale und klinisch maligne Erkrankung** dar. Sie treten im medianen **Alter** von 10 Jahren auf. Es gibt keine **Geschlechts-** oder **Rasseprädisposition**. Die Ursachen und Mechanismen der Thymomentwicklung bei Katzen oder anderen Tierspezies sind unbekannt.

- **Klinik**

Die häufigsten **klinischen Symptome** bei Katzen sind Dyspnoe und Herzinsuffizienz. Paraneoplastische Syndrome sind eher selten. Die klinischen Symptome sind vor allem auf den Masseneffekt im Thorax zurückzuführen. Kompressionsatelektasen der Lunge führen zu **Dyspnoe, Tachypnoe und Husten**. Eine Kompression der Vena cava oder anderer Venen aus den vorderen Körperanteilen sind mit Ödemen des Kopfes und der Vordergliedmaßen assoziiert. Die Verlagerung und Umwachsung des Herzens kann zu einer **Herzinsuffizienz** führen.

Feline Thymome sind mit mehreren **paraneoplastischen Syndromen** assoziiert. Eine **thymomassoziierte Myasthenia gravis**, eine antikörperbasierte Autoimmunerkrankung gegen den Azetylcholinrezeptor, wird bei der Katze nur selten beobachtet. Sie führt zu einer Paralyse des Ösophagus und damit zu einem Megaösophagus, Regurgitation, Aspirationspneumonie und generalisierter Muskelschwäche. Die **thymomassoziierte exfoliative Dermatitis** (◘ Abb. 17.3) ist ein seltenes Syndrom. Es ist durch diffuse hochgradige, nicht juckende, kutane Erytheme und Schuppenbildung charakterisiert. Die pathogenetischen Zusammenhänge bei der Entstehung der Dermatitis sind unbekannt.

Blutanalysen bei Katzen mit Thymom sind zumeist unauffällig.

Röntgenaufnahmen und **Computertomographie (CT)** des Thorax ermöglichen die Identifikation und Evaluation des Ausmaßes und der Resezierbarkeit der kranialen Masse. **Ultraschall** wird ebenfalls häufig zur Identifikation mediastinaler Massen eingesetzt. Eine finale Diagnose ist nur mittels **Ultraschall-** oder **CT-geführter Biopsie** möglich.

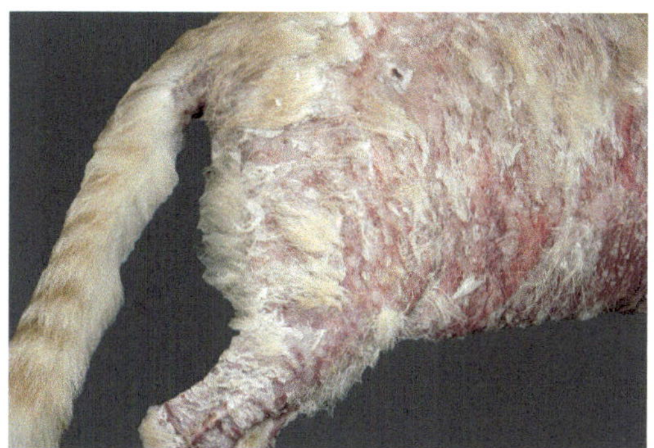

Abb. 17.3 Exfoliative Dermatitis bei einer Katze mit Thymom

■ Zytologie und Histopathologie

Die Zytologie von Aspiraten der Tumormasse oder Pleuraflüssigkeiten enthalten zumeist einen hohen Anteil an kleinen bis mittelgroßen, reifen, gut differenzierten Lymphozyten und nur wenigen neoplastischen Thymomzellen (■ Abb. 17.2). Die Lymphozyten verdecken dabei oft die eigentlichen epithelialen spindelförmigen und teils plumpen polygonalen epithelialen Tumorzellen. Gut differenzierte Mastzellen und Makrophagen können ebenfalls vorhanden sein. Zytologisch können Thymome deshalb leicht als gut differenzierte Lymphome fehldiagnostiziert werden.

Durch eine histopathologische Untersuchung chirurgisch entnommener Tumoren ist eine sicherere Diagnose von Thymomen möglich. Die Diagnose wird jedoch auch hier häufig durch die Anwesenheit von zahlreichen gut differenzierten Lymphozyten, die die eigentlichen Tumorzellen verdecken, erschwert. Hassall-Körper, konzentrische eosinophile Massen, sind spezifische Strukturen des Thymusgewebes und finden sich häufig in Thymomen. Der immunhistochemische Nachweis von Zytokeratin verbessert die Sensitivität des Nachweises von positiven Tumorzellen.

■ Therapie

Chirurgie ist die am häufigsten angewandte Behandlungsmethode bei felinen Thymomen. Röntgenaufnahmen und CT werden genutzt, um die Resezierbarkeit des Tumors festzustellen, wobei diese stark von den Fähigkeiten des Chirurgen abhängt. Die wenigen Studien zu diesem Thema postulieren, dass die chirurgische Entfernung mit einer Überlebensrate von 89 % nach 1 Jahr, 75 % nach 3 Jahren und einer medianen Überlebenszeit von 5 Jahren assoziiert ist.

Prednison und Doxorubicin werden als **primäre** und **adjuvante Chemotherapie** verwendet. Die Chemotherapie ist mit einer partiellen Remission und einem Schrumpfen des Tumors verbunden. Die Schrumpfung basiert jedoch mit hoher Wahrscheinlichkeit eher auf einer Reduktion der nicht-neoplastischen Lymphozytenpopulation im Tumor als auf einer Abtötung von Thymomzellen.

Eine **Bestrahlung** kann mit einer partiellen Remission und Überlebenszeiten von bis zu 2 Jahren assoziiert sein. Mehr Studien sind jedoch nötig, um eine sichere Einschätzung ihrer Effizienz zu ermöglichen.

■ Prognostische Faktoren und molekulare Marker

Die **Prognose** feliner Thymome hängt stark von der Resezierbarkeit des Tumors und dem Erfolg der chirurgischen Behandlung ab. Eine komplette Resektion ist mit einer guten Langzeitprognose assoziiert. Eine Gefäßinvasion ist negativ und der Grad der Lymphozyteninfiltration positiv mit der Prognose korreliert. Rezidivierung und das Vorhandensein von paraneoplastischen Syndromen hat keinen Einfluss auf die Prognose.

■ Weiterführende Literatur

(Cavalcanti et al. 2014; Day 1997; Hill et al. 2013; Patnaik et al. 2003; Shilo et al. 2011; Singh et al. 2010; Smith et al. 2001; Spadavecchia und Jaggy, 2008; Turek 2003; Yoon et al. 2004; Zitz et al. 2008)

17.3 Thymome bei Ziegen

Thymome der Ziege in drei Fakten

1. häufige Tumoren bei alten Ziegen
2. gutartiges Wachstum, häufig nur Zufallsbefund bei der Sektion
3. keine Behandlungsansätze beschrieben

■ Epidemiologie und Pathologie

Thymome der Ziege sind Tumoren der Thymusepithelzellen. Die wenigen epidemiologischen Studien zu diesen Tumoren zeigen, dass es sich um den **dritthäufigsten Tumor** bei Ziegen nach Lymphomen und Plattenepithelkarzinomen handelt. Circa 25 % aller Tumoren bei **Saanenziegen** sind Thymome. Thymome sind Tumoren mittelalter bis alter Ziegen im **Alter** von 4–10 Jahren. Sie sind zumeist **Zufallsbefunde** während der Sektion. Klinische Symptome können jedoch in Form von **Dyspnoe** oder ösophagealer Kompression mit **Megaösophagus** und Regurgitation auftreten. Caprine Thymome sind langsam und **expansiv wachsende Tumoren**. Ein metastatisches Thymuskarzinom in der Lunge wurde in einem Fallbericht beschrieben. **Zytologisch und histopathologisch** sind die zytokeratinpositiven Tumorzellen häufig durch zahlreiche reife Lymphozyten verdeckt. Es gibt keine Berichte über Behandlungsansätze für caprine Thymome.

- **Weiterführende Literatur**

(Braun et al. 2009; Hadlow 1978; Lohr 2013; Olchowy et al. 1996; Parish et al. 1996; Rostkowski et al. 1985)

Weiterführende Literatur

Aronsohn MG, Schunk KL, Carpenter JL, King NW (1984) Clinical and pathologic features of thymoma in 15 dogs. J Am Vet Med Assoc 184:1355–1362

Atwater SW, Powers BE, Park RD, Straw RC, Ogilvie GK, Withrow SJ (1994) Thymoma in dogs: 23 cases (1980– 1991). J Am Vet Med Assoc 205:1007–1013

Braun U, Steininger K, Irmer M, Hagen R, Ohlerth S, Ruhl S, Ossent P (2009) Ultrasonographic and computed tomographic findings in a goat with mediastinal lymphocytic thymoma. Schweiz Arch Tierheilkd 151:332–:335

Cavalcanti JV, Moura MP, Monteiro FO (2014) Thymoma associated with exfoliative dermatitis in a cat. J Feline Med Surg 16:1020–1023

Day MJ (1997) Review of thymic pathology in 30 cats and 36 dogs. J Small Anim Pract 38:393–403.

Hadlow WJ (1978) High prevalence of thymoma in the dairy goat. Report of seventeen cases. Veter Pathol 15:153–169

Hill PB, Brain P, Collins D, Fearnside S, Olivry T (2013) Putative paraneoplastic pemphigus and myasthenia gravis in a cat with a lymphocytic thymoma. Vet Dermatol 24:646–649, e163–644

Hunt GB, Churcher RK, Church DB, Mahoney P (1997) Excision of a locally invasive thymoma causing cranial vena caval syndrome in a dog. J Am Vet Med Assoc 210:1628–1630

Hylands R (2006) Veterinary diagnostic imaging. Thymoma. Can Veter J La revue veterinaire canadienne 47:593–596

Lohr CV (2013) One hundred two tumors in 100 goats (1987–2011). Vet Pathol 50:668–675.

Marx A, Porubsky S, Belharazem D, Saruhan-Direskeneli G, Schalke B, Strobel P, Weis CA (2015) Thymoma related myasthenia gravis in humans and potential animal models. Exp Neurol 270:55–65

Moffet AC (2007) Metastatic thymoma and acquired generalized myasthenia gravis in a beagle. Can Veter J La revue veterinaire canadienne 48:91–93

Olchowy TW, Toal RL, Brenneman KA, Slauson DO, McEntee MF (1996) Metastatic thymoma in a goat. Can Veter J La revue veterinaire canadienne 37:165–167

Parish SM, Middleton JR, Baldwin TJ (1996) Clinical megaoesophagus in a goat with thymoma. Vet Rec 139:94

Patnaik AK, Lieberman PH, Erlandson RA, Antonescu C (2003) Feline cystic thymoma: a clinicopathologic, immunohistologic, and electron microscopic study of 14 cases. J Feline Med Surg 5:27–35

Robat CS, Cesario L, Gaeta R, Miller M, Schrempp D, Chun R (2013) Clinical features, treatment options, and outcome in dogs with thymoma: 116 cases (1999–2010). J Am Vet Med Assoc 243:1448–1454

Rostkowski CM, Stirtzinger T, Baird JD (1985) Congestive heart failure associated with thymoma in two nubian goats. Can Veter J La revue veterinaire canadienne 26:267–269

Shilo Y, Pypendop BH, Barter LS, Epstein SE (2011) Thymoma removal in a cat with acquired myasthenia gravis: a case report and literature review of anesthetic techniques. Vet Anaesth Analg 38:603–613

Singh A, Boston SE, Poma R (2010) Thymoma-associated exfoliative dermatitis with post-thymectomy myasthenia gravis in a cat. Can Veter J La revue veterinaire canadienne 51:757–760

Smith AN, Wright JC, Brawner WR Jr, LaRue SM, Fineman L, Hogge GS, Kitchell BE, Hohenhaus AE, Burk RL, Dhaliwal RS, Duda LE (2001) Radiation therapy in the treatment of canine and feline thymomas: a retrospective study (1985–1999). J Am Anim Hosp Assoc 37:489–496

Spadavecchia C, Jaggy A (2008) Thymectomy in a cat with myasthenia gravis: a case report focusing on perianaesthetic management. Schweiz Arch Tierheilkd 150:515–518

Tepper LC, Spiegel IB, Davis GJ (2011) Diagnosis of erythema multiforme associated with thymoma in a dog and treated with thymectomy. J Am Anim Hosp Assoc 47:e19–e25

Turek MM (2003) Cutaneous paraneoplastic syndromes in dogs and cats: a review of the literature. Vet Dermatol 14:279–296

Yoon J, Feeney DA, Cronk DE, Anderson KL, Ziegler LE (2004) Computed tomographic evaluation of canine and feline mediastinal masses in 14 patients. Vet Radiol Ultrasound Off J Am College Veter Radiol Int Veter Radiol Asso 45:542–546

Zitz JC, Birchard SJ, Couto GC, Samii VF, Weisbrode SE, Young GS (2008) Results of excision of thymoma in cats and dogs: 20 cases (1984–2005). J Am Vet Med Assoc 232:1186–1192

Mesotheliome

Robert Klopfleisch

© Springer-Verlag GmbH Deutschland 2017
R. Klopfleisch (Hrsg.), *Veterinäronkologie kompakt*,
https://doi.org/10.1007/978-3-662-54987-2_18

Mesotheliome sind Tumoren der Mesothelzellen der Pleura, des Peritoneums, des Perikards und manchmal der Tunica vaginalis. Das Mesothel entwickelt sich aus dem Mesoderm, Mesothelzellen zeigen jedoch auch morphologische und biochemische Eigenschaften von Epithelzellen. Mesotheliome können deswegen sowohl typische Epithelmarker wie Zytokeratin als auch mesenchymale Marker wie Vimentin exprimieren. Mesotheliome sind häufige Tumoren beim Rind, jedoch selten bei Katzen, Hunden, Pferden und anderen Spezies.

18.1 Kanine Mesotheliome

Kanine Mesotheliome in fünf Fakten

1. Tumoren auf Pleura, Peritoneum, Perikard oder Tunica vaginalis älterer Hunde
2. immer maligne aufgrund des schnellen Wachstums und zahlreicher Abklatschmetastasen
3. schwierige klinische Diagnose mit bildgebenden Verfahren aufgrund des flachen oder mikronodulären Tumorwachstums
4. Ergüsse als häufigster klinischer Befund
5. Ergussdrainage, Zytoreduktion und intrakavitäre Chemotherapie palliativ, aber nicht kurativ

■ **Epidemiologie und Pathogenese**

Mesotheliome sind seltene Tumoren alter Hunde. Sie treten durchschnittlich in einem **Alter** von 9 Jahren auf, seltener bei jungen Hunden. Es gibt eine geringgradige **Geschlechtsprädisposition** für Männchen, aber keine **Rasseprädisposition**. Mesotheliome sind durch ein multifokales bis diffuses, multinoduläres, flaches Wachstumsmuster gekennzeichnet, was ihre Visualisierung durch bildgebende Verfahren erschwert. Sie sind **immer maligne** aufgrund ihres schnellen Wachstums, der Invasion der umgebenden Gewebe und der Bildung von Metastasen. Die Metastasen bilden sich jedoch fast ausschließlich als **Abklatschmetastase**n in derselben Körperhöhle und sehr selten in anderen Organen.

Die Entwicklung von humanen Mesotheliomen ist eng mit einer **Asbestexposition** korreliert. Möglicherweise ist dies auch der Fall bei Hunden. Asbestexposition und Mesotheliomentstehung bei den Besitzern sind als Risikofaktor für die Mesotheliomentstehung beim Hund und vice versa identifiziert worden. Weiterhin enthalten Lungen von Hunden mit Mesotheliomen signifikant häufiger Asbestfasern als die von gesunden Hunden. Asbest scheint eine **direkte DNA-Schädigung** nach Phagozytose durch Mesothelzellen hervorzurufen. Beim Menschen konnte weiterhin nachgewiesen werden, dass manche Asbestformen den Spindelapparat während der Mitose schädigen. Weiterhin induziert Asbest die Sekretion von **proinflammatorischen Zytokinen** und **pro-proliferativen Wachstumsfaktoren**, die die Proliferation und Transformation von Zellen mit Asbestkontakt zusätzlich antreiben.

■ **Klinik**

Das **klinische Bild** von Hunden mit Mesotheliomen hängt von der Lokalisation des Tumors ab, wird jedoch vor allem durch die die **Ergüsse in den betroffenen Körperhöhlen** hervorgerufen. Die häufigsten klinische Befunde sind Hydrothorax mit Dyspnoe, Aszites und perikardiale Ergüsse mit Herztamponade und Herzinsuffizienz. Die Blutwerte betroffener Hunde sind meist unauffällig.

Röntgenbilder und Ultraschall können genutzt werden, um die pleuralen, perikardialen oder abdominalen Ergüsse zu identifizieren. Aufgrund des flachen Wachstums der Tumoren sind echte **Tumormassen meist nicht nachweisbar**. Die klinische Diagnose des Mesothelioms ist deshalb sehr schwierig, auch mit zytologischer Analyse. Ein neuerer Bericht zu einem Einzelfall eines kaninen Mesothelioms schlägt die Magnetresonanztomographie (MRT) als spezifischste Methode des Nachweises eines Mesothelioms vor.

■ **Zytologie und Histopathologie**

Eine definitive **zytologische Diagnose** eines Mesothelioms erfordert fortgeschrittene Fähigkeiten des untersuchenden Zytologen und ist selbst dann nicht immer möglich. Flüssigkeiten aus den betroffenen Körperhöhlen enthalten häufig zahlreiche Entzündungszellen und Erythrozyten, Mesotheliomzellen finden sich hingegen selten. Wenn vorhanden, zeigen sich Mesotheliomzellen als einzeln oder in kleinen Gruppen gelegene Zellen mit epitheloider Morphologie sowie bläulichem und vakuolisiertem Zytoplasma. Sie können anisokaryotisch und pleomorph sein. Die gleichen Eigenschaften zeigen jedoch auch reaktive, hypertrophe Mesothelzellen bei einer rein entzündlichen Pleuritis oder Peritonitis. Die finale Diagnose von Mesotheliomen benötigt deshalb eine **histopathologische** und immunhistochemische Untersuchung. Die Histopathologie an sich ist zumeist diagnostisch. In manchen Fällen sind jedoch die Differenzialdiagnosen einer chronischen proliferativen Serositis oder von Adenokarzinomen nicht sicher auszuschließen. Asbestfasern sind manchmal als sogenannte *„ferruginous bodies"*, d. h. Fasern umgeben mit Ferritin und amorphen Proteinaggregaten, nachweisbar. Ein immunhistochemischer Nachweis der **Koexpression von Zytokeratin und Vimentin** kann in einzelnen Fällen hilfreich sein. Anaplastische Karzinome, Melanome und Nierenkarzinome können jedoch ebenfalls beide Marker exprimieren. Der Nachweis von sauren Muzinen durch die **Alzianblaufärbung** und der **elektronenmikroskopische Nachweis von Desmosomen** sowie langen, dünnen Mikrovilli mit Bündeln von Tonofilamenten sind weitere recht spezifische Marker von Mesotheliomen.

- **Therapie**

Das Hauptziel der Therapie von Mesotheliomen ist eine **Palliativtherapie**, die das Überleben verlängert. **Eine Heilung ist nicht möglich.**

Die einfachste und effektivste Behandlung ist eine **Thorako- oder Perikardiozentese** bzw. Abdominalpunktion zur Drainage der akkumulierten Flüssigkeiten. Dieser Ansatz schwächt meist die klinischen Symptome für mehrere Monate ab und kann für den Rest des Lebens wiederholt werden.

Chirurgie wird zur Zytoreduktion und insbesondere als Perikardektomie eingesetzt. Dies kann die Lebensqualität und das Überleben für mehrere Monate verbessern bzw. verlängern. Eine adjuvante Chemotherapie nach Chirurgie kann die Überlebenszeiten auf bis zu 14 Monate verlängern.

Eine **nicht-adjuvante intravenöse Chemotherapie** mit Doxorubicin und Cisplatin kann für eine effiziente, kurzzeitige Remission eingesetzt werden, ist jedoch nicht effektiv für eine langfriste Kontrolle des Tumors. Eine **intrakavitäre Chemotherapie** mit Cisplatin oder Carboplatin allein oder in Kombination mit Mitoxantron wurde als Alternative zur systemischen Chemotherapie entwickelt. Sie ist effektiver und meist besser toleriert und mit Überlebenszeiten von bis zu 2 Jahren assoziiert. Das Cisplatin muss für die intrakavitäre Applikation mit isotonischer Natriumchloridlösung verdünnt werden.

Studien zur Effizienz einer Strahlentherapie zur Behandlung von Mesotheliomen sind nicht verfügbar.

- **Weiterführende Literatur**

(Charney et al. 2005; Dunning et al. 1998; Echandi et al. 2007; Gallach und Mai, 2013; Glickman et al. 1983; Kerstetter et al. 1997; Liptak und Brebner, 2006; MacDonald et al. 2009; Mooren et al., 1991; Reetz et al. 2012; Seo et al. 2007; Spugnini et al. 2008; Stepien et al. 2000)

18.2 Feline Mesotheliome

Feline Mesotheliome in fünf Fakten

1. Tumoren von Pleura, Peritoneum, Perikard oder Tunica vaginalis älterer Katzen
2. immer maligne aufgrund schnellen Wachstums und zahlreicher Abklatschmetastasen
3. erschwerte klinische Diagnose aufgrund des flachen oder mikronodulären Tumorwachstums
4. klinische Symptome basieren auf Folgen der Körperhöhlenergüsse
5. Ergussdrainage, Zytoreduktion, intrakavitäre Chemotherapie palliativ, aber nicht kurativ

Nach aktuellem Wissenstand verhalten sich **feline Mesotheliome** in den meisten Aspekten wie **kanine Mesotheliome** (◘ Abb. 18.1). Im Folgenden werden nur die Unterschiede zwischen felinen und kaninen Mesotheliomen beschrieben (▶ Abschn. 18.1). Im Gegensatz zu kaninen Mesotheliomen gibt es keine Studien zur Korrelation zwischen der Entstehung

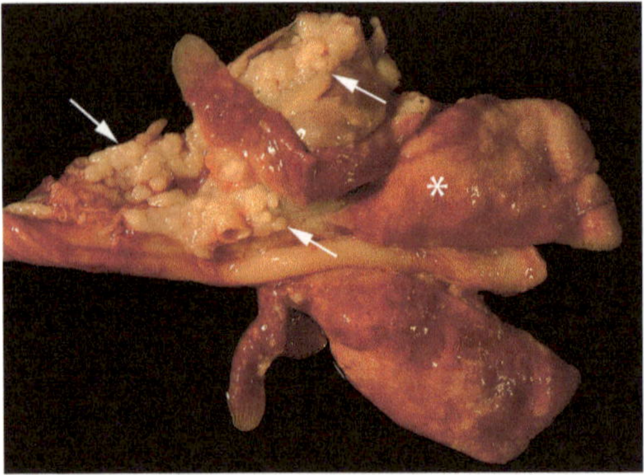

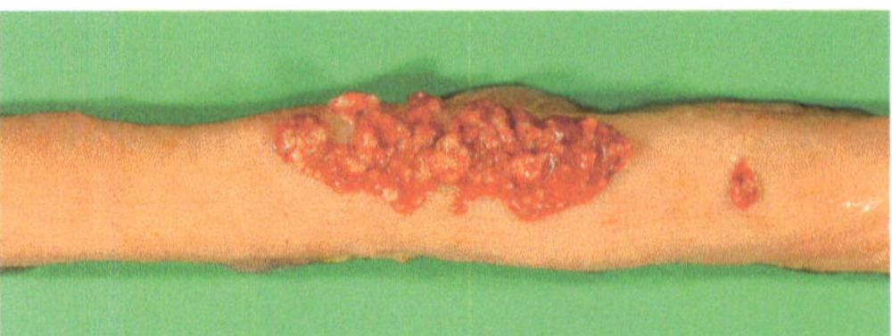

Abb. 18.2   Pleurales (periösophageales) Mesotheliom bei einem Rind (mit freundlicher Genehmigung von M. Bothe, PhD, Fresenius Medical Care, Bad Homburg, und dem Archiv für Tierpathologie, Freie Universität Berlin)

Abb. 18.1   Pleurales Mesotheliom (Pfeile) bei einer Katze (* = gesunde Lunge) (mit freundlicher Genehmigung von A. Weiss, PhD, CVUA-MEL, Münster und dem Archiv des Instituts für Tierpathologie, Freie Universität Berlin)

von felinen Mesotheliomen und der Exposition zu Asbestfasern oder Inzidenz von Mesotheliomen beim Besitzer. Eine intrakavitäre Applikation von Carboplatin bei Katzen mit pleuralen Mesotheliomen ist mit Überlebenszeiten von 4–6 Monaten assoziiert.

- **Weiterführende Literatur**

(Bacci et al. 2006; Sparkes et al. 2005; Spugnini et al. 2008)

18.3   Bovine Mesotheliome

Mesotheliome sind seltene bovine Tumoren mit gehäufter Inzidenz in **zwei Altersgruppen: kongenitale Mesotheliome** bei Kälbern und **erworbene Mesotheliome** bei älteren Rindern. Kongenitale bovine Mesotheliome entstehen bei wenigen Wochen alten Kälbern und finden sich vor allem auf der peritonealen, weniger häufig jedoch auf der pleuralen oder perikardialen Serosa. Intraläsionale **Asbestfasern** oder ein Zusammenhang mit der Exposition zu Asbest wurden bisher nicht bestätigt. Die klinischen Symptome basieren auf den Folgen der Körperhöhlenergüsse und zeigen sich als Aszites und Kachexie. Eine histopathologische Untersuchung ist für eine definitive Diagnose nötig und wird vor allem postmortal durchgeführt. Bovine Mesotheliome sind **immer maligne** und bilden schnell und zahlreiche Abklatschmetastasen (Abb. 18.2–18.3).

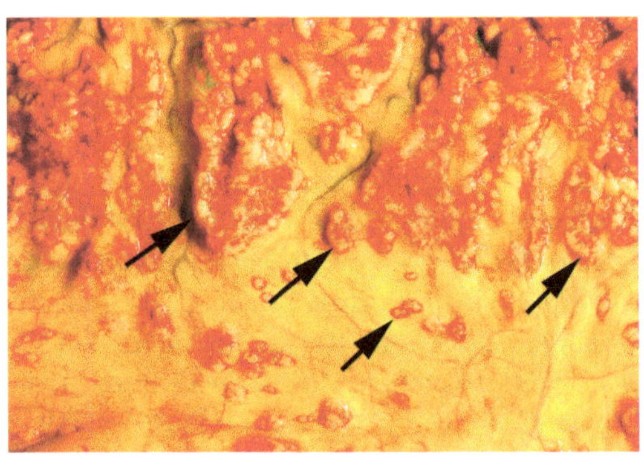

Abb. 18.3   Peritoneales Mesotheliom (Pfeile) bei einem Rind (mit freundlicher Genehmigung von M. Bothe, PhD, Fresenius Medical Care, Bad Homburg und dem Archiv für Tierpathologie, Freie Universität Berlin).

Therapieansätze für bovine Mesotheliome sind nicht bekannt. Die Tiere werden zumeist euthanasiert.

- **Weiterführende Literatur**

(Baskerville 1967; Magnusson und Veit, 1987; Misdorp 2002a; b; Schamber et al. 1982; Takasu et al. 2006)

Weiterführende Literatur

Bacci B, Morandi F, De Meo M, Marcato PS (2006) Ten cases of feline mesothelioma: an immunohistochemical and ultrastructural study. J Comp Pathol 134:347–354

Baskerville A (1967) Mesothelioma in the calf. Pathol Vet 4:149–156

Charney SC, Bergman PJ, McKnight JA, Farrelly J, Novosad CA, Leibman NF, Camps-Palau MA (2005) Evaluation of intracavitary mitoxantrone and carboplatin for treatment of carcinomatosis, sarcomatosis and mesothelioma, with or without malignant effusions: a retrospective analysis of 12 cases (1997–2002)*. Vet Comp Oncol 3:171–181

Dunning D, Monnet E, Orton EC, Salman MD (1998) Analysis of prognostic indicators for dogs with pericardial effusion: 46 cases (1985–1996). J Am Vet Med Assoc 212:1276–1280

Echandi RL, Morandi F, Newman SJ, Holford A (2007) Imaging diagnosis – canine thoracic mesothelioma. Vet Radiol Ultrasound Off J Am College Veter Radiol Int Veter Radiol Ass 48:243–245

Gallach RG, Mai W (2013) Cardiac MRI findings in a dog with a diffuse pericardial mesothelioma and pericardial effusion. J Am Anim Hosp Assoc 49:398–402

Glickman LT, Domanski LM, Maguire TG (1983) Mesothelioma in pet dogs associated with exposure of their owners to asbestos. Environ Res 32:305–313

Kerstetter KK, Krahwinkel DJ Jr, Millis DL, Hahn K (1997) Pericardiectomy in dogs: 22 cases (1978–1994). J Am Vet Med Assoc 211:736–740

Liptak JM, Brebner NS (2006) Hemidiaphragmatic reconstruction with a transversus abdominis muscle flap after resection of a solitary diaphragmatic mesothelioma in a dog. J Am Vet Med Assoc 228:1204–1208

MacDonald KA, Cagney O, Magne ML (2009) Echocardiographic and clinicopathologic characterization of pericardial effusion in dogs: 107 cases (1985–2006). J Am Vet Med Assoc 235:1456–1461

Magnusson RA, Veit HP (1987) Mesothelioma in a calf. J Am Vet Med Assoc 191:233–234

Misdorp W (2002a) Congenital tumours and tumour-like lesions in domestic animals. 1. Cattle. A review. Vet Q 24:1–11

Misdorp W (2002b) Tumours in calves: comparative aspects. J Comp Pathol 127:96–105

Moore AS, Kirk C, Cardona A (1991) Intracavitary cisplatin chemotherapy experience with six dogs. J Veter Intern Med Am College Veter Intern 5:227–231

Reetz JA, Buza EL, Krick EL (2012) CT features of pleural masses and nodules. Vet Radiol Ultrasound Off J Am College Veter Radiol Int Veter Radiol Ass 53:121–127

Schamber GJ, Olson C, Witt LE (1982) Neoplasms in calves (Bos taurus). Vet Pathol 19:629–637

Seo KW, Choi US, Jung YC, Hong SJ, Byeun YE, Kang MS, Pachrin B, Kim WH, Hwang CY, Kim DY, Youn HY, Lee CW (2007) Palliative intravenous cisplatin treatment for concurrent peritoneal and pleural mesothelioma in a dog. J Veter Med Sci Jap Soc Veter Sci 69:201–204

Sparkes A, Murphy S, McConnell F, Smith K, Blunden AS, Papasouliotis K, Vanthournout D (2005) Palliative intracavitary carboplatin therapy in a cat with suspected pleural mesothelioma. J Feline Med Surg 7:313–316

Spugnini EP, Crispi S, Scarabello A, Caruso G, Citro G, Baldi A (2008) Piroxicam and intracavitary platinum-based chemotherapy for the treatment of advanced mesothelioma in pets: preliminary observations. J Exp Clini Cancer Res CR 27:6

Stepien RL, Whitley NT, Dubielzig RR (2000) Idiopathic or mesothelioma-related pericardial effusion: clinical findings and survival in 17 dogs studied retrospectively. J Small Anim Pract 41:342–347

Takasu M, Shirota K, Uchida N, Iguchi T, Nishii N, Ohba Y, Maeda S, Miyazawa K, Murase T, Kitagawa H (2006) Pericardial mesothelioma in a neonatal calf. J Veter Med Sci Jap Soc Veter Sci 68:519–521

Tumoren von Mäusen, Ratten, Kaninchen und Meerschweinchen

Olivia Kershaw

© Springer-Verlag GmbH Deutschland 2017
R. Klopfleisch (Hrsg.), *Veterinäronkologie kompakt*,
https://doi.org/10.1007/978-3-662-54987-2_19

19.1   Häufige Tumoren der Maus

19.1.1   Einleitung

Neoplasien gehören zu den häufigsten Erkrankungen verschiedenster Labormausstämme. Die Untersuchung der genetischen Basis der Tumorentstehung war einer der ursprünglichen Gründe für die experimentelle Verwendung von Labormäusen. Dieser Trend wurde durch die Entwicklung gentechnisch veränderter Mäuse deutlich beschleunigt. Die Etablierung zahlreicher wichtiger Inzuchtstämme gründet auf ihrer Veranlagung zur Entwicklung bestimmter Tumoren. Neben der genetischen Einengung als Folge der Inzucht erhöhen zahlreiche retrovirale Elemente, die im Mausgenom vorhanden sind, die Inzidenz von Neoplasien bei der Maus. Die rasche Etablierung von mehr und mehr Mausstämmen und Substämmen führte zu einem zunehmenden Verlust an Übersichtlichkeit und Systematik der vorhandenen Daten. Daraus resultierende Initiativen, vorhandene Daten zu sammeln und zu organisieren, mündeten in der Etablierung systematischer Datenbanken wie der Mouse Tumor Biology database (MTB, http://tumor.informatics.jax.org/mtbwi/index. do, Begley et al. 2012a, b; Begley et al. 2007; Krupke et al. 2008) und der Pathbase (http://www.pathbase. net/, Schofield et al. 2004a; Schofield et al. 2004b; Schofield et al. 2010).

19.1.2   Hämatopoetische Tumoren der Maus

Hämatopoetische Tumoren der Maus in fünf Fakten

1. sehr häufig
2. weibliche Tiere > männliche Tiere
3. Dispositionen stark stammspezifisch
4. juvenile und adulte Mäuse betroffen
5. meist kurzer Krankheitsverlauf

■ **Epidemiologie und Pathogenese**

Retroviren stellen die wichtigste Ursache für hämatopoetische Tumoren der Maus dar (Taddesse-Heath et al. 2000), neben Bestrahlung (Boorman et al. 2000) und diversen Chemikalien (Gold et al. 2001). Darüber hinaus wurden viele Mausstämme spezifisch genetisch verändert, um hämatopoetische Tumoren bei diesen Tieren zu initiieren (Kogan et al. 2002; Morse et al. 2002). Ganz allgemein ist die Inzidenz auch innerhalb eines Stammes bei weiblichen Tieren deutlich höher als bei männlichen.

■ **Klinik**

Grundsätzlich kann meist ein sehr rascher Krankheitsverlauf mit dem Endbild einer unspezifisch „kranken" Maus beobachtet werden. Oftmals sind die Umfangsvermehrungen bereits bei der äußeren Besichtigung auffällig, besonders auffallend stellen sich vergrößerte Lymphknoten oder auch Hepato- und Splenomegalie dar. Hämatopoetische Neoplasien können in unterschiedlichsten Lokalisationen auftreten, oftmals multizentrisch, und die makroskopischen Befunde geben oft schon erste Hinweise auf die Natur und den Ursprung der Neoplasie (◘ Tab. 19.1)

■ **Zytologie und Histopathologie**

Zytologische Untersuchungen von hämatopoetischen Tumoren sind gut durchführbar und meistens diagnostisch im Sinne eines Rundzelltumors, kommen jedoch aufgrund des meist sehr kurzen Krankheitsverlaufs eher selten zum Einsatz. Sowohl hinsichtlich der Zytologie als auch der Histopathologie sind die diagnostischen Kriterien analog denen dieser Tumore bei anderen Spezies (► Kap. 6). Ausgeprägte Invasionsaktivitäten und diffuse Infiltrationen mit weitgehender Verdrängung des präexistierenden Gewebes sind meist zu beobachten. Weitergehende Untersuchungen zur Charakterisierung der Ursprungszellen sind mittels diverser Zellmarker und Techniken möglich (unter anderem Immunhistochemie, Durchflusszytometrie)

■ **Therapie**

Abgesehen vom experimentellen Einsatz (z. B. Wirkstoffprüfung) sind therapeutische Ansätze unüblich.

◻ Tab. 19.1 Klassifikation von hämatopoetischen Tumoren der Maus nach ihrem makroskopischen Erscheinungsbild (Ward 2006)

Verteilung	T-Zell-Lymphome	B-Zell-Lymphome	Histiozytäres Sarkom	Myeloische Leukämie
systemisch (generalisiert)	häufig	selten	selten	selten
Thymus	primär	selten	selten	selten
Milz	selten	häufig – follikulär oder Marginalzone	gelegentlich – rote Pulpa	häufig
Peyersche Platten	selten	häufig	gelegentlich	selten
mesenteriale Lymphknoten	selten	häufig	gelegentlich	selten
Leber	selten	selten	häufig	selten
Uterus	selten	selten	häufig	selten
Peritoneum	selten	selten	häufig	selten
Haut	selten	selten	gelegentlich	selten
Knochenmark	selten	selten	selten	Gelegentlich

▪ Weiterführende Literatur

(Begley et al. 2012a, b)

19.1.2.1 Lymphatische (B- und T-Zell-) Tumoren der Maus

▪ Epidemiologie und Pathogenese

Lymphatische Tumoren sind grundsätzlich haufig und treten je nach Stamm, Geschlecht und Alter der Tiere in variabler Frequenz auf (Ward 2006). Typischerweise treten Tumore entweder bei jungen Tieren auf, die dann einen fulminanten Verlauf zeigen oder erst bei bereits gealterten Tieren. Typischerweise treten insbesondere T-Zell-Lymphome mit Ursprung im Thymus besonders bei jungen Tieren auf, während B-Zell-Lymphome eher ältere Tiere betreffen und von der Milz, den Peyerschen Platten oder den Mesenteriallymphknoten ausgehen (Ward 2006).

▪ Klinik

B-Zell-Tumoren nehmen ihren Ausgang zwar meist von der Milz, den Peyerschen Platten (◻ Abb. 19.1 und 19.2) oder den Mesenteriallymphknoten, können grundsätzlich aber in nahezu jeder beliebigen Lokalisation auftreten. T-Zell-Lymphome

◻ Abb. 19.1 Intestinales Lymphom ausgehend von einer Peyerschen Platte einer Maus (mit freundlicher Genehmigung von Kristina Dietert, PhD, Freie Universität Berlin)

haben ihren Primärsitz im Allgemeinen im Thymus (◻ Abb. 19.3).

▪ Histopathologie

Histopathologisch kann eine weitergehende Klassifikation von Lymphomen erfolgen, die in den meisten Fällen jedoch nur von untergeordneter klinischer Relevanz ist. Kriterien sind die genaue Lokalisation der Zellen innerhalb der lymphatischen Gewebe, Zell- und Kerngrößen sowie deren Form. Falls von Belang, kann eine weitergehende Bestimmung des

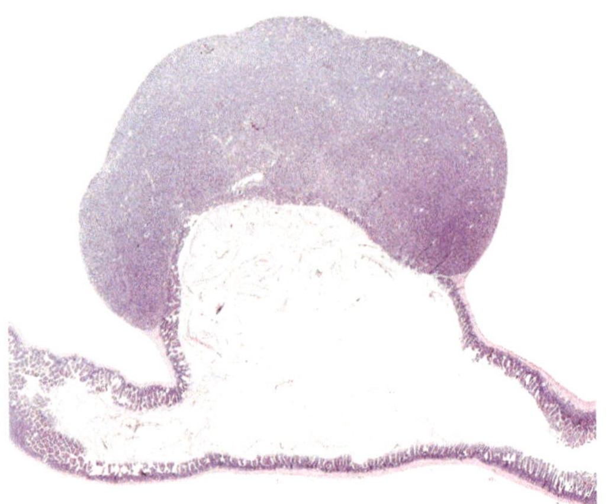

◘ Abb. 19.2 Histologisches Bild eines Lymphoms der Peyerschen Platte einer Maus

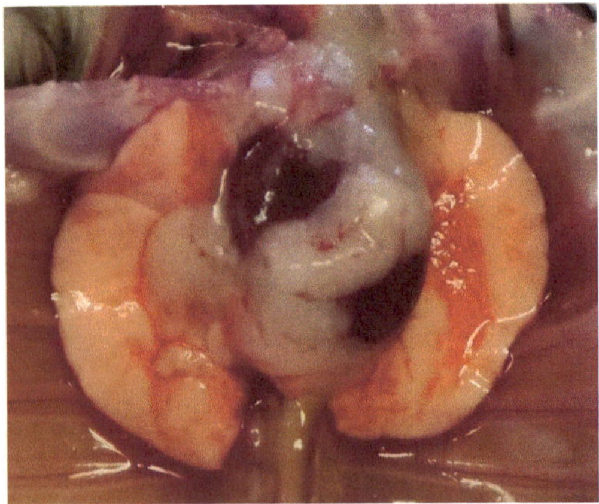

◘ Abb. 19.3 Stark vergrößerter Thymus bei mediastinalem Lymphom einer Maus (mit freundlicher Genehmigung von Kristina Dietert, PhD, Freie Universität Berlin)

Phänotyps zur genauen Klassifizierung gemäß den empfohlenen Schemata für B- und T-Zell-Lymphome mittels immunologischer Verfahren erfolgen (Kästen 19.2, 19.3).

Vorgeschlagene Klassifikation von B-Zell-Lymphomen der Maus (Hc et al. 2002)

1. B-Zell-Vorläufer
   - lymphoblastisches Lymphom/ Leukämie von B-Zell-Vorläufern
2. Tumoren reifer B-Zellen
   - kleinzelliges B-Zell-Lymphom
   - Marginalzonen-B-Zell-Lymphom der Milz
   - follikuläres B-Zell-Lymphom
   - diffuses großzelliges B-Zell-Lymphom
     - Morphologische Varianten:
       a. zentroblastisch
       b. immunoblastisch
       c. histiozytenassoziiert
     - Untertypen
     - primäres mediastinales (thymisches) diffuses großzelliges B-Zell-Lymphom
   - klassisches Burkitt-Lymphom
   - burkitt-ähnliches Lymphom (inklusive reifzelligem B-Zell-Lymphom mit lymphoblastischer Morphologie)
   - Plasmazelltumoren
     - Plasmozytom
     - extramedulläres Plasmozytom
     - anaplastisches Plasmozytom
   - B-Zell-Lymphom natürlicher Killerzellen

Vorgeschlagene Klassifikation von T-Zell-Lymphomen der Maus (Hc et al. 2002)

- 1 T-Zell-Vorläufer
  - lymphoblastisches Lymphom/ Leukämie von T-Zell-Vorläufern
- 2 Tumoren reifer T-Zellen
  - kleinzelliges T-Zell-Lymphom
  - T-Zell-Lymphom natürlicher Killerzellen
- 3 nicht weiter charakterisierte T-Zell-Lymphome
  - großzelliges, anaplastisches Lymphom

■ **Weiterführende Literatur**

(Ward 2006)

19.1.2.2 Nicht-lymphoide Tumoren der Maus

■ **Epidemiologie und Pathogenese**

Häufigster und wichtigster nicht-lymphoider, hämatopoetischer Tumor der Maus ist das **histiozytäre Sarkom**, ausgehend von phagozytierenden Zellen.

Neben stammspezifischen Häufungen tritt der Tumor im Allgemeinen bei alternden Tieren zunehmend auf. Myeloische Leukämien werden gelegentlich bei älteren Tieren mit stammspezifischen Häufungen beobachtet.

- **Klinik**

Histiozytäre Sarkome fallen durch Organomegalie (Milz!) auf, können jedoch auch knotige Veränderungen z. B. von Leber, Uterus und Nieren verursachen. Mäuse mit myeloischer Leukämie werden unspezifisch krank, Anämie und Leukozytose sind möglich, Splenomegalie oftmals bestimmend.

- **Histopathologie**

Histopathologisch dominieren histiozytäre Sarkome oftmals als diffuse oder noduläre Infiltrationen von histiozytär-pleomorph oder oftmals auch spindelig differenzierten Zellen mit reichlich eosinophilem Zytoplasma. Eher diffuse Infiltrate in diversen Organen durch unreife myeloische Vorläufer, gelegentlich auch mit beginnender Ausreifung und Nachweis von sogenannten *nuclear ring forms*, kennzeichnen die myeloische Leukämie.

Nicht-lymphatische hämatopoetische Tumoren und Reifungsstörungen (Kogan et al. 2002)

- myeloische Leukämie
  - myeloische Leukämie ohne Ausreifung
  - myeloische Leukämie mit Ausreifung
  - myeloproliferative Erkrankungen ähnlich der myeloischen Leukämie
  - myelomonozytische Leukämie
  - megakaryozytische Leukämie
  - biphenotypische Leukämie
- nicht-lymphatische, hämatopoetische Sarkome
  - granulozytäres Sarkom
  - histiozytäres Sarkom
  - Mastzelltumor
- myeloische Dysplasien
  - myelodysplastisches Syndrom
  - Zytopenie mit vermehrtem Blastennachweis

- myeloische Proliferationen
  - Myeloproliferation
  - myeloproliferative Erkrankungen

- **Weiterführende Literatur**

(Kogan et al. 2002)

19.1.3 Lungentumoren der Maus

Lungentumoren der Maus in sechs Fakten

1. häufig
2. Inzidenz abhängig vom Mausstamm, Virusinfektionen etc.
3. Ursprungszellen meist Pneumozyten Typ II
4. Adenome > Adenokarzinome
5. häufig Zufallsbefund
6. Bezeichnung als „pulmonales" Adenom/ Adenokarzinom

- **Epidemiologie und Pathogenese**

Lungentumoren sind eine der häufigsten Neoplasien der Maus. Stammabhängig können bereits bei vier Monate alten Tieren Inzidenzen von bis 100 % beobachtet werden. Pneumozyten Typ II werden als Ursprungszellen dieser Tumoren angesehen. Die Aktivierung von *K-ras* ist ein wichtiger Auslöser und führt je nach Allelstatus im Genom zu einer deutlichen Erhöhung der Inzidenzen. Die ehemalige Unterteilung in „bronchioloalveoläre", „bronchioläre" oder „alveoläre" Tumoren wurde zugunsten einer Angleichung an die humanmedizinische Nomenklatur aufgegeben; man bezeichnet die Tumoren nun vereinfacht als „pulmonal".

- **Klinik**

Lungentumoren stellen meist einen Zufallsbefund dar und fallen als gut umschriebene, noduläre Veränderungen auf, die das umliegende Parenchym komprimieren. Größere Tumoren oder Adenokarzinome mit lokaler Invasionsaktivität oder Abklatschmetastasierung in die Pleura können zu respiratorischen Symptomen bei den Tieren führen.

■ **Histopathologie**

Histopathologisch zeigen sich Lungentumoren oftmals sehr gut differenziert mit kuboidalem bis zylindrischem, nicht-ziliertem Epithel und Ausbildung von papillären oder tubulären Strukturen. Adenokarzinome zeigen sich im Allgemeinen lokal invasiv und werden pleomorph hinsichtlich des Zellbildes.

■ **Weiterführende Literatur**

(Renne et al. 2009)

19.1.4 Mammatumoren der Maus

> **Mammatumoren der Maus in sechs Fakten**
> 1. häufig
> 2. Inzidenz abhängig vom Mausstamm, Anzahl der Trächtigkeiten, Stress etc.
> 3. können durch retrovirale Infektion bedingt sein (MMTV)
> 4. Auftreten in nahezu allen Körperlokalisationen möglich
> 5. Metastasierung oftmals in die Lunge
> 6. Progression: Hyperplasie, Adenome, Adenokarzinome

■ **Epidemiologie und Pathogenese**

Mammatumoren treten bei der Maus häufig auf, und Adenokarzinome sind die häufigste Tumorart bei C3H-Mäusen. Neben dem spontanen Auftreten werden sie oftmals durch retrovirale Infektionen mit dem Mouse Mammary Tumor Virus (MMTV) hervorgerufen, und grundsätzlich ist ihre Inzidenz von Geschlecht, Alter, Hormonstatus, Umgebungsfaktoren sowie genetischen Faktoren und bestehenden Virusinfektionen abhängig.

■ **Klinik**

Tumoren können nahezu in jeder Körperregion auftreten und fallen meist als subkutane, gut umschriebene, derbe, manchmal auch knotige bis multinoduläre Veränderungen auf. Sehr große Tumoren können partiell nekrotisch werden und dann auch Blutungen aufweisen. Obwohl die lokale Invasionsaktivität oftmals nicht besonders ausgeprägt ist oder sogar fehlt, finden sich in vielen Fällen Lungenmetastasen.

◘ Tab. 19.2 Klassifikation von Mammatumoren anhand ihrer Differenzierung (Cardiff et al. 2000):

Variante	Histopathologische Merkmale
glandulär	Tumor besteht aus Drüsen
acinär	Tumor besteht aus kleinen Drüsengruppen mit kleinen zentralen Lumina. Streng genommen Unterform der glandulären Differenzierung, jedoch typisch für viral induzierte Tumoren bei Infektion mit dem MMTV
kribriform	Tumor besteht aus soliden Anordnungen oder Nestern von Zellen, die die runden Hohlräume umschließen
papillär	Tumor zeigt fingerförmige Projektionen, die von epithelüberzogenen fibrovaskulären Proliferationen gebildet werden
solide	Tumor besteht aus soliden Anordnungen oder Nestern von Zellen mit geringer oder fehlender Drüsendifferenzierung
squamös	Tumor besteht ausschließlich aus squamösen Zellen mit oder ohne Keratinisierung
Fibroadenome	Tumor besteht aus kombinierter Proliferation von myxoidem Stroma und Drüsenanteilen
Adenomyoepitheliom	Tumor besteht aus Proliferationen von Myoepithelien und Drüsen
adenosquamös	Tumor zeigt glanduläre und squamöse Differenzierung
nicht anderweitig spezifiziert	Tumor mit Mustern abweichend von vorstehenden Differenzierungen

■ **Histopathologie**

Das **histopathologische Bild** ist oftmals variabel mit einem großen Spektrum von Differenzierungsmustern, die für die Klassifizierung herangezogen werden können (◘ Tab. 19.2).

■ **Therapie**

Die **chirurgische Exzision** mit größtmöglichem Sicherheitsabstand ist die Therapie der Wahl. Die Prognose wird hinsichtlich der Überlebenszeit durch eine gleichzeitige Ovariohysterektomie verbessert, bleibt jedoch insbesondere im Hinblick auf Metastasierung und Rezidiv sehr vorsichtig.

- **Weiterführende Literatur**

(Cardiff et al. 2000; Rudmann et al. 2012)

19.1.5 Hepatozelluläre Tumoren der Maus

Hepatozelluläre Tumoren der Maus in fünf Fakten

1. häufig bei alternden Mäusen
2. männliche Tiere > Weibliche Tiere
3. Inzidenz abhängig vom Mausstamm
4. früheres Auftreten und höhere Prävalenzen bei Tieren mit *Helicobacter* spp.-Infektion
5. Progression: *foci of cellular alteration*, Adenome, Adenokarzinome

- **Epidemiologie und Pathogenese**

Hepatozelluläre Adenome und Adenokarzinome sind die am häufigsten zu beobachtenden Lebertumoren der Maus, wobei männliche Tiere vermehrt betroffen sind. Ihre Entstehung kann durch eine ganze Reihe von karzinogenen Stoffen provoziert werden, daneben kommen insbesondere Infektionen mit *Helicobacter* spp. prädisponierend in Betracht. Cholangiozelluläre Tumoren treten vergleichsweise selten auf.

- **Klinik**

Klinische Symptome sind selten und, wenn sie auftreten, meist unspezifisch. Sehr große Tumoren können zur abdominalen Umfangsvermehrung führen. Makroskopisch finden sich solitäre oder multiple Knoten variabler Größe mit oftmals leberartigem Erscheinungsbild. Demgegenüber zeigen Gallengangstumoren oftmals eine graubraune Farbe und deutlich verfestigte Konsistenz.

- **Histopathologie**

Histopathologisch zeigen sich im Wesentlichen zwei Muster, die Tumorzellen wachsen trabekulär oder solide bei variabler Differenzierung, die jedoch nicht hinweisend auf insbesondere das metastatische Verhalten ist. Anisokaryose und Anisozytose

sind oftmals auffallend, und Karyomegalie ist ein häufiges Merkmal. Der Übergang von knotigen Hyperplasien und Adenomen ist oftmals fließend und eine sichere Unterscheidung von normalem Gewebe oftmals nur aufgrund der Gesamtstruktur möglich.

- **Weiterführende Literatur**

(Thoolen et al. 2010)

19.1.6 Endokrine Tumoren der Maus

Endokrine Tumoren (Hypophysenadenome) der Maus in drei Fakten

1. meist Hypophysenadenome
2. weibliche Tiere > männliche Tiere
3. oftmals Prolaktinsekretion

- **Epidemiologie und Pathogenese**

Hypophysenadenome sind die häufigsten endokrinen Tumoren der Maus, betreffen gehäuft weibliche Tiere und nehmen ihren Ursprung im Allgemeinen von der Pars distalis. Bei endokriner Aktivität kommt es meist zur Sekretion von Prolaktin mit konsekutiver Begünstigung der Entwicklung von Mammatumoren. Hyperplasie oder Adenome können sporadisch auch in anderen endokrinen Organen beobachtet werden, meist in der Nebenniere, Schilddrüse oder den Pankreasinseln gealterter Mäuse.

- **Klinik**

Abhängig vom Entstehungsort der Tumoren und einer etwaigen sekretorischen Aktivität der Tumorzellen stehen sekundäre hormonelle Effekte wie zum Beispiel Laktation bei prolaktinsezernierenden Hypophysenadenomen im Vordergrund. Darüber hinaus können letztere insbesondere durch Raumforderung Ursache von zentralnervösen Symptomen sein. Makroskopisch führen Blutungen in den Tumoren oftmals zu einem roten Erscheinungsbild der Umfangsvermehrungen (◨ Abb. 19.4).

- **Histopathologie**

Histopathologisch sind die Tumoren meist gut differenziert, zeigen expansives Wachstum und damit

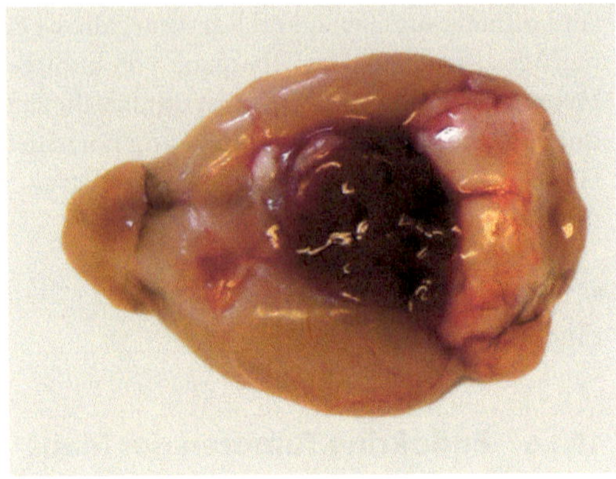

▣ Abb. 19.4   Hypophysenadenom bei einer Maus mit großflächigen Blutungen (mit freundlicher Genehmigung von Kristina Dietert, PhD, Freie Universität Berlin).

ein benignes Verhalten. Hypophysenadenome zeigen nur ganz vereinzelt lokale Invasion.

■ **Weiterführende Literatur**

(Boorman 1999; Hardisty 1999; Mahler 1999; Nyska 1999)

19.2   Tumoren der Ratte

19.2.1   Einleitung

Ähnlich wie bei der Maus ist auch die Häufigkeit von Tumoren der Ratte stark von Faktoren wie Stamm, Alter, Geschlecht oder Diät abhängig. Am häufigsten zu beobachten sind als gutartige Tumoren Fibroadenome der Milchdrüse, während die lymphatische (*large granular*) Leukämie eine der Haupttodesursachen darstellt. Neoplasien der Zymbal-Drüse, der Schilddrüse, des Endometriums oder mesenchymale Tumoren sind ebenfalls typisch.

19.2.2   Hämatopoetische Tumoren der Ratte

Hämatopoetische Tumoren der Ratte in vier Fakten

1. häufig
2. weibliche Tiere > männliche Tiere (LGL-Leukämie)
3. stammspezifische Dispositionen
4. eine der wichtigsten Todesursachen alternder Ratten

19.2.2.1   Lymphatische Leukämie (Large Granular Lymphocytic Leukemia, LGL)

■ **Epidemiologie und Pathogenese**

LGL-Leukämien treten zwar bei allen Stämmen auf, sind aber typischerweise Haupttodesursache der alternden Fischer-Ratte (F344-Ratte). Die Tumorzelle ist lymphatischen Ursprungs mit Charakteristika ähnlich natürlichen Killerzellen. Retrovirale Infektionen als Auslöser werden immer wieder diskutiert, sind jedoch bisher nicht bewiesen.

■ **Klinik**

Die Tiere fallen klinisch durch Anämie, Ikterus, reduziertes Allgemeinbefinden und hochgradige Leukozytose mit Zellzahlen bis zu 400.000/ml^3 auf. Weiterhin zeigen die betroffenen Tiere aufgrund der zytotoxischen Eigenschaften der Tumorzellen häufig eine Thrombozytopenie, hämolytische Anämie und nachfolgend Hämorrhagien. Makroskopisch stehen typischerweise Splenomegalie und Hepatomegalie im Vordergrund, häufig in Kombination mit petechialen oder intestinalen Hämorrhagien.

■ **Histopathologie**

Die **Histopathologie** von Ratten mit LGL-Leukämie wird durch eine intravaskuläre Leukozytose und diffuse Infiltration der Parenchyme durch große Lymphozyten (▣ Abb. 19.5) dominiert. Die typischen zytoplasmatischen **Granula** sind besonders in zytologischen Präparaten auffällig, die auch als Abklatschpräparate sehr einfach gewonnen werden können.

■ **Weiterführende Literatur**

(Boorman 2006)

19.2.2.2   Histiozytäres Sarkom der Ratte

■ **Epidemiologie und Pathogenese**

Histiozytäre Sarkome treten gelegentlich bei allen Rattenstämmen auf, sind jedoch besonders häufig

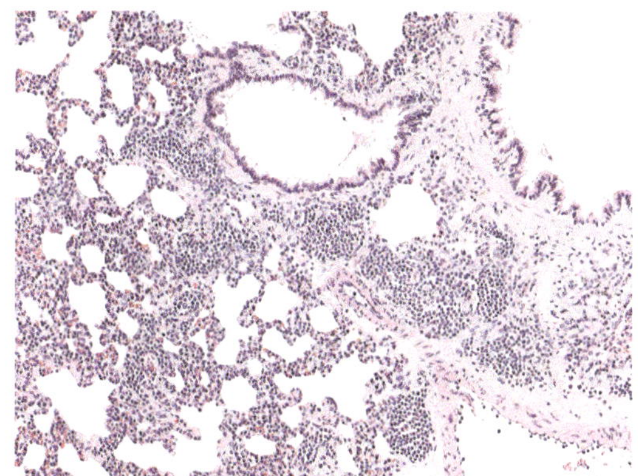

Abb. 19.5 Histologie der Lunge einer Ratte mit LGL-Leukämie. Kapillaren und Lymphgefäße sind stark gefüllt mit monomorphen großen lymphatischen Zellen (Leukämie).

bei SD-Ratten. Beide Geschlechter sind im höheren Alter etwa gleich häufig betroffen.

■ **Klinik**

Die klinischen Symptome sind, wenn überhaupt nachweisbar, eher unspezifisch. Makroskopisch finden sich knotige Massen in verschiedenen Organen wie Milz, Leber oder Lymphknoten, aber auch auf serösen Oberflächen, der Haut und in der Subkutis.

■ **Histopathologie**

Histopathologisch finden sich pleomorphe, häufig spindelige Tumorzellen mit sehr viel eosinophilem Zytoplasma und großen, vesikulären Kernen. Die Zellen wachsen solide oder zeigen palisadenartige Aufreihungen, gelegentlich finden sich mehrkernige Zellen.

■ **Weiterführende Literatur**

(Boorman 2006)

19.2.3 Mammatumoren der Ratte

Mammatumoren der Ratte in sechs Fakten
1. häufig
2. meist benigne Fibroadenome
3. Prädisposition für bestimmte Zuchtlinien
4. Inzidenz abhängig von Umweltfaktoren (Diät!) und hormonellen Faktoren
5. keine virale Genese bekannt
6. können durch verschiedene Karzinogene hervorgerufen werden

■ **Epidemiologie und Pathogenese**

Mammatumoren sind häufige Tumoren der weiblichen Ratte und können selten auch bei männlichen Tieren auftreten. Die meisten Tumoren sind benigne **Fibroadenome.** Maligne **Karzinome** sind selten. Fibroadenome können sehr groß werden und in späten Stadien lokal invasiv wachsen. Eine maligne Progression mit Metastasierung ist extrem selten.

■ **Klinik**

Aufgrund der weiten Verbreitung von Milchdrüsengewebe in der Unterhaut der Ratte können Mammatumoren nahezu in allen Körperregionen auftreten. Sie treten als frei bewegliche, gut abgrenzbare, feste, und zumeist lobulierte Knoten auf. Große Tumoren können oberflächlich ulzerieren und sind dann meist nur noch eingeschränkt beweglich.

■ **Histopathologie**

Histopathologisch zeigen Fibroadenome typischerweise sehr viel Bindegewebe, in das kleine Inseln gut differenzierter epithelialer Tumorzellen eingebettet sind. Die Epithelzellen sind vorrangig in kleinen azinären Strukturen angeordnet (■ Abb. 19.6). Maligne

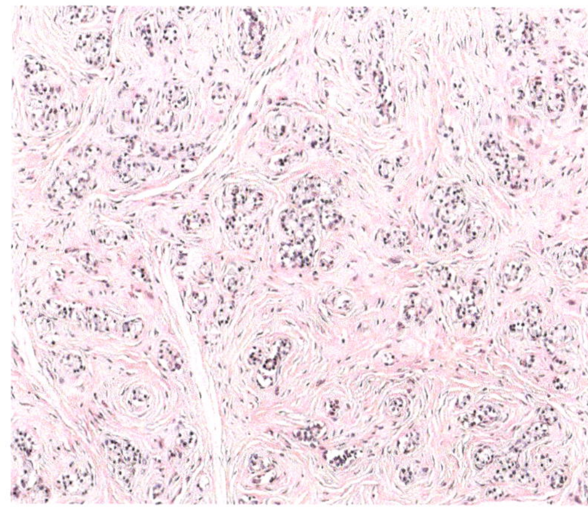

Abb. 19.6 Histologie eines Fibroadenoms der Milchdrüse einer Ratte. Kleine Inseln von epithelialen Tumorzellen sind in sehr viel kollagenreiches Bindegewebe eingebettet. HE-Färbung.

Adenokarzinome werden anhand ihrer Wuchsform in zahlreiche Unterformen, wie alveolar, tubulär, zystisch und papillär, eingeteilt. Diese Differenzierung hat jedoch keine klinische Relevanz.

- **Therapie**

Die **Chirurgie** ist die Behandlungsmethode der Wahl und vor allem für große Tumoren indiziert, die die Beweglichkeit des Tieres einschränken.

- **Weiterführende Literatur**

(Rudmann et al. 2012)

19.2.4   Hypophysentumoren der Ratte

> **Hypophysenadenome der Ratte in vier Fakten**
> 1. häufig bei F344- und Wistar-Ratten
> 2. Inzidenz abhängig von Umweltfaktoren (Diät!) und hormonellen Faktoren
> 3. zumeist benigne Tumore
> 4. häufig prolaktinsezernierend

- **Epidemiologie und Pathogenese**

Die meisten **Hypophysentumoren** der Ratte sind chromophobe Adenome der Pars distalis, die häufig Prolaktin sezernieren. Die Inzidenz steigt mit dem Alter. Bei manchen Rattenstämmen, wie vor allem F344 und Wistar, stellen sie die häufigste Todesursache dar. **Maligne** Tumoren sind selten.

- **Klinik**

Eine plötzliche Laktation alter Ratten ist ein typisches Symptom betroffener Tiere. Größere Tumoren können durch lokale Raumforderung auch zu neurologischen Symptomen führen.

- **Histopathologie**

Das h**istopathologische Bild** der Tumoren wird durch gut differenzierte adenoide Tumorzellen bestimmt, die in typischen neuroendokrinen Nestern oder Strängen begleitet von einem gut vaskularisiertem Stroma angeordnet sind. Häufig sind multiple Knötchen in der Hypophyse nachweisbar, die wahrscheinlich unabhängige Proliferationen darstellen.

Hämorrhagien und assoziiertes Hämosiderin sind ebenfalls häufig nachweisbar.

- **Weiterführende Literatur**

(Boorman 2006)

19.3   Tumoren des Kaninchens

19.3.1   Einleitung

Adenokarzinome des Uterus sind die häufigsten und relevantesten Tumoren beim Kaninchen. Andere relevante Tumoren sind Lymphome, die häufig im darmassoziierten lymphatischen Gewebe (GALT) auftreten. Typisch sind auch mesenchymale Tumoren, oft myxoid differenziert und meistens durch Pockenviren induziert. Die systemische Infektion führt zum Bild der Myxomatose (vorwiegend bei *Oryctolagus cuniculus*).

19.3.2   Tumoren des weiblichen Reproduktionstraktes beim Kaninchen

> **Tumoren des weiblichen Reproduktionstrakts beim Kaninchen in zwei Fakten**
> 1. uterine Adenokarzinome häufigster Tumor des älteren weiblichen Kaninchens (Inzidenz bis zu 80 %)
> 2. Fernmetastasierung häufig (Lunge)

- **Epidemiologie und Pathogenese**

Uterine Adenokarzinome sind der häufigste Tumor des Kaninchens (*Oryctolagus cuniculus*). Die Inzidenz steigt mit dem Alter und ist rasseunabhängig. Prädisponierende Effekte durch Östrogene werden diskutiert, konnten aber bisher nicht abschließend nachgewiesen werden.

- **Klinik**

Klinisch zeigen sich vorwiegend bei Zuchtkaninchen Fruchtbarkeitsstörungen mit reduzierter Fertilität oder Totgeburten. Später können die Raumforderungen durch einzelne oder multiple Umfangsvermehrungen

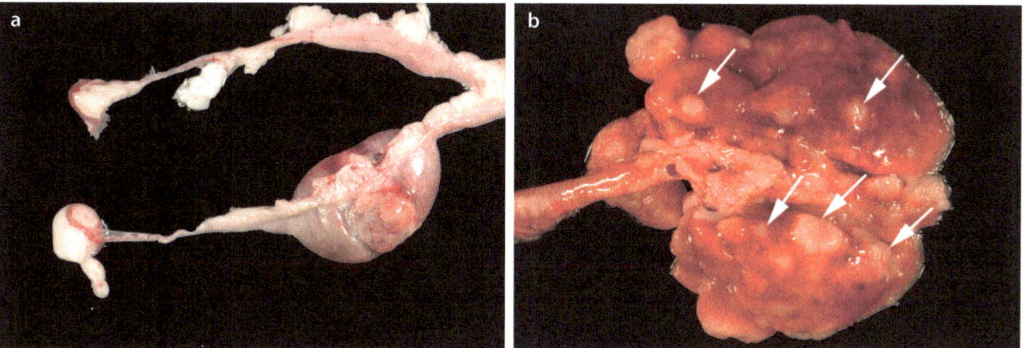

Abb. 19.7 Metastasierendes Uteruskarzinom bei einem Kaninchen. A) In einem der Uterushörner findet sich ein relativ gut abgegrenztes Uteruskarzinom. B) Trotz seiner guten lokalen Abgrenzung im Uterus hat das Karzinom bereits in die Lunge metastasiert.

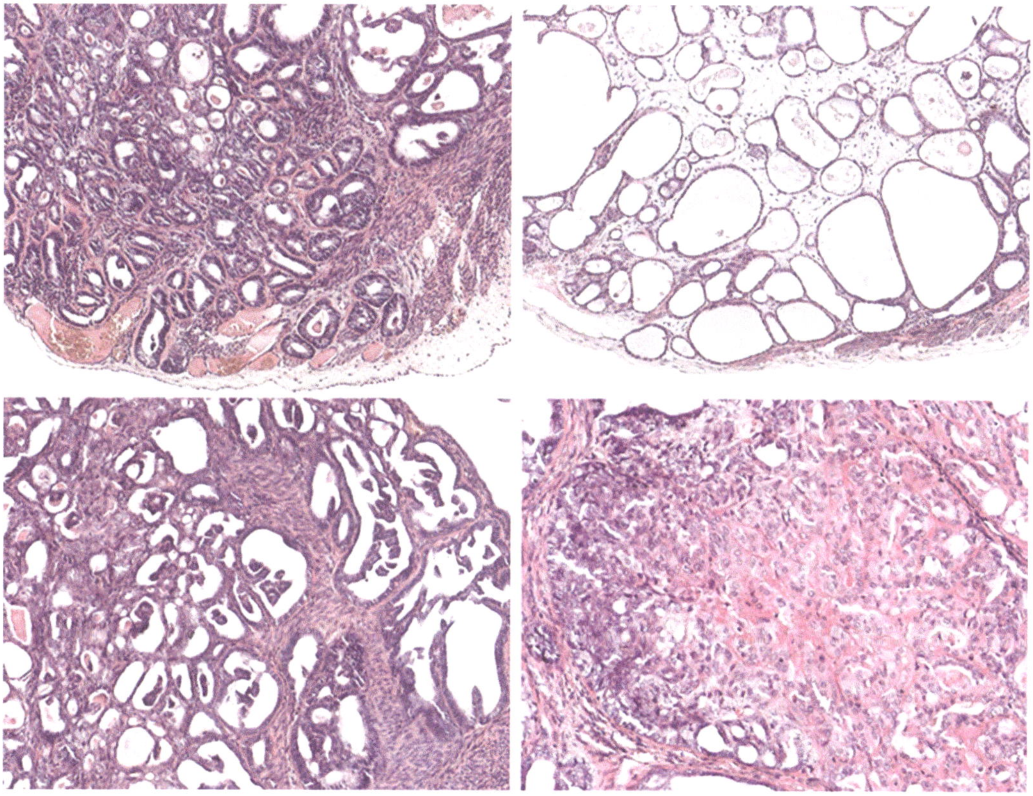

Abb. 19.8 Histopathologische Bilder der variablen Differenzierung von Uteruskarzinomen des Kaninchens: azinar (oben links), zystisch (oben rechts), papillär (unten links) und solide (unten rechts). HE-Färbung

im Bauchraum oder auch Lungenmetastasen zu klinischen Symptomen führen (❏ Abb. 19.7).

▪ Histopathologie

Histopathologisch zeigen sich die Tumoren als Proliferation von meist kuboidalen Zellen, die in papillären, azinären oder tubulären Strukturen angeordnet sind. Eine Invasion in das umgebende Uterusstroma findet sich häufig (❏ Abb. 19.8). Metastasen sind meist in den regionalen Lymphknoten, der Bauchhöhle und der Lunge nachweisbar.

■ **Therapie**

Die **Chirurgie** ist die Behandlungsmethode der Wahl. Die Zeit zwischen dem klinischen Nachweis und dem Tod aufgrund von Metastasierung wird mit 12–24 Monaten angegeben.

■ **Weiterführende Literatur**

(Tinkey et al. 1999)

19.3.3 Hämatopoetische Neoplasien des Kaninchens

19.3.3.1 Lymphome/Leukämie des Kaninchen

Maligne Lymphome/Leukämie des Kaninchens in vier Fakten
1. zweithäufigster Tumor beim Kaninchen
2. häufigster Tumor bei jungen Kaninchen
3. Leukämie häufig mit Beteiligung weiterer Organe
4. am häufigsten Niere, Leber, Milz, Lymphknoten betroffen

■ **Epidemiologie und Pathogenese**

Lymphome/Leukämie sind die **zweithäufigsten Tumoren beim Kaninchen** und der **häufigste Tumor des jungen Kaninchens.** Es gibt keine Geschlechts- oder Rasseprädisposition. Lymphome können sich aleukämisch oder leukämisch verhalten. Eine Leukämie ist meist mit der Infiltration zahlreicher Organe assoziiert.

■ **Klinik**

Das klinische Bild ist zumeist unspezifisch. Wenn vorhanden, ist eine Leukozytose hinweisend. Anämie, Anorexie und generalisierte Lymphadenopathie sind weitere mögliche Symptome. Makroskopisch finden sich Umfangsvermehrungen in verschiedenen Lokalisationen sowie Organvergrößerungen und ein blasses Knochenmark. Die Kombination aus blassen Nieren mit unregelmäßiger Oberfläche und verbreiterter, aufgehellter Rinde, Hepato- und Splenomegalie sowie Lymphadenopathie wird als pathognomonisch angesehen.

■ **Histopathologie**

Histopathologisch zeigen zumeist alle Organe Infiltrate durch lymphoide Tumorzellen. Am häufigsten betroffen sind Leber, Milz, Nieren, Lunge und lymphatische Gewebe. Unter den lymphatischen Geweben ist das mukosaassoziierte lymphatische Gewebe des Darmes (GALT) am häufigsten betroffen. Neben Organinfiltrationen können auch solide Tumorknoten in nahezu jeder Lokalisation auftreten. Die neoplastischen Zellen sind meist größer als reife Lymphozyten und zeigen einen nur schmalen Zytoplasmasaum, eine erhöhte Mitoserate und oftmals Nekrosen als Hinweis auf starkes Wachstum.

■ **Weiterführende Literatur**

(Tinkey et al. 1999)

19.3.3.2 Thymome des Kaninchens

Thymome des Kaninchens in fünf Fakten
1. häufiger Tumor des Kaninchens
2. benignes Wachstum, aber klinisch maligne aufgrund der thorakalen Raumforderung
3. klinische Symptome umfassen zumeist Dyspnoe, Schwäche und Exophthalmus
4. paraneoplastische Syndrome sind seltener als bei anderen Tierarten
5. Tumorchirurgie assoziiert mit hohem Risiko für perioperativen Tod

■ **Epidemiologie und Pathogenese**

Thymome sind häufig und machen bis zu 10 % aller Tumoren des Kaninchens aus. Sie sind die **häufigste Tumorart im kranialen Mediastinum** und entwickeln sich aus den Epithelzellen des Thymusparenchyms. Sie sind zumeist langsam und expansiv wachsend und zeigen nur äußerst selten invasives Wachstum oder Metastasierung (◘ Abb. 19.9). Das **Alter** betroffener Kaninchen variiert zwischen 1–4 Jahren. Es gibt keine Geschlechts- oder Rasseprädisposition. Die Ursachen und Mechanismen der Thymomkarzinogenese sind beim Kaninchen, wie bei den anderen Tierarten, unklar.

■ **Klinik**

Thymome sind beim Kaninchen häufig Zufallsbefund. Klinisch relevant sie durch ihre thorakale Raumforderung und resultierende **Tachy- oder**

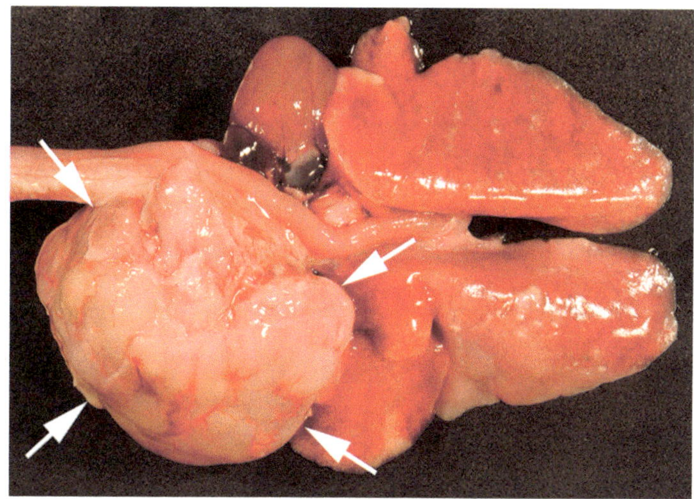

■ 19.9 Thymom (Pfeil) bei einem Kaninchen (mit freundlicher Genehmigung von Robert Klopfleisch, Freie Universität Berlin)

Dyspnoe, Schwäche und Exophthalmus. Seltener zu beobachten sind Inappetenz, Husten, Prolaps des dritten Augenlids, Ödem der kranialen Körperanteile und ein dumpfer Herzton. **Exophthalmus** und das kraniale Ödem werden durch die Kompression der kranialen Vena cava und der Blutstauung im retrobulbären Venenplexus oder anderen kranial gelegenen Venen hervorgerufen.

Thymome beim Kaninchen sind nur selten mit **paraneoplastischen Syndromen** assoziiert. Wenige Fallberichte beschreiben eine **autoimmune hämolytische Anämie** oder **assoziierte, exfoliative Dermatitis.** Letztere ist durch eine großflächige schuppige Alopezie und Hyperkeratose gekennzeichnet. Häufig zeigen die Tiere auch einen Hydrothorax und/oder ein Hydroperikard.

Das **Blutbild** ist meist unauffällig. **Röntgenaufnahmen des Thorax** sind zumeist ausreichend sensitiv, um eine bestehende Raumforderung nachzuweisen, jedoch nicht spezifisch im Hinblick auf die Differenzierung der Art der Umfangsvermehrung. Eine ultraschallgeführte **Feinnadelaspiration** oder eine Thorakozentese sind für eine finale Diagnose notwendig.

■ Zytologie und Histopathologie

Feinnadelaspirate und pleurale Flüssigkeiten von Kaninchen mit Thymomen enthalten gewöhnlich eine gemischte Population aus zahlreichen reifen Lymphozyten und wenigen neoplastischen spindeligen bis plumpen Thymozyten. Zytologisch können Thymome deshalb leicht als gut differenzierte Lymphome fehlinterpretiert werden.

Die **Histopathologie** von Biopsien ist zumeist für eine Diagnose notwendig, erweist sich insbesondere in Fällen mit dominierender lymphoider Population jedoch auch als anspruchsvoll. Der immunhistochemische Nachweis der **Zytokeratin-Expression durch die Tumorzellen** kann den Nachweis der Tumorzellen und somit die Diagnose erleichtern.

■ Therapie

Häufig ist die Euthanasie die einzige Option für Kaninchen mit klinisch relevanten Thymomen. Die **Chirurgie** kann sowohl eine kurative komplette Exzision als auch eine palliative Massenreduktion anstreben, ist jedoch mit einer **hohen perioperativen Mortalität** verknüpft und wird daher nur selten angewandt. Überleben die Tiere jedoch die ersten Tage nach der Operation, so sind Überlebenszeiten von 6 Monaten oder mehr beschrieben worden.

Eine neuere Studie konnte auch den Effekt der Megavoltage-Strahlentherapie für diese Tumorart nachweisen. Nur drei von 19 behandelten Tieren starben innerhalb der ersten 14 Tage nach Bestrahlung, die anderen Kaninchen zeigten eine mediane Überlebenszeit von 727 Tagen. Ein Körpergewicht von > 1,5 kg wurde als positiver prognostischer Faktor für das Überleben nach Behandlung identifiziert.

Prednison kommt oftmals therapeutisch bei Thymomen des Kaninchens zum Einsatz. Die wenigen, eher anekdotischen Berichte weisen auf eine Größenreduktion während der Behandlung hin und berichten Überlebenszeiten von 5–9 Monaten.

- **Weiterführende Literatur**

(Andres et al. 2012; Florizoone 2005; Kunzel et al. 2012; Tinkey et al. 1999; Wagner et al. 2005)

19.4   Tumoren des Meerschweinchens

19.4.1   Einleitung

Meerschweinchen zeigen generell eine niedrige Tumorinzidenz. Lungentumoren sind die häufigsten Tumoren älterer Tiere, dicht gefolgt von Tumoren des Reproduktionstrakts, der Milchdrüse und der Haut. Hämatopoetische Neoplasien finden sich vor allem bei jungen Tieren unter 3 Jahren.

19.4.2   Hämatopoetische Neoplasien des Meerschweinchens

19.4.2.1   „Cavian"-Leukämie des Meerschweinchens

Leukämie des Meerschweinchens in drei Fakten
1. häufigster Tumor junger Meerschweinchen (< 3 Jahre)
2. retrovirale Infektion (Typ C) verdächtigt
3. Leber, Milz, Lymphknoten am häufigsten betroffen

- **Epidemiologie und Pathogenese**

Leukämie ist die häufigste Tumorform des jungen Meerschweinchens. Retrovirale Typ-C-Partikel werden als Ursache verdächtigt.

- **Klinik**

Die klinischen Symptome sind zumeist unspezifisch. Lymphadenopathie und **Leukozytose** können hinweisend sein. Makroskopisch zeigen sich vergrößerte Lymphknoten sowie Hepato- und Splenomegalie.

- **Histopathologie**

In der **Histopathologie** zeigen sich diffuse Tumorzellinfiltrationen der Leber, Lunge, Milz, Nieren und des darmassoziierten lymphatischen Gewebes (GALT).

- **Weiterführende Literatur**

(Williams 1999)

19.4.3   Tumoren des Respirationstrakts des Meerschweinchens

Lungentumoren des Meerschweinchens in zwei Fakten
1. häufig bei älteren Meerschweinchen
2. zumeist benigne Adenome

- **Epidemiologie und Pathogenese**

Lungentumoren sind die häufigsten Tumore des älteren Meerschweinchens, meist handelt es sich um benigne Adenome.

- **Klinik**

In der Sektion sind die Tumoren meist ein Zufallsbefund. Große Tumoren können vereinzelt zu respiratorischen Symptomen führen. Makroskopisch zeigen sich kleine, weißliche, gut abgrenzbare Knötchen im Lungenparenchym.

- **Histopathologie**

Histopathologisch zeigen sich die Tumoren mit Proliferationen von kuboidalen Zellen, organisiert in papillären Strukturen, gut differenziert. Maligne Tumoren sind selten.

- **Weiterführende Literatur**

(Williams 1999)

19.4.4   Tumoren des weiblichen Reproduktionstrakts des Meerschweinchens

Tumoren des weiblichen Reproduktionstrakts des Meerschweinchens in drei Fakten
1. meist benigne mesenchymale Tumoren des Uterus
2. ovarielle Tumoren zumeist Teratome
3. maligne Tumoren selten

- **Epidemiologie und Pathogenese**

Leiomyome sind die häufigsten uterinen Tumoren des Meerschweinchens. Maligne Varianten sind selten. Unter den ovariellen Tumoren sind **Teratome am häufigsten**. Granulosazelltumoren und Zystadenome kommen ebenfalls vor.

- **Klinik**

Klinisch zeigen sich vor allem Fruchtbarkeitsstörungen. Hormonell aktive Tumoren des Ovars können auch zu (dann oftmals symmetrischen) Hautveränderungen führen.

- **Histopathologie**

Histopathologisch zeigen sich die **myometrialen Tumoren** des Uterus als Spindelzellen mit typischen zigarrenförmigen Kernen. Teratome sind durch den Nachweis von gut differenziertem Gewebe aus Ekto-, Meso- und Entoderm gekennzeichnet und enthalten häufig parallel knöcherne, kutane, neuronale und dentale Gewebeanteile.

- **Therapie**

Die **Chirurgie** ist die Behandlungsmethode der Wahl.

- **Weiterführende Literatur**

(Williams 1999)

19.4.5 Tumoren der Haut des Meerschweinchens

19.4.5.1 Tumoren der Milchdrüse des Meerschweinchens

Mammatumoren des Meerschweinchens in drei Fakten

1. zumeist benigne Fibroadenome
2. etwa ein Drittel sind maligne Adenokarzinome
3. hohe Inzidenz von Adenokarzinomen bei männlichen Meerschweinchen

- **Epidemiologie und Pathogenese**

Die meisten Mammatumoren des Meerschweinchens sind benigne **Fibroadenome.**

Adenokarzinome hingegen sind selten, treten jedoch mit relativ hoher Inzidenz bei männlichen Meerschweinchen auf.

- **Klinik**

Mammatumoren zeigen sich zumeist als gut abgrenzbare, lobulierte Knoten. Oberflächliche Ulzeration ist bei großen Tumoren möglich. Maligne Adenokarzinome können Lungenmetastasen aufweisen.

- **Histopathologie**

Histopathologisch zeigen sich die meisten Tumoren als **Fibroadenome** mit der typischen Kombination aus Bindegewebe und eingeschlossenen Epithelinseln. Adenokarzinome können in Hinblick auf ihre Differenzierung sehr variabel sein.

- **Therapie**

Die **Chirurgie** ist die Behandlungsmethode der Wahl. Die Prognose für maligne, bereits metastatierende Tumoren ist sehr schlecht.

- **Weiterführende Literatur**

(Williams 1999)

19.4.5.2 Trichofollikulome des Meerschweinchens

Trichofollikulome des Meerschweinchens in drei Fakten

1. häufigster Hauttumor des älteren Meerschweinchens
2. benigne Tumoren des Haarfollikels
3. oft in der Lumbosakralregion lokalisiert

- **Epidemiologie und Pathogenese**

Trichofollikulome des Meerschweinchens sind typische benigne **Haarfollikeltumoren** und die häufigsten Hauttumoren des älteren Meerschweinchens.

- **Klinik**

Die Tumoren finden sich zumeist in der *Lumbosakralregion* und können recht groß werden, weshalb sie häufig ulzeriert sind. Die Knoten sind meist derb und gut abgrenzbar, oft findet sich eine zentrale Öffnung. Trauma oder Ruptur lösen oft eine

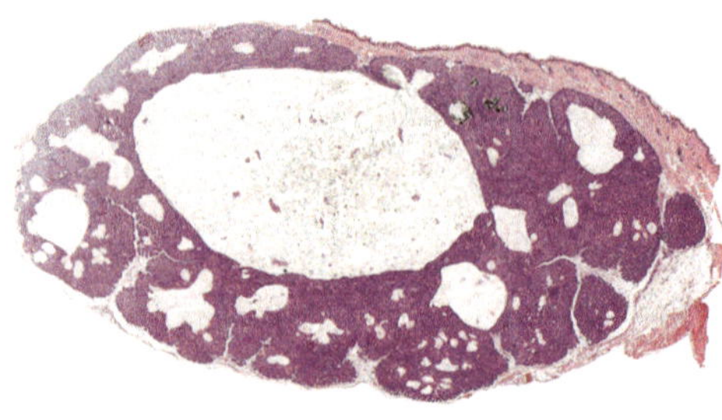

◘ Abb. 19.10   Histologisches Bild eines Trichofollikuloms eines Meerschweinchens. Zentraler, zystischer „Primär"-follikel mit peripheren, radiär angeordneten, kleineren follikulären Strukturen. HE-Färbung

starke Entzündungsreaktion durch das intratumorale Keratin aus.

▪ Histopathologie

Histopathologisch zeigen sich die Tumoren als typische gut differenzierte Tumoren der Haarfollikelepithelien mit zentralem Follikel und einem verzweigten Wachstum in die Peripherie (◘ Abb. 19.10).

▪ Therapie

Die **Chirurgie** ist die Behandlungsmethode der Wahl. Die Prognose ist generell gut.

▪ Weiterführende Literatur

(Williams 1999)

Weiterführende Literatur

Andres KM, Kent M, Siedlecki CT, Mayer J, Brandao J, Hawkins MG, Morrisey JK, Quesenberry K, Valli VE, Bennett RA (2012) The use of megavoltage radiation therapy in the treatment of thymomass in rabbits: 19 cases. Vet Comp Oncol 10:82–94

Begley DA, Krupke DM, Neuhauser SB, Richardson JE, Bult CJ, Eppig JT, Sundberg JP (2012a) The Mouse Tumor Biology Database (MTB): a central electronic resource for locating and integrating mouse tumor pathology data. Vet Pathol 49:218–223

Begley D, Sundberg BA, Berndt A, Eppig J, Schofield PN, Sundberg JP (2012b) Diversity of spontaneous neoplasms in commonly used inbred strains of laboratory mice. In: Hedrich HJ, Bullock G (Hrsg) The laboratory mouse, Academic Press/Elsevier, London, S 411–426

Begley DA, Krupke DM, Vincent MJ, Sundberg JP, Bult CJ, Eppig JT (2007) Mouse Tumor Biology Database (MTB): status update and future directions. Nucleic Acids Res 35:D638–D642

Boorman GA, Rafferty CN, Ward JM, Sills RC (2000) Leukemia and lymphomas incidence in rodents exposed to low-frequency magnetic fields. Radiat Res 153:627–636

Boorman GA, Everitt JI (2006) Neoplastic disease. In: The laboratory rat, 2. Aufl. Elsevier Academic Press, Amsterdam/Heidelberg, S 479–511

Boorman GA, Sills RC (1999) Exocrine and Endocrine Pancreas. In: Pathology of the mouse: reference and atlas, 1. Aufl. Cache River Press, Saint Louis, S 185–206

Cardiff RD, Anver MR, Gusterson BA, Hennighausen L, Jensen RA, Merino MJ, Rehm S, Russo J, Tavassoli FA, Wakefield LM, Ward JM, Green JE (2000) The mammary pathology of genetically engineered mice: the consensus report and recommendations from the Annapolis meeting. Oncogene 19:968–988

Florizoone K (2005) Thymomas-associated exfoliative dermatitis in a rabbit. Vet Dermatol 16:281–284

Gold LS, Manley NB, Slone TH, Ward JM (2001) Compendium of chemical carcinogens by target organ: results of chronic bioassays in rats, mice, hamsters, dogs, and monkeys. Toxicol Pathol 29:639–652

Hardisty JF, Boorman GA (1999) Thyroid and parathyroid glands. In: Pathology of the mouse: reference and atlas, 1. Aufl. Cache River Press, Saint Louis, S 537–554

Kogan SC, Ward JM, Anver MR, Berman JJ, Brayton C, Cardiff RD, Carter JS, De Coronado S, Downing JR, Fredrickson TN, Haines DC, Harris AW, Harris NL, Hiai H, Jaffe ES, MacLennan IC, Pandolfi PP, Pattengale PK, Perkins AS, Simpson RM, Tuttle MS, Wong JF, Morse HC 3rd (2002) Bethesda proposals for classification of nonlymphoid hematopoietic neoplasms in mice. Blood 100:238–245

Krupke DM, Begley DA, Sundberg JP, Bult CJ, Eppig JT (2008) The mouse tumor biology database. Nat Rev Cancer 8:459–465

Kunzel F, Hittmair KM, Hassan J, Dupre G, Russold E, Guija De Arespachochaga A, Fuchs-Baumgartinger A, Bilek A (2012) Thymomass in rabbits: clinical evaluation, diagnosis, and treatment. J Am Anim Hosp Assoc 48:97–104

Mahler JF, Elwell MR (1999) Pituitary gland. In: Pathology of the mouse: reference and atlas, 1. Aufl. Cache River Press, Saint Louis, S 491–508

Morse HC 3rd, Anver MR, Fredrickson TN, Haines DC, Harris AW, Harris NL, Jaffe ES, Kogan SC, MacLennan IC, Pattengale PK, Ward JM (2002) Bethesda proposals for classification of lymphoid neoplasms in mice. Blood 100:246–258

Nyska A, Maronpot RR (1999) Adrenal gland. In: Pathology of the mouse: reference and atlas, 1. Aufl. Cache River Press, Saint Louis, 509–536

Renne R, Brix A, Harkema J, Herbert R, Kittel B, Lewis D, March T, Nagano K, Pino M, Rittinghausen S, Rosenbruch M, Tellier P, Wohrmann T (2009) Proliferative and nonproliferative lesions of the rat and mouse respiratory tract. Toxicol Pathol 37:5S–73S

Rudmann D, Cardiff R, Chouinard L, Goodman D, Kuttler K, Marxfeld H, Molinolo A, Treumann S, Yoshizawa K (2012) Proliferative and nonproliferative lesions of the rat and mouse mammary, Zymbal's, preputial, and clitoral glands. Toxicol Pathol 40:7S–39S

Schofield PN, Bard JB, Boniver J, Covelli V, Delvenne P, Ellender M, Engstrom W, Goessner W, Gruenberger M, Hoefler H, Hopewell JW, Mancuso M, Mothersill C, Quintanilla-Martinez L, Rozell B, Sariola H, Sundberg JP, Ward A (2004a) Pathbase: a new reference resource and database for laboratory mouse pathology. Radiat Prot Dosimetry 112:525–528

Schofield PN, Bard JB, Booth C, Boniver J, Covelli V, Delvenne P, Ellender M, Engstrom W, Goessner W, Gruenberger M, Hoefler H, Hopewell J, Mancuso M, Mothersill C, Potten CS, Quintanilla-Fend L, Rozell B, Sariola H, Sundberg JP, Ward A (2004b) Pathbase: a database of mutant mouse pathology. Nucleic Acids Res 32:D512–D515

Schofield PN, Gruenberger M, Sundberg JP (2010) Pathbase and the MPATH ontology. Community resources for mouse histopathology. Veterinary Pathol 47:1016–1020

Taddesse-Heath L, Chattopadhyay SK, Dillehay DL, Lander MR, Nagashfar Z, Morse HC 3rd,, Hartley JW (2000) Lymphomass and high-level expression of murine leukemia viruses in CFW mice. J Virol 74:6832–6837

Thoolen B, Maronpot RR, Harada T, Nyska A, Rousseaux C, Nolte T, Malarkey DE, Kaufmann W, Kuttler K, Deschl U, Nakae D, Gregson R, Vinlove MP, Brix AE, Singh B, Belpoggi F, Ward JM (2010) Proliferative and nonproliferative lesions of the rat and mouse hepatobiliary system. Toxicol Pathol 38:5S–81S

Tinkey PT, Uthamanthil RK, Weisbroth SH (1999) Rabbit neoplasia. In: Suckow MA, Stevens KA, Wilson RP (Hrsg) The laboratory rabbit, guinea pig, hamster, and other rodents, Academic Press/Elsevier, London, S 448–501

Wagner F, Beinecke A, Fehr M, Brunkhorst N, Mischke R, Gruber AD (2005) Recurrent bilateral exophthalmos associated with metastatic thymic carcinomas in a pet rabbit. J Small Anim Pract 46:393–397

Ward JM (2006) Lymphomass and leukemias in mice. Exp Tox Pathol Off J Gesellschaft fur Toxikologische Pathologie 57:377–381

Williams BH (1999) Guinea pigs: non-infectious diseases. In: Suckow MA, Stevens KA, Wilson RP (Hrsg) The laboratory rabbit, guinea pig, hamster, and other rodents, Academic Press/Elsevier, London, S 685–704

Serviceteil

Klopfleisch: Veterinäronkologie – 320

© Springer-Verlag GmbH Deutschland 2017
R. Klopfleisch (Hrsg.), *Veterinäronkologie kompakt*,
https://doi.org/10.1007/978-3-662-54987-2

Klopfleisch: Veterinäronkologie